Untersuchung der Kohlenwasserstofföle und Fette

sowie der ihnen verwandten Stoffe

Von

Professor **Dr. D. Holde**

**Abteilungsvorsteher am Kgl. Materialprüfungsamt zu Berlin-Lichterfelde W.
Dozent an der Technischen Hochschule Berlin**

Vierte, verbesserte und vermehrte Auflage
der „Untersuchung der Mineralöle und Fette sowie der
ihnen verwandten Stoffe"

Mit 117 Figuren

Springer-Verlag Berlin Heidelberg GmbH

1913

Additional material to this book can be downloaded from http://extras.springer.com

ISBN 978-3-662-22870-8 ISBN 978-3-662-24804-1 (eBook)
DOI 10.1007/978-3-662-24804-1

Ursprünglich erschienen bei Julius Springer in Berlin 1913.
Softcover reprint of the hardcover 1st edition

Vorwort.

Die kleine Titeländerung in der vorliegenden 4. Auflage „Kohlenwasserstofföle“ statt „Mineralöle“ war aus folgendem Grnnde nötig: Die bisherige Bezeichnung „Mineralöle“ umfaßt in engerem Sinne nur die Erdölprodukte, im weiteren Sinne auch Braunkohlenteeröle und Schieferöle. Es bestehen aber schon erhebliche Zweifel, ob die gleichfalls in dem Buch, und zwar jetzt noch wesentlich ausführlicher als früher, behandelten Steinkohlenteeröle noch zu Mineralölen gerechnet werden. Die schon früher in den Inhalt des Buches hineinbezogenen schweren und leichten Harzöle, Terpentinöle und Kienöle fallen sicher nicht mehr unter die gemeinsame Bezeichnung „Mineralöle“.

Deshalb schien der Übergang zu der allgemeineren Bezeichnung erforderlich.

Seit dem Erscheinen der 3. Auflage im November 1909 sind sehr wichtige Arbeiten über Gasöle, Treiböle für Dieselmotoren, Theorie der Schmierung usw. erschienen, welche ebenso wie die sich besonders aus den Arbeiten von Spiegel, Hempel, und Rieppel ergebenden neueren Lieferungsbedingungen von Behörden für Gasöle, Dieselmotoröle usw. nebst zahlreichen anderen Lieferungsbedingungen berücksichtigt werden mußten.

Auch sonst sind alle neueren anerkannten theoretisch wissenschaftlichen und analytischen Forschungen wiederum tunlichst bei der Bearbeitung verwertet worden. Neu eingefügt wurden das Kapitel „Heizwertbestimmung“, ein kurzes Kapitel über „Physiologische Eigenschaften“ der Erdöle, Nomenklatur der Bitumina usw. insbesondere aber auch zahlreiche Tabellen über physikalische Konstanten usw., damit das Nachschlagen in anderen Werken bei Benutzung des Buches möglichst vermieden werden kann.

Wesentlich erweitert wurden außer dem Kapitel „Steinkohlenteer“, „Asphalt“ und dessen Surrogate, „Erdwachs“ auch verschiedene Kapitel der Fettindustrie, insbesondere Härtung der Fette, Glyzerin, Ölfarben, Kitte, Lacke usw.

Im großen und ganzen ist an dem bisher befolgten Grundsatz, möglichst nur die im Arbeitskreis des Verf. am Kgl. Materialprüfungsamt erprobten oder nachgeprüften Methoden oder aus anderen Gründen uns Vertrauen einflößende Verfahren zu bringen, festgehalten worden, damit der das Buch benutzende Chemiker nicht in Zweifel gerät, woran er sich gegebenenfalls zu halten hat. Daher kann das in der Hauptsache aus dem Laboratorium hervorgegangene Buch keinen Anspruch auf in jeder Hinsicht vollständige Kompilierung der sehr zahlreichen Literaturerscheinungen auf den in Rede stehenden Gebieten erheben. Hier muß auf die inzwischen erschienenen umfangreichen, sehr gewissenhaft bearbeiteten großen technologischen Nachschlagewerke hingewiesen werden.

Es ist auch wiederum versucht worden, den äußeren Umfang des Buches trotz der im allgemeinen erfolgten starken Stoffvermehrung dadurch etwas zu begrenzen, daß Texteinschränkungen, Figurenverkleinerungen, Streichungen überholter Vorschriften usw. vorgenommen wurden, wo dies irgendwie möglich war.

Bei der Bearbeitung der Neuauflage hat mich mit sehr gutem Verständnis und Eifer Herr Dr. G. Meyerheim unterstützt, der auch bereits seit mehreren Jahren in meinem Arbeitskreise am Kgl. Materialprüfungsamt experimentell tätig ist.

Auch vielen anderen Kollegen aus wissenschaftlichen und technischen Kreisen bin ich für manche wertvolle Hinweise wiederum zu lebhaftem Dank verpflichtet.

Berlin-Lichterfelde W., März 1913.

Holde.

Inhaltsverzeichnis.

Erstes Kapitel.

Erdöl und seine Verarbeitungsprodukte.

Zweites Kapitel.

Naturasphalt.

Drittes Kapitel.

Erdwachs und Montanwachs.

Viertes Kapitel.

Durch Destillation aus Steinkohle, Braunkohle, Schiefer und Torf gewonnene Teere.

Fünftes Kapitel.

Verseifbare Fette.

Pflanzliche und tierische Fette und Öle.

Sechstes Kapitel.

Technische aus Fetten hergestellte Produkte.

Seite

Physikalisch-chemische Tabellen.

Nachträge.

Literaturmaterial.

Selbständige Werke oder Monographien.	Abkürzung im Text.
C. Engler, Die deutschen Erdöle. Verhandl. des Vereins für Gewerbefleiß, 1887, Verlag von L. Simion, Berlin .	Engler, Gewerbefleiß.
Engler-Höfer, Das Erdöl, seine Physik, Chemie, Geologie, Technologie und sein Wirtschaftsbetrieb. Verlag von S. Hirzel, Leipzig	Engler-Höfer.
J. Großmann, Die Schmiermittel. 1909. C. W. Kreidels Verlag, Wiesbaden.	
L. Gurwitsch, Wissenschaftliche Grundlagen der Erdölbearbeitung. 1913, Verlag v. J. Springer, Berlin.	
Kißling, Das Erdöl, seine Verarbeitung und Verwendung. 1908. Verlag von W. Knapp, Halle a. S.	Kißling, Erdöl.
Kißling, Laboratoriumsbuch für die Erdölindustrie. 1908. Ebenda . . .	Kißling, Laboratoriumsbuch.
G. Krämer u. Böttcher, Die deutschen Erdöle und deren Verbreitung. Ebenda	Krämer u. Böttcher, Gewerbefleiß.
Lunge-Berl, Chemisch-technische Untersuchungsmethoden. 6. Aufl. 1910 bis 1912. Verlag von J. Springer, Berlin	Lunge-Berl.
Muspratt, Technische Chemie, Bd. 6: 1. Scheithauer, Mineralöle und Paraffin. Verlag von F. Vieweg & Sohn, Braunschweig	Muspratt-Scheithauer.
2. C. Engler u. H. Kast, Petroleum. Ebenda	Muspratt, Engler u. Kast.
M. A. Rakusin, Die Polarimetrie der Erdöle, 1910, Verlag für Fachliteratur, Berlin.	

	Abkürzung im Text.
Scheithauer, Fabrikation der Mineralöle und des Paraffins aus Schwelkohle usw. 1895. Verlag von F. Vieweg & Sohn, Braunschweig	Scheithauer, Mineralöle.
Veith, Das Erdöl. 1892. (Handbuoh der chem. Technologie von Bolley.) Verlag v. F. Vieweg & Sohn, Braunschweig.	Veith, Erdöl.
R. A. Wischin, Die Naphthene. 1901. Verlag von F. Vieweg & Sohn, Braunschweig	Wischin, Naphthene.
W. Friese, Die Asphalt- und Teerindustrie. 1908. Verlag von M. Jänecke, Hannover	
Hippolyt Köhler, Chemie und Technologie der natürlichen und künstlichen Asphalte. 1904. Verlag von F. Vieweg & Sohn, Braunschweig . .	Hippolyt Köhler, Asphalt.
Felix Lindenberg, Die Asphaltindustrie. 1907. A. Hartlebens Verlag, Wien u. Leipzig.	
Berlinerblau, Erdwachs. 1897. Verlag von F. Vieweg & Sohn, Braunschweig	Berlinerblau, Erdwachs.
B. Lach, Die Zeresinfabrikation, 1911.	
Georg Lunge und Hippolyt Köhler, Die Industrie des Steinkohlenteers und Ammoniaks. Fünfte Aufl. 1912. I. Bd. Steinkohlenteer. Verlag von F. Vieweg & Sohn, Braunschweig . .	Lunge-Köhler, Steinkohlenteer.
Schultz, Die Chemie des Steinkohlenteers. Dritte Auflage, 1900. Verlag von F. Vieweg & Sohn, Braunschweig	Schultz, Steinkohlenteer.
E. Graefe, Laboratoriumsbuch für die Braunkohlenindustrie. 1908. Verlag von Wilhelm Knapp, Halle a. S. . .	Graefe, Laboratoriumsbuch.
R. Benedikt und F. Ulzer, Analyse der Fette und Wachsarten. Fünfte Auflage, 1908. Verlag von J. Springer, Berlin	Benedikt-Ulzer.

	Abkürzung im Text.
Einheitsmethoden zur Untersuchung von Fetten, Ölen, Seifen und Glyzerinen. Herausgegeben vom Verband der Seifenfabriken Deutschlands, 1910. Verlag von J. Springer, Berlin	Einheitsmethoden.
W. Fahrion, Chemie der trocknenden Öle, 1911. Verlag von J. Springer, Berlin	
G. Hefter, Technologie der Fette und Öle, 1906—1912. Verlag von J. Springer, Berlin.	
J. Lewkowitsch, Chemical Technology and Analysis of Oils, Fats and Waxes. 1904. Verlag Macmillan & Co., London	Lewkowitsch, Analysis.
J. Marcusson, Laboratoriumsbuch für die Industrie der Öle und Fette, 1911. Verlag von W. Knapp, Halle a. S. .	Marcusson, Laboratoriumsbuch.
L. Ubbelohde, Handbuch der Chemie, Analyse und Technologie der Öle und Fette. 1908. Verlag S. Hirzel, Leipzig	Ubbelohde, Handbuch Bd. I.
L. Ubbelohde und F. Goldschmidt, Chemie, Analyse, Technologie der Fettsäuren, des Glyzerins, der Türkischrotöle und der Seifen, 1911. Verlag von S. Hirzel, Leipzig	Ubbelohde, Handbuch Bd. III.
Landolt-Börnstein, Physikalisch-chemische Tabellen. Herausgegeben von Börnstein und Roth. 4. Aufl. 1912. Verlag von J. Springer, Berlin . . .	Landolt-Börnstein-Roth.

Zeitschriften und andere Publikationen.

Berichte der Deutsch. chem. Ges.	Ber.
Beschlüsse (Mineralöle usw. betreffend) des Deutschen Verbandes für die Materialprüfungen der Technik (Ausschuß 9)	Verbandsbeschlüsse.
Beschlüsse der Internationalen Kommission zur Vereinheitlichung der Untersuchung von Petroleumprodukten (Wien 1912)	J. P. K.

	Abkürzungen im Text.
Braunkohle, Zeitschrift für Gewinnung und Verwertung der Braunkohle . .	Braunkohle.
Chemiker-Zeitung, Köthen	Chem.-Ztg.
Chemische Industrie	Chem. Ind.
Chem. Revue über die Fett- und Harzindustrie	Chem. Rev.
Chemisches Zentralblatt	Chem. Zentralbl.
Comptes rendus hebdomadaires des séances de l'Académie des Sciences .	Compt. rend.
Dinglers Polytechn. Journal	Dinglers Polyt. Journ.
Farbenzeitung, Fachblatt der Lack-, Farben- und Leimindustrie	Farbenztg.
Gummizeitung, Fachblatt für die Gummi-, Guttapercha- und Asbest-Industrie, Dresden	Gummiztg.
Journal für Gasbeleuchtung und verwandte Beleuchtungsarten sowie für Wasserversorgung	Journ. f. Gasbel.
Journal für praktische Chemie	Journ. f. prakt. Chem.
Journal of the American Chemical Society	Jorun. Amer. Chem. Soc.
Journal of Industrial and Engineering Chemistry	Journ. Ind. Eng. Chem.
Journal of the Society of Chemical Industry	Journ. of the Chem. Soc.
Kunststoffe, Zeitschrift für Erzeugung und Verwendung veredelter oder chemisch hergestellter Stoffe	Kunststoffe.
Mitteilungen aus dem Kgl. Materialprüfungsamt	Mitteilungen.
Monatshefte für Chemie und verwandte Teile anderer Wissenschaften	Monatshefte.
Petroleum, Zeitschrift für die gesamten Interessen der Petroleum-Industrie und des Petroleum-Handels. Berlin	Petrol.
Pharmazeutische Zentralhalle	Pharm. Zentralh.
Seifensiederzeitung und Revue über die Harz-, Fett- und Ölindustrie	Seifensiederztg.
Vorschriften der russischen Regierung nach Einvernehmen mit der Kaiserl. Russ. Techn. Gesellschaft in Baku, betr. Nomenklatur u. Prüfung von russischen Erdölprodukten	Russische Vorschriften.
Zeitschrift des Vereins deutscher Ingenieure	Zeitschr. Ver. d. Ing.
Zeitschrift für analytische Chemie . .	Analyt. Chemie.
Zeitschrift für angewandte Chemie . .	Ztschr. f. angew. Chem.

Zeitschrift für Chemie und Industrie der Kolloide	Zeitschr. f. Chem. u. Ind. d. Kolloide.
Zeitschrift für Elektrochemie und angewandte physikalische Chemie	Ztschr. f. Elektrochem.
Zeitschrift für öffentliche Chemie . . .	Ztschr. f. öff. Chem.
Zeitschrift für physiologische Chemie .	Ztschr. f. physiol. Chem.
Zeitschrift für Untersuchung der Nahrungs- und Genußmittel sowie der Gebrauchsgegenstände, Berlin	Zeitschr. f. Nahr.- u. Genußm.

Abkürzungen technischer Ausdrücke.

spez. Gew. = Spezifisches Gewicht.
fe = Zähflüssigkeit nach Engler bestimmt (Viskosität, Flüssigkeitsgrad).
fp = Flammpunkt (= Entflammungspunkt).
zp = Brennpunkt (= Entzündungspunkt).
n = Brechungskoeffizient.
ep = Erstarrungspunkt.
Kp. = Siedepunkt.
Schm. = Schmelzpunkt.
Tr. = Tropfpunkt.
α = Ausdehnungskoeffizient.
J.-Z. = Jodzahl.
V.-Z. = Verseifungszahl.
R.-M.-Z. = Reichert-Meißl-Zahl.
P.-Z. = Polenske-Zahl.
Vw. = Verdampfungswärme.

Alle Temperaturen sind in Celsiusgrad ausgedrückt.

Die spezifischen Gewichte sind, wenn keine anderen Angaben gemacht werden, bei + 15°, bezogen auf Wasser von + 4°, angegeben.

Erstes Kapitel.

Erdöl und seine Verarbeitungsprodukte.

A. Rohpetroleum[1]).

I. Vorkommen, Verarbeitung und Verwendung.

Das in verschiedenen Ländern gewonnene Rohpetroleum ist verschieden gefärbt, meistens dunkelbläulichgrün, dunkelbraun bis tief braunschwarz, vereinzelt aber auch, z. B. in Pennsylvanien, hellgelb bis rötlichbraun und wechselt auch in der Konsistenz sehr, nämlich von leichtpetroleumartiger bis zu dickteeriger, bei hohem Paraffingehalt sogar salbenartiger Konsistenz[2]). Am häufigsten sind zwei Haupttypen von Rohölen, nämlich 1. naphthenreiche, paraffinarme, welche 0 bis höchstens 1% Paraffin und wenig Benzin sowie verhältnismäßig wenig Petroleum (Leuchtöl), dagegen viel schwer erstarrendes Schmieröl enthalten (z. B. Bakuer und schweres Wietzer Rohöl), und 2. naphthenärmere, paraffinreichere Öle mit 3—8% Paraffin, welche gewöhnlich

---

1) Rohpetroleum sowie das mit diesem gleichzeitig vielfach an die Erdoberfläche gelangende hauptsächlich aus Methan bestehende Erdgas oder Naturgas, ferner auch Naturasphalt, Bergteer usw. werden mit vielen anderen als Ersatzstoffe der letzteren dienenden künstlichen Stoffen in der Technik meistens als Bitumen bezeichnet. Eine wissenschaftliche, den neuen Erkenntnissen über die Erdölbildung entsprechende Klassifizierung des Bitumens hat kürzlich C. Engler (Petrol. 1912, 7, 400) gegeben. Eine mehr die technischen Verhältnisse berücksichtigende Übersicht über die wissenschaftlichen Begriffsfeststellungen auf diesem Gebiete ist S. 275 gegeben.

2) Die Bestimmung der Zähigkeit ist im Abschnitt „Schmiermittel" S. 135, nicht unter „Rohöl" beschrieben.

auch erhebliche Mengen Benzin, Leuchtpetroleum und dünnflüssigere, das Paraffin begleitende Schmierölfraktionen enthalten (z. B. pennsylvanisches, galizisches Öl von Boryslaw und Tustanowice, leichtes Wietzer und Elsasser Öl). Es gibt aber auch Zwischenstufen, z. B. enthält Bustenari-Öl trotz sehr geringen Paraffingehalts erhebliche Mengen Benzin (25%).

Das am Ostabhange der Anden sich findende argentinische Rohöl ähnelt dem russischen durch Reichtum an Naphthenen und Schmierölen (69—91%), mäßig großen Gehalt an Leuchtöl (9—31%) und minimalen Gehalt an Paraffin und Schwefel (letzterer 0,07—0,16, vereinzelt bis 0,85%). Spez. Gew. dieser Öle schwankt zwischen 0,898—0,957 und Flammpunkt entsprechend dem Mangel an Benzin zwischen 40° und 90° (Longobardi, Chem.-Ztg. 1910, **34,** 1150).

In Bakuöl wurden z. B. 0,2, in Grosnyöl 4,6, in Erdöl von Bibi-Eibat 4,9, in pennsylvanischem 11,5% Benzin, in rumänischem Campina-Öl 3,4% bis 120° siedendes Benzin gefunden, aus Campina-Öl wurden 25% bis 150° siedende Anteile (Benzin) und 35 bzw. 45% Leuchtöl gewonnen. Der Destillationsrückstand enthält bei Bustenari-Öl 0,5, bei Campina-Öl 18% Paraffin.

Das Rohpetroleum wird durch Destillation auf leichte und schwere Benzine, welche je nach Siedegrenze als Lösungsmittel, Treibstoffe für Motoren, Terpentinersatz benutzt werden, höher siedendes Leuchtöl und über 300° siedende Schmieröle und Paraffine verarbeitet. Durch Raffination der Rohöldestillate mittels konzentrierter Schwefelsäure oder durch Filtration über Fullererde werden die Destillate gereinigt.

In Deutschland wird Erdöl zurzeit in der Provinz Hannover bei Wietze, Obershagen bei Peine und Pechelbronn im Elsaß gewonnen.

Die paraffinreicheren Öle des Elsaß eignen sich zur Herstellung von Benzin, Leuchtöl, leicht erstarrenden Schmierölen, Putzölen, Gasölen, Paraffin und Asphalt. Schweres Wietzer Öl (spez. Gew. über 0,94) enthält etwa 10% Petroleum, der Rest ist Schmieröl und reichlich Asphalt; leichtes, benzin- und petroleumreiches Wietzer Öl enthält auch 3% Paraffin.

Die Weltproduktion an Rohöl betrug im Jahre 1911 (nach D. Day, Petrol. 1912, 8, 145) 46 526 000 tons und verteilte sich auf die einzelnen Länder folgendermaßen:

Vereinigte Staaten	29 393 000 tons
Rußland	9 066 000 ,,
Mexiko	1 874 000 ,,
Holländisch-Indien	1 671 000 ,,
Rumänien	1 544 000 ,,
Galizien	1 458 000 ,,
Britisch-Indien	897 000 ,,
Japan	221 000 ,,
Peru	186 000 ,,
Deutschland	140 000 ,,
Kanada	39 000 ,,
Italien	10 000 ,,
Andere Länder	27 000 ,,

Von Java, Borneo und Sumatra werden große Mengen Benzin nach Deutschland für Motorenzwecke und sehr hoch siedende Benzine als Terpentinersatz eingeführt.

Amerikanische, galizische und rumänische Rohöle bestimmter Herkunft bilden das Hauptmaterial für die Herstellung von gutem Kerzenparaffin, von Leuchtpetroleum und Petroleumbenzin. Die aus solchen Rohölen hergestellten Schmieröle haben im allgemeinen einen wesentlich näher zu 0° liegenden Erstarrungspunkt als russische Öle. Einige galizische Öle, z. B. von Grosno, sowie ein großer Teil der rumänischen Öle, nämlich Bustenari-, Moreni- und Tintea-Öl, die zusammen etwa 70% der rumänischen Produktion ausmachen, liefern ebenfalls kältebeständige, viskose, genügend hoch entflammende Schmieröle für Maschinen, Eisenbahnwagen usw. Für Dampfzylinderschmierung haben sich die sehr schwerflüssigen oder salbenartigen, meistens durch Fullererde filtrierten amerikanischen Zylinderöle in erster Linie bewährt (siehe „Mineralschmieröle" S. 117 u. ff.). Aus Rohpetroleum werden ferner Motorentreiböle, Transformatorenöle, Vaseline, Heizöl (Masut), Goudron, Asphalt, Elektrodenkoke usw. gewonnen.

II. Chemische Zusammensetzung.

Die rohen Erdöle bestehen, abgesehen von den weiter unten genannten sauerstoff- und schwefelhaltigen, verharzten sowie stickstoffhaltigen und sulfidartigen Stoffen, vorwiegend aus verschieden hoch siedenden Kohlenwasserstoffen nicht aromatischer Natur, von denen sich die leichteren nicht, die schwereren teilweise in konz. Schwefelsäure lösen. Doch finden sich auch aromatische Kohlenwasserstoffe — Benzol und höhere Homologe — in verschiedenen Erdölen. Besonders große Mengen schwerer, hauptsächlich aromatischer Kohlenwasserstoffe enthalten kalifornische, Texas- und Ohioöle sowie die rumänischen Rohpetrole; so wurden in rumänischem Rohöl von Campina-Baicoiu 33, von Bustenari 48% schwerer durch rauchende Schwefelsäure lösbare Bestandteile gefunden, die jetzt nach einem patentierten Verfahren von Edeleanu durch flüssige schweflige Säure abgetrennt werden können. Die chemische Natur der viskosen Schmierölanteile der Rohpetrole ist neuerdings etwas weiter aufgeklärt worden; sie dürften aus wasserstoffarmen Kohlenwasserstoffen von der Natur der Polynaphthene, geringeren Mengen hochmolekularer aliphatischer, ungesättigter, die geringe Brom- und Jodaufnahme bedingender Kohlenwasserstoffe und zyklischen, mit Formaldehyd nach Nastjukoff (s. S. 48) reagierenden Kohlenwasserstoffen bestehen. Je weniger ein Maschinenschmieröl letztere Bestandteile enthält, umso viskoser ist es — ceteris paribus — nach Marcusson (Chem.-Ztg. 1911, **35**, 729), der die nicht mit Formaldehyd reagierenden Bestandteile als die Hauptträger der Viskosität und optischen Aktivität erkannt hat.

Die übrigen Anteile der Erdöle, d. h. Benzin, Leuchtpetroleum, Gasöl und Paraffin, bestehen bei pennsylvanischem Erdöl vorwiegend aus Kohlenwasserstoffen der Methanreihe C_nH_{2n+2}, bei russischem Erdöl aus sog. Naphthenen, um deren Auffindung und Untersuchung sich Lissenko, Beilstein, Kurbatoff, Wreden, Markownikoff u. a. verdient gemacht haben (s. Wischin, Die Naphthene, S. 3 u. ff.). Die meisten Naphthene sind nach Kishner, Aschan u. a. als zyklische Polymethylene, z. B.

$$\underbrace{CH_2—CH_2—CH_2—CH_2—CH_2}_{\text{Ring}};$$

$$\underbrace{CH_2—CH_2—CH_2—CH_2—CH_2—CH_2}_{\text{Ring}}$$

aufzufassen (Penta-, Hexamethylen, Methylhexamethylen usw.). Soweit diese Derivate sich von Hexamethylen ableiten, kann man sie auch als hydrierte Benzole bzw. Homologe des hydrierten Benzols ansehen. Die Naphthene reagieren nicht mit Permanganat, träge mit konz. Schwefelsäure, werden aber von Chlor, Brom und unter bestimmten Verhältnissen auch von verdünnter Salpetersäure, wenn auch schwierig, substituiert und stehen den Paraffinen im allgemeinen näher als den Benzolkohlenwasserstoffen. Konz. Salpetersäure erzeugt aus Hexanaphthen Adipinsäure, aus Pentamethylen Glutarsäure. Zelinsky gelang es, hoch siedende Naphthene, nämlich Zykloeikosan $C_{20}H_{40}$ und Zyklotessarakontan $C_{40}H_{80}$, Schmp. 118°, vom Methylester der Sebazinsäure ausgehend, synthetisch zu erhalten.

Die Kohlenwasserstoffe des schwefel- und stickstoffreichen Texasöls bestehen nach Mabery hauptsächlich aus Kohlenwasserstoffen der Reihe C_nH_{2n-2}, deren Grundstoff ein doppelter Polymethylenring ist (Journ. Amer. Chem. Soc. 1901, **23**, 264). Unter den deutschen, galizischen und rumänischen Erdölen finden sich je nach dem besonderen Fundort Öle, in welchen mehr Kohlenwasserstoffe der Methangruppe vorherrschen, und solche, in denen die Naphthene überwiegen. Nach G. Krämer und W. Böttcher (Ber. 1887, **20**, 595) kommen im indifferenten Teil von Ölheimer Erdöl weit mehr Naphthene vor als in demjenigen des Tegernseer und Pechelbronner Öls. In galizischen und rumänischen Ölen finden sich auch merkliche Mengen Karbüre. Als Nebenbestandteile finden sich in Rohölen (besonders reichlich im Texasöl) Pyridinbasen, welche von der Verwesung der marinen Tierreste, dem wahrscheinlichen Ursprungsmaterial des Erdöls, herrühren dürften, ferner merkaptan- und sulfidartig gebundener Schwefel (letzterer besonders reichlich im Texas- und Ohiorohöl) und sauerstoff- und schwefelhaltige helle und dunkle asphaltähnliche Harze. Bei pennsylvanischem Erdöl lösten sich von den über 200° siedenden Anteilen 35% in konz. Schwefelsäure. Dies entspricht Maberys Resultaten, der in den über 200° siedenden Anteilen der Öle von Pennsylvanien, Ohio und Kanada Fettkohlenwasserstoffe bis zu $C_{20}H_{44}$ fand, daneben aber auch Glieder der Gruppe C_nH_{2n} und C_nH_{2n-2} bis zu $C_{28}H_{54}$. Diese Kohlenwasserstoffe waren im Gegensatz zu den über 50° schmelzenden der Reihe C_nH_{2n+2} noch bei —10° flüssig (Amer. Chem. Journ. 1902, **28**, 165). Krämer und Spilker fanden die Zusammensetzung eines Bakuinschmieröls, das sie mit konz.

Schwefelsäure sorgfältig gereinigt hatten, zu 87% C und 13% H, d. h. entsprechend der Formel $C_{20}H_{36} = C_nH_{2n-4}$; sie nehmen an, daß je 2 Moleküle polymeres Decylen $(C_{10}H_{20})_2$ in 2 Moleküle der hydrierten Verbindung $C_{10}H_{22}$ und $C_{20}H_{36}$ übergehen (Ber. 1903, **36**, 645).

Die unter 200⁰ siedenden Anteile enthalten vorwiegend gesättigte Kohlenwasserstoffe der Methanreihe und Naphthene. Im übrigen schwankt der Kohlenstoffgehalt der Roherdöle verschiedener Herkunft von 79,5—88,7, der Wasserstoffgehalt von 9,6—14,8, der Sauerstoffgehalt von 0,1—6,9, der Stickstoffgehalt von 0,02—1,1, der Schwefelgehalt von 0,01—2,2%.

Im nachfolgenden seien einige zuverlässig erscheinende Elementaranalysen von Erdölen verschiedener Herkunft mitgeteilt:

Tabelle 1.

Herkunft	C	H	O	S	N	Autor
Pennsylvanien	86,06	13,89	—	0,06	—	Engler
Oil City, Pa.	85,80	14,04	—	—	—	Mabery
Findley, Ohio	84,57	13,62	0,98	0,72	0,11	,,
Lima, Ohio	85,0	13,80	—	0,60	0,68	Rakusin
Beaumont, Texas . .	85,05	12,30	—	1,75	—	Richardson
Ventura, Kalif. . . .	84,0	12,70	1,2	0,40	1,70	U. S. G.
Wasatch Range, Utah .	86,86	11,89	0,59	0,64	0,02	Mabery und Byerly
Grossny 0,906	86,41	13,00	0,4	0,1	0,07	Charitschkoff
,, 0,850	85,95	13,0	0,74	0,14	0,07	
Tscheleken 0,8736 . .	86,4	12,44	0,377	—	—	,,
Campeni-Parjol . . .	85,29	14,21	—	0,03	—	Edeleanu u.
Bustenari (Prahowa) .	86,30	13,32	—	0,18	—	Tanascu

Zur Kennzeichnung bzw. Abscheidung einzelner Individuen und ganzer Gruppen aus den Erdölen dienen folgende wissenschaftliche Methoden:

1. Saure Bestandteile (Naphthensäuren, Phenole) werden durch verdünnte Natronlauge,
2. Stickstoffverbindungen (Homologe des Pyridins usw.) durch verdünnte Mineralsäure abgeschieden (s. a. S. 329).
3. Ungesättigte Kohlenwasserstoffe der Fettreihe werden durch konz. Schwefelsäure absorbiert.
4. Aromatische Kohlenwasserstoffe werden bei der Nitrierung isoliert.

5. Ungesättigte zyklische Kohlenwasserstoffe werden durch die Nastjukoffsche Probe (siehe S. 48) abgeschieden.
6. Feste Paraffinkohlenwasserstoffe werden nach den S. 45 beschriebenen Verfahren abgeschieden.
7. Die verharzten helleren, rötlich- bis dunkelbraunen Stoffe, welche wasserstoff- und kohlenstoffärmer, aber sauerstoff- und schwefelreicher sind als die übrigen Bestandteile des Öls, lassen sich durch Filtration des Rohöls über Knochenkohle oder Fullererde, welche die verharzten Bestandteile adsorbieren, aber nach Herauslösen der Ölreste mittels Benzin an Benzol und Chloroform wieder abgeben, isolieren.

   Die ebenfalls verharzten weicheren und härteren Asphaltstoffe, die ähnliche Zusammensetzung wie die letzterwähnten Harze haben, nur im allgemeinen noch sauerstoff- oder schwefelreicher sind, können mit den nach 7. abgeschiedenen Harzen oder für sich nach den S. 42 beschriebenen Verfahren mittels Alkoholäther, Benzin, Amylalkohol usw. abgeschieden werden.

III. Entstehung des Erdöls.

Die Frage nach der Entstehung des Erdöls hat von jeher sowohl in chemischer wie geologischer Beziehung das Interesse der Forscher angeregt. Die alte Hypothese, nach welcher das Erdöl aus anorganischem Material entstanden sein soll, läßt sich heute wegen der unten erwähnten optischen Aktivität des Erdöls und aus geologischen Gründen kaum noch aufrecht erhalten. Derartige Hypothesen stellten Mendelejeff sowie Sabatier und Senderens auf. Nach Mendelejeff soll das Erdöl durch Einwirkung von Wasserdampf auf Karbide des Eisens in vulkanischen Prozessen im Erdinnern entstanden sein.

Nach Sabatier und Senderens sollen Wasserstoff und Azetylene, die durch Einwirkung von Wasser auf Alkali oder Erdalkali sowie Karbide entstanden waren, beim Zusammentreffen mit Metallen, die als Kontaktsubstanzen wirkten, Paraffin- oder zyklische Kohlenwasserstoffe, je nach den vorhandenen Bedingungen, gebildet haben.

Die in neuerer Zeit aufgestellten Theorien nehmen im allgemeinen mehr eine Entstehung des Erdöls aus organischem Material an. Diese Ansicht ist durch die Hinweise Waldens (Naturwiss. Rundschau 1900, **15**, Nr. 12—16, und Chem.-Ztg. 1904, **28**, 574) und Tschugajeffs (Chem.-Ztg. 1904, **28**, 505) auf die bereits 1835 durch Biot entdeckte, aber in Vergessenheit geratene optische Aktivität des Erdöls, die nun besonders eifrig und mit Erfolg von M. A. Rakusin, C. Engler u. a. studiert wurde, in letzter Zeit gestützt worden. Meinungsverschiedenheiten herrschen nur noch darüber, ob die Muttersubstanzen des Erdöls tierisches oder pflanzliches Material oder beides sind.

C. Engler wies zuerst, nachdem H. v. Höfer aus geologischen Gründen die Entstehung des Erdöls aus marinen Resten abgeleitet hatte, experimentell nach, daß aus Fett durch Destillation „künstliches Petroleum" entsteht. Er führte seine Versuche mit Fett von Seetieren aus. Nach der Englerschen Theorie (Ber. 1888, **21**, 1816; 1889, **22**, 592; 1893, **26**, 1440; 1897, **30**, 2358; Jahrb. Kgl. preuß. geol. Landesanst. 1904, **25**, 350—351; Chem.-Ztg. 1906, **30**, 711) soll das Erdöl aus den Fettüberresten von Lebewesen jeder Art durch Zersetzung unter hohem Druck entstanden sein, nachdem ihre übrigen organischen Bestandteile (Eiweißverbindungen) durch Fäulnis in wasserlösliche Schwefel- und Stickstoffverbindungen übergegangen waren. Die aus den Fettsäuren (Leichenwachs) zunächst durch gewaltsame Einwirkung entstandenen leichteren Kohlenwasserstoffe, in denen er Paraffine, Äthylene, Naphthene nachwies, sollen sich im langsamen Prozeß im Laufe weiterer geologischer Perioden teilweise zu den höher siedenden Anteilen des Erdöls polymerisiert haben, wofür die von Engler beobachtete, beim Stehen von synthetischem Petroleum eintretende Erhöhung des spez. Gewichts spricht.

Nach Engler (Ber. 1909, **42**, 4613) entstehen Naphthene auch durch kondensierende Einwirkung von $AlCl_3$ auf Äthylene, sogar schon durch stärkeres Erhitzen der letzteren, z. B. von Amylen auf 250—270°, womit die Entstehung der Naphthene in den Erdölen erklärt ist.

Nach Marcusson (Chem. Rev. 1905, **12**, 1; Mitteilungen 1904, **22**, 97) können die höher siedenden Anteile des Erdöls im wesentlichen nicht aus den leichteren entstanden sein, weil die ersteren stärker optisch aktiv sind als die letzteren. Wahrscheinlich ist der umgekehrte Vorgang.

Nach Stahl (Chem.-Ztg. 1899, **23**, 15) sowie nach Krämer und Spilker (Ber. 1899, **32**, 2940; 1902, **35**, 1212) sollen die in Seen sich findenden großen Ablagerungen von Diatomeen die Ursubstanz des Petroleums gewesen sein. Potonié hat jedoch gezeigt („Zur Frage nach den Urmaterialien der Petrolea", Jahrb. Kgl. preuß. geol. Landesanst. 1904, **25**, Heft 2), daß das Material, welches der Krämerschen Hypothese zugrunde lag (Sapropel des Ahlbecker Seegrundes b. Ludwigshof i. Pomm.), fälschlicherweise für Bazillarien-(Diatomeen-)Erde gehalten wurde und ein gemischtes Gestein ist.

Nach Potonié ist das Petroleum ein Destillationsprodukt aus Sapropel-(Faulschlamm-)Gestein, das aus sich zersetzenden, in Wasser vorkommenden Organismen und ihren Ausscheidungen besteht und zoogen-phytogenes Gestein ist. (Vgl. hierzu Monke und Beyschlag: Über das Vorkommen des Erdöls; Zeitschr. für prakt. Geologie 1905, 13.) Durch Extraktion von brennbaren Biolithen (Kaustobiolithen) mit verschiedenen Lösungsmitteln wurden dementsprechend bis zu 7,7% fett-, wachs- oder kolophoniumartiger Stoffe gewonnen (Holde, Mitteilungen 1909, **27**, 1).

Künkler und Schwedhelm (Seifensiederzeitung 1908, 1285, 1341 u. ff.) fanden im Einklang mit Englers Destillationsversuchen, daß auch fettsaurer Kalk, auf 270—320° erhitzt, zeresin- und schmierölartige Kohlenwasserstoffe gibt. Im Einklang mit Hoppe-Seyler (Naturwiss. Rundschau 1890, 82), der auf die Nichtbeständigkeit der freien Fettsäuren und die Notwendigkeit hinweist, die Erdölbildung auch an der Zersetzung von fettsaurem Kalk und fettsaurem Magnesium zu prüfen, nehmen sie in derartigen Salzen, insbesondere in dem fettsauren Kalk, der aus Fettsäuren und kohlensaurem Kalk entstanden sei und bekanntlich ein wesentlicher Bestandteil des sog. Leichenwachses ist, ein sekundäres Zwischenprodukt für die Erdölbildung im Sinne der Engler-Höferschen Theorie an. Die Entstehung der Schmieröle durch Polymerisation der leichten Anteile entsprechend Englers Annahme halten sie nicht für zutreffend, da die von diesem beobachteten Polymerisationen nur geringfügig sind und bei ihren eigenen Versuchen durch Zersetzung von fettsaurem Kalk hochsiedende Schmieröle in genügenden Mengen entstehen und damit deren Bildung genügend geklärt sei.

Die Frage, auf welche Ursachen die für die Theorie der Erdölbildung so wichtige optische Aktivität des Erdöls zurückzuführen ist, ist noch unentschieden. P. Walden (Sitz. d. Russ. phys.-chem. Ges., April 1904, durch Chem.-Ztg. 1904, **28**, 574) ist der Ansicht, daß das Drehungsvermögen des Erdöls auf die Entstehung desselben aus pflanzlichem Material zurückzuführen sei, weil die in Betracht kommenden pflanzlichen Stoffe ebenso wie das Erdöl rechts, die tierischen Stoffe aber links drehen. Es steht aber, wie Engler bemerkt (Chem.-Ztg. 1906, **30**, 711) einerseits noch gar nicht fest, daß die pflanzlichen Öle und Fette in der Mehrzahl rechtsdrehend sind, anderseits kann die Rechtsdrehung des Erdöls die Summe aus einer Links- und einer überwiegenden Rechtsdrehung sein.

J. Marcusson (Chem. Rev. 1905, **12**, 1) führt die optische Aktivität des Erdöls auf dessen Gehalt an Derivaten des in allen Fetten sich findenden und als normaler Bestandteil des tierischen und pflanzlichen Plasmas anzusehenden Cholesterins bzw. Phytosterins zurück und stützt seine Ansicht experimentell dadurch, daß er aus Oleïnen durch Abscheidung der unverseifbaren Stoffe künstliches, rechtsdrehendes Mineralschmieröl gewinnt. Gleichzeitig zeigt er, daß man durch Destillation aus dem an sich linksdrehenden Cholesterin rechtsdrehende Derivate erhält. Daß Erdöl und diesem verwandte Produkte, wie Rakusin (Chem.-Ztg. 1904, **28**, 505 u. 574) durch die Tschugajeffsche Reaktion und Marcusson (a. a. O.) an Erdöl, Montanwachs und Ichthyol durch die Liebermannsche Reaktion nachgewiesen haben, Cholesterinreaktionen zeigen, ist allerdings kein Beweis für die anderweitig besser gestützte Cholesterintheorie, da nach Charitschkoffs Versuchen diese Reaktionen auch bei synthetischem, cholesterinfreiem Erdöl erhalten werden.

Erdöl selbst ist rechtsdrehend; einige linksdrehende Fraktionen natürlicher Erdöle verwandelte Engler mit seinen Schülern durch Erhitzen auf 340—350° in rechtsdrehende Stoffe, ähnlich wie nach Marcusson das linksdrehende Cholesterin durch Erhitzen rechtsdrehende Destillate gibt.

Das Drehungsvermögen der Erdöle ist selten höher als 1 Sacch.-Grad (200-mm-Rohr). Die unter 200° siedenden Fraktionen sind nach Engler meistens inaktiv, bei den höher siedenden nimmt die Aktivität im allgemeinen zu, bis bei der Fraktion

250—300°, erhalten unter 12—15 mm Druck, ein Maximum erreicht wird, worauf die Aktivität in den höheren Fraktionen wieder sinkt. Die höchsten von Engler und seinen Schülern beobachteten Drehungen hochsiedender Erdölfraktionen betrugen bis zu + 25°.

Im allgemeinen zeigen die russischen, galizischen, rumänischen und deutschen Öle stärkere Aktivität als die nordamerikanischen, besonders die pennsylvanischen. Da auch die Cholesterindestillate die höchste Rechtsdrehung in denjenigen Siedegrenzen zeigen, wo auch die Erdöldestillate ihre Höchstdrehung haben, so scheint auch hierin ein Hinweis auf Cholesterinderivate als Träger der optischen Aktivität der Erdöle zu liegen.

C. Neuberg (Chem.-Ztg. 1905, **29**, 1045) glaubt, daß die optische Aktivität des Erdöls durch den Gehalt desselben an Spaltungsprodukten von Proteïnstoffen verursacht werde. Die aus letzteren bei der Verwesung zunächst gebildeten Aminosäuren sollen durch desamidierende Hydrolyse in stickstoffreie Fettsäuren (Essigsäure bis Kapronsäure) übergehen, die z. T. optisch aktiv sind. Nach Marcusson ist diese Erklärung wegen der Wasserlöslichkeit der erwähnten Fettsäuren wenig wahrscheinlich; diese müßten ebenso wie Glyzerin durch das überall vorhandene Wasser fortgewaschen sein, im übrigen könnten aus ihnen wegen des niedrigen Molekulargewichts nur die wenig aktiven, niedrig siedenden Anteile des Erdöles (Benzin und Petroleum) entstanden sein.

Später zeigte Neuberg, daß die desamidierenden Zersetzungsprodukte des Eiweißes, nämlich die Kapronsäure, die Valeriansäure usw., mit optisch aktiven Fetten, z. B. Trioleïn, oder mit höheren Fettsäuren, wie Ölsäure, unter Druck oder unter Kalkzusatz trocken destilliert, hochsiedende rechtsdrehende (α_D = + 0,5 bis + 1,7) Kohlenwasserstoffe geben. Nach Marcusson (Chem.-Ztg. 1908, **32**, 30) erreicht aber die Aktivität dieser Kohlenwasserstoffe bei weitem nicht diejenige der entsprechend hochsiedenden Körper aus Erdöl, während aus den unverseifbaren Anteilen (α_D = + 15°) des Wollfettoleïns, also bei Gegenwart von Cholesterinderivaten, durch Druckdestillation im Knierohr optisch aktive Naphtha (α_D = + 5,15°) von 80° Siedebeginn, 36% Petroleumfraktion (+ 1,50 Drehung) und 50% Schmierölfraktion erhalten wurde. Der genannte Autor nimmt hiernach an, daß die leichten Anteile des Erdöls vorwiegend sekundär aus den schweren Schmierölanteilen entstanden sind. Dieser Annahme tritt auch Engler, der die Schmieröle als sekundär durch Polymerisation leichterer Anteile entstandene Körper ansah, bis zu einem gewissen Grade später bei, wie er auch im Cholesterin das Hauptursprungsprodukt der optischen Aktivität des Erdöls erblickt, während er den Eiweißspaltungsprodukten in dieser Beziehung, wie Marcusson, mehr eine nebengeordnete Rolle zuspricht. In der Tat sprechen die von beiden genannten Autoren bisher festgestellten Befunde trotz der an sich sehr interessanten Feststellung Neubergs an den Eiweißabbauprodukten in quantitativer Hinsicht mehr dafür, daß Cholesterin aus tierischem Fett bzw. Phytosterin aus Pflanzenfett das Hauptmaterial für die optisch aktive Substanz des Erdöls geliefert hat.

Bei Nachprüfung des Hinweises von Zaloziecki und Klarfeld auf die geringe oder fast verschwindend kleine optische Aktivität der hellen leichten galizischen Erdöle und die hohe Aktivität der schweren dunklen Öle gleichen Ursprungs weist Marcusson darauf hin, daß erstere Öle nach Rakusins Feststellungen sich auf sekundärer Lagerstelle finden und wahrscheinlich im Sinne der Filtrationstheorie von Day aus dem dunklen Öle unter Hinterlassung der schweren, optisch stark aktiven Bestandteile entstanden sind. In allen hellen Ölen neueren Ursprungs, nämlich in denjenigen von Surachany (Kaukasus), Montechino (Italien), Valleia (Italien) und Bitkow (Galizien) sind optisch inaktive Benzine (bis 150° siedend) in Mengen von 42—67% vorhanden.

Da ferner die bis 250° unter gewöhnlichem Druck siedenden Anteile der dunklen galizischen Erdöle auch nach Zaloziecki und Klarfeld ebenso optisch inaktiv wie die hellen Roherdöle sind, liegt nach Marcusson kein Grund vor, mit Zaloziecki und Klarfeld in Terpenen und Harzen das Ursprungsmaterial der optischen Aktivität der dunklen galizischen Erdöle zu suchen. Da das dem Cholesterin isomere Phytosterin ein normaler Bestandteil des pflanzlichen Plasmas ist, kann die Cholesterintheorie auch mit der Wittschen (Prometheus 1894, 349 u. 365) und Krämer- und Spilkerschen Annahme der Bildung von Erdöl aus Diatomeen und Algen überhaupt in Einklang gebracht werden.

Physikalische Prüfungen.

IV. Spezifisches Gewicht und Ausdehnungskoeffizient.

Das spez. Gewicht schwankt bei Roherdölen in sehr weiten Grenzen, nämlich zwischen 0,703 (Pennsylvanien) und 1,016 (Persien). Im einzelnen seien noch folgende Zahlen angeführt: 0,955 (Wietze, schweres Öl), Bakuöl hat spez. Gew. = 0,882, Ohioöl 0,887, ostgalizisches Öl 0,870, kalifornisches Öl bis zu 1,01, Texas 0,90—0,97, Canada meistens 0,80—0,90, Pennsylvanien 0,703—0,880.

Niedriges spez. Gewicht deutet auf hohen Gehalt an Benzin und Leuchtöl, ein hohes spez. Gewicht dagegen auf einen größeren Prozentsatz hochsiedender Fraktionen und Asphalt. Wenn das spez. Gewicht auch nur wenig Wert besitzt für die Feststellung der Herkunft eines Öles, so kann es doch für Öle bekannter Provenienz als Merkmal für die Klassifizierung herangezogen werden und hat im Handel seine große Bedeutung als Identitäts- und Vergleichsprobe, da die Bestimmung des spez. Gewichts die einfachste Prüfung zur Gewährleistung gleichmäßiger Öllieferung darstellt.

Die Bestimmung des Ausdehnungskoeffizienten der Rohöle ist von Bedeutung für die Umrechnung der bei beliebiger Temperatur bestimmten spez. Gewichte auf die Normaltemperatur von 15 oder 20^0 sowie für die Berücksichtigung der Expansion des Öles in den Lagerbehältern und den Destillierblasen.

Der Ausdehnungskoeffizient α beträgt bei pennsylvanischem Öl 0,000 840, bei russischem Öl 0,000 817, bei Wietzer Öl 0,000 647; er fällt also mit steigendem spez. Gewicht. Die Änderung des spez. Gewichts bei 1^0 Temperaturänderung ergibt sich aus Multiplikation des spez. Gewichts mit dem Ausdehnungskoeffizienten.

Tabelle 2.

Erdöl von	Spez. Gew.	$\alpha \times$ 1 000 000
Kanada	0,828	843
Schwabweiler	0,829	843
,,	0,861	858
Westgalizien	0,885	775
Walachei	0,901	748

Tabelle 3.

Ausdehnungskoeffizienten rumänischer Rohpetrole.

Öl von	Spez. Gew. bei 15°	α	Änderung des spez. Gew. für 1°
Baicoi	0,8310	0,000 864	0,000 7173
Câmpina	0,8375	0,000 823	0,000 6887
Bustenari (Telega).	0,8540	0,000 834	0,000 7116
Moreni	0,8690	0,000 850	0,000 7380
Tintea	0,9095	0,000 735	0,000 6676

Bestimmung des spez. Gew. und der Ausdehnungskoeffizenten s. S. 125 ff. bzw. 130 ff.

V. Spezifische Wärme.

(Literatur: Graefe, Petrol. 1907, 2, 521.)

Zur Bestimmung der Heizflächen in Reservoiren, in denen Öle oder Destillate usw. zur Abtrennung von Wasser vor ihrer Absendung erhitzt werden sollen, ist die Kenntnis der spezifischen Wärme der Ölfüllungen erforderlich. Die Heizflächen werden aus der Menge und spez. Wärme des Öles sowie dem Wärmeübertragungskoeffizienten des Metalls, aus dem der Heizkörper (Eisen) besteht, berechnet. Bei der Paraffingewinnung wird aus der zu verarbeitenden Menge paraffinhaltigen Öls, der spez. Wärme des abzukühlenden Öls, der Stärke der Abkühlung und der Erstarrungswärme des Paraffins (nach Graefe 39 Kal. pro kg) die Größe der Kühlmaschinen ermittelt.

Nach Graefe eignet sich zur Bestimmung der spez. Wärme von Ölen die Verbrennung von Substanzen von bekannter Verbrennungswärme in der Hempelschen Kalorimeterbombe, deren Kalorimetergefäß statt mit Wasser mit dem zu prüfenden Öl gefüllt ist (Langbein, Zeitschr. f. angew. Chem. 1900, **13**, 1227, 1259; s. a. S. 21).

Als Verbrennungskörper werden getrocknete, aus reiner Zellulose bestehende Absorptionsblöcke von Schleicher und Schüll mit einem Verbrennungswert von 4175 Kal. (Langbein 4185) benutzt. und zwar nur 0,41—0,43 g Zellulose, damit nicht mehr als 2,0—2,5° Temperaturerhöhung im Kalorimetergefäß stattfindet.

Beispiel: Braunkohlenteerbenzin.

Spez. Gew. 0,810 (Sp. = 132—195°).

Zellulose 0,4085 g; T. = Temperaturanstieg 2,400°.

Also 0,4085 · 4175 Kal. = 1710 Kal. angewandt.

Da die Armatur des Kalorimeters bei 1° Temperaturerhöhung 377 Kal., also bei 2,4° T. = 905 Kal. aufnimmt, so kommen auf die Erwärmung des Öls nur 1710—905 = 805 Kal. auf 2,4°, also auf 1° = 336 Kal., welche 0,810 kg Öl, mit dem das Kalorimeter gefüllt ist, erwärmen, mithin kommen auf 1 kg Öl = $\frac{336}{0,810}$ = 415 Kal. pro Grad, d. h. die spez. Wärme ist 0,415.

Graefe ermittelte nach diesem Verfahren folgende spez. Wärmen: Öle aus Braunkohlenteer (Solaröl) 0,419, Gasöl 0,416, Paraffinöl (Sp. 220—300°) 0,433; Benzol 0,438, Deutsches Petroleum 0,452, Schweres Paraffinöl 0,453, Wietzer Rohöl 0,403, amerikan. Benzin 0,487, galizisches Leuchtöl 0,473, russisches Leuchtöl 0,451, amerikanisches Leuchtöl 0,455.

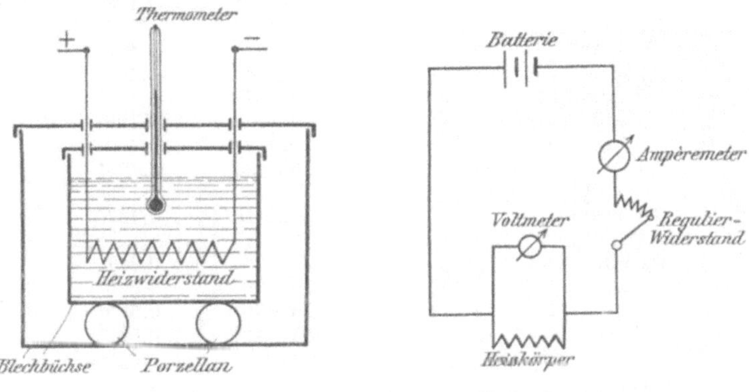

Fig. 1a. Fig. 1b.

Zur Bestimmung der spez. Wärme von Ölen eignet sich auch nachstehend angeführte Methode auf elektrischem Wege (vgl. Kohlrausch, Lehrbuch der praktischen Physik, 1910, S. 197).

Das zu untersuchende Öl befindet sich in einer blanken Blechbüchse, die wieder auf Porzellan in einer gleichartigen, etwas größeren Büchse steht. Zur Erwärmung des Öls schickt man einen Strom durch ein spiralig aufgewundenes Nickelinband, das den Vorteil hat, bei Temperaturschwankungen seinen Leitungswiderstand nur äußerst wenig zu ändern. Eine mechanische Rührvorrichtung befördert den Wärmeaustausch im Öl. Die Versuchsanordnung und die Einrichtung des Apparates geht aus den nebenstehenden Skizzen Fig. 1a und 1b hervor.

Die spez. Wärme c ist dann zu berechnen aus der Flüssigkeitsmenge (m), dem Wasserwert des Gefäßes (w), der Zeit der Erwärmung (z) um t Grad, der Stromstärke (i) und dem Widerstand (r) des Heizkörpers.

Die vom Strom in 1 Sek. erzeugte Wärmemenge ist gleich $0{,}239 \cdot i^2 r$ Kal., diese muß gleich sein der vom Öl aufgenommenen Wärmemenge; es ergibt sich also für die Berechnung die Formel

$$(m \cdot c + w)\, t = 0{,}239 \cdot i^2 r \cdot z$$

$$c = 0{,}239 \cdot \frac{i^2 r \cdot z}{m \cdot t} - \frac{w}{m}.$$

Spez. Wärme von Erdöl und Erdölprodukten.

Petroläther	bei	-190^0	0,4518
,,	,,	100^0	0,4446
,,	,,	0^0	0,4194
Petroleum	,,	$21-58^0$	0,511
,,	,,	$18-99^0$	0,498
Rohöle:			
Japan	spez. Gew.	0,862	0,453
Pennsylvanien	,,	0,810	0,500
Rußland	,,	0,908	0,435
Kalifornien	,,	0,960	0,398
Bustenari	,,	0,8424	0,4625
Campina 0,8 % Paraffin	,,	0,8694	0,4667
Campina 3,2 % Paraffin	,,	0,8548	0,4675
Paraffin, fest	bei	$-20-3^0$	0,377
,, ,,	,,	$-19-20^0$	0,525
,, ,,	,,	$25-30^0$	0,589
,, ,,	,,	$35-40^0$	0,622
,, flüssig	,,	$52{,}4-55^0$	0,700

Spez. Wärme von Fettsäuren, Fetten und Wachsen s. S. 409.

Die Physikalisch-Technische Reichsanstalt ermittelte[1]) die spez. Wärme von Petroleumfraktionen zu 0,49—0,55, von Spindelöl zu 0,46, von Fraktionen 201—295^0 aus schwerem Wietzer Rohöl (spez. Gew. 0,934) zu 0,48—0,49, von schweren Residuen und Zylinderölen (spez. Gew. 0,958—0,964) zu 0,48—0,50.

Je wasserstoffreicher ein Öl ist, umso höher, je kohlenstoff- und sauerstoffreicher es ist, umso niedriger ist seine spez. Wärme. In sehr guter Übereinstimmung mit dem Versuch kann man die spez. Wärme der Öle aus ihrer Elementarzusammensetzung gemäß der Koppschen Regel berechnen, welche besagt, daß die Molekularwärme gleich der Summe der Atomwärmen ist. Dabei ist es nicht einmal erforderlich, die Größe des Moleküls selbst zu kennen, man braucht nur die Prozentzahlen für Kohlenstoff, Wasserstoff und Sauerstoff durch die Atomgewichte zu dividieren

[1]) Für die Internation. Bohrgesellschaft in Erkelenz.

und diese Quotienten mit den Atomwärmen (C = 1,8, H = 2,3 und O = 4,0) zu multiplizieren. Die Summe aller dieser Produkte ist der 100fache Betrag der spez. Wärme.

VI. Verdampfungswärme (Vw.).

Die Bestimmung dieser Konstante wird bei der Einrichtung des Destillationsbetriebes für Feststellung der Heizanlagen, der Kühlergrößen und der Kühlerwassermengen nötig, wenn nicht, wie es meistens der Fall ist, nach Erfahrungsgrundlagen gearbeitet wird. Die „Verdampfungswärme" bedeutet diejenige Wärmemenge, welche zur Überführung von 1 kg der zu prüfenden Flüssigkeit von der Siedetemperatur in 1 kg Dampf von der gleichen Temperatur erforderlich ist. Unter „totaler Verdampfungswärme" versteht man die Wärmemenge, die man 1 kg Flüssigkeit von Zimmerwärme zuführen muß, um sie in Dampf von der Temperatur des Siedepunktes zu verwandeln.

Zur Bestimmung dient der Apparat Fig. 2 (S. 18) von v. Syniewski (Ztschr. f. angew. Chem. 1898, **11**, 621), verbessert in der Physikalisch-Techn. Reichsanstalt[1]).

Die im Kolben *A* entwickelten Dämpfe gelangen durch *a b* nach dem doppelwandigen Gefäße *c* und von dort unter dem Glockenstopfen *z* hinweg nach dem Kalorimeter, und zwar in das mit einer Metallrohrschlange *e* versehene, in das Kalorimeterwasser eingetauchte Kondensationsgefäß. Das Rohr *b* ist in dem weiteren Rohre *a* so angeordnet, daß es fast auf seiner ganzen Länge von den heißen Dämpfen umspült ist. Hierdurch wird eine vorzeitige Kondensation wirksam verhindert. Das schräg abgeschliffene Ende von *b* liegt an der Wandung von *c* an, um einer Tropfenbildung, die leicht ein Hinüberschleudern von bereits verdichteter Flüssigkeit in das Kalorimeter zur Folge hat, vorzubeugen. Vor Beginn der kalorimetrischen Messung hält man das Kondensationsgefäß durch den Stopfen *z* geschlossen, bis alle Teile des Apparates, besonders das Gefäß *c*, hinreichend vorgewärmt sind, und die in ihm kondensierte Flüssigkeit durch das Rohr *d* gleichmäßig abfließt. Will man die Verdampfungswärme einer höheren als der zuerst übergehenden Fraktion bestimmen, so läßt man die Dämpfe zuvor so lange durch den Kühler streichen, bis das Thermometer *t* die gewünschte Anfangstemperatur der Fraktion anzeigt. Dann läßt man sie unter Lüftung des Stopfens *z* in das Kondensationsgefäß des Kalorimeters treten, wo sie ihre

[1]) Mit Erlaubnis genannter Anstalt nebst einigen für die Internationale Bohrgesellschaft in Erkelenz ermittelten Versuchsergebnissen bereits in der III. Aufl. 1909 beschrieben.

Wärme an etwa 1200 g Wasser abgeben. Um eine hinreichende Menge Dämpfe in den Kühler oder in das Kalorimeter zu bringen, muß man sie mit einem geringen, wenige mm Quecksilber betragenden Unterdruck hindurchsaugen. Zu dem Zwecke kann eine Wasserstrahlpumpe mit Hilfe des Dreiwegehahnes entweder an den Kühler oder an das Kondensationsgefäß angeschlossen werden. Der Druckregler *f*, der aus einer einfachen, mit Wasser gefüllten Flasche besteht,

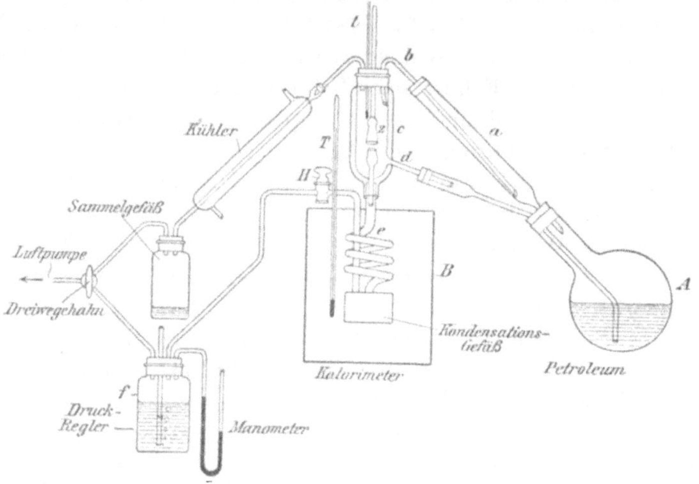

Fig. 2.

dient dazu, den Unterdruck bei unregelmäßigem Arbeiten der Luftpumpe nicht über eine gewisse, durch die in das Wasser eintauchende Glasröhre einstellbare Höhe anwachsen zu lassen. Es empfiehlt sich, vor der eigentlichen Messung unter Abschluß des Hahnes *H* die Luftpumpe so zu regulieren, daß aus der Tauchröhre in langsamem Tempo Luftblasen austreten. Sodann wird der Stopfen *z* und unmittelbar darauf der Hahn *H* geöffnet.

Die Temperaturen des Wassers und der Dämpfe werden durch die Thermometer *T* und *t* gemessen. Man läßt die Dämpfe aus *A* so lange in das Kalorimeter übergehen, bis die Temperatur in *c* um etwa 20° angestiegen ist. Dann wird das Evakuieren eingestellt, der Zutritt zum Kalorimeter mittels *z* verschlossen, der ganze Destillationsapparat vom Kalorimeter entfernt und die Menge der überdestillierten Fraktion durch Wägung des Kondensationsgefäßes ermittelt. Man gibt in den Destillationskolben zu Anfang des Versuches etwa ½ L des zu prüfenden Öles; die überdestillierten Fraktionen werden nach erfolgter Wägung für die Bestimmung der spezifischen Wärme reserviert.

Die von der P.T.R. ermittelten totalen Verdampfungswärmen wurden bei den im Kapitel V, Spez. Wärme, genannten Erdölprodukten zu 130—190 Grammkalorien ermittelt.

Der Bericht der P.T.R. macht darauf aufmerksam, daß die hochsiedenden Öle während der Destillation durch Zersetzung usw. Veränderungen erleiden, die eine genaue Bestimmung der Verdampfungswärme unmöglich machen.

Die Verdampfungswärme steigt im allgemeinen mit fallendem Siedepunkt der Erdölfraktionen bei gleicher Kohlenwasserstoffreihe, sie ist z. B. bei der Fraktion 110 bis 130° von galizischem Erdöl 63,5, bei der Fraktion 170—190° nur 60. Wenn sie bei höheren Fraktionen von 230—250° wieder auf 62,5 ansteigt, so dürfte dies vielleicht auf Zersetzung der Destillate zurückzuführen sein.

Schneller zum Ziele führt eine von Graefe beschriebene Methode (Petrol. 1910, 5, 569), bei welcher die Verdampfungswärme aus dem Molekulargewicht und den Siedegrenzen rechnerisch ermittelt wird. Trouton hat für chemisch einheitliche Körper festgestellt, daß bei äquimolekularen Mengen der Quotient aus Verdampfungswärme und abs. Siedetemperatur (T) eine Konstante ist, und zwar etwa = 20. Obwohl nun die Mineralöle einerseits keine chemischen Individuen sind, anderseits auch keinen konstanten Siedepunkt besitzen, vermag man doch die Troutonsche Formel auf sie anzuwenden, wenn man für Molekulargewicht und Siedepunkt mittlere Größen bestimmt. Es ist dann die Verdampfungswärme:

$$W = \frac{20\,T}{M}.$$

Das mittlere Molekulargewicht eines Öles wird in der Weise ermittelt, daß man in einer gewogenen Menge (s) technischer Stearinsäure, deren Gefrierpunktskonstante k durch einen Vorversuch mit einem Körper von bekanntem Molekulargewicht festgestellt wurde, eine bestimmte Menge (o) Öl auflöst und die Gefrierpunktserniedrigung t mißt; dann ist

$$M = \frac{o \cdot 100 \cdot k}{s \cdot t}.$$

So ergaben sich folgende mittlere Molekulargewichte:

Tabelle 4.

Braunkohlenteeröle	Spez. Gew.	Mol.-Gew.
Leichtrohöl	0,883	113
Schwerrohöl	0,905	158
Gasöl	0,890	158
Leichtes Paraffinöl	0,920	190

Zu ähnlichen Resultaten wie Graefe kommt auch Charitschkoff (Physikalische Untersuchung des Erdöls), der nach der Hofmannschen Dampfdichtemethode (unter gleichzeitigem Integrieren) die Molekulargewichte berechnete.

Zur Bestimmung des mittleren Siedepunktes wird das Öl im Englerapparat kontinuierlich destilliert (s. S. 32) und die Siedegrenzen von 10 zu 10% festgestellt. Das arithmetische Mittel dieser Temperaturen ergibt den mittleren Siedepunkt. Bei einem Leichtrohöl erhielt Graefe folgende Zahlen:

Destillat	Siedebeginn	10%	20%	30%	40%
Temperatur . . .	124	173	184	192	201

Destillat	50%	60%	70%	80%	90%	98%
Temperatur . . .	210	221	234	255	285	300

Daraus folgt: mittlerer Siedepunkt = 216° C = 489° abs. T.

Unter Benutzung der Troutonschen Formel berechnet sich die Verdampfungswärme des untersuchten Leichtrohöls

$$W = \frac{20\,T}{M} = \frac{20 \cdot 489}{113} = 86{,}5.$$

Zur Berechnung der totalen Verdampfungswärme kommt hierzu noch die Wärme, die zur Erwärmung des Öles von Zimmertemperatur (25°) auf den mittleren Siedepunkt (216°) erforderlich ist, was bei der spez. Wärme des Öles von 0,43 den Betrag $0{,}43 \cdot (216-25) = 82$ Kal. ausmacht; hiernach beträgt die totale Verdampfungswärme $86{,}5 + 82 = 168{,}5$ Kal. Da bei diesem Öl die Erwärmung bis auf den Siedepunkt fast ebenso viel Wärme verbraucht wie die eigentliche Überführung in Dampfform (bei anderen Ölen ist dies Verhältnis noch ungünstiger), so geht hieraus unmittelbar die eminent praktische Bedeutung der Vorwärmung der Öle vor dem Destillationsvorgang hervor.

Tabelle 5.

Verdampfungswärmen.

	Kp.	Temperatur des Dampfes °C	Vw.
Schwerbenzin, spez. Gew. 0,743	91—95	91—95	79,6
Heptan . . . . (Landolt-Börnstein. S. 838—842)	98	98	74
Hexan. . . . . (Landolt-Börnstein. S. 838—842)	68	68	79,4
Dekan. . . . . (Landolt-Börnstein. S. 838—842)	173	159	61
Hexamethylen . (Landolt-Börnstein. S. 838—842)	80,9	68—70	87

VII. Heizwert.

Rohöle werden im Dieselmotor als Treibmittel, als Heizstoff unmittelbar auch dann benutzt, wenn sie nicht zu feuergefährlich sind und im Preis niedrig stehen, so daß sie mit der Kohle konkurrieren können. Für solche Zwecke ist alsdann die Bestimmung des Heizwerts, d. h. der beim Verbrennen von 1 kg Öl entwickelten Kalorien erforderlich. Für die Bestimmung des Heizwertes (s. a. S. 109) sind verschiedene Apparaturen in Gebrauch. Im folgenden sei die von Kroeker verbesserte Berthelot-Mahlersche Kalorimeterbombe

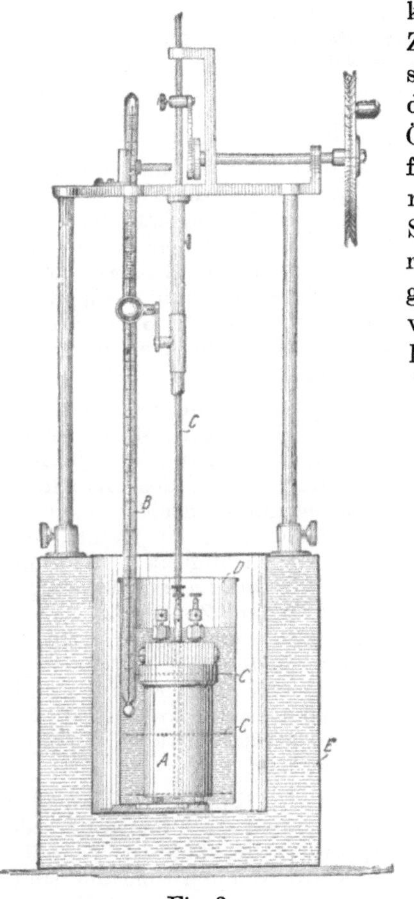

Fig. 3.

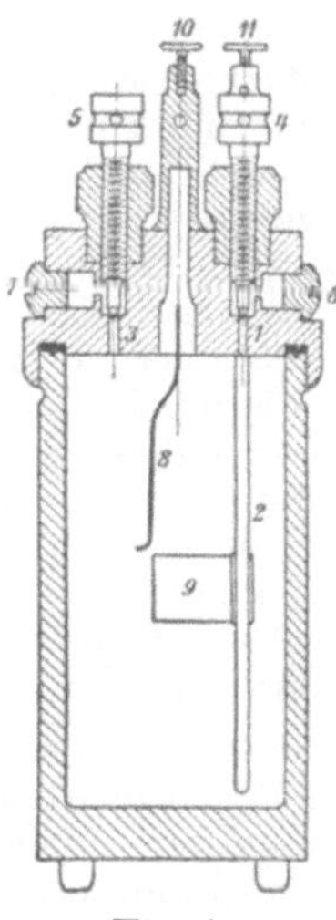

Fig. 4.

(Fig. 3 und 4) beschrieben, die sich für wissenschaftliche und technische Zwecke sehr gut bewährt hat (s. a. Hinrichsen, Das Materialprüfungswesen, S. 388).

Das Kalorimeter (Fig. 3) besteht aus der innen emaillierten oder platinierten Verbrennungsbombe *A*, einem in $^1/_{50}$ oder $^1/_{100}{}^0$ geteilten

Thermometer *B*, dem Rührer *C*, dem eigentlichen Kalorimetergefäß *D* und einem aus Eichenholz oder einem doppelwandigen, mit Wasser gefüllten kupfernen Kessel bestehenden Isoliermantel *E*. Die Bombe (Fig. 4) besteht aus einem vernickelten, mit fest verschraubbarem Deckel versehenen Stahlgefäß, welches etwa 300 ccm faßt. Der Deckel trägt in der Mitte eine Verstärkungsleiste, durch welche die Gaszu- und -ableitungskanäle gelegt sind. Den Kanal 1, fortgesetzt durch das fast bis auf den Boden reichende Platinrohr 2, benutzt man zum Einleiten des Sauerstoffs, den Kanal 3 zum Ableiten der Verbrennungsgase. Beide Kanäle sind durch die Ventilschrauben 4 und 5 verschließbar. Will man die in der Bombe befindliche Luft austreiben, so öffnet man beim Einleiten des einer Sauerstoffflasche zu entnehmenden Sauerstoffs einen Augenblick die zweite Ventilschraube 5. Bevor man die Bombe in das Wassergefäß stellt, sind die seitlichen Leitungskanäle im Deckel durch die Schrauben 6 und 7 zu schließen. Durch die Mitte des Deckels führt der isolierte Platin-Poldraht 8; über dessen unteres Ende wird der Zünddraht geschlungen, der andererseits die im Platinkästchen 9 befindliche Substanz und das Kästchen berührt. 10 und 11 sind kleine Schrauben zum Festklemmen des elektrischen Leitungsdrahtes.

Zum Zünden benutzt man entweder einen 5—6 cm langen und 0,1 mm starken Eisendraht, der genau abzuwägen ist, da er zu Eisenoxyd mitverbrennt; oder aber man benutzt einen 0,1 mm starken Platindraht, bei dessen Benutzung die für den Eisendraht anzubringende Korrektur fortfällt, da er nur in der Mitte durchschmilzt, aber nicht verbrennt. Nachdem man die Bombe und den Deckel von jeder Spur anhaftender Feuchtigkeit befreit hat, wird 1—1,5 g der zu untersuchenden Substanz (genau abgewogen) in dem Platinkästchen mit dem befestigten Zünddraht in die Bombe gesetzt, diese verschlossen und mit Sauerstoff von 20—25 Atm. gefüllt. Man setzt sie dann in das Kalorimetergefäß, das mit einer gewogenen Menge Wasser (2000—2200 g) von Zimmerwärme gefüllt ist. Man wählt die Temperatur des Wassers zweckmäßig so, daß die nach der Verbrennung erhaltene Temperatur etwa so viel über Zimmerwärme ist wie vorher unter derselben.

Nachdem die Bombe einige Minuten im Kalorimeter gestanden hat, wird das Rührwerk in Gang gesetzt und die Temperatur jede Minute abgelesen. Wenn die Temperatur konstant ist, oder die Temperaturschwankungen während 8—10 Minuten konstant sind, (sogen. Vorversuch) wird der elektrische Strom von 8—10 Volt geschlossen. Hierdurch gerät der Zünddraht ins Glühen und leitet die Verbrennung der Substanz ein, die in der Atmosphäre des komprimierten Sauerstoffs eine vollständige ist. Das 2—3 Minuten nach erfolgter Zündung eintretende Temperaturmaximum (Hauptversuch) wird dann genau abgelesen, wonach die abfallende Temperatur noch 8—10 Minuten lang beobachtet wird (Nachversuch).

Das bei der Verbrennung entstehende Wasser, das auf Zimmerwärme abgekühlt wird, gibt hierbei Wärme an das Kalorimeter-

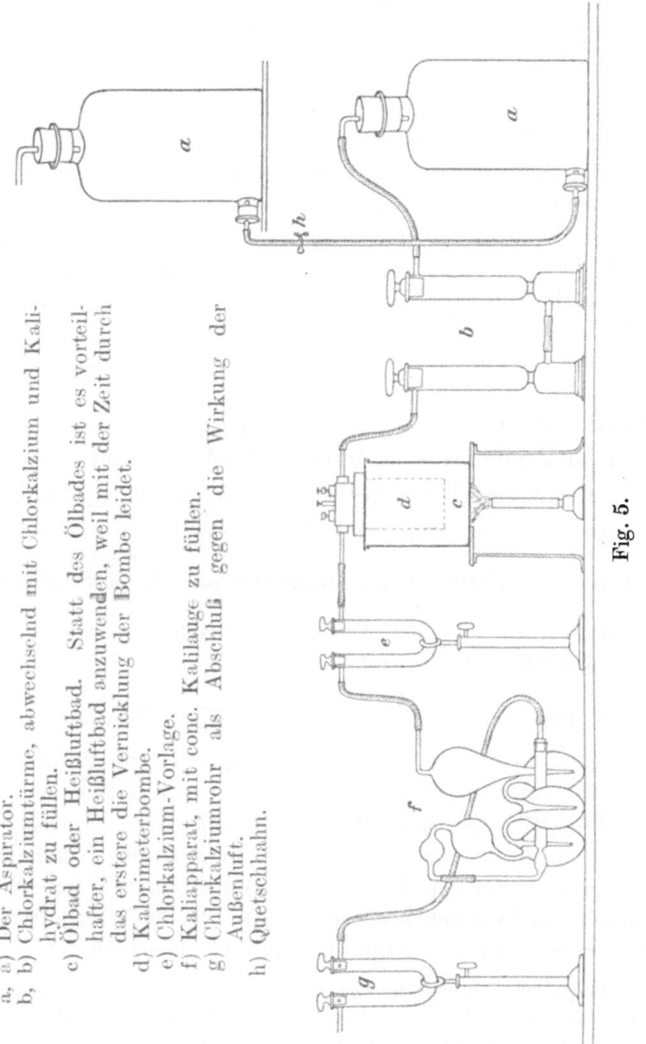

Fig. 5.

wasser ab, weshalb der aus der Ablesung direkt berechnete Heizwert zu hoch ausfallen würde. Deshalb schließt sich an die Prüfung immer eine quantitative Bestimmung des Verbrennungswassers an. Zu diesem Zwecke verbindet man Kanal 3 der Bombe mit einem genau gewogenen Chlorkalziumrohr und drückt nach vorsichtigem Öffnen der Ventilschraube 5 durch Kanal 2 einen Strom scharf getrockneter Luft durch die Bombe, die in einem Heißluft- oder Ölbad auf 105° erwärmt wird (Fig. 5 auf S. 23).

Korrekturen.

a) Für Wärmeaufnahme und -ausstrahlung.

Bei der kalorimetrischen Prüfung muß man gewisse Korrekturen anbringen, welche die wahre Temperaturdifferenz erst ergeben und die durch Wärmeaufnahme und -abgabe bedingten Fehler eliminieren. Die von Regnault-Pfaundler angegebene Formel zur Berechnung der Korrektionsgröße u' lautet:

$$u' = m\,v_\Delta + \left[\frac{n_\Delta - v_\Delta}{N - V}\left(\frac{H_1 + H_m}{2} + \sum_1^{m-1} H - m\,V\right)\right]$$

Hierin bedeutet: V mittlere Temperatur in dem Vorversuch, v_Δ Verlust an Temperatur pro Intervall des Vorversuchs, H Hauptversuch, N mittlere Temperatur im Nachversuch, n_Δ Verlust an Temperatur pro Intervall des Nachversuchs, m Anzahl der Temperaturbeobachtungen im Hauptversuch, $\sum_1^{m-1} H$ Summe aller Temperaturablesungen im Hauptversuch mit Ausnahme der ersten und letzten Notierung.

b) Für den Wasserwert des Kalorimeters.

Da die gesamte, bei der Verbrennung erzeugte Wärme nicht vom Thermometer angezeigt wird, sondern zum Teil vom Kalorimeter selbst (Bombe, Rührer, Wassergefäß, Thermometer) aufgenommen wird, so muß der Wasserwert des Kalorimeters vorher bestimmt werden. Man versteht darunter die Wärmemenge, ausgedrückt in Wärmeeinheiten (WE.), welche erforderlich ist, um die Temperatur der Apparatur um 1° zu erhöhen.

Die bequemste Methode zur Bestimmung dieser Größe besteht darin, eine gewogene Menge Substanz, deren Verbrennungswärme bekannt ist, im Kalorimeter unter gleichbleibenden Umständen wie später zu verbrennen; aus der auftretenden Temperaturerhöhung berechnet sich dann der Wasserwert nach dem unten angegebenen Beispiel. Als Normalsubstanz benutzt man Benzoësäure (6333 WE.) oder Rohrzucker (3957 WE.).

Beispiel:

Einwage (Benzoësäure)		0,8200 g
Zünddraht		0,0190 g
Gewicht des Wassers im Kalorimetergefäß		2000 g
Beobachtete Temperaturerhöhung des Kalorimeterwassers		2,201°
Berichtigung wegen Wärmeaustausch (u′)		0,009°
Berichtigte Temperaturerhöhung		2,210°
Erzeugte Wärmemenge durch Benzoësäure	6333 · 0,82 =	5193,06 WE.
Erzeugte Wärmemenge durch Eisendraht	1600 · 0,019 =	30,40 WE.
Erzeugte Wärmemenge insgesamt		5223,46 WE.
Erzeugte Wärmemenge für 1° Temperaturdifferenz		2364 WE.
Vom Wasser im Kalorimeter aufgenommene Wärme		2000 WE.
Wasserwert des Apparates		364 g

c) Für die Verdampfungswärme des Wassers.

Außer für den Wasserwert des Kalorimeters ist, wie oben angegeben, noch eine Korrektur für die Verdampfungswärme des Wassers anzubringen. Das bei der Verbrennung aus dem Wasserstoff der Substanz entstehende Wasser zieht mit den Rauchgasen in Dampfform ab, während es bei der Verbrennung in der Bombe kondensiert und auf Zimmerwärme abgekühlt wird, wobei es Wärme an das Kalorimeter abgibt. Für jedes Gewichtsprozent Wasser (bestimmt nach S. 23) beträgt die Korrektur 600 WE.

Unter Berücksichtigung aller dieser Korrekturen berechnet man den Heizwert nach folgendem Schema: Die Temperaturdifferenz (Hauptversuch — Vorversuch), vermehrt um die nach Regnault-Pfaundler berechnete Strahlungskorrektion u', multipliziert man mit dem Gewicht des erwärmten Wassers (Kalorimeterfüllung + Wasserwert des Kalorimeters). Von dem so erhaltenen Wärmewert bringt man in Abzug die Korrektion für den Zünddraht (bei Benutzung von z g Eisendraht = z · 1600) und dividiert die Differenz durch die angewendete Substanzmenge. Subtrahiert man von diesem Wert noch die Korrektur für die Wasserverdampfung (s. oben), so erhält man den Heizwert. Zwei Versuche mit demselben Brennstoff sollen höchstens eine Differenz von 20—25 WE. aufweisen.

Chemische Prüfungen.

VIII. Wassergehalt.

Die Rohöle enthalten fast immer mechanisch beigemengtes Wasser, dessen Absetzen besonders bei dicken Ölen sehr lange Zeit dauert, da der Durchmesser der Wassertröpfchen oft äußerst gering ist. Gleichzeitig vermögen die Öle Wasser, freilich in verschwindenden Mengen, zu lösen, wie durch eine Arbeit von Groschuff (Ztsch. f. Elektrochem. 1911, **17**, 348) gezeigt wurde. Diese Fragen spielen vor allem eine Rolle bei Transformatorenölen, die durch Wassergehalt an Isolationsfähigkeit einbüßen. Um Spuren Wasser in farblosen oder hellen Ölen nachzuweisen, kann die Blaufärbung beim Schütteln mit entwässertem Kupfersulfat nicht benutzt werden, da dies Reagens zu unempfindlich ist; feuchtes Petroleum oder Paraffinöl gibt gar keine oder kaum merkliche Blaufärbung. Um ein hochsiedendes Öl absolut wasserfrei zu erhalten, empfiehlt es sich, es längere Zeit auf 120° zu erwärmen und schließlich über flüssiger Kalium-Natrium-Legierung (3 : 1) im Vacuum zu destillieren; letztere Operation ist bei Transformatorenölen nicht angängig, da bereits bei gewöhnlicher Temperatur Veränderungen des Öls eintreten. Die in Öl gelösten Wassermengen betragen nach Groschuff (g Wasser in 100 g Lösung):

	Benzol	Petroleum	Paraffinöl
20°	0,061	0,006	0,003
50°	0,161	0,024	0,013
94°	—	0,097	0,055

Transformatorenöl löst etwa 3—5mal so viel Wasser wie reines Paraffinöl oder Petroleum und nur etwa ⅓ so viel wie Benzol.

Die quantitative Bestimmung des Wassers in Rohölen erfolgt in nachstehender Weise:

1. Eine gewogene Menge Rohöl (100 g, bei wasserreichen Ölen entsprechend weniger) wird unter Vorlegung eines graduierten, unten eng ausgezogenen Zylinders nach Hofmann-Marcusson im Ölbade mit Xylol, das vorher durch Schütteln mit Wasser gesättigt wurde, unter Zugabe von Bimssteinstückchen destilliert, bis etwa 80—90 ccm übergegangen sind. Die Menge des Wassers kann nach Ausspülen des inneren Kühlerrohres mit Xylol und Abstoßen der an der oberen Wandung des Zylinders haftenden Wassertropfen mit einem dünnen Glasstabe direkt in der etwas erwärmten Vorlage abgelesen werden (Fig. 6). Die Vorlage wird zweckmäßig durch ein aus Blech gefertigtes Gestell gehalten.

2. Für Fabrikbetriebe hat sich auch folgendes Verfahren seiner Bequemlichkeit und schnellen Ausführbarkeit halber bewährt: Man benutzt nach Wielezynski (Petrol. 1906, **2**, 285, s. a. Rosenthal, Chem.-Ztg. 1909, **33**, 1259) zur Abscheidung des Wassers von

dem Öl Zentrifugen, bei dickeren Ölen unter Verwendung eines mit Dampf geheizten Blechmantels. Und zwar sollen nach R. Albrecht in birnenförmigen, graduierten, unten stark verjüngten und oben verschließbaren Glasgefäßen 50 ccm des Rohöls in Mischung mit 50 ccm Benzin oder Benzol im Zentrifugalapparat mit einer Geschwindigkeit von 2—3000 Umdrehungen in der Minute zwei Minuten lang behandelt und dann die abgeschiedene Wasser- und Schmutzmenge in Prozenten abgelesen werden. Zu berücksichtigen ist nämlich, daß außer Wasser auch mechanische Verunreinigungen beim

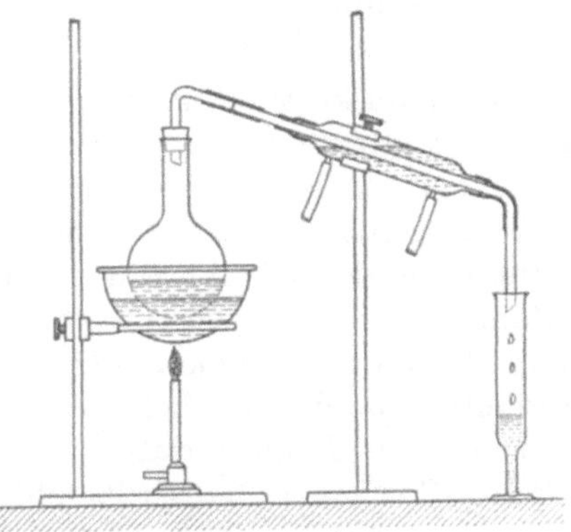

Fig. 6.

Zentrifugieren abgeschieden werden, daß die Trennung auch aus anderen Gründen (z. B. Paraffinausfällung) nicht immer scharf sein wird, und daß die Apparatur zu 1 natürlich leichter zu beschaffen und dabei zuverlässiger ist als die hier beschriebene.

IX. Mechanische Verunreinigungen und Salze.

a) Die qualitative Prüfung auf mechanische Verunreinigungen erfolgt durch Behandeln des Öles mit Benzol, in welchem sowohl die öligen als auch die asphaltartigen Stoffe löslich sind. 2 ccm des in der Probeflasche gut durchgeschüttelten Öles werden in 40 ccm Benzol gelöst und hierauf einige Stunden der Ruhe überlassen. Dann beobachtet man beim vorsichtigen Umkehren des Glases, ob sich am Boden ein Niederschlag abgesetzt hat.

b) Zur quantitativen Bestimmung werden 5—10 g durchgeschütteltes Öl, abgewogen aus einem Pipettewägegläschen nach Holde, in 100—200 ccm Benzol gelöst. Die über Nacht der Ruhe überlassene Lösung wird nach Ablassen etwa vorhandenen Wassers durch ein bei 105° bis zur Gewichtskonstanz getrocknetes, gewogenes Filter filtriert. Das Filter wird zunächst mit Benzol ölfrei gewaschen, sodann durch Waschen mit Wasser von Salzen befreit, deren Menge durch Eindampfen des wässerigen Auszuges bestimmt werden kann. Auf dem getrockneten (105°) Filter werden die mechanischen Verunreinigungen gewogen. Im Öl suspendierte Pech- und Asphaltteile werden hierbei nicht mitbestimmt, da sie in Benzol löslich sind; deren Bestimmung siehe S. 42.

X. Bestimmung der Ausbeute an Benzin, Leuchtpetroleum, Schmieröl usw.

Bei den Destillationsanalysen ist streng zu unterscheiden zwischen den für den Fabrikbetrieb ausgeführten, die dem im Betriebe jeweilig angewandten Verfahren sich so weit wie möglich anschließen müssen, und den Handelsanalysen. Erstere können in verschiedener Art ausgeführt werden, für die Handelsanalysen dagegen ist im Interesse der Gleichmäßigkeit der Ergebnisse Apparat und Verfahren genau festgesetzt (s. S. 32).

1. Für fabrikatorische Zwecke. Die Anordnungen der Laboratoriumsdestillation werden je nach Bedürfnis der einzelnen Fabriken, der Art des Rohmaterials, der im großen angewandten Destillation (Crack- oder Wasserdampfdestillation usw.) verschieden getroffen, wie man auch je nach der Destillationsart, z. B. nach der Höhe der Dephlegmatoren aus demselben Rohöl sehr verschiedene Mengen Benzin, Petroleum usw. erhalten kann. Wie wenig Laboratoriumsanalysen unter Umständen den Befunden des Großbetriebes entsprechen, hat Veith bei der Destillation von Bradford-Rohöl und von rumänischem Erdöl gezeigt (siehe Tab. 6).

Tabelle 6.

Rohöl von	Destillate	Im Laboratorium %	Im Betriebe %
Bradford	Benzin	10,5	10—12
	Petroleum	63,5	80
	Paraffinöl	17,0	2
	Koke u. Verlust	9,0	6—8
Rumänien	Benzin	15	10
	Petroleum	40—45	60

Es empfiehlt sich, für den Laboratoriumsversuch aus Glasretorten oder Metallretorten wenigstens ½ bis 1 kg Öl, anfänglich mit Wasserkühler später unter Luftkühlung der Dämpfe zu destillieren, die in bestimmten Abständen aufgefangenen Destillate (bis 150° Benzin, bis 300° Leuchtöl usw.) zu messen oder zu wägen und ihre Eigenschaften zu prüfen (s. S. 53 u. ff.). Die über 300° siedenden Schmierölanteile werden, wie im Fabrikbetrieb, auch bei der Probedestillation mit überhitztem Wasserdampf, nötigenfalls, z. B. bei schweren deutschen Ölen, unter gleichzeitiger Druckverminderung auf 300—400 mm, übergetrieben. Bei direkter Erhitzung würden diese Öle tiefgreifende Zersetzung unter Bildung leichtflüssiger, übelriechender Öle erleiden (s. S. 113).

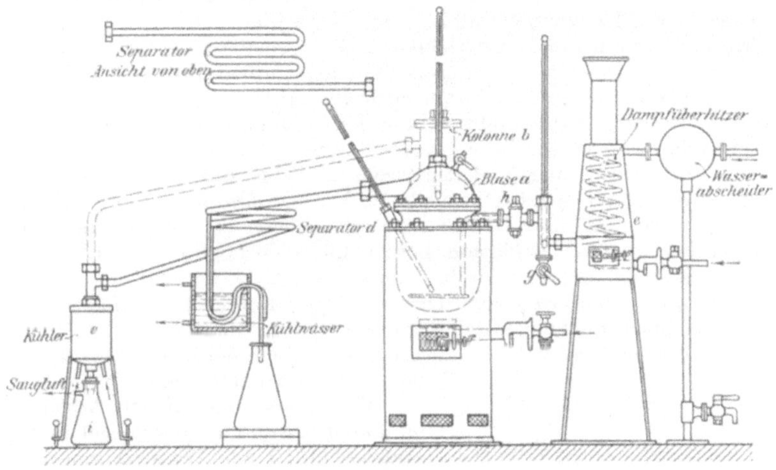

Fig. 7.

Bei der Wasserdampfdestillation bedient man sich nach Englers Vorschlag zweckmäßig der auch im großen vielfach benutzten Luftseparationskühlung, bei der die aus dem Destillationsgefäß übergetriebenen Öldämpfe durch Luftkühlung stufenweise in verschiedene Fraktionen, leichte und schwere Schmieröle, zerlegt werden.

Eine nach solchen Prinzipien zusammengestellte Apparatenanordnung zur Ausführung einer Rohöl- und Schmieröldestillation mit Wasserdampf und Vakuum im Laboratorium ist in Fig. 7 abgebildet.

Zunächst wird das Rohpetroleum, wenn nötig, durch längeres Erhitzen im Wasserbad nach Zusatz von gekörntem Chlorkalzium und späterem Filtrieren entwässert. Bei benzinhaltigen Ölen ist jedoch das Entwässern bei Zimmerwärme vorzunehmen und längeres Erwärmen zur Vermeidung von Ölverlusten zu unterlassen. 1—2 kg des entwässerten Öles werden in der mit dem Kolonnenaufsatz *b* versehenen Destillationsblase unter Vorlage des Wasserkühlers *c* so lange destilliert, bis die Temperatur der Dämpfe etwa 280° beträgt. Der Kolonnenaufsatz ist mit auf Ringen liegenden Metallrosten der ganzen Länge nach gefüllt. Das bis 150° siedende Destillat wird als „Benzin", das bis 280° siedende Destillat als „Petroleum" besonders aufgefangen. Dann wird die Kolonne und ihre Verbindung mit dem Wasserkühler *c* abgenommen, und der niedrigere Blasenhelm, welcher mit dem Separator *d* und dem Wasserkühler verbunden ist, aufgesetzt. Vorher wird der aus einem Landoltschen Dampfentwickler oder einem vorhandenen Dampfanschluß entnommene Wasserdampf in der mit Blechmantel umgebenen Kupferschlange *e* überhitzt, bis der Dampf durch das nach außen führende Ansatzrohr *g* wasserfrei, d. h. fast unsichtbar, ausbläst. Hierauf läßt man durch vorsichtiges Öffnen des Hahnes *h* den Dampf durch das kupferne Verbindungsrohr allmählich in die kupferne Destillationsblase einströmen. Das Dampfeinleitungsrohr soll bis auf den Boden der Blase reichen. Die mit Öl beladenen Wasserdämpfe streichen durch den Separator *d*. Der Dampf wird allmählich von 150° bis auf 250° gegen Schluß der Destillation, bei Zylinderölen noch höher überhitzt.

Im ersten Separatorabfluß verdichten sich die schwersten Öle, im zweiten leichtere usw. Die flüchtigsten, meistens infolge Zersetzung stark riechenden Öle werden erst durch den Wasserkühler *c* verdichtet und so, von den wertvolleren Schmierölen getrennt, in der Vorlage *i* aufgefangen.

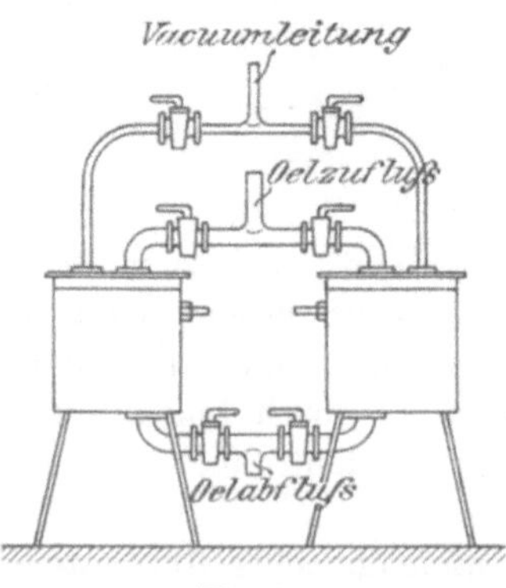

Fig. 8.

Will man, was bei den Arbeiten im Laboratorium in der Regel nicht erforderlich ist, mit Wasserdampf und gleichzeitig mit Vakuum arbeiten, so wird an die Vorlage *i* eine Wasserstrahlpumpe angeschlossen, während eine Abzweigung der Saugleitung nach den als Wechselvorlagen im Sinne der Fig. 8 ausgebildeten Auffanggefäßen des Separators geht.

Durch einen lebhaften Wasserdampfstrom werden die Öldämpfe möglichst schnell der zersetzenden Wirkung der heißen Blasenwandungen entzogen. Blase, Überhitzer usw. sind zur Vermeidung von Wärmeverlusten und strahlender Hitze mit Asbest zu umwickeln.

Die unter den Separatoren befindlichen Auffanggefäße werden bei der bloßen Dampfdestillation jedesmal dann gewechselt, wenn in der Konsistenz der Öle eine merkliche Veränderung eintritt.

An Stelle der beschriebenen Destillationsvorrichtung wird für die meisten Laboratoriumsbedürfnisse eine einfachere Anordnung (Fig. 9) mit Kupfer oder Glaskolben als Destillationsgefäß, vertikal stehenden Kupferseparatoren und drei Auslässen, entsprechend

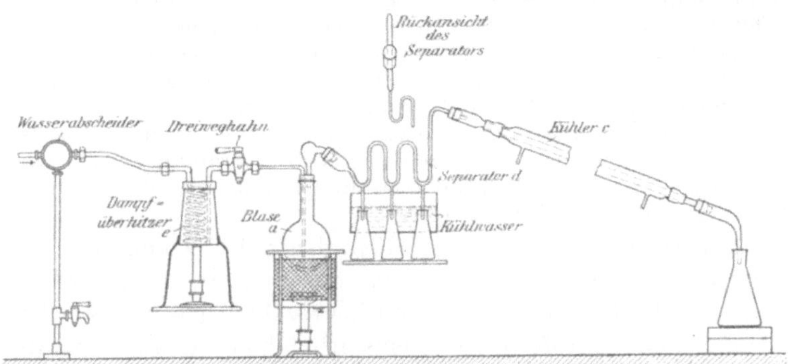

Fig. 9.

Englers Angaben (Verhandlungen des Vereins für Gewerbefleiß 1887, 683), genügen, wenn ohne Vakuum gearbeitet wird.

Die Dichtung der Korkverbindungen erfolgt durch Leinsamenmehl, das mit Wasser angerührt ist.

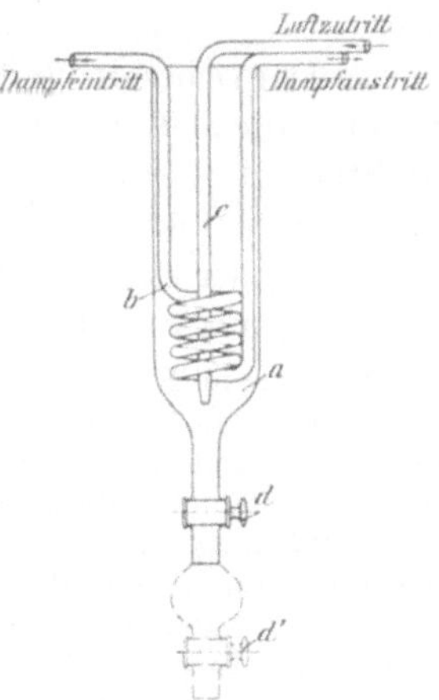

Fig. 10.

Die annähernd gleichflüssigen und annähernd gleiches spez. Gew. aufweisenden Fraktionen werden geordnet nach Siedegrenzen als Benzin-, Leuchtöl-, Gasölfraktion, Spindelöl-, Maschinenölfraktion zusammen aufgefangen, gewogen und zur Entfernung schlecht riechender ungesättigter Verbindungen sowie zur Aufhellung der Farbe je nach der Zähigkeit und Farbe des Öles mit 1—8 % konz. Schwefelsäure raffiniert.

Beim Nachwaschen der mit Schwefelsäure raffinierten Mineralöle mit Laugen und Wasser zeigen sich oft störende Emulsionen, welche im Laboratorium, wo die Öle gewöhnlich im Scheidetrichter gewaschen werden, schwierig zu überwinden sind. Die Waschungen müssen bei schweren Ölen heiß und unter starkem Schütteln erfolgen, damit sich das Öl möglichst gut von der Waschflüssigkeit trennt. Solche Arbeiten lassen sich in dem Gefäß (Fig. 10) bequem durchführen. Der Apparat besteht aus dem Waschgefäß *a*, welches mit Ablaßhahn *d**) versehen ist, der aus Aluminium oder gut gekühltem Glas gearbeiteten Dampfschlange *b* und dem gläsernen, zum Rühren der Flüssigkeiten durch ein Wasserstrahlgebläse dienenden Luftzuführungsrohr *c*. Um auch mit Säure in dem Apparat raffinieren zu können, ist seitlich unten am Gefäß zur Trennung des Öls von den Säureharzen noch ein Ablaßhahn anzubringen. Das Gefäß kann mit einem Deckel versehen werden, indessen sind schon bei der offenen Form des Apparates, wenn nicht zu hoch aufgefüllt wird, Verspritzungen nicht zu befürchten. Das Trocknen der gewaschenen Öle kann, wie in der Praxis, unter Durchleiten von Luft durch das stärker erhitzte Öl erfolgen.

Nach dem Raffinieren prüft man die Öle auf äußeres Verhalten, fe, fp, ep und Paraffingehalt (S. 45).

2. Für zoll- und handelstechnische Zwecke. Da verschiedene Laboratoriums-Destillationsapparate bei demselben Roherdöl erheblich abweichende Ausbeutezahlen geben, so werden für zolltechnische Abfertigungen einheitlich konstruierte Apparate vorgeschrieben, welche auch zur fraktionierten Destillation des Rohbenzins, des Leuchtpetroleums usw. benutzt werden.

Die zu destillierenden Ölproben müssen durch Behandeln mit Chlorkalzium und Filtrieren bei Zimmerwärme so weit von Wasser befreit sein, daß heftiges Stoßen der Masse vermieden wird.

a) Der Deutsche Verband für die Materialprüfungen der Technik und die J.P.K. empfehlen die kontinuierliche Destillation (an Stelle der früher noch vielfach ausgeführten diskontinuierlichen) unter Anwendung des in Fig. 11a bis 11c skizzierten Apparates, der eine von Ubbelohde und dem Verf. modifizierte Form der ursprünglichen Englerschen Anordnung darstellt.

Aus einem Engler-Kolben von 150 ccm Inhalt werden 100 ccm des zu prüfenden Öles destilliert. Der Kühler ist 60 cm lang. Als Siedebeginn gilt diejenige Temperatur, bei welcher der erste Tropfen vom Kühlerende abfällt. Als Endpunkt der Destillation gilt derjenige Wärmegrad, bei welchem der Boden des Destillierkolbens flüssigkeitsfrei erscheint oder weiße Dämpfe im Kolben auftreten. Es soll so schnell destilliert werden, daß in der Sekunde 2 Tropfen fallen. Ein an dem Stativ angebrachtes Sekundenpendel erleichtert die Regulierung der Destillationsgeschwindigkeit. Die Destillate werden in 6 in 0,2 ccm geteilten Reagenzgläsern, die an einem drehbaren Stativ befestigt durch ein Wasserbad von Zimmerwärme ge-

*) Der zweite Glashahn d′ kann dazu dienen, die beim Ablassen durch den oberen Hahn durchgegangenen kleinen Mengen Öl von dem Rest der Waschflüssigkeit zu trennen.

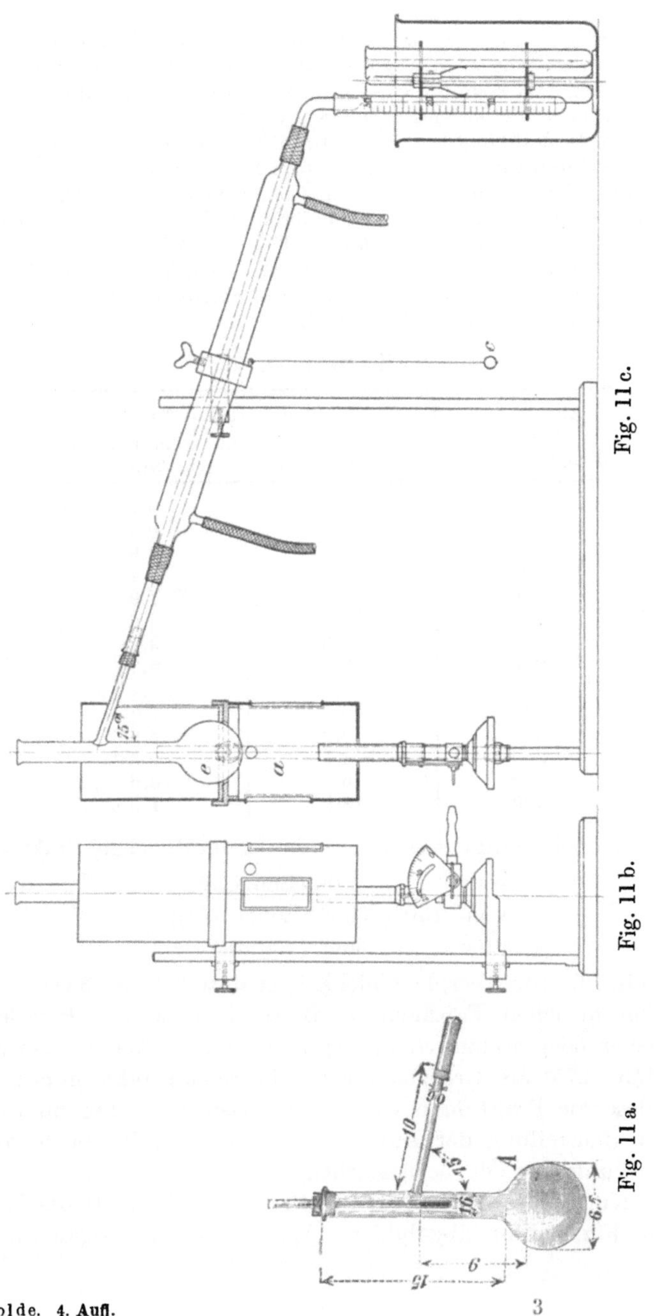

Fig. 11 c.

Fig. 11 b.

Fig. 11 a.

kühlt werden, aufgefangen. Sollen die einzelnen Fraktionen nicht getrennt untersucht werden, so genügt es, als Vorlage einen in halbe ccm geteilten Meßzylinder von 100 ccm Inhalt zu verwenden, in dem die Fraktionen fortlaufend abgelesen werden.

Beim Destillieren bis zu bestimmten Temperaturgrenzen sind die Korrekturen für den aus dem Dampf herausragenden Quecksilberfaden aus Tab. 7 durch Interpolation zu entnehmen, von der entsprechenden Temperatur zu subtrahieren und bei der so ermittelten Temperatur das Destillat abzulesen. Die von Wiebe (Petrol. 1912, 7, 1304) festgestellten Fadenkorrekturen sowohl für den gläsernen Englerkolben wie für den metallenen zollamtlichen Apparat (S. 35) sind in folgender Tabelle 7 angegeben.

Tabelle 7.

Abgelesene Siede-temperatur °C	Fadenkorrektur °C	
	im gläsernen Englerkolben	im zollamtlichen Metallapparat
60	0,8	0,2
80	1,6	0,5
100	2,3	0,9
120	3,1	1,4
140	3,9	1,9
160	4,9	2,6
180	5,9	3,4
200	7,2	4,3
220	8,7	5,4
240	10,3	6,6
260	12,2	8,0
280	14,1	9,3
300	16,3	10,6
320	18,8	11,9

Bei Rohölen und Petroleum werden in der Regel die Fraktionen

bis 150° (Benzine),
von 150°—300° (Leuchtöle),
über 300° (Schmieröle)

ermittelt (die für Teeröle übliche Destillation s. S. 332).

Von manchen Fabriken, z. B. solchen, welche Petroleum galizischen oder rumänischen Ursprungs verarbeiten, werden vielfach 150—275° als Grenzen für die Petroleumfraktion benutzt, weil diese die Fraktion besser charakterisieren. Man muß also bei der Beurteilung der Ausbeuten der Destillationsprobe auch die Herkunft der Öle berücksichtigen.

b) Nur für „zolltechnische Prüfung" ist in Deutschland der in Fig. 12—14 abgebildete Apparat noch vorgeschrieben

(s. a. Zentralblatt für das Deutsche Reich 1898, S. 279 und Mitteilungen 1899, **17**, 36).

Sämtliche Teile des Apparates, mit Ausnahme des Meßkolbens und der Bürette, sind in Metall gearbeitet und haben vorgeschriebene Abmessungen.

Im Destillierkölbchen *A* werden mittels regulierbaren Brenners, unter Mäßigung der

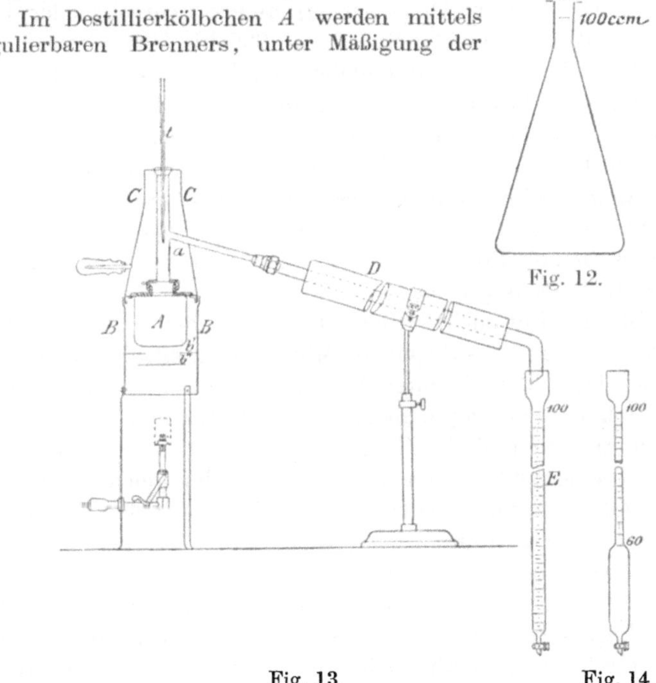

Fig. 12.

Fig. 13. Fig. 14.

Temperatur durch die zwischengeschobenen Bleche und Drahtnetze, 100 ccm Öl (Rohbenzin, Rohpetroleum usw.) so destilliert, daß von 120° bis 150° die Temperatur etwa 4°, von 150—320° 8—10° in der Minute steigt. Bei 320°, im Dampf gemessen (der Nullpunkt des Thermometers schneidet genau mit der oberen Korkfläche ab), wird die Destillation abgebrochen. Die Destillate werden in *D* gekühlt und in der Bürette *E* aufgefangen. Die bis 150° siedenden Teile gelten als Benzin.

Näheres über die Ausführung der Destillation siehe „Anleitung für die Zollabfertigung, Berlin 1906, Teil III, Abschn. 2, Nr. 37".

Der Apparat liefert gut vergleichbare Zahlen, die aber naturgemäß von den unter a) erhaltenen bei der gleichen Ölsorte erheblich abweichen. Es ist neuerdings beabsichtigt, die Reichsbehörden zu veranlassen, auch für zollamtliche Untersuchungen den gläsernen Destillationsapparat nach Engler-Ubbelohde (siehe vorstehend) zu benutzen.

Bei der Prüfung von Schmierölen wird nur bis 300° destilliert. Als Schmieröl werden die Öle dann verzollt, wenn bis 300° (oder bis 320° im Öl gemessen) nichts übergeht oder bei einem spez. Gew. eines Rohöls von > 830 bis 300° weniger als 70 Vol.-Proz. übergehen, anderenfalls wird das Öl als Leuchtpetroleum deklariert. Rohpetroleum von den vorbezeichneten Eigenschaften des Schmieröls wird nur dann mit dem Schmierölzoll von 10 M. (v. 6 M.) nach Nr. 239 des Zolltarifs belegt, wenn es über 50° entflammt (Abel) und höheres spez. Gew. als 885 bei 15° hat, oder wenn bei der fraktionierten Destillation von 150 bis 320° weniger als 40 Vol.-Proz. übergehen, oder wenn es einen höheren Paraffingehalt als 8% besitzt.

Als Benzin, Ligroin, Petroläther werden nach Anm. 2 und 3 zu Nr. 239 des Zolltarifs diejenigen Mineralöle zollfrei eingelassen, welche wenigstens 90% unter 150° siedende Anteile enthalten.

Bei Schmierölen empfiehlt Engler, die Destillation bis zum Schluß zu treiben und die Menge des im Kolben verbleibenden Kokerückstandes zu bestimmen, da dieser bei der gleichen Arbeitsweise bei Ölen von verschiedener Herkunft verschieden hoch ausfällt. Auf diese Prüfung wird jetzt wieder häufiger zurückgegriffen, obwohl die Ermittelung der Asphalt- und Pechstoffe (s. S. 42ff.), die zum Kokerückstand in naher Beziehung stehen, schärfer begrenzte Vergleichswerte gibt. Wie sehr die Kokebildung durch den Asphaltgehalt beeinflußt wird, zeigte Graefe (Petrol. 1908, **3**, 1131) bei zwei Ölen, die sich sehr ähnlich waren, im Asphaltgehalt jedoch wesentliche Unterschiede aufwiesen. In der gleichen Weise destilliert, ergab das Öl mit 5,6% alkoholätherunlöslichem Asphalt 4,8% Koke, das andere Öl mit 11,9% Asphalt jedoch 10% Koke.

Die mit den Apparaten a) und b) ausgeführten Destillationsanalysen weichen voneinander ab, weil der Hals des Kolbens als Dephlegmator wirkt und das Glas eine stärker abkühlende Wirkung auf die Dämpfe ausübt als das die Wärme des Kolbens besser leitende Metall. Dies zeigt sich darin, daß der Siedebeginn bei Petroleumproben im gläsernen Apparat z. B. 20—36° tiefer liegt als im Metallapparat (Wiebe, a. a. O.), ebenso sind die

Destillatmengen im Anfang der Destillation bei gleichen, im Dampf raum abgelesenen Siedetemperaturen daher erheblich verschiedene, während bei 300° die Unterschiede verschwinden. Die Unstimmigkeiten der beiden Methoden ergeben sich daraus, daß man bei den Siedeversuchen naturgemäß nur die Temperatur der abziehenden Dämpfe abliest, während die Temperaturen der siedenden Flüssigkeiten in beiden Apparaten solche Unterschiede nicht zeigen. Da die Temperaturen der siedenden Flüssigkeit meistens bedeutend höher sind als diejenige der Dämpfe, so treten besonders bei höheren Temperaturen, z. B. über 250°, Zersetzungen der sich im Kolbenhals verdichtenden, in die heißere Flüssigkeit zurückfließenden Dämpfe ein.

c) Dieser Mangel dürfte bei dem nachfolgenden Verfahren von Allen und Jacobs (Bureau of Mines, Washington, 1911, Bulletin 19), vermieden werden.

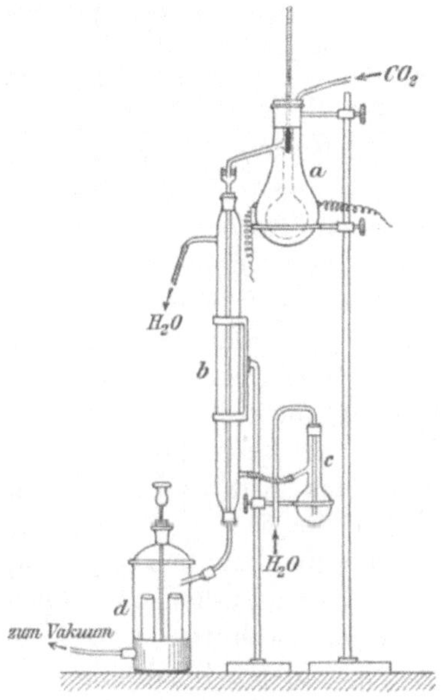

Fig 15.

Der Kolben *a* von 250 ccm Inhalt (Fig. 15) ist außen mit einem metallenen Widerstandsdraht umgeben, der zur elektrischen Heizung des Kolbens dient und auch um den Hals gewickelt ist, um Dephlegmation zu vermeiden; umgeben ist der so vorbereitete Kolben mit einer birnenförmigen Masse aus feuerfestem Material, das zur Wärmeisolation dient. Der im ganzen 60 cm lange Liebigkühler *b* ist vertikal gestellt, damit schwerere Destillate nicht zu lange darin verweilen; aus demselben Grunde wird das Kühlwasser im Kolben *c* schwach angewärmt, wenn die Destillate sehr viskos werden. Es wird so schnell destilliert, daß 1 Tropfen in der Sekunde übergeht. Man destilliert 200 ccm Rohöl von 25 zu 25° bis zu 325°, läßt dann die Temperatur auf 125° sinken, verbindet die Brühlsche Vorlage *d* mit der Wasserstrahlpumpe und destilliert nun bei 16—20 mm Druck abermals bis zu 325°. Die Destillate werden in Gewichtsprozenten angegeben; bei wasserhaltigen Ölen nimmt man die Destillation in einem langsamen Strom trockener Kohlensäure vor.

Der für die Heizung verwendete Widerstandsdraht ist ein Nickelchromdraht (60% Ni, 18% Cr, 22% Fe), der einen Widerstand von 0,00466 Ω für 1 m bei 20° besitzt. Man verwendet anfangs einen schwachen Strom, den man gegen Schluß bei 220 Volt bis auf 3,5 Amp. steigert. Der Temperaturunterschied am Boden des Kolbens und an dem seitlichen Abzugsrohr der Dämpfe beträgt bei dieser Art der Heizung maximal 10°, also wesentlich weniger als bei den Verfahren a) und b).

Die für den Heizkörper verwendete feuerfeste Masse besteht aus einem Gemisch von 100 Gewichtsteilen gepulverter Magnesia, 100 Siliziumdioxyd, 40 Asbest und 10 Natriumsilikat, das mit einer gesättigten wäßrigen Lösung von Magnesiumchlorid zu einer gleichmäßigen Paste angerieben wird.

Die Vorzüge der im vorstehenden beschriebenen Destillationsmethode dürften darin liegen, daß in ihr die Abkühlungen der Dämpfe im Kolbenhals und Zersetzungen der Destillate vermieden und größere Ölmengen zur Destillation benutzt werden. Man erhält also auf jeden Fall ein der wirklichen Zusammensetzung des zu prüfenden Öles eher entsprechendes Bild, was bei den vorher beschriebenen Apparaten, besonders bei dem gläsernen Apparat, nicht in gleichem Maße der Fall ist. Ein apparativer Vorzug ist auch die senkrechte Kühlerstellung und die Erwärmung des Kühlwassers bei schweren Destillaten. Dadurch werden die Siedegrenzen prompter ermittelt, da die Destillate schneller und bei allen Siedetemperaturen eher gleichmäßig schnell in die Vorlage fallen und abgelesen werden können.

Den erwähnten Vorzügen stehen größere Kompliziertheit und dementsprechend höherer Preis der Apparatur und wesentlich längere Zeitdauer des Arbeitens entgegen. Es wäre aber zu erwägen, ob nicht die unzweifelhaften, besonders auch den Wiebeschen neueren Feststellungen Rechnung tragenden Vorzüge der obigen Apparatur, nötigenfalls unter Vereinfachung der letzteren und der Arbeitsweise für spätere Vereinbarungen über die Handels- und Zollanalyse nutzbar gemacht werden können.

XI. Entflammbarkeit (Feuergefährlichkeit).

Unter dem Flammpunkt eines Öles versteht man den Wärmegrad, bei dem im offenen Tiegel so viel Dampf entwickelt wird, daß dieser durch eine über die Öloberfläche hinweggeführte Zündflamme zur Entzündung gebracht wird, oder bei der im geschlossenen Behälter (Pensky-Apparat) so viel Dampf sich über der Oberfläche angesammelt hat, daß er mit der zwischen Öl und dem Deckel des Gefäßes befindlichen Luft ein entzündliches Gasgemenge bildet.

Die Rohpetrole entflammen meistens nahe bei 0°, einzelne benzinreichere Öle, z. B. javanisches, amerikanisches Öl usw., bedeutend tiefer; benzinfreie, z. B. schwere hannoversche Öle, entflammen erst bei 70 bis 80°. Man bestimmt den Flammpunkt mittels des Abelschen oder des Penskyschen Probers (S. 73 u. 173). Für die zollamtliche Ermittelung des Flammpunktes (Grenze 50°) gelten die S. 281 und 282 des Zentralblattes für das Deutsche Reich 1898 gegebenen ergänzenden Vorschriften (Beziehung des Flammpunktes zur Feuersgefahr s. a. Petroleum, S. 73).

Die preußische Polizeiverordnung, betreffend den Verkehr mit Mineralölen, vom 23. April 1903, abgeändert durch Erlaß des Ministeriums für Handel und Gewerbe vom 20. Januar 1906, teilt die feuergefährlichen Mineralöle in 3 Klassen ein, die nach dem Flammpunkt, der als Maß für die Feuergefährlichkeit gilt, unterschieden werden:

Klasse	I	Öle mit	Flammpunkt	unter	21° C.
,,	II	,, ,,	,,	von	21—65° C.
,,	III	,, ,,	,,	,,	65—140° C.

XII. Optische Eigenschaften.

Die optischen Eigenschaften der Roherdöle können nur bei genügend hellen Ölen oder durch geeignete Filtration (wobei allerdings Bestandteile des Rohöls ausgeschieden werden) aufgehellten Ölen bestimmt werden. Es würde sich hierbei z. B. um die optische Drehung und das Lichtbrechungsvermögen handeln, die beide allerdings für technische Prüfungen des Rohöls bisher nicht nutzbar gemacht werden konnten. Die Bestimmung dieser beiden Eigenschaften ist S. 183 ff. beschrieben. Die Beziehungen der optischen Drehung zur Entstehung der Erdöle sind in Kap. III, S. 7, geschildert. Es ist wohl möglich, daß solche Bestimmungen gelegentlich auch zur Feststellung der Herkunft von Roherdölen herangezogen werden können.

XIII. Verfahren zur Abscheidung bestimmter physikalisch oder chemisch definierter Gruppen von Bestandteilen.

a) Gehalt an Asphaltharzen (Pech). In den Rohölen der verschiedenen Länder finden sich wechselnde Mengen Asphaltharze; asphaltarm sind russische und pennsylvanische Öle, asphaltreich die dunklen elsässischen und hannoverschen, besonders auch kalifornische Öle. Man unterscheidet harte, hochschmelzende, durch Benzin ausfällbare und weiche, schon unter 100° schmelzende, in Ätheralkohol oder Amylalkohol unlösliche Asphalte. Beide sind im wesentlichen sauerstoffhaltige, meistens auch schwefelhaltige Kohlenwasserstoffverbindungen. Je niedriger sie schmelzen, umso geringer ist in der Regel ihr Schwefel- und Sauerstoffgehalt, und umso mehr nähern sie sich in ihrer Zusammensetzung und in der Farbe den sauerstoffhaltigen flüssigen Teilen der Rohöle (siehe auch S. 191, die natürlichen Harze der Mineralschmieröle).

Nach Zaloziecki sowie Krämer und Böttcher sind die natürlichen Asphalte durch Polymerisation und Oxydation der Terpenbestandteile des rohen Erdöls entstanden. Die späteren von Zaloziecki durch Versuche mit Kondensationsmitteln, wie Aluminiumchlorid, in gewissem Sinne bestätigten Arbeiten Englers (s. die Vorträge beider Autoren über die Asphaltbildung auf dem VIII. Internat. Kongr. f. angew. Chem. in New York, Sept. 1912) lassen Polymerisation als Hauptfaktor bei der Asphaltbildung erscheinen, während die Oxydation nur insofern eine Rolle spielt, als der Sauerstoff katalytisch beschleunigend zu wirken scheint. Die Ansicht Englers findet eine Stütze in dem minimalen Sauerstoffgehalt der meisten natürlichen Asphalte.

Für die Bildung von Asphalt unter Einfluß der Oxydation von Erdölbestandteilen spricht die tatsächliche Bildung von in Benzin unlöslichen, in Benzol löslichen dunklen Asphaltstoffen bei Einwirkung von Luft (oder Preßluft von 90—100 Atmosphären Druck) auf helle erhitzte Mineralöle. Der Asphaltgehalt von Rohölen und dunklen Schmierölen kann beim Lagern der Öle zunehmen (s. a. Holde, Mitteilungen 1909, **27**, 146 und G. Meyerheim, Chem.-Ztg. 1910, **34**, 454), und zwar ist, entsprechend der bekannten Lichtempfindlichkeit von Asphalt, im zerstreuten Tageslicht die Zunahme an benzinunlöslichem Asphalt größer als im Dunklen. Durch Bestrahlung mit

Radium oder ultravioletten Strahlen konnte eine merkliche Änderung des Asphaltgehalts im Vergleich zur Einwirkung des Tageslichtes nicht festgestellt werden.

Die mittels Ätheralkohol (3 : 4) aus Wietzer und Hänigsener Rohölen in Mengen bis zu 15% ausgefällten Asphaltstoffe sind stark schwefelhaltig, ebenso wie nach Kayser (Untersuchung über die natürlichen Asphalte usw., Nürnberg 1879) viele Asphalte, auch die Pechelbronner, geschwefelte Verbindungen sind. In einem Asphalt, welcher durch Petroleumbenzin aus dunklem Eisenbahnöl (wahrscheinlich deutscher Herkunft) abgeschieden wurde, fanden sich 2% Schwefel. Die Rolle, die der Schwefel bei der Asphaltbildung spielt, ist noch nicht geklärt.

Zur Ermittelung des Asphaltgehaltes in Ölen dienen die im nachfolgenden beschriebenen Fällungsmethoden, welche je nach der angewendeten Lösungs- bzw. Fällungsflüssigkeit für Asphalt der Menge nach und chemisch verschiedene Asphaltstoffe ergeben können. Die ausgefällten Asphaltstoffe stellen daher nicht absolute, sondern nur relative Vergleichswerte dar. Will man z. B. mittels Benzin möglichst viel Asphalt fällen, so wählt man ein tunlichst leicht siedendes Benzin, weil die Löslichkeit der Asphalte mit fallenden Siedegrenzen des Benzins abnimmt. Ein Elsässer Öl gab mit dem 40-fachen Volumen Benzin, das zwischen 60° und 80° siedete, 2,1%, mit einem bis 50° siedenden Benzin 5,5%, mit einem bis 41° siedenden Benzin 5,7% Asphaltniederschlag. Für vergleichende Versuche ist daher stets das gleiche Benzin zu benutzen. Z. B. ist für die quantitativen Bestimmungen des benzinunlöslichen Asphalts nach Deutschen Verbandsbeschlüssen die Benutzung von „Normalbenzin" (siehe S. 63) empfohlen.

1. Qualitativer Nachweis von Asphalt und Harzen.

1 ccm Öl wird im Reagenzglas mit 40 ccm Normalbenzin geschüttelt, worauf die Lösung über Nacht der Ruhe überlassen wird. Unlöslicher Asphalt (d. i. bei tief dunkelgefärbten Ölen) scheidet sich in dunklen Flocken ab, welche beim Abfiltrieren auf dem Filter asphaltartiges Aussehen zeigen, und in Benzol gelöst nach Abdampfen des Lösungsmittels auf dem Wasserbad nicht schmelzbar sind.

Löst man etwa 0,5 g Öl in 13,7 ccm Äthyläther und fügt 6,9 ccm 96 gew. proz. Alkohol hinzu, so fallen die in Benzin unlöslichen harten Asphaltstoffe mit weicheren, den Übergang zu den Ölen bildenden hellbraunen Harzen und hochschmelzenden Kohlenwasserstoffen zusammen als flockiger, in Benzol löslicher Niederschlag aus, welcher sich in der Regel zu einer zähen, an den Gefäßwandungen anhaftenden Masse zusammenballt und gewöhnlich auf dem Wasserbad schmilzt.

2. Quantitative Bestimmung.

α) In Benzin unlöslicher harter Asphalt und mechanische Verunreinigungen.

5 g Öl werden in einer farblosen ½ L Glasflasche mit der 40-fachen Volumenmenge (220 ccm, das spez. Gew. des Öles zu 0,91—0,92 im Mittel angenommen) Normalbenzin tüchtig geschüttelt. Bei asphaltarmen Ölen sind 10—20 g Öl und entsprechend mehr Benzin anzuwenden. Nach wenigstens eintägigem Stehen, bei dem die Temperatur der vor direktem Sonnenlicht zu schützenden Flüssigkeit nicht über 20° steigen und nicht unter 15° fallen soll, wird der Hauptteil der Lösung durch zwei übereinander gestellte Filter (Marke Weißband 589 von Schleicher und Schüll) dekantiert. Dann wird der Niederschlag unter Nachspülung der Flasche mit reinem Normalbenzin mit diesem so lange gewaschen, bis das Filtrat keinen öligen Verdampfungsrückstand mehr gibt. Der Asphalt wird vom Filter durch heißes Benzol in einen Kolben gespült, die Lösung durch Destillation von der Hauptmenge des Benzols befreit und der Rückstand in tarierter Schale nach Verdampfung des Benzolrestes und viertelstündigem Trocknen bei etwa 105° gewogen. Fremde, durch Petroleumbenzin aus den Ölen niedergeschlagene, in Benzol unlösliche mechanische Verunreinigungen können bei Anwendung eines gewogenen Filters besonders ermittelt werden.

Der Asphalt ist baldtunlichst nach der Auswaschung mit Benzin in heißem Benzol zu lösen, da er bei längerem Stehen zuweilen schwerer löslich in Benzol wird.

Ist der Gehalt an im Öl suspendiertem Asphalt besonders zu bestimmen, so ist der Asphaltgehalt nach vorstehender Methode sowohl im ursprünglichen Öl als auch in dem bei Zimmerwärme filtrierten Öl zu ermitteln. Die Differenz beider Bestimmungen ergibt den Gehalt an suspendiertem Asphalt.

Die bei verschiedenen Rohölen gefundenen Asphaltmengen gehen annähernd parallel den bei der Destillation der Öle erhaltenen Kokerückständen. (Engler, Gewerbefleiß 1887.)

β) In Alkohol-Äther (1 : 2) unlösliche weichere Asphaltstoffe.

In einer mit eingeschliffenem Stopfen versehenen Glasflasche von etwa 300 ccm Inhalt werden 5 g des gut durchgeschüttelten Öles im 25fachen Volumen Äthyläther vom spez. Gew. 0,72 (137,5 ccm, das spez. Gew. des Öles im Mittel zu 0,91 angenommen) bei Zimmerwärme gelöst; zu dieser Lösung wird unter langsamem Eintropfen aus einer Bürette unter ständigem Schütteln das 12½ fache Volumen 96 gewichtsprozentiger Alkohol (68,5 ccm) gegeben. Man schüttelt nochmals gut durch und überläßt die Proben 5 Stunden der Ruhe bei + 15°, worauf man durch ein Faltenfilter (Marke Weißband 589 von Schleicher und Schüll) möglichst rasch abfiltriert. Man wäscht Flasche und Filter mit einem Gemisch von 1 : 2 Rtl. 96 gewichtsproz. Alkohol und Äther so lange aus, bis etwa 20 ccm Filtrat, eingedampft, nicht mehr ölige Stoffe, sondern höchstens Spuren (1—2 mg) pechartiger Bestandteile aufweisen. Das ausgewaschene Asphaltpech, welches noch erdwachsartige Bestandteile neben helleren weichen Harzen enthält, löst man mit heißem Benzol aus der Flasche und vom Filter; man dampft die Lösung in einer leer mit Glasstab gewogenen Glasschale ein und kocht nach einem Vorschlage von C. Engler und E. Albrecht (Zeitschr. f. angew. Chem. 1901, **14**, 913) den Rückstand so lange unter ständigem Zerreiben des Pechs mit dem Glasstab mit je etwa 30 ccm abs. Alkohol aus, bis die Auszüge nach dem Erkalten und kräftigem Umschütteln keine Paraffinniederschläge mehr geben. Dann trocknet man den Rückstand ¼ Stunde bei 105° und wägt nach dem Erkalten.

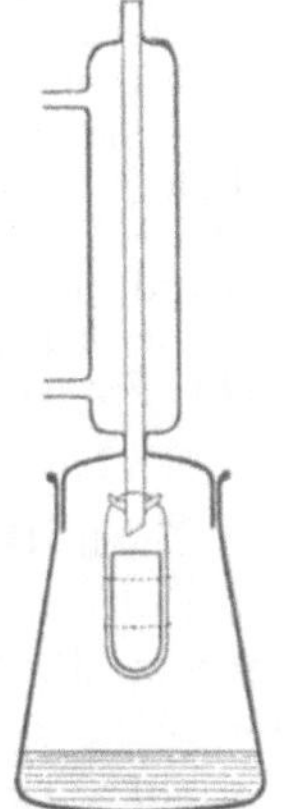

Fig. 16.

Dieses Verfahren der Auskochung wendet man vor allem an, wenn der Benzolrückstand von Pech + Paraffin nicht erheblich ist (wenige Zehntelprozent) oder nur hellbraun, jedenfalls aber nicht tiefschwarz gefärbt ist. Hat man jedoch eine beträchtliche Asphaltmenge erhalten, so kann die Auskochung in der Schale zu Unsicherheiten führen, da der Endpunkt der Paraffinentfernung nicht scharf gekennzeichnet ist. Aus diesem Grunde wurde das Verfahren von Holde und Meyerheim (Chem.-Ztg. 1911, **35**, 369) so abgeändert, daß die Extraktion des Paraffins selbsttätig erfolgt. Der hierzu benutzte Apparat (Fig. 16)[1]) ist ein Graefescher Extraktionsapparat, bei dem die Korkverbindung durch einen Glasschliff ersetzt ist; an dem unteren Kühlerende befinden sich 2 Glashäkchen, an denen die Extraktionshülse mit Nickeldraht oder Bindfaden befestigt wird. Die Arbeitsweise ist die folgende: Das Gemisch von Pech + Paraffin wird in der vorstehend beschriebenen Weise gefällt, ausgewaschen, in Benzol gelöst, eingedampft und nach kurzem Trocknen bei 105° gewogen.

Den Rückstand löst bzw. suspendiert man unter Verreiben mit dem Glasstab in etwa 10 ccm Äther, setzt etwa 2 g vorher mit Alkohol erschöpfend extrahierter grober Knochenkohle und 10—15 g ausgeglühten grobkörnigen Sand hinzu, bringt den Äther vorsichtig auf dem Wasserbad zum Verdunsten und gibt die ganze Masse in eine Extraktionshülse, die man oben mit einem Wattebausch zur besseren Verteilung des Lösungsmittels verschließt. Die letzten Paraffin-

[1]) Lieferant: Bleckmann und Burger, Berlin, Auguststr. 3a.

und Asphaltreste entfernt man aus der Schale durch Aufnehmen in wenig Äther, Zugabe von Sand und Kohle usw. in derselben Weise wie bei der Hauptmenge. Die Hülse wird jetzt in den Apparat (Fig. 16) gehängt und so lange auf dem Wasserbade mit abs. Alkohol extrahiert, bis durch erneutes einstündiges Ausziehen nicht mehr als 1,5 mg Extrakt gewonnen werden. Die gesammelten alkoholischen Auszüge werden eingedampft und nach dem Erkalten gewogen. Der Asphaltgehalt ergibt sich aus der Differenz der ersten (Pech + Paraffin) und der zweiten Wägung (Paraffin). Falls es, z. B. bei nicht tiefschwarz, sondern heller gefärbten Zylinderölen nötig ist, die Eigenschaften des abgeschiedenen Asphalts zu bestimmen, wendet man entweder die Auskochung in der Schale mit abs. Alkohol an, oder man extrahiert die Kohle und Sand nachträglich mit Chloroform und dampft den Auszug ein. In einem Falle ist aus einem Zylinderöl mit Alkohol-Äther ein Niederschlag von etwa 3% erhalten worden, der nicht Asphalt, sondern nur hellere Harze enthielt.

Die unter α und β erwähnten Verfahren, besonders ersteres sind von technischen Behörden und in der Industrie allgemeiner anerkannt und angenommen und zwar Verfahren α bei Prüfung von Zylinder- und Eisenbahnwagenachsenölen, Verfahren β, das allerdings etwas zeitraubend ist und größere Übung erfordert als α, bei Prüfung von Zylinderölen[1]). Die unter δ bis ε aufgeführten Verfahren sind noch nicht genügend nachgeprüft und daher noch wenig eingeführt.

γ) In Amylalkohol unlöslicher Asphalt.

Nach D.R.P. 124 980 von Daeschner dient Amylalkohol zur Entfernung von Asphalt aus asphaltreichen Residuen. Man kann z. B. 18 % Asphalt, der aber bedeutend weicher ist als der nach α und β gefällte, aus Wietzer Residuum mit Amylalkohol ausfällen. Der analytischen Verwertung dieser Reaktion hat bisher die Schwierigkeit der Auflösung von Zylinderölen in Amylalkohol entgegengestanden.

δ) In Essigester unlöslicher Asphalt wird nach Koettnitz (D.R.P. 191 839) durch Behandlung des Rohöls mit dem ein- bis zweifachen Gewicht Essigester für technische Zwecke glatt entfernt, wobei tiefgreifende Zersetzungen bei der Reinigung der Öle vermieden werden. In die analytische Praxis ist diese Methode noch nicht aufgenommen.

---

[1]) Seit der vor einigen Jahren erfolgten Berücksichtigung der Weichasphaltprobe bei den Lieferungen haben, z. B. bei den badischen Staatsbahnen und in größeren industriellen Werken, die Klagen über Bildung von kohligen oder ähnlichen Rückständen in den Zylindern, Schiebern sowie Schmierkanälen wesentlich nachgelassen.

ε) In Butanon unlöslicher Asphalt.

Nach F. Schwarz (Chem.-Ztg 1911, 35, 1417) werden 2—4 g Öl in einem mit Dephlegmatorrohr versehenen Erlenmeyerkolben von 200—300 ccm Inhalt mit 40—80 ccm eines bei Zimmerwärme mit Wasser gesättigten Butanons (Methyläthylketons) unter kräftigem Umschütteln etwa 1 Minute ausgekocht und darauf noch zweimal mit je 20—40 ccm desselben Butanons in gleicher Weise behandelt. Die Auszüge werden nach jedesmaligem Auskochen durch ein glattes Filter (Marke Weißband 589 von Schleicher und Schüll) heiß filtriert, wobei darauf zu achten ist, daß das am Boden des Kolbens befindliche Öl nicht auf das Filter gelangt. Sodann wird dreimalige Auskochung mit einer Butanon-Wassermischung (spez. Gew. 0,812 bei 20°) in genau derselben Weise vorgenommen, die erhaltenen Auszüge werden heiß durch das zur ersten Filtration verwendete Filter gegossen, wobei darauf zu achten ist, daß beim Filtrieren der letzten Auskochung sämtliche Ölreste von dem heißen Butanon vom Filter gewaschen werden. Der im Erlenmeyerkolben und auf dem Filter befindliche Asphalt wird sodann mit heißem Benzol oder Chloroform in eine gewogene Schale gelöst und nach Abdampfen des Lösungsmittels bei 105° getrocknet und gewogen. Sollten noch geringe Mengen öliger Stoffe in dem Asphalt vorhanden sein, so behandelt man mit wenig (10 ccm) leicht siedendem Benzin. Auf diese Weise erhält man aus allen dunklen Produkten, Wagenachsenölen, Zylinderölen u. dgl. stets harten, spröden Asphalt.

Um die Unterschiede der verschiedenen Asphaltfällungsmittel zu zeigen, seien sie bei 2 Ölen angegeben (Tab. 8).

Tabelle 8.

	Prozent Asphalt		
	durch Butanon	durch Alkoholäther	durch Normalbenzin
Grünschwarzes Zylinderöl . .	0,41	1,1	0
Braunschwarzes Zylinderöl .	0,74	2,0	Spuren

Mit Essigäther werden nach den Erfahrungen von Holde und Meyerheim[1]) ebenfalls harte Asphalte und zwar in der Regel größere Mengen als mit Normalbenzin, aber geringere Mengen als mit bis 50° siedendem Benzin gefällt.

b) Paraffingehalt. Der Paraffingehalt wird für alle zollamtlichen Zwecke nach folgender Methode bestimmt[2]):

---

1) Noch nicht publiziert.

2) Die hier beschriebene Methode beruht im wesentlichen auf der Fällbarkeit von Paraffin durch Alkohol in ätherischer Lösung.

Von 100 g Rohpetroleum werden in tubulierter Glasretorte alle bis 300° (Thermometer im Dampf) übergehenden Teile rasch abdestilliert. Man legt eine neue gewogene Vorlage (ohne Kühler) vor, treibt sämtliche Öle bis zur vollständigen Verkokung des Rückstandes ohne Thermometer über und bestimmt durch Wiederwägung der Vorlage das Gesamtgewicht des überdestillierten schweren Öles.

Alsdann wird im Schweröldestillat der Paraffingehalt in nachstehend beschriebener Weise bestimmt. (Aus dem Paraffingehalt des Destillats wird durch Umrechnung der Paraffingehalt in 100 g des zur Untersuchung verwendeten Rohpetroleums erhalten.)

Man löst 5—10 g der Substanz bei Zimmerwärme in einem Gemisch von 1 Teil Äthyläther und 1 Teil abs. Alkohol bis zur klaren Lösung auf, fügt alsdann unter beständiger Abkühlung bis auf —20° gerade so viel des Gemisches von Alkohol und Äther zu, bis eben alle öligen Teile bei —20° gelöst und nur Paraffinflocken sichtbar sind. Bei sehr stark paraffinhaltigen Ölen empfiehlt es sich, zunächst unter Erwärmen in Äther zu lösen, dann mit der gleichen Menge Alkohol zu versetzen. Die ausgeschiedenen Paraffinflocken werden dann auf einem durch Kältemischung aus Viehsalz und Eis (—21°) gekühlten Trichter (siehe Fig. 17) [1]) von der ätherisch-alkoholischen Lösung durch Filtration unter Absaugen getrennt, von etwa noch anhaftendem Öl durch Waschen mit entsprechend stark gekühltem Alkoholäther befreit und dann mit heißem Benzin oder Benzol in eine tarierte Glasschale gespült; das Benzin wird hierauf auf dem Wasserbade vorsichtig verdampft. Auf sorgfältige Auswaschung

---

Dieses Prinzip soll (Petroleum, 1909, **4**, 873) zuerst Grotowsky aufgefunden haben. Später haben Engler - Böhm (Dinglers polyt. Journ. 1886, **262**, 473) und Höland (Chem.-Ztg. 1893, **17**, 1473) das gleiche Prinzip erfolgreich zur Prüfung von Vaselinen auf Paraffin benutzt, und 1896 hat Verf. durch genaueres Studium aller Fehlerquellen die Methode zu einer für alle Produkte der Petroleum- und Braunkohlenteerindustrie brauchbaren quantitativen Paraffinbestimmung gestaltet. (Mitteilungen 1896, **14**, 211.) Die Verfahren von Pawlewsky und Filemonowicz, beruhend auf der Schwerlöslichkeit des Paraffins in Eisessig (Ber. 1888, **21**, 2973), von Höland (Chem.-Ztg. 1893, **17**, 1473), beruhend auf der Schwerlöslichkeit des Paraffins in starkem Alkohol, sowie das Verfahren von Zaloziecki (Dinglers polyt. Journ. 1888, **267**, 274), beruhend auf der Fällbarkeit des Paraffins in amylalkoholischer Lösung durch Äthylalkohol von 75° Tralles, haben sich nur für besondere Materialien der Mineralölindustrie, nicht aber als allgemein anwendbar erwiesen.

[1]) Eine zum Filtrieren in der Kälte scheinbar recht geeignete Vorrichtung haben Eisenstein und Ziffer (Chem.-Ztg. 1909, **33**, 1330) konstruiert; Lieferant: Vereinigte Fabriken für Laboratoriumsbedarf, Berlin.

des gefällten Paraffins mit gekühltem Alkohol-Äther bis eben zu dem Punkte, wo etwa 5 ccm des Filtrats nach dem Verdampfen der Waschflüssigkeit keinen oder einen bei Zimmerwärme festen Rückstand geben, ist zu achten. Zu langes Auswaschen ist wegen der immerhin noch merklichen Löslichkeit des Paraffins im Fällungsgemisch zu vermeiden. Ergibt sich nach dem Abkühlen der Schale, daß das Paraffin von harter Beschaffenheit ist, so wird es im Trockenschrank $\frac{1}{4}$ Stunde bei 105° erhitzt und nach Abkühlung im Exsikkator gewogen. Handelt es sich aber um weicheres, unter 45° schmelzendes Paraffin, so wird dieses zweckmäßig bei etwa 50° im Vakuumexsikkator einige Stunden getrocknet, bevor es gewogen wird.

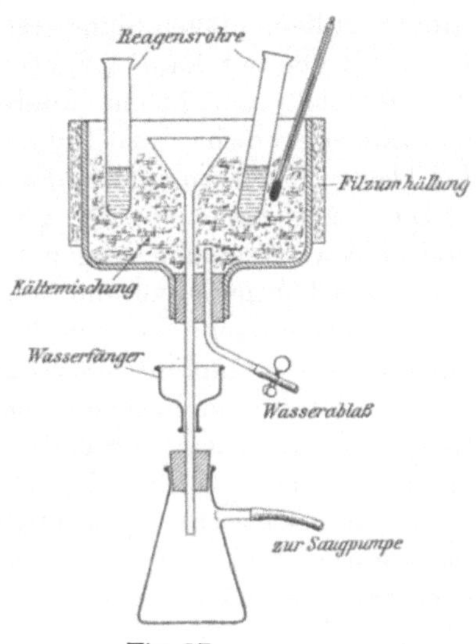

Fig. 17.

Zuweilen ist das Paraffin durch mitausgefallene harzartige Stoffe stark braun gefärbt. Man behandelt es dann mehrmals mit siedendem Alkohol und dekantiert heiß, die harzartigen Stoffe bleiben meistens ungelöst zurück. Falls dieses Vorgehen nicht genügt, muß man mit einigen Prozent konz. Schwefelsäure raffinieren oder die Paraffinlösung (in Benzin) über Fullererde oder Knochenkohle filtrieren.

Von festen Paraffinmassen wägt man zur Analyse 0,5 bis 1,0 g ab und löst in 10—20 ccm Alkoholäther (s. a. S. 264).

Zu den gefundenen Paraffinmengen addiert man in Rücksicht auf eine geringe Löslichkeit des Paraffins in Alkoholäther 0,2% bei völlig flüssigen Destillaten, 0,4% bei solchen Ölen, die schon bei +15° Abscheidungen zeigen, und 1% bei festen Massen.

Das Verfahren zeigt die im Destillat wirklich vorhandenen Paraffingehalte bei Berücksichtigung vorstehend angeführter Kautelen nur insoweit an, als härtere zur Kerzenfabrikation geeignete Paraffine in Frage kommen. Weichere, erheblich unter 50° schmelzende Paraffine werden nicht völlig ausgefällt, sondern bleiben bei —20° in nicht unerheblichen Mengen in alkoholisch-ätherischer Lösung; sie können aber durch nochmaliges Auflösen des eingedampften Filtrats und Wiederauflösen in wenig Alkoholäther (2 : 1) zum größten Teil bei —20° bis —21° oder durch noch tieferes Abkühlen ausgefällt werden. Bei der Destillation des Rohöls, wie sie übrigens nur für dunkle Öle nach obiger Vorschrift nötig ist, wird auch ein geringer Teil (bei 5% Paraffin können dies z. B. 0,5%

sein) zersetzt und im Destillat nicht wiedergefunden. Diese Fehlerquelle macht sich um so mehr bemerkbar, je höher der Paraffingehalt des Rohöls ist.

c) Formolitreaktion (Nastjukoffsche Probe). (Literatur: Petrol. 1909, 4, 1336, 1397.) Zur Abscheidung der ungesättigten zyklischen Kohlenwasserstoffe aus einem Mineralöl benutzt Nastjukoff Formaldehyd bei Gegenwart von konz. Schwefelsäure; bei dieser Behandlungsweise entsteht ein fester gelber Körper, für den der Name „Formolit" vorgeschlagen ist. Unter „Formolitzahl" versteht man die Mengen lufttrockener Formolite in Grammen, welche aus 100 ccm Öl nach dem unten beschriebenen Verfahren gewonnen werden.

Die verschiedenen in den Erdölen vorkommenden Klassen von Kohlenwasserstoffen reagieren nach Severin (Petrol. 1911, 6, 2245) mit Formaldehyd und Schwefelsäure in folgender Weise: Paraffinkohlenwasserstoffe und gesättigte Naphthene werden nicht angegriffen, Olefine geben eine rotbraune sirupöse Flüssigkeit, ungesättigte Naphthene einen rotbraunen, in Wasser leicht löslichen Niederschlag, aromatische Kohlenwasserstoffe einen lebhaft roten oder grünen, in Wasser unlöslichen Niederschlag.

Bei amerikanischen Ölen stellte Nastjukoff in der Regel höhere Formolitzahlen fest als bei russischen, und zwar soll die Menge der ungesättigten zyklischen Kohlenwasserstoffe sich durch Multiplikation der Formolitzahl mit $^4/_5$ ergeben.

Bei der Untersuchung von Rohölen schlägt Herr vor, die Formolitreaktion direkt mit den Rohölen vorzunehmen und nicht erst nach vorheriger Behandlung mit konz. Schwefelsäure, wie dies von Nastjukoff ausgeführt wurde. So erhielt Herr folgende Werte:

Tabelle 9.

Rohöl von	Formolitzahl
Binagdy	63,3
Bibi-Eibat	28,3
Balachany	21,3

Diese Zahlen entsprechen auch dem chemischen Verhalten der drei Öle, da Balachanyöl das naphthenreichste ist und Naphthene die Reaktion nicht eingehen. Auch für die praktische Verarbeitung der Rohnaphtha vermag die Formolitreaktion wertvollen Aufschluß zu geben.

Die Formolitzahlen verschiedener amerikanischer und russischer Schmierölderivate, wie Zylinder-, Maschinen-, Spindel- und Vaselinöle, gibt Nastjukoff (a. a. O.) an, wonach alle diese Öle im wesentlichen aus ungesättigten zyklischen Kohlenwasserstoffen bestehen. So zeigten amerikanische Zylinderöle die Formolitzahlen 92—97, russische Zylinderöle 58—87, Vaselinöle 7,8 und 22.

Herr fand (Chem.-Ztg. 1910, **34**, 893), daß die Verwendung von Methylal $CH_2 < {OCH_3 \atop OCH_3}$ statt Formaldehyd vorteilhaft ist, weil Methylal gleichzeitig als Lösungs- und Kondensationsmittel für das Öl dient und außerdem, wie seine Versuche an künstlichen Mischungen von Benzin und kleinen Benzolmengen zeigen, ein Benzolkohlenwasserstoffe schärfer anzeigendes Kondensationsmittel als Formaldehyd ist.

Marcusson hat bei seinen Arbeiten über die Konstitution der Mineralöle (Chem.-Ztg. 1911, **35**, 729) folgende Arbeitsweise als sehr zweckmäßig empfohlen. 27 g Öl werden in einem Erlenmeyerkolben von 300 ccm Inhalt in 50 ccm Normalbenzin gelöst und in dieser Lösung, unter Vermeidung des Schüttelns, mit 30 ccm konz. Schwefelsäure versetzt. Zu dem Gemisch läßt man dann unter Kühlung mit Eiswasser 15 ccm 40 proz. Formaldehydlösung hinzufließen und schüttelt nun, unter zeitweisem Belassen in der Kühlflüssigkeit, so lange um, bis keine Erwärmung mehr eintritt. Das Reaktionsprodukt läßt man noch ½ Stunde bei Zimmerwärme stehen und führt es dann in einen zweiten 1 L fassenden, mit 200 ccm Eiswasser beschickten Kolben unter Nachspülen mit Wasser über. Die saure Flüssigkeit wird nun mit Ammoniak übersättigt und der entstehende Niederschlag auf einer weiten Nutsche abgesaugt. Man wäscht zunächst mit Benzin zur Entfernung des im Niederschlag befindlichen Öles, hierauf mit Wasser behufs Entfernung von Ammoniak. Der Niederschlag wird schließlich bei 105° bis zum konstanten Gewicht getrocknet. Aus der vom wäßrigen Filtrat im Scheidetrichter abgehobenen Benzinlösung gewinnt man nach dem Abdestillieren des Lösungsmittels die mit Formaldehyd und Schwefelsäure nicht reagierenden Anteile der Schmieröle zurück.

Die Eigenschaften der ungesättigten zyklischen Kohlenwasserstoffe findet man durch Vergleich der aus der Benzinlösung wiedergewonnenen, nicht in Reaktion getretenen Schmierölanteile mit den urprünglichen Ölen. Die aus der Benzinlösung wiedergewonnenen Öle sind stets spezifisch leichter und besitzen eine niedrigere Brechungszahl als die ursprünglichen Öle. Die in Form unlöslicher Formolite herausgeschafften ungesättigten zyklischen Kohlenwasserstoffe müssen demnach ein höheres spez. Gewicht und höhere Brechungszahl besitzen als die ursprünglichen Öle. Ferner ist der Flüssigkeitsgrad der wiedergewonnenen Öle ein höherer als ursprünglich; daraus ergibt sich, daß die formolitbildenden Anteile nicht die Träger der Schmierfähigkeit sein können.

d) Schwefelgehalt. Die Bestimmung des Schwefels in Rohölen erfolgt

1. nach dem Verfahren von Engler-Heußler (s. S. 80) mit der Modifikation, daß das Rohöl auf der Lampe in einem geeigneten schwefelfreien Lösungsmittel verbrannt wird. Als Lösungsmittel eignet sich nach Versuchen von Albrecht und Spanier (Dissertation, Karlsruhe 1907 bzw. 1910) eine Mischung von 5 Gewichtsteilen Äther, 45 Gewichtsteilen absol. Alkohol, 20 Gewichtsteilen Amylazetat und 20 Gewichtsteilen (mit metallischem Natrium behandeltem) Leuchtölraffinat, dem das Roherdöl je nach seiner Zähflüssigkeit zu 5—10% zugesetzt wird (je dicker das Rohöl, desto geringer der Zusatz). Für asphaltarmes leichtes Rohöl genügt als Lösungsmittel entschwefeltes Leuchtöl.

2. Die Schwefelbestimmung nach Rothe ist im Kgl. Materialprüfungsamt an benzin- und leuchtölfreien Ölen erprobt und bewährt befunden; für benzin- und leuchtölhaltige Öle müßte sie demnach noch geprüft werden. Die Ausführung der Versuche ist bei den erstgenannten Ölen folgende:

In einem Rundkolben aus Jenaer Glas von etwa 200—250 ccm Inhalt wägt man 3—4 g des zu untersuchenden Öles ab und gibt etwa 1,5 g reines Magnesiumoxyd und 30—40 ccm Salpetersäure vom spez. Gew. 1,48 hinzu. Nachdem die erste stürmische Reaktion vorüber ist (Abzug!), wird der Kolben 1 ½—2 Stunden auf dem Sandbade mäßig erhitzt, so daß der Inhalt nur ganz schwach im Sieden erhalten bleibt. Dann wird die überschüssige Salpetersäure über freier Flamme unter stetem Schwenken abgeraucht und der Rückstand bis zur beginnenden Zersetzung der Nitrate erhitzt. Nach dem Abkühlen der Masse werden nochmals 10 ccm starker Salpetersäure hinzugesetzt und das Erhitzen auf dem Sandbade noch etwa ¼ Stunde fortgesetzt, worauf der Inhalt des Kolbens über freier Flamme (zunächst Einbrenner) unter Umschwenken zur Trockene gebracht wird und dann durch starkes Erhitzen (Dreibrenner) bis zur völligen Zersetzung der Nitrate vom Rest der organischen Substanzen befreit wird. Der meist weiße Rückstand wird durch Zusatz von 10 ccm Salzsäure (1,124) und nachfolgendem Kochen, soweit als angängig, gelöst und nach Verdünnung mit 20—30 ccm dest. Wasser filtriert. Im Filtrat wird die Schwefelsäure mit Bariumchlorid in der üblichen Weise gefällt.

3. Die in allen Fällen anwendbare, aber natürlich kostspieligere Apparate erfordernde Schwefelbestimmung mit der Mahlerschen Kalorimeterbombe führt man nach Lohmann (Chem.-Ztg. 1911, Nr. **35**, 1119) folgendermaßen aus:

Aus einer mit dem betreffenden Öl gefüllten und gewogenen Lunge-Rey-Pipette tröpfelt man 1—1,5 g in das Platinschälchen der Mahlerschen Bombe Fig. 4 und verschließt diese sofort, worauf die Pipette zurückgewogen wird. Die Bombe füllt man dann mit reinem Sauerstoff, und zwar benötigt man für Benzin 10 Atm., für Leuchtöl 15, für Gasöl 18, für Schmier- und Rohöle 20, für Asphalt, Koks und Kohle 25 Atm. Nachdem die Zündung auf elektrischem Wege (8 Volt, 2 Ampère) erfolgt ist, werden die Verbrennungsgase in eine Lösung von 2 g reinem Natriumkarbonat in 25 ccm Wasser geleitet. Nach gründlichem Nachwaschen der Apparatur mit destilliertem Wasser wird auf dem Wasserbad bis auf etwa 50 ccm eingedampft, wobei Eisen- und Aluminiumhydroxyd, das aus dem Zündungsdraht und der Bombenglasur stammt, ausfällt; dies wird abfiltriert und heiß mit Wasser nachgewaschen. Nach Ansäuern des Filtrats mit Salzsäure und Fortkochen der Kohlensäure wird die Schwefelsäure in üblicher Weise mit Bariumchlorid gefällt. Es ist stets so viel Material zur Bestimmung anzuwenden, daß mindestens 0,01 g Bariumsulfat zur Wägung gebracht wird.

XIV. Physiologische Eigenschaften.

(Literatur: Lehrbuch der Toxikologie von L. Lewin, 1897, II. Aufl., S. 202; Th. Weyl, Die Krankheiten der Petroleumarbeiter, Handbuch der Arbeiterkrankheiten 1907, S. 210; A. Hoffmann, Die Krankheiten der Arbeiter in Teer- und Paraffinfabriken. Vierteljahrsschrift für gerichtliche Medizin und öffentliches Sanitätswesen, III. F., 5. Bd., Heft 2 und 6. W. Ebstein-Göttingen in Engler-Höfer, Bd. I, 1913, S. 774 ff.)

Die physiologischen Eigenschaften des Rohpetroleums und der ihm nahestehenden Stoffe, wie Braunkohlenteer, Schieferteer usw. ergeben sich, da diese Stoffe Gemische von zahlreichen Einzelbestandteilen bzw. Gruppen von solchen, z. B. Benzin, Petroleum, Paraffin, Schmierölen usw. sind oder, wie der ebenfalls kompliziert zusammengesetzte Asphalt beim Erhitzen

Öldämpfe abgeben, aus den physiologischen Eigenschaften der Einzelbestandteile.

Daß einzelne gereinigte hochsiedende Petroleumprodukte in der Therapie mit Erfolg verwendet werden und zwar hauptsächlich zu dermatologischen Zwecken, geht aus der bekannten Benutzung von Vaseline (s. S. 266) und Paraffinum liquidum, sowie von Naphtalan als Salbengrundlagen hervor.

Im übrigen sind die gesundheitlichen Schädlichkeiten von Petroleumprodukten erwiesen. Daß auf die Haut die hochsiedenden Produkte wie z. B. Rohparaffin und hochsiedende Öle mehr schädigend als niedrig siedende einwirken, scheint unter Berücksichtigung der eben erwähnten guten Wirkung des scharf gereinigten Paraffinum liquidums und der Vaseline nach Ansicht des Verf. seine Ursache in der ungenügenden Reinigung der Rohprodukte von sauerstoff- und schwefelhaltigen Stoffen zu haben.

Die Petroleumarbeiter sind in ihrem Beruf namentlich durch zwei charakteristische Krankheiten bedroht: 1. durch die Petroleumvergiftung, 2. durch die Paraffinkrätze.

Rohpetroleum kann in Dampfform oder als solches allgemeine Hautvergiftung erzeugen. Arbeiter, welche den hauptsächlich Benzinkohlenwasserstoffe enthaltenden Dampf, z. B. in Petroleumgruben, in Petroleumbottichen usw., einatmen, werden bewußtlos und asphyktisch. Die Pupillen werden eng, der Puls kaum fühlbar, Husten und Würgen und als Nachkrankheit Lungenentzündung können auftreten oder nach häufiger Einatmung auch der Tod erfolgen.

Reine Benzindämpfe bewirken Bewußtlosigkeit, Atemstörung, Erbrechen usw., und zwar scheint, nach Literaturangaben, besonders Pentan die schädigende Substanz zu sein. In flüssiger Form eingeführt, erzeugen von Benzin 12 g, von Petroleum 750 g beim Menschen den Tod. Das Petroleum geht dabei als solches nicht in den Harn über.

Die hochsiedenden Öle bewirken eingeführt Magenschmerzen, Erbrechen usw.

Nach H. Wolff (Karbid u. Azetylen 1911, S. 273) wirken Benzindämpfe auf Mäuse giftig, Benzol tödlich ein. Die Haut wird von Benzolkohlenwasserstoffen stärker als von Benzin gereizt, indem sich schmerzhafte Blasen bilden, nach einiger Zeit

Ablösen der Haut und unter Umständen auch Eiterung stattfinden.

Die erste Beobachtung über Hautvergiftung durch Petroleumprodukte hat L. Lewin in Pennsylvanien gemacht. Es entstehen bei Arbeitern an Petroleumpumpen Akne in allen Stadien, Knötchen, Eiterblasen, Beulen usw.

Am häufigsten tritt bei den Paraffinarbeitern, welche das Rohparaffin abpressen, Petroleumkrätze, und zwar am häufigsten auf dem Handrücken auf.

Paraffin soll nicht selten Karzinom erzeugen.

Die Petroleumkrätze beruht auf einer Erkrankung der Talgdrüsen der Haut.

Nach Hoffmann (s. oben), wie auch durch verschiedene Mitteilungen aus der Praxis bestätigt worden, ist es auch möglich, daß Öle aus Braunkohlenteer hautreizend wirken und die sog. Paraffinkrätze hervorrufen. Bei ungenügend gereinigten, noch Kreosotbestandteile enthaltenden Ölen aus Braunkohlenteeröl können noch Reizungen der Augen, der Nasenschleimhaut usw. auftreten.

Bei Arbeitern, die in derselben Asphaltkocherei beschäftigt waren, wurde nach kurzer Zeit eine akneartige Erkrankung der Haut des ganzen Körpers bemerkt.

B. Benzin.

Unter „Benzin" oder „Naphtha" versteht man in der Erdölindustrie im engeren Sinne die höchstens bis 150° siedenden Teile des Rohpetroleums. Weiterhin werden als sog. Lackbenzin auch die oberhalb 21° (Abel-P.) entflammenden, bis etwa 230° siedenden, auf dem Kosmosbrenner aber mit dem gewöhnlichen Kosmoszylinder in der Regel nicht als Leuchtöl zu benutzenden Anteile bezeichnet, die als Terpentinölersatz als Lösungsmittel für Lacke benutzt werden (s. S. 524 unter Terpentinölersatz). Das „Rohbenzin", wie es beim ersten Übertreiben der Benzinfraktionen des Rohpetroleums gewonnen wird, enthält gewöhnlich noch erhebliche Mengen mit übergerissener, höher siedender Teile, die durch Redestillation abgetrennt und mit der Leuchtölfraktion vereint oder als Lackbenzin verwendet werden. Je nach der im Betriebe angewendeten Destillationsweise wechseln die Siedegrenzen der Benzinfraktionen, so daß sich bestimmte Angaben darüber nicht machen lassen.

Benzin vom spez. Gew. 0,65—0,67 (Petroläther oder Gasolin) wird zu Leucht- oder Extraktionszwecken usw. benutzt, neuerdings auch als Schmiermittel für Maschinen zur Darstellung flüssiger Luft, da es erst unter — 160° erstarrt.

Sehr leichtes Benzin, sog. Gasolin, wird zur Gasolingaserzeugung benutzt. Dies Gas besteht aus einem Gemisch von Gasolin und Luft und dient als Ersatz von Leuchtgas.

Der Deutsche Automobilklub schreibt für Luxusautomobilbenzin ein spez. Gew. von 0,685—0,700, für Nutzwagenbenzin ein Gewicht von 0,705—0,720 vor. Indisches Benzin vom spez. Gew. 0,760 wird auch zu besseren Automobilwagen, deren Vergaser für schweres Benzin eingerichtet sind, mit Erfolg benutzt. Im allgemeinen werden schwerere Benzine nicht für Luxusautomobile verwendet, weil sie zu unregelmäßigen Zündungen, Verschmutzung und Abnutzung der Maschinenteile Veranlassung geben.

In England werden Motoromnibusse seit längerer Zeit mit schwerem Benzin (spez. Gew. 0,740—0,760) gespeist. Das spez. Gewicht allein kann also nicht immer als Maßstab für die Güte eines Benzins benutzt werden. Da z. B. hauptsächlich die über 150° siedenden Anteile die Verschmutzung der Zylinder veranlassen, sind Benzine vom spez. Gew. unter 0,720 und über 0,700, welche frei von jenen Bestandteilen sind, unter Umständen eher brauchbar als ein Benzin vom spez. Gew. 0,700, das erhebliche Mengen jener Teile enthält.

Amerikanisches Benzin vom spez. Gew. 0,680 mit russischem Benzin vom spez. Gew. 0,740 zu einem Benzin vom spez. Gew. 0,700 gemischt, soll wegen der großen Menge über 100° siedender Anteile des schweren Benzins nicht brauchbar sein (Zeitschr. f. angew. Chem. 1908, **21**, 371).

Ein großer Wert wird im allgemeinen bei Benzinen, besonders bei Benzinen für Automobile usw., auf einen reinen, möglichst schwachen Geruch und auf wasserhelle Farbe gelegt. Der unreine Geruch von ungenügend raffinierter Naphtha kann durch geringe Zusätze von Terpentinöl oder Kienöl unter gleichzeitiger Behandlung mit Alkali verdeckt werden. Diese Zusätze geben sich nach S. 62 zu erkennen.

Das Handels- und Waschbenzin soll möglichst frei von über 100° siedenden und unangenehm riechenden Anteilen sein, da diese sich schwer aus den gereinigten Textilstoffen entfernen lassen. Für die Extraktion von Ölsaaten oder Ölkuchen benutzt man Benzin, das nahe bei 100° siedet, damit die Saat bereits 100° warm ist, wenn mit dem Ausdämpfen begonnen wird. Anderenfalls kann sich Wasser in der Saat kondensieren und deren Stärkegehalt verkleistern (Ubbelohde, Handbuch, Bd. I, S. 606).

I. Spezifisches Gewicht

dient hauptsächlich als Identitätsprobe; es ist mit Mohrscher Wage, amtlich geeichten Aräometern für leichte Mineralöle usw. bei + 15° zu bestimmen (s. Schmieröle S. 125 ff.).

Bei Bestimmung des spez. Gewichts sind zur Umrechnung der bei der Versuchstemperatur beobachteten Zahlen auf die Normaltemperatur (15°) folgende z. T. von D. Mendelejeff festgestellten Gewichtskorrekturen in Anwendung zu bringen:

Tabelle 10.

Für spez. Gew. von	Korr. für 1° Temperaturänderung	
	für russische Öle	für pennsylvanische Öle
0,700—0,720	0,000 82	0,000 86
0,720—0,740	0,000 81	0,000 82
0,740—0,760	0,000 80	0,000 77
0,760—0,780	0,000 79	0,000 72
0,780—0,800	0,000 78	0,000 68

II. Einfache Verdampfungsprobe.

Extraktionsbenzin, besseres Motorenbenzin usw. dürfen beim Verdunsten im Uhrglas auf schwach erhitztem Wasserbade keinen Rückstand hinterlassen. Auf Papier darf Benzin beim Verdunsten keinen Ölfleck hinterlassen, der auf sehr hochsiedende Bestandteile hindeutet.

III. Fraktionierte Destillation.

Bei den meisten Automobilen und anderen Motoren, welche durch Benzin betrieben werden, wird dieses vor Eintritt in den

Explosionsraum in einer besonderen Kammer verdampft. Das hier, insbesondere aber bei Luxusautomobilen benutzte Benzin soll tunlichst gar keine, höchstens aber 5 % über 100° siedende Anteile enthalten, da sonst, besonders bei Fahrten in starker Winterkälte, leicht Versager vorkommen. Daher ist die Destillationsprobe — übrigens auch für Extraktionsbenzine — eine wichtige Prüfung.

Die Vervollkommnung der Konstruktion der Automobilmotoren hat aber in den letzten Jahren dahin geführt, daß auch schwerere Benzine, besonders bei Lastautomobilen mit Erfolg benutzt werden (s. a. S. 106).

a) Die handelsübliche Destillationsprobe. 100 ccm Benzin werden direkt aus dem Englerkolben in der auf S. 32 unter Rohöl angegebenen Destillationsweise destilliert und die Fraktionen von 10 zu 10° aufgefangen (siehe auch S. 64). Als Siedebeginn gilt der Punkt, bei dem der erste Flüssigkeitstropfen vom Kühlerende abfällt, und als Endpunkt der Destillation der Moment, in welchem der Boden des Kölbchens flüssigkeitsfrei ist.

Ist der Barometerstand nicht normal, so ist dies bei der Angabe der Siedegrenzen und der Destillatmengen zu berücksichtigen, worauf Ubbelohde (Zeitschr. f. angew. Chemie 1906, **19**, 1155) und Kißling (Chem.-Ztg. 1908, **32**, 695) hinweisen. Die Destillate werden nicht bei den vollen Zehnergraden abgelesen, sondern bei einer umso viel höheren oder tieferen Temperatur, als bei dem betreffenden Luftdruck der Siedepunkt des Wassers höher oder tiefer liegt als bei 760 mm Druck. Daß diese Korrekturen für alle technischen und Handelszwecke völlig ausreichend sind, hat Kißling (a. a. O.) durch Destillation von Benzinen unter verschiedenem Luftdruck festgestellt. Diese Korrekturen sind zu berücksichtigen, sobald der herrschende Luftdruck um mehr als $\pm$ 5 mm vom normalen (760 mm) abweicht. Zweckmäßig erscheint für die Berücksichtigung des Luftdruckes bei der Destillationsanalyse ein neuerer Vorschlag, wonach Thermometer nach Fuß mit verschiebbarer Skala benutzt werden, deren 100-Punkt auf den jeweiligen Siedepunkt des Wassers eingestellt wird. Die Thermometer sind in $\frac{1}{2}$ Grade zu teilen, so daß $\frac{1}{20}$ Grade gut abgelesen werden können.

b) Fraktionierte Destillation für zollamtliche Zwecke. Diese Untersuchung wird nach dem auf S. 35 berschriebenen Verfahren ausgeführt. Die zollamtliche Klassifizierung des Materials ist S. 36 beschrieben. Der Umstand, daß als Benzin noch ein Material zugelassen ist, welches bis 10% über 150° siedende Teile enthält, beweist, daß auch Rohbenzin als „Benzin" behandelt wird.

IV. Dampfdruck.

Der Dampfdruck kann bei Fragen der Lagerung und dergl. von Benzin und ähnlichen feuergefährlichen Flüssigkeiten eine Rolle spielen. Zur Bestimmung des Dampfdruckes stellt man nach Kohlrausch (Praktische Physik) ein Toricellisches Vakuum her, indem man ein etwa meterlanges, 10 mm weites, einseitig geschlossenes Glasrohr fast ganz mit trockenem Quecksilber füllt. Die anhängenden Luftbläschen beseitigt man mittels der an der Rohrwand gleitenden größeren Luftblase oder vollkommener durch Auskochen und stürzt das alsdann ganz gefüllte Rohr mit dem Finger verschlossen unter Quecksilber um. An einer Millimeterteilung hinter oder auf dem Rohr oder mit dem Kathetometer liest man die Höhe H der Quecksilbersäule ab. Man bringt in das Toricellische Vakuum die luftfreie Substanz im Überschuß, indem man dieselbe unten mit Hilfe einer umgebogenen Pipette einführt und aufsteigen läßt. Bei stark verdampfenden Flüssigkeiten empfiehlt es sich, vorher das Rohr zu neigen, bis das Quecksilber oben anstößt, da sonst das Rohr zertrümmert wird. Die im Vakuum verdampfte Flüssigkeit drückt die Quecksilbersäule auf die Höhe H' herab; H—H' ist dann die Dampfspannung des untersuchten Stoffes. Will man die Bestimmung nicht bei Zimmerwärme ausführen, so kann man das Barometerrohr mit einem Mantel umgeben, durch den man Dampf oder entsprechend erwärmte Flüssigkeiten strömen läßt (Fig. 18). Zu H' ist zuzuzählen erstens $\frac{h \cdot s}{13{,}6}$, wo s das spezifische Gewicht und h die Höhe der nicht verdampften Flüssigkeit auf dem Quecksilber ist, zweitens in höherer Temperatur die Spannkraft des Quecksilberdampfes selbst (zu entnehmen den Tabellen von Landolt-Börnstein oder Physikbüchern).

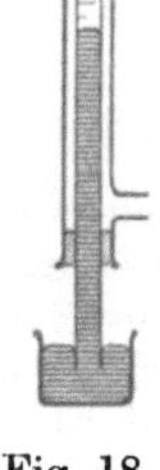
Fig. 18.

V. Entflammbarkeit.

Die Kenntnis der Entflammbarkeit eines Benzins wird bisweilen zur Beurteilung seiner Entzündlichkeit im Motor verlangt.

Petroleumbenzin entflammt gewöhnlich bedeutend unter 0°. Der Flammpunkt wird im Abelschen Petroleumgefäß (s. Fig. 19) bestimmt. Lackbenzin (s. Nachtrag) entflammt oberhalb + 21°.

Das in dem Gefäß *a* des Abelschen Petroleumprobers (dessen Beschreibung s. S. 73) befindliche Benzin wird durch ein Gemisch von fester Kohlensäure und Alkohol, das sich in dem zylindrischen, mit Alkohol gefüllten, etwa 60 mm hohen und 90 mm weiten Blechtopf *b* und in dem 70 mm hohen und 160 mm weiten, gleichfalls mit Alkohol gefüllten, emaillierten und mit Filz umwickelten Blechtopf *c* befindet, abgekühlt. Die Abkühlung geht bis zu —60°. Der ganze Apparat wird zur Abhaltung von Erwärmung mit Handtüchern umwickelt oder in Sägespäne gestellt.

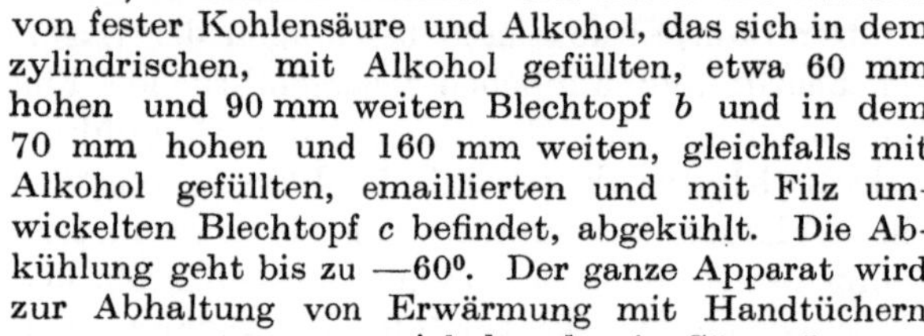

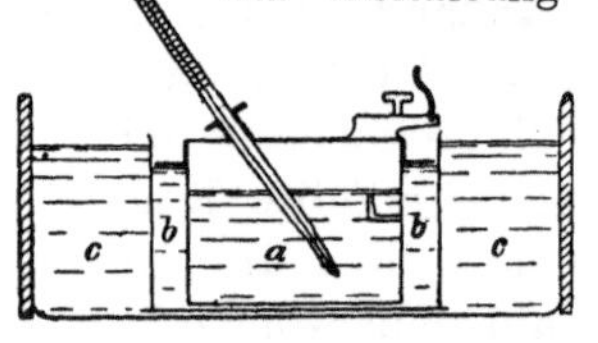

Fig. 19.

Die Zündvorrichtung wird erst kurz vor Beginn des Probens in dem Deckel von *a* eingesetzt, um Einfrieren des Petroleums im Docht des Zündflämmchens und Verlöschen des letzteren während der Versuche zu verhüten. Auch der Federwerkmechanismus, welcher das Eintauchen des Zündflämmchens besorgt, funktioniert bei der starken Abkühlung nur mangelhaft und muß öfters durch Andrehen des auf dem Deckel sitzenden Aufzugsknopfs während des Versuchs unterstützt werden. Im übrigen wird auf Entflammbarkeit von ½° zu ½° in gleicher Weise wie bei der Petroleumprüfung geprobt. Hierzu wird das Gefäß *a* aus dem Kältebade herausgenommen und mit einem Handtuch umwickelt. So ist vermieden, daß die aus *c* fortwährend entweichende Kohlensäure die Zündflamme zum Verlöschen bringt. Die Prüfung beginnt bei —50° oder —60°.

Eine Korrektur für den Barometerstand und den herausragenden Alkoholfaden des Thermometers wird nicht angebracht.

Zur Bestimmung des Brennpunktes nimmt man den Deckel des Probers ab, spannt das Kältethermometer in ein Stativ ein und führt von ½° zu ½° ein Lötrohrflämmchen an die Oberfläche des Benzins. Derjenige Punkt ist der Brennpunkt, bei welchem ein fortdauerndes Brennen der Benzinoberfläche stattfindet.

Flammpunkte und Brennpunkte einiger Benzine verschiedener Siedegrenzen sind nachstehend angegeben (Mitteilungen 1899, **17**, 70):

Siedegrenzen des Benzins	50—60°	60—78°	70—88°	80—100°	80—115°	100—150°
Fp	unter —58°	—39°	—45°	—22°	—21°	+10°
Zp...........	—	—34°	—42°	—	—19°	+16°

Die Unterschiede zwischen Flammpunkt und Brennpunkt sind, wie man sieht, bei Benzinen bedeutend kleiner als bei höher siedenden Erdölprodukten, z. B. den sog. Mineralschmierölen.

Vergleichsflammpunkte anderer feuergefährlicher Flüssigkeiten. Absoluter Alkohol + 12° bei 768 mm, 94 gew.-proz. Alkohol + 18°, 70 proz. Alkohol 22°, 50 proz. Alkohol 26,5°, Benzol — 8° (710—713 mm), Terpentinöl zwischen 30 und 32°.

VI. Explosionsgefahr.

Zum Betrieb von Gaskraftmaschinen werden absichtlich explosive Gasluftgemenge erzeugt, um durch die Volumvermehrung der Gase, welche bei der hohen Erhitzung der Verbrennungsprodukte eintritt, motorische Leistungen zu erzielen. Bei der Beurteilung derartiger Prozesse ist zu berücksichtigen, daß in Laienkreisen häufig die Begriffe „explosiv" und „brennbar" nicht scharf unterschieden werden.

Explosiv sind nur bestimmte Mischungen von brennbaren Dämpfen mit Luft oder Sauerstoff. Ist zuviel Luft zugegen, so wird dadurch das Gemisch am Entzündungsherd unter die Entzündungstemperatur abgekühlt, und aus diesem Grunde kann ein momentanes Fortschreiten der Explosionswelle durch den ganzen Gasraum hindurch nicht stattfinden. Dasselbe tritt ein, wenn im Verhältnis zum Sauerstoff zu viel brennbares Gas vorhanden ist; dieses wirkt dann gleichfalls als Verdünnungsmittel und kühlt dadurch das Gasgemenge unter die Entzündungstemperatur herab ab. Demnach gibt es nur einen vergleichsweise beschänkten Explosionsbereich, dessen untere Grenze durch Luftüberschuß und Gasmangel, dessen obere Grenze durch Überschuß an brennbarem Gas und Luftmangel bedingt wird. Den Explosionsbereich hat nun Bunte (Journ. f. Gasbel. 1901, 44, 835) für verschiedene Gasluftmischungen (Tab. 11) in einer Gasbürette von 19 mm Weite festgestellt, bei der das Gasgemenge über Wasser durch einen starken elektrischen Funken entzündet wurde (Fig. 20).

Fig. 20.

Tabelle 11.

Nr.	Art des Gases	Prozentgehalt der Mischung an brennbarem Gas		
		keine Explosion	Explosionsbereich	keine Explosion
1	Wassergas	12,3	12,5—66,6	66,9
2	Leuchtgas	7,8	8,0—19,0	19,2
3	Benzoldampf	2,6	2,7— 6,3	6,7
4	Pentan	2,3	2,5— 4,8	5,0
5	Benzindampf	2,3	2,5— 4,8	5,0

Diese Versuche wurden, um vergleichbare Werte zu erhalten, stets unter denselben Bedingungen ausgeführt, da die Grenzen des Explosionsbereiches nicht nur von der Natur des Gases abhängig sind, sondern auch mit der Weite der benutzten Gefäße, der Art der Zündung, dem Druck und der Temperatur variieren.

Wie ersichtlich, ist der Explosionsbereich der Benzindämpfe klein. Da jedoch bereits geringe Mengen Benzindampf (im Gegensatz zu Leuchtgas und Wassergas) genügen, um mit Luft ein explosives Gasgemisch zu bilden, so ist die Explosionsgefahr für Benzin trotzdem besonders groß.

Flüssiger Spiritus ist durch offene Flamme oder elektrische Funken zündbar, durch glühende Kohle nicht sicher zündbar.

Gasförmiger Spiritus bildet mit Luft explosible Gemenge, wenn mindestens 5,2 Vol.-Proz. Alkoholdampf in dem Gemenge vorhanden sind (Jahrbuch des Vereins der Spiritusfabrikanten 1907).

Um die Explosivität von gegebenen Benzin-Luftmischungen zu prüfen, kann man sich auch folgender Einrichtung bedienen:

In einem Gasometer wird über Wasser in einer bestimmten Luftmenge eine kleine Menge leicht siedendes Benzin, dessen Gasvolumen man berechnen kann, verdampft. Die Luft-Dampfmischung wird dann in eine Hempelsche Explosionskugelpipette, die vorher mit Quecksilber gefüllt war, gesaugt; in dieser wird durch Überschlagenlassen von elektrischen Funken zwischen den am Hals der Pipette eingeschmolzenen Platindrähten, die mit einem Induktionsapparat und einer Akkumulatorenbatterie in Verbindung stehen, die Explosivität des Benzin-Luftgemisches geprüft.

Während man sich bei Heizvorrichtungen meistens jenseits der oberen Grenze des Explosionsbereiches halten muß, ist es für den Gasmotorenbetrieb erforderlich, das Explosionsgemisch an der unteren Explosionsgrenze zu halten, um mit möglichst geringer Gasmenge eine möglichst große motorische Leistung zu erzielen. Die durch gasreichere Mischungen hervorgerufenen heftigen Explosionen können von den beweglichen Teilen der Maschine viel weniger vollständig ausgenützt werden als die langsamer, gewissermaßen mit Expansion verpuffenden gasärmeren Mischungen.

VII. Verbrennungswärme.

Seit der Benutzung des Benzins zum Betriebe von Explosionsmotoren, besonders in der Automobilindustrie (siehe auch S. 106) ist die Bestimmung der Verbrennungswärme von Bedeutung, da ein Öl umso brauchbarer für diesen Zweck ist, je höher sein kalorimetrischer Effekt ist. Die Bestimmung geschieht in einer kalorimetrischen Bombe. Nähere Beschreibung S. 21 ff.

Die Verbrennungswärmen von Benzin und Leuchtöl finden sich in folgender Tabelle, in der zum Vergleich auch diejenigen einiger anderer Brennstoffe angegeben sind.

Tabelle 12.

Heizmittel	Verbrennungswärme
Benzin	11 160—11 225
Petroleum	11 000—11 100
Benzol	10 038
Motorenspiritus	5 940
Anthrazit	8 000
Steinkohle	7 000—7 500
Braunkohle, lufttrocken	4 500—5 000
Braunkohlenteeröl	10 407

VIII. Prüfung auf aromatische Kohlenwasserstoffe.

a) Qualitativ nach Holde. Eine kleine Messerspitze fein zerstoßenen, von anorganischen Stoffen freien Asphalts, welcher durch längeres Auswaschen mit Petroleumbenzin vom spez. Gew. 0,70—0,71 von seinen leicht löslichen Teilen befreit ist, wird auf einem kleinen Filter mit dem zu prüfenden Benzin übergossen. Ist das ablaufende, in einem Reagenzglas aufgefangene Benzin farblos, so kann es als frei von erheblichen Benzolzusätzen usw. angesehen werden; läuft es gelb oder braun gefärbt durch, so ist die Anwesenheit von Benzol oder Toluol anzunehmen. Die Probe beruht auf dem Lösungsvermögen des Benzols für Asphalt und gestattet, bis zu 5—10% Benzol im Petroleumbenzin nachzuweisen.

b) Quantitativer Nachweis (Krämer und Böttcher, Gewerbefleiß 1887): Beruht auf der Absorption der aromatischen Kohlenwasserstoffe und Äthylene[1]) durch Schwefelsäure (Mischung von 80 Vol. konz. und 20 Vol. rauch. Säure), bedarf jedoch noch weiterer Ausgestaltung.

Der benutzte Apparat besteht aus einem etwa 75 ccm fassenden starkwandigen Kölbchen, dessen etwa 50 cm langer Hals in $^1/_{10}$ ccm geteilt ist. Je 25 ccm Benzin (oder Petroleum) und Säure werden im Kölbchen ¼ St. lang kräftig durchgeschüttelt. Nach Verlauf von 30 Min. füllt man mit konz. Schwefelsäure (nicht mit dem vorher benutzten Gemisch) so weit auf, daß die obere Ölschicht in die Röhre gedrängt wird, und liest dann nach einer Stunde so oft ab, bis keine Zunahme der indifferenten Kohlenwasserstoffe mehr stattfindet.

Aus der Differenz zwischen dem ursprünglichen und späteren Volumen erhält man durch einfache Rechnung die Volumenprozentzahlen der absorbierten Kohlenwasserstoffe. Bei einem Gehalt von über 13% an schweren Kohlenwasserstoffen wird das Verfahren ungenau.

Will man charakteristische Derivate der aromatischen Kohlenwasserstoffe abscheiden, so benutzt man zweckmäßig rauchende Salpetersäure wie bei der Prüfung von Terpentinöl nach Burton (s. S. 527). Aus der salpetersauren Lösung, welche die aromatischen Nitrokörper enthält, kann man diese nach dem Verdünnen mit Wasser durch Ausäthern gewinnen.

IX. Nachweis von Terpentinöl und Kienöl.

Läßt man in reines Petroleumbenzin (oder auch solches, das Benzol und dessen Homologe enthält) im Reagenzglas Bromdampf fließen, so färbt es sich, sofern es nicht außergewöhnlich viel ungesättigte Kohlenwasserstoffe enthält, beim Schütteln sofort rotgelb, während Terpentinöl oder Kienöl wegen ihres Gehaltes an ungesättigten Terpenen sofort das Brom, ohne gefärbt zu werden, absorbieren. Diese Reaktion läßt sich leicht zum Nachweis der genannten Öle in Benzin verwenden.

---

[1]) Letztere sind im Petroleumbenzin nur in untergeordneten Mengen vorhanden.

Auch durch Zugabe eines Tropfens Waller-Hüblscher Jodlösung zu einigen ccm des Probeöls lassen sich Terpentinöl, Kienöl usw. auch in kleinen Mengen nachweisen. Reines Benzin wird durch die Jodlösung rosa gefärbt und die Färbung bleibt mindestens ½ Stunde unvermindert stark, während sie bei Zusatz von Terpentinöl oder Kienöl bald verschwindet oder wesentlich schwächer wird. Nach 5 Minuten langem Schütteln ist sie bei Gegenwart der letztgenannten Öle ganz verschwunden. (Die Probe gestattet übrigens auch bequem, qualitativ selbst sehr kleine Mengen ungesättigter Fettsäuren wie Ölsäure, Linolsäure usw. in gesättigten Säuren wie Palmitinsäure, Stearinsäure usw. nachzuweisen.)

Die quantitative Bestimmung von Terpentinöl und Kienöl ergibt sich vollständig aus den später (s. S. 525 ff. unter Terpentinölprüfung) gemachten Angaben.

Im übrigen hat die Prüfung von Benzinen auf die teureren Terpenöle nur in besonderen Fällen Interesse, der umgekehrte unter „Terpentinöl" näher behandelte Fall ist der gewöhnliche.

X. Raffinationsgrad.

Rohbenzin kann schwach gelblich gefärbt sein, fertiges unter 150° siedendes Benzin muß in 10 cm dicker Schicht absolut farblos sein und darf weder beim Schütteln mit konz. Schwefelsäure diese färben, noch beim Kochen mit Wasser irgendwelche sauren Bestandteile oder sonstige Verunreinigungen an letzteres abgeben. Die raffinierten sog. Lackbenzine sind in der Regel auch in 10 cm dicker Schicht farblos, indessen kommen vereinzelt auch raffinierte, in dieser Schicht schwach gelblich gefärbte Produkte in den Handel.

XI. Löslichkeit in Alkohol.

Die Benzinfraktionen sind in absolutem Alkohol völlig löslich, mit verdünnterem Alkohol, z. B. 90 proz., mischt sich Benzin nicht mehr.

XII. Normalbenzin.

Das Kgl. Materialprüfungsamt Berlin-Lichterfelde-West hat seit dem Jahre 1903 hauptsächlich für die Zwecke der Asphaltbestimmung (S. 42) in dunklen Mineralölen die Prüfung und Beglaubigung eines Normalbenzins übernommen (Lieferant: C. A. F. Kahlbaum, Berlin), das folgenden Bedingungen[2]) zu genügen hat:

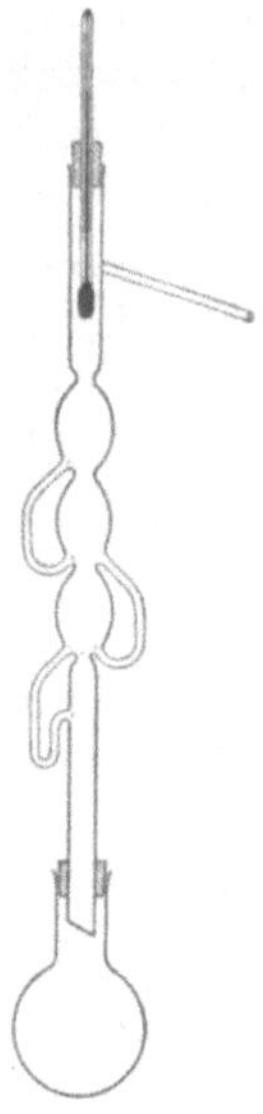

Spez. Gew. 0,695—0,705 (bestimmt bei + 15°C); Siedegrenzen 65—95° (bestimmt durch Destillation von 100 ccm Benzin im Englerkolben mit dreikugeligem 40 cm hohen Aufsatz nach Le Bel-Henniger, Fig. 21).

Von ungesättigten und Benzolkohlenwasserstoffen soll das Benzin möglichst frei sein. Im Materialprüfungsamt wird das Benzin dementsprechend auf Gehalt an in Schwefelsäure (Gemisch von konz. Säure mit 20 T. rauchender Säure (s. S. 62) löslichen Kohlenwasserstoffen, von denen es nicht mehr als 2% enthalten soll, und, um Gleichmäßigkeit der Benzinlieferungen zu gewährleisten, auf Asphaltfällungsvermögen an einem asphaltreichen Wietzer Rohöl im Vergleich zu den Restbeständen des vorher benutzten Normalbenzins geprüft.

Fig. 21.

Tabelle 13.

Bedingungen der Verkehrstruppen für die Lieferung von Automobilbenzin.[1])

Art des Benzins	Äußere Erscheinungen (in 10 cm dick. Schicht)	Spezifisches Gewicht bei 15°	Fremde Öle, Harz, Wasser, freie Mineralsäure	Färbung der Säureschicht b. Schütteln mit konzentrierter Schwefelsäure	Färbung der Säureschicht b. Schütteln mit Schwefelsäure spez. Gw. 1,62	Destillationsprobe (ununterbrochene Destillierweise) Destillate in Raumprozenten	Sonstiges Verhalten
Leichtbenzin	Wasserhell, klar, nicht fluoreszierend, nach raffiniertem Benzin riechend	0,700 bis 0,720	müssen fehlen	farblos	farblos	Die Probe muß zu mindestens 80% bis 100° sieden, über 130° siedende Anteile dürfen nicht zugegen sein	Mit dem Benzin befeuchtetes Filtrierpapier darf nach dem vollständigen Verdunsten weder Flecken noch dauernden Beigeruch behalten
Schwerbenzin	desgl.	0,720 bis 0,750	desgl.	farblos bis schwach gelb	farblos bis schwach gelb	Soll mindestens 50% bis 100° siedende, darf keinesfalls über 140° siedende Bestandteile enthalten	desgl.

[1]) Anfang 1913 giltig.

[2]) Grundsätze für die Prüfung der Mineralschmieröle,

C. Leuchtpetroleum.

I. Definition.

Leuchtpetroleum stellt die hauptsächlich zwischen 150 und 300° siedenden, mit Schwefelsäure raffinierten Anteile des Rohöls dar, indessen sind diese Grenzen nicht streng zu nehmen. Meistens sind noch kleinere Mengen unter 150° und über 300° siedender Anteile vorhanden, es werden aber auch Leuchtöle hergestellt, die in der Hauptsache nur bis 275° sieden. Maßgebend für die Beurteilung, ob ein Mineralöldestillat als Leuchtöl anzusprechen ist, ist die Höhe des Flammpunktes (für Deutschland über 21° C) und die Brennfähigkeit auf dem jeweilig in Frage kommenden Brenner (in Deutschland ist dies in der Regel der Kosmosbrenner).

II. Äußere Erscheinungen.

Ein normales Leuchtpetroleum soll in 10 cm dicker Schicht vollständig klar durchsichtig und höchstens schwach gelblich gefärbt sein. Teurere Qualitäten, wie z. B. Water White, Kaiseröl usw., sind wasserhell. Dem Sonnenlicht ausgesetzt, werden alle Petroleumsorten gelber, ohne daß mit dieser Veränderung eine erhebliche Verringerung der Brennfähigkeit verbunden zu sein braucht (Mitteilungen 1903, **21**, 52). Auf den Petroleummärkten wird das Petroleum — ceteris paribus — nach der Farbe gehandelt. Die Farbmesser von Stammer und Wilson-Ludolph gestatten, bestimmte Normalzahlen für die Farbe zu ermitteln. Bei erstgenanntem Apparat wird diejenige Schichtendicke ermittelt, bei welcher das Petroleum gleichgefärbt erscheint wie eine Normaluranglasplatte von bestimmter Dicke und Färbung; bei dem Ludolphschen Kolorimeter wird die Farbe ein und derselben Schicht des zu prüfenden Petroleums mit verschiedenen Farbglastypen verglichen.

So ergibt z. B. die Ablesung am Stammerschen Erdölkolorimeter folgende Schichtenhöhen für die üblichen Handelsmarken:

Standard White	50	mm
Prime White	86,5	,,
Superfine White	199,5	,,
Water White	300—320	,,

---

aufgestellt im Jahre 1905 vom Deutschen Verband für Materialprüfungen der Technik, ergänzter Neudruck 1909.

Solange im wesentlichen nur amerikanisches Leuchtpetroleum in den Handel kam, hatte die kolorimetrische Prüfung zur Unterscheidung gewisser Handelstypen Bedeutung. Nachdem aber inzwischen Öle verschiedener Herkunft in den Handel gelangt sind, die trotz stark gelblicher Farbe dennoch genügend gut brennen, ist die Bedeutung der kolorimetrischen Prüfung erheblich vermindert.

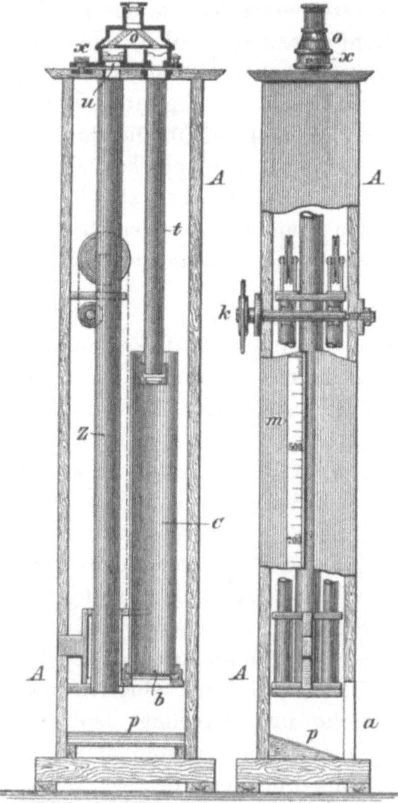

Fig. 22. Fig. 23.

a) Stammersches Kolorimeter. Die Konstruktion des von Schmidt und Haensch, Berlin, gebauten und in Baku viel benutzten Stammerschen Kolorimeters ergibt sich aus Fig. 22 und 23.

z ist das feststehende Rohr, welches oben mit Farbglasplatte versehen ist, *c* ist ein verschiebbarer, mit dem zu prüfenden Petroleum beschickter Zylinder, in welchen die Röhre *t* je nach dem Stand des Zylinders *c* verschieden hoch eintaucht. Durch Öffnungen im Boden von *z* und *c* gelangt das Licht über Spiegel *p* durch zwei Prismen nach Okular *O*. Die Schichtenhöhe des Petroleums, gemessen an der Teilung *m*, wird so lange verändert, bis Übereinstimmung der Farbe in beiden Röhren eintritt (siehe auch C. Engler, Dingler, **264**, 287). Zur Vermeidung der Einwirkung des Metalls auf das Petroleum empfiehlt Engler, den Zylinder aus Glas zu fertigen.

b) Kolorimeter von Wilson[1]) hat wohl die weiteste Verbreitung, besonders in England und Rußland gefunden. An dem um einen beliebigen Winkel drehbaren Deckel eines Holzkastens sind

[1]) Zu beziehen von W. Ludolph, Bremerhaven.

zwei Messingröhren *b* angebracht, in welchen sich die zur Aufnahme des Petroleums und der Farbgläser dienenden Glasröhren befinden (Fig. 24 und 25). Beide Röhren können durch dicht anschraubbare Glasdeckel geschlossen werden. Ein am unteren Ende des Brettes befestigter Spiegel sendet das reflektierte Licht durch die Röhren und Prismen ähnlich wie beim Stammerschen Kolorimeter in das Okular. Jedem Apparat wird ein Satz von vier Gläsern beigegeben, die, geordnet nach Helligkeit, je einer Farbmarke für die Leuchtöle des Handels: Water White (hellstes Glas), Superfine White, Prime White, Standard White (dunkelstes Glas) entsprechen sollen.

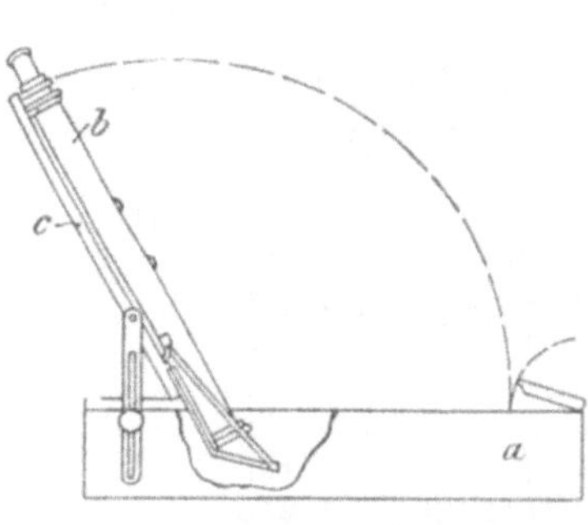

Fig. 24.

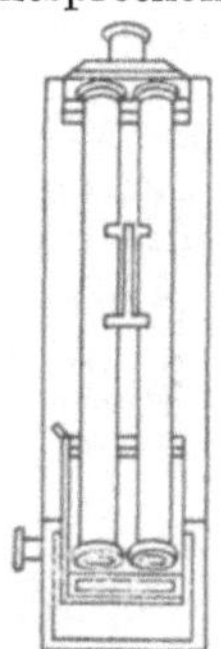

Fig. 25.

Zur Bestimmung des Farbtones füllt man eine Röhre mit dem Probepetroleum und befestigt das Rohr am Brett; erscheint jetzt im Okular die eine Hälfte des Gesichtsfeldes gelb gefärbt, so wird in die oberhalb des Deckels an der zweiten leeren Röhre befindliche Halbringhülse das eine oder das andere der farbigen Gläser gelegt, bis der zweite Halbkreis im Okular mit dem ersten annähernd gleich gefärbt erscheint; dasjenige Glas, dessen Einfügung die annähernd gleiche Färbung der beiden Halbkreise des Gesichtsfeldes bewirkte, kennzeichnet die Marke des zu prüfenden Kerosins.

In Wirklichkeit entspricht der Farbenton des Petroleums d. h. seine Marke, selten genau einem der vier Gläser. Auf den verschiedenen Märkten schätzt man das Kerosin nur in ganzen Marken. Ist z. B. der Farbenton eines Leuchtöls heller als Marke 3 und dunkler als Marke 2, so wird er mit der Marke 3, also mit der dunkleren Marke, bezeichnet. In Baku ist die Schätzung der Farbe auch in Bruchteilen von ganzen Marken üblich. (S. R. Quitka, Arbeiten der Bakuschen Sektion der „Kaiserlich Russischen Technischen Gesellschaft“ 1889—1891; Kwjatkowsky und Rakusin, Praktische Anleitung zur Verarbeitung der Naphtha, Berlin 1904).

Der Farbenton des in Baku fabrizierten Petroleums liegt meistens zwischen Marke 2 und 3; die Bruchteile der Farbmarke werden wie folgt ermittelt:

Ist zur Erzielung gleicher Färbung beider Halbkreise im Gesichtsfelde des Okulars auf die mit Leuchtöl gefüllte Röhre das Glas 2 M aufzulegen und auf die leere Röhre 3 M, so entspricht das Kerosin der Marke 2½. Je nachdem es bei dieser Probe dunkler oder heller als 3 M erscheint, wird es mit M 2¾ oder 2¼ bezeichnet. Mit M 2¼ wird das Petroleum auch bezeichnet, wenn auf die gefüllte Röhre M 1 und auf die leere Röhre M 3 zur Erzielung von Farbengleichheit gelegt wird.

Für die Marken des Wilsonschen Apparates wurden beim Vergleich mit dem Apparate von Stammer folgende Höhen der Kerosinsäulen gefunden:

Standard White	= 4	M.	50 mm
,, ,,	= 3½	,,	68 ,,
Prime White	= 3	,,	86,5 ,,
,, ,,	= 2¾	,,	115 ,,
,, ,,	= 2½	,,	143 ,,
,, ,,	= 2¼	,,	172 ,,
Superfine White	= 2	,,	199 ,,
,, ,,	= 1½	,,	255 ,,
Water White	= 1	,,	310 ,,

Die hier angegebenen ganzen Marken wurden auf dem Wege des Versuchs ermittelt, die Bruchteile von Marken dagegen durch Berechnung.

c) Nach den „russischen Vorschriften" gibt die Farbe eines Leuchterdöls keine Anhaltspunkte zur richtigen Beurteilung des Reinigungsgrades oder der Fähigkeit desselben, in den allgemein verwendeten Lampen rußfrei, geruchlos und mit nichtfallender Flamme zu brennen; die kolorimetrische Untersuchung der Leuchtöle ist deshalb in dem 1897 veröffentlichten Erlaß des russischen Finanzministeriums nicht obligatorisch behandelt; da jedoch im Handel das Petroleum oft nach der Farbe beurteilt wird, und um Willkürlichkeiten bei Feststellung der Farbenintensität zu vermeiden, sind die amtlichen Organe angewiesen, auf Verlangen der Parteien die Leuchtöle auch in bezug auf Farbe zu untersuchen und entsprechende Zeugnisse auszustellen. Die Normalgläser der verschiedenen Kolorimeter weichen, wie auch in den offiziellen russischen Vorschriften hervorgehoben ist, oft in bezug auf Farbstärke und Schattierung voneinander ab; um trotz dieser Unterschiede vergleichbare Resultate zu erhalten, wurden seitens der Bakuer Abteilung der Kaiserlich Russischen Technischen Gesellschaft die Färbungsgrade der handelsüblichen Sorten von amerikanischem Petroleum durch verschieden konzentrierte Lösungen von Kaliumchromat in angesäuertem Wasser veranschaulicht.

III. Spezifisches Gewicht

wird, wenn genügende Mengen Material zur Verfügung stehen, mit den von der Kaiserlichen Normaleichungskommission geeichten Aräometern, andernfalls mittels Pyknometer usw. (siehe Schmieröl S. 126 ff.) ermittelt und auf Wasser von $4^0 = 1$ und den luftleeren Raum bezogen.

Zur Umrechnung der bei der jeweiligen Temperatur beobachteten Zahlen auf die bei Normaltemperatur (15^0) geltenden sind folgende von D. Mendelejeff festgestellte Gewichtskorrekturen für russische Öle in Anwendung zu bringen:

Tabelle 14.

Für spezifische Gewichte	Korrektur für 1^0 Wärme
von 0,700—0,780	0,000 790
„ 0,780—0,800	0,000 780
„ 0,800—0,810	0,000 770
„ 0,810—0,820	0,000 760
„ 0,820—0,830	0,000 750
„ 0,830—0,840	0,000 740
„ 0,840—0,850	0,000 720
„ 0,850—0,860	0,000 710

Das spez. Gewicht von Petroleum erleidet, wie C. Engler auch an synthetischem Petroleum aus Tran gezeigt hat, bei längerem Stehen selbst in verschlossenen Flaschen durch Polymerisierung merkliche Erhöhungen.

IV. Zähflüssigkeit.

(Literatur: L. Ubbelohde, Petrol. 1909, 4, 861.)

Für normales Brennen des Petroleums ist es nötig, daß der Docht der Flamme genügende Mengen Petroleum zuführt. Das Aufsteigen des Petroleums in den Dochtkapillaren wird durch die Oberflächenspannung, welche das Petroleum in die Kapillaren treibt, bedingt. Die Zähigkeit des Petroleums wirkt dem Aufsteigen desselben insofern entgegen, als sie der Bewegung des Öles in den Kapillaren einen Widerstand entgegensetzt, der mit der Zähigkeit wächst (s. die Untersuchungen von C. Engler und Lewin, Lissenko und A. J. Stepanoff (Grundlagen der Lampentheorie, Deutsch von S. Aisinman 1906). Stepanoff stellt folgende Abhängigkeit der in der Zeiteinheit im Docht gehobenen Ölmenge (M) von der Kapillaritätskonstante α und der Zähigkeit Z fest:

$$M = \frac{\alpha^2}{Z}$$

Das spez. Gewicht des Petroleums ist ohne erheblichen Einfluß auf die im Docht gehobene Ölmenge. Die Kapillaritätskonstanten der verschiedenen Brennöle betragen etwa 3 mg und weichen so wenig voneinander ab, daß sie für praktische Zwecke zu vernachlässigen sind. Dagegen schwankt die Zähigkeit, bestimmbar mit dem im nachstehenden beschriebenen Leuchtöl-Viskosimeter, derart (nämlich von 1,11—1,80; Benzin hat die Zähigkeit 0,692), daß sie für die Beurteilung des Petroleums ins Gewicht fällt. Das Englersche Schmieröl-Viskosimeter ist für Leuchtpetroleum wenig geeignet, weil infolge der zu großen Weite und zu geringen Länge der Ausflußöffnung des Apparats die Unterschiede in der Zähigkeit der verschiedenen Brennöle zu gering sind.

Das nachfolgend beschriebene, von Ubbelohde im Anschluß an einen früheren Vorschlag Englers konstruierte Viskosimeter ist für Leuchtpetroleum und andere sehr leichtflüssige Destillate z. B. Benzin zu benutzen, nicht aber etwa an Stelle des Englerschen Schmieröl-Viskosimeters für die Prüfung von Schmierölen. Nur für die Prüfung von Dampfzylinderölen bei sehr hohen Temperaturen findet es auch an Stelle des Engler-Apparates Verwendung, wobei aber stets zu berücksichtigen ist, daß die auf dem Ubbelohdeschen Viskosimeter ermittelten Zähigkeitswerte nicht mit den „Englergraden" zusammenfallen, sondern größer sind als letztere. (s. S. 145).

Das Viskosimeter hat folgende Abmessungen[1]) (die Konstruktion ergibt sich im übrigen aus der Figur 26):

---

[1]) Verfertiger: Sommer und Runge, Berlin-Friedenau, Benningsenstraße.

	Durchmesser mm	Fehlergrenze mm ±
Ausflußbehälter A	105	1,0
Weite von Rohr *a*	1,25	0,01
Länge von Rohr *a*	30	0,1
Breite des unteren Endes von Rohr *a*	10	0,5
Horizontale Entfernung zwischen unterem Ende von Rohr *a* und oberem Ende des Überlaufrohrs	46	0,1

100 ccm Wasser von 20⁰ laufen in 200 Sek. aus (Fehlergrenze ± 4,0 Sek.).

Der Apparat wird von denselben Anstalten geeicht wie das gewöhnliche Englersche Schmieröl-Viskosimeter (s. S. 136).

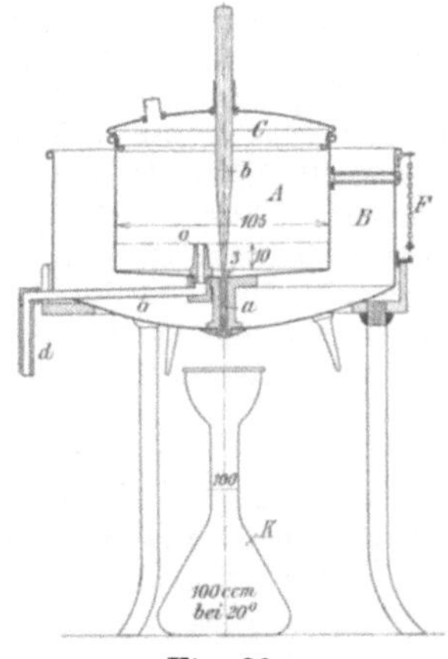

Fig. 26

Eichung mit Wasser.

Der Apparat wird nach der Reinigung von anhaftendem Öle mit Hilfe des Lotes *F* horizontal aufgestellt und nach Einsetzung des Verschlußstiftes *b* mit Alkohol soweit gefüllt, bis der Überschuß aus dem seitlichen Ende *d* des Überlaufrohres abläuft. Die Flüssigkeit ist nicht zu stark zu bewegen, damit sich die Oberfläche genau einstellt. Wenn vom Überlaufrohr keine Tropfen mehr abfallen, läßt man den ganzen Inhalt durch Herausziehen des Stiftes in einen Meßzylinder abfließen und merkt sich die so festgestellte Auffüllmenge, die man nur für die Eichung mit Wasser zu kennen braucht.

Nunmehr füllt man Wasser ein und läßt es in ein Becherglas auslaufen, wobei man das Wasser die ganze Fläche am unteren Ende des Auslaufröhrchens benetzen läßt. Dann senkt man den Verschlußstift ein, ohne den am Röhrchen hängen bleibenden Tropfen zu beseitigen, und füllt mit Hilfe des vorher benutzten, in Kubikzentimeter geteilten Meßzylinders so viel Wasser ein, als der vorher durch Alkohol ermittelten Auffüllmenge entspricht. — Wasser darf man nicht im Überschuß einfüllen, da es, besonders wenn einmal Öl in dem Viskosimeter gewesen ist, selten genügend benetzt, so daß es als Wulst an dem Überlaufrohre stehen bleibt, wodurch dann die Druckhöhe zu groß wird. (Alkohol, Petroleum und Öle benetzen stets so gut, daß sie bis zur Höhe des Überlaufrohres ablaufen.) Hierauf bringt man die Temperatur auf 20⁰ und bestimmt unter Benutzung des dem Apparat beigegebenen Meßkolbens die Auslaufzeit von 100 ccm Wasser. Man wiederholt den Ausflußversuch; die Wiederholungsversuche müssen auf 1 Sekunde übereinstimmen.

Bestimmung der Zähigkeit von Petroleum.

Mit Hilfe des Lotes *F* stellt man den Apparat horizontal; darauf vergewissert man sich, ob das Ausflußröhrchen rein ist, indem man von oben hindurchblickt, während man ein Stück weißes Papier in einige Entfernung unter das Röhrchen hält; auf diese Weise nimmt man auch die kleinsten Unreinigkeiten wahr, die man mit Hilfe einer Darmsaite entfernt. Alsdann füllt man Leitungswasser in das äußere Gefäß *B* ein und nach Einsenken des Verschlußstiftes Petroleum im Überschuß in das innere Gefäß *A*. Der Überschuß läuft aus dem Überlaufrohr in kurzer Zeit ab, so daß sich das richtige Niveau von selbst einstellt. Durch kurzes Lüften des Verschlußstiftes läßt man einen Tropfen des Petroleums am unteren Ende des Ausflußröhrchens heraustreten. Darauf bringt man Wasser und Petroleum auf 20° und stellt mit Hilfe einer gewöhnlichen Taschenuhr oder Stoppuhr die Zeit in Sekunden fest, während welcher nach Herausziehen des Verschlußstiftes das auslaufende Petroleum den Meßkolben *C* bis zur Marke 100 ccm füllt. Diese Zeit, dividiert durch die Auslaufzeit von 100 ccm, ergibt den Viskosimetergrad.

Z. B. Auslaufzeit des Petroleums	322	Sekunden
„ „ Wassers	201	„
Viskosimetergrad	1,6	

Diese Grade entsprechen den in ganz ähnlicher Weise auf dem Englerschen Viskosimeter ermittelten „Englergraden“, dürfen aber natürlich nicht mit den letzteren verwechselt werden, da sie viel größer sind.

Benzin vom spez. Gew. 0,714 zeigt auf dem Apparat fe = 0,692, Nobelpetroleum 1,517, Deutsches Petroleum 1,324, Petroleum a. 1,109, Petroleum f. 1,801.

Soll die Zähigkeit im absol. Maßsystem bestimmt werden, so benutzt man den Apparat von Traube - Ubbelohde (S. 150).

V. Erstarrungspunkt.

Petroleum, welches im Freien der Kälte ausgesetzt ist, soll auch bei tiefen Temperaturen völlig flüssig dem Docht zufließen; es muß z. B. bei — 10° klarflüssig bleiben.

Die Prüfung wird mit dem S. 164 beschriebenen Apparat ausgeführt, indem man nach Anstellung eines Vorversuches Proben je 1 Stunde auf die in Frage kommende Temperatur unter Vermeidung von Bewegung abkühlt. Es dürfen nur frische, d. h. nicht schon vor dem Versuch abgekühlte Proben benutzt werden, da sonst unsichere Ergebnisse erzielt werden. Bei genauerer Prüfung ist noch der Erstarrungspunkt des Rückstandes zu bestimmen, welcher beim Abdestillieren des Petroleums bis 300° erhalten wird.

Nicht sorgfältig destilliertes Petroleum aus paraffinreichem Rohöl (z. B. Pennsylvanien, Boryslaw usw.) zeigt schon bei — 10° kristallinische Paraffinausscheidungen, während russisches Petroleum stets noch unter — 20° klar bleibt. Nobelpetroleum zeigte sich bei — 70° noch ganz flüssig, ist also ein gutes Schmieröl für tiefe Temperaturen.

Amerikanisches, paraffinhaltiges Petroleum, welches das Paraffin offenbar in kolloidaler Form gelöst enthält, zeigt dementsprechend bei Zimmerwärme ein anderes Bild im Ultramikroskop als paraffinfreies Nobelpetroleum (Holde, Zeitschr. f. Chem. u. Ind. der Kolloide, 1908, **2**, 270).

VI. Der Flammpunkt

kennzeichnet die Feuergefährlichkeit eines Petroleums. Die früher zur Flammpunktsbestimmung benutzten offenen Prober sind der verschiedenen ihnen anhaftenden Fehlerquellen wegen (S. 180) durch die geschlossenen Prober ersetzt, und zwar durch den Abel-P.-Apparat (Deutsche Form des Abel-Pensky-Apparates; J. P. K.). Nach Gody ist die Explosionsfähigkeit des Petroleums in Lampen nicht in exakter Weise nach dem nach Abel bestimmten Flammpunkt zu beurteilen, sie muß vielmehr durch Explosions versuche (S. 59) im Eudiometer ermittelt werden (Chem.-Ztg. 1905, **29**, 741).

Die Temperatur, bei der sich im gewöhnlichen Lampenbehälter explosive Dampfgemische bilden, liegt nach Engler (Chem. Ind. 1882, 106) etwa 8° höher als die entsprechende Temperatur im Abelschen Petroleumgefäß. Dementsprechend hielt der genannte Autor früher unter Zugrundelegung der Feststellung des Reichsgesundheitsamtes, wonach die Temperatur des Öles im Ölbehälter der Lampen bei mittlerer Außentemperatur von 20° um 5° höher ist, und unter Annahme eines mittleren Temperaturmaximums von 28° eine Temperaturgrenze von 23° als Mindestgrenze für die Entflammbarkeit des Petroleums für zulässig. Der gesetzlich zulässige Flammpunkt ist indessen auf 21° festgesetzt worden.

a) Abelscher Petroleumprober. Dieser (Fig. 27) besteht aus dem zur Erwärmung dienenden Wasserbad *W*, dem Petroleumgefäß *G* und dem Verschlußdeckel, welcher Thermometer und die durch ein besonderes Triebwerk betätigte Zündvorrichtung trägt.

Der Wasserbehälter *W* trägt Fülltrichter *C* und Ablaufrohr sowie Thermometer t_2.

Das in die Mitte von *W* eingelötete Kupfergefäß bildet einen Hohlraum, in den Gefäß *G*, nachdem es bis zur Marke h_1 mit dem

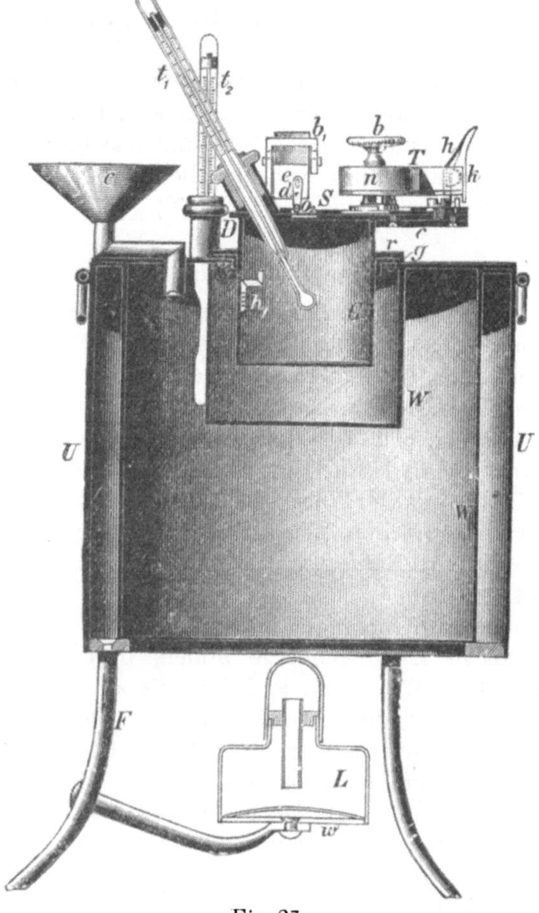

Fig. 27.

Probeöl gefüllt ist, eingesenkt wird. Mehrere Öffnungen im Deckel und Schieber werden in der einen Endlage des Schiebers verdeckt, in der anderen geöffnet.

Zum Aufziehen des Triebwerks *T* wird die Schraube *b* so weit nach rechts gedreht, bis ein Widerstand das Weiterdrehen verhindert. Drückt man dann den Hebel *h* herunter, so dreht das Triebwerk selbsttätig den Schieber *S*. Hierbei senkt sich das kleine, um eine horizontale Achse drehbare Lämpchen *a* derart, daß es bei völliger Öffnung der Durchbrechungen der Deckelplatte mit der eine kleine Zündflamme tragenden Dochthülse *d* durch die größte Öffnung hindurch in den mit Luft und Petroleumdämpfen gefüllten oberen Teil des Petroleumgefäßes 2 Sekunden lang eintaucht.

b) Das Proben auf Entflammbarkeit. Das in das Gefäß *G* mittels Pipette gefüllte Petroleum wird, da das Proben je nach dem herrschenden Barometerstand bei verschiedenen Temperaturen beginnt (s. Tabelle 15), auf 2° unterhalb der für den Beginn des Probens gefundenen Temperatur abgekühlt. Dies kann direkt im Gefäß *G* geschehen, bevor letzteres in das erwärmte Wasserbad *W* vorsichtig eingesenkt wird; das Petroleum darf die Wände des Gefäßes oberhalb der Auffüllmarke nicht benetzen.

Tabelle 15.

Bei einem Barometerstande	erfolgt der Beginn des Probens
von 685 bis einschließlich 695 mm	bei + 14,0°
von mehr als 695 „ „ 705 „	„ 14,5
„ „ „ 705 „ „ 715 „	„ 15,0
„ „ „ 715 „ „ 725 „	„ 15,5
„ „ „ 725 „ „ 735 „	„ 16,0
„ „ „ 735 „ „ 745 „	„ 16,0
„ „ „ 745 „ „ 755 „	„ 16,5
„ „ „ 755 „ „ 765 „	„ 17,0
„ „ „ 765 „ „ 775 „	„ 17,0
„ „ „ 775 „ „ 785 „	„ 17,5

Das Zündflämmchen, welches durch Anzünden eines mit Petroleum gespeisten Wattedochts des Zünders *de* erzeugt wird und so groß sein soll, wie die auf dem Gefäßdeckel befindliche weiße Perle, wird, nachdem das Bad 54—55° erreicht hat und die Spiritusflamme *L* gelöscht ist, von ½° zu ½° eingetaucht.

Das Zündflämmchen vergrößert sich in der Nähe des Entflammungspunktes durch eine Art von Lichtschleier etwas; als Flammpunkt gilt derjenige Punkt, bei dem das blitzartige Auftreten einer größeren blauen Flamme, welche sich über die ganze freie Fläche des Petroleums ausdehnt, erfolgt, und zwar auch dann, wenn das in vielen Fällen durch die Entflammung verursachte Erlöschen des Zündflämmchens nicht eintritt.

c) Wiederholung des Probens. Vor Wiederholung des Versuches muß sich der Gefäßdeckel abkühlen. Von der ersten Probe herrührende Petroleumspuren sind sorgfältig mit Fließpapier von Deckel, Gefäß, Deckel- und Schieberöffnungen zu entfernen.

Vor dem Einsetzen des Gefäßes in den Wasserbehälter wird das Wasserbad mittels der Spirituslampe wieder auf + 55° erwärmt.

Weicht der bei der Wiederholung gefundene Flammpunkt nicht mehr als 0,5° von dem zuerst gefundenen ab, so ist der Mittelwert beider Zahlen der scheinbare Flammpunkt, d. h. derjenige Wärmegrad, bei welchem unter dem jeweiligen Barometerstande die Entflammung eintritt.

Weicht das zweite Ergebnis von dem ersten um 1° oder mehr ab, so ist die Prüfung zu wiederholen. Wenn alsdann zwischen den drei Ergebnissen sich größere Unterschiede als 1½° nicht vorfinden, so ist der Durchschnittswert aus allen drei Ergebnissen als scheinbarer Entflammungspunkt zu betrachten.

d) Berechnung des auf 760 mm Luftdruck bezogenen Flammpunktes. Der für den Normalbarometerstand gültige Entflammungspunkt wird aus der Tabelle 16 (für in der Tabelle nicht berücksichtigte Temperaturen durch Interpolieren) berechnet.

Beispiel:

Der Barometerstand betrage 742 mm. Da eine besondere Spalte für 742 mm in der Tabelle nicht vorhanden ist, so kommt die mit 740 mm überschriebene Spalte für die Ermittelung des auf 760 mm Luftdruck bezogenen Entflammungspunktes in Betracht.

Es sei nun beim
ersten Proben als Entflammungspunkt gefunden . . . . . 19,0°;
das zweite Proben habe als Entflammungspunkt ergeben . 20,5°;
das hiernach erforderliche dritte Proben habe endlich als Entflammungspunkt ergeben . . . . 19,5°.
Man erhält als Durchschnittswert für den Entflammungspunkt abgerundet . . . . 19,7°.

In der mit 740 überschriebenen Spalte findet man sodann als dem abgerundeten Durchschnittswert am nächsten kommend 19,8°; ferner findet man in der Zeile, in welcher diese Zahl steht, und in der mit 760 überschriebenen Spalte die fettgedruckte Zahl . . . . 20,5°

Die letztere ist somit der auf den Normalbarometerstand umgerechnete Entflammungspunkt des untersuchten Petroleums. Da er unter dem für Deutschland gültigen Mindestflammpunkt von 21° liegt, so unterliegt das Petroleum den Beschränkungen des § 1 der Verordnung vom 24. Febr. 1882.

Für über 50° entflammende Petroleumsorten muß höher erhitztes, event. siedendes Wasser als Bad benutzt werden. Bei Ölen mit einer zwischen 60 und 80° liegenden Entflammungstemperatur wird der Luftraum zwischen Wasserbad und Petroleumbehälter mit einem Mineralmaschinenöl gefüllt. Das Wasserbad wird alsdann etwa 15° über den durch einen Versuch annähernd ermittelten Flamm-

Tabelle 16.

Umrechnung des bei einem beliebigen Barometerstand gefundenen Entflammungspunktes auf den bei normalem Barometerstand ihm entsprechenden Entflammungspunkt.

Barometerstand in Millimetern.																											
650	**655**	**660**	**665**	**670**	**675**	**680**	**685**	**690**	**695**	**700**	**705**	**710**	**715**	**720**	**725**	**730**	**735**	**740**	**745**	**750**	**755**	**760**	**765**	**770**	**775**	**780**	**785**
Entflammungspunkte nach Graden des hundertteiligen Thermometers.																											
15,5	15,6	15,7	15,8	15,9	16,1	16,2	16,4	16,6	16,7	16,9	17,1	17,3	17,4	17,6	17,8	18,0	18,1	18,3	18,5	18,7	18,8	**19,0**	19,2	19,4	19,5	19,7	19,9
16,0	16,1	16,2	16,3	16,4	16,6	16,7	16,9	17,1	17,2	17,4	17,6	17,8	17,9	18,1	18,3	18,5	18,6	18,8	19,0	19,2	19,3	**19,5**	19,7	19,9	20,0	20,2	20,4
16,5	16,6	16,7	16,8	16,9	17,1	17,2	17,4	17,6	17,7	17,9	18,1	18,3	13,4	18,6	18,8	19,0	19,1	19,3	19,5	19,7	19,8	**20,0**	20,2	20,4	20,5	20,7	20,9
17,0	17,1	17,2	17,3	17,4	17,6	17,7	17,9	18,1	18,2	18,4	18,6	18,8	13,9	19,1	19,3	19,5	19,6	19,8	20,0	20,2	20,3	**20,5**	20,7	20,9	21,0	21,2	21,4
17,5	17,6	17,7	17,8	17,9	18,1	18,2	18,4	18,6	18,7	18,9	19,1	19,3	19,4	19,6	19,8	20,0	20,1	20,3	20,5	20,7	20,8	**21,0**	21,2	21,4	21,5	21,7	21,9
18,0	18,1	18,2	18,3	18,4	18,6	18,7	18,9	19,1	19,2	19,4	19,6	19,8	19,9	20,1	20,3	20,5	20,6	20,8	21,0	21,2	21,3	**21,5**	21,7	21,9	22,0	22,2	22,4
18,5	18,6	18,7	18,8	18,9	19,1	19,2	19,4	19,6	19,7	19,9	20,1	20,3	20,4	20,6	20,8	21,0	21,1	21,3	21,5	21,7	21,8	**22,0**	22,2	22,4	22,5	22,7	22,9
19,0	19,1	19,2	19,3	19,4	19,6	19,7	19,9	20,1	20,2	20,4	20,6	20,8	20,9	21,1	21,3	21,5	21,6	21,8	22,0	22,2	22,3	**22,5**	22,7	22,9	23,0	23,2	23,4
19,5	19,6	19,7	19,8	19,9	20,1	20,2	20,4	20,6	20,7	20,9	21,1	21,3	21,4	21,6	21,8	22,0	22,1	22,3	22,5	22,7	22,8	**23,0**	23,2	23,4	23,5	23,7	23,9
20,0	20,1	20,2	20,3	20,4	20,6	20,7	20,9	21,1	21,2	21,4	21,6	21,8	21,9	22,1	22,3	22,5	22,6	22,8	23,0	23,2	23,3	**23,5**	23,7	23,9	24,0	24,2	24,4
20,5	20,6	20,7	20,8	20,9	21,1	21,2	21,4	21,6	21,7	21,9	22,1	22,3	22,4	22,6	22,8	23,0	23,1	23,3	23,5	23,7	23,8	**24,0**	24,2	24,4	24,5	24,7	24,9
21,0	21,1	21,2	21,3	21,4	21,6	21,7	21,9	22,1	22,2	22,4	22,6	22,8	22,9	23,1	23,3	23,5	23,6	23,8	24,0	24,2	24,3	**24,5**	24,7	24,9	25,0	25,2	25,4
21,5	21,6	21,7	21,8	21,9	22,1	22,2	22,4	22,6	22,7	22,9	23,1	23,3	23,4	23,6	23,8	24,0	24,1	24,3	24,5	24,7	24,8	**25,0**	25,2	25,4	25,5	25,7	25,9

punkt des Petroleums gebracht. In Rußland ist nach Verordnung des Finanzministeriums vom März 1897 für sämtliche aus dem Baku- oder Batumgebiet versandten Petroleumsorten mit unter 85° liegendem Flammpunkt der Abelsche, für höher entflammbare Sorten der Penskysche Prober vorgeschrieben.

Ein mit Thermometern bis 110° ausgerüsteter Abelapparat, dessen messingenes Heizbad durch ein kupfernes ersetzt ist, kann zu Flammpunktsbestimmungen bis zu 100° benutzt werden. Nach Untersuchungen von Wiebe (Petrol. 1912, 8, 16) zeigt dieser Apparat keine Abweichungen gegenüber dem Pensky-Apparat (s. S. 173) und bietet den Vorteil, daß die Höhe des Flammpunktes viel weniger von dem Temperaturanstieg abhängig ist, als dies beim Pensky-Apparat der Fall ist. Im kupfernen Heizbad stellte Wiebe ein um etwa 0,4° niederes Entflammen fest als bei dem mit messingenem Heizbad ausgerüsteten gewöhnlichen Abelapparat. Eine im Materialprüfungsamt ausgeführte Vergleichung ergab im Pensky-Apparat um 0,4—0,8° niedrigere Entflammungspunkte als im gewöhnlichen Abelapparat, wobei der Temperaturanstieg beim Arbeiten mit dem erstgenannten Apparat bis zu 50° 1—2° pro Minute, bei 70° 1—4° pro Minute betrug. Der Pensky-Apparat ist also bei vorsichtigem Ansteigenlassen der Temperatur für die Prüfung der zwischen 50 und 100° entflammenden Mineralöldestillate ebenfalls geeignet.

In Deutschland ist zwar Mindesttest für Leuchtpetroleum 21°, indessen werden vielfach, wie auch die Lieferungsbedingungen von Behörden zeigen, Öle mit höherem Flammpunkt verlangt. Petroleum russischer Herkunft, wie Nobel- oder Meteorpetroleum, hat übrigens, weil es von einem benzinärmeren und kohlenstoffreicheren Rohpetroleum (Naphthenen) abstammt, stets höheren Flammpunkt (meistens nahe bei 30° oder darüber) als das gewöhnliche amerikanische Standard-Petroleum. Die Leuchtöle entflammen unter anderen Zündbedingungen, als sie beim Abelprober vorliegen, bei Näherung einer Flamme nicht bei der Temperatur ihres Abel-Flammpunktes. Im Abelprober sind die Bedingungen für das Entflammen beim Nähern einer Zündflamme bedeutend günstiger als z. B. bei offener Ausbreitung des Petroleums, wie ja auch in den offenen Proben das Petroleum wesentlich höher entflammt als im geschlossenen Apparat.

VII. Brennpunkt.

Der Brennpunkt, d. i. diejenige Temperatur, bei welcher auf Annäherung einer Zündflamme das Petroleum ununterbrochen brennt, kann im offenen Abelschen Prober bestimmt werden.

Hierzu taucht man ein an einem Stativ befestigtes Thermometer in das offene Petroleumgefäß ein und nähert von Grad zu Grad ein Zündflämmchen der Oberfläche 1—2 Sek. lang, ohne letztere zu berühren, oder man nimmt den Deckel des Abelschen Probers erst unmittelbar nach Eintritt des Entflammens ab und prüft dann mit einem Lötrohrflämmchen weiter. Längeres Verweilen des Zündflämmchens an der Oberfläche ist vor Beginn des Brennens natürlich zu vermeiden.

Die Kenntnis des Brennpunktes hat sowohl beim Petroleum als auch bei den übrigen Mineralölen wenig Interesse und wird daher nur bei besonderen Fragen der Feuergefährlichkeit, z. B. bei auffällig niedrig liegendem Flammpunkt, herangezogen.

VIII. Fraktionierte Destillation

wird in der Regel mit dem gläsernen Engler-Ubbelohdeschen Destillierapparat nach dem kontinuierlichen Verfahren ausgeführt (S. 32).

Die J.P.K. Beschlüsse bezüglich der Destillation sind folgende:

Der Barometerstand ist anzugeben und die Korrektur des herausragenden Quecksilberfadens zu berücksichtigen unter Verwendung gleich dimensionierter Thermometer (s. S. 56).

Das Kühlrohr muß vollständig trocken sein. Siedebeginn ist derjenige Punkt, bei welchem der erste Tropfen vom Abzugsrohr des Englerkolbens abfällt. Die Temperaturgrenzen, in denen die Destillate aufgefangen werden, sollen durch 25 ohne Rest teilbar sein.

Gewöhnlich mißt man die Fraktionen volumetrisch, den über 300° siedenden, im Kolben verbleibenden Rückstand wägt man. Für genauere Untersuchung bestimmt man das Gewicht der Destillate und der angewendeten Menge.

IX. Raffinationsgrad.

a) Schwefelgehalt. Seit der Verarbeitung des stark schwefelhaltigen Ohiorohöls auf Leuchtöl hat man bei der Prüfung des Petroleums auch die Bestimmung des Schwefels beachtet, da ein erheblicher Schwefelgehalt unangenehmen Geruch beim Brennen veranlaßt. Graefe (Petrol. 1905, **1**, 606) hat nachgewiesen, daß Schwefel, sofern er nicht als Schwefelsäureverbindung vorliegt, die Leuchtkraft der Öle nicht beeinflußt. Ätherschwefelsäuren bewirken aber Verkohlen des Dochts beim Brennen und verringern dadurch die Leuchtkraft.

Die Schwefelbestimmungen nach Carius und Graefe (s. S. 292) sind für Petroleum nicht geeignet, da selbst bei schlechten Petroleumsorten der Schwefelgehalt einige Zehntelprozente nicht übersteigt, und diese Verfahren die Verwendung genügender Substanzmengen nicht gestatten.

Die Bestimmung kann durch Verbrennung in der Bombe erfolgen (S. 51). Sehr bewährt hat sich das in Anlehnung an Allens Vorschlag von Heußler und Engler bearbeitete Verfahren, welches auch in ähnlicher Form zur Schwefelbestimmung im Leuchtgas benutzt wird.

Das Verfahren (Chem.-Ztg. 1896, **20**, 197) beruht auf der Verbrennung des Petroleums auf kleiner Lampe, Fig. 28, Absaugen der Verbrennungsgase und Absorption derselben von einer durch Lufteinleiten entfärbten, unterbromigsaures Kali enthaltenden Lösung von Brom in Kalilauge oder Kaliumkarbonat (5 %), Fällung und Bestimmung der gebildeten Schwefelsäure als Bariumsulfat.

Die Absorptionsflüssigkeit oxydiert die schweflige Säure der Verbrennungsgase und ist leicht vollkommen schwefelfrei zu erhalten. 20 ccm der Flüssigkeit genügen zur Beschickung des Absorptionsglases.

Der kleine Petroleumbehälter *A* ist mit Docht und Dochthülse versehen. Der Lampenzylinder *B* setzt sich in der angeschmolzenen Röhre *b* bis zum Boden des Absorptionsbehälters *C* fort, welcher mit etwa erbsengroßen Glasstückchen und der Absorptionslösung gefüllt ist. Am Halse von *C* befindet sich das mit der Wasserstrahlluftpumpe zu verbindende Saugrohr *c*; das U-Rohr sitzt luftdicht mittels Korken in *C*. Lampenzylinder *B* ist auf den Hals von *A* mittels Korken aufgesetzt. Die Metallkapsel *d* ist so befestigt, daß die durch die beiden Röhrchen eingesaugte Luft sich in dem ringförmigen Raum derselben verbreitet und durch das oben aufgelegte Drahtnetz oder durchlochte Metallsieb gleichmäßig verteilt zur Flamme tritt. Der kleine Petroleumbehälter faßt ca. 100 ccm Öl und hat absichtlich breiten Querschnitt erhalten, damit während des Brennens das Niveau des Öles nicht zu sehr sinkt und gleichmäßiges Brennen stattfindet. Der Abstand des Flämmchens vom Boden beträgt 9 cm.

Nach Anzünden der mit dem Öl gefüllten und gewogenen Lampe saugt man die Luft gerade so rasch hindurch daß das Ölflämmchen ohne zu rußen brennt.

Da in Laboratoriumsräumen die Luft selbst oft schwefelhaltig ist, so verbindet man die beiden Zuleitungsröhrchen bei *d* mittels eines T-Röhrchens mit einer Luftzuleitungsröhre, die mit dem Freien kommuniziert, so daß nur reine Luft eingeführt wird. In 5 Stunden, wobei eine Aufsicht unnötig ist, verbrennen 10—12 g Öl, eine genügende Menge für alle Petrole, die nicht einen abnorm niedrigen Schwefelgehalt aufweisen. Nach beendigtem Versuch wird der Ölverbrauch durch Zurückwiegen des Ölbehälters bestimmt und die Flüssigkeit aus dem Absorptionsgefäß durch Öffnen des Hahns

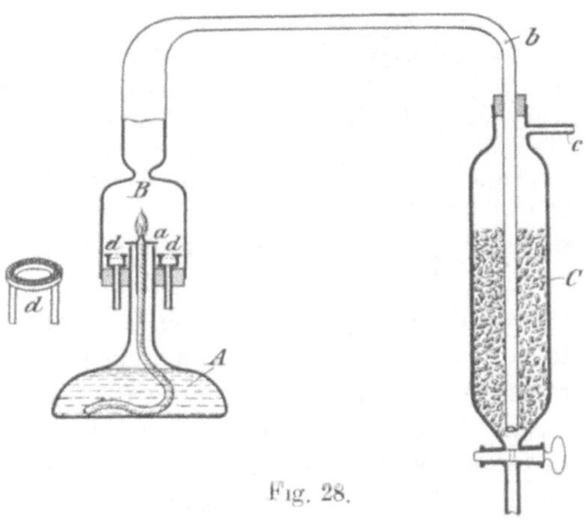

Fig. 28.

abgelassen; zum Ausspülen werden ca. 20 ccm Wasser zugegeben, worauf Luft durchgesaugt und das Wasser wieder abgelassen wird. Letztere Operation wird ein- oder zweimal wiederholt. Man erhält so zusammen höchstens 100 ccm Flüssigkeit, die nur ca. 1 g Kalisalz enthält. In dieser wird die Schwefelsäure in gewöhnlicher Weise als Bariumsulfat bestimmt. Es kann nun sofort wieder frische Absorptionsflüssigkeit eingesaugt und eine neue Bestimmung ausgeführt werden. Dabei ist es nicht nötig, die Zylinderröhre *Bb* aus dem Gefäße *C* herauszunehmen.

Ein gutes Leuchtpetroleum soll nicht über 0,03 % Schwefel enthalten. Nach Graefe (Chem. Revue 1905, **12**, 271) dient der Schwefelgehalt auch zum Nachweis von Solarölen aus Braunkohlenteer, welche 0,5—1 %, durchschnittlich 0,8 % Schwefel enthalten. Letztere haben entsprechend ihrem hohen Gehalt an Olefinen Jodzahlen 77—79, amerikanisches Petroleum 4—17. russisches 0—0,2, galizisches 0,7 (s. a. S. 350 über Braunkohlenteeröle).

Nach Kissling und Engler (Chem. Revue 1906, **13**, 158) zeigt Kaiseröl 0,01, Astralöl 0,02, gewöhnliches pennsylvanisches Petroleum 0,027/029, russisches Öl 0,027/030, galizisches 0,039/062, Ohioöl 0,04/05, Elsässer Öl 0,06/068 % Schwefel.

Nach Heußler und Dennstedt (Angew. Chem. 1904, **17**, 264) ist der von dem Raffinieren des Petroleums mit Schwefelsäure herrührende Gehalt an Ätherschwefelsäuren die Ursache der Dochtverkohlung, da diese Säuren beim Verbrennen Schwefelsäure geben.

Zum Nachweis der Ätherschwefelsäuren wird Leuchtöl mit Anilin längere Zeit im Paraffinölbad auf 140° erwärmt. Bei dieser Temperatur tritt bei Gegenwart von Ätherschwefelsäuren durch Ausscheidung von Anilinsulfat Trübung der Flüssigkeit ein. Das ausgeschiedene Salz wird mit Wasser zersetzt und die abgespaltene Schwefelsäure in der wäßrigen Lösung nachgewiesen.

b) **Säurebestimmung** (J. P. K.). Beim Schütteln von 100 ccm Leuchtöl mit 10 ccm dest. Wasser unter Zusatz von einigen Tropfen einer wässerigen Methylorangelösung (1 : 1000) darf sich das Wasser nicht rosa färben. 100 ccm des Leuchtöls, aufgelöst in 100 ccm einer frisch neutralisierten Mischung aus 4 Teilen Äther, 1 Teil Alkohol von 95 % und einem Tropfen Phenolphthaleïnlösung, werden mit einem Tropfen einer $^1/_{10}$ N.-Ätznatronlösung in einem Stöpselzylinder geschüttelt. Ist das Leuchtöl neutral, so verschwindet die Rosafärbung während des Schüttelns nicht.

c) **Gegenwart naphthensaurer und sulfosaurer Salze** wird durch die sog. Natronprobe qualitativ festgestellt. Diese Probe beruht darauf, daß die genannten, im Petroleum gelösten Salze, welche die Brennfähigkeit ungünstig beeinflussen, durch Schütteln des Petroleums mit verdünnter Lauge ausgezogen und aus der alkalischen Lösung durch Mineralsäuren ausgeschieden werden.

300 ccm Petroleum werden mit 18 ccm Natronlauge von 2° Bé. (spez. Gew. 1,014) in einem ½-L-Kolben mit eingeschliffenem Glasstöpsel im Wasserbad auf etwa 70° erwärmt und eine Minute lang tüchtig durchgeschüttelt. Dann wird die Lauge im Scheidetrichter abgetrennt und nach völliger Klärung event. Filtration in 2 Reagenzgläser gleichmäßig verteilt. Zu dem einen Teil wird aus einer Tropfflasche konz. Salzsäure so lange zugetropft, bis Lackmuspapier oder Methylorange eben rot gefärbt wird. Alsdann setzt man zu der zweiten Portion des Laugenauszuges die gleiche Zahl Tropfen Salzsäure und beobachtet sofort nach dem Ansäuern, ob durch die Flüssigkeit hindurch Petitdruck noch deutlich lesbar ist. Ist dieses der Fall, so ist die Probe frei von nennenswerten Mengen der genannten Salze, im anderen

Fall ist der Säuregehalt oder die Säurezahl (S. 187), oder wenn keine freie Säure vorhanden ist, der Aschengehalt des Petroleums nach d) zu ermitteln. Denn nicht immer ist ein ungünstiger Ausfall der Natronprobe ein Beweis für das Vorhandensein jener Salze. Längere Belichtung unter Lufteinwirkung macht Petroleum schon so sauer, daß die Natronprobe ungünstig ausfällt. Die besten Petroleumsorten (selbst Water White) erleiden hierbei nicht nur im Natrontest, sondern auch in der Farbe Einbuße.

d) **Der Aschengehalt** wird wie folgt bestimmt (I. P. K.):

Man destilliert aus einer Retorte, durch deren Tubus man allmählich mittels Scheidetrichters das Petroleum zugibt, etwa 1 L filtriertes Petroleum unter qualitativer, event. quantitativer Berücksichtigung des Filterrückstandes, bis schließlich noch 20—40 ccm Petroleum zurückbleiben. Diese bringt man in eine tarierte Platinschale, spült mit Benzin nach und verdampft und verascht den in der Schale verbleibenden Rückstand. Die Asche wird in Gewichtsprozenten angegeben. Gute Petroleumsorten enthalten höchstens 2 mg Asche pro Liter.

e) **Das sog. Brechen des Petroleums** wird bisweilen bei längerem Stehen desselben beobachtet und beruht auf der Anwesenheit schwefelsauren Natriums oder sulfosaurer Salze. Diese werden durch Filtrieren abgetrennt und alsdann näher geprüft.

X. Gehalt an Karbüren.

Viele Petroleumsorten, besonders reichlich die galizischen und rumänischen Öle, enthalten ungesättigte Kohlenwasserstoffe der Olefin-, Benzol- und teilweise hydrierter zyklischer Reihen.

Nach G. Krämer und Böttcher und Versuchen von M. Weger (Chem. Industr. 1905, 24) ist der nach S. 62 bestimmte Gehalt an ungesättigten bzw. in konz. Schwefelsäure löslichen Kohlenwasserstoffen ein wichtiger Maßstab für die Beurteilung der Güte eines Leuchtöls. Die genannten Kohlenwasserstoffe sollen insbesondere Rotfärbung der Flamme bewirken, und deshalb erscheint bei gleicher Helligkeit die Flamme eines karbürreichen Leuchtöls dunkler als die eines karbürarmen. Dies ist jedoch nur der Fall auf den speziell für amerikanische Öle konstruierten Lampen. So zeigt sich Borneo- oder Bustenariöl, das in gewöhnlichen Lampen schlecht brennt, nach dem Entfernen der aromatischen Anteile hinsichtlich seiner Leuchtkraft den besten amerikanischen Ölen gleichwertig.

XI. Brennprobe und Leuchtwertbestimmung.

Man stellt die Brennversuche zweckmäßig auf einem Bunsenschen Photometer mit Lummer-Brodhunschem Photometerkopf an, wie solches von der Vereinigung der Gas- und Wasserfachmänner Deutschlands offiziell zur Prüfung des Leuchtgases vorgeschrieben ist.

a) Photometereinrichtung. Zur Messung der Leuchtkraft von Petroleum und anderen Brennölen dient im Königlichen Materialprüfungsamt die in Fig. 29 abgebildete große Präzisionsphotometerbank der Physikalisch-Technischen Reichsanstalt[1]).

Zwei mit Hartgummi überzogene Stahlrohre sind nebeneinander auf drei gußeisernen Böcken montiert und tragen drei auf je drei Rollen laufende Wagen I, II, III. Die Wagen besitzen in ihrer Mitte ein durch den Trieb T vertikal verschiebbares und durch t festzuklemmendes Stahlrohr. Auf die Stahlrohre sind aufgesetzt die Normallampe N (elektrische Normalbirne oder Amylazetatlampe nach Hefner), der Photometerkopf nach Lummer-Brodhun LB und die zu messende Lichtquelle L. Jeder Wagen trägt eine Klemmvorrichtung und einen Index, mit dem seine Stellung auf einer Millimeterteilung von 2500 mm Länge abgelesen wird. Die Blenden B aus Aluminiumblech mit schwarzem Samtüberzug bewirken, daß nur das von L und N ausgehende Licht auf LB auftrifft.

Die Messung geschieht in der Weise, daß der Wagen mit dem Photometerkopf LB so lange verschoben wird, bis die Helligkeit des von N bzw. L auftreffenden Lichtes in LB gleich ist. (Eine optische Einrichtung gestattet, in LB die Helligkeiten sehr genau zu vergleichen.) Nachdem auf der Millimeterteilung die Entfernungen von N bis $LB = a$ und von L bis $LB = b$ abgelesen sind, dient zur Berechnung der Intensität der Lichtquellen die Formel:

$$\frac{L}{N} = \frac{b^2}{a^2},$$

da aber N (im Falle der Amylacetatlampe) $= 1$ ist, so ist

$$L = \frac{b^2}{a^2}.$$

b) Ausführung der Prüfungen[2]).

1. Die Konstruktion der Lampe beeinflußt die Leuchtkraft und Brennfähigkeit des Materials. Insbesondere beeinflussen Art der

---

[1]) Die Bank ist von Schmidt & Haensch, Berlin, geliefert. In Fabriklaboratorien werden in der Regel einfacher ausgestattete billigere Instrumente von Elster, Weber u. a. benutzt.

[2]) S. auch Eger, „Die Destillationsprodukte des Erdöls in ihrer Verwendung als Leuchtöl", Chem. Revue 1899, **6**, 81; M. Albrecht,

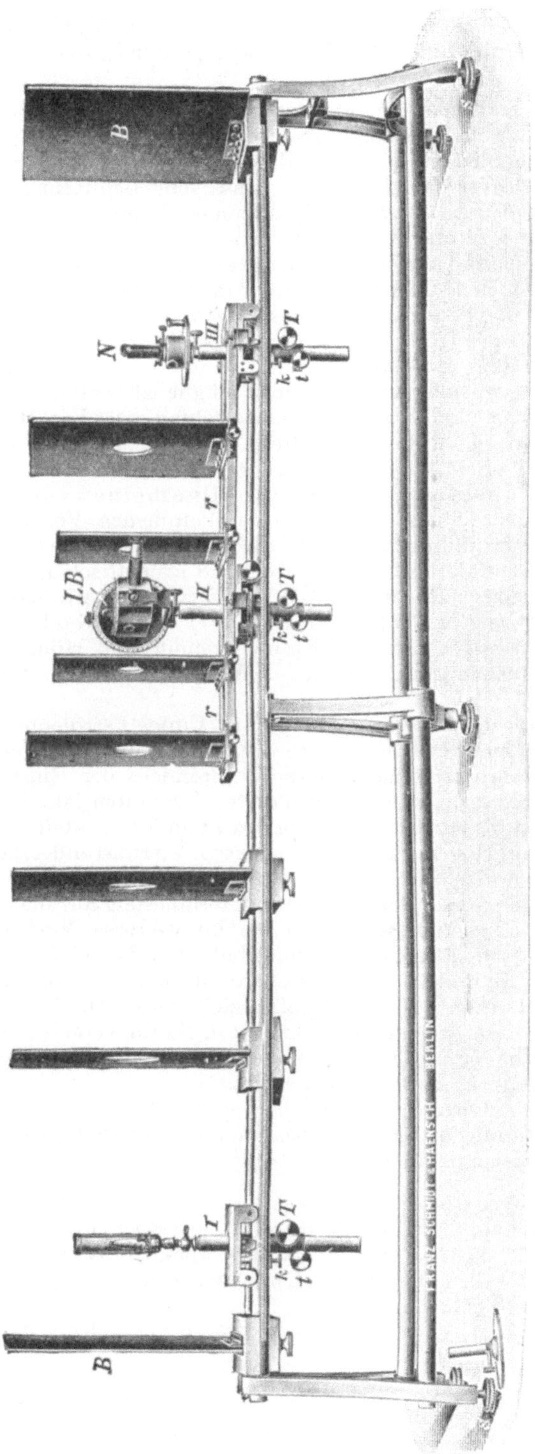

Fig. 29.

Luftzuführung, Höhe der Zylindereinschnürung über dem Brennerrand und sonstige Zylinderform, die Art des Dochtes usw. in mehr oder weniger erheblichem Maße das Ergebnis. Man muß daher tunlichst beim Brennversuch die für die praktische Benutzung des zu prüfenden Petroleums in Frage kommende Lampenkonstruktion wählen, insbesondere aber bei vergleichenden Bestimmungen die zu prüfenden Petroleumsorten stets auf der gleichen Lampenart brennen. Der zu benutzende neue Docht muß vor der Prüfung bei 105° getrocknet und noch warm mit dem Petroleum gesättigt werden. Nach dem Anzünden wird er in der Hülse oben so lange zusammengedrückt, bis die Flamme gleichmäßig ohne Spitze brennt.

An den Versuchslampen sind immer möglichst weite Ölreservoire anzubringen, damit der Höhenunterschied zwischen Brennerrand und Ölniveau sich während des Brennens möglichst wenig ändert. In das Reservoir sind 700 ccm Öl zum Versuch einzufüllen.

Als Versuchslampe dient im allgemeinen ein 14'''-Rundbrenner. Für Öle, welche zur vollkommenen Verbrennung einer größeren Luftzufuhr bedürfen, wie z. B. naphthenreiche russische, galizische Öle sowie die an ungesättigten und aromatischen Kohlenwasserstoffen reichen rumänischen Öle von Bustenari usw., sind vorteilhaft Reformbrenner (Schuster & Beer) zu verwenden. Die Maße des Zylinders für den 14'''-Kosmosbrenner sind Höhe 26 cm, Höhe der Einschnürung 5 cm, Weite der Einschnürung 2,5 cm.

2. Einstellung der Flammenhöhe. Einige Petroleumsorten, insbesondere das russische Nobelpetroleum, bedürfen zur vollen Entfaltung ihres Brennwertes zu Anfang des Brennens der Einstellung einer niederen Flammenhöhe. In den ersten 5 Minuten ist die Höhe der Flamme etwa bis zur Einschnürung des Zylinders zu stellen, dann erfolgt langsames Höherstellen in der ersten Viertelstunde, bis bei weiterem Höherstellen Zucken oder Rußen eintritt. Nachdem die Flamme $\frac{1}{4}$ Stunde vor der ersten Photometerablesung auf die größtmögliche Höhe eingestellt ist, bleibt sie im weiteren Verlauf der Prüfung ungeändert. Die Einschnürungshöhe am Zylinder ist so zu wählen, oder der Zylinder ist so zu stellen, daß bei voll entwickelter Flamme das Maximum der Leuchtkraft erzielt wird. Die Flammenhöhe kann mit dem an einer senkrechten Skala verschiebbaren kleinen Visierrohr (Fig. 30), bei genaueren Messungen mit Kathetometer und Fernrohr festgestellt werden.

3. Die Lichtstärke wird erst bei voller Flammenhöhe und wenigstens $\frac{1}{2}$ stündigem Brennen, bei genauen Ermittelungen noch nach jeder Brennstunde gemessen.

Über den Brennwert des russischen Petroleums, ebenda 1898, **5**, 189; ferner Lunge-Berl, Chemisch-Technische Untersuchungsmethoden, 6. Aufl., Bd. III, S. 320, und Deutsche Verbandsbeschlüsse 1909; A. J. Stepanoff, Grundlagen der Lampentheorie, Stuttgart 1906; Prößdorf, Brennversuche.

Die mangelhafte Brennfähigkeit mancher Petroleumsorten, insbesondere solcher mit hohem Gehalt an über 270° siedenden Teilen, zeigt sich gewöhnlich erst bei längerem Brennen. Die Lichtstärke nimmt bei derartig mangelhaften Petroleumsorten nach mehreren Stunden Brennens erheblich ab.

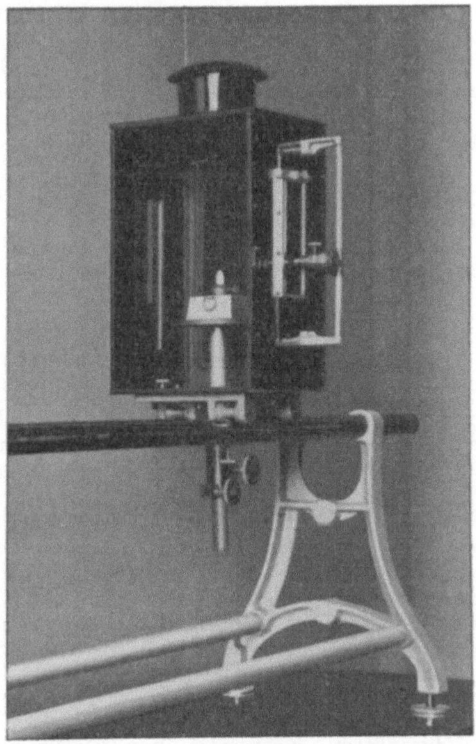

Fig. 30.

4. Den Verbrauch an Petroleum stellt man im allgemeinen durch Wägung der Petroleumlampe vor und nach dem Brennversuch, nur bei genauer Bestimmung nach jeder photometrischen Messung, fest. Man gibt außer der mittleren Lichtstärke und dem Gesamtverbrauch auch den Verbrauch pro Kerzenstunde an und beobachtet gleichzeitig, ob sich Geruch entwickelt; auch die Höhe und das Gewicht der verkohlten Dochtschicht werden erforderlichenfalls festgestellt.

5. Bei besonders eingehender Prüfung eines Petroleums ist durch eine Destillationsprobe desjenigen Teiles des Petroleums,

welcher nach dem Verbrennen der Hälfte des Öles in der Lampe zurückbleibt, noch ein Urteil über die gleichmäßige Zusammensetzung des Öles vor und nach dem Brennen herbeizuführen.

6. Als Lichteinheit dient bei den Brennversuchen in Deutschland die Hefner-Alteneck-Amylazetatlampe, deren Flamme bis zur vorgeschriebenen Höhe von 40 mm eingestellt wird. Der Arbeitsraum ist sorgfältig zu ventilieren, wenn die Lichtemission dieser Lampe nicht schwanken soll. Wo elektrischer Strom und die erforderlichen Meßapparate vorhanden sind, benutzt man als Normale eine elektrische Glühlampe von 10 Hefnerkerzen, deren Kerzenstärke von Zeit zu Zeit mit der Hefnerlampe verglichen wird [1]).

Um für den internationalen Gebrauch die Rechnungen zu vereinfachen, ist von dem Bureau of Standards in Washington eine von Amerika, England und Frankreich angenommene internationale Lichteinheit festgesetzt worden, die von Deutschland trotz der Anerkennung des Bedürfnisses für eine derartige Größe abgelehnt wird. Die Umrechnung gestaltet sich folgendermaßen:

1 internationale Kerze = 0,104 Carcel.
1 „ „ = 1,11 Hefner-Einheiten.
1 „ „ = 1 amerikanische Kerze.
1 „ „ = 1 Bougie décimale.

7. Ohne praktische Brennversuche können physikalische und chemische Prüfungen — bei normalen Siedegrenzen des Petroleums — nur dann Aufschluß über den Brennwert geben, wenn die Herkunft des Petroleums zweifellos feststeht.

8. Beispiele: Auf einem Stobwasserbrenner (14''') zeigte amerikanisches Water White-Petroleum nach der 1. Stunde 18,8, nach der dritten Brennstunde 18,7 Hefnerkerzen Lichtstärke. Für kaukasisches Nobelpetroleum waren die entsprechenden Lichtstärken 14,9 und 14,7 HK. Der Rückgang der Leuchtkraft, der fast bei allen Brennversuchen in größerem oder geringerem Maße eintritt, soll von einer Fraktionierung des Öles im Docht herrühren.

Auf einem Patent-Reform-Rundbrenner, der sich von dem meistens benutzten Kosmosbrenner durch ein zweites, im Dochtrohr konzentrisch angebrachtes Rohr und einen eigenartig eingeknifften, eine flottere Verbrennung erzeugenden Zylinder unterscheidet, zeigte Water-White 21,7 bzw. 21,3 HK und Nobelpetroleum 18,2 bzw. 18,2 HK. Der Verbrauch war

[1]) Das geschieht z. B. auch im Materialprüfungsamt. Die Benutzung der Amylazetatlampe ist wegen der dauernden Kontrolle der Flammenhöhe, Berücksichtigung der Luftfeuchtigkeit und Luftwärme und wegen der außerordentlichen Empfindlichkeit der Flamme bei Luftbewegungen sehr umständlich und zeitraubend. Bei der elektrischen Normallampe fallen diese Übelstände fort.

pro Stunde und HK für Water White beim Stobwasserbrenner 2,81, beim Patent-Reformbrenner 2,71, für Nobelpetroleum 3,24 bzw. 2,90 g. Zu beachten ist aber, daß Water White wesentlich teurer ist als Nobelpetroleum, und daß dieses mehr mit dem gewöhnlichen amerikanischen Standard-Petroleum in Wettbewerb tritt.

Auch rumänische Petroleumsorten, die viel schwere Kohlenwasserstoffe enthalten, brennen auf dem Reformbrenner gut, während sie auf dem gewöhnlichen Kosmosbrenner ohne Zusatz von leichterem amerikanischen Öl unbefriedigend brennen.

Handelt es sich darum, für eine neue Leuchtölsorte die passendste Lampenkonstruktion herauszufinden, so zieht Prößdorf (a. a. O.) die gebräuchlichsten Handelskonstruktionen der Lampen heran und führt demnach 28 Brennversuche auf 14'''- (den verschiedenen, im Handel befindlichen) Rundbrennern, 2 auf 15'''-Flachscheibenbrennern und 1 auf 15'''-Flachbrenner aus. Demgegenüber schlägt Kißling vor, sich mit zwei Brennertypen zu begnügen, einem für kohlenstoffärmere (pennsylvansiche) und einem für kohlenstoffreichere (russische) Öle.

XII. Löslichkeit in absolutem Alkohol.

Das Leuchtpetroleum ist im doppelten Volumen absolutem Alkohol, meistens auch in noch geringeren Mengen, bei Zimmerwärme leicht löslich. Nach Aisinman (Dingler 1895, **297**, Heft 2 und Chem. Rev. 1897, **4**, 161, 176) mischen sich sogar sämtliche Erdölfraktionen bis zum spez. Gew. 0,835, also fast die meisten Leuchtpetroleumsorten, in jedem Verhältnis mit absolutem Alkohol.

XIII. Heizwert.

Nach O. Mohr zeigten verschiedene Petroleumproben vom spez. Gew. 0,793—0,812 und dem fp. 22—37,5 Heizwerte von 11011—11101 W-E. (s. a. S. 21 u. 61.)

XIV. Unterscheidung von Petroleumsorten nach ihrer Herkunft.

Da es manchmal von Wert sein kann, die Herkunft eines Leuchtöles festzustellen, haben sich verschiedene Forscher mit dieser Frage beschäftigt. (S. auch S. 73 unter Kältepunkt von Petroleum.)

1. Versetzt man 2—3 ccm amerikanisches Petroleum mit einem Tropfen Brom, so tritt fast augenblicklich Entfärbung ein,

während alle anderen Öle längere Zeit rot gefärbt bleiben. Deshalb versuchen Utz (Petrol. 1906, **2**, 43), Weger (ibid. 101), Graefe (Zeitschr. f. angew. Chem. 1905, **18**, 1580) durch die Bestimmung der Brom- oder Jodzahl einen Anhalt für die Herkunft des Petroleums zu erhalten. So fand Graefe für Solaröl die Jodzahl 80, für russisches Petroleum 0—1,6, amerikanisches 5,5—16,5, galizisches 0,1, Wietzer Petroleum 0,7. Öle verschiedener Provenienz ergaben nach Utz folgende Bromzahlen[1]):

Tabelle 17.

Herkunft des Petroleums	Bromzahl
Russisches Petroleum	0,72—0,8
Rumänisches Petroleum	0,56—0,8
Österreichisches Petroleum	0,88
Galizisches Petroleum	1,44
Pennsylvanisches Petroleum	2,0
Petroleum Arclight	2,56

2. Eine von Molinari und Fenaroli (Ber. 1908, **41**, 3704) angegebene Methode zur Kennzeichnung der verschiedenen Petroleumsorten mit Hilfe des durch Ozon erhaltenen Niederschlages hat wohl mehr theoretisches als praktisches Interesse.

3. Ein bequemes Mittel zur Unterscheidung verschiedener Petroleumsorten glaubt Arragon (Chem.-Ztg. 1909, **33**, 20) gefunden zu haben. Ungefähr gleiche Teile von Leuchtöl und reiner Salpetersäure (spez. Gew. 1,4, durch Kochen mit etwas Harnstoff von salpetriger Säure befreit) ½ Min. kräftig umgeschüttelt gaben bei amerikanischem Petroleum schön violette Färbung, während die Säure gelb wurde, dagegen färbte sich österreichisches, galizisches und russisches Petroleum gelb, die Säure braun. Bei Gemischen der letztgenannten Petroleumsorten mit amerikanischem Öl färbte sich das Ganze zunächst schwach violett und schlug nach 10—25 Sekunden langem Schütteln plötzlich in gelb um. So ließen sich schon 10 Prozent österreichisches Öl in amerikanischem nachweisen. Nach Versuchen von Graefe zeigen jedoch auch einzelne deutsche Petroleumsorten die charakteristische Rotviolettfärbung.

[1]) Als Bromzahl ist hier (entsprechend der Jodzahl) die aufgenommene Menge Brom in Proz. bezeichnet; vgl. dagegen die Definition der Bromzahl bei Terpentinöl.

Tabelle 18.

Lieferungsbedingungen der deutschen Staatsbahnen für Petroleum.[1]

Staat	Äußere Erscheinungen	Spez. Gew. bei 20° × 1000	Kältebeständigkeit	Flammpunkt nach Abel C°	Sonstige Eigenschaften
Preußen 1907	klar, wasserhell, weiß oder gelblichweiß, weder nach roher Naphtha noch nach Rohpetroleum riechend	792—807 amerikanisch, bis 820 russisch, österreichisch, rumänisch	—	über 23	bestgereinigt, frei von mechanischen Verunreinigungen, mit heller und weißer Flamme brennend, nicht rußend oder riechend. Über praktische Brennprobe werden später Bestimmungen erlassen.
Bayern 1908	klar, schwach gelblich, schwacher Geruch	amerikanisch nicht unter 805, bis 810 europäisches	—	amerikanisch nicht unter 24, europäisch, nicht unter 28°	best gereinigt, helleuchtend brennend, nicht rußend oder riechend, keine Destillate unter 100°, über 300° beim europäischen nicht mehr als 5%, beim amerikanischen nicht mehr als 10%. Nach 6 Std. Brenndauer darf Docht fast keine bzw. nur schwache Kruste ansetzen, nach 10 Std. soll Lichtstärke im 12''' Brenner höchstens 4 Normalkerzen Schwankungen zeigen.
Sachsen 1903	—	—	amerikanisch bei —15° C, russisch bei —21° C klarflüssig	über 21	rein und in geeigneten Lampen geruchlos brennend.
Württemberg 1904	klar, weiß bis schwach gelblich, bläul. Schimmer, schwacher Geruch	bis 800 amerikanisch, bis 830 russisch	—	amerikanisch über 23, russisch über 26	rein, säurefrei, mit Schwefelsäure 1,53 (50 ccm und 50 ccm Öl) nur hellgelbe Färbung ohne dunkler zu werden, Temperaturerhöhung hierbei höchstens 2°, keine unter 90° und wenige Prozente über 300° siedende Anteile.
Baden 1910	klar, schwacher Geruch	bis 830 bei 15°	—	über 26	
Reichslande 1913	klar	790—820	—	über 23	vollkommen gereinigt, säurefrei, rußfrei, geruchlos mit ruhiger, nicht fallender Flamme brennend, ohne Dochtverharzung, Dochtkruste höchstens 100 mg auf 1 kg Petroleum, bei 6 Std. Brennzeit keine Kohlenkruste, beim Lagern nicht gelb werdend, sich nicht entmischend, Brennbarkeit und Leuchtkraft beibehaltend. Natrontest. Prüfung auf Raffinationsgrad durch Schütteln mit Schwefelsäure 1,73, Färbung höchstens = 0,04% Bismarckbraun.

[1]) Anfang 1913 gültig.

D. Putzöle.

Als Putzöle für blanke und lackierte Maschinenteile dienen die etwa zwischen 100 und 150° oder die zwischen 200 und 250° siedenden, in den wertvolleren Produkten (Leuchtöl, Schmieröl) nicht unterzubringenden Teile des Rohpetroleums. Abweichungen von den angeführten Siedegrenzen finden nach oben und unten in einer nicht unerheblichen Zahl von Fällen statt. Unter den benzinartigen Produkten finden sich öfter solche, welche, wie gewöhnliches Petroleumbenzin, schon bei 70° zu sieden beginnen. Entsprechend ihren Siedegrenzen sind die Putzöle entweder in allen Verhältnissen in absolutem Alkohol oder nur im doppelten Volumen Alkohol löslich. Schmierölähnliche Produkte sind zum geringen Teil in 2 Volumen absolutem Alkohol löslich.

Je nach den Bedürfnissen der einzelnen Betriebe, dem besonderen Verwendungszweck, werden verschiedene Anforderungen an die Feuersicherheit, Farbe usw. gestellt. Verfälschungen mit anderen Ölen kommen bei der Billigkeit der Putzöle kaum in Frage und würden im übrigen, wie unter „Benzin", „Schmieröl" usw. beschrieben, nachzuweisen sein. Die Eigenschaften der Putzöle werden nach den bei den übrigen Mineralölen üblichen Methoden ausgeführt. (Spez. Gew., Flammpunkt, Brennpunkt, Flüssigkeitsgrad usw.). Die Flammpunkte der über 200° siedenden Putzöle, welche wohl am häufigsten vorkommen, liegen, je nach der Höhe der Siedegrenzen, zwischen 70 und 155° im Pensky-Apparat (vereinzelt bei 38°), in der Mehrzahl jedenfalls unter 100° und zwischen 80 und 162° im offenen Tiegel. Von 12 zu statistischen Erhebungen über die Feuergefährlichkeit geprüften Putzölen siedeten nur 2 unter 100°. Die Flammpunkte dieser beiden Öle lagen natürlich weit unter 0°.

Putzöle aus Erdöl sollen tunlichst keine Steinkohlenteeröle enthalten, da diese leicht gesundheitsschädlich wirken, s. a. die entsprechenden Vorschriften in den Lieferungsbedingungen u. S. 51. (Über Putzöle aus Braunkohlenteeröl s. S. 349.)

Die Öle sind deshalb auf Abwesenheit hautreizender Stoffe (Kreosot) zu prüfen; zu diesem Zwecke werden 100 ccm Öl mit 100 ccm Alkalilauge von 6° Bé. 5 Min. lang geschüttelt, die Volumenabnahme ergibt den Kreosotgehalt.

Tabelle 19.

Lieferungsbedingungen der deutschen Staatsbahnen für Putzöl[1]).

Material	Staat	Äußere Erscheinungen	Spez. Gew. bei 20° × 1000	Kältebeständigkeit	Flammpunkt O=offener Tiegel P=Pensky A = Abel	Sonstige Eigenschaften
Putzöl (zum Reinigen lackierter und blanker Maschinenteile)	Preußen 1907	klar, hell, schwacher Geruch	800—850	—	A über 30°	säure-, harz-, fett- und wasserfrei, sowie frei von sonstigen Verunreinigungen, muß Öle und Schmutzteile gut lösen, darf auf den zu putzenden Flächen keinen schmierigen Bezug hinterlassen und darf Lackierung nicht angreifen.
	Bayern 1912	klar	—	—	P nicht unter 70°	soll Farben und Lacke nicht angreifen, keine Flecke auf Stoffen hinterlassen, Haut, Seh- und Riechorgane nicht angreifen, keine mechanischen Verunreinigungen haben. Soll bei größtmöglicher Putzfähigkeit rasch und völlig verdunsten, nicht verharzen.
	Sachsen 1913	klar, hell, schwacher, nicht widerwärtiger Geruch	800—850	—	—	blanke Metallteile, Ölfarben und Lackanstriche sowie die Hände der Arbeiter nicht angreifend, daher keine freien Säuren und Phenole. Zwischen 200 und 250° mindestens 90 % Destillat.
	Württemberg 1904	klar, goldgelb	—	— 2° klarflüssig	—	frei von Steinkohlenteeröl und Wasser, Farben und Lacke nicht angreifend, soll keine Flecke auf Stoffen hinterlassen, die Augen nicht belästigen, unlösliche Bestandteile nicht mehr als 1,5 % haben, keinen Destillationsrückstand hinterlassen, unter 130° und über 300° keine Destillationsprodukte geben.
	Baden 1910	hellgelb, durchscheinend, keinen üblen Geruch	—	— 2° klarflüssig	—	frei von Säure u. Steinkohlenteeröl, Harz, Fett, Fettöl, Wasser soll keinen Destillationsrückstand hinterlassen, unter 130° und über 300° keine Destillationsprodukte, unter 250° mindestens 50 Vol.-Proz. Destillate geben. Soll Farben und Lacke nicht angreifen, keine Flecke auf Stoffen geben, die Augen nicht belästigen.
	Reichslande 1912	hellgelb, schwacher Geruch	835—875 (15°)	— 10° flüssig	O über 60°	soll raffiniertes Erdöldestillat sein.

[1]) Anfang 1913 gültig.

E. Gasöle aus Rohpetroleum.

Die zur Gaserzeugung dienenden Gasöle werden durch Zersetzung in glühenden Retorten auf Ölgas verarbeitet oder dem Wassergas zwecks Karburierung im Regenerator zugemischt, wo sie bei hoher Temperatur, 800—850°, vergast werden; sie sind nicht nur aus jedem Rohpetroleum, sondern auch aus dem letzterem verwandten Braunkohlenteer und Schieferölteer zu gewinnen. Sie sind hell- bis braungelbe, sehr dünnflüssige Öle, welche auf der Grenze zwischen Leuchtpetroleum und Schmieröl stehen, also etwa zwischen 200 und 400° sieden und aus der sogenannten Paraffinfraktion nach Abscheidung des Paraffins gewonnen werden. Im doppelten Volumen Alkohol sind sie meistens zum größten Teil bei Zimmerwärme löslich.

Zwar lassen sich alle Mineralöle zur Gaserzeugung verwenden, d. h. durch Auftropfen auf glühende Flächen in Gas verwandeln, aber man benutzt zu diesem Zwecke natürlich nur solche Produkte, die sich als Leucht- oder Schmieröl nicht höher verwerten lassen. Bei der Ölgasbereitung läßt man das Öl in glühende Retorten tropfen, in denen es sich in Gas, Teer und Koks zersetzt, und zwar erhält man aus 1 kg Öl 500—600 L. Gas, 300—400 g Teer und 40—60 g Koks. Bei der Erzeugung von Wassergas aus Wasserdampf und glühenden Kohlen entsteht in der Periode des Warmblasens Generatorgas, mit dem man die mit Schamottesteinen ausgesetzten Vergasungsapparate (Karburatoren) heizt; läßt man in diese Karburatoren unter gleichzeitigem Einblasen von Wassergas Gasöl tropfen, so erhält man ein Gemisch von Wasser- und Ölgas, das genügende Leucht- und Heizkraft besitzt, um zur Vermischung mit Steinkohlengas zu dienen.

Seit der Einführung der Gasglühlichtbrenner und der Benutzung von Wassergas zum Betriebe stehender Motoren ist der Heizwert des Gases von weit größerer Bedeutung als sein Leuchtwert. Man hält deshalb ein Gasöl — ceteris paribus — für um so wertvoller, je mehr es durch seinen eigenen Heizwert den des karburierten Gases vergrößert. Wenn man auch den Heizwert direkt bestimmen kann, so ist damit der Karburierwert als solcher noch nicht genügend gekennzeichnet, da man nicht weiß, welcher Anteil des Heizwertes in das zu karburierende Gas übergeht. Spiegel (Journ. f. Gasbeleuchtung 1907, **50**, 45) schlägt deshalb vor, den

Wert der Gasöle nach ihrem elementar-analytisch bestimmten Wasserstoffgehalt zu ermitteln. Jedoch fanden Roß und Leather (Journal of Gaslighting 1906, 825), daß diese Bewertungsmethode nicht ganz einwandfrei ist, da die Konstitution der Öle von Einfluß auf ihren Karburierwert ist. Um ein einfaches Mittel zur Wertbestimmung zu haben, vergasen sie das Öl (15 ccm) auf einmal aus einer Retorte von $23 \times 14\frac{1}{2} \times 12$ cm Größe und messen die Temperatur mit Hilfe elektrischer Pyrometer; das erzeugte Gasvolumen und die durch rauchende Schwefelsäure absorbierbaren Bestandteile werden bestimmt, das Produkt beider ergibt den relativen Wert; als Vergleichswert wird dies Produkt bei einem Pennsylvania-Öl, bei 760° vergast, = 100 gesetzt.

Tabelle 20.

Art des Öles	Vergasungs-Temperatur °C	Vol. Gas von 1 Vol. Öl	Schwere Kohlenwasserstoffe im Gas Proz.	Relativer Wert
Pennsylvanisches Öl	760	529,9	30,1	100,00
Russisches Öl	680	465,7	34,2	99,86
Russisches Öl (raffiniert)	680	429,0	31,8	85,53
Texas Öl	610	325,0	30,1	61,25
Rumänisches Öl	760	459,7	28,6	82,43
Galizisches Öl	680	452,8	35,5	100,78

Versuche, die im Großbetriebe angestellt wurden, zeigten, daß man bei dieser Bewertung zu ähnlichen Resultaten kommt wie bei der Karburierung in der Praxis. Bei der Vergasung in der Retorte ist der in das Gas übergehende Wärmeanteil noch 5—10 Prozent niedriger als im Karburator.

Schwefelgehalt macht das zum Karburieren zu verwendende Öl nicht unbrauchbar, da man nach der Reinigung des Gases nur wenig Schwefel zurückbehält. So ergab ein Öl mit 1 % Schwefel nach der Vergasung nur $\frac{1}{4}$—$\frac{1}{3}$ g Schwefel pro cbm Gas.

Öl pro cbm Gas . . . . 427,6 g
Schwefelgehalt des für 1 cbm Gas verwendeten Öles . . . . 4,276 g
Schwefelgehalt pro cbm Gas . . . . 0,323 g.

Spezifisches Gewicht, Siedegrenzen und Flammpunkt werden zur allgemeinen Information über den Charakter der Öle oder für Identitätskontrolle nach den früher beschriebenen Methoden bestimmt. Der Wert der Gasöle wird in erster Linie, da die Prüfung auf Verfälschungen kaum in Frage kommt, nach ihrem Vergasungswert, d. h. Gasausbeute und Heizwert des gewonnenen Gases, beurteilt. Zu diesem Zwecke dienen kleine Versuchsgasanstalten, deren Einrichtung freilich mit nicht unerheblichen Kosten verknüpft und daher nur für größere Fabriken und andere mit großen Mitteln ausgestattete Institute in Frage kommt. Um auch mit kleineren Mitteln im Laboratorium den Vergasungswert eines Gasöles bestimmen zu können, hat Wernecke vor längerer Zeit einen Apparat konstruiert, bei welchem die Gas- und Teerausbeute von 100 ccm Öl bestimmt wird. Dieser Apparat ist von Helfers, Eisenlohr u. a. ausprobiert und sehr zweckentsprechend befunden worden, jedoch hat sich eine ganze Reihe von Technikern gegen die Brauchbarkeit des Werneckeschen Apparates ausgesprochen. Da der Apparat noch hier und da zur Wertbestimmung von Gasölen, z. B. auch für einzelne Eisenbahnverwaltungen benutzt wird, so sei er im nachfolgenden an der Hand von Fig. 31 beschrieben.

Das zu prüfende Öl wird in den Hofmannschen Fülltrichter gegeben und gelangt von dort durch den Glaszylinder *i* und das U-Rohr *h* nach der Vergasungsretorte *g*. Zur Ermittelung der vergasten Ölmenge wird die Füllvorrichtung *sihk* vor und nach dem Versuch gewogen. Retorte *g* und Teerabscheider oo_1 werden gleichfalls zur Bestimmung der Koks- und Teermenge vor und nach dem Versuch gewogen. Um eine tropfenweise Zufuhr des Öls zu den heißen Retortenwandungen zu ermöglichen, ist in *k* das mittels Schraube zu regulierende Nadelventil angebracht.

Nach Anheizung der im Ofen *a* befindlichen Retorte durch den Brenner *d* auf Rotglut wird die Nadel zunächst so weit als angängig zurückgeschraubt. Die Ölfüllung ist durch Drehen des Glasstabes im Fülltrichter so zu bemessen, daß das Öl im Zylinder *i* stets in der Nähe der Nullmarke schwankt und 10 bis 30 Tropfen Öl in der Minute vergasen. Die Tropfenzahl ist nach der Beschaffenheit des Öls zu bemessen; sie wird bestimmt, während sich der Zylinder *i* bis zur Nullmarke mit Öl füllt. Während der Vergasung sind Schwankungen der Tropfenzahl und Heizung tunlichst zu vermeiden.

Die Öltropfen gelangen vor Eintritt in den Retortenraum zunächst auf die Verteilungsglocke *m*, von der sie auf die rotglühenden Retortenwände herabfließen. Die entstehenden Gase und Teerdämpfe ziehen durch das Abzugsrohr *f* nach dem Teerabscheider oo_1 und durch *q* nach dem Kondensationsrohr *r*. Die Gase streichen von hier nach dem Gasometer, welcher zur Sammlung und Messung des entwickelten Gases dient.

Additional material from Untersuchung der Kohlenwasserstofföle und Fette

SBN 978-3-662-22870-8 (978-3-662-22870-8_OSFO1.pdf),

s available at http://extras.springer.com

Verstopfungen des Abzugsrohrs *l* der Retorte machen sich durch Steigerung des Drucks am Ölniveau im Füllzylinder *i* bemerkbar, sie werden durch den Schaber *n* ohne Unterbrechung des Versuchs beseitigt. Die Vergasung ist normal, wenn das entweichende Gas braun und der Teer dunkel gefärbt sind; weiße Farbe des Gases und hellbraune Farbe des Teers deuten auf unvollkommene Verbrennung hin.

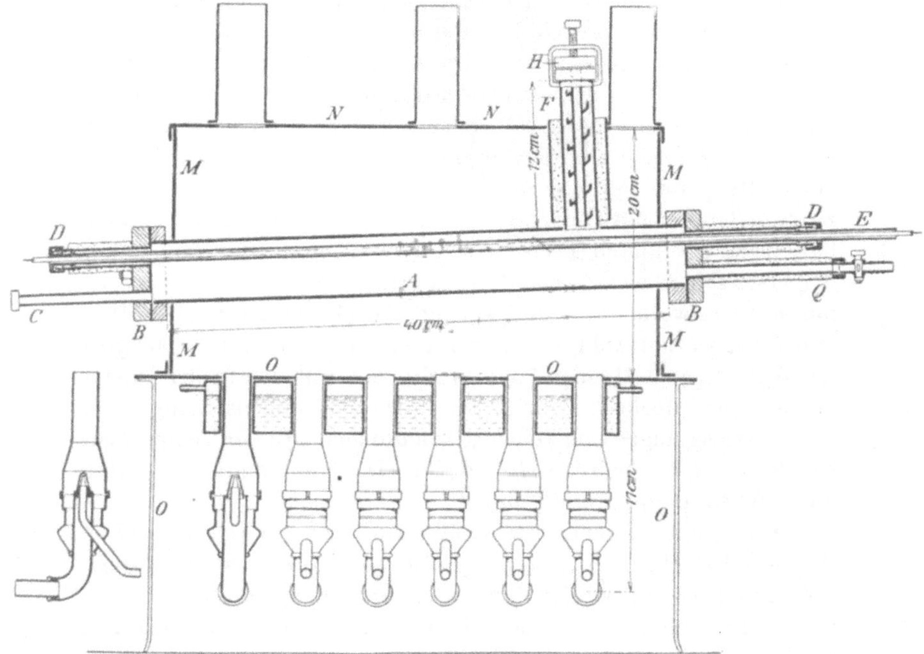

Fig. 32.

In neuerer Zeit hat Hempel (Journ. f. Gasbel. 1910, **53**, 53, 77, 101, 137, 155) umfangreiche Versuche angestellt. An Stelle der bisher benutzten Wertzahlen für die Gasöle setzt er eine „Effektzahl", das Produkt aus oberem Heizwert und Gasausbeute. In Grenzen von $\pm$ 40° um die günstigste Vergasungstemperatur (745—790°) bleibt die Effektzahl konstant, denn obwohl mit der Temperaturverschiebung eine weitgehende Änderung der Gaszusammensetzung stattfindet, bleiben die Energieverhältnisse doch davon unberührt.

Die Mängel des Apparates von Wernecke, nämlich nicht genügend lange Strecken konstanter Temperatur, nicht ausreichende Erhitzungsdauer und streckenweise Überhitzung, sucht Hempel zu vermeiden. Er benutzt als Vergasungsofen (Fig. 32, S. 97) eine liegende Retorte A von etwa 40 cm Länge, die durch mehrere mit Gas und Druckluft gespeiste Brenner auf $\pm$ 4^0 konstante Temperatur gebracht werden kann; zu deren Messung dient ein in einer Porzellankapillare befindliches Platin = Platinrhodiumthermoelement, das in einem Mannesmannrohr E in die Retorte eingelassen ist. Der Ölzufluß erfolgt durch einen in das Vergasungsrohr eingelassenen Stutzen F, in dem sich eine spiralige Verteilungsrinne befindet; diese wird von einem Ölsyphon gespeist, der mit einem doppelten Tropfer in Verbindung steht, so daß in dem zweiten Tropfer das Ölniveau stets konstant bleibt. Zum Zurückhalten des gebildeten Teers dienen zwei Teerscheider, von denen der erste mit Glasperlen und Glaswolle beschickt ist, der zweite nur mit Glaswolle. Von dort gelangt das Gas in den Gasbehälter, von wo es zu den Analysen entnommen wird. Bei 750—800^0 gibt der Apparat von Hempel Werte, die sich mit den in der Praxis gefundenen decken; auch in der Zusammensetzung der Versuchsgase zeigen sich keine Abweichungen. Mit der Temperatur steigt die Gasausbeute, während der Heizwert abnimmt, so daß die Effektzahl ungeändert bleibt.

Auch mit einem etwas abgeänderten Werneckeschen Apparat hat Hempel gearbeitet, indem er das Gasentbindungsrohr gasdicht auf seinen Sitz durch eine Ringschraube preßte, wodurch vermieden wird, daß Öl unvergast abdestilliert. Obwohl die Übereinstimmungen der Versuchsresultate auf diesem Apparat wesentlich besser sind als auf dem ursprünglichen Werneckeschen, so sind sie jedoch nicht ausreichend, da die Erzielung von Temperaturkonstanz unmöglich ist. Der abgeänderte Apparat besitzt insofern eine gewisse Brauchbarkeit, als er die relativen Unterschiede der Öle annähernd zum Ausdruck bringt; für exakte Bewertungen jedoch erscheint er wegen der Abweichungen von den Resultaten des Großbetriebes ungeeignet. (S. indessen S. 100, die Bedingungen der badischen Staatsbahnen für Gasöl).

Beschreibung eines praktischen Vergasungsversuches mit Mineralölen auf einer Versuchsanlage.

Die Vergasung wurde in einem eingemauerten Normal-Ölgasofen genau nach Vorschrift des Konsumenten durchgeführt.

Die Gasretorten waren zwecks Beobachtung der Temperatur mit Le Chatelierschen Thermoelementen ausgestattet.

Der Ofen und die Leitungen waren durch eine Vorvergasung mit Braunkohlenteeröl in allen Teilen auf Gleichgewicht eingestellt und wurden während des Vergasens der Probe so lange mit dem aus dem zu prüfenden Mineralöl hergestellten Gas durchgespült, bis sicher nur dieses Gas in allen Leitungen vorhanden war.

Das Ölquantum soll im allgemeinen zu einer gleichmäßigen Vergasung während wenigstens 60 Minuten reichen. Im vorliegenden Fall reichte es nur zu einer Versuchsdauer von 40 Minuten. Gasmengen, Temperaturen und Ölzulaufgeschwindigkeit wurden von 10 zu 10 Minuten gemessen.

Den Verlauf der Beobachtungen und das Verhalten eines aus Rohpetroleum hergestellten normalen Gasöls ergeben nachfolgende von F. Frank bei einem Vergasungsversuch gemachte Feststellungen:

Temperaturen der oberen Retorte	Grenzwerte	670—690°
	Mittelwert	680°
Temperaturen der unteren Retorte	Grenzwerte	740—750°
	Mittelwert	745°
Versuchsdauer in Minuten		40
Vergaste Ölmengen in kg		12,91
Erzeugte Gasmenge in cbm (gemessen an der Gasuhr)		7,70
Erzeugte Teermenge in kg (im Teerabscheider gewogen)		4,45
Gasölverbrauch pro 1 St. in kg		19,37
Gaserzeugung pro 1 St. in cbm		11,55
Aus 100 kg Öl werden mithin erhalten:		
Gas in cbm		59,64
Gas in kg		34,47
Das Gas hat im Brenner Nr. 60 (d. i. bei stündlichem Gasverbrauch = 35 L) eine Lichtstärke von Hefnerkerzen HK (4 Messungen in Abständen von je 10 Min.)		11,3

Mithin entspricht das Öl bis auf den Teergehalt den zur Zeit der Versuchsanstellung maßgebenden Anforderungen der Preußischen Bahnverwaltungen (Lichtstärke und Gasausbeute sind sogar höher). Die neuen Bedingungen (s. folgende Seite) sehen vom Lichtwert ab und berücksichtigen nur den Heizwert des Gases, da dieses jetzt vorwiegend zu Glühstrümpfen, also als Heizgas benutzt wird.

Über Gasöle aus Braunkohlenteer und Schieferteer s. S. 346 ff.

Tabelle 21.

Lieferungsbedingungen der deutschen Staatsbahnen für Gasöl[1]).

Material	Staat	Äußere Erscheinungen	Spez. Gew. bei 15° C × 1000	Flammpunkt Grad C O = offener Tiegel P = Pensky	Sonstige Eigenschaften
Gasöl (zur Herstellung von Ölgas)	Preußen 1907	klar, satzfrei	bis 882 (20°)	—	Braunkohlenteeröl klar durchsichtig, satz- und wasserfrei, 100 kg bei 10 cbm Gaserzeugung pro St. mindestens 54 cbm Gas, das bei stündl. Verbrauch von 35 L, 11 Normalkerzen Lichtstärke besitzt; geringe Rückstände beim Vergasen Kreosotöle oder von ihrem Kreosotgehalt befreite sog. indifferente Öle, dgl. mit derartigen Ölen vermischtes Paraffinöl und Gasöl mit Kreosotgehalt über 2% von der Annahme ausgeschlossen. Bestimmung einer Heizeffektzahl beabsichtigt.
	Bayern 1907	klar, gelb bis hellorangegelb, ganz schwacher Geruch	850—900	O nicht unter 85°, P nicht unter 70	Kreosotgehalt bis 2%, Paraffin in Spuren, Schwefelgehalt des hergestellten Gases höchstens 0,35 g in 1 cbm. 100 kg Öl mindestens 50 cbm reines Gas, stündlicher Gasverbrauch höchstens 35 L. Lichtstärke mindestens 11 Normalkerzen.
	Sachsen 1903	—	—	—	dunkles Braunkohlenteeröl (Paraffinöl) soll bei 15° nicht so dickflüssig sein, daß es die Röhren des Zuflusses zu den Retorten verstopft. 100 kg Öl sollen mindestens 50 cbm Gas von mindestens 11 Normalkerzen Lichtstärke liefern.
	Württemberg 1904	gelbbraun, schwacher Geruch	860—890	—	100 kg Öl mindestens 56 cbm Gas und 44—50% Teer, Lichtmenge bei 35 L Gasverbrauch mindestens 11 Normalkerzen, wasserfrei. Kreosotgehalt höchstens 2%.
	Reichslande 1912	klar, hellbraun, durchsichtig	850—875	über 45	frei von Teer und Wasser, aus 1 kg mindestens 500 L Gas, Kreosotgehalt höchstens 2 Vol.-Proz. Stündlicher Verbrauch 35 L, bei 8 mm Wasserdruck Leuchtkraft mindestens 10 Normalkerzen.
	Kgl. Pulverfabrik Spandau 1911	hellgelb, klar, nicht ranzig riechend	über 850	—	doppelt geläutertes, gut filtriertes Paraffinöl, nicht mehr als 2% Kreosot nicht mit anderen Ölen vermischt, möglichst enge Siedegrenzen, größtenteils unter 300° siedend. Flüssigkeitsgrad nach Engler bei 20° unter 3.
	Die Bedingungen von Baden 1913 enthalten nur die Bestimmung, daß Vergasungsversuche im Apparat von Wernecke ausgeführt werden.				

[1]) Anfang 1913 gültig.

F. Transformatorenöle[1].

(Literatur: Holde, Mitteilungen 1904, **22**, 147.)

Die Transformatoren der elektrischen Kraftanlagen werden vielfach zur Kühlung und zur Vermeidung des Überschlagens von Funken zwischen den Drahtwicklungen in bedeckten Behältern vollständig in Öl eingestellt. Die Ölfüllung solcher Behälter beträgt oft mehrere Kubikmeter.

Das für Transformatoren benutzte Öl muß sorgfältig von Wasser und Mineralsäuren befreit sein, damit es gut isoliert und das Kupfer sowie die Baumwollumspinnung nicht angreift. Auch muß es möglichst wenig verdampfbar sein, da es sich in den Transformatoren bis auf etwa 90° erhitzt und bei ziemlich großer Oberfläche benutzt wird. Bei mehrstündiger Erhitzung auf 100° soll das Öl keine Zersetzungen oder Niederschläge an den kalten Wandungen zeigen, es soll aber in der Winterkälte (— 15°) bequem flüssig sein.

Dreifach raffinierte Harzöle mit einem Säuregehalt von höchstens 0,2 % SO_3 und einem Flammpunkt von 155° C. im Pensky - Martens - Apparat haben sich in der Praxis bewährt, weil sie selbst bei längerer Erwärmung keine harzartigen Ausscheidungen zeigen, und besser isolieren als Mineralöle.

Indessen werden neuerdings die hochsiedenden destillierten Öle des Rohpetroleums, d. s. Mineralschmieröle, für den vorliegenden Zweck in steigendem Masse herangezogen. Ein Mineralöl vom fe = 9,8, spez. Gew. = 0,8825, fp Pensky = 185°, das nach 5 stündiger Erwärmung auf 100° im Apparat von Holde (s. S. 170) 0,06 %, nach 2 stündiger Erwärmung auf etwa 170° nur 1 % Verdampfungsverlust gibt, hat sich z. B. als typisches Transformatorenöl nach den Feststellungen der Allgemeinen Elektrizitätsgesellschaft zu Berlin bewährt. Nach Mitteilungen anderer Elektrizitätswerke sollen die für Transformatoren benutzten Mineralöle eine Zähigkeit kleiner als 8 bei 20° (Engler) haben (s. nachfolgende Bedingungen S. 104).

Die Verdampfungsmenge darf 0,4 % (bei 5 stündiger Erwärmung auf 100° C) nicht übersteigen.

---

[1]) In der III. Aufl. mitbearbeitet von Dr. Brauen, Chemiker der Maschinenfabrik der AEG., Berlin N.

Gerade die früher häufiger benutzten Harzöle zeigen erheblich stärkere Verdampfbarkeit bei 100° und 170° als zähflüssige und selbst leichtflüssige Mineralöle. Bei 100° zeigen nämlich schwere Harzöle nach 5 stündiger Erhitzung 1—1½ %, Mineralöle (fe = 6—44) nur 0,05 bis 0,10 % Verdampfungsverlust. Bei 2 stündigem Erhitzen auf 170° (Anilinbad) verdampfen von schweren Harzölen 5,6—7,4 %, von Mineralölen (fe = 10—44) nur 0,5—1 %. Noch leichtflüssigere Mineralöle zeigen stärkere Verdampfung. Weit stärker verdampfen bei 100° die sehr leichtflüssigen Braunkohlenteeröle; sie erscheinen daher für vorliegenden Zweck nicht sehr geeignet. Bei Verwendung von Harzölen soll wegen ihrer leichten Verdampfbarkeit darauf geachtet werden, daß die Transformatoren nicht warm werden.

Zwischen der Höhe des Flammpunktes, des Brennpunktes und der Größe der Verdampfbarkeit bei 100° bestehen nicht ganz regelmäßige Beziehungen. Mit wachsendem Flammpunkt (offener Tiegel) und Brennpunkt nimmt die Verdampfungsmenge in der Regel ab, während für den Pensky - Apparat, welcher schon geringe Dampfmengen empfindlich anzeigt, diese Beziehung nur in der geringeren Zahl der Fälle zutrifft.

Mineralöle neigen im allgemeinen bei längerer Erwärmung zu Zersetzungen durch Oxydation und Ausscheidung fester asphalt- und harzartiger Produkte (s. S. 198). Diese Ölausscheidungen stören den Betrieb des Transformators ganz empfindlich, da sie sich auf den Spulen festsetzen und die Fortführung der Wärme durch das Öl verhindern.

Bei der Prüfung eines Öles auf Verwendbarkeit als Transformatorenöl ist es deshalb unbedingt erforderlich, festzustellen, ob und in welchem Grade es zu Zersetzungen neigt. Ist dies der Fall, so zeigt sich alsbald eine Trübung und darnach ein flockiger, gelber bis braunschwarzer Niederschlag von Oxydationsprodukten. Der Niederschlag ist leicht löslich in Benzol, Chloroform, nicht löslich in Benzin und Alkohol. Das Öl ist durch die Erhitzung asphaltreich geworden und in Benzin nicht mehr klar löslich.

In das Öl gehängte Baumwollbänder dürfen nach 400 stündigem Erhitzen infolge Freiwerdens der Säure keine Einbuße an Festigkeit erleiden.

Zersetzung: Das Öl darf bei 400 stündigem Erwärmen auf 100° nur etwas nachdunkeln, sonst aber keine Veränderung zeigen.

Die früher oft angeführte Bestimmung der spez. Wärme für Transformatorenöle erübrigt sich (die Werte liegen für verschieden konsistente Öle zwischen 0,40 bis 0,50), da es beim Transformator weniger auf die Wärmekapazität als auf die Beharrungstemperatur des Öles bei gleichmäßiger Belastung des Transformators ankommt.

Die Beharrungstemperatur und der Temperaturanstieg sind in erster Linie abhängig von der Viskosität des Öles, während die spez. Wärme nur eine untergeordnete zeitliche Bedeutung in diesem Falle hat.

Die elektrische Prüfung des Transformatorenöles auf seine Brauchbarkeit als Isolationsmaterial (Elektr. Anzeiger durch Organ f. d. Öl- und Fetthandel, Nr. 54 vom 18. 8. 1904) erfolgt in der Weise, daß in einem mit dem Probeöl gefüllten Gefäß von 200 ccm Inhalt und 3 cm Durchmesser eine Funkenstrecke angeordnet und die Spannung gemessen wird, bei welcher Funken überspringen. Die Tauchtiefe der Funkenstrecke muß bei den Versuchen immer dieselbe sein; dei Funkenkugeln sollen glatt poliert sein. Wasser oder Luftblasen und kleine Fasern beeinflussen in hohem Grade das Meßresultat.

Eine andere Methode (Chem. Rev. 1909, **16**, 232) besteht darin, daß man die Durchschlagsfestigkeit des Öles gegen Hochspannung zwischen zwei vertikal übereinander stehenden Stahlkugeln von 10 mm Durchmesser und 5 mm Abstand ermittelt. Das Öl wird auf 80° erwärmt und dann bei abnehmender Temperatur die Effektivwerte der Spannung ermittelt, für welche die 5 mm dicke Ölschicht kontinuierlich durchschlagen wird (s. Tab. 22).

Tabelle 22.

Temperatur	Durchschlagsspannung
68°	50 000 Volt
59°	48 000 ,,
45°	45 000 ,,
34°	43 000 ,,
26°	40 000 ,,

Versuche über die Beziehungen des Flüssigkeitsgrades von Transformatorenölen zur Durchschlagsfestigkeit hat Breth angestellt (Petrol. 1911, **7**, 290). Je dünnflüssiger ein Öl ist, um so widerstandsfähiger erweist es sich gegen Funkendurchschlag. Da beimGebrauch in Transformatoren eine Asphaltisierung stattfindet, und zwar bei schweren Ölen eher als bei leichten, so eignen sich auch aus diesem Grunde als Transformatorenöle am besten dünnflüssige.

Außer für Transformatoren werden sog. „Schalteröle“ zur Verhütung der Funkenbildung bei Schaltern für Einschaltung sehr hoch gespannter Ströme benutzt. Für diese Zwecke müssen völlig wasser-, säurefreie und kältebeständige Öle mit möglichst hohem Flamm- und Brennpunkt benutzt werden. Das Öl muß ferner dünnflüssig sein, damit es schnell in die Unterbrechungsstelle eindringt und den Lichtbogen auslöscht.

Harzöle werden infolge ihres hohen Kohlenstoffgehaltes durch den Lichtbogen stark verkohlt, wodurch sie die isolierende Eigenschaft einbüßen.

Man verwendet daher als Schalteröl ausschließlich dünnflüssige Mineralöle von folgenden Eigenschaften:

Spez. Gew. 0,880/900.

Viskosität (Engler) bei 20° C unter 10.

Flammpunkt (offener Tiegel) über 170° C.

Brennpunkt über 200° C.

Kältepunkt unter — 20° C.

Die von der Vereinigung der Elektrizitätswerke herausgegebenen „Technischen Bedingungen für die Lieferung von Transformatoren- und Schalterölen“ lauten folgendermaßen:

1. Als Transformatorenöle sollen nur reine, hoch raffinierte Mineralöle verwendet werden. (Harzöl darf mit Mineralöl nicht vermischt sein. Prüfung s. S. 214).

2. Das spezifische Gewicht darf nicht unter 0,85 und nicht über 0,92 bei 15° betragen.

3. Der Flüssigkeitsgrad nach Engler soll bei einer Temperatur von 20° nicht über 8 sein.

4. Der Flamm- und Brennpunkt, im offenen Tiegel nach Marcusson bestimmt, soll nicht unter 160° bzw. 180° liegen.

5. Der Gefrierpunkt soll nicht über — 20° liegen. Das Öl muß im Reagenzglas von 15 mm Weite, in einer Höhe von 4 cm aufgefüllt, nach einstündiger Abkühlung auf — 20°, umgedreht noch fließend und klar sein.

6. Die Verdampfungsverluste dürfen nicht über 0,4 % nach fünfstündigem Erhitzen auf 100° betragen.

7. Das Öl soll frei von Säure, Alkali, Schwefel und absolut trocken sein. Die Trockenheit wird durch Erhitzen einer Probe im Reagenzglas festgestellt. Es darf sich hierbei weder eine Trübung noch ein knisterndes Geräusch zeigen.

8. Das Öl muß vollkommen rein sein. Es darf keine suspendierten Bestandteile, Fasern, Sand und dergl. enthalten. (Festgestellt durch Gießen des Öles durch ein Sieb von 3 mm Maschenweite).

9. Das Öl soll nach einer 70 stündigen Erwärmung auf 120^0 unter Durchleitung von reinem Sauerstoffgas noch vollständig klar und in Benzin 0,700 klar löslich sein. Die Teerzahl darf 0,1 % nicht übersteigen.

Zu diesen Bedingungen ist im einzelnen, soweit es nicht unter den physikalischen und chemischen Prüfungen erwähnt ist, folgendes zu bemerken:

Prüfung auf freies Alkali. Man löst das Öl in einem neutralisierten Gemisch von Alkohol-Äther (1 : 4) und titriert bei eintretender starker Rotfärbung das freie Alkali mit $^1/_{10}$-normaler Salzsäure zurück.

Prüfung auf Schwefel. Zur qualitativen Vorprüfung auf Schwefel wird etwa 1 ccm des Öles mit einem erbsengroßen Stücke metallischen Natriums erhitzt, bis alles Öl verdampft und die Masse schwach rotglühend ist. Die mit Wasser aufgenommene Schmelze ergibt bei Gegenwart von Schwefel die Heparreaktion (brauner Fleck auf Silbermünze) sowie Färbung mit Nitroprussidnatrium.

Quantitativ bestimmt man den Schwefel nach Rothe (S. 50).

Verharzungsprobe. Zur Vornahme der unter 9. angegebenen Versuche werden 150 g Öl in einem 400 ccm fassenden Erlemeyerkolben unter Durchleiten von Sauerstoff (lichte Weite des Rohres mindestens 3 mm, Anzahl der Blasen pro Sekunde 2) im Ölbad auf 120^0 während 70 Stunden ununterbrochen erwärmt. Nach Beendigung des Versuches werden zur Bestimmung der Teerzahl 50 g Öl in einem mit Kühler versehenen Glasgefäß 20 Min. auf siedendem Wasserbad mit 50 ccm einer Lösung erwärmt, welche 1000 Gwtl. Alkohol, 1000 Gwtl. Wasser und 75 Gwtl. Ätznatron enthält. Nach Aufsetzen eines Kühlrohres wird das warme Gemisch während 5 Min. kräftig geschüttelt, alsdann in einen Scheidetrichter übergeführt und ein möglichst großer Anteil der alkoholischen Lauge abfiltriert. 40 ccm des Filtrats werden mit Salzsäure angesäuert und die Teerstoffe mit 50 ccm Benzol aufgenommen. Die Ausschüttelung mit Benzol ist nötigenfalls zu wiederholen. Die Benzollösung wird alsdann zweimal mit Wasser gewaschen und in einer Glasschale verdunstet. Der Rückstand wird bei 100° etwa 5 Min. getrocknet, gewogen und auf die gesamte angewandte Laugenmenge umgerechnet.

G. Treiböle und Heizöle.

I. Treiböle.

Als Kraftquelle für Explosions- und Preßluftmotoren (Dieselmotoren) verwendet man vorzugsweise Mineralöle.

Zum Antrieb von Kraftwagen dienen in der übergroßen Mehrzahl durch Benzin betriebene Explosionsmotoren. Ein Automobiltreiböl muß vor allem leicht verdampfen, d. h. ohne umständliche Vorwärmapparate bereits bei gewöhnlicher Temperatur so viel Gas geben, daß mit Luft gemischt das zum Betriebe des Motors erforderliche Explosionsgemisch ständig vorhanden ist. Diesen Anforderungen entspricht das Benzin mehr als alle anderen Treibstoffe. Von den verschiedenen Benzinen eignet sich am besten für Luxusautomobile wegen des zu erzielenden längeren Aktionsradius das Leichtbenzin von den Siedegrenzen 80—100°, höchstens bis 120° und spez. Gewicht 0,68—0,705, während Schwerbenzin wegen seines geringeren Aktionsradius (Siedegrenzen 80—150°) sich als weniger geeignet erweist. Wenn trotzdem auch höher siedende Benzine für Lastautomobile und Automobilomnibusse Verwendung finden, so hat dies in wirtschaftlichen Erwägungen seinen Grund; im übrigen sind auch die Vergasungseinrichtungen neuerdings so vervollkommnet, daß auch schwerere Benzine vollständig und gleichmäßig verbrannt werden können.

Die Versuche, statt des Benzins das etwa um die Hälfte billigere Leuchtpetroleum zu verwenden, haben noch nicht zu befriedigenden Resultaten geführt, wobei besonders die gegen 300° siedenden schweren Anteile Störungen hervorrufen.

Das ebenfalls und z. T. mit Erfolg in die Automobiltechnik eingeführte Benzol, Naphthalin, in Azeton gepreßtes Azetylen usw. seien in diesem Zusammenhange mit erwähnt.

Über Treibmittel für Dieselmotoren berichten Rieppel (Zeitschr. des Vereins deutscher Ingenieure 1907, 613) und Kutzbach (ibid.). Geeignet für diese Zwecke sind nicht nur Erdöldestillate, wie Petroleum, Gasöl, Solaröl, weniger paraffinreiche Braunkohlenteeröle und dergl., sondern es können auch die Rohöle selbst Benutzung finden, da deren harzige und hochsiedende Teile durch die heiße Preßluft im Explosionszylinder völlig verbrannt werden.

Eine Einschränkung der Dieselmotoröle nach ihrem Flüssigkeitsgrad ist nicht erforderlich, da durch Änderung des Einblasedruckes, der Regulatorstellung oder der Zerstäuberplatte der thermische Wirkungsgrad sich der Viskosität anpassen läßt.

Der Flammpunkt der Öle kommt nur insofern in Betracht, als die beim Lagern und Transport notwendige Rücksicht auf die Feuergefährlichkeit es erfordert. Außerdem kann die Bestimmung des spez. Gewichts, der Brennpunkt und die Siedeanalyse als Identitätsprobe Wert besitzen, für die Beurteilung der Brauchbarkeit sind diese Konstanten belanglos.

Der Heizwert, der bei besseren Ölen etwa 10 000 Cal. beträgt, ist insofern von Bedeutung, als Öle mit höherem Heizwert auch einen größeren Gehalt an nutzbarer Energie im gleichen Raumteil Öl enthalten.

Feste Bestandteile dürfen selbstredend nicht zugegen sein, da sie leicht zu Verstopfung von Rohrleitungen und Ventilen Anlaß geben können.

Der Kreosotgehalt darf in Dieselmotorölen 12 % nicht übersteigen, da er sonst den Heizwert des Öles herabsetzt und bei sehr hohem Gehalt Verschmutzung der Maschine verursachen kann.

Der Schwefelgehalt ist für die motorische Leistung an sich belanglos, doch wird ein schwefelärmeres Öl wegen der geringeren Angreifbarkeit der Auspuffrohre durch saure Dämpfe vorgezogen.

Eine schädliche Wirkung der Verbrennungsprodukte des Schwefels auf den Motor selbst findet nicht statt, da Schwefeldioxyd und Schwefeltrioxyd an sich Eisen nicht angreifen. Vorbedingung für die Zerstörung des Metalls ist die Kondensation des in den Verbrennungsgasen vorhandenen Wasserdampfes; so lange dieser dampfförmig bleibt, kann er die Oxyde des Schwefels nicht auflösen und somit auch keine Korrosion veranlassen. Da im Motor selbst das Wasser immer dampfförmig bleibt, kann die schädliche Wirkung höchstens sich im Auspuffrohr zeigen, das entweder genügend kurz gemacht oder mit Blei ausgefüttert werden muß.

Der Gehalt an Steinkohlenteerölen soll 25 Proz. nicht übersteigen, wenn regelmäßiger Gang des Motors statthaben soll; nur bei starker Erwärmung des Kompressionsraumes lassen sich auch reine Steinkohlenteeröle im Dieselmotor vollständig verbrennen. Die nachfolgenden Bedingungen einiger süddeutscher Staatsbahnen scheinen Steinkohlenteeröl nahezu auszuschließen.

Tabelle 23.

Lieferungsbedingungen der deutschen Staatsbahnen für Gasöl (Treiböl für Dieselmotoren[1]).

Staat	Äußere Erscheinungen	Spez. Gew. bei 15° C × 1000	Flammpunkt ° C O = offener Tiegel P = Pensky	Sonstige Eigenschaften
Bayern 1908	—	830—900	P nicht unter 70	Kreosotgehalt nicht üb. 2%. Heizwert mindestens 9500 WE.
Reichslande 1912	—	830—880	O nicht unter 80	Rohes Erdöldestillat, frei von Wasser und Mineralsäure, im Dieselmotorzylinder ohne Rückstand verbrennbar, Heizwert mindestens 10000 WE.

Die von der Versuchsabteilung der Verkehrstruppen, Berlin, an die Betriebsstoffe für Kraftfahrzeuge gestellten Anforderungen lauten:

a) Benzin.

1. Das Benzin muß gut gereinigt und durch trennende Destillation gewonnen sowie frei von Wasser und allen dem Motor schädlichen Stoffen sein. Mit Benzin befeuchtetes Filtrierpapier darf nach dem vollständigen Verdunsten weder Flecken noch einen dauernden Geruch behalten. Beim Seihen durch ein feinmaschiges Gewebe darf das Benzin nicht in Perlen erscheinen.

2. Das Benzin soll eine gleichmäßige Zusammensetzung zeigen, nicht durch Zusammenmischen sehr niedrig und sehr hoch siedender Bestandteile gewonnen und zwischen 70 und 120° überdestilliert sein. Über 100° siedende Bestandteile soll leichtes Benzin nicht oder nur in geringem Maße besitzen. Schweres Benzin soll zum weitaus größten Teile unter 100° sieden, darf aber keinesfalls über 140° siedende Bestandteile enthalten. Außerdem muß das Benzin sorgfältig raffiniert

[1]) Anfang 1913 gültig.

sein, wasserhelle Farbe und reinen, schwachen Geruch besitzen und darf fremde Öle nicht enthalten.

3. Für Personenwagen bestimmtes Benzin soll bei 15° ein spezifisches Gewicht von 0,700—0,720, für Lastwagen bestimmtes ein solches von 0,720—0,750 haben.

b) Benzol.

Das Benzol muß gut gereinigt und frei von Wasser und allen dem Motor schädlichen Stoffen sein. Das Benzol soll eine gleichmäßige Zusammensetzung zeigen und nicht durch Zusammenmischen sehr niedrig und sehr hoch siedender Bestandteile gewonnen sein. Es ist nur „Winterbenzol" zu liefern, das im Winter nicht gefriert. Das spezifische Gewicht soll bei 15° etwa 0,880 betragen.

II. Heizöle (Masut, Astatki).

(Literatur: Zaloziecki-Lidow, Naphtha 1904, Nr. 21/22.)

Rohöle und flüssige Rückstände der Erdöldestillation dienen in erdölreichen und kohlenärmeren Gegenden, z. B. in Kalifornien, Rußland usw., vielfach zur Heizung von Lokomotiven, Schiffsmaschinen, Öldestillationskesseln und zu sonstigen Heizzwecken der Technik. Der Heizwert des Masuts schwankt zwischen 10 000 und 11 000 Kalorien. In Deutschland werden zum Heizen nur hier und da flüssige Brennstoffe, meistens Abfallteere benutzt. Neuerdings werden an einzelnen Stellen bei Lokomotiven auch Heizversuche mit billigen Braunkohlenteerölen ausgeführt.

Von Prüfungen kommen (abgesehen vom Heizwert) in Frage:

Bestimmung des Wassergehalts (S. 26),

der flüchtigen Bestandteile, Destillation im Englerkolben nach S. 32,

des Flammpunkts (S. 173),

der Erstarrungstemperatur (S. 163).

Letztere ist bisweilen in Rücksicht auf die Speisung der Brenner bei niederen Temperaturen zu ermitteln. Die gewöhnlichen Bakuer Rückstände sind paraffinfrei bzw. paraffinarm und erstarren daher bei ziemlich starker Abkühlung noch nicht. Durch minderwertige Zusätze kann aber diese Eigenschaft verändert werden.

Hoher Schwefelgehalt wird wegen der Verbrennung zu schwefliger Säure als schädlich angesehen. Die Bestimmung geschieht in Rußland nach Eschka (s. S. 228) oder durch Verbrennen mit Natriumsuperoxyd nach Lidow.

Hierzu werden etwa 5 g Substanz in 25 g Äthyläther gelöst. Die Lösung wird im Mörser mit 10 g gestoßenem Glas, ausgeglühter Kieselsäure oder mit Ton gemischt. 2 g dieser Mischung, entsprechend 0,667 g Masut, werden mit 13 g Na_2O_2 innig gemischt, in eine Bombe gegeben und elektrisch gezündet. Im Reaktionsprodukt wird der Schwefel als $BaSO_4$ bestimmt (s. auch S. 50).

Sand und Asche werden nach dem S. 27 u. 206 beschriebenen bekannten Verfahren ermittelt.

Heizwert wird bei genauer Bestimmung in der Berthelot-Kröker- oder Mahlerschen Bombe (siehe S. 21), bei weniger scharfen Bestimmungen mittels Elementaranalyse unter Benutzung der Dulongschen Formel ermittelt.

Diese lautet:

$$x = 8080\ C + 34\,500\ (H - {}^1/_8\ O) + 2220\ S.$$

Nach dieser Formel soll man nach Untersuchungen von Sherman und Amend (Journ. of the Soc. of Chem. Ind. 1912, 61) erheblich zu niedrige Werte erhalten. Bei Anwendung der Formel von Walker

$$x = 8080\ (C - {}^3/_8\ O) + 34\,500\ H + 2220\ S$$

waren die Werte zwar etwas zu hoch, ergaben aber eine gute Annäherung an die direkt in der Bombe ermittelten Werte.

Da für die Heizwertbestimmung der Wasserstoffgehalt von ausschlaggebender Bedeutung ist, glüht Lidow 1 g Substanz ½ Std. lang mit Magnesium, wobei sämtliche Elemente mit dem Metall Verbindungen eingehen (Karbid, Oxyd, Nitrid usw.), während der Wasserstoff allein gasförmig bleibt und volumetrisch bestimmt werden kann.

Säuregehalt beträgt bei Masut gewöhnlich 1—3, berechnet als Säurezahl, und wird nach S. 189 ermittelt.

Schwefelsäure und Alkalien werden im wässerigen Auszuge in bekannter Weise ermittelt (S. 189 u. 190).

Das Bergbauamt der Vereinigten Staaten (Petrol. 1911, 7, 153) hat folgende Lieferungsbedingungen für Heizöle aufgestellt: Grundlage für die Bewertung ist der Heizwert, der mindestens 10 000 WE. betragen soll. Der Flammpunkt soll nicht unter 60° liegen, d. h. alle Öle mit niedrigem Flammpunkt müssen abdestilliert sein. Das spez. Gewicht soll zwischen 0,85 und 0,96 bei 15° liegen. Das Öl darf bei 0° nicht erstarren, und mehr als 2 % Wasser und 1 % Schwefel sollen nicht zugegen sein.

Tabelle 24.

Heizwerte und Elementaranalysen leichtflüssiger Brennstoffe[1]).

Nr.	Art des Brennstoffes	Spez. Gewicht bei 15°	100 Teile enthalten			Heizwert in W. E. pro Kilogramm	Verbrennungswärme (auf flüssiges Wasser bezogen)
			Kohlenstoff	Wasserstoff	Sauerstoff[2])		
1	Paraffinöl (aus Braunkohlenteer)	0,915	85,42	11,33	3,25	9 790	10 440
2	desgl.	0,890	85,58	11,49	2,93	9 836	10 454
3	Solaröl (aus Braunkohlenteer)	0,825	85,48	12,31	2,21	9 988	10 653
4	Petroleum	0,796	84,76	14,09	1,15	10 305	11 066
5	desgl.	0,789	85,24	14,34	0,42	10 335	11 109
6	Benzin	0,716	85,20	14,80	—	10 359	11 157

H. Staubbindende Fußbodenöle.

Um die Entwicklung des Straßenstaubes wirksamer zu hemmen, als dies durch Wasserbesprengung möglich ist, hat man die Imprägnierung der Straßenoberfläche mit Teer oder Öl versucht; die Wirkung beruht auf dem äußerst langsamen Verdunsten der schweren Anteile, der Oxydationsfähigkeit unter Bildung asphaltartiger Produkte und auf dem Desinfektionsvermögen. Der Teer wird heiß auf die Straße gebracht und durch Bürsten automatisch in die Straße hineingebürstet, oder man benutzt unter Zusatz emulsionsbildender Stoffe hergestellte Mischungen von Öl und Wasser (z. B. Westrumit). Als geeignetes Material zur Staubverhütung dienen Rohöle, schwere Asphaltöle, Abfallöle, Teere, flüssige Asphalte und dergl.; nach Raschig neuerdings ein Gemisch von Teer und Ton, sog. Kiton.

Die Bekämpfung der Staubplage in Buchdruckereien und Schriftgießereien wird seit einigen Jahren in der Weise gehandhabt, daß man die Fußböden regelmäßig ölt, da bei einem Anstrich mit einem nicht trocknenden Öl der auf den Boden gelangende Staub

[1]) Langbein, Ztschr. f. angew. Chem. 1900, **13**, 1266.

[2]) Für Öle aus Braunkohlenteer ist in die Sauerstoffmenge wohl auch die Schwefelmenge eingeschlossen.

dort festgehalten und, ohne aufzuwirbeln, durch trockenes Kehren beseitigt werden kann; jedoch wird dies Verfahren teilweise von der Praxis bekämpft, weil die Ölung teuer sei, teils nutzlos und teils direkt gefährlich, da durch die Ölung der Fußboden schlüpfrig wird und leicht zu Unfällen Anlaß geben kann.

Eine ganze Reihe von Fußbodenölen des Handels wurde daraufhin von R. Heise (Arbeiten aus dem Kaiserlichen Gesundheitsamt 1909, **30**, Heft 1) untersucht, wobei festgestellt wurde, daß sogen. wasserlösliche Öle (siehe S. 257), die vor dem Gebrauch mit Wasser verdünnt werden, nicht empfehlenswert sind. Von den wasserunlöslichen Ölen, die unmittelbar auf den Fußboden aufgetragen werden, erfüllen dünnflüssige reine Mineralöle am besten den gewünschten Zweck. In den untersuchten wasserunlöslichen Ölen fanden sich teils reine Mineralöle mit Farb- und Riechstoffzusätzen, teils Mischungen von Mineralöl mit fettem Öl (Leinöl, Rüböl, Lanolin) sowie Riechstoffen, Farbstoffen und Desinfektionsmitteln.

Ein Zusatz von Riechstoffen, wie er in einzelnen Fußbodenölen nachgewiesen wurde, ist nicht erwünscht, Nitrobenzolzusatz ist vom gesundheitlichen Standpunkt aus sogar zu verwerfen. Auch ein Zusatz von fettem Öl kann als zweckwidrig betrachtet werden, da es Anlaß zur Bildung klebriger Ausscheidungen und zu dadurch bedingter Unreinlichkeit des Bodens geben kann.

Das zur Ölung von Holz- und Linoleumfußboden verwendete Öl soll reines Mineralöl sein, zur Vermeidung des Abfettens und von zu großer Schlüpfrigkeit eine spez. Zähigkeit von 30—40 bei 20^0 besitzen; ferner soll es im Verlauf einiger Wochen keine klebrigen Abscheidungen geben. Zur Entscheidung dieser Frage breitet man 1 ccm Öl in einer flachen Glasschale von etwa 9 cm Durchmesser und 1 cm Randhöhe aus und setzt es dann 4 Wochen der Luft und dem Licht aus. Nach dieser Zeit müssen das Öl und etwa vorhandene Ausscheidungen sich durch Zusammenschaben mit einem Kartonblatt leicht entfernen lassen; zähe, fest am Boden des Glases haftende Schichten dürfen nicht vorhanden sein.

J. Schmieröle.

I. Herstellung.

Das Ausgangsmaterial für die Mineralschmierölfabrikation, das rohe Erdöl, wird zunächst durch Destillation von leichter siedenden Bestandteilen (Benzin und Leuchtpetroleum) befreit. Die hierbei verbleibenden dunkelfarbigen und dickflüssigen Rückstände bilden das eigentliche Rohmaterial zur Erzeugung der Schmieröle und werden entweder direkt für bestimmte Schmierzwecke benutzt oder durch Destillation in einzelne, den Verwendungszwecken angepaßte Fraktionen zerlegt. Sowohl durch Entnahme einzelner Fraktionen als auch durch Mischung von Fraktionen untereinander und mit Rückständen kann man ein in seinen Haupteigenschaften (Viskosität, Flammpunkt und spez. Gewicht) wechselndes Material erhalten. Dieses Prinzip ist die Grundlage der ganzen Schmierölfabrikation. Die einzelnen Fraktionen werden noch, um Geruch, Harzbestandteile usw. zu entfernen und die gewünschte Helligkeit der Farbe zu erzielen, unter Einblasen von Luft mit konzentrierter Schwefelsäure, welche später mit Laugen bzw. Wasser ausgewaschen wird, oder durch Filtrieren über Fullererde (hauptsächlich in Amerika üblich) raffiniert.

Die Destillation geschieht fast überall in Europa mittels überhitzten Wasserdampfes, in neuerer Zeit unter gleichzeitiger Anwendung starken Vakuums, und zwar wird direkte Feuerung zur Unterstützung der Destillation möglichst vermieden, da hierbei leicht Zersetzungen der hochsiedenden Fraktionen durch zu starke Erhitzung der Kesselwände eintreten können.

Die Temperatur des überhitzten Dampfes wird möglichst etwas höher gehalten als diejenige des Blaseninhaltes. Die Destillate werden im Großbetriebe meist ähnlich fraktioniert gekühlt, wie Fig. 7, S. 29 zeigt, und nach spezifischen Gewichten, Flammpunkten und Flüssigkeitsgraden getrennt.

In Amerika geschieht die Abtreibung der Schmieröldestillate aus dem Rohöl sehr viel ohne Wasserdampf mit direkter Feuerung, weil hierdurch eine Mehrausbeute an Leuchtöl durch Zersetzung von Schmierölen erhalten wird. Die Rektifikation der rohen Schmieröldestillate erfolgt allerdings später mittelst überhitztem Wasserdampf.

Die billigsten Mineralschmieröle sind, von einigen Bergwerksölen usw. abgesehen, die für Eisenbahnwagen benutzten, welche zum größten Teil aus raffinierten Rückständen, zum geringeren Teil aus raffinierten Destillaten bestehen.

II. Allgemeine Anforderungen.

Die Schmiermittel sollen die aneinander gleitenden Metallflächen der Maschinen und Fahrzeuge vor direkter Berührung, Reibung und Abnutzung schützen und an die Stelle der Reibung der Metalle aufeinander die viel geringere innere Reibung des Schmiermittels setzen. Je vollkommener diese Aufgabe unter den jeweiligen Temperatur-, Geschwindigkeits- und Druckverhältnissen gelöst wird, umso wertvoller ist in mechanischer Hinsicht das Schmiermittel. Inwieweit das mechanisch höherwertige Schmiermaterial auch zugleich das wirtschaftlich wertvollere ist, hängt vom Verhältnis des mechanischen Nutzwerts zum Verbrauch und Preis des Schmiermaterials ab. Der mechanische Nutzwert konsistenter Fette steht wegen ihrer hohen inneren Reibung meistens hinter demjenigen der flüssigen Öle zweifellos zurück (vgl. S. 119), während sie sich an vielen Stellen aus Sparsamkeits- und Sauberkeitsgründen durchaus wirtschaftlich brauchbar erwiesen haben. Nach Ubbelohde (Petr. 1912, **7**, 773, 882, 938) sind nur benetzende Flüssigkeiten zum Schmieren geeignet, da nur diese das Bestreben haben, durch Kapillarität sich dahin zu drängen, wo Zapfen und Lager sich am nächsten sind und die Gefahr der Berührung und dadurch Korrodierung des Lagers am größten ist.

Die Schmieröle verhindern nun einerseits durch die Eigenschaft, die Flächen zu benetzen, andererseits durch den Widerstand, den sie vermöge ihrer Zähflüssigkeit der Auspressung durch hohen Lagerdruck entgegensetzen, die unmittelbare Berührung der Metallflächen.

Das Öl darf nicht etwa durch Verdunstung, Eintrocknen in dünner Schicht oder durch chemische Einwirkung auf Lager- und Zapfenmetall seine reibungsvermindernde Eigenschaft einbüßen.

Das gute Anhaftvermögen pflanzlicher und tierischer Fette und Wachse an Metallflächen ist hinreichend bekannt. Knochenöl, Spermazetiöl und Olivenöl zeigen nur geringe Veränderungen ihrer flüssigen Beschaffenheit in dünner Schicht, während Rüböl unter gleichen Umständen nach einiger Zeit klebrig wird. Um daher den Schmierwert fetter Öle durch technische Untersuchung zu ermitteln, genügt im allgemeinen — von Ausnahmefällen wird später die Rede sein — im Gegensatz zu Mineralölen die Ermittelung ihrer Reinheit, d. h. der Abwesenheit nichtfettartiger Stoffe und fremder minderwertiger Ölzusätze wie trocknender, halbtrocknender Öle, Mineralöle, Harzöle usw. Nichtfettartige Stoffe sind Wasser, mechanische Verunreinigungen, aufgelöstes Harz, freie Mineralsäure usw.

Die äußere Reibung (d. h. Reibung zwischen Flüssigkeit und Lagerwand) ist entgegen früheren Annahmen nach Ubbelohde (a. a. O.) zu vernachlässigen. Maßgebend für die Schmierwirkung ist also nur die innere Reibung.

Während die Zähigkeit der fetten Öle nur innerhalb geringer Grenzen schwankt, zeigen die Mineralschmieröle, welche das Hauptmaterial der heutigen Schmieröle bilden[1]), alle beliebigen Konsistenzstufen vom petroleumartig leichtflüssigen Spindelöl an bis zum vaselinartigen Dampfzylinderöl. Die allen Mineralschmierölen eigenartige Zusammensetzung aus sehr vielen verschieden hoch siedenden Kohlenwasserstoffen bedingt zwei unerläßliche, nach dem Gebrauchszweck abzustufende Eigenschaften solcher Öle: die schwere Verdunstbarkeit sowie dementsprechende Volumenbeständigkeit und geringe Feuergefährlichkeit einerseits und andererseits eine gewisse Zähflüssigkeit, welche das Öl im Gegensatz zu den leichteren Rohpetroleumdestillaten (Benzin, Petroleum, Putzöl) je nach dem Verwendungszweck befähigt, unter den herrschenden Druckverhältnissen noch eine genügende Schichtendicke zwischen den aneinander gleitenden Metallflächen zu bilden und an den letzteren genügend haften zu bleiben.

Daher ergab sich bei Einführung der Mineralöle alsbald die Notwendigkeit, die Beziehungen zwischen Zähigkeit und Schmierwert dieser Öle näher zu studieren. Schon die Erfahrung hatte gelehrt, daß die Fähigkeit der Mineralöle, an den Metallteilen anzuhaften, mit wachsender Zähigkeit größer wurde. Da nun mit steigendem, auf eine Lagerschale ausgeübten Druck auch die Ge-

---

[1]) Nach W. Kuntze sind bereits Anfang der 90er Jahre ¾ der benutzten Maschinenöle Mineralöle (Glasers Ann. 1891, 159) gewesen.

fahr der Auspressung des Schmieröles wächst, so müssen für höhere Drucke entsprechend zähflüssigere Öle gewählt werden.

Nach Petroffs neuer Theorie der Reibung[1]) ist der Gesamtreibungswiderstand geschmierter Maschinenteile der inneren Reibung des Öles und der Geschwindigkeit der reibenden Teile direkt, dagegen dem Drucke umgekehrt proportional. Daher sind bei geringem Druck und hoher Geschwindigkeit sehr dünnflüssige Öle, bei mäßig hohem Druck und großer Geschwindigkeit mäßig dickflüssige Öle usw. zu wählen. Würde man z. B. sehr schnell, aber ohne erheblichen Druck rotierende Spindeln der Spinnereimaschinen, Zentrifugen usw. mit sehr zähflüssigen Ölen schmieren, so würde unnütze Kraftvergeudung stattfinden.

Nächst Geschwindigkeits- und Druckverhältnissen der rotierenden Flächen ist der wichtigste Faktor bei Auswahl der Zähflüssigkeit eines Mineralöls die Temperatur der geschmierten Flächen. Beim Schmiervorgang erwärmt sich infolge Umsetzung des Reibungswiderstandes in Wärme die Schmierschicht gleichzeitig mit den geschmierten Flächen. Viel höhere Temperaturen treten in Dampf- und Kompressorzylindern auf. Andererseits werden durch eigenartige Betriebsbedingungen, z. B. starke Abkühlung bei Witterungswechsel (bei Eisenbahnfahrzeugen bis — 20°), in Kältemaschinen usw. in der Schmierschicht bzw. in den Schmiervorrichtungen niedrige Wärmegrade erzeugt. Rüböle und paraffinhaltige Mineralöle erstarren schon bei 0°; sie würden, wo ein mit ihnen geschmierter Maschinenteil in ruhendem Zustand der Kälte ausgesetzt würde, durch Erstarren des Öles in den Schmiervorrichtungen oder Lagern einen großen Reibungswiderstand beim Antrieb der Maschine verursachen. Die Erfahrungen der Bahnverwaltungen haben dies bestätigt. In strengen Wintern, Anfang der 90er Jahre und später, haben starke Betriebsstörungen auf östlichen und südlichen Bahnstrecken infolge Einfrierens zu leicht erstarrender Mineralöle, mit denen die Wagenachsen geschmiert worden waren, stattgefunden. Seitdem sind strenge Anforderungn an die flüssige Beschaffenheit der Öle bei — 15° und — 20° seitens der Bahnverwaltungen gestellt (s. S. 165).

Für Eismaschinen (Abkühlung bis — 20°) wählt man leichtflüssige paraffinfreie Mineralöle, sog. Kompressoröle.

---

[1]) Hamburg und Leipzig 1887, Verlag von Leop. Voß.

Zu leicht erstarrende Öle lassen sich im Winter auch nicht aus Fässern in Schmierkannen und aus diesen in die Lager eingießen. Die Ursache des frühen Erstarrens ist fast immer der Paraffingehalt der Öle. Seitdem man das Paraffin aber auch aus schweren Maschinenölen technisch gewinnt, ist dieser Übelstand wesentlich verringert worden.

Ein weiteres Erfordernis aller Schmieröle ist schwere Verdampfbarkeit bei allen Betriebstemperaturen. Wie alle Flüssigkeiten, so sind auch die hoch siedenden Mineralöle weit unterhalb ihrer Siedegrenze verdampfbar. Fette Öle verdampfen erst bei sehr starker Erhitzung (250—300°) unter Zersetzung. Bei Mineralölen ändern sich durch Verdampfung verhältnismäßig geringer Mengen leichter flüchtiger Teile die Konsistenz und bei stärkerer Verdunstung, z. B. Heißlaufen, auch das Volumen der Öle erheblich. Die Luft in den Maschinenräumen wird ferner durch leichte Verdampfbarkeit der Öle verschlechtert. Daher, ferner auch in Rücksicht auf die Feuersgefahr, werden nur hoch entzündliche, d. h. schwer verdampfbare Öle als Schmieröle benutzt. Besonders schwer verdunstbar müssen Dampfzylinderöle sein wegen der sehr hohen Temperaturen des gespannten Dampfes (180—300°). Daher wählt man gewöhnlich zur Zylinderschmierung bei Zimmerwärme vaselinartige oder sehr zähflüssige, am höchsten siedende Destillationsprodukte der Erdöle.

Bei Zylinderölen mit einem Flammpunkt nicht unter 260° verdampfen bei 2 stündiger Erhitzung auf 200° weniger als 0,2 %.

Eine sachgemäße Prüfung der Schmiermittel muß mithin an den jeweiligen Verwendungszweck der Öle anknüpfen, da es ein unter den verschiedenen Betriebsbedingungen der zahlreichen Maschinen sich immer gleich gut bewährendes Öl nicht gibt.

Bahnverwaltungen, Marinebehörden usw. haben daher besondere Lieferungsbedingungen für Schmieröle aufgestellt, welche den in den Betrieben vorherrschenden Bedingungen angepaßt sind (s. S. 229 ff.).

Abgesehen von den im vorstehenden dargelegten physikalischen Untersuchungen, sind die Mineralöle auf fremde, schädliche bzw. minderwertige Stoffe (Wasser, Alkali, Säure, mechanische Verunreinigungen) und auf Zusatz fremder Öle zu prüfen. Als schädliche Zusätze sind die leichter trocknenden Harzöle trocknende fette Öle, kreosothaltige Teeröle usw. anzusehen.

Von fetten Ölen werden hauptsächlich rohes und raffiniertes Rüböl, Senfsaatöl, Olivenöle (Baumöl), Rizinusöl (für Flugzeugmotore), Klauenfette und Knochenöle, Spermazetiöl, Talg (zur Stopfbüchsenschmierung bei Dampfzylindern), Palmöl, Wollfett, Tran als Schmiermittel benutzt. Rohes Rüböl wird in Mischung mit dunklen Mineralölen nur noch wenig zur Schmierung von Lokomotivzylindern benutzt. An Stelle dieser Mischungen benutzt man fast nur noch reine Mineralzylinderöle, auch solche mit geringen Mengen Talg- oder Knochenölzusatz. Olivenöl und Rizinusöl werden auf Dampfschiffen, das Rizinusöl insbesondere in den heißen Gegenden von italienischen Schiffen, da Rizinusöl in Italien viel gewonnen wird, verwendet. Wollfett wird meistens in Mischung mit Mineralöl usw. als Schmiermittel in Anwendung gebracht.

In einzelnen Fällen werden auch fette Öle auf Zähigkeit und Erstarrungspunkt geprüft. Knochen- und Klauenöle, Spermazetiöle und ähnliche für feinere Schmierzwecke, z. B. Chronometerschmierung, benutzte Öle werden in verschiedenen Stufen kalter Abpressung gewonnen und alsdann zwecks Ermittelung ihres Gebrauchswerts auf Erstarrungspunkt geprüft.

Aus Rübölen, Cottonöl u. a. werden durch Einblasen von Luft oder Auflösen von Seifen rizinusölartig dickflüssige Öle (sog. Blown Oils) hergestellt, deren Zähflüssigkeit zu prüfen ist.

Auch der Grad der Entzündlichkeit fetter Öle ist unter Umständen, z. B. bei Feuersicherheitsfragen, zu prüfen.

Mischungen von fetten Ölen und Mineralölen werden in recht großem Maßstabe benutzt (s. auch vorstehend), da in den Mischungen mit Mineralöl die Säurebildung der fetten Öle fast ganz zurückgedrängt wird, die Schlüpfrigkeit der Mineralöle durch den Fettzusatz aber vergrößert wird. Geblasene, sehr dickflüssige Rüböle (etwa 20—30 %) werden hauptsächlich in Mischung mit Mineralmaschinenöl zur Schmierung der unter hohem Druck laufenden kalten Teile der Schiffsmaschinen hoher Pferdekraftzahl verwendet. In kleinen Mengen (2—12 %) sind Zusätze von Klauen- und Knochenfetten sowie Talg und Talgöl zu dickflüssigen Mineralzylinderölen beliebt, da die Verdampfbarkeit geringer, die Schmierwirkung besser wird.

Neben Mineralölen haben sich, wie oben erwähnt, aus Sparsamkeits- und Sauberkeitsrücksichten zum Schmieren von Transmissionen, Kurbelzapfen und anderen Teilen, wo die Wartung der Schmierung zu schwierig ist, sog. Tovotefette oder konsistente Fette, d. h. Aufquellungen von Kalkseifen in Mineralölen bei Gegenwart geringer Mengen Wasser, eingebürgert. Da diese Fette erhöhte innere Reibung besitzen, haben sie bei unzureichender Betriebskraft mehrfach versagt[1]). Sie werden daher nur dort, wo hinreichender Überschuß an Betriebskraft vorhanden ist, wegen der erwähnten Vorzüge benutzt. Bei hochbelasteten Lagern vermindern sie aber besser als Öle die Reibung und sind deshalb zur Schmierung der sog. Walzenstraßen in Eisenwalzwerken usw. unerläßlich. Ihrem Gebrauchszweck entsprechend, müssen sie homogen - schmalzartig sein und nicht zu leicht, d. h. nicht unter 70—80°, schmelzen. Die neuerdings in den Handel gebrachten sogen. Kalypsolfette schmelzen über 120°, manche sogar erst gegen 200° und enthalten neben Mineralöl Natronseifen fester Fettsäuren aus Talg usw. Auch Mischungen von Wollfett, Talg, Alkaliseifen usw. kommen zusammen mit Mineralöl als konsistente Fette in den Handel, ferner Mischungen mit Graphit als Zahnradschmiere, Fahrradkettenschmiere usw. Nicht fett- oder nicht seifenartige Bestandteile dürfen nicht zugegen sein. Beim Stehen oder Gebrauch sollen sie weder Öl noch Seife absondern und auch keine sonstigen Veränderungen infolge von Oxydation oder Verdunstung zeigen. Der Wert des konsistenten Fettes hängt ferner ab 1. von der Qualität der zugesetzten Öle, 2. von dem Mengenverhältnis, in welchem Seife, Öl und Wasser vorhanden sind, 3. von der Abwesenheit von Beschwerungsmitteln (Talk, Baryt, Stärke usw.).

Auch Wagenfette enthalten meistens neben Öl Kalkseife und Wasser, jedoch werden — dem weniger subtilen Verwendungszweck entsprechend — minderwertige Öle, wie Harzöl, Braunkohlenteeröl usw., häufig auch Beschwerungsmittel obengenannter Art zugesetzt. Oft werden auch nur zähe Rückstände der Mineralöldestillation, erforderlichenfalls mit geeigneten anderen Fettstoffen gemischt, als Wagenfette verwendet. Die Prüfung dieser Fette erstreckt sich, ähnlich wie bei den konsistenten Fetten, vornehmlich auf Feststellung des Gehaltes an Öl, Seife, Wasser und Beschwerungsmitteln.

[1]) C. J. H. Woodbury, Measurements of the Friction of Lubricating Oils, New York 1885.

Die Zahl der Schmiermittel ist mit vorstehenden Aufzählungen noch nicht erschöpft. Für die Schmierung von Kompressionsmaschinen zur Erzeugung flüssigen Sauerstoffs wird unter Anwendung von Bronzelagern glyzerinhaltiges Wasser benutzt, welches beständig zwischen die aneinandergleitenden Flächen gepumpt wird. Öle würden in Berührung mit dem komprimierten Sauerstoff sofort, und zwar unter Explosion, verbrennen.

Chlorkompressionsmaschinen werden, da das komprimierte Chlor organische Schmiermittel zerstört, mit konz. Schwefelsäure geschmiert. Schwefligsäure-Eismaschinen und Dampfmaschinen, bei denen die Expansionskraft der verdampfenden flüssigen schwefligen Säure zur besseren Ausnutzung des Abdampfes verwendet wird, schmieren sich durch flüssige schweflige Säure selbst. Für Kohlensäurekompressionsmaschinen hat sich Glyzerinschmierung als zweckdienlich erwiesen.

Für Maschinen zur Erzeugung flüssiger Luft, bei denen sehr tiefe Abkühlung in Frage kommt, werden sogar Benzine usw. benutzt, die sehr tief liegende Erstarrungspunkte besitzen. Endlich mögen hier noch die zur Schmierung der Arbeitsteile von Bohr-, Fräs- und Metallschneidemaschinen benutzten Flüssigkeiten erwähnt werden, obwohl diese allerdings hauptsächlich die sich berührenden Metallflächen nur kühlen sollen und daher nicht als Schmiermittel im gewöhnlichen Sinne aufzufassen sind. Gewöhnliches Wasser kann nicht benutzt werden, weil die damit in Berührung kommenden Maschinenteile rosten; man verwendete früher häufig Seifenwasser, seit etwa 10 Jahren aber mit gutem Erfolg sog. wasserlösliches Vaselinöl, welches in Wasser teils gelöst, teils in feiner Suspension durch bloßes Schütteln emulgiert wird und besser das Rosten der Eisen- und Stahlteile verhütet. Die Prüfung dieser Öle hat sich daher zu erstrecken auf:

1. ihr Vermögen, durch Wasser emulgiert zu werden,
2. ihre Fähigkeit, Eisen vor Rostbildung zu schützen,
3. den Grad der Veränderlichkeit der wässerigen Emulsionen,
4. ihre Zusammensetzung.

Bei ganz subtilen Metallbearbeitungsoperationen, bei denen auch die geringsten Rostbildungen der zu bearbeitenden Stücke vermieden werden müssen, wird nur mit reinem, nicht in Wasser emulgiertem Mineralöl geschmiert.

Endlich sei noch erwähnt, daß seit längerer Zeit auch Graphit, neuerdings in Form von Stiften, welche in die Lager eingelassen werden, zum Schmieren verwendet wird. Zum Schmieren von Fahrradketten werden gleichfalls Graphitstifte empfohlen, welche Graphit mit Zeresin, Knochenöl usw. versetzt enthalten.

Bei der Reibung geschmierter Maschinenteile tritt zu der Flüssigkeitsreibung noch trockene Reibung hinzu, besonders bei kleinen Geschwindigkeiten oder hohem Druck, wenn Zapfen und Lager sich direkt berühren. Im allgemeinen beträgt die trockene Reibung 6 % von der Flüssigkeitsreibung, sie kann aber bei ungeeigneten Betriebsverhältnissen 500 mal größer werden als letztere. Dieser Übelstand läßt sich nun zwar nicht ganz vermeiden, durch Benutzung von Graphit aber wesentlich herabsetzen. Der Graphit besitzt nämlich die Eigenschaft, in die feinsten Poren des Lagermetalls einzudringen und Unebenheiten der Metalloberfläche durch eine weiche Graphitschicht zu ersetzen. Reine Graphitschmierung ist schon aus dem Grunde nicht angängig, weil es schwierig ist, den Graphit an alle zu schmierende Stellen gelangen zu lassen. Eine Mischung von Öl und Graphit würde alle Vorteile der Flüssigkeitsreibung mit der Herabsetzung der trockenen Reibung vereinigen.

Neuerdings wird ein von anorganischen Beimengungen ganz freier, äußerst fein verteilter Graphit, welcher von Acheson bei der Darstellung des Karborundums durch Zusammenschmelzen von reinster Kohle (Anthrazit) und Sand im elektrischen Ofen gewonnen wird, als Schmiermittelzusatz empfohlen. Der Achesongraphit wird durch Behandlung mit Tannin und einer Spur Ammoniak in eine in Wasser leicht fein zu suspendierende Form, der sog. Aquadag[1]), übergeführt; bei dem Verarbeiten von Öl mit Aquadag geht der Graphit aus dem Wasser in das Öl über, wo er gleichfalls äußerst fein verteilt bleibt (Oildag). Versetzt man ein Schmieröl z. B. mit ½ % Oildag, so ist die Verteilung des Graphits eine derartig feine, daß die Mischung Schmierdochte ohne Trennung in die Einzelbestandteile passieren soll. Aquadag wird in wässeriger Emulsion als Kühlmittel für Fräs- und sonstige Metallbearbeitungsmaschinen an Stelle von Seifenlösungen und

---

[1]) Die Silbe „dag“ ist aus den Anfangsbuchstaben der Worte deflocculated Acheson graphit“ gebildet.

wasserlöslichen Ölen verwendet; Oildag dient als Zusatz zu Schmierölen jeder Art. Bei einem Lagerdruck von 8,7 kg pro qcm und 500 Umdrehungen in der Minute fand C. H. Benjamin bei Zumischung von ½% Graphit zum Öl den Reibungswiderstand nur zu 60%, nach einer Stunde sogar nur noch zu 50% von dem des reinen Öls. Auch in den Zylindern der Dampfmaschinen soll sich Oildag gut bewährt haben. Die Vorteile der kombinierten Öl-Graphitschmierung sind geringere Ölzufuhr, Schonung des Lager- und Zapfenmaterials; außerdem ist der Sicherheitskoeffizient im Betriebe ein wesentlich größerer. So wird graphithaltiges Öl seit langer Zeit vielfach bei Heißläufen zur schnellen Herabsetzung der Lagertemperatur und zur Abwendung stärkerer Betriebsstörung verwendet (s. a. Petroleum, 1913, **8**, 678—684).

III. Die mechanischen Schmiervorrichtungen der Maschinen.

(Literatur: M. Rudeloff, Ver. d. Ing. **33**, 1047, L. Singer, Über die Schmierung von Maschinenteilen, Petroleum, 1912, **7**, 1307).

Die verschiedenartige Konstruktion der Maschinen bringt eine gewisse Mannigfaltigkeit der Schmiervorrichtungen mit sich; die Schmiermittel sollen den Gleitflächen sparsam, selbsttätig und staubfrei zugeführt werden.

Bei den Schmiervorrichtungen muß man grundsätzlich unterscheiden zwischen 1. solchen, die dauernd dem Lager Öl zuführen, 2. die nur bei Bewegung der Achse wirken, und 3. die erst mittels besonderen Pumpens usw. Öl zuführen. Zur ersten Gruppe gehören die vielen Docht-, Tropf- und Nadelöler, die oberhalb des Zapfens auf dem Lager sich befinden; auch bei diesen ist jedoch die Ölzufuhr bei Bewegung des Zapfens infolge der dadurch entstehenden saugenden Wirkung größer. Zur zweiten Gruppe gehören die Kissen-, Spiral- und Ringschmierlager, bei denen das Ölreservoir unter dem Zapfen ruht. Die dritte Art findet man bei Dampfzylinderschmierung sowie bei Turbinen, aber auch neuerdings bei Werkzeugmaschinen. Bezüglich der Konstruktionseinzelheiten sei auf die Lehr- und Handbücher der Maschinenkunde verwiesen.

Physikalische Prüfungen.

IV. Äußere Erscheinungen.

Farbe, Grad der Durchsichtigkeit, Geruch und Konsistenz geben dem geübten Beobachter bereits wertvollen Anhalt für die Beurteilung, Klassifizierung des Materials und den Gang der Untersuchung; sie werden in der Regel im Reagenzglase von 15 mm Weite beobachtet. Der Geruch gibt sich beim Verreiben auf der Handfläche meistens noch schärfer zu erkennen: er dient häufig zur Erkennung von fetten Ölen, Steinkohlenteer, Harzöl und Parfümierungsstoffen.

a) **Farbe.** Bei sehr hellen Ölen ist die Farbe in 10 cm dicker Schicht anzugeben, in welcher die Beobachtung natürlich schärfer ist als im Reagenzglas. Genaue Messungen der Farbe, wie sie allerdings nur selten bei Maschinenölen verlangt werden, sind im Kolorimeter von Stammer auszuführen (s. S. 66). Nach Beschlüssen der J. P. K. 1912 wird die Färbung in der Regel durch den bloßen Augenschein im Reagenzglas (15 mm Weite), in besonderen Fällen in parallelopipedischen 10 cm hohen, 10 cm breiten und 15 mm lichte Weite messenden Gefäßen aus reinem weißen Glas von 5 mm Wandstärke, und zwar im durchfallenden und auffallenden Lichte festgestellt. Die Färbung ist ohne Einfluß auf den Schmierwert und wird in der Regel nur als Identitätsprobe betrachtet.

Die Farbe variiert je nach dem Reinigungsgrad von wasserhell (Paraffinum liquidum) über gelb, rötlichgelb usw. bis blutrot im durchfallenden Licht. Die nicht mit Entscheinungsmitteln (Nitronaphthalin, Anilinfarbstoffen) behandelten hellen Öle fluoreszieren sämtlich, amerikanische Öle mit stark grasgrünem, russische mit bläulichem Schimmer, der besonders gut an einem Tropfen auf schwarzem Glanzpapier zu beobachten ist.

Öle, welche erhebliche Mengen Destillationsrückstände enthalten und nicht über Fullerde filtriert wurden, sind undurchsichtig und braun- bis grünschwarz im auffallenden Lichte. Hierher gehören die Eisenbahnwagen- und Lokomotivöle, Bergwerks- und sonstige Kleinbahnöle. Wohl sämtliche Maschinenöle sind destilliert, also im Reagenzglas durchsichtig.

Unter den Dampfzylinderölen finden sich im Reagenzglas rötlich durchscheinende Destillate oder durch Filtrieren über Fuller- bzw. Floridaerde (Aluminiummagnesiumhydrosilikat) in gleichem Grade aufgehellte Rückstände oder endlich unfiltrierte, undurchsichtige grün- oder braunschwarze Rückstände. Feste, leicht schmelzbare Teilchen, welche sich in dünner Schicht bei Zylinderölen zeigen, rühren entweder von Paraffin, Pechteilchen oder von Erdwachs her. Letzteres wird zur künstlichen Verdickung vereinzelt russischen Zylinderölen beigefügt.

Feine Trübungen in hellen Ölen rühren oft von Wasser her; dann sind sie durch längeres Erhitzen im Wasserbade zum Verschwinden zu bringen. Rührt die Trübung von Paraffinteilchen her, so verschwindet sie beim Erhitzen des Öles auf 40—50° und kehrt nach dem Erkalten wieder.

b) Konsistenz. Zur Beurteilung der Konsistenz nach der äußeren Erscheinung (zahlenmäßige Bestimmung S. 135 ff.) sind folgende Unterschiede nach dem Augenschein festzusetzen:

dünnflüssig oder petroleumartig,
wenig zähflüssig oder spindelölartig,
mäßig zähflüssig, entsprechend leichten Maschinenölen,
zähflüssig, entsprechend schweren Maschinenölen,
dickflüssig, entsprechend flüssigen Zylinderölen,
salbenartig (dünn- oder dicksalbenartig),
schmalzartig,
butterartig,
talgartig.

Bei Dampfzylinderölen bewirken Bewegungen und Temperaturschwankungen im Öl vor der Prüfung öfter bedeutende Schwankungen ihrer Konsistenz; das eine Mal erscheinen sie nicht fließend, das andere Mal fließend. Um nun eine tunlichst einheitliche Beurteilung der Konsistenz zu erzielen, werden die Öle vor der Prüfung im 15 mm weiten Reagenzglas 3 cm hoch aufgefüllt, 10 Minuten im kochenden Wasserbad erwärmt und dann noch 1 Stunde unter Vermeidung von Bewegung im Wasserbad von 20° belassen. Die Prüfung der Konsistenz geschieht durch Neigen des Probeglases.

Kautschukhaltige Öle verraten sich häufig durch eine eigenartige Konsistenz; sie zeigen nämlich beim Ablaufen vom Glasstab oder beim Proben zwischen den Fingern fadenziehende Beschaffenheit. (Prüfung siehe S. 219.) Zu bemerken aber ist, daß auch Zusätze von Seifen die gleiche Erscheinung hervorrufen können. Nur wenn diese nach dem Zersetzen der etwa vorhandenen

Seifen in ätherischer Lösung des Öles mit Salzsäure bestehen bleibt, ist die Gegenwart von Kautschuk anzunehmen.

c) **Geruch.** Ein leimartiger Geruch bei Mineralzylinderölen weist in der Regel auf Gegenwart von Knochen- oder Klauenfett hin, welche bei der Auskochung von Knochen und Klauen leimartig riechende Teile aufnehmen. Sehr charakteristisch ist auch der Geruch des rohen Rüböls oder des Senföls, ferner des Harzöls und Steinkohlenteeröls. Der charakteristische Geruch mancher Öle kann durch gehörige Behandlung mit geeigneten Agenzien oder Zusatz von Nitrobenzol in vielen Fällen derartig verringert werden, daß er selbst bei größeren Zusätzen nicht mehr erkennbar ist.

d) **Mechanische Verunreinigungen,** wie Strohteilchen, Spundfasern usw., welche man bei hellen Ölen schon in der Probeflasche oder beim Umgießen erkennt, lassen sich in dunklen Ölen beim Durchgießen durch ein Sieb von $1/3$ mm Maschenweite, durch das man wenigstens 250 ccm Öl gießen sollte, erkennen. Zur genauen Bestimmung der mechanischen Verunreinigungen wird das in Benzol gelöste Öl abfiltriert und der Filtrierrückstand ermittelt (siehe S. 27).

V. Spezifisches Gewicht.

Das spez. Gewicht dient bei Mineralölen hauptsächlich als Kennzeichen für die Klassifizierung von Ölen bekannter Herkunft, sowie als Identitäts- und Vergleichsprobe.

Die Begrenzung des spez. Gewichts in Rücksicht auf den Gebrauchszweck ist nicht erforderlich. Nur wenn Öle bestimmter Herkunft verlangt werden, sind zur Begrenzung der Eigenschaften bestimmte, nicht zu eng zu wählende Gewichtsgrenzen festzusetzen (Verbands-Beschlüsse).

a) **Normal-Öläräometer.** Das spez. Gewicht flüssiger Fette, Wachse und Mineralöle wird bei Vorhandensein genügender Ölmengen mit den amtlich geeichten Normalaräometern für schwere Mineralöle (Normaltemperatur $+ 15^0$, bezogen auf Wasser von $+ 4^0 = 1$) bestimmt[1]).

[1]) Für die Ermittelungen der Dichte von amerikanischem Petroleum und dessen Produkten mit Hilfe des Thermoaräometers sind die erforderlichen Tafeln von der Normaleichungskommission ausgearbeitet. (Verlag von Julius Springer.)

Man füllt das Öl, nachdem es längere Zeit im Versuchsraum gestanden hat, in 5—6 cm weite, wenigstens 50 cm hohe Glaszylinder, welche auf einem mit 3 Stellschrauben versehenen Brett stehen, und läßt die Aräometer langsam in das Öl hinabgleiten. Die Ablesung erfolgt etwa ¼ Stunde nach Eintauchen der Spindel, so daß diese sicher die Temperatur des Öles angenommen hat. Man liest die Öltemperatur genau am Thermometer der Spindel und in der Höhe des ebenen Spiegels (*a*, Fig. 33) der Flüssigkeit das für die Versuchstemperatur gültige spez. Gewicht des Öles ab. Bei dunklen Ölen liest man das Gewicht am oberen Wulstrande des Öles *b* ab und addiert 0,0015 oder 0,0010 zu dem gefundenen Gewicht, je nachdem die Papierskala der Spindel kleiner oder größer als 16 cm ist. Die Spindel muß bei den Ablesungen frei im Öle schweben.

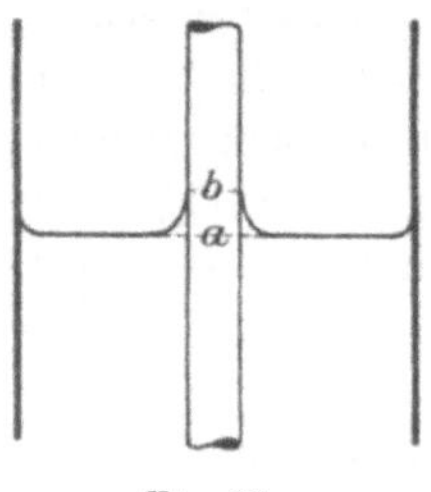

Fig. 33.

Die so festgestellten Ablesungen werden dann auf + 15° (für Eisenbahnöle beträgt die Normaltemperatur zurzeit + 20°) umgerechnet, indem man für je 1° Differenz der Versuchstemperatur gegenüber der Normaltemperatur ± 0,00068 Korrektur addiert, je nachdem die Versuchstemperatur oberhalb oder unterhalb der Normaltemperatur liegt.

Beispiel.

Abgelesenes Gewicht	0,9010	bei 17,5°
Korrektur für Niveauablesung	+ 0,0010	
2,5 × 0,00068 Korrektur f. Temperatur	+ 0,0017	
Spez. Gew. bei Normaltemp. von 15° . . .	0,9037	

Nach **Mendelejeff** sind folgende Korrekturen für die spez. Gew. bei hochsiedenden russischen Petroleumdestillaten verschiedener Siedegrenzen anzubringen:

Für spez. Gewicht	Korr. für 1° Temperaturunterschied
von 0,860—0,865	0,000700
„ 0,865—0,870	0,000692
„ 0,870—0,875	0,000685
„ 0,875—8,880	0,000677
„ 0,880—0,885	0,000670
„ 0,885—0,890	0,000660
„ 0,890—0,895	0,000650
„ 0,895—0,900	0,000640
„ 0,900—0,905	0,000630
„ 0,905—0,910	0,000620
„ 0,910—0,920	0,000600

b) **Kleine Aräometer.** Stehen nur kleine Ölmengen zur Verfügung, und genügt eine Genauigkeit bis zur 3. Dezimale, so kann man die kleinen, etwa 16 cm langen Normalaräometer und 3 bis 3,5 cm weite Zylinder benutzen, welche in ganzen Sätzen (spez. Gew. 0,640—0,940) von den „Vereinigten Berliner Fabriken für Laboratoriumsbedarf" bezogen werden können. Diese Aräometer sind nicht mit Thermometern versehen, so daß die Öltemperatur an einem besonderen Thermometer gemessen werden muß.

c) **Pyknometer.** Bei kleinen Ölmengen, bei dickflüssigen Zylinderölen, in welchen das Aräometer zu langsam niedersinkt, und für genauere Bestimmungen, bei denen die festgestellten spez. Gewichte selbst in der vierten Dezimale nur mit geringen Fehlern (0,0001—0,0004) behaftet sein sollen, benutzt man Pyknometer von Dr. Göckel, Berlin (Fig. 34), von genau 10 ccm Fassungsraum bei 15°, die, sofern sie sich bei der Nachprüfung als genau gearbeitet zeigen, jede Rechnung ersparen, da das spez. Gewicht durch Division des absoluten Gewichts der Ölfüllung durch 10 sich ohne weiteres ergibt.

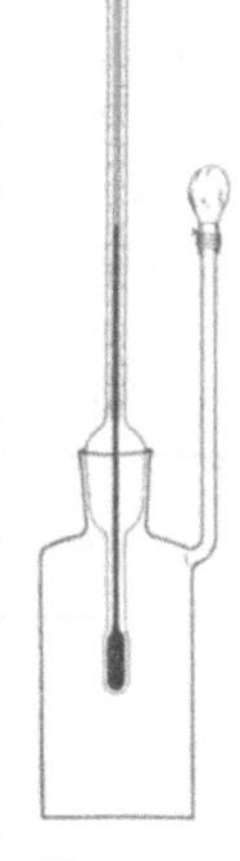
Fig. 34.

Man bestimmt zunächst das Leergewicht des Pyknometers, wobei das Gewicht der im Pyknometer befindlichen Luft in Rechnung zu stellen ist (12 mg von dem auf der Wage festgestellten Gewicht zu subtrahieren), und das Gewicht des mit ausgekochtem, destilliertem Wasser von Zimmertemperatur gefüllten Pyknometers. Mit Hilfe der physikalisch-chemischen Tabellen von Landolt-Börnstein (s. a. S. 586) rechnet man das Gewicht des Wassers auf Wasser von 4° um und erhält so den Wasserwert bzw. das Volumen des Pyknometers. Zur Bestimmung des spez. Gewichts eines Öles füllt man das gereinigte und getrocknete Pyknometer mit Öl und läßt das Öl in einem kleinen Wasserbad (mit Filz umwickelte Emailleschale, mit Wasser von Zimmerwärme gefüllt) Zimmertemperatur annehmen; nach etwa ½—1 Stunde setzt man das Thermometer so tief ein, bis es sich nicht weiter drehen läßt.

Nach Ausgleichung der Temperatur, wobei man durch Auftropfen von Öl auf das Steigrohr dafür sorgt, daß dies stets völlig mit Öl gefüllt ist, nimmt man das Gefäß schnell, indem man es am Halse, nicht am Bauch anfäßt, aus dem Bade heraus, entfernt den Überschuß Öl von der Kapillare, setzt die Glaskappe auf, trocknet mit einem leinenen Lappen ab, epritzt das Pyknometer noch mit Benzol ab, trocknet, wägt und rechnet das spez. Gewicht auf 15°, bei Prüfungen nach den Lieferungsbedingungen der preußischen Staatseisenbahnen auf 20° nach dem Beispiel von S. 126 um.

Dickflüssige bis salbenartige Zylinderöle, welche erst gegen 25° bequem fließen, erwärmt man vor dem Eingießen in das Pyknometer in einem kleinen Becherglase und hält sie in der beschriebenen Weise im Wasserbad von etwa 22—25° auf konstanter Temperatur. Über die Bestimmung des spezifischen Gewichts salbenartiger Stoffe mit Hilfe des Gintlschen Pyknometers siehe S. 403.

Zeigen sich beim Einfüllen Luftblasen, so läßt man diese sich an der Oberfläche sammeln und entfernt sie durch Annäherung eines erwärmten Glasstabes. Steigen in dickflüssigen Ölen die Luftblasen nicht freiwillig oder nur sehr langsam an die Oberfläche, so stellt man das Gefäß ½ Stunde lang in einen Trockenkasten von 50° und kühlt es nach Entfernung der an die Oberfläche gestiegenen Blasen, unter Nachfüllung von etwas Öl, auf die gewünschte Temperatur ab.

Tabelle 25.

Spezifische Gewichte verschiedener Öle bei 15°.

	Petroleum	Spindelöle, Paraffinöle usw.	Maschinenöle	Zylinderöle
Russische Mineralöle	0,800—0,830	0,850—0,900	0,900—0,915	0,909—0,932 (selten bis 0,95)
Amerik. Mineralöle	0,780—0,800	0,840—0,907	0,875—0,914 Texasöle bis 0,940	0,883—0,895
	Schweres Harzöl	Steinkohlenteeröl	Braunkohlenteeröl	Nicht trocknende pflanzliche Öle
	0,973—0,982 (harzreiches Öl bis 1,0)	1,090—1,100	0,893—0,974	0,913—0,925
	Halbtrocknende pflanzliche Öle	Trocknende pflanzliche Öle	Klauenfette, Knochenöle	Flüssige Wachse, z. B. Spermazetiöl
	0,921—0,936	0,923—0,943	0,913—0,917	0,876—0,884
	Lebertrane	Walfischtran	Meerschweintran	Robbentran
	0,922—0,931	0,919—0,930	0,926—0,938	0,915—0,930

Bei sehr kleinen Mengen Öl, welche selbst zur Füllung kleiner Pyknometer nicht ausreichen, kann man das Pyknometer doch noch benutzen, wenn man es nur bis kurz unter den Steigrohransatz mit Wasser füllt, wägt, hierauf mit Öl auffüllt und das Thermometer dann so einsetzt, daß kein Wasser in den Hals oder das Steigrohr eindringt. Nach Säuberung des Pyknometers wird der Inhalt wieder gewogen. Selbstredend müssen Wasser und Öl, letzteres vor Einfüllung in das Pyknometer, auf konstanter Temperatur gehalten sein.

Zieht man die im Pyknometer enthaltene Menge Wasser w_1 vom „Wasserwert" des Pyknometers ab, so erfährt man diejenige Wassermenge w_2, welche von der kleinen Ölmenge O verdrängt wird. Es ist alsdann O/w_2 das spez. Gewicht des Öles bei der Versuchstemperatur. Die Umrechnung auf $+ 15^0$ geschieht in der oben beschriebenen Weise. Ähnlich verfährt man bei der Bestimmung des spezifischen Gewichts von Pechen oder Asphalten im Pyknometer (s. S. 280). Über die Bestimmung des spez. Gewichts leicht erstarrender und sich hierbei zusammenziehender Körper, wie Paraffin, siehe ebenda.

Bei Steinkohlenteeröl, Erdölpech usw., welche schwerer als Wasser sind, verfährt man, wie folgt: Man gießt eine kleine Menge der nötigenfalls geschmolzenen Substanz auf den Boden des Gefäßes, wägt alsdann, füllt das Gefäß mit Wasser ganz voll und wägt wiederum nach dem Abtrocknen des gefüllten Gefäßes.

d) Die Alkoholschwimmethode. Stehen nur äußerst geringe Mengen eines in Alkohol unlöslichen Öls zur Verfügung, oder liegen bei Zimmerwärme feste Fette wie Talg, Walrat usw. zur Prüfung vor, so kann man auch die sog. Alkoholschwimmethode anwenden.

Man probiert durch vorsichtiges Eintropfenlassen des Öles bzw. geschmolzenen Fettes in einige Alkohole von verschiedenen spez. Gewichten aus, zwischen welchen Zahlenwerten das gesuchte spez. Gewicht liegt. Hierauf gießt man zu dem Alkohol, dessen spez. Gewicht dem des Fettes am nächsten liegt, unter Umrühren mit dem Thermometer so lange sehr verdünnten bzw. absoluten Alkohol, bis ein Tropfen des Fettes weder an die Oberfläche steigt noch zu Boden fällt. Das spez. Gewicht dieses Alkohols, mittels Pyknometer oder Mohrscher Wage ermittelt, ist gleich dem spez. Gewicht des Fettes bei der Versuchstemperatur. Luftbläschen im Fett und im Alkohol sind zu vermeiden.

e) Bestimmung bei hoher Temperatur. Hat man bei vaselinartigen oder noch festeren Schmiermitteln das spez. Gewicht bei hoher Temperatur, z. B. bei 100^0, zu bestimmen, so benutzt man entweder das Sprengelsche Pyknometer (Fig. 35) oder die Westphalsche Wage mit einem entsprechend hergerichteten Senkkörper, der also mit bis 105^0 zeigendem Thermometer versehen ist (Fig. 36).

1. Das Sprengelsche Pyknometer (Fig. 35) wird bis zur Marke *m* mit Wasser von Zimmerwärme gefüllt und nach Verschluß mit 2 eingeschliffenen Glaskappen gewogen; aus dem Gewichte des Wassers wird dasjenige des Wassers von 4° berechnet. Hierauf wird das getrocknete Pyknometer durch Einsaugen von Öl in *b* mit dem geschmolzenen Fett gefüllt und so lange im Wasserbad von konstanter Temperatur erhitzt, bis das Fett sich nicht weiter ausdehnt. Dann tupft man bei *a* so viel Fett ab, bis es in *b* genau bei

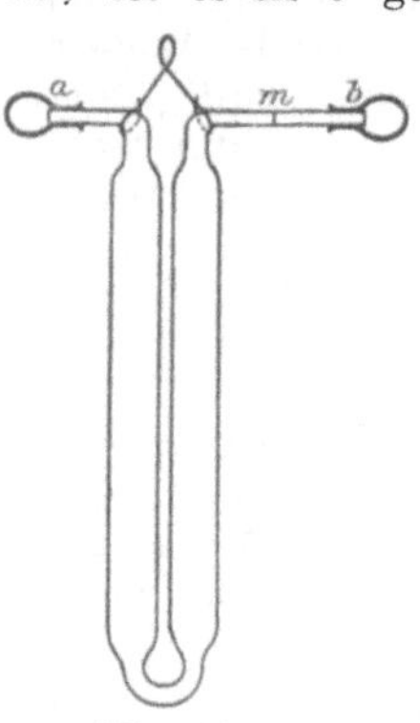

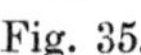
Fig. 35.

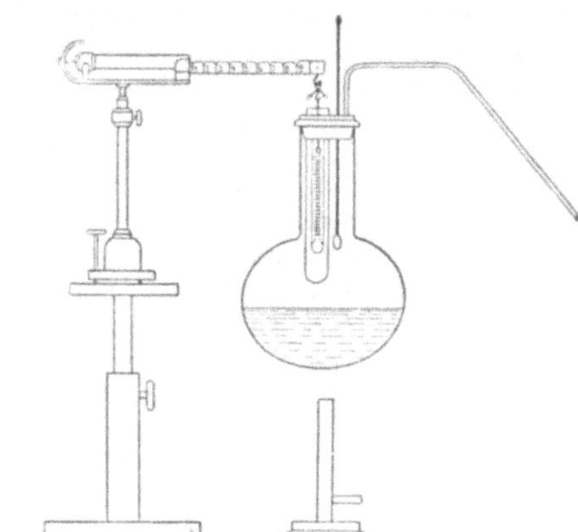
Fig. 36.

Marke *m* steht, setzt die Glaskappen auf, läßt das Rohr erkalten und wägt es nach der Reinigung der äußeren Wandung.

2. Man bestimmt das spez. Gewicht des durch ein kochendes Wasserbad in einem 2 cm weiten Reagenzglas auf 98—100° erhitzten Fettes mittels Westphal-Mohrscher Wage (Fig. 36). Wenn der Zeiger bei konstanter Temperatur des Fettes nach beiden Seiten gleich ausschlägt, wird das spez. Gewicht an den Ausgleichsgewichten abgelesen. Der Gebrauch der Mohrschen Wage muß als bekannt vorausgesetzt werden.

VI. Ausdehnungskoeffizient.

(Literatur: Holde, Mitteilungen 1893 **11**, 45, und Singer, Chem. Rev. 1896, **3**, 289.)

Diese Konstante dient zur Umrechnung der spez. Gewichte auf verschiedene Wärmegrade, zur Berechnung der Expansionsräume bei Transporten von Ölen usw. Der Ausdehnungskoeffizient α gibt denjenigen Teil des Einheitsvolumens (1 ccm) an, um den sich 1 ccm des Öles beim Erwärmen um 1° ausdehnt.

a) Die Bestimmung erfolgt entweder durch Berechnung aus den bei verschiedenen Temperaturen im Pyknometer ermittelten spez. Gewichten, wenn es sich um Temperaturen bis 30° handelt, oder durch direkte Ablesung der Ausdehnung in Dilatometern. Im ersteren Fall berechnet sich, wenn z. B. die spez. Gewichte bei t und t_1 zu a und b gefunden wurden, der Ausdehnungskoeffizient wie folgt:

$$\alpha = \frac{a - b}{b\,(t_1 - t)}.$$

Für die Bestimmung der Ausdehnungskoeffizienten bei Temperaturen, die über 30° hinausreichen, hat sich die nachfolgende Apparatenanordnung von Holde (Fig. 37—40), welche die gleichzeitige Prüfung von 8—10 Ölen und bequemes Konstanthalten der Temperatur in beliebiger Höhe gestattet, bewährt.

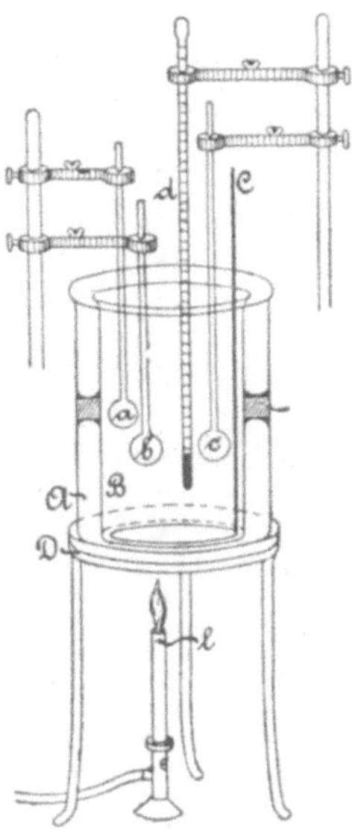

Fig. 38.

Die etwa 30 ccm fassenden Dilatometer (Fig. 37) haben Kugelform und graduierten, etwa 2 mm im Lichten weiten Hals von 850 cbmm Inhalt. Das Anfangsvolumen des Öles bei Zimmerwärme wird in einem großen Wasserbad (2 ineinandergesetzte große Bechergläser, Fig. 38) gemessen. Dann werden die Dilatometer durch ein Dampfwasserbad *B* (Fig. 39) auf konstanter Temperatur gehalten. Das Wasserbad *B* wird durch das mittels Bunsenbrenner zu erhitzende Dampfbad *A* erwärmt. Je nach der gewünschten Temperatur wird letzteres mit Äthyläther (Kp. 35°), Bromäthyl (Kp. 38°), Chloroform (Kp. 61°), Schwefelkohlenstoff, Alkohol usw. beschickt. Zur Verdichtung der Dämpfe dient der Kühler *e*. In dem Wasserbad können gleichzeitig 10 an Gummiringen pendelnde Dilatometer nebst einem $^1/_{10}$ Grade anzeigenden Normalthermometer Platz haben. Die Öle werden in die Dilatometer gemäß Fig. 40 mittels kupfernen oder Messingkapillarrohrs aufgesaugt. Die Dilatometer werden bei gleicher Anordnung durch Einblasen von Luft entleert.

Fig. 37.

Die nach Herausnahme der Kapillare aus dem Dilatometer häufig unten am Röhrenhals im Öl haftende Luftblase läßt sich durch wiederholtes kurzes Saugen mittels der Kapillare entfernen. Die Glaswandung wird von anhaftendem Öl mittels eines unten gewindeartig zugeschnittenen und mit kleinem Wattepfropf versehenen Drahts gereinigt. Die benutzten Dilatometer werden später mit Äthyläther, unter Anwendung eines Kapillartrichters, gereinigt; die Ätherreste werden ausgeblasen.

Vor der Benutzung müssen die Röhren durch Auswägen mit Quecksilber oder Wasser bzw. Verschieben eines in die Röhre gebrachten gewogenen Quecksilberfadens genau kalibriert werden.

Das Quecksilber kann durch Einschieben eines dünnen Glasfadens in ein Bechergläschen gespült werden, welches vorher mit dem Glasfaden gewogen wurde. Aus den erhaltenen Gewichten werden die Volumina des Quecksilbers bzw. der Röhrenabschnitte berechnet. (Fertig geeichte Dilatometer werden von Dr. Göckel, Berlin, Luisenstraße 21, geliefert.)

Für alle Röhren müssen Korrekturtabellen angefertigt werden. Der Kugelinhalt bis zur 0-Marke wird durch Auswägung mit Wasser oder Öl bestimmt; diese Wägungen werden auf den luftleeren Raum bezogen; nur die Wägungen der

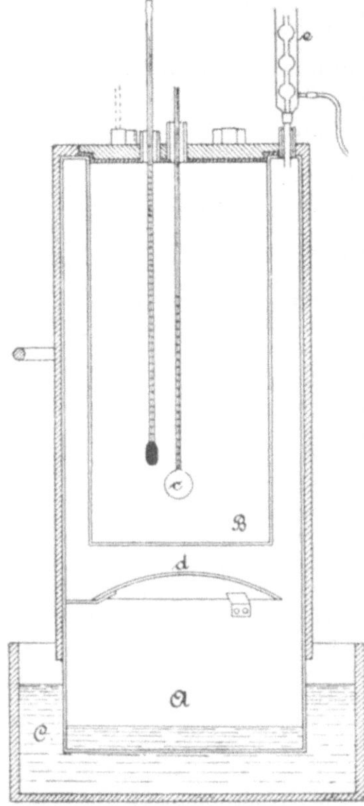

Fig. 39.

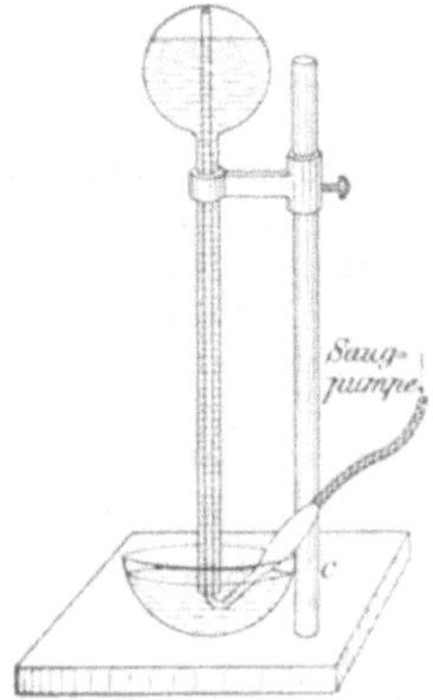

Fig. 4 .

Quecksilberfäden in der Röhre brauchen nicht auf den leeren Raum bezogen zu werden, da die hierdurch bedingten Fehler zu geringfügig sind.

b) Zur Berechnung von α dient die Formel

$$\alpha = \frac{V_1 - V}{(t_1 - t)\,V} + c.$$

Additional material from Untersuchung der Kohlenwasserstofföle und Fette
SBN 978-3-662-22870-8 (978-3-662-22870-8_OSFO2.pdf),
s available at http://extras.springer.com

V ist das Anfangsvol. des Öles bei der Temperatur t, V_1 das Vol. bei der höheren Temperatur t_1, und c der Ausdehnungskoeffizient des Glases (0,000025), der durch Bestimmung der scheinbaren Ausdehnung von Quecksilber in den Gefäßen vor den Versuchen ermittelt werden kann.

c) **Die Werte für** α betragen bei schweren, zähflüssigen Mineralmaschinen- und Wagenölen (spez. Gew. mindestens 0,908) zwischen + 20 und + 78°: 0,00070—0,00072. Bei den Ölen, die unter 20° feste Vaselin- oder Pechteilchen suspendiert enthalten, ist zwischen 12 und 20° infolge Schmelzung der festen Teile α höher als bei den anderen ganz homogenflüssigen Ölen, nämlich 0,00075—0,00081.

Bei leichtflüssigen, zum Schmieren leichtgehender Teile, z. B. von Spindeln, kleinen Dynamos usw., benutzten Ölen (spez. Gew. $<$ 0,905 bei 15°) ist α höher als bei schweren Maschinenölen, nämlich 0,00072—0,00076 zwischen 20 und 78°.

Bei homogenflüssigen Mineralölen steigt α mit steigender Temperatur langsam, entsprechend dem Verhalten sonstiger homogener Flüssigkeiten.

Bei Ölen, welche leicht schmelzbare Vaselin- oder Pechteile suspendiert enthalten, sinkt α zunächst mit steigender Temperatur bis zur vollständigen Verflüssigung aller schmelzbaren Teile, um dann mit steigender Temperatur wieder zu wachsen.

Das Paraffin erleidet beim Schmelzen größere Ausdehnung als die flüssigen Ölteilchen, daher sind die spez. Gewichte und die Flüssigkeitsgrade der völlig flüssigen Auflösungen von Paraffin in anderen Ölen niedriger als die entsprechenden Werte der ursprünglichen Öle. Auflösungen von 1—1½ % Paraffin in paraffinarmen russischen Ölen verringern den Flüssigkeitsgrad um 10—15 %, das spez. Gew. um 0,001—0,003.

α ist bei Mineralölen verschiedener Herkunft, aber gleicher Zähigkeit erheblich verschieden, was den Unterschieden der chemischen Zusammensetzung entspricht; ferner läßt die erwähnte Änderung von α beim Erhitzen der Öle leicht schmelzbare Paraffin- oder Pechteilchen erkennen.

Die Ausdehnungskoeffizienten einer größeren Zahl typischer Wagen- und Maschinenmineralschmieröle sind in der beigegebenen Fig. 41 in Schaulinien aufgetragen, welche die Veränderungen der Ausdehnung bei verschiedenen Temperaturen zeigen.

Tabelle 26.

	Lfd. Nr.	Farbe, Durchsicht	Spez. Gew. bei 15°	fe bei °C		ep im Reagenzglas		fp Pensky-Martens °C	$\alpha \cdot 10^6$ zwischen °C		
			× 10 000	100	180	°C	Konsistenz		20—35	35—61	61—78
Amerikanische Dampfzylinderöle	1	dunkelgrün, undurchsichtig	8946	2,97	1,32	+ 25	dicksalbig	232	869	755	730
	2	grünschwarz, undurchsichtig	9078	3,90	1,40	—	—	270	896	734	709
	3	dunkelgrün, undurchsichtig	9028	3,91	1,36	0	dicksalbig	267	829	788	710
	4	desgl.	9030	3,91	—	0	dünnsalbig	270	846	712	696
	5	grünschwarz, undurchsichtig	9029	4,27	1,40	—	—	269	806	700	710
	6	braunschwarz, undurchsichtig	9166	6,00	1,51	—	—	278	781	702	683
	7	schwarz, undurchsichtig	9165	6,40	1,53	—	—	293	670	711	694

Tabelle 27.

	Lfd. Nr.	Farbe, Durchsicht	Spez. Gew. bei 15°	fe bei °C		fp Pensky-Martens °C	$\alpha \cdot 10^6$ zwischen °C		
			× 10 000	20	50		20—35	35—61	61—78
Amerikanische Maschinenöle	1	grünlichgelb, klar	8994	9,5	2,70	201	726	732	740
	2	grün, braunrot, klar	8932	19,2	4,35	197	741	733	736
	3	grün, braunrot, durchscheinend	8834	25,1	5,50	186	726	738	757

In Tab. 26 und 27 sind die Ausdehnungskoeffizienten amerikanischer Zylinder- und Maschinenöle im Vergleich zu sonstigen Eigenschaften dargestellt.

Bemerkenswert ist der stete Abfall der Ausdehnungskoeffizienten der Zylinderöle beim Erhitzen von 20° auf 80°, während bei allen homogenflüssigen Maschinenölen Ansteigen von α beim Erhitzen stattfindet.

In den Zylinderölen finden sich also vaselin- und erdwachsartige Teilchen, welche mit fortschreitender Erhitzung geschmolzen werden und sich hierbei stark ausdehnen.

d) Die Korrektur für die Umrechnung der spez. Gewichts von einer gegebenen Temperatur auf eine höhere oder niedere Temperatur beträgt im allgemeinen $\alpha \times$ spezifisches Gewicht, bei flüssigen Mineralschmierölen für je 1° 0,00063—0,00072 oder etwa 0,00068 im Mittel.

Bei Bestimmung des spez. Gewichts im Pyknometer bei höheren Wärmegraden über 30° ist auch noch die Ausdehnung des Pyknometergefäßes zu berücksichtigen.

Die Korrektur für die spez. Gewichte der vaselinartigen oder sehr schwer flüssigen Zylinderöle, bei denen α zwischen 0,000777 und 0,000876 gefunden wurde (Mitteil. 1895, Ergänzungsheft V, 23), ist im Mittel zu 0,00075 anzunehmen. Vereinzelt wurden auch niedrigere Werte gefunden.

Für rumänische Erdölresiduen ist nach Singer $\alpha = 0{,}00073$ bis 0,00079.

VII. Zähflüssigkeit.

Die Zähflüssigkeit der Öle wird jetzt fast allgemein bei technischen Behörden und in den Mineralölfabriken des Festlandes mit dem Englerschen Apparat bestimmt, dessen Vorzug in Einfachheit und übersichtlicher Anordnung besteht (Fig. 42—46, S. 138—145).

Wie die ersten Viskosimeter von Vogel, Colemann, Fischer u. a., so gestattet auch der Englersche Apparat nicht unmittelbar eine exakte Ermittelung der inneren Reibung von Flüssigkeiten, sondern nur eine Ordnung der Öle nach ihrer Zähflüssigkeit durch Vergleich ihrer Ausflußzeiten aus einem engen Röhrchen unter bestimmten Fließbedingungen bei gleicher Anfangsdruckhöhe und gleicher Temperatur mit der Ausflußzeit von Wasser bei + 20° C.

a) Beschreibung des Englerschen Viskosimeters. Zurzeit sind zwar 3 Formen des Englerschen Apparates (Fig. 43, 44 u. 45) im Gebrauch, jedoch unterscheiden sich diese hauptsächlich nur durch die den jeweiligen Zwecken angepaßten Heizeinrichtungen. In den wesentlichen, durch die Eichvorschriften genau festgesetzten Teilen des Ausflußgefäßes und des Ausflußröhrchens dürfen Unterschiede in Form und Abmessungen nicht vorhanden sein[1]), da von diesen, insbesondere auch von der Innehaltung der richtigen Auffüllhöhe, das Ergebnis sehr abhängig ist.

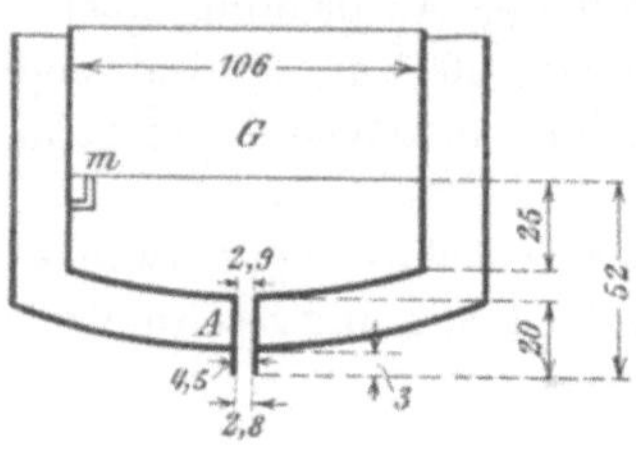

Fig. 42.

1. Abmessungen und deren Fehlergrenzen nach den amtlichen Eichvorschriften (siehe Fig. 42).

a) Für das innen vergoldete Gefäß *G*:

			Fehlergrenzen
Weite (innerer Durchmesser)	106	mm	± 1,0 mm
Höhe des zylindrischen Teils unterhalb der Markenspitzen *m*	25	,,	± 1,0 ,,
Höhe der Markenspitzen über der unteren Röhrchenmündung	52	,,	± 0,5 ,,

b) Für das aus Platin bestehende Ausflußröhrchen *A*:

Länge	20	,,	± 0,1 ,,
Weite (innerer Durchmesser) oben	2,9	,,	± 0,02 ,,
,, ,, ,, unten	2,8	,,	± 0,02 ,,
Der aus dem äußeren Gefäß unten hervorragende Teil des Röhrchens:			
Höhe	3,0	,,	± 0,3 ,,
Breite	4,5	,,	± 0,2 ,,

Das Ausflußröhrchen kann entweder ganz aus Platin hergestellt oder bloß mit einer genügend starken Platineinlage versehen sein. Die Innenwand des Röhrchens muß glatt und darf nicht wellig sein.

---

[1]) Siehe Vereinbarung zwischen der Physikalisch-Technischen Reichsanstalt, dem Königl. Materialprüfungsamt Berlin-Lichterfelde und der Großherzogl. Bad. Prüfungs- und Versuchsanstalt Karlsruhe (Chem.-Ztg. 1907, **31**, 441).

2. Bestimmung der Ausflußzeit von Wasser nach den amtlichen Vorschriften (Wasserwert).

Zur Bestimmung der Zeitdauer, innerhalb welcher 200 ccm destilliertes Wasser von 20° C aus dem bis zu den Markenspitzen gefüllten Gefäß ausfließen, werden das innere Gefäß und das Ausflußröhrchen zunächst mit Äthyläther oder Petroläther, dann wiederholt mit Alkohol und zuletzt mit destilliertem Wasser sorgfältig ausgewaschen (s. Fig. 43). Hierauf wird der Zähigkeitsmesser so aufgestellt, daß die drei Markenspitzen in einer Horizontalebene liegen. Sodann wird ein Verschlußstift eingesetzt, der nur zur Prüfung des Apparates mit Wasser dient und vorher nie mit Öl in Berührung gekommen sein darf. Man füllt den Meßkolben bis nahe an den Rand mit destilliertem Wasser von 20° C und gießt es in das innere Gefäß, welches dadurch bis etwas über die Markenspitzen gefüllt wird. Mittels des äußeren Wasserbades hält man die Temperatur des Wassers im inneren Gefäß auf 20° C. Alsdann füllt man durch wiederholtes Lüften des Verschlußstiftes das Ausflußröhrchen ganz mit Wasser und benetzt die Fläche der unteren Mündung gehörig, so daß ein Tropfen hängen bleibt, der die ganze Fläche bedeckt. Um den Wasserstand auf die Markenspitze genau einzustellen, wird der Wasserüberschuß mit einer kleinen Pipette bis zu den Markenspitzen abgesaugt. Nachdem der Apparat so zur Messung vorbereitet ist, zieht man den Verschlußstift ganz heraus und beobachtet an einem genauen, $^1/_5$ Sek. anzeigenden Chronoskop bei völlig ruhiger Wasseroberfläche die Anzahl Sekunden, welche vergehen, bis der Meßkolben genau bis zur Marke 200 ccm gefüllt ist. Der Versuch wird mehrfach in derselben Weise wiederholt. Sobald drei höchstens 0,5 Sekunden voneinander abweichende Ergebnisse vorliegen, und die Werte nicht fortschreitend abnehmen, gilt die erste Versuchsreihe als beendet. Hierauf wird der Apparat nochmals gereinigt und die Versuchsreihe wiederholt. Ergibt sich Übereinstimmung mit den Ergebnissen der ersten Versuchsreihe, so sind weitere Versuche unnötig, andernfalls sind sie bis zur Erzielung konstanter Ausflußzeiten fortzusetzen. Aus den 6 Werten der letzten beiden Versuchsreihen wird der mittlere Wert für die Ausflußzeit des Wassers gebildet und auf 0,2 Sek. abgerundet im Prüfungsschein angegeben. Bei richtig gebauten Apparaten liegt die Ausflußzeit zwischen 50 und 52 Sekunden.

Genaue Bestimmungen müssen in einem Arbeitsraum von nahezu 20° ausgeführt werden. Die zum Apparat gehörigen Thermometer müssen nach den Prüfungsbestimmungen für Thermometer vom 25. Januar 1898 (Zentralbl. f. d. Deutsche Reich 1898, Nr. 6) geprüft sein. Die Physik-Techn. Reichsanstalt prüft die Thermometer in der Weise, daß die Korrekturen für den herausragenden Quecksilberfaden berücksichtigt sind, sodaß man unmittelbar korrigierte Temperaturen am Thermometer abliest. Als Meßkolben sind nach den Eichvorschriften für chemische Meßgeräte vom

2. August 1904 (Mitt. d. Kais. Normaleich.-Komm., 2. Reihe Nr. 17 vom 10. August 1904) auf Ausguß geeichte Kolben zu verwenden, die man 1 Min. lang hat austropfen lassen, oder man benutzt wie bei der Prüfung von Ölen trockene Kolben, die auf Einguß geeicht sind.

3. Bestimmung der Ausflußzeiten von Ölen.

α) **Auf dem einfachen Engler-Apparat mit geschlossenem Heizbad (Modifikation Holde), Fig. 43 *a* u. *b*.** Der Erwärmungskörper besteht aus dem geschlossenen, bei Versuchen bis zu 100° mit glyzerinhaltigem Wasser zu füllenden Heizbad, dessen Temperatur durch Rühren bei *a*, Einfüllen von eisgekühltem Wasser bei *b*, oder Erhitzen durch den innen 9,5 cm breiten, mit 8 Flammöffnungen versehenen Kranzbrenner reguliert wird. Für Versuche bei 100° wird das glyzerinhaltige Wasser, dessen Stand 5,5 cm hoch zu halten ist, zum Sieden erhitzt.

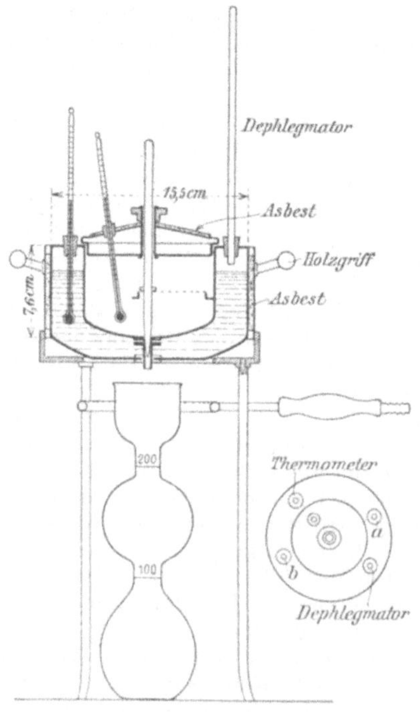

Fig. 43.

Nach sorgfältiger Reinigung des Apparates und Einfügung des hölzernen Verschlußstiftes *b* wird das Probeöl genau bis zu den Markenspitzen in das Ausflußgefäß *A* eingefüllt. Bei höheren Wärmegraden ist in Rücksicht auf die Ausdehnung der Öle die genaue Niveaueinstellung erst vorzunehmen, nachdem das Probeöl annähernd die Versuchstemperatur erreicht hat. Helle Öle, welche mechanische Verunreinigungen enthalten, und alle dunklen Öle sind vorher durch ein Sieb von 0,3 mm Maschenweite zu gießen, dickflüssige Öle nach schwacher Erwärmung. Wasserhaltige Öle sind vor der Versuchsausführung in der üblichen Weise zu entwässern.

Vor Einfüllung des Öles ist das mit Wasser gefüllte Bad so anzuheizen oder zu kühlen, daß das Öl möglichst bald auf die gewünschte Versuchstemperatur kommt. Der Luftrührer besteht aus einem Glasrohr, durch das entweder mit einem Gummiball oder durch ein Wassergebläse Luft in die Badflüssigkeit eingeblasen wird. Durch Lüften des Deckels kann man die Temperatur des Öles erniedrigen.

Für die Versuche bei 100° ist der Glyzeringehalt des Wasserbades je nach dem herrschenden Barometerstand, z. B. bei 750 mm auf etwa 20%, bei 760 mm auf 10% Glyzerin, so hoch zu halten, daß das im Glyzerinwasser stehende Thermometer korrigiert 100,8—101° anzeigt. Für Versuche bei noch höheren Temperaturen als 100° benutzt man die auf S. 141 und 571 angegebenen Siedeflüssigkeiten. Nachdem die Temperatur des Öles bei zuletzt geschlossenem Gefäß konstant geworden ist, setzt man den Meßkolben zentriert unter die Ausflußöffnung und lüftet nunmehr den Verschlußstift unter gleichzeitigem Ingangsetzen des Uhrwerks. Während des Ausfließens sorgt man durch Erwärmen mit dem Kranzbrenner oder durch Zufließenlassen von kaltem Wasser zum Wasserbad für konstante Temperatur des Öls.

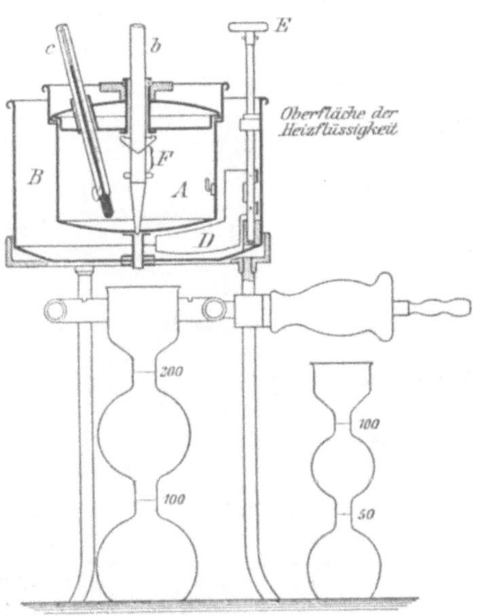

Fig. 44.

Die Zeiten des Ausfließens von 100 u. 200 ccm werden an dem Uhrwerk notiert. Aus der Ausflußzeit von 100 ccm ermittelt man als Kontrolle zu der maßgebenden Ausflußzeit von 200 ccm Öl diese Ausflußzeit nochmals durch Multiplikation mit 2,35 (s. S. 141).

Als Maß der Zähflüssigkeit (sog. Englergrad) gilt der Quotient aus Ausflußzeit von 200 ccm Öl bei der Versuchstemperatur und derjenigen von 200 ccm Wasser bei 20°.

β) Auf dem Engler-Apparat mit offenem Heizbad (Modifikation Ubbelohde) Fig. 44. Der Apparat ist etwas höher gebaut als der Apparat von Holde, gestattet aber nur Arbeiten bei Temperaturen bis zu etwa 90° mit offenem Wasserbad. Bei Anwendung eines Ölbades für Versuche bei höheren Temperaturen z. B. 100°, tritt leicht unzulässige Überhitzung des Ausflußröhrchens ein.

γ) Vierfacher Apparat. (Modifikation Martens). Zur gleichzeitigen Prüfung von vier Ölen dient im Kgl. Materialprüfungsamt bei der laufenden Prüfung neben dem geschlossenen Viskosimeter von Holde ein vierfacher Apparat (Anordnung von A. Martens), bei welchem vier Englersche Ausflußgefäße in dem Wasserbad *W* vereinigt sind (Fig. 45). Die Temperatur des Bades läßt sich hier

Fig. 45.

durch das von der Turbine *R S* getriebene Schaufelrad *T*, Zufließen lassen von kaltem Wasser aus *E* oder Erwärmung des Bades durch einen Bunsenbrenner bequem und schnell regeln.

Für Versuche bei 100° setzt man wie bei dem Apparat von Engler-Holde auf eine Tülle des Wasserbades ein zu einer Spitze ausgezogenes Dephlegmatorrohr, erhält das im Bade 5,5 cm hoch aufgefüllte Glyzerinwasser im Sieden und verfährt im übrigen wie bei dem erstgenannten Apparat.

Für die zentrierte Aufstellung der Kolben unter den Ausflußöffnungen ist die Tragplatte am Fuß des Apparates mit kreisförmigen

Ausschnitten zu versehen. Die Zeitablesungen können hintereinander an einer einzigen Uhr erfolgen, indem man die Öle nacheinander, z. B. in Zeitabständen von 10 oder 20 Sek., ausfließen läßt und den Beginn des Fließens jedesmal notiert.

Versuche bei höheren Temperaturen als 100° können auf dem Apparat von Engler-Holde durch Anwendung von Siedeflüssigkeiten z. B. Toluol (111°), Xylol (134°) usw. (s. a. S. 170), ausgeführt werden.

Maschinenöle und Eisenbahnwagenöle werden gewöhnlich bei 20 und 50° geprüft; denn wenn auch die Bestimmung des Englergrades schwerer Maschinenöle bei 20° für die Praxis direkt keine Bedeutung hat, weil die Wärme der Lager meistens 45 bis 70° beträgt, so gibt sich doch der Unterschied der verschiedenen Öle in ihrer Zähigkeit bei 20° deutlicher als bei 50° kund. Daher ist die Zähigkeitsbestimmung bei 20° bisher meistens beibehalten worden. Dasselbe gilt von der Viskositätsbestimmung von Zylinderölen bei 50° und 100°, bei der die Unterschiede viel mehr ins Auge springen als bei den der Praxis mehr angepaßten Bestimmungen bei 180 bzw. 250° (s. jedoch S. 145). Die Ergebnisse der Prüfung bei 5 Wärmegraden kann man zu einer Kurve vereinigen, aus der die Ausflußzeiten für alle dazwischenliegenden Wärmegrade entnommen werden können.

4. Abkürzung der Versuche nach Holde.

α) Durch Bestimmung der Ausflußzeit kleinerer Flüssigkeitsvolumina bei normaler Auffüllung.

Einem Hauptübelstand des gewöhnlichen Englerschen Apparates, der in einzelnen Fällen stundenlang währenden Dauer des Ausfließens von 200 ccm Öl, kann man dadurch begegnen, daß man die Ausflußzeit kleinerer Flüssigkeitsvolumina bestimmt und aus dieser die Ausflußzeit von 200 ccm berechnet. Diese Ausflußzeiten stehen zur Ausflußzeit von 200 ccm in einer bestimmten Beziehung. Man hat die Ausflußzeiten von 50 oder 100 ccm Öl mit 5 bzw. 2,35, die Ausflußzeit von 20 ccm mit 11,95 zu multiplizieren, um die Ausflußzeiten von 200 ccm zu erhalten[1]).

Als Meßgefäße werden die in Fig. 43 und 44 abgebildeten Kolben benutzt. Der Flüssigkeitsgrad kann aus den Ubbelohde-

[1]) Diese Faktoren ändern sich etwas unterhalb des Englergrades 5; in den Tabellen zum Englerschen Viskosimeter sind diese Abweichungen berücksichtigt.

schen Tabellen zum Englerschen Viskosimeter (Verlag von S. Hirzel, Leipzig) für die Ausflußzeiten von 50, 100 und 200 ccm bei einem Eichwert des Apparates von 50—52 Sek. unmittelbar entnommen werden.

β) Durch Bestimmung der Ausflußzeit kleinerer Volumina bei kleiner Auffüllung.

Nicht immer stehen so große Mengen Öl zur Verfügung, wie sie zu den üblichen Versuchen nötig sind, z. B. wenn aus Gemischen mit fettem Öl das Mineralöl (s. S. 230) zur näheren Prüfung auf seine Eigenschaften extrahiert wird. Größere Mengen als 40—50 g Mineralöl zu extrahieren, ist zu umständlich, zumal bei geringem Gehalt an letzterem. Auch in solchen Fällen kann man sich der abgekürzten Viskositätsbestimmung bedienen, indem man eine kleinere, vor dem Versuch auf 20° erwärmte Ölmenge, z. B. 45 ccm, einfüllt und die Ausflußzeit von 20 ccm Öl unter Verwendung geeigneter Meßzylinder bestimmt. Um die Ausflußzeit von 200 ccm zu berechnen, ist die Fließzeit von 20 ccm mit 7,24 zu multiplizieren. Man kann natürlich auch andere Volumina für die Auffüllung und Bestimmung der Ausflußzeit wählen, nachdem man durch Vergleichsversuche die Umrechnungszahlen für die Ermittelung der Normalausflußzeit von 200 ccm festgestellt hat.

Derartige Bestimmungen wurden zuerst von Holde (Mitteil. 1899, **17**, 63), später von Gans (Chem. Rev. 1899, **6**, 218), Offermann (Chem. Rev. 1911, **18**, 272), Edeleanu u. a. ausgeführt und sind in der nachfolgenden Tabelle zusammengestellt.

Tabelle 28.

Anfangsauffüllung ccm . . .	25	45	45	50	50	60	120
Ausflußmenge ccm	10	20	25	20	40	50	100
Faktor	13	7,25	5,55	7,3	3,62	2,79	1,65

Steht nur sehr wenig Öl (etwa 10 ccm) zur Verfügung, so bestimmt man die Zeit des Ausfließens des Öles aus einer geeigneten Kapillare (Fig. 54, S. 151), für welche die Ausflußzeit von Wasser von 0° bekannt ist, und berechnet daraus die spezifische Zähigkeit des Öles (innere Reibung, bezogen auf die des Wassers von 0° = 1). Mit Hilfe der von Ubbelohde angegebenen Formel (s. S. 153), welche die Beziehungen zwischen spezifischer Zähigkeit und Flüssigkeitsgrad nach Engler angibt, läßt sich alsdann der Englergrad berechnen.

5. Englergrad von Ölmischungen.

Da die Zähflüssigkeit keine additive Eigenschaft ist, kann man den Flüssigkeitsgrad von Ölmischungen nicht nach der

Mischungsregel berechnen, sondern findet Werte, die stets kleiner sind als die nach letzterer berechneten. Nach Versuchen von Sherman, Gray und Hammerschlag (Journ. of Ind. and Eng. Chem. 1909, 12; Zeitschr. f. angew. Chem. 1909, **22**, 653), läßt sich die Abhängigkeit der Zähigkeit von der prozentualen Zusammensetzung des Gemisches (Viskosität als Ordinaten, Prozentgehalt als Abszissen aufgetragen) durch hyperbolische Krümmungen darstellen, deren Abweichung von der aus der Mischungsregel sich ergebenden Geraden umso größer ist, je mehr sich die Zähigkeiten beider Öle voneinander unterscheiden. Beim Vermischen von Mineralölen mit fetten Ölen sind die Abweichungen von den berechneten Werten bedeutend geringer als bei Mischungen von reinen Mineralölen.

Es entsteht oft die Aufgabe, ein Öl von bestimmter Zähigkeit aus 2 Ölen von bekannter Zähigkeit zusammenzumischen. Um den empirischen Weg, auf den man bisher angewiesen war, zu vermeiden, hat F. Schulz (Chem. Rev. 1909, **16**, 297) auf Grund von Versuchen die Konstanten ermittelt, mit deren Hilfe eine Berechnung der zur Mischung erforderlichen Prozentsätze der beiden Öle möglich ist.

Für Gemische mit 5—50 % des viskoseren Öles ist die gesuchte Viskosität:

$$G = 0{,}166^n V + 1{,}161 \frac{1 - 0{,}166^n}{1 - 0{,}166} v,$$

für Gemische mit 5—50 % des weniger viskosen Öles

$$G = 1{,}161^n v + 0{,}166 \frac{1{,}161^n - 1}{1{,}161 - 1} V.$$

Hierin bedeutet V die Viskosität des viskoseren, v die des weniger viskosen Öles. Der Exponent n berechnet sich durch die Formel:

$$n = \frac{\log p - \log 100}{\log 0{,}5},$$

worin p den Volumenprozentgehalt des Gemisches an 1. oder 2. Bestandteil bedeutet.

Aus den angegebenen Gleichungen berechnet sich für Gemische mit 5—95 Volumprozent des viskoseren Öles die Englerzahl des Gemisches nach folgenden Formeln:

$$G_5 = v\left[1{,}392 + 0{,}0004\frac{V}{v}\right] \qquad G_{55} = v\left[1{,}187 + 0{,}193\frac{V}{v}\right]$$

$$G_{10} = v\left[1{,}388 + 0{,}0026\frac{V}{v}\right] \qquad G_{60} = v\left[1{,}218 + 0{,}225\frac{V}{v}\right]$$

$$G_{15} = v\left[1{,}382 + 0{,}007\frac{V}{v}\right] \qquad G_{65} = v\left[1{,}254 + 0{,}262\frac{V}{v}\right]$$

$$G_{20} = v\left[1{,}371 + 0{,}015\frac{V}{v}\right] \qquad G_{70} = v\left[1{,}296 + 0{,}305\frac{V}{v}\right]$$

$$G_{25} = v\left[1{,}354 + 0{,}028\frac{V}{v}\right] \qquad G_{75} = v\left[1{,}348 + 0{,}359\frac{V}{v}\right]$$

$$G_{30} = v\left[1{,}331 + 0{,}044\frac{V}{v}\right] \qquad G_{80} = v\left[1{,}414 + 0{,}427\frac{V}{v}\right]$$

$$G_{35} = v\left[1{,}300 + 0{,}066\frac{V}{v}\right] \qquad G_{85} = v\left[1{,}505 + 0{,}521\frac{V}{v}\right]$$

$$G_{40} = v\left[1{,}262 + 0{,}093\frac{V}{v}\right] \qquad G_{90} = v\left[1{,}642 + 0{,}662\frac{V}{v}\right]$$

$$G_{45} = v\left[1{,}217 + 0{,}126\frac{V}{v}\right] \qquad G_{95} = v\left[1{,}906 + 0{,}934\frac{V}{v}\right]$$

$$G_{50} = v\left[1{,}161 + 0{,}166\frac{V}{v}\right]$$

In diesen Formeln bedeutet z. B. G_5 die Englerzahl des Gemisches mit 5 Volumproz. des viskoseren Öles.

Die so berechneten Englerzahlen stimmen mit den durch den Versuch ermittelten um $\pm$ 1 überein, nur in den Grenzfällen, d. h. bei Mischungen mit unter 10 % oder über 90 %, kann der Fehler bis zu 15 Einheiten ausmachen.

b) Änderungen der Zähflüssigkeit. Einzelne dunkle Öle mit feinen festen Paraffin- oder Pechteilchen zeigen bei Zimmerwärme (20°) infolge von starken Temperaturschwankungen vor dem Versuch bis zu 15 % des fe betragende Schwankungen. Durch vorangehendes Erhitzen finden Erniedrigungen, durch starkes Abkühlen Erhöhungen der Zähigkeit bei 20° statt. Diese Schwankungen dürften meistens in der durch Erhitzen erfolgten Schmelzung und bei kurzem Abkühlen auf Zimmerwärme nicht wieder völlig wiederkehrenden Abscheidung der festen Teilchen oder in zu langsamer Schmelzung der durch starkes Abkühlen in vermehrter Menge ausgeschiedenen Paraffin- und Pechteile ihre Ursache haben und mit dem kolloidalen Zustand der Asphaltlösungen zusammenhängen.

Bei Ölen, welche in dünner Schicht feine feste Teilchen erkennen lassen, ist daher von vornherein die Möglichkeit einer Veränderung der Zähigkeit bei 20° um 7—8 % zuzugeben oder neben der in üblicher Weise ausgeführten Bestimmung noch je eine mit dem 10 Min. auf 100° erhitzten und dem vorher auf — 15° abgekühlten Öl vorzunehmen. Nur in besonderen Fällen, z. B. wenn die gefundenen Werte nahe einer vorgeschriebenen Grenze liegen, wählt man den zweiten Weg. In der Regel kommen die Viskositätsbestimmungen bei Pech- und Paraffinteile enthaltenden Ölen (Zylinderöle) bei 20° kaum in Frage, bei höheren Temperaturen, z. B. 50° und darüber, kommen die erwähnten Schwankungen bei solchen Ölen kaum vor, da bei diesen Wärmegraden die Pech- und Paraffinteile geschmolzen sind.

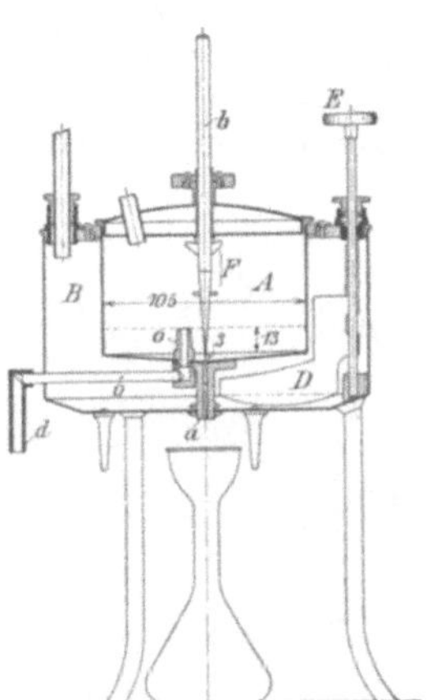

Fig. 46.

c) Zähigkeitsbestimmung bei sehr hohen Wärmegraden. Da Zylinderöle in Heißdampfmaschinen Erwärmung bis zu 300° ausgesetzt sind, kann ein wissenschaftliches Bedürfnis vorliegen, ihre Zähigkeit bei annähernd gleicher Temperatur untereinander genauer zu vergleichen; in Frage kommen für die Versuche Temperaturen von 180—250°.

Nach allen bisher bekannten Lieferungsbedingungen wird die Bestimmung der Zähigkeit von Zylinderölen bei + 50 und + 100° auch bei Heißdampfzylinderölen als ausreichend erachtet. Bei sehr hohen Temperaturen, z. B. 180, 200 und 250° sind mit dem Englerschen Apparat meßbare Unterschiede in der Zähigkeit von praktischer Bedeutung bei verschiedenen Zylinderölen kaum vorhanden. Aus diesem Grunde hat Ubbelohde für Zähigkeitsbestimmungen bei hohen Temperaturen einen Apparat (Fig. 46) ähnlich dem Petroleumviskosimeter (S. 71) konstruiert, der sich von dem Englerschen Apparat durch längeres und engeres Ausflußröhrchen unterscheidet. Dadurch kommen kleinere Unterschiede in der Zähigkeit verschiedener Öle besser zum Ausdruck, jedoch ist dabei zu berücksichtigen, daß die so erhaltenen Ergebnisse nicht direkt den durch den Englerapparat bestimmten gleich zu setzen sind.

d) Einige andere Viskosimeter. 1. Das Lamansky-Nobelsche Viskosimeter (Wischin und Singer, Chem. Rev. 1897, 4, 89 u. 243) (Fig. 47a u. b) wird in Rußland bisweilen neben dem Englerschen Viskosimeter benutzt.

Das metallische Ausflußgefäß *A* trägt unten den als Ausflußröhrchen dienenden Metallpfropfen *D*, dessen Öffnung durch

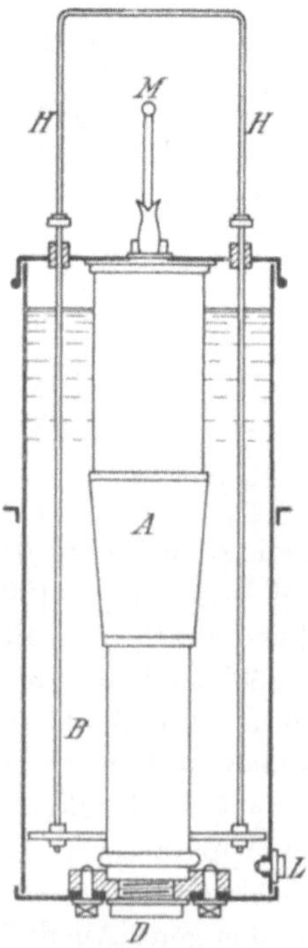

Fig. 47a.

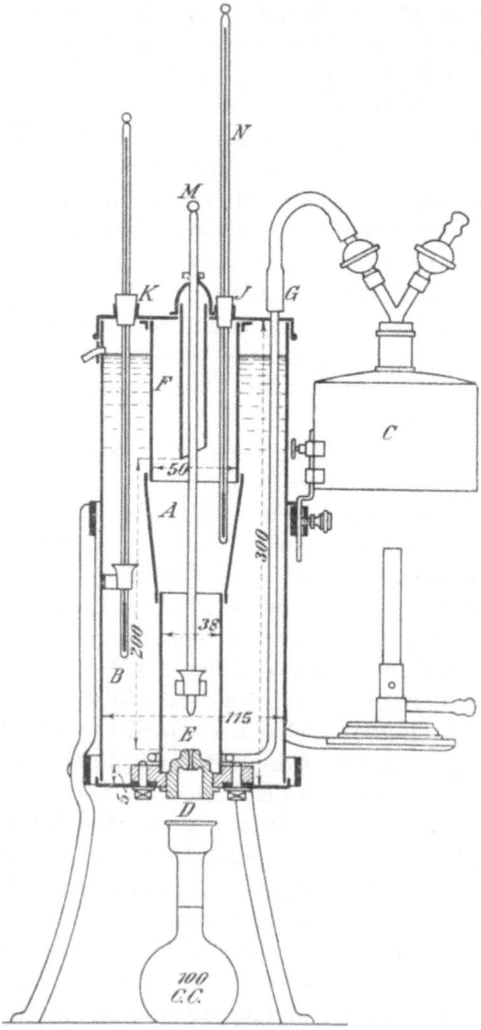

Fig. 47 b.

den mit Holzspitze versehenen Metallstab *M* verschließbar ist. Als Erhitzungsbad dient das Wasserbad *B*, welches durch die im Dampfkesselchen *C* entwickelten Wasserdämpfe erhitzt werden kann. Zur gleichmäßigen Verteilung der Temperatur im Bad dient der Rührer *K*.

Nach Füllung des Gefäßes *A* mit Öl und Erreichung konstanter Temperatur läßt man durch Lüften des Stiftes das Öl unter konstantem Druck ausfließen, der durch das in das Öl eintauchende 10 mm lange Mariottesche Rohr *F* erhalten wird. Die Öffnung bei *E* soll so weit sein, daß die Ausflußzeit von 100 ccm destilliertem Wasser bei 50° bzw. 200 mm Preßhöhe etwa 60 Sek. (Fehler ± 1) beträgt. Die Länge des Ausflußröhrchens soll genau 10 mm betragen.

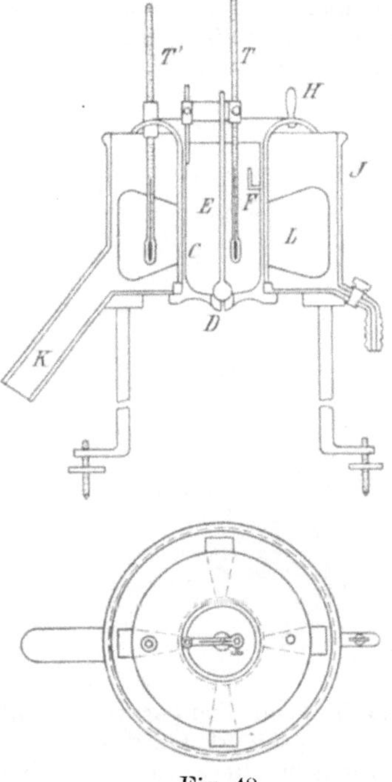

Fig. 48.

Die Versuche werden in der Regel bei + 50° ausgeführt. Als Viskosität gilt der Quotient zwischen Ausflußzeit von 100 ccm Öl und 100 ccm Wasser von 50°.

Die Mängel des L. N.-Viskosimeters bestehen in der umständlichen Reinigung und Bedienung des Apparates und in der großen zu den Versuchen nötigen Ölmenge (400 ccm) (s. obige Bemerkungen über Abkürzung der Versuche nach Engler). Dagegen läßt sich wegen der konstanten Druckhöhe aus der Ausflußzeit eines beliebigen kleineren Volumens ohne weiteres die Ausflußzeit der vorgeschriebenen 100 ccm berechnen.

Das Verhältnis der nach Lamansky-Nobel und Engler erhaltenen Zähflüssigkeiten bleibt annähernd konstant. Für leichtflüssige Öle beträgt

$$\frac{\text{Zähfl. L.N.}}{\text{Engler}} \quad 1{,}13-1{,}18,$$

für zähflüssige Maschinenöle und für Zylinderöle 1,20—1,26.

2. Das Redwoodsche Viskosimeter (Fig. 48) nimmt in England annähernd dieselbe Stellung ein wie das Englersche Viskosimeter in Deutschland, nur ist die Sicherheit der Herstellung von

Apparaten mit genau gleichen Abmessungen nicht so weit gefördert wie in Deutschland beim Englerschen Apparat.

Es besteht aus einem kupfernen, versilberten Ölbehälter *C* (Fig. 48), etwa $1^7/_8$ Zoll im Durchmesser und 3 ½ Zoll hoch. Der Boden dieses Zylinders trägt ein Achatauslaufrohr, dessen becherförmige Vertiefung mittels eines Stiftes *E* verschlossen werden kann. Die Temperatur der Flüssigkeit wird mit Hilfe der Flügel *L*, die durch die Handhabe *H* in Bewegung gesetzt werden, gleichmäßig verteilt.

Versuchsausführung: Der Mantel *J* wird für Temperaturen bis zu 95° mit Wasser, bei höheren Temperaturen mit einem geeigneten Mineralöl gefüllt. Das zu prüfende Öl, das filtriert, getrocknet und auf dieselbe Temperatur gebracht worden ist, wird bis zur Marke *F* eingefüllt. Ein enghalsiger 50-ccm-Kolben wird unter das Ausflußrohr in ein Gefäß mit einer Flüssigkeit von der Temperatur des Öles gestellt. Alsdann wird der Stift *E* in die Höhe gezogen und die Zeit der Füllung des Kolbens bis zur 50-ccm-Marke beobachtet.

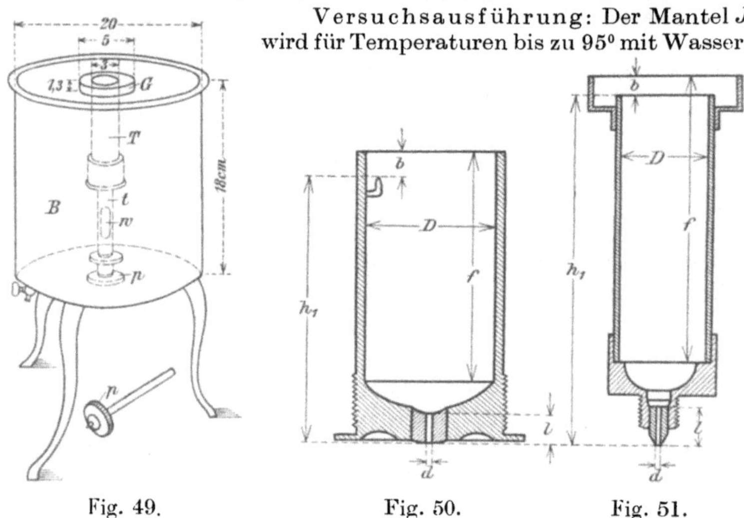

Fig. 49. Fig. 50. Fig. 51.

3. Das Sayboldtsche Viskosimeter (Fig. 49) wird in Amerika sehr viel verwendet.

Das 8 cm lange und 3 cm weite Messingrohr *T* von etwa 66 ccm Inhalt setzt sich fort in ein inneres Rohr *t*, in dem sich zwei gegenüberliegende Fenster *W* befinden. *t* ist in dem Teil *p* eingeschraubt, welcher ein Mundstück mit der Öffnung von 1,75 mm Durchmesser trägt. Der innere Teil von *p* besitzt eine Erweiterung, zur Einsetzung eines Verschlußstöpsels; das obere Ende von *T* trägt einen Kranz von Löchern, die in die Gallerie *G* führen. Der ganze Apparat ist eingebettet in ein Wasserbad *B*, das zwei mit *W* korrespondierende Fenster trägt.

Der Apparat wird bei *p* zunächst mit Hilfe eines Stopfens verschlossen, darauf in *T* Öl eingefüllt, dessen Überschuß in die Gallerie *G* läuft und hier mit einer besonderen Pipette herausgezogen werden kann. Öl und Wasserbad werden nunmehr auf 70° F = 21,1° C gebracht, der Stopfen vom Boden entfernt und die Zeit ermittelt, bis 60 ccm ausgeflossen sind. Bei höherer Temperatur wird ein engeres Mundstück von $^3/_{64}$ '' = 1,19 mm bei *p* aufgesetzt.

Wie neuere Untersuchungen gezeigt haben, weisen die verschiedenen im Gebrauch befindlichen Sayboldtapparate gegeneinander manchmal Unterschiede auf, weshalb die auf einem Apparat gefundenen Werte nicht auf alle anderen übertragbar sind.

Die wesentlichsten Teile des Redwoodschen und Sayboldtschen Apparates sind in Fig. 50 und Fig. 51 schematisch im Querschnitt dargestellt. Die in den Figuren eingezeichneten, mit Buchstaben versehenen Maße haben bei zwei von Meißner (Chem. Rev. 1912, 19, 30) untersuchten Apparaten folgende Größe.

Tabelle 29.

Dimensionen für		Redwoodsches Viskosimeter cm	Sayboldtsches Universal-Viskosimeter cm
Durchmesser des Ausflußgefäßes	D	4,658	2,968
Anfängliche Druckhöhe	h^1	9,615	12,688
Länge des Ausflußröhrchens	l	1,023	1,411
Mittlerer Durchmesser desselben	d_m	0,158	0,178
Aus den Figuren ersichtliche Dimensionen	b	0,900	0,708
	f	8,64	10,35

Das Ausflußvolumen beträgt beim Redwoodschen Apparat 50 ccm, beim Sayboldtapparat 60 ccm.

Die Ausflußzeit τ_r des untersuchten Redwoodschen Apparates und die Ausflußzeit τ_s des untersuchten Sayboldtschen Universal-Viskosimeters lassen sich zu dem auf normale Apparatabmessungen reduzierten Englergrad E durch folgende Formeln in Beziehung setzen.

$$\tau_r = 192{,}2\, k \left(1 + \sqrt{1 + \frac{0{,}01624}{k^2}}\right),$$

$$\tau_s = 228{,}7\, k \left(1 + \sqrt{1 + \frac{0{,}01309}{k^2}}\right),$$

$$k = 0{,}08019\, E - 0{,}07013\, {}^1/E.$$

Die hiernach berechneten Werte von τ stimmen beim Redwoodschen Apparat bis auf 4 %, beim Sayboldtschen Apparat bis auf 2 % mit den beobachteten überein.

e) Bestimmung der spezifischen Zähigkeit. 1. Definition. Absolute innere Reibung ist die in absolutem Maß ausgedrückte Kraft μ, welche eine Flüssigkeitsschicht von 1 qcm Oberfläche über eine gleich große 1 cm entfernte Schicht mit der Geschwindigkeit von 1 cm/sec verschieben kann. Für Wasser von 0^0 ist $\mu = 0{,}018086$. Gewöhnlich setzt man aber die Zähigkeit des Wassers bei $0^0 = 1$ und bezieht auf diese Einheit die Zähigkeit anderer Flüssigkeiten; diesen Sinn hat im folgenden der Ausdruck „spezifische Zähigkeit". 2. Bestimmung der spez. Zähigkeit mittelst Kapillaren. Die zur Bestimmung der spezifischen Zähigkeit gewöhnlich benutzte Methode beruht auf der Bestimmung der Ausflußzeit in Kapillarröhren. In der zugrunde gelegten Poisseuilleschen Formel:

$$\mu = \frac{\pi\, p\, r^4}{8\, v\, l}\, t$$

ist μ die absolute innere Reibung, p der Druck in g/qcm, r der Radius der Kapillare, l deren Länge in cm, v das ausgeflossene Volumen in ccm, t die Ausflußzeit in Sekunden.

Eine von Ostwald angegebene Form der Kapillaren zeigt die Fig. 52. Durch a wird eine gewogene Flüssigkeitsmenge eingeführt und mit Hilfe eines auf a ausgeübten Luftdruckes durch die Kapillare b bis zur Marke c gedrückt. Beobachtet wird die Zeit, welche das zwischen c und d befindliche Flüssigkeitsvolumen gebraucht, um durch die Kapillare auszufließen. Der Apparat wird mit Wasser geeicht; die relativen Werte der inneren Reibung, bezogen auf Wasser (spezifische Zähigkeit), ermittelt man durch Vergleich der bezüglichen Ausflußzeiten.

Für Öle von größerer innerer Reibung sind derartige Kapillaren zu eng, so daß die Ausflußzeit der Öle viel zu lang wird. J. Traube (Z. Ver. deutsch. Ing. 1887, 251) benutzte deshalb eine Reihe von verschieden weiten Kapillaren, deren engste er mit Wasser eichte, während die übrigen stufenweise mit immer zähflüssigeren Ölen geeicht wurden. Die Kapillaren (Fig. 53) wurden durch Saugen von a aus bis zur Marke c mit dem Öl gefüllt, dann bei e mit einem Mariotteschen Gefäß, das einen konstanten

Druck von 41 cm Wasserhöhe erzeugte, verbunden und die Zeit bestimmt, während das Volumen zwischen c und d auslief. Hierbei wurden jedoch weder die Wirkungen des spez. Gew. der Öle noch die in der Kugel an den Wänden haften bleibende Menge berücksichtigt, die bei Ölen verschiedener Zähigkeit sehr verschieden und beträchtlich ist.

Ubbelohde benutzt Kapillaren (Fig. 54), bei welchen die Fehler der älteren Apparate vermieden sind. Die Füllung geschieht von e aus durch Saugen bei a, und zwar wird so gefüllt, daß die Flüssigkeit von c bis d_1 reicht. Es wird nun die Zeit ermittelt, während welcher unter einem

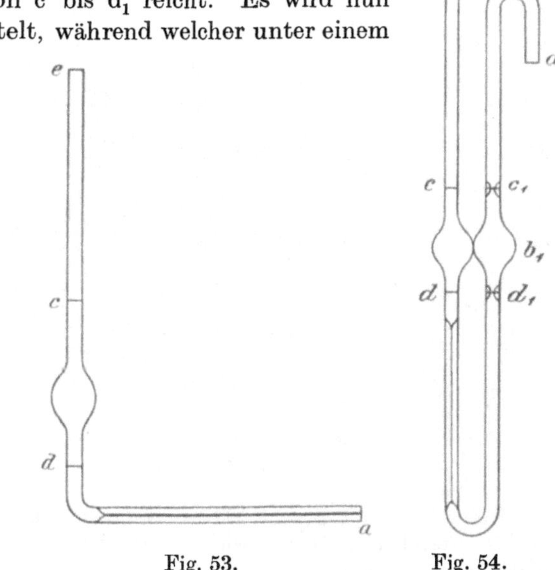

Fig. 52. Fig. 53. Fig. 54.

konstant von e aus wirkenden künstlichen Luftdruck die Kugel b_1 bis zur Marke c_1 volläuft. Die kleine Niveaudifferenz c d_1 zu Beginn des Versuches ist am Ende desselben c_1 d, so daß die Wirkungen des spez. Gewichts fortfallen.

Da die Zeit gemessen wird, während welcher sich b_1 füllt, so werden immer gleiche Volumina verglichen, infolgedessen fallen auch die durch Haftenbleiben von Flüssigkeit in der Kugel bedingten Fehler fort. Mit Hilfe dieser Kapillaren wurde bei einer großen Anzahl von Ölen die spezifische Zähigkeit, bezogen auf

Wasser von $0^0 = 1$, bestimmt und dadurch auch empirisch die Formel zur Berechnung der spezifischen Zähigkeit aus den Englergraden ermittelt (s. S. 154).

Versuchsausführung zu Fig. 55.

α) Erzeugung des konstanten Druckes.

Der Wasserzufluß bei *d* wird so reguliert, daß das Wasser den Druckerzeuger *A* bei *c* in mäßig starkem Strahle verläßt. Dabei

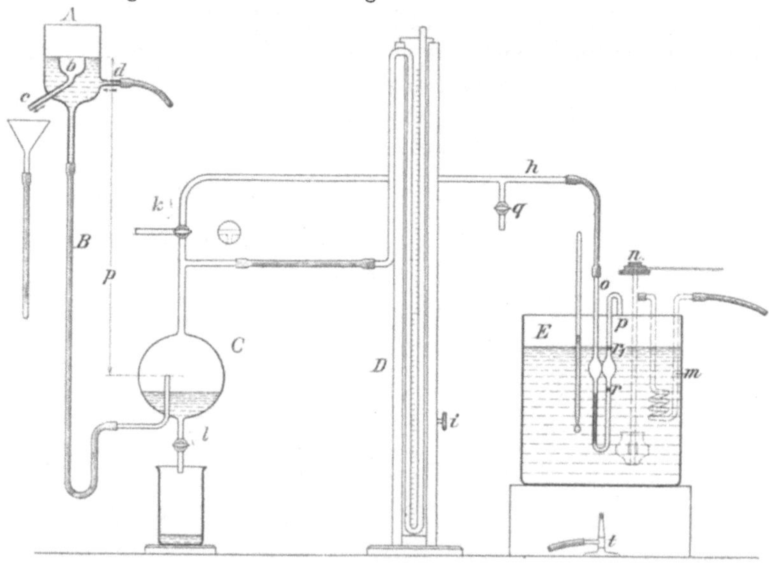

Fig. 55.

sind die Hähne *l* und *k* geschlossen zu halten. Der in dem Luftreservoir *C* entstehende Druck wird an dem mit Wasser gefüllten Manometer *D* gemessen.

Durch Heben oder Senken des Druckerzeugers *A* wird in *C* ein Druck von 600 mm Wassersäule erzeugt.

β) Füllung des Kapillarrohrs mit Öl.

Kapillarrohr *o* wird unter Eintauchen der Öffnung *o* in das Versuchsöl durch Saugen bei *p* mit dem Öl bis zur unteren Biegung gefüllt und dann mit einem Quetschhahn verschlossen an der Apparatur befestigt.

γ) Erzeugung konstanter Temperatur im Öl bzw. Kapillarrohr.

Das Wasserbad *E* wird unter Benutzung des Brenners *t* oder des Kühlrohres *m* auf die Versuchstemperatur gebracht, wobei der Rührer *n* in Tätigkeit zu setzen ist.

Das gefüllte Kapillarrohr, mit dem Luftreservoir durch den Schlauch verbunden, braucht etwa 10 Minuten zur Annahme der Versuchstemperatur.

δ) Beobachtung der Fließzeit des Öles.

Man setzt bei geschlossenem Hahn q durch Öffnen des Hahnes k das Öl unter den Druck von 600 mm Wassersäule und beobachtet die Zeit, in der das Öl im Kapillarrohr von der Marke r bis zur Marke r_1 aufsteigt. Ist die Marke r_1 passiert, so schließt man sofort k und öffnet q.

ε) Berechnung der spez. Zähigkeit.

Die Auslaufzeit des Öles, dividiert durch den Eichwert der Kapillare, ergibt ohne weiteres die spezifische Zähigkeit des Öles, bezogen auf diejenige des Wassers von 0° = 1.

ζ) Beispiel für die Berechnung der Englergrade aus den Ausflußzeiten im Kapillarviskosimeter.

Mit Hilfe der untenstehenden Formel kann man nun auch aus den auf diese Weise gewonnenen exakten Zähigkeitswerten die Englergrade berechnen, ebenso wie man aus den Englergraden die spezifische Zähigkeit berechnen kann (s. unten). Als Beispiel sei hier gleich eine Rechnung ausgeführt für den Fall, daß die Eichung der Kapillare mit Wasser von 0° vorgenommen ist, und der Englergrad größer als 10 ist.

Versuchstemperatur 20°.

Eichwert der Kapillare: 1,271 (bez. auf Wasser von 0°).

Spez. Gewicht des Öles bei 20°: 0,9132.

Fließzeit des Öles: 2 Min. 15 Sek. = 135 Sek.

$$\text{fe} = \frac{\text{Fließzeit in Sek.}}{\text{Eichwert bei } 0^\circ \times \text{spez. Gew.} \times 4{,}072} = \frac{135}{1{,}271 \times 0{,}9132 \times 4{,}072}.$$

Ist der Eichwert nicht bei 0° sondern bei 20° bestimmt, so nimmt die Berechnung des Englergrades den Wert an:

$$\text{fe} = \frac{\text{Fließzeit in Sek.}}{\text{Eichwert bei } 20^\circ \times \text{spez. Gew. bei der Versuchstemp.} \times 7{,}32}$$

3. Berechnung der spez. Zähigkeit aus dem Englergrad nach Ubbelohde. Englers Viskosimeter gestattet zwar nicht unmittelbar, die absolute innere Reibung oder auch nur die spezifische Zähigkeit, bezogen auf die Zähigkeit des Wassers bei 0° = 1, zu bestimmen, doch stellte Ubbelohde eine hydrodynamische Umrechnungsformel (s. unt.) auf, mit deren Hilfe die spez. Zähigkeit aus den Englergraden berechnet werden kann. Diese Rechnung wird übrigens durch die Tabellen zum Englerschen Viskosimeter erspart.

Daß die Englergrade, bei denen ebenfalls die relative Ausflußzeit, bezogen auf Wasser von 20° = 1, ermittelt wird, nicht ohne weiteres der spezifischen Zähigkeit gleich sind, ist darin begründet, daß in dem Englerschen Viskosimeter beim Auslaufen der Flüssigkeiten nicht nur die Zähigkeit zur Geltung kommt, sondern noch Beschleunigungen der Flüssigkeiten und dergl. Faktoren in Betracht kommen, die bei ungleicher Auslaufgeschwindigkeit verschieden sind (also beim Wasser ganz andere wie beim Öl), daß ferner bei der Weite des Ausflußröhrchens des Engler-Apparates die Poisseuillesche-Formel nicht für die Öle Geltung hat usw. Infolgedessen stellt die Auslaufzeit im Englerschen Viskosimeter nicht ohne weiteres ein Maß für die spezifische Zähigkeit dar.

Diese Abweichungen von den spez. Zähigkeiten gehen bis zu etwa 80 %. Ebensowenig wie man die Grade Beaumé an Stelle von spezifischem Gewicht in physikalische Rechnungen einsetzen kann, darf man bei Berechnungen von Widerständen des Öles in Rohrleitungen oder von Reibungswiderständen im Lager die Englergrade an Stelle der spezifischen Zähigkeit einsetzen.

Die unmittelbare Bestimmung der spezifischen Zähigkeit mittels des oben (Fig. 55) beschriebenen immerhin etwas diffiziler zu handhabenden und etwas zerbrechlichen Apparates kann umgangen werden, wenn man sich der von Ubbelohde aufgestellten Umrechnungsformel bedient, mit Hilfe deren man die Englergrade mit angenäherter Genauigkeit in spezifische Zähigkeit umrechnen kann. Diese Formel lautet für den Fall, daß die spezifische Zähigkeit auf Wasser von $0^0 = 1$ bezogen wird (wie es in der Physik allgemein üblich ist), der Englergrad aber auf Wasser von $20^0 = 1$ bezogen ist, wie es ebenfalls üblich ist:

$$x = s\left(4{,}072\,fe - \frac{3{,}514}{fe}\right) \qquad 1)$$

Darin bedeutet x die gesuchte spezifische Zähigkeit bei irgend einer Temperatur, bezogen auf Wasser von $0^0 = 1$; s das spezifische Gewicht des Öles bei der Versuchstemperatur; fe den Englergrad des Öles.

Die Formel gibt Aufschluß über die auffallende Feststellung, daß die Zähigkeit 0,6 bis 4,4 mal so groß ist als der Englergrad.

Setzt man nämlich in die obige Formel die Werte für Wasser von 20^0 ein, so ist

$$0{,}558 = 0{,}998\,824\left(4{,}072 \,.\, 1 - \frac{3{,}514}{1}\right)$$

Wie ersichtlich, beträgt in diesem Falle der negative Teil in der Klammer etwa 6 mal so viel als der ganze Ausdruck. Der negative Teil ist aber der Ausdruck für die Arbeit, welche aufgewendet werden muß, um dem auströmendem Wasser die Ausströmungsgeschwindigkeit zu erteilen ($\frac{1}{2}$ m v²). Diese Arbeit ist auf dem Englerschen Apparat für Wasser wegen der großen Ausströmungsgeschwindigkeit etwa 6 mal so groß als die zur Überwindung der Zähigkeit erforderliche Arbeit.

Infolgedessen ist die Auslaufzeit des Wassers auf diesem Apparat etwa 7 mal so groß, als der spez. Zähigkeit entsprechen würde.

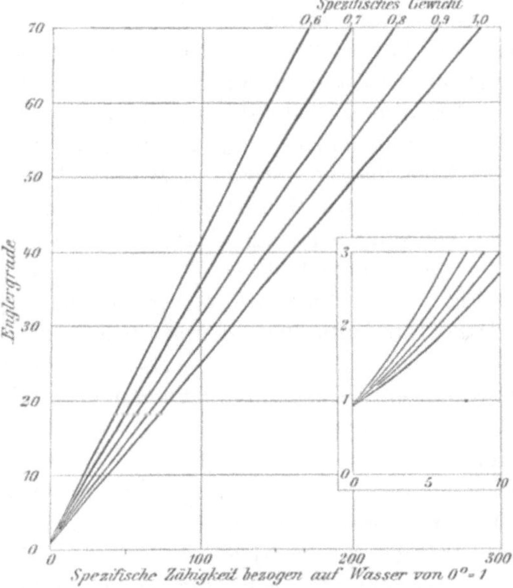

Fig. 56.

Bei höheren Englergraden (wenn fe größer wird) wird der erste Teil der Klammer im gleichen Verhältnis größer, wie der zweite Teil kleiner wird. Beim Englergrad 5 beträgt der negative Teil nur noch 5 % und bei fe = 10 nur noch etwa 1 % des ganzen Wertes, so daß er von da an praktisch vernachlässigt werden kann[1]). Oberhalb fe = 10 kann deshalb die vereinfachte Formel

$$x = s \,.\, 4{,}072 \,.\, fe \qquad 2)$$

[1]) Diese Ermittelungen erklären die von mir vor 25 Jahren festgestellte Tatsache, daß die auf Rüböl als Einheit bezogenen, nach Engler und Traube bestimmten relativen Zähigkeiten ziemlich gut übereinstimmten. Holde.

zur Berechnung dienen. Da alle Auslaufzeiten auf einen zu großen Wasserwert bezogen sind, so sind alle Englergrade über fe = 10 etwa 4 mal zu klein, wie die zweite Formel zeigt.

Aus dem vorstehenden Diagrammbild, Fig. 56, S. 155, welches die Abhängigkeit der spezifischen Zähigkeit von den Englergraden und dem spez. Gew. des Öles veranschaulicht, kann man unmittelbar die dem gefundenen Englergrade und dem spez. Gewicht des Öles entsprechende Zähigkeit aufsuchen, freilich wegen der kleinen Dimensionen nur mit geringer Genauigkeit.

Wegen der eigentümlichen Abhängigkeit des ersten und zweiten Gliedes der Formel Nr. 1 von fe ändert sich das Verhältnis beider Glieder am stärksten in der Nähe des Englergrades 1. Zwischen fe = 1 und fe = 2 ist daher die Einwirkung sehr kleiner Versuchsfehler so groß, daß es nicht möglich ist, die spezifische Zähigkeit sehr leichtflüssiger Stoffe, z. B. von Petroleum oder Heißdampfzylinderölen bei Temperaturen über 200° auf dem Englerschen Viskosimeter genügend genau zu bestimmen. Für Bestimmungen der Zähigkeit dieser Stoffe wurden deshalb die Viskosimeter Fig. 26 und Fig. 46 mit engerer und längerer Ausflußröhre und anderen Auffüllverhältnissen usw. von Ubbelohde konstruiert, bei welchen das zweite negative Glied der obigen Formel auch schon bei sehr dünnflüssigen Stoffen wie Wasser und Petroleum usw. sehr klein ist.

Es erscheint nach dem heutigen Stand der Dinge nach Ansicht des Verf. notwendig, um den praktischen Erfordernissen der Wissenschaft und Technik gerecht zu werden und den internationalen Austausch der Ergebnisse zu erleichtern, die von Ubbelohde aufgestellten Umrechnungsformeln allgemeiner zu benutzen, als dies bisher der Fall war, und auch für die außerdeutschen Viskosimeter, wenn diese genügend einheitlich hergestellt werden, ähnliche Umrechnungsformeln zu ermitteln. Hierbei ist zu empfehlen, gleich die spezifische Zähigkeit zu berechnen und anzugeben. Die spezifische Gewichtsbestimmung, welche Ubbelohde bei einer früheren Empfehlung des sog. Zähigkeitsfaktors unnötig machen wollte, erscheint wegen ihrer Einfachheit als eine zu geringe Belastung der Versuche, als daß man wegen dieser Bestimmung sich mit dem unter Umständen wesentlich weniger scharf die spezifische Zähigkeit ausdrückenden Zähigkeitsfaktor begnügen sollte.

Um die Probe auf das Exempel zu machen, wie groß die

Fehler bei der Berechnung der spezifischen Zähigkeit aus den Englergraden sind, verglich Verf. bei 6 Ölen vom Englergrad 5 bis 615 bei 20° C die spezifische Zähigkeit, bezogen auf Wasser von 0° C = 1, aus den Englergraden mittels der Ubbelohdeschen Umrechnungsformel berechnet, mit der spez. Zähigkeit, die unmittelbar auf dem von Ubbelohde verbesserten J. Traubeschen Zähigkeitsmesser bestimmt worden war. Es zeigte sich, daß bei allen Ölen vom Englergrad 6,9—615 durch Anbringung eines kleinen Korrektionsfaktors (+ 4 % im Mittel) tatsächlich die spezifische Zähigkeit mit einer Genauigkeit von ± 1 % aus den auf einfache Weise bestimmbaren Englergraden berechnet werden kann.

Beim Öl vom Englergrad 5,0 betrug der schließliche Fehler mehr, nämlich + 4 %. Voraussichtlich wird sich bei weiterem Studium der Fehlerquellen der angewendeten Methoden die Anbringung des Korrektionsfaktors erübrigen. Hierüber werden weitere Untersuchungen ausgeführt werden. Berücksichtigt man, daß auch ähnliche Umrechnungen für die in anderen Ländern üblichen Viskosimeter, soweit diese in ihren Abmessungen genügend fixiert sind, geschaffen werden können wie für den Englergrad, so erscheint der Weg für die internationale Ausdrucksweise für die Zähigkeit technischer Öle klar vorgezeichnet. Es erscheint aber auch nicht unwichtig, schon hier darauf hinzuweisen, daß es eine weitere gewiß nicht schwierige Aufgabe ist, ein international anerkanntes einfaches Viskosimeter zu konstruieren, das die Vorzüge der bisherigen Apparate verschiedener Länder in sich vereinigt, ihre Mängel aber vermeidet.

VIII. Die mechanische Prüfung der Öle auf der Ölprobiermaschine.

Die unmittelbare mechanische Prüfung des Reibungswertes der Öle geschieht in der Praxis oft auf einfachen, den Fabrikbedürfnissen angepaßten Einrichtungen, bestehend aus Versuchszapfen mit Lager, Thermometer zur Messung der Temperatur und irgendwelchen Vorrichtungen zur Messung der zur Umdrehung der Welle erforderlichen Kraft (z. B. bei elektrodynamischem Antrieb Messung des Stromverbrauchs); letztere gibt den Maßstab für die Größe der Reibung im geschmierten Versuchslager, welches möglichst in seiner wesentlichen Einrichtung den Transmissionslagern oder anderen zur Beurteilung in Frage kommenden Lagern der Fabrik usw. angepaßt ist.

Die in der Literatur bekannt gegebenen sog. Ölprobiermaschinen sollen unmittelbar oder mittelbar Reibungskoeffizienten, d. h. den auf die Einheit des Druckes und der Geschwindigkeit reduzierten Reibungswiderstand, zu ermitteln gestatten.

Der Reibungskoeffizient hängt vom Flächendruck, von der Geschwindigkeit der rotierenden Welle, von Temperatur und Dicke der Schmierschicht, vom Lager- und Zapfenmetall und dem Bearbeitungszustand des letzteren usw., ab. Insbesondere die Differenz der Radien von Lagerschale und Zapfen ist von großem Einfluß auf die Höhe des Reibungskoeffizienten.

Die verschiedenen Ölprobiermaschinen weichen nun in wesentlichen Prinzipien ihrer Konstruktion nicht nur voneinander, sondern auch von den mannigfaltig gestalteten Arbeitsmaschinen der Praxis recht erheblich ab, daher sind die auf ihnen ermittelten Reibungskoeffizienten weder untereinander vergleichbar, noch können sie ohne weiteres auf praktische Fälle übertragen werden; sie gelten vielmehr nur für die Arbeitsbedingungen jeder einzelnen Maschine.

Für manche Verwendungszwecke, z. B. für die Schmierung der Dampf- und Gasmotorzylinder, der Heißdampfturbinen usw., sind die entsprechenden Bedingungen auf den bekannteren Ölprobiermaschinen nicht hergestellt.

Bei der Auswahl der Öle für solche Zwecke und überhaupt in allen denjenigen Fällen, in denen die Gebrauchsbedingungen nicht genau zu charakterisieren, sondern nur summarisch anzugeben sind, hält man sich an solche typischen Ölsorten, die sich nach der Erfahrung im Betriebe bewährt haben, oder stellt unmittelbar praktische Versuche auf den in Frage kommenden Maschinen unter gleichzeitiger Feststellung des Verbrauchs an. Im ersteren Fall sind die bewährten Öltypen durch die chemischen und physikalischen Prüfungen im allgemeinen genügend zu charakterisieren.

Die Martens-Maschine, die im Prinzip der Messung der Reibung auf die Thurston-Maschine zurückgeht und im Kgl. Materialprüfungsamt benutzt wird, ist auch in kleinerem, für die Bedürfnisse der Praxis konstruierten Modell (Fig. 57) gebaut[1]).

[1]) Zu beziehen von der Deutschen Waffen- und Munitionsfabrik in Karlsruhe. Eingehende Beschreibung „Mitteilungen“ 1890, **8**, 1.

Die bei Transmissionen und sonstigen Achslagern am häufigsten vorkommenden Fälle der horizontal gelagerten Achse sind bei

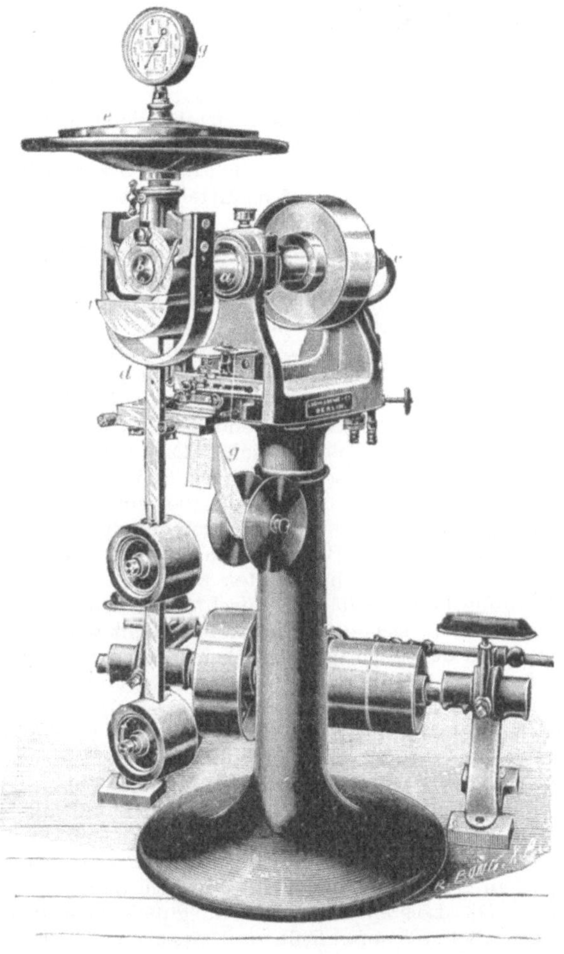

Fig. 57.

der Maschine berücksichtigt, diese gestattet, die Öle unter wechselnden Geschwindigkeits-, Druck- und Temperaturverhältnissen zu prüfen.

Sie besteht in ihren wesentlichen Teilen aus der Welle *a*, Versuchszapfen *b*, welchem durch Riemenantrieb Oberflächengeschwindigkeiten von 0,5—1,0 und 2,0 m/sec erteilt werden, dem auf dem Zapfen reitenden Pendelkörper *d e*, welcher die Lagerschalen trägt, aus einer Wasserkühlung, welche die Temperatur der Schmierschicht regelt, und aus einer Schreibvorrichtung, welche auf einem Papierstreifen den Pendelausschlag verzeichnet.

Die Schmierung bewirkt das feststehende Tauchbad *f*, doch können auch andere Schmiervorrichtungen benutzt werden. In die der Länge nach durchbohrte Welle führt ein Wasserzuleitungsrohr *c*, welches den hohlen Versuchszapfen mittels einer Brausevorrichtung kühlt oder erwärmt. Die Lagerschalentemperatur kann so auf bestimmte, der Umdrehungsgeschwindigkeit und dem Druck anzupassende Höhen gebracht werden.

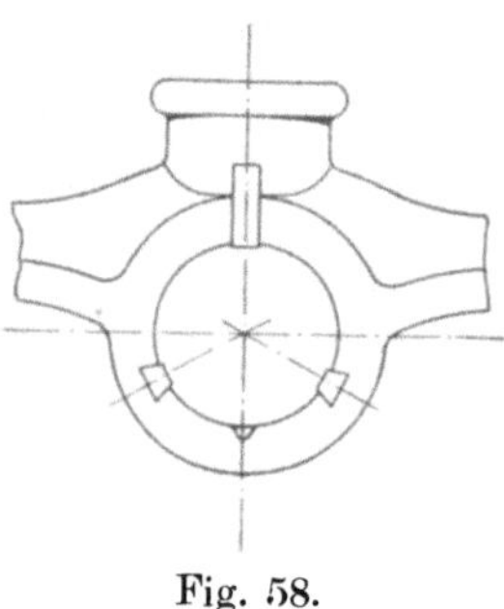

Fig. 58.

Der 100 mm starke und 70 mm lange Versuchszapfen ist aus zähem, dichtem Stahl herzustellen und muß vollkommen rundlaufend geschliffen und hochglanzpoliert sein. Das Einlaufen der Lagerschalen mittels Polierrot und Öl geschieht so lange, bis bei einer Anzahl von Versuchen mit reinem Rüböl unter gleichen Bedingungen gleiche Pendelausschläge beobachtet werden.

Der Reibungskoeffizient wird durch den Ausschlag des Pendelkörpers *d* gemessen. Der auf die Schmierschicht wirkende Flächendruck wird durch den Napolischen Druckerzeuger *e* hervorgerufen. Dieser wird in den Kopfkörper hineingeschraubt und drückt mittels eines Stempels auf die obere Lagerschale. Der Druck überträgt sich durch die Kopfplatte des Stempels und durch die abschließende Gummischeibe auf das im oberen Raum des Druckerzeugers befindliche Wasser und von hier aus auf das Manometer *g*.

Um einen möglichst gleichmäßigen Druck auf alle Teile der Lagerschalen wirken zu lassen, werden nicht solche Lagerschalen benutzt, die den Zapfen vollständig umschließen, sondern drei schmale Leisten, die in gleichen Abständen um den Zapfen verteilt sind (s. Fig. 58). Die Leisten sitzen fest im gußeisernen Pendelkörper, der den Zapfen so eng umschließt, daß zwischen ihm und der Oberfläche des Zapfens nur ein Raum von etwa 0,5 mm Dicke verbleibt. Diesen Zwischenraum füllt das zu prüfende Öl, in welches die untere Seite des Zapfens eintaucht, sehr leicht aus, so daß für reichliche Schmierung gesorgt ist. Außer diesen Lagern werden auch solche mit vollen Schalen benutzt. Der doppelwandige Ölbehälter ist so eingerichtet, daß man kaltes oder warmes Wasser, auch Dampf durch das äußere Gefäß leiten kann. Die in die unteren Lagerschalen eingelassenen Stabthermometer von 0—120° sind rechtwinklig gebogen und an dem Gußkörper befestigt. Der selbsttätig aufgezeichnete Ausschlag des Pendels gibt ein Maß für die Größe der Reibung, beziehentlich für den Reibungskoeffizienten.

Im Materialprüfungsamt werden die Prüfungen auf der Probiermaschine unter Anwendung folgender Druck- und Wärmestufen ausgeführt:

Tabelle 30.

bei $p = \frac{Q}{3f} =$	10	25	40	53	66	80	93	106	119	132	145	158	*at*
und t 0,5 m/sec	22,0	22,8	23,5	24,1	25,4	27,0	29,4	33,0	38,5	45,0	52,0		
1,0 ,,	23,5	26,8	30,0	33,2	36,8	40,7	45,0	49,5	55,0	61,4	68,0	—	°C
2,0 ,,	31,0	34,5	38,0	41,7	45,3	48,6	54,5	59,5	65,5	72,0	79,0		

worin Q die Gesamtbelastung in kg und f die reibende Fläche einer Lagerschale in Quadratzentimetern bedeutet. Nach Erreichung der richtigen Versuchstemperatur läßt man die Maschine noch etwa 5 Minuten laufen. Der Pendelausschlag kann während dieser Zeit noch um ein geringes abnehmen; es ist aber für praktische Zwecke untunlich, bis zum Eintritt des Beharrungszustandes zu warten, zumal wesentlich andere Ergebnisse dadurch nicht erzielt werden.

Die Kontrolle über den normalen Zustand der Reibungsflächen usw. wird dadurch geführt, daß von Zeit zu Zeit ein frisches raffiniertes Rüböl, das zu dem Zwecke sehr sorgfältig verschlossen aufzubewahren ist, auf der Maschine geprüft wird. Die Reibungskoeffizienten müssen innerhalb der Fehlergrenzen von 10 % unter gleichen Versuchsbedingungen die gleichen werden. Ist dies nicht der Fall, so muß man die Maschine unter mittlerem Druck (p = 50—70 kg) so lange einlaufen lassen (zuweilen wochenlang), bis sie den normalen Zustand wiedererlangt hat.

Noch mehrere andere Ölprobiermaschinen sind in Vorschlag gebracht worden, die aber in Rücksicht auf den Zweck des Buches nicht alle hier beschrieben werden können. Erwähnt sei die Maschine von Dettmar, (Fabrikant Lahmeyer & Co., Frankfurt a. M., s. a. H. Dettmar, Neue Versuche über Lagerreibung usw., Dinglers Polyt. Journal 1900, 88), von Fein-Kapff (Dinglers Polyt. Journ. 1900, 608 und Z. Ver. deutsch. Ing. 1901, 343), der Apparat von Wilkens (Elektrotechn. Zeitschr. 1904, Heft 7), die Maschine von Kirsch-Wien und die Ossag-Maschine der Ölwerke Stern-Sonneborn.

Über die Theorie der Reibung ist im Anschluß an die Arbeiten von Petroff und Reynolds von Striebeck (Z. Ver. deutsch. Ing. 1902, **46**, 341), Sommerfeld (Zeitschr. f. Math. u. Phys. 1904, 97) und neuerdings von Ubbelohde (Petrol. 1912, **7**, 773,

882, 938) berichtet worden. Danach ist der Reibungswiderstand abhängig, außer von der Zähigkeit, von der relativen Geschwindigkeit der reibenden Flächen und von der Differenz der Radien von Lagerschale und Zapfen. Bei der Auswahl eines Schmiermittels für ein Lager, bei dem Geschwindigkeit, Druck und Differenz der Radien feststeht, ist ein solches Öl auszuwählen, daß seine Zähigkeit bei der Lagertemperatur das Optimum der Schmierwirkung ausübt nach der Gleichung:

$$U_{\text{min.}} = \frac{\delta^2 \cdot P}{15{,}1 \cdot \eta\, r^2}$$

Hierin bedeutet U die Geschwindigkeit, δ die Differenz der Radien von Zapfen und Lagerschale, P den Druck, η die Zähigkeit des Schmiermittels und r den Radius des Zapfens.

Von Ubbelohde ist experimentell gezeigt worden, daß alle Öle gleicher Zähigkeit unter sonst gleichen maschinellen Verhältnissen denselben Reibungskoeffizienten ergeben, wenn man die Zähigkeit als spezifische Zähigkeit ausdrückt. Er meint, daß man diesen Zusammenhang bisher nicht scharf erkannt habe, weil man an Stelle der Zähigkeit die praktisch ermittelten Englergrade setzte, die ja, wie oben erwähnt, der absoluten Zähigkeit nicht proportional sind. Es wäre also falsch, irgend einem Öl besonderer Herkunft oder Herstellungsart, besonders einem raffinierten Öl an sich eine höhere Schmierfähigkeit beizumessen als einem andern, da es nur auf die Zähigkeit im rein mechanischen Sinne ankomme. Man verwendet bei höheren Temperaturen, Heißdampfzylindern, Luftkompressoren usw. nur aus dem Grunde gut raffinierte Öle, weil schlecht raffinierte Öle sich zu leicht zersetzen und zu Rückstandsbildungen usw. Anlaß geben. Demnach wären Prüfungen der Öle auf den Ölprobiermaschinen überflüssig, denn man kann die Reibungskoeffizienten vorhersagen, wenn man die Zähigkeit des Öles kennt und den Umrechnungsfaktor für die in Frage kommende Maschine ein für allemal ermittelt hat.

Der Reibungskoeffizient ist, wie vorstehend angegeben wurde, nicht nur abhängig von Zähigkeit, Druck und Geschwindigkeit, sondern auch von der Form des Lagers, insbesondere von der Differenz der Radien von Lagerschale und Zapfen. Letzterer Einfluß ist nach Ubbelohde bei den Ölprobiermaschinen überhaupt nicht berücksichtigt. Da die Lagerform z. B. bei der

Martensschen Maschine (drei schmale Stege) von den gebräuchlichen Lagern erheblich abweicht, kann man die auf dieser Maschine ermittelten Reibungskoeffizienten nicht auf praktische Verhältnisse übertragen, was übrigens der Konstrukteur dieser Maschine auch nicht beansprucht.

IX. Verhalten in der Kälte.

Bei abnehmender Temperatur werden die Schmieröle dickflüssiger und erstarren schließlich vollständig. Der Kältepunkt schwankt je nach dem Paraffingehalt bei Ölen verschiedener Herkunft in sehr weiten Grenzen.

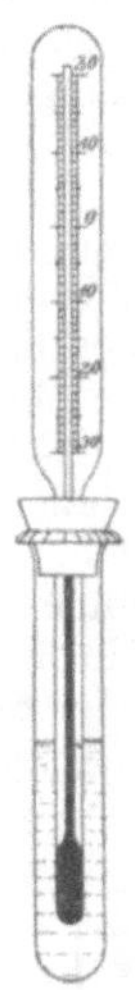

Für die Ermittelung der Konsistenz der Mineralöle in der Kälte sind folgende Punkte zu beachten:

1. Werden Mineralöle beim Übergang aus dem tropfbar flüssigen in den salbenartig festen Zustand bewegt, so kann das Gefrieren infolge von Zerstörung der gebildeten netzartigen Paraffin- oder Pechausscheidungen wesentlich verzögert werden. Mineralöle müssen also ohne Erschütterung abgekühlt werden.

2. Die Öle sind wenigstens eine Stunde lang abzukühlen, da die festen Paraffinteilchen sich sehr langsam abscheiden und das Öl nur sehr allmählich die Temperatur der Umgebung annimmt. Durch Erhitzen der Öle vor der Abkühlung können infolge physikalischer Umlagerungen gelöster Stoffe oder durch Schmelzen von suspendierten Paraffin- oder Pechteilen, die bei darauffolgendem Abkühlen sich nicht gleich wieder ausscheiden, die Gefriergrenzen verschoben werden. Solche Änderungen, welche insbesondere auch durch die kolloidale Natur der Mineralöle bedingt sein dürften, können auch eintreten, wenn das erhitzte Öl auf Zimmerwärme gebracht und dann wiederholt auf die in Frage kommende Temperatur abgekühlt wird. Diese auch beim Versenden und beim Lagern in Frage kommenden Temperaturschwankungen bewirken, daß einzelne Öle, ohne weitere Behandlung geprüft, zu verschiedenen Zeiten ganz erheblich verschiedene Gefriergrenzen zeigen (vgl. Tab. 31 und 32, S. 166).

Fig. 59.

3. Helle Mineralöle erscheinen in der Kälte bisweilen völlig klar, während sie bereits gelatinös erstarrt sind.

Bei der Untersuchung ist nun entweder festzustellen, ob und in welchem Maße das Öl bei einer vorgeschriebenen Temperatur (—5 oder — 15 ° usw.) flüssig ist, oder wann es die ersten Ausscheidungen gibt und schließlich salbenartig fest wird. Da hierzu ohne ungefähre Kenntnis der Gefriergrenze des Öles Abkühlung auf verschiedene Kältegrade erforderlich wäre, so prüft man zunächst im Vorversuch (nach Fig. 59) in einer Mischung von Eis und Viehsalz unter zeitweisem Neigen des Glases nach momentanem Herausnehmen aus der Kältemischung die Konsistenz und äußere Beschaffenheit.

Von Mineralölen sind stets Proben im ursprünglichen unerhitzten und im erhitzten Zustand zu prüfen. Im zweiten Falle wird das Öl vorher 10 Minuten auf 50° erhitzt und dann $\frac{1}{2}$ Stunde im Wasserbade auf 20° gehalten. Die Abkühlung der Öle auf die Prüfungstemperatur dauert sowohl bei dem Reagenzglasverfahren als bei dem exakteren U-Rohr-Verfahren 1 Stunde.

Fette Öle sind, sofern sie nicht schon vorher erstarren, 4 bis 10 Stunden im Reagenzglas abzukühlen, und zwar eine Probe unter Vermeidung von Bewegung, eine zweite unter viertelstündlichem kurzen Umrühren mit einem Glasstab. Das gleiche gilt für Gemische von Mineralölen mit fetten Ölen.

Um die Öle genügend lange auf konstante Temperatur abzukühlen, werden sie in gefrierenden Salzlösungen von verschiedener, dem konstant zu haltenden Gefrierpunkt (s. nachfolgende Übersicht) angepaßter Zusammensetzung abgekühlt. Die Lösungen werden durch Mischungen von etwa 1 T. Viehsalz und 2 T. feingestoßenem Eis oder Schnee, die eine Temperatur von — 21 ° geben, zum langsamen Gefrieren gebracht.

In 100 T. Wasser

0°	—3°	—4°
Eis.	13 T. Kalisalpeter.	13 T. Kalisalpeter, 2 T. Kochsalz.
— 5°	—8,7°	—10°
13 T. Kalisalpeter, 3,3 T. Kochsalz.	35,8 T. Chlorbarium.	22,5 T. Chlorkalium.
— 14°	— 15 bis — 15,4°	
20 T. Salmiak.	25 T. Salmiak.	

Die Versuche werden wie folgt ausgeführt:

a) Einfaches Reagenzglas-Verfahren. Bei diesem für viele praktische Zwecke ausreichenden Verfahren (Fig. 60—61) wird durch den bloßen Augenschein beobachtet, ob das Öl bei der Versuchstemperatur tropfbar flüssig bleibt oder salbenartig bzw. talgartig erstarrt. (Hofmeister, Mitteilungen 1889, 7, 24.)

Die Salzlösung befindet sich im emaillierten, 12 cm breiten Topf *a*, die Kältemischung von Eis und Salz im irdenen, mit Filz umwickelten

Topf *b*, der zwecks Vermeidung von Erwärmung der Eis-Salz-Mischung mit einem aus 2 Hälften bestehenden ringförmigen Deckel bedeckt ist. Die bis zu einer 3 cm hohen Marke mit Öl gefüllten Reagenzgläser von 15 mm Weite werden in das Gestell *defg* (Fig. 61) gebracht. Nach einstündiger Abkühlung der Proben beobachtet man die Konsistenz der Öle durch Neigen der Gläser. Je nachdem ein mit dem Öl abgekühlter Glasstab beim Anheben so fest haftet, daß das Glas mitgehoben wird oder nicht, gilt das Öl als dick- oder dünnsalbenartig[1]). Überkältung der gefrierenden Salzlösungen vermeidet man durch Abstoßen der gefrorenen Teile von den Wandungen des Topfes und zeitweises Herausnehmen des Topfes aus der Kältemischung. Die Temperatur der Salzlösung wird an einem genauen Thermometer abgelesen.

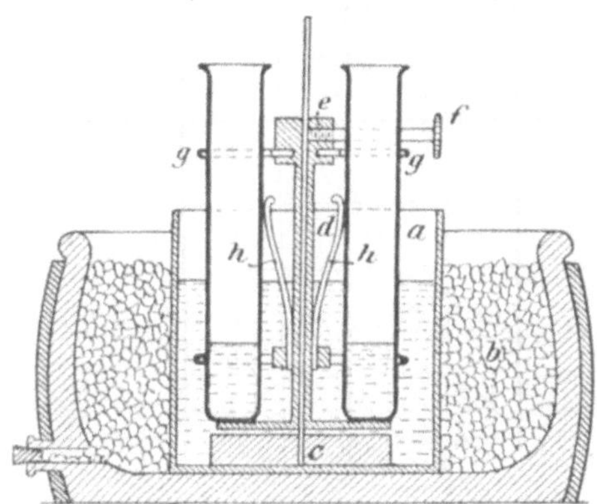

Fig. 60.

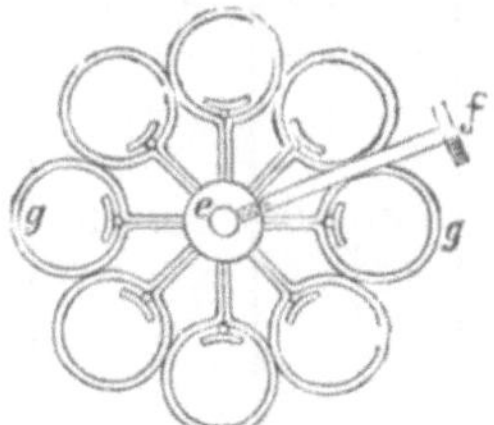

Fig. 61.

Temperaturen von — 20 ° bis — 21 ° erhält man bequem konstant durch Einbringen der Mischung von Eis und Viehsalz in ein Gefäß, welches in ein zweites, ebenfalls mit jener Mischung gefülltes Gefäß gestellt wird. Bei einiger Übung genügt die schätzungsweise Entnahme der Eis- und Salzmengen zur Erzeugung einer Temperatur von — 21 °.

Zur Erzeugung noch tieferer Temperaturen gibt man in das innere und äußere Gefäß Alkohol und kühlt diesen durch feste Kohlensäure ab; man kann so genügend lange Zeit Temperaturen von — 25°, — 30° usw. konstant erhalten.

b) Zur zahlenmäßigen Vergleichung des Fließvermögens in der Kälte bedient man sich bei Mineralölen, wenn nicht andere Vorschriften gegeben sind, in der Regel der in Fig. 62—67 abgebildeten Apparate, von denen Fig. 62 die bei den preußischen Bahn-

---

[1]) Über die Erwärmung der Proben vor den Versuchen siehe nachstehend unter b. 1.

Tabelle 31.

Veränderliche Erstarrungsgrenze von hellen amerikanischen Mineralspindelölen.

Zeichen des Öles	fe bei 20°	fe bei 50°	Spez. Gewicht bei 20°	Flammpunkt Apparat Pensky °C	Säuregehalt	Aufstiege im U-Rohr in 1 Min. mm: 0° nicht erwärmtes Öl	0° 10 Minuten auf 50° erwärmt	—3° nicht erwärmt	—3° 10 Minuten auf 50° erwärmt	—5° nicht erwärmt	—5° 10 Minuten auf 50° erwärmt
a	7,40	2,40	0,8598	194	säurefrei	—	—	20	0	0	0
b	7,70	2,46	0,8612	191	desgl.	—	—	19	0	0	0
c	5,24	2,03	0,8809	162	desgl.	10,5	6	0	0	—	—
						22 (2 Tage später)	3	—	—	—	—

Tabelle 32.

Veränderliche Erstarrungsgrenze eines schweren hellen russischen Mineralmaschinenöles.

fe bei 20°	fe bei 50°	Spez. Gew., bei 20°	Flammpunkt °C Apparat Pensky	Säuregehalt	Aufstieg in 1 Min. im U-Rohr bei 50 mm Wasserdruck mm	Konsistenz im 15-mm-Reagenzglas
31,2	5,5	0,9040	161	säurefrei	unerhitztes Öl —15°—12°—10°—7° 10—13 20 25 27	unerhitztes Öl —15° —12° —10° sämtlich fließend
					auf 30° erhitzt, unverändert	auf 50° erhitzt und dann 1 Tag bei Zimmerwärme gestanden —15° —12° —10° sämtlich nichtfließend
					auf 50° erhitzt —15°—12°—10°—7° 0 4 10 20	

verwaltungen, Fig. 67 die im Materialprüfungsamt benutzte Gesamtanordnung darstellen.

1. Das in der Probeflasche gut durchgeschüttelte Öl wird zur Entfernung mechanischer Verunreinigungen durch ein Sieb von $\frac{1}{3}$ mm Maschenweite gegossen. Zur Berücksichtigung der Einflüsse von Erhitzung auf den Kältepunkt werden zwei unerhitzte und zwei 10 Min. auf 50° im Wasserbade erhitzte Proben nach einstündiger Abkühlung auf die Versuchstemperatur geprüft. Bei strengen Anforderungen ist außerdem noch eine, wie beschrieben, erhitzte und dann, nach einstündiger Abkühlung bei der Prüfungstemperatur oder bei —25° auf Zimmerwärme gebrachte Probe zu prüfen, falls die ersten, nicht erhitzten Proben den vorgeschriebenen Kältepunkt gezeigt haben. Das Erhitzen der Probe erfolgt ebenso wie bei dem einfacheren Verfahren der Kälteprüfung (S. 164) direkt im Proberöhrchen, in dem später die ständige Abkühlung erfolgt (Fig. 63 und 65).

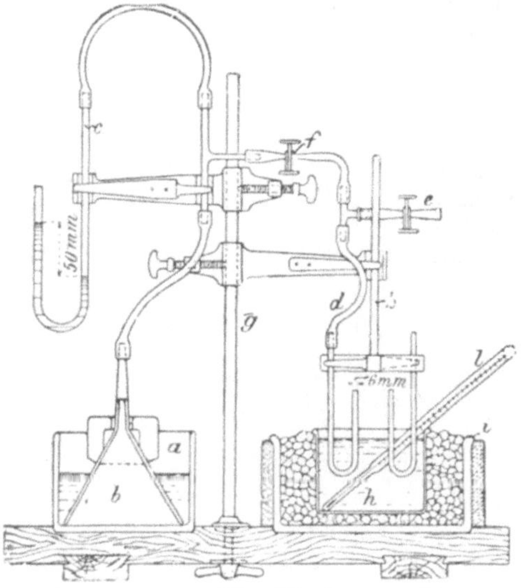

Fig. 62.

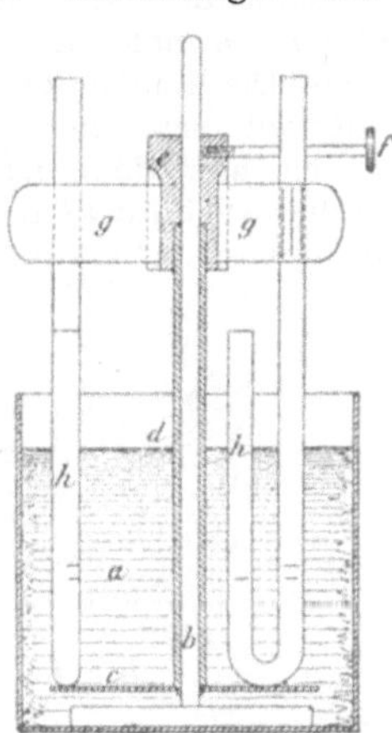

Fig. 63.

2. Die Öle werden in die U-Röhren durch den langen Schenkel mittels kleiner mit Gummiball versehenen Pipetten (Fig. 66) bis zur 0-Marke eingefüllt; bei dem kürzeren Schenkel schließt sich an die 0-Marke nach oben hin eine Millimeterteilung an. Die Weite der Röhren darf, auch an der Biegungsstelle, gegen die vorgeschriebenen 6 mm höchstens um $\pm$ 0,3 mm abweichen und ist vor Benutzung der Röhren durch kleine Stahlkugeln (von Kugellagern, Durchmesser 5,7 bzw. 6,3 mm) zumessen. Die schwächere Kugel muß eben durch die Biegungsstelle durchgerollt werden können, die stärkere

darf nicht hindurchgehen. Die Entfernung der beiden Schenkel der U-Röhren voneinander soll 7 mm betragen.

3. (Fig. 67.) Der oben durch die Schlauchklemme *k* und das Wassermanometer *n* abgeschlossene Trichter *a* wird, beschwert durch das Gewicht *c*, auf das Wasser im Gefäß *b* gesetzt. Hierdurch entsteht in dem Trichter und dem anschließenden Luftraum in den Verbindungsschläuchen und Röhren ein der Niveaudifferenz des Wassers im Trichter und außerhalb desselben entsprechender Druck, der im Manometer gemessen wird. Die Einstellung des Druckes auf genau 50 mm Wassersäule geschieht durch Zugießen von Wasser in *b* oder Lüften des Quetschhahnes *k*, wobei Quetschhahn *l* geöffnet ist.

4. Die langen Schenkel der im Kältebad befindlichen U-Röhren werden mit dem Druckerzeuger durch die Schläuche und den Zehnwegehahn *e* verbunden; vorher wird

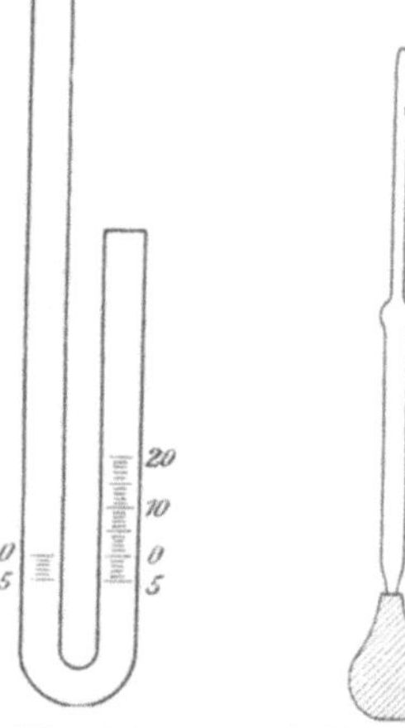

Fig. 64. Fig. 65. Fig. 66.

der Quetschhahn *l* von dem Schlauch des Dreiwegestücks abgezogen, damit das Zusammenpressen der Luft während des Aufsetzens der Schläuche vermieden wird. Hierauf läßt man den Druck 1 Minute lang auf die Öle einwirken, indem man den Quetschhahn *k* lüftet. Dann wird durch schnelles Abziehen des Quetschhahnes *l* der gewöhnliche Luftdruck hergestellt. Der an der Skala am kürzeren Schenkel beobachtete Aufstieg, welcher auch nach dem Abfließen des Öles durch die zurückbleibende Benetzung der Wände zu erkennen ist, gilt als Maß für das Fließvermögen der Öle; eine im Öle etwa auftretende Trübung oder Ausscheidung von Paraffinkristallen wird mitbeobachtet.

Gegenwart von Wasser läßt Öl nicht leichter erstarren, da das Wasser in Mischung mit unter 0° erstarrenden Ölen sehr zu Überkältungszuständen neigt; ja, es sind sogar mehrfach Fälle beobachtet worden, in denen die Zumischung von Wasser die Erstarrungstemperatur herabsetzte.

X. Verdampfbarkeit und Entflammbarkeit.

Die Mineralschmieröle, d. h. die am höchsten siedenden Destillationsprodukte oder Residuen des Rohpetroleums, sollen erst bei starker Erhitzung verdampfbar sein. Es wurde früher der verhältnismäßig einfach zu bestimmende Entflammungspunkt

Fig. 67.

fast allein als Vergleichsmaßstab für die Verdampfbarkeit der Öle angesehen. Die Qualitäten von Maschinenölen, insbesondere aber diejenigen der Dampfzylinderöle werden daher erfahrungsgemäß — ceteris paribus — nach der Höhe der Flammpunkte beurteilt. Man bedient sich hier je nach Zweck der Prüfung offener oder geschlossener Prober.

Der Flammpunkt kann aber immer nur einen angenäherten Schluß auf den Grad der Verdampfbarkeit eines Schmieröls gestatten, wenn er oberhalb der festgesetzten Minimalgrenze liegt. Bei auffallend niedrigem Flammpunkt muß man entweder einen

Destillationsversuch im Englerkolben zur Ermittelung der Gegenwart von Petroleum oder benzinartigen Ölen oder bei Abwesenheit dieser Öle einen direkten Verdampfungsversuch im offenen Gefäß unter Bestimmung der Verdampfungsmenge zur Beurteilung der Qualität anstellen[1]). Praktisch werden die direkten Bestimmungen der Verdampfbarkeit fast nur für Dampfzylinder-, Heißdampfmaschinen-, Dampfturbinen- oder Transformatorenöle (S. 101) herangezogen.

Außer dem Flammpunkt wird zur Charakterisierung der Verdampfbarkeit oder Feuergefährlichkeit auch der Brennpunkt, d. i. diejenige Temperatur, bei welcher auf Annäherung einer Zündflamme die Oberfläche ununterbrochen brennt, herangezogen. Dieser Punkt gilt sogar gegenüber der Flammpunktsprüfung einigen Autoren als schärferer Maßstab für die Verdampfbarkeit der Schmieröle, weil die erstere, besonders im geschlossenen Prober, schon sehr geringe Mengen leicht entzündlicher Dämpfe (z. B. Benzin) anzeigt.

a) Verdampfbarkeit. Zur genauen Ermittelung der bei bestimmten hohen Temperaturen in bestimmten Zeiten verdampfenden Ölmengen wird die in Fig. 68 und 69 dargestellte Vorrichtung von Holde[2]) benutzt.

Bei dem Apparat (Fig. 68) werden das in seinen Abmessungen genau festgelegte Ölgefäß des Penskyschen Flammpunktprüfers, oder nach Vorschlag von Eger gleich dimensionierte Porzellantiegel, die wegen ihres wesentlich geringeren Gewichts bessere Wägung gestatten und das Überkriechen des Öles eher verhindern sollen, benutzt. In dem äußeren Dampfbad werden durch den Brenner je nach der gewünschten Versuchstemperatur, wäßrige 33 proz. Kochsalzlösung vom Siedep. 107°, Toluol (Kp. = 111°), Anilin (Kp. = 184°), Nitrobenzol (Kp. = 209°), Diäthylanilin (Kp. = 216°) oder Anthrazen (Kp. = 343°) zum Sieden gebracht. Zur Verflüssigung

---

[1]) Die Festsetzung einer Minimalgrenze für den Flammpunkt ist für Eisenbahnöle, Maschinenöle, Zylinderöle usw. erwünscht, um das Schmieröl in einfacher Weise als frei von leichtflüchtigen Ölen und nicht feuergefährlich zu kennzeichnen, ferner zum Identitätsnachweis, und weil der Flammpunkt bis zu einem gewissen Grade mit wesentlichen Eigenschaften der Öle zusammenhängt. Die Höhe dieser Grenzen ist für die verschiedenen Sorten von Ölen nach Maßgabe der besonderen Betriebsbedürfnisse festzusetzen (deutsche Verbandsbeschlüsse).

[2]) Lieferant: Paul Altmann, Berlin NW, Luisenstr. 21

der Dämpfe dient ein Wasserkühler oder ein 1 cm weites, 1,5 m langes Dephlegmatorrohr. In der einen Tülle sitzt ein Thermometer *t*, in einer anderen ein Schwimmer.

Durch das Sicherheitsdrahtnetz, in welches durch eine schmale Öffnung der Brenner eingepaßt ist, ist die Gefahr des Anbrennens der Dämpfe der Siedeflüssigkeit fast ausgeschlossen. Der Brenner wird nach Beiseiteschieben der Klappe angezündet.

Statt der Gasheizung kann man zweckmäßig auch elektrische Heizung im Boden des Badesanbringen (Fig. 69).

Fig. 68.

In die kleinen Kessel kommt als Wärmeüberträger für die Erhitzung der einzuhängenden Penskyschen Ölgefäße entweder Glyzerin (für Versuche bei 100 bis 200°) oder hochentflammbares Dampfzylinderöl (fp höher als 300° im Pensky-Apparat) für Versuche über 200 bis 300°. Das zu prüfende Öl wird bis zur Auffüllmarke, d. h. in 3,5 cm hoher Schicht, in den Penskyschen Tiegel eingefüllt. Der Tiegel wird in das Glyzerin- bzw. Ölbad erst eingesetzt, wenn das Thermometer im Dampfbad schon einige Minuten den Siedepunkt des eingefüllten Körpers zeigt.

Das zu prüfende Öl im Tiegel nimmt wegen eigener Wärmeabgabe und derjenigen des Zwischenbades nach außen nicht ganz die Temperatur des Dampfbades an. In siedender Salzlösung (Siedetemperatur etwa 107°) wurde ein in den Tiegel gebrachtes Öl nahezu 100°, in Nitrobenzoldämpfen nur 193—195°, in Anthrazendämpfen 305—310° heiß. Um diese Erwärmung in jedem Fall messen zu können, bringt man in je eine der zu prüfenden Ölproben ein Thermometer und wischt zum Schluß der Versuche die am Thermometer nach dem Herausnehmen anhaftende Ölmenge mit einem Stückchen Fließpapier ab, welches zu Anfang gemeinschaftlich mit dem ölgefüllten Tiegel gewogen wurde. Der nach dem Versuch in Wasser abgekühlte Tiegel wird mit Ölinhalt und ölhaltigem Fließpapier nach Abtrocknen der

Außenwandungen und nach wenigstens ½stündigem Verbleiben im Exsikkator gewogen.

Bei der Bestimmung der Verdampfbarkeit bei höheren Temperaturen als 300 °, z. B. bei 350 °, wird der mit dem Öl gefüllte Tiegel im Heizkörper des Penskyschen Flammpunktsapparats durch Dreibrenner erhitzt, wobei sich bei einiger Übung gleichfalls gute Temperaturkonstanz erzielen läßt; nur bedarf ein derartiger Versuch natürlich der ständigen Überwachung während der ganzen Erhitzungsdauer.

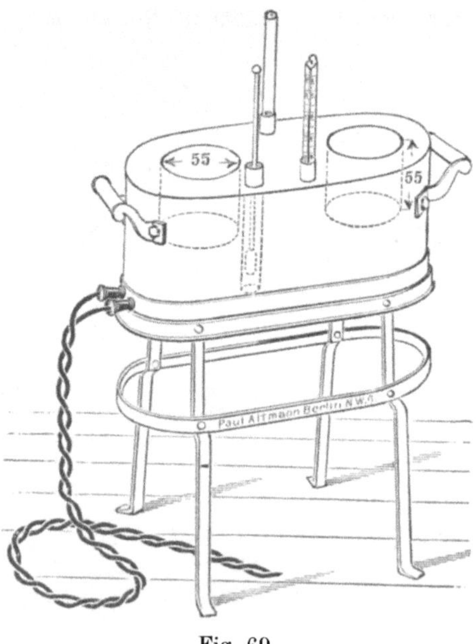

Fig. 69.

Bei der Prüfung nach dieser Methode zeigten Dampfzylinderöle, für die eine Ermittelung der in bestimmter Zeit verdampfenden Ölmengen von besonderer praktischer Bedeutung ist, bei einem Flammpunkt von 250—300° nach zweistündigem Erhitzen auf 200° einen Verdampfungsverlust von 0,03 bis 0,10%, selten bis 0,15%, nach zweistündigem Erhitzen auf 300° 0,2 bis 1,2, selten bis 2,3 %, bei 350° 8—15 %. Der beschriebene Apparat liefert bei Wiederholungsversuchen gut übereinstimmende Werte und ist auch von den preußischen Behörden in die Lieferungsbedingungen für Dampf- und Heißdampfzylinderöle aufgenommen.

H. Camerman und H. Nicolas (Mitteil. des Intern. Verb. f. d. Materialprüfungen d. Technik, 1910, Heft 15, 186) bestimmen durch Einleiten von überhitztem Dampf (z. B. 300°) in ein zylindrisches, unten konisch verlaufendes Gefäß, in welches das zu prüfende Öl durch Quecksilberdruck hineintropft, wieviel Öl in einer bestimmten Zeit (z. B. 50 Min.) fortdampft und wieviel zurückbleibt. Letzteres wird als der eigentlich brauchbare Teil, ersteres als der unbrauchbare, mit dem Zylinderdampf fortgeführte Teil des Öles angesehen. Je mehr ein Öl mit dem Dampf nicht fortführbare Anteile enthält, umso besser verwertbar soll es zur Zylinderschmierung sein.

b) Flammpunktsbestimmung. 1. Der Pensky-Martenssche Apparat[1]) (Querschnitt Fig. 70a, Grundriß des Deckels Fig. 70b, S. 174) gestattet wegen der Art der Erhitzung, der Führung der Zündflamme und der Beobachtung der Entflammung ein sichereres Arbeiten als die offenen Prober, bei denen die Dampfansammlung über der Oberfläche der Öle beim Arbeiten in einem nicht zugfreien Raum leicht gestört wird. Ein Vorzug des Pensky-schen Probers ist ferner die Vergleichbarkeit der Ergebnisse mit den auf den Abelschen Probern gewonnenen Resultaten bei niedriger entflammbaren Ölen. Eigentümlich und vereinzelt als störend empfunden ist bei diesem Prober seine große Empfindlichkeit. Es drücken nämlich bereits sehr geringe Mengen leichtflüchtiger Dämpfe, welche im offenen Tiegel ungehindert und unbeobachtet entweichen, den Flammpunkt im Pensky-Apparat oft überaus stark herab (s. S. 180).

Die Ölprobe wird im Gefäß E bis zur 35 mm hohen Marke M eingefüllt und durch den Dreibrenner erhitzt. Das Gefäß E ruht, durch eine Luftschicht davon getrennt, in dem Eisenkörper H, welcher durch den mit Asbestpappe außen bekleideten Messingmantel L vor zu starker Wärmeabgabe geschützt wird. Von 100 ° an wird beständig der Handrührer J bewegt. Von 120 ° an wird das durch Gas oder Rüböl gespeiste Zündflämmchen Z durch Drehung des Griffes G zunächst von 2 ° zu 2 ° und später, wenn das Zündflämmchen beim Eintauchen größer erscheint, etwa 2 Sek. lang unter Aussetzen des Rührens von Grad zu Grad in den Dampfraum des Gefäßes E getaucht, bis deutliches Aufflammen der Dämpfe eintritt. Die hierbei am Thermometer T abgelesene Temperatur, bei welcher die Korrektur für den herausragenden Quecksilberfaden und etwaige Fehler des Thermometers zu berücksichtigen sind, ist der Flammpunkt. Nach dem Aufflammen erlischt zuweilen das Zündflämmchen. Beim Wiedereintauchen des wieder in Brand gesetzten Zündflämmchens braucht sich das Aufflammen nicht sofort zu wiederholen, da sich erst durch weiteres Erwärmen neue entflammbare Dampfmengen ansammeln. Man arbeitet zweckmäßig an einem Platz mit gedämpfter Beleuchtung.

Die Temperatur darf bei ständigem Rühren bis 120 ° noch 6—10 °, von 20 ° unterhalb der Entflammungstemperatur an nur

---

[1]) Verfertiger: Sommer & Runge, Berlin W-Friedenau, Bennigsenstraße 23.

4—6 ° in 1 Minute steigen. Hierdurch wird zu lange Versuchsdauer und Überhitzung des Öls vermieden.

Sollte der Flammpunkt, was bei Schmierölen selten vorkommt, unter 120 ° liegen, so muß von 80 ° an gerührt und von 100 ° an das

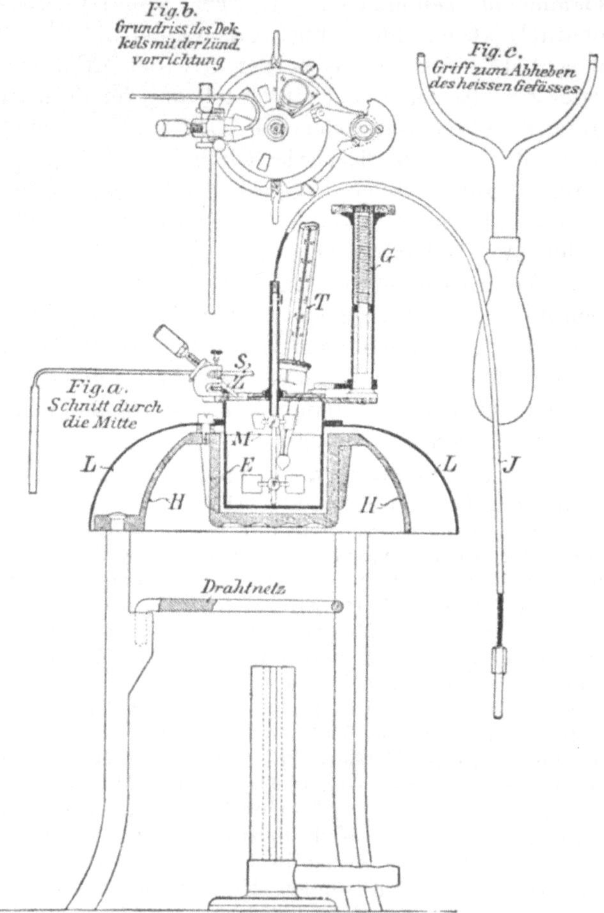

Fig. 70.

Zündflämmchen eingetaucht werden. Dem Verlöschen des Zündflämmchens beim Eintauchen wird begegnet durch das neben der Zündflamme angebrachte Sicherheitsflämmchen *S*.

Die erhaltenen Flammpunkte dürfen bei Wiederholungsversuchen im allgemeinen nur um höchstens 3 ° differieren; gewöhnlich liegen die Differenzen zwischen 0° und 2°. In der Regel genügen daher zur Mittelbildung 2 Wiederholungsversuche, nur in Zweifelsfällen ist ein dritter oder vierter Versuch auszuführen.

Wesentlich höher können die Unterschiede in den Wiederholungsversuchen bei Gemischen mit viel fettem Öl oder bei reinen fetten Ölen ausfallen, weil die Fette beim Erhitzen sich ungleichmäßig zersetzen und verschiedene Mengen brennbarer Gase bei Wiederholungsversuchen entwickeln. Kompoundierte Heißdampf-

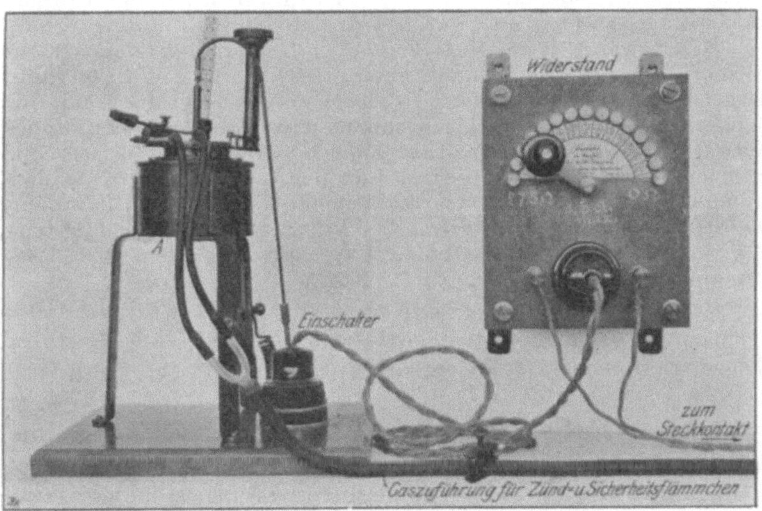

Fig. 71.

zylinderöle, die in der Regel 3,5 bis 5, selten bis 12 % tierisches Fett enthalten und der besseren Schmierwirkung wegen vielfach benutzt werden, zeigen gewöhnlich keine wesentlichen Unterschiede bei der Wiederholung der Flammpunktsbestimmung. Die Flammpunkte von Mineralölgemischen ergeben ähnliche Abweichungen von den durch die Mischungsregel berechneten nach unten, wie dies für die Viskosität von Ölgemischen angegeben worden ist (S. 143). Bei Zusatz kleinerer Mengen eines leicht entflammbaren Öles zu einem schwerer entflammbaren sind die Flammpunktserniedrigungen sehr bedeutend.

Öl, welches einmal zum Versuch benutzt wurde, ist nicht als einwandfrei für Wiederholungsversuche anzusehen, da sich der Flammpunkt durch Abgabe von Dämpfen etwas erhöht haben kann.

Die Thermometer zum Apparat werden von der P. T. R. so geprüft, daß sie während der Prüfung bis zur Hülse, entsprechend ihrer Benutzung in diesem Apparat, in das Temperaturbad eintauchen. Die unter diesen Umständen gemachten Fehlerangaben ersparen alsdann später die jedesmalige Berechnung der Korrektur für den herausragenden Faden. Man benutzt bei den nur mäßig hoch entflammbaren Eisenbahnwagenölen die gleichen Thermometer für die Prüfung im offenen Tiegel und liest so gleich korrigierte Flammpunkte ab.

Wasserhaltige Öle werden nur dann auf dem Penskyschen Apparat geprüft, wenn während der Prüfung die Zündflamme nicht häufig erlischt, anderenfalls sind sie vor den Versuchen durch Chlorkalzium und nachheriges Filtrieren zu entwässern.

Gut bewährt hat sich der in Fig. 71 abgebildete elektrisch heizbare Penskysche Flammpunktsprüfer[1]). Der mit Öl gefüllte Tiegel befindet sich in einem Heizkörper *A*, der einen durch Platinfolie heizbaren Schamottering, Glimmer und Wasserglas (als Bindemittel) enthält und mit einem Eisenblechmantel umgeben ist. Zur Regelung der Temperatur dient der an der Wand montierte Widerstand. Es empfiehlt sich, bei Maschinenölen, die bis 200° entflammen, die Stromstärke auf 1,5 Ampere, bei Zylinderölen, die bis 320° entflammen, die Stromstärke auf 1,7 Ampere zu halten. Die Bestimmungen sind in 20 Min. bis ½ Stunde durchführbar.

2. Im Abelschen Prober. Dieser Apparat wird ohne Berücksichtigung des Barometerstandes benutzt, wenn unter 50° entflammendes, z. B. mit Petroleum versetztes Schmieröl vorliegt.

3. Im offenen Tiegel. Das Verfahren schließt sich an die älteren Verfahren (Brenken) an und wird nach den Lieferungsbedingungen der preußischen Bahnverwaltungen in der von Marcusson verbesserten Form[2]) benutzt.

Man unterscheidet zwischen der bei Wagenölen für Eisenbahnen üblichen Apparatur a und der für höher entflammbare Öle (Maschinenöle, Zylinderöle usw.) benutzten Vorrichtung b.

a) Apparat zur Bestimmung des Flammpunktes von Eisenbahnwagenölen (nach den Lieferungsbedingungen der Eisenbahnbehörden) (Fig. 72 u. 73).

Das Öl wird im 4 cm hohen, 4 cm weiten Porzellantiegel *a* bis zu einer 1 cm unter dem Tiegelrand angebrachten Marke aufgefüllt; der Tiegel steht im Einsatz *h* der halbkugelförmigen, 18 cm breiten Blechschale *b* und wird auf der darunter liegenden 1,5 cm hohen Sandschicht erhitzt, in welche der Tiegel aber nicht eingehüllt werden darf. Seitlich am Rande der Schale ist ein kurzes Rohr *i* befestigt, in das ein Bolzen *k* genau eingepaßt ist. Das Rohr hat oben und

---

[1]) Zu beziehen von den Vereinigten Fabriken für Laboratoriumsbedarf, Berlin NW, Scharnhorststraße.

[2]) Desgl.

unten in der Längsrichtung einen 3 cm langen Schlitz, in dem sich ein unten mit dem Bolzen *k*, oben mit dem Zündrohr *g* fest ver-

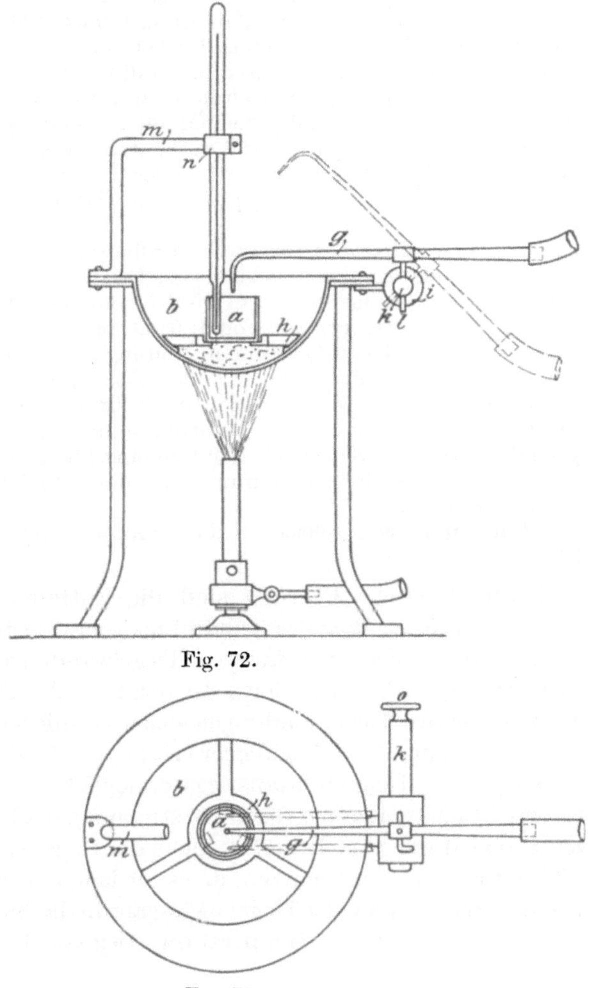

Fig. 72.

Fig. 73.

bundener Stift *l* bewegt. Am linken Ende biegt der Schlitz rechtwinklig um, wodurch das Zurückfallen des Zündrohrs in die punktiert gezeichnete Ruhelage ermöglicht wird. Der Bolzen *k* ist am rechten Ende mit einem Holzgriff *o* zur Führung versehen.

Die Stellung des Zündrohrs ist so gewählt, daß sich die Spitze 2,0 mm über dem Tiegelrande befindet. Beim Erhitzen auf ca 153° (mittlerer fp der meisten Wagenöle) steigt das Öl im Tiegel um etwa 4 mm, so daß es nahe dem Entflammungspunkt nicht mehr 10, sondern nur noch etwa 6 mm vom Tiegelrande entfernt ist. Da die vertikale Zündflamme 10 mm lang ist, müßte die „Lötrohrspitze“ theoretisch 6,5 mm vom Tiegelrande entfernt sein, wenn die „Flammenspitze“ vorschriftsmäßig dem Öl auf 2—3 mm genähert werden soll. Erfahrungsgemäß wird aber die Flamme bei Annäherung an die heiße Öloberfläche durch die aufsteigenden Öldämpfe seitlich abgebogen; deshalb darf die Lötrohrspitze vom Tiegelrande nur 2,0 mm entfernt sein.

Um die strahlende Hitze des Brenners abzuhalten und die Erhitzung leichter zu regeln, empfiehlt es sich, den Dreifuß zum großen Teil mit Asbestpappe zu umgeben. Um 100° ist langsamer zu erhitzen, und zwar darf die Temperatur von 120° ab pro Minute nicht mehr als 3—5° steigen. Zur jedesmaligen Prüfung auf Entflammbarkeit dreht man das Zündrohr mittels des Bolzens *k* und des Griffes *o* aus der Einklinkung des Schlitzes um Rohr *i* nach vorn in die horizontale Lage, nachdem die Zündrohrflamme auf 10 mm Länge eingestellt ist, und bewegt es im Schlitze langsam und gleichmäßig einmal hin und her, so daß die Flamme sich jedesmal 4 Sekunden über dem Tiegel befindet.

Das Zündrohr fällt von selbst in die punktiert gezeichnete Lage zurück.

Durch die mechanische Führung sind die Entfernung der Flamme vom Öl, sowie der Weg des Zündrohres genau festgelegt. Das Zündrohr nähert sich den inneren Tiegelwandungen nur bis auf etwa 10 mm, so daß zu frühes Aufflammen des Öles infolge Überhitzung an den Tiegelwandungen sicher vermieden wird.

Durch Verwendung eines Regulierbrenners mit Skala wird leichtere Regelung des Temperaturanstiegs ermöglicht.

Diese Vorrichtung ist aber nur für die Bestimmung des Flammpunktes von Eisenbahnwagenachsenölen, die in der Regel zwischen 150 und 160° entflammen, zu benutzen, da es für höher entflammbare Öle zu schwierig ist, wenn der Tiegel nicht ganz in das Sandbad gebettet wird, den erforderlichen Temperaturanstieg von 3—5° pro Minute zu erzielen.

b) Apparat zur Bestimmung des Flammpunktes von Maschinen- und Zylinderölen (Fig. 74 u. 75).

Bei der früher allgemein üblichen Methode nach Brenken wurde das Öl in einen Porzellantiegel von 4 × 4 cm Größe 3 cm hoch eingefüllt, der Tiegel bis zur Höhe des Ölniveaus in eine flache

Fig. 74.

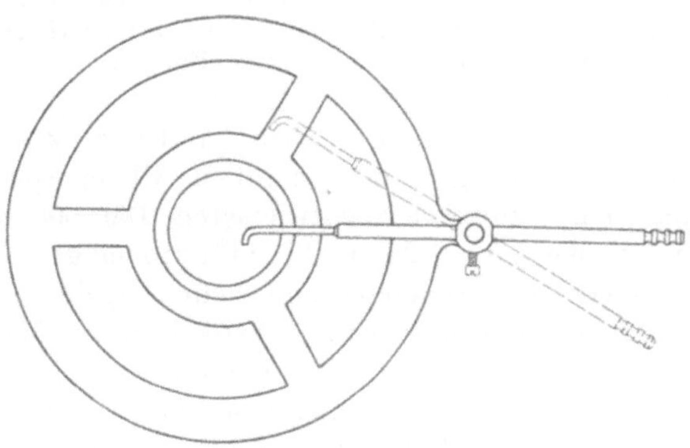

Fig. 75.

Sandbadschale gesetzt und bei richtigem Temperaturanstieg von Grad zu Grad ein kleines Lötrohrflämmchen wagerecht über den Tiegel mit der Hand hinweggeführt, bis deutliches Entflammen eintrat. Der Tiegel wurde so tief in das Sandbad gebettet, daß zwischen der eisernen Schale und dem Tiegelboden sich nur eine dünne Sandschicht befand.

Die Willkürlichkeiten in der Tiegellage und der Flammenführung bei der Brenkenschen Versuchsanordnung sind durch die von Marcusson angebrachten Änderungen vermieden.

Die 10 mm lange, horizontal stehende Zündflamme wird in der Ebene des Tiegelrandes über dem Öl von Grad zu Grad einmal hin und einmal her geführt. Der Temperaturanstieg soll 2—5^0 pro Minute betragen. Der Tiegel ist bis zur Höhe des Ölniveaus in Sand eingebettet, hat 10 mm unterhalb des Randes einen ringförmigen Ansatz, mittels dessen er in den Einsatz eingehängt und durch zwei kleine Riegel festgehalten wird. Der Boden des Tiegels befindet sich 2 mm über dem Boden der Sandbadschale.

Vorstehende Anordnung bezweckt, die Entfernung des Tiegels vom Zündrohr gleich hoch zu halten, auch wenn Ausbeulungen der Sandbadschale durch die Erhitzung stattfinden.

Die Tiegel sind mit 2 Strichmarken, 10 und 15 mm vom oberen Rande entfernt, versehen, und zwar werden Maschinenöle bis zur oberen, Zylinderöle nur bis zur unteren Strichmarke aufgefüllt, da sie infolge stärkerer Ausdehnung bei dem notwendigen höheren Erhitzen leicht überkriechen.

Die Bestimmung des Flammpunktes von Ölen im offenen Tiegel unter Verwendung einer mechanischen Flammenführung nach Marcusson läßt sich auch da leicht ausführen, wo Leuchtgas nicht zur Verfügung steht. Man bringt an der Spitze des Lötrohrs ein durch wenig Petroleum gespeistes Dochtflämmchen an, wie es beim Abelschen Petroleumprober verwendet wird. Oder man benutzt Gasolingas, das leicht herzustellen ist. Die erforderlichen Einrichtungen werden von den „Vereinigten Fabriken für Laboratoriumsbedarf“, Berlin N, geliefert.

4. Unterschiede zwischen den im Pensky-Apparat und im offenen Tiegel bestimmten Flammpunkten. Da die aus den Mineralölen entwickelten Dämpfe bei der Prüfung im offenen Tiegel durch die Luftströmungen von der Oberfläche des Öles ungleichmäßig und mehr fortgeführt werden als in dem nur vorübergehend wenig geöffneten Pensky-Martensschen Prober, so fallen die im ersteren gefundenen Flammpunkte durchweg höher aus als im Penskyschen Apparat. Bei normal zusammengesetzten Mineralschmierölen schwanken die Differenzen je nach der Höhe des Flammpunkts zwischen 5 und 40^0.

Bei solchen Ölen aber, welche geringe Mengen leichtflüchtiger und im geschlossenen Gefäß sehr früh entzündlicher, z. B. benzin- oder petroleumartiger Öle enthalten, finden sich weit höhere Unterschiede, die bis zu 140° und darüber betragen. So wird beispielsweise nach Versuchen des Verf. der fp einzelner im Pensky-Apparat bei 180°, im offenen Tiegel bei 200° entflammender Mineralöle durch Zusatz von 0,5 % Benzin, welche die Zähigkeit um 8 % verringern, im Pensky-Apparat auf unter 80° herabgedrückt, während der Flammpunkt im offenen Tiegel unverändert bleibt. Andere niedriger entflammbare Öle (zwischen 160 und 180° im offenen Tiegel) zeigen auch im offenen Tiegel nach Zusatz von 0,5% Benzin starke Herabsetzung des fp. Nach späteren Versuchen von F. Schwarz drückt bereits ein Zusatz von $^1/_{10}$% Benzin zu einem fettfreien Dampfzylinderöl den Flammpunkt im Pensky-Apparat um 100° herab, ein Zusatz von $^1/_{30}$% um etwa 70° und von $^1/_{60}$% noch um etwa 20°. Angaben über den Flammpunkt von Schmierölen sind also nur dann annähernd vergleichbar, wenn der benutzte Apparat genannt ist.

5. Vereinheitlichung der Apparate zur Flammpunktsprüfung von Schmierölen. Es erscheint erforderlich, ähnlich wie bei der Petroleumprüfung auch bei den Schmierölprüfungen dazu überzugehen, nur einen einzigen Flammpunktsprüfer, und zwar einen auf internationale Anerkennung Anspruch erhebenden Apparat, anzuwenden, damit der Unsicherheit in der Beurteilung der Ergebnisse im Handelsverkehr ein Ende bereitet wird.

Nach Ansicht des Verf. wäre zu erstreben, den Pensky-Prober als Einheitsapparat zu benutzen, weil er den unmittelbaren Anschluß an den Abel-Apparat in dessen höherem Prüfungsbereich gestattet (s. S. 78). Der Pensky-Apparat hat, von seinen Vorzügen abgesehen, allerdings zwei Mängel im Vergleich zu den offenen Probern:

1. Den wesentlich höheren Preis. Diesem Mangel kann durch Vereinfachung der Konstruktion, z. B. durch Anwendung eines kleinen, durch einen Gasbrenner erhitzten und durch Asbestmantel isolierten, mit Rührer versehenen Ölbades oder eines Sandbades unter Einschaltung eines Luftbades von der Weite des beim Abel-Prober vorhandenen bei gleichzeitiger Vereinfachung der Arbeitsweise in Anlehnung an die Vorschriften beim Abelprober vielleicht abgeholfen werden.

2. Die größere Empfindlichkeit des Apparates in bezug auf kleine Mengen leicht flüchtiger, für die praktische Benutzung der Öle unter Umständen wenig belangreicher Kohlenwasserstoffe, die den Flammpunkt sehr stark herabdrücken. Auch diesem Mangel ließe sich durch eine zweite Prüfung im Pensky-Apparat, bei der ein offener Deckel benutzt wird, oder dadurch begegnen, daß man die Verdampfbarkeit in besonderen Fällen, nämlich bei im geschlossenen Prober auffällig niedrigen Flammpunkt in dem S. 170 beschriebenen Apparat bestimmt.

c) **Brennpunkt.** Brennpunkt ist die Temperatur, bei welcher die Oberfläche des Öles auf vorübergehende Annäherung einer Flamme andauernd brennt.

Die Bestimmung erfolgt in der Regel im Anschluß an die Ermittelung des fp im offenen Tiegel, Fig. 74. Die Temperatur wird 2—6° pro Minute bis zum Brennpunkt gesteigert (J. P. K.). Die horizontal geführte Zündflamme darf nur 1—2 Sek. bei der Prüfung dem Öl genähert werden und dieses nicht berühren, da durch Überhitzung des Öles zu niedrige Zahlen erhalten werden.

Der Brennpunkt liegt naturgemäß bedeutend höher als der Flammpunkt; die Differenz beider Punkte schwankt sehr, sie kann 20—60° betragen, gegenüber dem fp im Pensky auch 100° und darüber.

Wird, wie oben ins Auge gefaßt, der Flammpunkt allgemein im Pensky-Apparat bestimmt, so steht auch nichts im Wege, den Brennpunkt ebenfalls auf diesem Apparat unter Abnahme des Deckels zu bestimmen.

d) **Siedepunktsbestimmung und Destillationsprobe** kommen bei Mineralschmierölen nur gelegentlich, z. B. bei auffallend niedrig liegendem Flammpunkt zum Nachweis von leichten Destillaten, bei Untersuchungen über die Zolltarifierung von Mineralschmierölen, in Betracht. Beginnt das Produkt unter 150° zu sieden, so ist Benzin oder Leuchtpetroleum zugegen, dessen Menge sich annähernd durch Abdestillieren bestimmen läßt.

Die zolltechnische Prüfung und Tarifierung von Schmierölen, Rohölen usw. auf Grund der Destillationsprobe geschieht mittels des S. 35 und 36 beschriebenen Apparates. Die J. P. K. schreibt zur Bestimmung der Menge leicht flüchtiger Stoffe die Destillationsprobe nach Engler-Ubbelohde (S. 32) vor, wobei bis 270°, im Dampf gemessen, destilliert werden soll.

XI. Optische Prüfungen.

a) Drehung der Polarisationsebene. Die optische Drehung von Ölen ist von Wert zur direkten Auffindung oder Bestätigung einer schon anderweitig festgestellten Verfälschung durch Harzöl, zum Nachweis der Identität verschiedener Proben, zur Unterscheidung der unverseifbaren Anteile von Wollfettoleïn oder technischem Oleïn (s. S. 479, 558) von Mineralölen. Mineralöle zeigen Rechtsdrehungen von 0—1,2°, vereinzelt bis zu + 3,1°; die Drehung

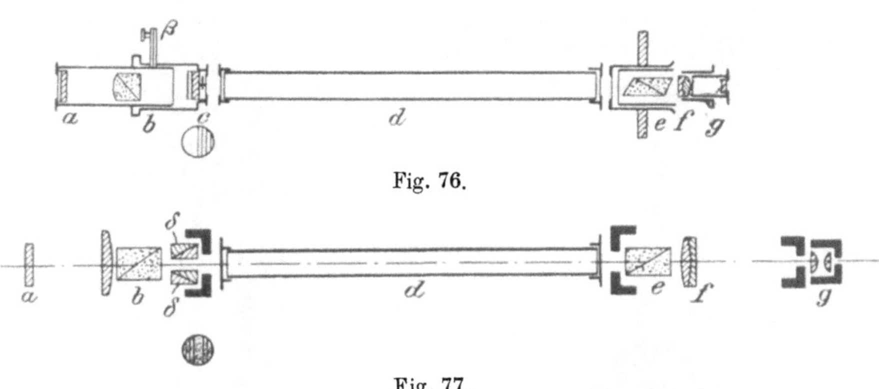

Fig. 76.

Fig. 77.

ist im allgemeinen umso höher, je höher der Siedepunkt liegt. Harzöle drehen 30—44°, nach Demski-Morawski sogar bis zu 50° nach rechts. Von fetten Ölen dreht die Polarisationsebene in erheblichem Maße nur Sesamöl (+ 3,1 bis 9°), Rizinusöl und die ihm nahestehenden Öle (+ 40,7 bis 43°). Letztere, hauptsächlich die Glyzeride von Oxysäuren enthaltende Öle besitzen asymmetrische Kohlenstoffatome; die Harzöle enthalten optisch aktive Terpenreste. Über die optische Aktivität von Terpentinöl siehe S. 525.

Zur Ermittlung der optischen Drehung wird für gewöhnlich der einfache Laurentsche Halbschattenapparat benutzt; genauere und bequemere Ablesungen gestattet der Apparat von Lippich-Landolt. Die wesentlichsten optischen Einrichtungen beider Apparate sind in Fig. 76 und 77 schematisch dargestellt.

Eine dünne aus einem Kristall von Kaliumdichromat geschliffene Platte *a* dient als Strahlenfilter (bei Anwendung monochromatischer Beleuchtung, z. B. einer Natriumlampe, kann die Platte *a* fortfallen); zwei doppeltbrechende Kalkspatprismen *b* dienen als Polarisator und können mit Hilfe des Hebels β in ihrer Fassung um einen kleinen Winkel zur Veränderung der Empfindlichkeit gedreht werden; ferner befindet sich im Laurentschen Apparat (Fig. 76) ein rundes Diaphragma *c*, eine Glasplatte und

Fig. 78.

eine dünne Quarzplatte enthaltend, welch letztere den Kreis zur Hälfte bedeckt. An Stelle dieses Diaphragmas treten bei der Lippichschen Anordnung (Fig. 77) 2 Doppelprismen δ, welche je ein Drittel des Kreises bedecken und einen Spalt in der Mitte frei lassen. Weiter folgt bei beiden Apparaten die Flüssigkeitsröhre *d*, das Nicolsche Prisma *e* als Analysator und 3 bzw. 4 ein kleines Fernrohr bildende Linsen *f* und *g*.

Der Analysator des Landolt-Lippichschen Apparates und die mit der Hülse desselben verbundene, in halbe Grade geteilte Kreisscheibe *D* (Fig. 78) sind drehbar mittels des Hebels *g* für größere Verschiebungen und mittels der Schraube *m* für feine Einstellung. Die Schraube *k* gestattet, die Kreisscheibe *D* festzuklemmen. Die durch die Lupen *l* zu betrachtenden Nonien ermöglichen Ablesung von ganzen Minuten bei dem Laurentschen, von $^1/_{100}$ Graden bei dem Lippichschen Apparat; da jedoch die Beobachtung durch die Lippichsche Prismenanordnung wesentlich feiner ist als durch die Quarzplatte des Laurentschen Apparates, so sind die Ablesungen bei dem Lippichschen Apparat viel genauer. Bei der Ablesung bestimmt man zunächst, wieviel ganze bzw. halbe Grade den Nullpunkt des Nonius passiert haben; angenommen, es seien dies $9^0\,30'$; der Nullpunkt des Nonius steht nun zwischen diesem halben Gradstrich und dem 10. Gradstrich; die Drehung dieses Teiles eines halbes Grades zeigt derjenige Noniusstrich an, welcher mit irgendeinem Strich der Teilung des Kreises zusammenfällt; ist dies z. B. der 24. Strich, so beträgt die Drehung noch 24 Minuten mehr; die Gesamtablesung beträgt mithin $9^0\,30' + 24' = 9^0\,54'$. Als Lichtquelle dient bei den Beobachtungen eine von Laurent konstruierte Lampe — besser ist das von Landolt angegebene Modell —, welche dem Apparat beigegeben ist, und in welcher homogenes gelbes Natriumlicht durch Verdampfen von Chlornatrium (am besten Seesalz, da dieses nicht verknistert) erzeugt wird. Eine von Beckmann konstruierte Natriumlampe, bei der eine Leuchtgas-Sauerstofflamme durch elektrolytisch zersetzte Natronlauge gefärbt wird, liefert ein ganz besonders intensives Licht und ist für die Polarisation dunkler gefärbter Flüssigkeiten vorzüglich geeignet (Chem.-Ztg. 1912, **36**, 587; Zeitschr. f. angew. Chem. 1912, **25**, 1515).

1. Messung und Füllung der Flüssigkeitsröhren. Je nach Durchsichtigkeit der zu untersuchenden Flüssigkeit nimmt man längere oder kürzere Flüssigkeitsröhren. Die Messung der an beiden Enden offenen Röhren geschieht auf $^1/_{10}$ mm genau mittels einer Schublehre. Beim Füllen und Schließen der Röhre ist Bildung von Luftblasen sorgfältig zu vermeiden.

2. Bestimmung der Nullstellung. Als Nullstellung wird die Stellung der Nicols bezeichnet, bei der das Gesichtsfeld gleichmäßig erleuchtet erscheint. Die Null-Lage darf nicht mit einer Erscheinung verwechselt werden, die sich ergibt, wenn man den Kreis zu weit gedreht hat und dann aus der empfindlichen Region herausgekommen ist; es ist dann auch eine gewisse gleiche, aber auf allen Teilen größere Helligkeit vorhanden, die aber selbst bei einer Drehung von 10—15 und noch mehr Graden kaum verändert wird; es ist

also besonders auf den plötzlichen Übergang von hell und dunkel zu achten. Die Nullstellung des Apparates ergibt sich als Mittel einer Reihe von Ablesungen ohne Flüssigkeitsrohr.

3. Ermittlung des Ablenkungswinkels α. Die mit dem zu untersuchenden Öl gefüllte Röhre wird nach Ermittlung der Nullstellung eingelegt. Erscheint jetzt eine Hälfte des Gesichtsfeldes dunkler als die andere, so wird diejenige Stellung des Analysators ermittelt, bei welcher das ganze Gesichtsfeld gleichmäßig erleuchtet ist. Eine Anzahl Einstellungen ergeben wieder den Mittelwert. Die Größe des Drehungswinkels ergibt sich aus der Differenz der mit und ohne Flüssigkeitsrohr gefundenen Mittelwerte. Welche Drehungsrichtung für den Apparat die positive (+), welche die negative (—) ist, wird durch einen Vorversuch mit einer Substanz von bekannter Ablenkungsrichtung bestimmt. Gewöhnlich zeigt eine Drehung im Sinne des Uhrzeigers Rechtsdrehung an.

4. Bestimmung des Ablenkungswinkels bei dunklen Ölen. Sind Öle so stark gefärbt, daß eine breitere Schicht derselben von dem nur schwachen Natriumlicht nicht durchdrungen wird, so bestimmt man den Ablenkungswinkel ihrer Lösungen in einem wasserhellen, indifferenten Mineralöl oder in einem indifferenten Lösungsmittel wie Petroleumbenzin, Benzol usw.

5. Einige allgemeine Regeln. Zur Vermeidung stärkerer Erhitzung des vorderen Endes des Apparates ist die zur Belichtung dienende Lampe mindestens 10 cm davon entfernt aufzustellen. Die Beobachtungen geschehen am besten in einem verdunkelten Zimmer. Die Beobachtungstemperatur ist zu messen. Die mit dem zu prüfenden Öle gefüllten Röhren sind vor dem Versuch einige Minuten zum Ausgleich der Temperatur in unmittelbare Nähe des Apparates zu bringen.

6. Berechnung der spezifischen Drehung $[\alpha]_D$[1]. Diese geschieht nach folgenden Formeln:

$$\text{I. } [\alpha]_D = \frac{\alpha}{l \cdot d} \qquad \text{II. } [\alpha]_D = \frac{100 \cdot \alpha}{l \cdot p \cdot d} \qquad \text{III. } [\alpha]_D = \frac{100\alpha}{l \cdot c}$$

Es bedeutet:

$[\alpha]_D$ = spezifische Drehung,
α = abgelesener Drehungswinkel,
l = Länge der vom Lichte durchlaufenen Flüssigkeitsschicht in Dezimetern,
d = spez. Gewicht,
p = Prozentgehalt an dem zu untersuchenden Stoffe (g Substanz in 100 g der Lösung),
c = Konzentration (g Substanz in 100 ccm der Lösung).

[1]) Landolt, Das optische Drehungsvermögen organischer Substanzen usw., Braunschweig 1879, 48 ff.

Formel I wird angewendet bei Ölen im ursprünglichen Zustande, Formel II und III bei Benutzung eines Lösungsmittels, vgl. Abschnitt 4. Der Einfluß der Konzentration solcher verdünnten Öle auf das Drehungsvermögen ist bisher noch nicht ermittelt worden, der der Formel anhaftende Fehler dürfte jedoch zu vernachlässigen sein. Gewöhnlich arbeitet man in etwa 4 proz. Lösung, benutzt also zweckmäßig die Formel III.

b) **Brechungskoeffizient.** Das Brechungsvermögen wird bei der Mineralschmierölprüfung hauptsächlich zur Kennzeichnung von Harzölen in Mineralölen bestimmt. Man bedient sich hierzu des Abbeschen Refraktometers (S. 410).

Hochsiedende Harzöle haben den Brechungskoeffizienten 1,530 bis 1,550, Mineralschmieröle 1,4755—1,517[1]), Olivenöle 1,469—1,470, Rüböle 1,472—1,474, Klauenfette 1,467—1,470 bei 18^0 (s. auch Tab. 77—82).

Chemische Prüfungen.

XII. Säuregehalt und freies Alkali.

Da ein etwaiger Säuregehalt bei Mineralschmierölen auf harzartige Körper oder Naphthenkarbonsäuren zurückzuführen ist, deren Molekulargewicht schwankend ist, so wählt man als Einheit bei Angabe des Säuregehalts Schwefelsäureanhydrid, d. h. die Anzahl mg SO_3, die der zur Neutralisation der freien Säure in 100 g Öl verbrauchten Menge KOH äquivalent sind. Die neueren Deutschen Verbands-Beschlüsse schlagen als Einheit Prozent Ölsäure oder Säurezahl vor. Unter „Säurezahl" versteht man die Anzahl mg KOH, die zur Neutralisation von 1 g Öl erforderlich sind. Die Beziehung der Säurezahl zu den andern gleichfalls gebrauchten Einheiten gestaltet sich folgendermaßen: 1 % SO_3 = Säurezahl 14 = 7,05 % Ölsäure.

In hellen raffinierten Mineralölen findet sich in der Regel keine freie Säure oder höchstens Spuren (bis 0,03 % als SO_3 berechnet) vor. In dunklen Ölen steigt der Säuregehalt bis zu 0,3 %, ausnahmsweise auch wohl bis 0,5 %, wenn Abfallöle, sog. Seifenöle (s. S. 302), mitverarbeitet sind. In der Regel beträgt aber der

[1]) W. Brauen, Privatmitteilung Juni 1907; die Werte 1,4755 bis 1,4890 beziehen sich auf amerikanische leichte Mineralschmieröle von fe 4,3—18,6 bei $+20^0$ und spez. Gewicht 0,855—0,880 bei $+15^0$, die höheren Werte auf schwerere Maschinenöle bis zu fe = 91 bei $\div$ 20.

Säuregehalt der dunklen Öle auch nicht mehr als 0,15 %, als SO_3 berechnet.

Von der Raffination herrührende freie Schwefelsäure oder freies Alkali kommen nur ganz ausnahmsweise in Schmierölen vor; sie werden durch Ausschütteln von 50—100 g Öl mit heißem Wasser qualitativ oder quantitativ in bekannter Weise nachgewiesen. Die auf einfacher Titration der benzol-alkoholischen Lösungen der Öle oder der alkoholischen Auszüge beruhenden quantitativen Bestimmungen der Säure werden, je nachdem die Lösung des Öles den Farbenumschlag des Indikators zu beobachten gestattet oder nicht, nach a) oder b) ausgeführt.

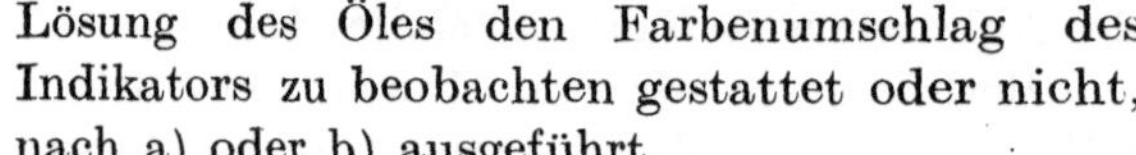

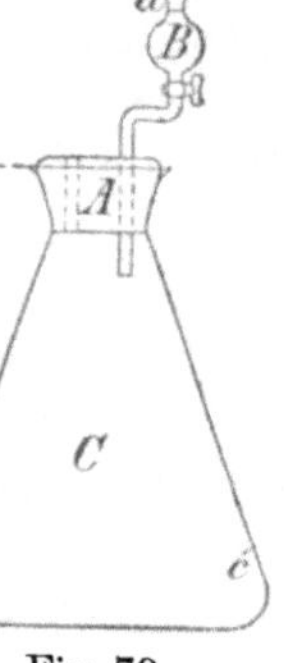

Fig. 79.

a) Versuchsausführung bei hellfarbigen Ölen. Durch die in den zweimal durchbohrten Korken *A* (Fig. 79) eigefügte, von der Hahnbohrung bis zur Marke *a* 10 ccm fassende Kugelpipette *B* werden in den Erlenmeyerkolben *C* (ungefähr 200 ccm Inhalt) 10 ccm Öl eingefüllt und der Rest des Öles nach Vorschlag von Loebell (Chem.-Ztg. 1911, 35, 276) mit einer Alkaliblau 6 B (Höchster Farbwerke) haltigen vorher neutralisierten Mischung von 2 Teilen Benzol und 1 Teil Alkohol in den Kolben gespült, wozu etwa 75 ccm Flüssigkeit notwendig sind. Hierauf wird nach Zusatz von 2 ccm Alkaliblaulösung aus einer Bürette $^1/_{10}$ normale alkoholische Natronlauge (96 proz. Alkohol) zugegeben, bis die blaue Farbe über violett in ein deutliches Rot umgeschlagen ist. Das für die Versuche notwendige Lösungsgemisch stellt man dar, indem man 2 Teile Benzol und 1 Teil Alkohol mit etwa 2 ccm einer 2 proz. alkoholischen Lösung von Alkaliblau 6 B versetzt und dann soviel $^1/_{10}$ N.-Lauge tropfenweise zufügt, bis die zunächst blaue Lösung in ein deutliches Rot umschlägt. Mit diesem so neutralisierten Gemisch sind vor der Titration des Öles auch Kolben und Pipette auszuspülen. Die Farbumschläge sind stets im durchfallenden Licht zu beobachten. Auch bei künstlich gefärbten Ölen ist dieses Verfahren anwendbar.

Hat man häufig Öle auf Säuregehalt zu prüfen, so empfiehlt es sich, eine Bürette mit besonderer Einteilung nach Holde zu benutzen, die derartig graduiert ist, daß die Prozentgehalte an freier Säure, berechnet als Schwefelsäureanhydrid oder Säurezahl, bei Anwendung von 10 ccm Öl und genau $^1/_{10}$ N.-Natronlauge unmittelbar abzulesen sind. Die Einteilung beruht auf folgender Rechnung:

Beträgt die zur Neutralisation der angewandten 10 ccm Öl erforderliche Menge $^1/_{10}$ N.-Natronlauge x ccm bei einem Säuregehalt des Öles von 1,0 % (als SO_3 berechnet), so muß $\frac{10 \cdot x \cdot 0{,}004}{0{,}915}$ = 1 sein, wenn 0,004 die 1 ccm Natronlauge entsprechende Menge Schwefelsäureanhydrid ist, und 0,915 als durchschnittliches spez. Gewicht der Öle angenommen wird. Hiernach berechnet sich x = 22,9 ccm. Diesen Inhalt muß der 1 % Säuregehalt entsprechende Raum der Bürette haben; letzterer ist nun in $^1/_{10}$ und $^1/_{100}$ % SO_3 geteilt, so daß man $^1/_{1000}$ % schätzen kann. Öle, welche weniger als 0,01 % Säure enthalten, werden als säurefrei bezeichnet.

Bei Übertragung der in der Fettanalyse üblichen Einheit „Säurezahl" auf die Teilung der Bürette berechnet sich der Raum für die Säurezahl 14 auf 22,9, also für die Säurezahl 1 auf

$$\frac{22{,}9}{14} = 1{,}64 \text{ ccm.}$$

b) Versuchsausführung bei dunkelfarbigen Ölen. 20 ccm Öl werden in einem mit Glasstopfen verschlossenen Meßzylinder mit 40 ccm neutralisiertem abs. Alkohol gehörig (bei dicken Ölen unter Erwärmung) durchgeschüttelt. Nach über Nacht erfolgter Trennung der Flüssigkeiten wird die Hälfte der alkoholischen Schicht abgegossen, mit neutralisiertem abs. Alkohol verdünnt und nach Zusatz von Alkaliblau 6 B mit $^1/_{10}$ N. alkoholischer Natronlauge (Alkohol 96 proz.) unter Benutzung oben beschriebener Bürette titriert. Beträgt der gefundene Säuregehalt über 0,03 %, so muß noch mehrfach nach Abgießen des in dem Zylinder verbliebenen Alkoholrestes mit 40 ccm Alkohol geschüttelt und von neuem titriert werden. Die Summe der bei sämtlichen Titrierungen gefundenen Säuregehalte entspricht der vorhandenen Säuremenge.

Man kann auch, wo ± 0,01 % Fehlergrenze erlaubt ist, statt mehrere Ausschüttelungen vorzunehmen, die nachfolgenden für bestimmte Werte des Säuregehaltes der 1. Ausschüttelung empirisch ermittelten Korrekturen für die zweite und folgenden Ausschüttelungen in Rechnung bringen. (Siehe Tab. 33 auf S. 190.)

Auch für den vorliegenden Fall ist die Rechnung die gleiche wie oben, da die verbrauchten ccm Natronlauge wiederum nur zur Titrierung von 10 ccm Öl, nämlich der Hälfte des im ganzen angewandten Öles, benutzt wurden.

c) Zur qualitativen Prüfung auf **freie Mineralsäure** — es kommt höchstens von der Raffination herrührende Schwefelsäure in Betracht — werden etwa 100 ccm Öl mit der gleichen bis doppelten Menge destillierten Wassers erwärmt und stark durchgeschüttelt. Dann pipettiert man nach Trennung der Flüssigkeiten 20—30 ccm Wasser ab oder gießt durch ein mit dest. Wasser befeuchtetes Faltenfilter,

Tabelle 33.

Korrekturen für Säurebestimmungen von dunklen Mineralölen.

Proz. SO_3.

1. Ausschüttelung	0,015—0,025	0,027	0,029	0,030	0,032	0,033	0,040	0,047	0,054
Korrektur . . .	0,005	0,006	0,007	0,008	0,009	0,010	0,011	0,012	0,013
1. Ausschüttelung	0,062	0,069	0,073	0,077	0,081	0,085	0,089	0,091	0,093
Korrektur . . .	0,014	0,015	0,016	0,017	0,018	0,019	0,020	0,021	0,022
1. Ausschüttelung	0,095	0,097	0,099	0,102	0,105	0,108	0,112	0,115	0,121
Korrektur . . .	0,023	0,024	0,025	0,026	0,027	0,028	0,029	0,030	0,031
1. Ausschüttelung	0,127	0,133	0,139	0,145	0,147	0,149	0,151	0,153	0,155
Korrektur . . .	0,032	0,033	0,034	0,035	0,037	0,040	0,042	0,045	0,047
1. Ausschüttelung	0,157	0,159	0,161	0,163	0,165	0,167	0,169	0,171	0,173
Korrektur . . .	0,050	0,052	0,055	0,057	0,060	0,062	0,065	0,067	0,070
1. Ausschüttelung	0,175	0,177	0,179						
Korrektur . . .	0,072	0,075	0,077						

Beträgt der Säuregehalt der 1. Ausschüttelung mehr als 0,2 %, dann ist eine 2. und ev. 3. Ausschüttelung vorzunehmen.

durch das zunächst nur die wässerige Schicht hindurchgeht; diese prüft man nach vollständiger Klärung mit einigen Tropfen Methylorange (Lösung von 0,3 g Methylorange in 1 Liter Wasser). Mineralsäure bewirkt Rotfärbung. **Freies Alkali** würde in entsprechender Weise durch Phenolphthaleïn nachzuweisen sein. (Einen anderen aliquoten Teil des wäßrigen Auszuges, 50 bis 100 ccm, kann man zur Bestimmung der in Wasser löslichen festen Stoffe wie Leim, Seife Salz usw. benutzen s. S. 222).

Mineralöle, denen zum Zwecke der Verdickung Alkaliseife zugesetzt ist, geben beim Schütteln mit Wasser milchige, bleibende Emulsionen; diese zeigen infolge der Zersetzung der Seife durch Wasser in saures Salz und freies Alkali mit Phenolphthaleïn alkalische Reaktion; hierauf ist bei der Prüfung auf freies Alkali Rücksicht zu nehmen.

d) Unterscheidung von Naphthensäure und Fettsäure. Um festzustellen, ob die in einem Öl ermittelte freie organische Säure als Naphthen- oder Fettsäure vorliegt, benutzt Davidsohn (Seifensiederzeitung 1909, Nr. 51/52) die Löslichkeit der Erdalkalisalze der Naphthensäuren in heißem Wasser. Die zunächst als Alkaliseife nach Spitz u. Hönig von dem Öl getrennte Säure wird in Wasser gelöst, mit 10 proz. Magnesiumchloridlösung im Überschuß versetzt, gekocht und vom Niederschlag abfiltriert. Das Filtrat wird auf dem Wasserbad eingeengt und mit einigen Tropfen Salzsäure versetzt; eine weiße Ausscheidung deutet auf Naphthensäure.

Die Richtigkeit der Methode konnte hier bestätigt werden. Nach Schwarz und Marcusson zeichnen sich Naphthensäuren (Mitteilungen 1909, 27, 17) durch besonders niedrige Jodzahl gegenüber Fettsäuren aus. Es ergab sich: Verseifungszahl 87—157; Jodzahl nach Waller 5,5—30,7; in Benzin (bis 50° siedend) klar löslich; Schwefel zugegen (s. S. 301).

XIII. Gehalt an Harz.

a) Die natürlichen Harze der Mineralschmieröle. Harzartige Stoffe finden sich auch in unverfälschten Mineralölen in nicht unerheblichen Mengen, und zwar sind sie in kolloidalem Zustande gelöst, wie mit dem Ultramikroskop nachzuweisen ist (Holde, Zeitschr. f. Chem. u. Ind. d. Kolloide 1908, 274, und Zeitschr. f. angew. Chem. 1908, **21**, 6). Man teilt sie ein in alkohol- (70 proz.) lösliche und alkoholunlösliche. Letztere sind die in allen dunklen residuenhaltigen Ölen sich vorfindenden schwarzen Asphalt- und Pechstoffe (s. S. 40—43).

Der Gehalt an natürlichen alkohollöslichen Harzen beträgt in hellen Mineralölen meistens nicht mehr als 0,6 %, in dunklen Mineralölen nicht mehr als 1 %, in schlecht raffinierten Ölen finden sich bis zu 3,5 %.

Wie die Asphalt- und Pechharze sind auch die in 70 proz. Alkohol löslichen Harze in Benzol sämtlich leicht löslich. Die Lösungen in Benzol hinterlassen nach dem Verdunsten des letzteren, wie die entsprechenden Lösungen der übrigen Harze lackartige, mehr oder weniger harte Rückstände. Letztere sind im Gegensatz zu den tiefdunklen Asphalten und Pechen in 2 mm dicker Schicht meistens noch braungelb und durchsichtig.

In Petroläther sind die hellen Harze zum Teil vollständig, zum Teil mehr oder weniger unvollkommen löslich; die letzteren bilden, mit dem Lösungsmittel geschüttelt, oftmals gelblichweiße bis braungelbe flockige Niederschläge. In Alkoholäther (4 : 3) und (3 : 4) sind die in 70 proz. Alkohol löslichen Harze völlig löslich. Die charakteristische Morawskische Kolophoniumreaktion (Rotviolettfärbung der Auflösung in 1 ccm Essigsäureanhydrid auf Zusatz eines Tropfens Schwefelsäure vom spez. Gew. 1,530) geben diese Harze nicht. Trotzdem stehen mehrere der fraglichen Harze dem Kolophonium, abgesehen von ihrer physikalischen Beschaffenheit und ihrer Fähigkeit, schäumende Seifen zu bilden, nahe; andere Mineralölharze zeigen völlig neutrale Beschaffenheit.

Die durch häufiges Ausziehen mit 70 proz. Alkohol aus hellen Mineralölen ausgeschiedenen Harze (vgl. Mitteilungen 1907, **25**, 148) haben höheres spez. Gewicht, höheren Sauerstoffgehalt und höhere Jodzahl als das ursprüngliche Öl. Ein bequemerer Weg, aus hellen wie dunklen Mineralölen die verharzten Substanzen abzuscheiden, ergibt sich aus der Eigenschaft der Tierkohle, die letzteren beim Filtrieren von Ölen zu adsorbieren und an geeignete Lösungsmittel wieder abzugeben. (Holde und Eickmann, Mitteilungen 1907, 25, 148.) Mischt man etwa 100 g Öl mit 30—60 g Tierkohle und mäßig feinkörnigem Kiessand, so kann man den größten Teil des Öles durch Extrahieren im Soxhlet mit Benzin (bis 50° siedend) wiedergewinnen. Von dem im Benzin unlöslich gewordenen Anteil löst sich eine gewisse Menge in höher siedendem Benzin (spez. Gewicht 0,70), eine weitere Menge in Äther; die in Äther nicht löslichen Teile lösen sich in Benzol, und ein Rest, der auch mit Benzol nicht mehr auszuziehen ist, kann mit Chloroform aus der Kohle entfernt werden. Vergleicht man nun die Eigenschaften der gewonnenen Auszüge in bezug auf physikalische Konstanten, Jodzahl, elementare Zusammensetzung, so beobachtet man mit der Aufeinanderfolge der Extraktionsmittel in der angegebenen Reihenfolge allmähliches Ansteigen des spez. Gewichtes der Auszüge bis über 1,0, Ansteigen der Zähigkeit bis zu zähe fadenziehender Beschaffenheit, Abfallen des Kohlenstoff- und Wasserstoffgehaltes (ursprüngliches Öl 85—86 % C, 13 % H, letzte Auszüge 81—82 % C, 8—9 % H) und allmähliche Zunahme der Jodzahl (von 4—6 auf 13—15) und der Färbung der Extrakte in dem Maße, wie ihre Löslichkeit in den zuerst angewendeten Lösungsmitteln geringer wird.

Mit der Abnahme des Kohlenstoff- und Wasserstoffgehaltes ist gleichzeitig ein Ansteigen des Gehaltes an Schwefel oder Sauerstoff (im ursprünglichen Öl Spuren Schwefel neben 0,3—1,4 % Sauerstoff, die letzten Auszüge enthalten etwa 1 % S und 0,5 bis 6 % O) oder an beidem verbunden. Im Hinblick auf diese Ergebnisse läßt sich vermuten, daß die in den Mineralölen enthaltenen Harze durch Kondensation oder Polymerisation ungesättigter Verbindungen unter Einlagerung von S oder O oder von beiden entstanden sind, aber zum Teil noch ungesättigte Körper enthalten.

b) Nachweis von Fichtenharz. Von den typischen Harzen wird nach den vorliegenden Erfahrungen kaum eines, nicht einmal Kolophonium ohne weitere Beimischungen, als künstlicher Zusatz zu Mineralschmierölen verwendet. Nichtsdestoweniger sei der Nachweis des Kolophoniums für einfache und komplizierte Fälle nachstehend beschrieben, da an späteren Stellen (Asphaltklebemassen, Seifen usw.) darauf zurückzukommen sein wird.

1. Qualitativ. Ein Gehalt an Kolophonium würde sich in Mineralschmierölen durch entsprechend erhöhten Säuregehalt verraten. Eine Säurezahl von 14, entsprechend 1 % SO_3, entspricht etwa 9 % Kolophonium, welches hauptsächlich aus Abiëtinsäure[1]) (amerikanisches Harz) oder der isomeren Pimarsäure (französisches Harz) besteht und je nach dem Gehalt an Nebenbestandteilen die Säurezahl 146—170, die Jodzahl 100—125, die Verseifungszahl 167—194 besitzt.

Zur qualitativen Prüfung auf Harz, die bei Säurefreiheit des Öles natürlich entbehrlich wird, werden 8—10 ccm Öl im Reagenzglas mit dem gleichen Volumen 70proz. Alkohols heiß durchgeschüttelt. Nach dem Erkalten wird die alkoholische Schicht durch ein mit 70proz. Alkohol angefeuchtetes Filter abfiltriert und das Filtrat eingedampft. Der Rückstand hat bei Gegenwart von Kolophonium harzartige, nicht ölige Konsistenz; er wird in etwa 1 ccm Essigsäureanhydrid unter Verreiben mit dem Glasstab kalt gelöst und gibt auf Zusatz von einem Tropfen Schwefelsäure vom spez. Gew. 1,53 Violettfärbung, die sofort nach Zusatz der Schwefelsäure zu beobachten ist, da nach einigem Stehen die Färbung in ein unbestimmtes Braun umschlägt (Morawskische Reaktion). Mit alkoholischer Natronlauge reagiert der Rückstand unter Bildung von Harzseife.

2. Quantitativ geschieht die Bestimmung des Harzes bei Abwesenheit von fettem Öl oder Fettsäuren durch Ausziehen mit Lauge und Wägung der aus dem alkalischen Auszug durch Mineralsäure abgeschiedenen Harzsäuren. Soll z. B. in einem pechartigen Erdölrückstand anwesendes Harz quantitativ bestimmt werden, so werden z. B. 30 g in 200 ccm Äther gelöst, nach dem Erkalten mit 200 ccm 96 proz. Alkohol versetzt und von dem ausgefallenen asphaltartigen Stoffe unter Saugen abfiltriert. Das

[1]) Abiëtinsäure $C_{20}H_{30}O_2$ wird nach P. Levy (D.R.P. 221 889 vom 12. 6. 1908) rein gewonnen, indem man die Säure aus einer erkalteten alkoholischen Lösung von Fichtenharz durch eine alkoholische, 7,6 Natrium enthaltende Natriumäthylatlösung als Natriumsalz in weißen Nadeln abscheidet, diese absaugt, trocknet und in Wasser löst. Aus dieser Lösung wird die freie Abiëtinsäure durch Mineralsäure gefällt und durch Umkristallisieren aus Methylalkohol oder Eisessig gereinigt.

Filtrat wird eingedampft, der Rückstand in Äther aufgenommen und die Harzsäure nach S. 195 γ und δ abgeschieden und gewogen.

Ist fettes Öl zugegen, so muß das Kolophonium nebst den Fettsäuren des fetten Öles aus der mit alkoholischem Kali hergestellten Seifenlösung des Gemisches abgeschieden und zunächst durch Veresterung der Fettsäuren mit alkoholischer Salzsäure nach Twitchell von der Hauptmenge der Fettsäuren getrennt werden. Die Harzsäuren verestern sich bei dieser Behandlung nicht. Durch Überführung der nicht ganz veresterten Fettsäuren in die ätheralkohol-unlöslichen Silbersalze nach Gladding werden die Harzsäuren von den letzten Resten der Fettsäuren des verseifbaren Fettes getrennt.

Die Menge der abzuwägenden Probe, welche unter Zusatz von 25 ccm schwefelfreiem Benzol verseift wird, ist so zu bemessen, daß das Gewicht der aus ihr abzuscheidenden Harz- und Fettsäuren zusammen etwa 5 g beträgt. Aus der Seifenlösung werden die unverseifbaren Stoffe durch Petroläther nach Spitz und Hönig (S. 212) ausgezogen. Die eingedampfte alkalische Lösung von Harz- und Fettseifen wird mit Wasser aufgenommen und mit Salzsäure zersetzt. Die abgeschiedenen Fettsäuren werden durch Äther ausgezogen.

α) Veresterung. Die von Äther befreiten Fettsäuren löst man in 50 ccm absol. Alkohol und verestert sie durch 1—2stündiges Einleiten eines mäßig starken Stromes von trockenem Salzsäuregas bei einer + 10° nicht übersteigenden Temperatur bis zur Sättigung unter Kühlung durch Eiswasser. Die Harzsäuren bleiben hierbei unverestert. Nach beendeter Veresterung läßt man das Kölbchen noch ½ Stunde bei Zimmerwärme stehen, spült den Inhalt mit der fünffachen Menge Wasser in einen großen Erlenmeyerkolben und kocht etwa ¼ Stunde über freier Flamme [1]).

[1]) Eine einfachere Methode der Veresterung besteht nach Fahrion (Chem. Rev. 1911, **18**, 241) darin, daß man die aus der Ätherlösung abgeschiedenen Harz- und Fettsäuren in 20 ccm absol. Alkohol löst, 20 ccm Petroläther und 1 ccm konz. Salzsäure zufügt und kräftig durchschüttelt. Tritt Entmischung ein, so ist noch soviel Alkohol zuzufügen, daß die Flüssigkeit wieder homogen wird. Man läßt über Nacht stehen, wobei die Veresterung spontan erfolgt. Eine andere Methode der Veresterung führt Wolff (Farbenztg. 1910, **16**, 323) aus: 5 g des Gemisches von Harz- und Fettsäuren werden in 15 ccm absol. Alkohol gelöst und mit 30 ccm eines ohne Kühlung hergestellten Gemisches von 100 Vol. Alkohol, 25 Vol. Schwefelsäure und 0,5 g gepulvertem Kaliumbisulfat versetzt. Nach 10 Minuten langem Kochen am Rückflußkühler wird die 10 fache Menge Wasser zugegeben; man schüttelt die Fettsäureester und Harzsäuren mit Äther und Petroläther aus und wäscht mineralsäurefrei.

β) Entfernung der Salzsäure. Die erkaltete Flüssigkeit schüttelt man im Scheidetrichter erst mit 100 ccm, dann noch einige Male mit je 50 ccm Äthyläther[1]) aus, bis keine färbenden Bestandteile mehr ausgezogen werden.

γ) Auslaugen der Harzsäuren. Die vereinigten ätherischen Auszüge werden mit etwa 50 ccm Twitchellscher Kalilauge (10 g Kali, 10 g Alkohol, 100 ccm Wasser) ausgeschüttelt. Die zwischen Äther und Kalilauge auftretende braune, in Wasser lösliche Zwischenschicht läßt man mit der Kalilauge ab. Sie enthält einen erheblichen Teil der Harzseifen, die in der Lauge schwer löslich sind. Alsdann wird die Ätherschicht zunächst mit Wasser gut geswaschen[2]), weil in diesem die Harzseifen gut löslich sind, hierauf noch zweimal mit je 10 ccm Kalilauge und schließlich wieder mit Wasser ausgeschüttelt, bis letzteres farblos bleibt. Die vereinigten wäßrig-alkalischen Auszüge werden mit 50 ccm Äther behufs Entfernung mechanisch anhaftender Esteranteile geschüttelt. Die abgehobene Ätherschicht schüttelt man nochmals mit 5 ccm Kalilauge durch und vereinigt letztere mit der Hauptmenge der alkalischen Auszüge.

δ) Zersetzung der Harzseifen. Die vereinigten alkalischen Auszüge säuert man an und schüttelt bis zur Erschöpfung mit je 50 ccm Äther aus. Die gesamten Ätherauszüge werden vereinigt, mit 20 ccm Wasser gewaschen und dann vom Lösungsmittel durch Abdestillieren befreit. Die so erhaltenen, noch durch einige Prozent nicht veresterter Fettsäuren verunreinigten Harzsäuren werden nach Abdampfen der Ätherreste in tarierter Glasschale auf dem Wasserbad gewogen[3]) (Gewicht a).

ε) Entfernung der noch unveresterten Fettsäuren durch Behandeln nach Gladding. Zur weiteren Verarbeitung werden etwa 0,4—0,6 g der so erhaltenen Säuren (Gewicht b) in einem mit eingeschliffenem Glasstopfen versehenen, 100 ccm fassenden Meßzylinder in 20 ccm 95 proz. Alkohol gelöst. Hat man weniger Säuren erhalten, so werden die nachfolgend angegebenen Mengenverhältnisse der Alkoholäthermischung dementsprechend geändert. Bei größeren Mengen der Säuren löst man das gesamte erhaltene Produkt in so viel 95 proz. Alkohol, daß 20 ccm der zur weiteren Untersuchung mittels Pipette entnommenen Lösung etwa 0,5 g Säure enthalten.

Die so hergestellte Lösung wird in einem 100 ccm fassenden Meßzylinder mit einem Tropfen Phenolphthaleïnlösung (bei sehr

[1]) Im Äther sich abscheidende dunkle Oxysäuren löst man nach dem Ablassen des Äthers in wenig Alkohol und fügt die entstandene Lösung der Ätherlösung zu.

[2]) Diese Waschung muß in einigen Fällen, z. B. bei Gegenwart von Transäuren und viel Kolophonium, ziemlich häufig wiederholt werden, bis das Wasser farblos ist.

[3]) Das Überkriechen der ätherischen Harzlösung läßt sich am besten durch Einstellen der gewogenen Glasschale in eine zweite zylindrische größere Schale vermeiden.

dunklen Lösungen nimmt man zwei bis drei Tropfen Alkaliblau 6 B) und so viel Tropfen einer konz. wäßrigen Natronlauge (1 Tl. NaOH, 2 Tl. H_2O) unter lebhaftem Bewegen der Flüssigkeit versetzt, daß sie eben alkalisch reagiert. Den lose verschlossenen Zylinder erwärmt man kurze Zeit im Wasserbade, läßt abkühlen, bringt mit Äther auf 100 ccm, schüttelt durch, fügt 1 g gepulvertes und getrocknetes Silbernitrat hinzu und schüttelt 15—20 Minuten behufs Überführung der Säuren in die Silbersalze. Hat sich der aus fettsaurem Silber bestehende Niederschlag gut abgesetzt (nötigenfalls über Nacht stehen lassen!), so zieht man mit einer Pipette etwa 70 ccm der Flüssigkeit in einen zweiten 100-ccm-Zylinder ab, wenn nötig, unter Zuhilfenahme eines Faltenfilters. Diesen Teil schüttelt man mit 20 ccm verdünnter Salzsäure (1 Teil konz. Salzsäure, 2 Tl. Wasser) gut durch, hebt die Ätherschicht ab und schüttelt die wäßrige Flüssigkeit noch zweimal mit je 20 ccm Äther aus.

Die vereinigten ätherischen Auszüge werden mit etwa 20 ccm Wasser zur Entfernung der Salzsäure durchgeschüttelt, vom Wasser getrennt, in ein Kölbchen filtriert und von der Hauptmenge des Äthers durch Destillation befreit. Der Rückstand, etwa 10 ccm, wird in ein gewogenes Schälchen gespült und eingedampft, endlich durch kurzes Erhitzen auf 110—115°, bis er eben klarflüssig geworden, von Feuchtigkeit und anhaftendem Lösungsmittel befreit.

Das Gewicht c des Rückstandes rechnet man auf die gesamte zum Gladdingschen Prozeß verwendete Säuremenge b um, d. h. es sind bei Verwendung von 70 ccm Alkoholätherlösung für vorstehende Versuche in 100 ccm

$$d = \frac{c\,100}{70}\ \text{g Harzsäuren}$$

vorhanden gewesen. Der so gefundene Wert d ergibt den Gehalt an Harzsäuren in den nach Twitchell erhaltenen Säuremengen sowie in der ursprünglich angewandten Probemenge entweder unmittelbar oder durch einfache Umrechnung.

Aus d ergibt sich die Prozentmenge e an Harzsäuren in der ursprünglich angewandten Susbtanz, wie folgt:

$$e = \frac{d\,100}{a}.$$

Von der erhaltenen Menge Harzsäure e, die immer noch geringe Mengen Fettsäuren enthält, ist als mittlere Korrektur 0,4% in Abzug zu bringen.

ζ) Unverseifbare Anteile des Kolophoniums. Der unverseifbare Anteil des Kolophoniums wird, wenn die wie vorstehend ermittelte Harzmenge unter 20 % beträgt, durch die Korrektur + 8 %, auf die gefundenen Harzmengen bezogen, berücksichtigt.

Sind also nach vorstehendem (e — 0,4) % Harzsäuren gefunden, so berechnet sich der mittlere Harzgehalt f nach folgender Gleichung:

$$f = \frac{100\,(e - 0{,}4)}{92}.$$

Bei Gegenwart von über 20 % Harz empfiehlt es sich, die unverseifbaren Stoffe direkt zu bestimmen; hierzu wird die nach S. 194 erhaltene ätherische Lösung der Ester nach völliger Beseitigung der Harzsäuren mit 25 ccm normaler alkoholischer Kalilauge verseift. Die Seifenlösung wird mit 150 ccm Wasser versetzt und mit je 150 ccm Äther zweimal ausgezogen. Die Hauptmenge des Äthers wird abdestilliert, der Rest bei Zimmerwärme (bei höher Temperatur gehen flüchtige Stoffe fort) abgedunstet. Der hinterbleibende ölige Rückstand enthält nur noch geringe Mengen saurer Seife. Diese wird durch Behandeln mit wenig alkoholischem Kali, langsames Verdampfen des Alkohols und Aufnehmen mit Petroläther entfernt. Das Gewicht des so gereinigten unverseifbaren Rückstandes wird auf 100 Tl. der angewandten Substanzmenge berechnet und zu der gefundenen Menge der Harzsäuren e — 0,4 hinzugezählt.

XIV. Verharzungsvermögen und Sauerstoffaufnahme in dünner und dicker Schicht.

a) Verharzungsvermögen. Sowohl helle wie dunklere, aber noch durchsichtige destillierte Mineralschmieröle zeigen weder bei Zimmerwärme noch bei höheren Wärmegraden (50 bis 100°) selbst nach monatelangem Stehen Verharzungserscheinungen. In dünner Schicht dagegen auf 100° erhitzt verflüchtigen sich fast sämtliche Maschinenöle schon in 35 Stunden bis auf Spuren. Dunkle Öle, welche erhebliche Mengen Residuen enthalten, verharzen nach langem Stehen bei Zimmerwärme auch etwas, bei höheren Wärmegraden (50—100°) findet merkliche Verdickung, bei sehr pechreichen Ölen sogar völlige Verharzung statt, indem die leichteren Kohlenwasserstoffe sich zum größeren Teil verflüchtigen, zum geringeren Teil oxydieren oder polymerisieren, wodurch die vorhandenen Pech- und Asphaltstoffe im Rückstand angereichert werden. Z. B. sind dunkle Wagenöle in dünner Schicht bei 100° schon nach 35 Stunden klebrig oder eingetrocknet. Bei 50°, d. h. einer den praktischen Verhältnissen entsprechenden Temperatur, sind in dünner Schicht (1 Tropfen Öl auf Glasplatte 5×10 cm) auch Wagenöle nur dickflüssiger und wenig klebrig geworden, während Rüböle nach dieser Zeit fast ganz eintrocknen. Das Verharzungsvermögen ist auch bei dunklen Ölen geringer, wenn ein größerer Teil der Asphalt- und Pechstoffe durch Behandeln mit Benzin oder Alkoholäther aus dem Öle entfernt wird. Deshalb wird auf die Bestimmung dieser Stoffe bei dunklen Ölen, insbesondere auch bei Heißdampfzylinderölen, welche starker Verdampfung ausgesetzt sind, Wert gelegt (s. S. 42ff.).

Zur Ausführung der Verharzungsprobe, welche allerdings im allgemeinen bei Mineralölen entbehrt werden kann, breitet man 1 Tropfen Öl auf einer Glasplatte (5×10 cm) aus, erhitzt Maschinenöle und Wagenachsenöle auf etwa 50°, Dampfzylinderöle auf etwa 100° und beobachtet von Zeit zu Zeit, etwa täglich einmal, nach dem Erkalten die Konsistenz der Ölschicht.

In dickerer Schicht ausgebreitet (0,2 bis 0,25 g Öl auf einer 75 qcm fassenden Platte), zeigen auch bei 100° die leichten farblosen, also völlig harzfreien Schmieröldestillate keine Verharzung, während hochsiedende gefärbte, 1—3 % Harz enthaltende Destillate unter teilweiser Verflüchtigung bei 9- bis 15 monatigem Erhitzen auf 100° verharzen. Dunkle residuenhaltige Öle geben bei vorstehender Verharzungsprobe schon nach wenigen Monaten stark klebrige bis feste, nach 15 monatigem Erhitzen feste Harz- bzw. Pechrückstände.

Die beim Erhitzen der Mineralöle verbleibenden Harze sind in Petroleumbenzin nicht oder nur unvollkommen löslich; in Benzol lösen sie sich dagegen fast völlig auf.

b) Kißlingsche Verharzungskonstanten. Während bei der früher üblichen Schmierung von Lagern stets neu auftropfendes Öl das verbrauchte bzw. abgetropfte Öl ersetzte, gelangt bei der neueren Ringschmierung und bei der Turbinenschmierung auf lange Zeit immer wieder das nämliche Öl auf die Lager, so daß jetzt viel höhere Anforderungen an die Unveränderlichkeit der Öle während des Schmierungsvorganges, insbesondere bei den Dampfturbinen, wo das Öl lange auf höhere Temperaturen erhitzt wird, zu stellen sind. Da nun die bisher bekannten Prüfungsverfahren über die Veränderlichkeit der Öle nichts aussagen, hat Kißling (Laboratoriumsbuch S. 43) vier neue Konstanten vorgeschlagen, die über die Veränderlichkeit Aufschluß geben sollen. Es sind dies die Teer- und Kokzahl sowie Verteerungs- und Verkokungszahl. Unter „Teerzahl" versteht man die beim Erwärmen des Öles mit alkoholischer Natronlauge in diese übergehenden und nach dem Ansäuern der alkalischen Lösung durch Benzol herauslösbaren Stoffe. Die „Kokzahl" ist die Menge der nach Entfernung der teerartigen Bestandteile des Öles in Petroläther unlöslichen kokartigen Stoffe. Wird dann das Öl längere Zeit erhitzt und die teer- bzw. kokartigen Stoffe abermals bestimmt, so bildet ihre Menge die sog. „Verteerungs- bzw. Verkokungszahl".

1. Teerzahl. 50 g des zu untersuchenden Schmieröles erwärmt man mit 50 ccm alkoholischer Natronlösung (50 g Alkohol und 50 g einer 7,5 % Natriumhydrat enthaltenden wäßrigen Lösung) in einer mit Steigrohr versehenen Flasche auf etwa 80°, setzt einen Stopfen auf und schüttelt 5 Minuten lang das Gemenge andauernd und kräftig durch. Man bringt dann das Gemisch noch warm in einen Scheidetrichter, läßt es sich in der Wärme scheiden und filtriert nach dem Erkalten einen möglichst großen Teil der nunmehr die teerartigen Bestandteile des Mineralschmieröles enthaltenden Natronlösung ab. Die so gewonnene klare Lösung wird im Scheidetrichter angesäuert und durch Ausschütteln mit Benzol ihres Gehaltes an teerartigen Stoffen beraubt, wobei eine zweimalige Ausschüttelung mit je 50 ccm Benzol sich als genügend erwiesen hat. Die Benzollösung wird eingeengt und der Rest in gewogener Schale zur Trockne verdampft. Das so erhaltene Gewicht ergibt, auf 100 g Öl umgerechnet, die Teerzahl.

2. Kokzahl. Sind in dem Mineralschmieröl außer den benzollöslichen teerartigen Stoffen auch kokartige enthalten, so wird das nach 1 durch Ausschütteln mit Natronlauge vom Teer befreite Öl unter Nachspülen der Versuchsflasche, des Scheidetrichters und Filters mit 500 ccm Petroläther behandelt, von dem zwischen 30 und 80° nicht weniger als 90 % überdestillieren. Man läßt über Nacht stehen und filtriert dann die abgeschiedenen kokartigen Bestandteile durch ein bei 105° bis zur Gewichtskonstanz getrocknetes Filter ab; zur Entfernung von anhaftendem Öl wird mit Petroläther. zur Entfernung des im Kok und Filter vorhandenen Natrons mit heißem Wasser gründlich nachgewaschen. Das Filter wird dann bei 105° getrocknet und gewogen; die Gewichtsdifferenz ergibt die Menge der kokartigen Stoffe.

3. Zur Ermittelung der Verteerungs- und Verkokungszahl wird das Öl 50 Stunden lang einer Temperatur von 150° ausgesetzt und dann die Menge der teer- und kokartigen Stoffe abermals in der unter 1 und 2 angegebenen Weise festgestellt.

Bei Maschinenölen verschiedener Provenienz erhielt Kißling folgende Werte:

pennsylvanische Öle: Verteerungs- + Verkokungszahl 0,2—0,5
russische Öle: „ + „ 1,2
Texasöle: „ + „ 2,2—2,8

Je höher bei einem Schmieröl diese Konstanten ausfallen, umso veränderlicher ist das Öl im Betrieb (s. S. 105, Transformatoröle).

c) **Die Sauerstoffaufnahme** der Mineralöle bei Berührung mit Luft oder reinem Sauerstoff bei Zimmerwärme oder höherer

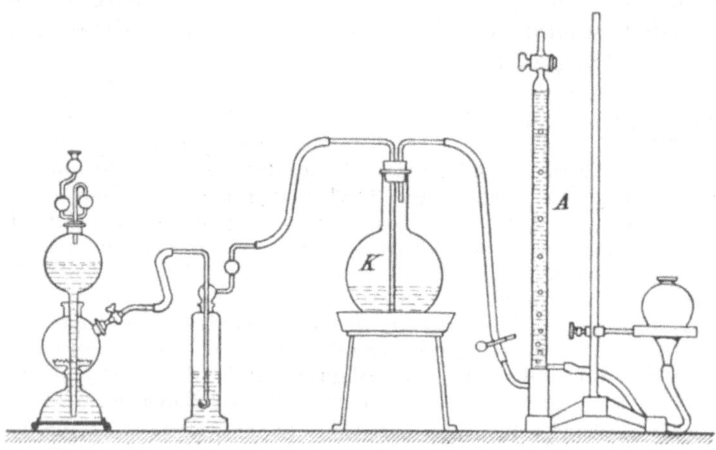

Fig. 80.

Temperatur ist teils eine chemische, teils eine bloße Auflösung und wird folgendermaßen bestimmt:

1. Chemische Sauerstoffabsorption bei großer Oberfläche. 0,3—0,5 g Öl werden auf 1—1,5 g ausgeglühten Bimssteins in einem 30—40 cm langen und 20—30 mm weiten Einschmelzrohr verteilt und mehrere Stunden im Wasserbad auf die in Frage kommende Temperatur, z. B. 100°, in gewöhnlicher Luft oder reinem Sauerstoff erhitzt. Durch Öffnen der Rohrspitzen unter Wasser (genauer unter Quecksilber) bei einer nahe bei 20° liegenden Zimmerwärme wird nach erfolgter Erhitzung die Sauerstoffabsorption, auf den normalen Barometerstand von 760 mm reduziert, ermittelt.

Die chemische Sauerstoffaufnahme ist selbst bei 100° sehr klein. Zwei Proben Sicherheitspetroleum (fp 109° bzw. 128° im Pensky) nahmen bei 20° und dreistündiger Erhitzung keinen Sauerstoff auf, ein wasserhelles Paraffinöl (fp 158°, fe 5,9) 2,4 ccm pro Gramm.

Bei Petroleum kann aber die der Menge nach geringe Sauerstoffaufnahme beim Stehen, insbesondere bei Einwirkung direkten Sonnenlichtes schon erhebliche Qualitätsverschlechterung bewirken (s. S. 83).

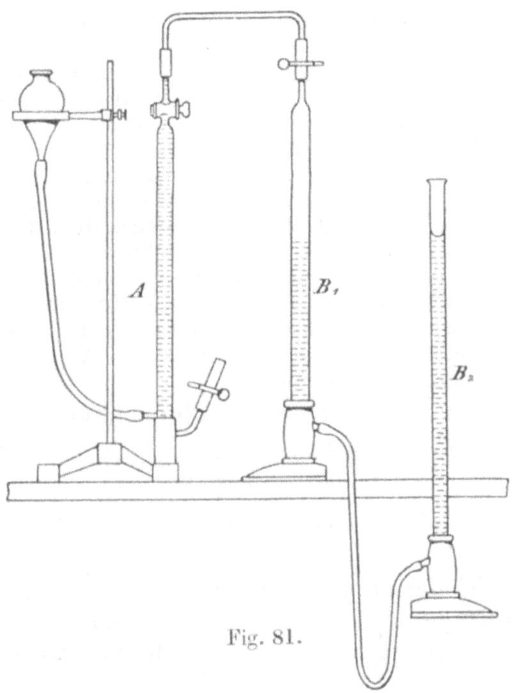

Fig. 81.

Über die Sauerstoffaufnahme von Vaselin s. S. 269. Erheblich ist unter den oben beschriebenen Versuchsverhältnissen die Sauerstoffaufnahme fetter Öle und flüssiger Wachse. Pro Gramm absorbieren bei 100° Spermazetiöl 14—25, Olivenöl 33—34, rohes Rüböl 45—50, Cottonöl 69 ccm Sauerstoff.

2. Freier in Öl gelöster Sauerstoff findet sich in allen Ölen neben Luftstickstoff in geringen Mengen. Die in einzelnen Lieferungsbedingungen früher niedergelegte Vorschrift, daß Kompressoröle nicht nur säure- und harzfrei sein, sondern auch keinen freien Sauerstoff enthalten sollen, erscheint in bezug auf letzteren Punkt nicht klar.

Eine Bestimmung des gelösten Sauerstoffs erfolgt in nachstehend beschriebener Weise (Fig. 80 und 81, S. 200 u. 201).

Durch einen 200 g Öl enthaltenden 500-ccm-Rundkolben *K*, der mit Gas-Zu- und -Ableitungsrohr versehen ist, leitet man so lange Kohlensäure, bis die Gasblasen in einem mit Kalilauge vom spez. Gewicht 1,32 beschickten Eudiometerrohr vollkommen absorbiert werden.

Das bis zu diesem Punkte kurz über der Öloberfläche mündende Einleitungsrohr wird jetzt bis auf den Boden des Kolbens geführt und das Öl auf 100—150° erhitzt. Die aus dem Öl ausgetriebenen Gase werden durch die nachströmende Kohlensäure in das Eudiometerrohr getrieben. Die Operation ist beendet, wenn nur noch Kohlensäureblasen, die von der Lauge absorbiert werden, in das Eudiometer eintreten. Nach 24 stündigem Stehen über der Kalilauge führt man das Gas in eine Hempelsche Gasbürette (Fig. 81) B_1 B_2, aus dieser nach Ablesen des Volumens in eine mit alkalischer Pyrogallollösung beschickte Hempelsche Pipette über und mißt nachher das nicht absorbierte Gas durch Zurücktreiben in die Gasbürette B_1. Die Volumendifferenz zwischen den beiden Ablesungen ergibt den freien Sauerstoff in 200 ccm Öl.

Das Volumen wird noch auf den Normaldruck 760 mm und die Temperatur 0° nach der Formel:

$$\mathrm{Vo} = \frac{\mathrm{p} \cdot \mathrm{v}}{760\left(1 + \frac{1}{273} \cdot \mathrm{t}\right)}$$

umgerechnet. In der Formel ist p der bei der Bestimmung abgelesene Barometerdruck, v das abgelesene Volumen, t die beobachtete Temperatur, $^1/_{273}$ der mittlere Ausdehnungskoeffizient der Gase.

Vier gelegentlich untersuchte Kompressorenöle enthielten in 100 ccm 4—5 ccm Luft oder folgende Mengen freien Sauerstoffs:

Öl Nr.	1	2	3	4
ccm freier Sauerstoff	0,9	1,1	0,7	1,4

XV. Angriffsvermögen auf Metalle, Zement u. dergl.

a) Maschinen- und Wagenöle. Das Angriffsvermögen säurefreier Mineralöle auf Lagermetalle ist bei den in Frage kommenden Temperaturen gleich Null oder verschwindend gering. Eine etwaige Prüfung dieser Frage, z. B. bei vergleichenden Prüfungen mit säurehaltigen Ölen, geschieht wie folgt:

Gewogene, blank geschmirgelte Platten der in Frage kommenden Metalle, 30 × 30 × 3 mm, werden möglichst lange mit dem zu prüfenden Öl in Glas- oder Porzellanschalen, vor Staub geschützt, bei 50° im Luftbade erhitzt. Von Zeit zu Zeit werden äußere Veränderung der Platten und Gewichtsveränderung nach vorangegangener Reinigung mit Fließpapier und Äther ermittelt.

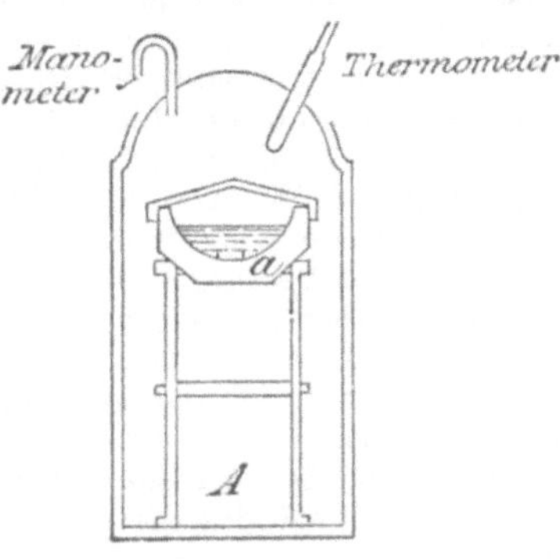

Fig. 82.

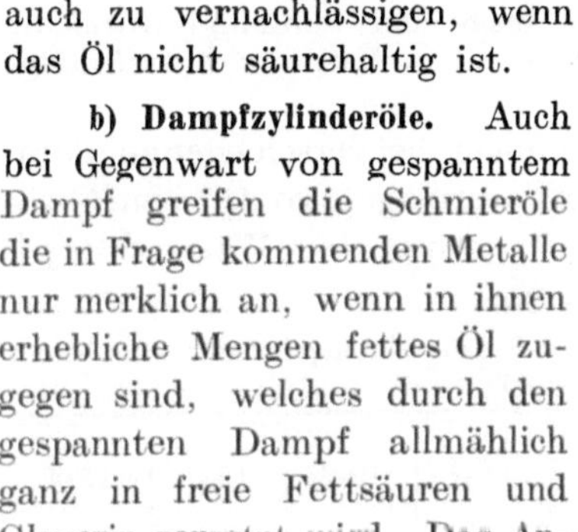

Das Angriffsvermögen der Mineralöle auf Zement ist meistens verschwindend gering und daher auch zu vernachlässigen, wenn das Öl nicht säurehaltig ist.

b) Dampfzylinderöle. Auch bei Gegenwart von gespanntem Dampf greifen die Schmieröle die in Frage kommenden Metalle nur merklich an, wenn in ihnen erhebliche Mengen fettes Öl zugegen sind, welches durch den gespannten Dampf allmählich ganz in freie Fettsäuren und Glyzerin zersetzt wird. Das Angriffsvermögen wird bei fetthaltigen Dampfzylinderölen in folgender Weise festgestellt:

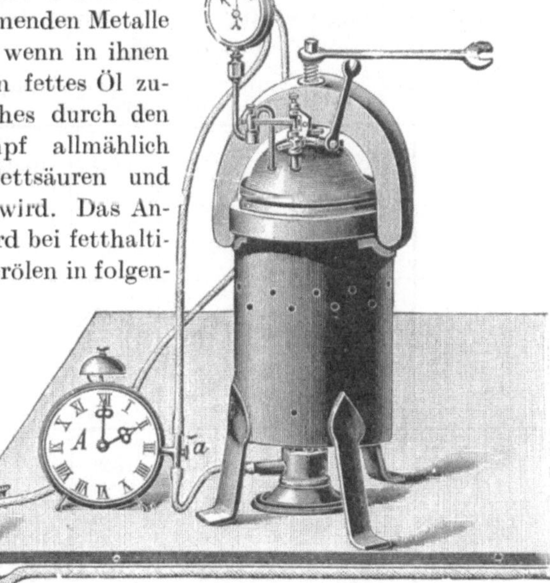

Fig. 83.

25—30 g Öl werden in einer auf einem kupfernen Dreifuß ruhenden und lose mit einem Kupferblech bedeckten Achatschale *a* (Fig. 82) mit einer quadratischen, 30 mm breiten und 3 mm starken, blank geschmirgelten, gewogenen Gußeisenplatte in einem Autoklaven *A* sechs Stunden lang der Einwirkung des hochgespannten Dampfes ausgesetzt. (Fig. 83.) Der Autoklav ist bis zur halben Höhe mit Wasser gefüllt und wird nach gehörigem Verschluß anfänglich durch einen Dreibrenner, später durch einen Einbrenner erhitzt. Das Manometer *c* mit selbsttätiger Regulierung des Druckes hält die Dampfspannung auf der durch die Anfangseinstellung des Zeigers gegebenen Höhe (z. B. 6 Stunden auf 10 Atm.). Die in die Gaszuführung eingeschaltete Weckeruhr *A* mit selbsttätiger Hahnschließung *a* unterbricht zur gewünschten Zeit die weitere Erhitzung. Die nach Beendigung des Versuchs ermittelte Gewichtsabnahme der mit Fließpapier und Äther gereinigten Platte gibt das Maß für das Angriffsvermögen des Öles. In dem zurückgebliebenen Öl kann nach Bedarf die Menge der freien Fettsäuren, insoweit dieselben nicht an das Metall gebunden als Eisenseifen vorhanden sind, bestimmt werden. Die Zeitdauer der Versuche erstreckt sich auf 4- bis 6- oder, wenn bis dahin kein merklicher Angriff des Metalls stattgefunden hat, auf 10-stündige Erhitzung.

Tab. 34 zeigt Wasserdampfspannungen bei verschiedenen Temperaturen, Tab. 35 die Stärke des Angriffsvermögens von Ölen auf Gußeisen bei Einwirkung von auf 10 Atm. gespanntem Wasserdampf.

Tabelle 34.

Dampfspannung in Atmosphären bei Dampftemperaturen von 100—235°.

°C	100°	105°	110°	115°	120°	125°	130°
Atm.	1,0	1,2	1,4	1,7	2,0	2,3	2,7
°C	135°	140°	145°	150°	155°	160°	165°
Atm.	3,1	3,6	4,1	4,7	5,4	6,1	6,9
°C	170°	175°	180°	185°	190°	195°	200°
Atm.	7,8	8,8	9,9	11,1	12,4	13,8	15,4
°C	205°	210°	215°	220°	225°	230°	235°
Atm.	17,0	18,8	20,8	22,9	25,1	27,5	29,8

Tabelle 35.

Angriffsvermögen von Ölen auf Gußeisen bei gleichzeitiger Einwirkung von auf 10 Atm. gespanntem Wasserdampf.

Art der Öle	Lfd. Nr. der Öle	Gewichtsveränderungen (mg) der Platten nach dem Erhitzen in Stunden					Säuregehalt des Öls ($^0/_0$ Ölsäure)			
		2	4	6	8	10	vor d. Erhitzen	nach Std. Erhitzung 6	8	10
Rohe Rüböle	1	—0,5	—9	—60	—183	—211	0,85	36,7	60,6	74,0
	2	—1	—7	—58	—160	—	1,20	—	58,5	—
	3	—2,4	—9	—42	—	—	1,20	—	—	—
Verdickte, sog. kondensierte Rüböle	1	—	—	—224	—	—	—	—	—	—
	2	—	—	—197	—	—	—	—	—	—
Raffinierte Rüböle	1	—12	—81	—276	—	—	0,35	64,2	—	—
	2	—16	—81	—217	—	—	1,34	69,1	—	—
	3	—0,5	—0,5	—7	—80	—	—	18,3	46,5	—
90 Tl. dunkles Mineralzylinderöl mit 10 Tl. fettem Öl		—0,5	—1	—1	—	—	1,0	—	—	—
Mineralspindelöl		—2,7	—3,4	—4	—	—	0,075	—	—	—
Mineralwagenschmieröl		—4	—4	—4	—	—	1,28	—	—	—
Mineralöle mit rohem Rüböl gemischt	2 Vol. Mineralöl, 1 Vol. Rüböl	+0,2	—0,9	0	—	—	—	—	—	—
	Zylinderöl m. 20 $^0/_0$ Rüböl	—1,4	—1,6	—1,4	—	—	—	—	—	—
Mineralzylinderöl mit 6 $^0/_0$ Knochenöl		—	—	—6	—	—	0	0,85	—	—

c) **Angriffsvermögen auf Zement und Beton.** Zement und Beton sind gegen die Einwirkung von Teer und Mineralölen unempfindlich; so haben sich Betonreservoirs für Mineralöle bisher gut bewährt. Fette Öle üben dagegen nach den bisherigen Erfahrungen auf Zement und Beton eine zersetzende Wirkung aus (Tonindustrie-Ztg. 1912, Nr. 100).

XVI. Gehalt an Wasser.

a) **Qualitative Prüfung.** Wasser verrät sich in hellfarbigen Ölen in der Regel durch Trübung, wenn die Probe vorher durchgeschüttelt worden war. Nach längerem Erhitzen auf dem Wasserbade verschwindet die Trübung und kehrt nach dem Erkalten nicht wieder, zum Unterschied von der durch Paraffinteilchen oder in fetten Ölen von Stearinteilchen bewirkten Trübung. Zur näheren Prüfung werden 3—4 ccm des Öles im Reagenzglas, dessen Wände vollständig mit dem Öl benetzt sind, mittels eines kleinen Bades von Paraffinum liquidum unter Umrühren mit dem Thermometer bis 160° (bei Dampfzylinderölen bis 180°) erhitzt. Wasserhaltige Öle zeigen hierbei in der Regel Emulsionsbildung an den benetzten Wandungen des Reagenzglases, Schäumen und Stoßen des Öles. Nur bei Gegenwart von Spuren Wasser bleibt die eine oder die andere Erscheinung aus.

Spuren Wasser können bei sehr hellen Ölen, z. B. Benzin, Petroleum, Paraffinöl, durch Erwärmen mit einer Messerspitze entwässerten Kupfersulfats an der Grün- bis Blaufärbung des Kupfersalzes nachgewiesen werden (vgl. dagegen auch S. 25 u. 26).

b) **Quantitative Bestimmung.** In einer 6—10 cm weiten Glasschale werden 10—12 g des durchgeschüttelten Öles (von wasserreichen Ölen 3—5 g, gehörig gemischt mit 10—15 g des durch Schütteln mit Chlorkalzium und Filtration entwässerten Öles) so lange auf stark kochendem Wasserbad erhitzt, bis beim Rühren mit dem Glasstab der Schaum an der Oberfläche verschwunden ist. Die vorher emporsteigenden Wasserdampfbläschen werden mit dem Stabende an den Wandungen der Schale zerdrückt. Gleichzeitig mit dem ursprünglichen Öl wird eine in etwa gleicher Menge abgewogene entwässerte Probe des Öles bis zum Verschwinden des Schaumes in der ersten Probe erhitzt. Aus der nach dem Erkalten der Schalen festgestellten Gewichtsabnahme des ursprünglichen Öles, abzüglich der Gewichtsabnahme der gleichen Menge des entwässerten Öles, ergibt sich der Gehalt an Wasser im ursprünglichen Öl. Bei schwer verdampfbaren Mineraldampfzylinderölen kann die Ausführung des blinden Versuchs unterbleiben.

Das für Rohöle S. 26 angegebene Verfahren der Wasserbestimmung dient zur quantitativen Bestimmung des Wassers in sehr wasserreichen Schmierölen, sowie bei Gegenwart leicht flüchtiger Stoffe. Letzteres Verfahren hat sich z. B. bei Untersuchung stark wasserhaltiger Zylinderöle, die durch einen Friesdorfschen Ölabscheider gereinigt waren, als besonders brauchbar erwiesen.

XVII. Gehalt an Asche.

Die Bestimmung des Aschengehaltes erübrigt sich meistens, wenn die völlige Löslichkeit des Öles in Benzin oder Benzol festgestellt ist, und der wässerige und salzsaure Auszug des Öles keinen merklichen Rückstand beim Eindunsten hinterlassen. Handelt es sich aber um genauere chemische Charakterisierung von Schmierölen, so ist die Aschenbestimmung unerläßlich. Nicht sorgfältig gereinigte Öle enthalten meistens noch kleine

Mengen Alkaliseifen (0,1—0,2 % Asche), welche beim Schütteln des Öles mit phenolphthaleïnhaltigem Wasser oder Alkohol diese infolge der Hydrolyse der Seife rot färben. Gut raffinierte Maschinenöle dürfen höchstens 0,01 %, Zylinderöle bis 0,1 % Asche enthalten; letztere darf aber keine Alkalien in merklicher Menge aufweisen (s. S. 190).

20—30 g Öl werden in einem Porzellantiegel oder in einer Platinschale vorsichtig so lange mit der kleinen Flamme eines Bunsenbrenners erhitzt, bis beim Nähern einer Zündflamme die Oberfläche in Brand gerät. Die Erhitzung wird so lange vorsichtig mit kleiner Flamme fortgesetzt, bis nur noch kohlige Teile zugegen sind; diese werden verascht und der Aschenrückstand gewogen.

Ist die zurückbleibende Kohle durch bloße Erhitzung zu schwer verbrennlich, so unterstützt man die Verbrennung durch vorsichtiges Überleiten von Sauerstoff.

Bei hellen Ölen kann die Gefahr, daß bei zu lebhafter Verbrennung Aschenteilchen mit fortgerissen werden, auf folgende Weise vollständig vermieden werden:

Man senkt in das Öl als Docht ein zusammengerolltes aschefreies Filter von 9 cm Durchmesser bis auf den Boden ein, läßt es sich mit Öl vollsaugen und zündet es an. Zweckmäßig wird das Filter durch einen Platindraht mit Schlinge, der quer über dem Tiegel liegt, in der Mitte festgehalten. Das Öl brennt so fast vollkommen herunter. Zuletzt wird der geringe Rückstand unter direkter Erhitzung des Tiegels vollkommen verascht.

Ein Versuch dauert 3—4 Stunden, er bedarf indessen kaum der Beaufsichtigung.

Auch wasserhaltige Öle, die bei Erhitzung überschäumen, können leicht nach diesem Verfahren verascht werden. Dunkle asphalthaltige Öle lassen sich in der zuletzt beschriebenen Weise nicht abbrennen, da das Filter sehr bald verkohlt und die Flamme erlischt.

Beachtenswert ist ein Verfahren der Veraschung von Hviid und Severin (Petrol. 1910, 5, 1454), welche das Öl in einem Porzellantiegel der Königl. Porzellanmanufaktur Katalog-Nr. 0,3620, in dem sich in mittlerer Höhe ein Nickeldrahtnetz zur Trennung des Öles von den Dämpfen befindet, vorsichtig erhitzen und über dem Tiegel einen Glastrichter zum Auffangen etwa fortfliegender Aschenteile befestigt halten. 5 g Öl werden langsam erhitzt und angezündet, bis sie verkohlt sind, und dann verascht.

XVIII. Künstliche Zusätze von Seife.

Manchen Mineralölen werden zur Erhöhung ihrer Konsistenz Tonerde- oder Alkaliseife, letztere in gewissen Fällen zur Erzielung einer gewissen Emulgierbarkeit mit Wasser, zugesetzt (s. auch Kapitel Wasserlösliche Öle).

a) Qualitativer Nachweis. Ein Gehalt an Alkaliseife macht sich beim Schütteln des Öles mit Wasser durch Bildung weißer, schleimiger Emulsionen bemerkbar. Von den durch anderweitige Ursachen veranlaßten weißen Trübungen, welche z. B. beim Schütteln schleimhaltiger Öle mit Wasser in diesem entstehen können, unterscheiden sich jene feinen Emulsionen dadurch, daß sie infolge von Hydrolyse der Seife alkoholische Phenolphthaleïnlösung schwach röten und beim Behandeln mit Mineralsäure infolge Zersetzung der Seifen sofort zerstört werden. In der salzsauren Lösung sind Kalium oder Natrium nachzweisen. Ammoniakseife verrät sich im ursprünglichen Öl durch ihre spontan eintretende Zersetzung in Ammoniak und Fettsäure und den damit verbundenen Geruch nach Ammoniak (s. a. S. 260). Kalk-, Tonerdeseife usw. lassen sich durch qualitative Prüfung des salzsauren Auszuges des Öles auf Kalk und Tonerde nachweisen.

b) Quantitativer Nachweis. Das Verfahren beruht darauf, daß überschüssige Mineralsäure aus der im Öl vorhandenen Seife freie Fettsäure abscheidet und der ursprüngliche Säuregehalt des Öles sich nach Auswaschen der Mineralsäure mit Wasser um eine der vorhanden gewesenen Seifenmenge äquivalente Menge freier Fettsäure erhöht. Erhebliche Mengen wasserlöslicher Säuren dürfen nicht zugegen sein. Ermittelt man alsdann in der salzsauren Lösung qualitativ die Art der Seifenbasis, und stellt man von den Säuren, welche aus der mit Lauge titrierten Lösung der freien und ursprünglich gebundenen Fettsäuren abgeschieden wurden, das Molekulargewicht fest, so sind die Grundlagen für die Berechnung des Gehaltes an Seife aus der Zunahme an Fettsäure nach S. 209 gegeben.

10 ccm Öl werden in einem Scheidetrichter mit etwa 100 ccm Äther und überschüssiger verd. Salzsäure stark geschüttelt. Man läßt die untere salzsaure Schicht ab, zieht sie noch ein- bis zweimal mit etwa je 30 ccm Äther aus, vereinigt die Ätherlösungen und wäscht sie zunächst mit konz. Glaubersalzlösung, zum Schluß zweimal mit

wenig destilliertem Wasser[1]), bis die Waschflüssigkeit mit Methylorange keine Rotfärbung mehr gibt. Nach völligem Auswaschen der ätherischen Lösung wird bei hellen Ölen unter Zusatz von etwa 30 ccm neutralen Alkohols in der üblichen Weise (s. S. 188) die freie Säure direkt titriert. Bei dunklen Ölen wird die ätherische Fettlösung durch Destillation von Äther befreit. Der Rückstand wird mit 20 ccm heißen Alkohols in einen Zylinder gebracht; nach erfolgter Trennung der öligen und alkoholischen Schicht wird in letzterer der Gehalt an freier Säure (s. S. 189) bestimmt.

Die Art der Seifenbasis wird sowohl bei hellen als auch bei dunklen Ölen im salzsauren Auszuge des Öles ermittelt. Aus dem Molekulargewicht der nach S. 213 abscheidbaren Fettsäuren wird nach dem unten angegebenen Beispiel der Gehalt an Seife berechnet. Bei Anwendung von 10 ccm Öl kann man die in Prozente SO_3 geteilte Bürette ohne weiteres verwenden und findet bei vorstehender Versuchsausführung direkt den Gesamt-Prozentgehalt an freier Fettsäure, bestehend aus der im ursprünglichen Öl enthaltenen Fettsäure und der durch Zersetzung von vorhandener Seife frei gewordenen Säure. Bei Verwendung von 10 g Fett nimmt man die in ccm geteilte Bürette und berechnet die Säuren als Säurezahl.

Beispiel. Ist das Molekulargewicht der Fettsäuren zu 300, die als Seife vorhandene Fettsäure zu 2 % (ber. als SO_3) ermittelt, und ist die Seifenbasis Kalk, so berechnet sich der Gehalt an Kalkseife $= Ca\langle^{(M-1)}_{(M-1)}$ (M = Molekulargewicht der Fettsäuren) nach der Gleichung:

$$x : 2 = 638 : 80.$$

x = 15,87 g Kalkseife in 100 g Fett.

In der Formel ist 638 das Molekulargewicht der Kalkseife, 80 dasjenige der äquivalenten Menge SO_3.

Für Natronseife wäre die Gleichung:

$$x : 2 = 322 : 40.$$

Liegt der Seifengehalt unter 5 %, so kann der Rechnung das mittlere Molekulargewicht 300 zugrunde gelegt werden.

Unter Benutzung des Grundprinzips des vorstehend beschriebenen Verfahrens läßt sich der Seifengehalt in Ölen auch durch direkte Titration einer in Benzin gelösten gewogenen Ölmenge mit $\frac{1}{2}$ N.-Salzsäure bestimmen, wobei Methylorange als Indikator angewendet wird. Andere durch Salzsäure angreifbare Stoffe als Seife dürfen nicht zugegen sein.

---

[1]) Zur Aufhebung etwaiger Emulsionen vergrößert man den Ätherzusatz oder läßt (ohne Schütteln der Flüssigkeit) wenig Alkohol zufließen.

1 ccm verbrauchter Salzsäure entspricht (bei Verwendung von 10 ccm Öl) 0,218 % ursprünglich an Seife gebundener Fettsäure, ber. als SO_3. Man hat also zur Berechnung nur die Anzahl ccm Salzsäure mit 0,218 zu multiplizieren und diesen Wert in die obige Gleichung einzusetzen.

Zur Kontrolle, aber etwas umständlicher kann die Seifenmenge auch durch gewichtsanalytische Bestimmung der Basenbestandteile im salzsauren Auszuge eines Öles bei gleichzeitiger Ermittelung des Molekulargewichtes der Fettsäuren bestimmt werden.

c) **Emulgierungsprobe.** Dampfzylinderöle sollen keine seifenartigen Bestandteile enthalten, damit nicht der Wasserdampf mit dem Öl Emulsionen bildet und so das Öl, statt zu schmieren, mit dem Kondenswasser fortgeführt wird. Deshalb hat das Kgl. Eisenbahnzentralamt Berlin folgende Prüfungsvorschrift ausgearbeitet:

10 ccm Öl und 10 ccm dest. Wasser werden im Reagenzglas von 20 mm Weite bei 85° 1 Minute lang geschüttelt. Als nicht emulgierend wird ein Öl angesehen, wenn sich Öl und Wasser bei einstündigem Stehen bei 85° trennen, und wenn sich weniger als eine 1 mm starke Zwischenschicht gebildet hat; als schwach emulgierend, wenn die Zwischenschicht nicht über 2 mm hinausgeht. Trennt sich Öl vom Wasser nicht, oder bildet sich mehr als 2 mm Zwischenschicht, so gilt die Probe als emulgierend. Bei Beurteilung der Probe ist Vorsicht geboten. Die in den Lieferungsbedingungen bisher enthaltene Vorschrift, daß im 40 mm weiten Reagenzglas 5 Minuten lang geschüttelt werden soll, beruht auf Schreibfehlern.

XIX. Gehalt an fettem Öl.

a) **Qualitative Probe.** Qualitativ werden fette Öle in flüssigen oder leicht schmelzbaren Schmierölen nach Lux an der Seifenbildung beim Erhitzen der Öle mit Natrium oder festem Natriumhydrat erkannt. Die Probe wird nach Holde u. Ruhemann, wie folgt, ausgeführt:

Je 3—4 ccm Öl sind im Reagenzglas mit Natrium- bzw. Natriumhydroxyd ¼ Stunde lang im Ölbad (helle Öle auf etwa 230°, dunkle Öle und Zylinderöle auf etwa 250°) zu erhitzen.

In hellen Maschinenölen sind ½ %, in dunklen Mineralölen bis zu 2 % fettes Öl nach dem Erkalten der erhitzten Proben am Gelatinieren oder Auftreten von Seifenschaum an der Öloberfläche oder an beiden Erscheinungen zu erkennen. In Zylinderölen geben sich bis zu 1 % fettes Öl nach dem Erkalten der erhitzten Proben durch flockigen, reichlich mit Blasen durchsetzten Seifenschaum an der Öloberfläche kund.

Der Kontrollversuch mit Natrium erübrigt sich, wenn es genügt, bis zu 1 bzw. 2 % herab Zusätze von fettem Öl nachzuweisen.

Bei der Prüfung ist zu berücksichtigen, daß Gelatinieren ohne Schaumbildung auch eintreten kann, wenn Harz oder Naphthensäuren vorhanden sind (s. S. 190). In einem derartigen Fall sind nach Versuchen von Schwarz und Marcusson (Mitteilungen 1909, **27**, 17) die Säuren nach Spitz und Hönig (siehe S. 212) abzuscheiden und durch Jodzahl, Verseifungszahl, Benzinlöslichkeit und Schwefelgehalt näher zu charakterisieren.

b) Quantitativer Nachweis. 1. Titrimetrisch durch Ermittelung der Verseifungszahl (v). Unter Verseifungszahl eines Öles versteht man die Anzahl von mg KOH, die zur Verseifung von 1 g Öl erforderlich sind.

Je nachdem viel oder wenig fettes Öl vermutet wird, kocht man etwa 4—10 g der Probe mit 25 ccm normaler alkoholischer Kalilauge[1]) unter Zusatz der gleichen Menge schwefelfreien Benzols ½ Stunde am Rückflußkühler und titriert nach Zusatz von 50 ccm neutralisiertem absol. Alkohol den verbliebenen Überschuß an Lauge mit wäßriger ½ N.-Salzsäure zurück. Der Zusatz des Benzols bezweckt bessere Angreifbarkeit des Fettes durch die Lauge. Selbstverständlich müssen alle benutzten Gefäße, Kolben und Kühler, vor dem Versuch mit neutralisiertem Alkohol ausgespült sein. Der Titer der zum Verseifen benutzten Lauge wird bei jedem Versuch neu bestimmt, indem man gleichzeitig zwei blinde Versuche ansetzt. Bei diesen werden in neutralem Kolben gleichfalls 25 ccm Lauge mit der gleichen Menge Benzol am Rückflußkühler ½ Stunde lang gekocht und dann ihr Säureäquivalent festgestellt. Die Verseifungszahl erhält man durch Multiplikation der Anzahl ccm Salzsäure (blinder Versuch minus Verbrauch beim Zurücktitrieren) mit dem Titer der Salzsäure, ausgedrückt in mg KOH, dividiert durch die angewendete Substanzmenge.

Beispiel:

Angewendete Substanzmenge 10,00 g.

Blinder Versuch 46,85 ccm ½ N.-HCl.

Verbrauch beim Zurücktitrieren 43,30 ccm, mithin Salzsäureäquivalent der zum Verseifen verbrauchten Laugenmenge 3,55 ccm.

Titer der ½ N.-Salzsäure: 1 ccm = 28,237 mg KOH.

$$\text{Verseifungszahl} = \frac{3{,}55 \cdot 28{,}237}{10} = 10{,}0.$$

Für die als Zusätze in Frage kommenden fetten Öle nimmt man 185 als mittlere Verseifungszahl, für Mineralöle v = 0 an. Findet man also v zu 92,5, so sind 50 %, findet man v zu 18,5, so sind 10 %

[1]) Die Pipette ist bei diesen Versuchen, ebenso bei der blinden Probe stets in der gleichen Weise zu entleeren. Es kommt nicht darauf an, genau 25 ccm abzumessen, es muß nur darauf geachtet werden, daß stets dieselbe Anzahl von Tropfen nachfließt.

fettes Öl zugegen. Ganz allgemein berechnet sich der Fettgehalt eines Öles aus der Verseifungszahl v bei Zugrundelegen der Verseifungszahl 185 für das vorliegende fette Öl nach der Gleichung

$$185 : 100 = v : x,$$

Von der gefundenen Verseifungszahl sind zuvor die Anzahl mg KOH in Abzug zu bringen, welche zur Neutralisation etwa vorhandener freier Säure im Öl dienen, wenn nur die Menge des vorhandenen Neutralfettes, nicht diejenige des gesamten fetten Öles bestimmt werden soll.

Liegen Zusätze von Wollfett oder Spermazetiöl oder ähnlichen Wachsen vor, die sich gewöhnlich bereits durch ihren Geruch oder ihre Konsistenz verraten, so ist die Verseifungszahl dieser Fette (S. 550, 553) der Berechnung zugrunde zu legen.

Im übrigen ist das titrimetrische Verfahren nur genau, wenn die Verseifungszahl des zugesetzten Fettes bekannt ist. Genauer läßt sich nach Bestimmung der freien Fettsäure der Gehalt an fettem Öl nach dem folgenden Verfahren ermitteln.

2. Gewichtsanalytisch nach Spitz und Hönig. Das fette Öl wird durch Verseifen in alkohollösliche Seife übergeführt, das Unverseifbare wird durch Behandeln mit Benzin ausgeschüttelt.

α) Bei Abwesenheit von Wachsen. 10 g der Probe werden mit 25 ccm 2 N. alkoholischer Kalilauge unter Zusatz von 25 ccm Benzol etwa 1 Stunde am Rückflußkühler gekocht. Die Mischung wird alsdann mit 25 ccm Wasser versetzt und nochmals aufgekocht. Nach dem Abkühlen wird die Seifenlösung unter Nachspülen mit 50 gew.-proz. Alkohol und etwa 50 ccm leicht siedendem Benzin (30—50°) in einen Scheidetrichter gebracht. Nach Durchschütteln und Absitzenlassen der Flüssigkeiten wird die alkoholische Seifenlösung abgelassen. Mit je 50 ccm leicht siedendem Benzin schüttelt man die Seifenlösung so oft aus, bis der letzte Benzinauszug nach dem Eindampfen keinen öligen, sondern höchstens Spuren eines seifenartigen Rückstandes hinterläßt. Die vereinigten Benzinauszüge werden dreimal mit je 15 ccm 50 proz. Alkohol, dem man eine Spur Alkali zugesetzt hat, ausgeschüttelt; dieser Alkohol wird nach einmaligem Ausschütteln mit Benzin zu der Seifenlösung hinzugefügt. Die Benzinlösungen werden abdestilliert und der Rückstand in gewogener Schale auf dem Wasserbad bis zum Verschwinden des Benzingeruches eingedampft. Sollte der ölige Rückstand einige Wassertröpfchen zeigen, so wird er mit 5 bis 8 ccm absolutem Alkohol verrührt, dann bis zum Verschwinden des Alkoholgeruches erwärmt. Der Alkohol ist verjagt, wenn die Schaumbläschen auf der Oberfläche des Öles verschwunden sind. Nach je 5 Min. langem Trocknen bei 100° bis zur annähernden Gewichtskonstanz (1—2 mg) wird das so gewonnene Mineralöl gewogen. Die Differenz zwischen der Menge des abgeschiedenen Mineralöls und der Menge des Ausgangsmaterials ergibt den Gehalt an verseifbarem Fett.

Liegt zur Untersuchung eine Mischung von fettem Öl mit einem leicht verdampfbaren Mineralöl vor, z. B. Laternenöl, das aus Petroleum und Rüböl besteht, so kann das Trocknen des nach Spitz und Hönig abgeschiedenen Unverseifbaren auf dem Wasserbade Verluste ergeben. In diesem Falle erwärmt man nach dem Abdestillieren der Hauptmenge des Benzins die Schale mit dem Rückstand nur so lange, bis gerade keine Blasen mehr aufsteigen, und wägt nach kurzem Stehen die erkaltete Schale. Nach einem Vorschlage von Holde kann man auch mit einer genau gewogenen Menge (etwa 10 g) Zeresin mischen und dann bis zur Gewichtskonstanz auf dem Wasserbade erhitzen; das Zeresin hält das leichtflüchtige Petroleum zurück.

Bei Anwesenheit größerer Mengen unverseifbaren Öles oder schwer verseifbaren Fettes (Talg oder dgl.) empfiehlt es sich, das erhaltene Unverseifbare auf Gehalt an fettem Öl nach S. 210 nochmals zu prüfen und nötigenfalls einen aliquoten Teil nochmals wie vorstehend angegeben zu behandeln, um das vollkommen gereinigte Unverseifbare zu erhalten. Die Differenz zwischen dem Unverseifbaren und der Menge der angewandten Probe ergibt die Menge des vorhandenen fetten Öls zuzüglich etwa vorhanden gewesener freier Fettsäure.

Die alkoholische Seifenlösung kann nach dem Verjagen des Alkohols zur qualitativen und quantitativen Untersuchung der Fettsäuren verwendet werden (siehe unten).

β) Bei Gegenwart von Wollfetten und Wachsen. Bei Gegenwart von Wollfetten und Wachsen werden auch die in den letzteren enthaltenen höheren Alkohole mit den unverseifbaren Ölen abgeschieden. Man trennt sie vom Mineralöl durch 2 stündiges Auskochen der Mischung mit dem doppelten Volumen Essigsäureanhydrid. Die Alkohole gehen als Ester in die saure Lösung und werden unter mehrfachem Auswaschen mit einigen ccm Essigsäureanhydrid im Scheidetrichter vom Mineralöl nach dem Abkühlen getrennt. Einige Prozente (3—5) der Mineralölsubstanz gehen mit in Lösung und sind entsprechend in Rechnung zu ziehen. Da Wollfett und Wachse selbst wechselnde Mengen von Kohlenwasserstoffen (10—53%) enthalten und es fraglich erscheint, ob die Verseifung des Wollfettes beim Kochen mit alkoholischem Kali ganz vollständig ist, so liefert die quantitative Bestimmung des Mineralöls bei Gegenwart von Wollfett und Wachsen immer nur Annäherungswerte.

c) Ermittelung der Art des fetten Öles. Die nach Spitz und Hönig gewonnene, die Fettsäuren des verseifbaren Fettes enthaltende alkoholisch-wäßrige Seifenlauge wird nach völliger Erschöpfung mit Petroleumbenzin bis zum Verschwinden des Alkoholgeruches eingedampft, in wenig Wasser aufgenommen und im Scheidetrichter mit überschüssiger verdünnter Schwefelsäure bei Gegenwart von Äther zersetzt. Die saure Schicht wird abgelassen und die zurückbleibende Fettsäurelösung so oft mit konz. Glaubersalzlösung und zum Schluß zweimal mit dest. Wasser gewaschen, bis das Waschwasser mit Methylorange keine Rotfärbung mehr gibt. Der Äther wird nach kurzer Trocknung mit wenig Chlorkalzium filtriert, abdestilliert und die zurückbleibenden Fettsäuren 5 Min. lang bei 105° getrocknet. Unlösliche Oxysäuren scheiden sich in der Trennungsschicht der sauren und ätherischen Lösung oder an der Wandung des Scheidetrichters ab.

Aus der Gegenwart von Oxysäuren, die sich in größerer Menge namentlich im Rizinusöl, in oxydierten bzw. geblasenen Ölen und in Tranen finden (S. 450), sind bisweilen schon Schlüsse auf die Art des fetten Öles zu ziehen. Die unlöslichen Oxysäuren werden durch Abgießen oder Filtrieren der Lösung und spätere Auflösung in abs. Alkohol isoliert. Die ätherlöslichen Fettsäuren werden nach genügender Trocknung auf Jodzahl, Molekulargewicht (s. S. 436 ff.) und Schm. geprüft. Aus diesen Eigenschaften wird nach den S. 455 gegebenen Anleitungen die Natur des fetten Öles ermittelt.

In Zweifelsfällen ist durch Abscheidung der unverseifbaren Alkohole (Cholesterin oder Phytosterin) unter Verarbeitung großer Mengen der ursprünglichen Mischung von fettem Öl und Mineralöl zu unterscheiden, ob pflanzliches oder tierisches Fett oder ein Gemisch beider Fette vorliegt (s. S. 430).

XX. Gehalt an fremden unverseifbaren Ölen.

Harzöle und Destillate aus Steinkohlen-, Braunkohlen-, Buchenholzteer.

a) Harzöle. 1. Allgemeines. Bei der Destillation des Kolophoniums unter direkter Erhitzung erhält man neben leichtflüchtigem dünnflüssigen Harzspiritus oder Pinolin über 300° siedendes schweres Harzöl.

Rohes Harzöl enthält neben wechselnden Mengen (bis zu 30 %) übergerissenen sauren Harzes Kohlenwasserstoffe, nach Bruhn und Tschirch (Chem.-Ztg. 1900, 24, 1105 und Arch. f. Pharm. 1903, 523—545) hauptsächlich hydrierte Retene.

Rohes und gereinigtes Harzöl dienen zur Herstellung von Wagenfetten, als Transformatorenöl zum Isolieren, zum Verschneiden von Schmierölen und Firnissen, zur Herstellung von wasserlöslichen Ölen.

Wegen ihres leichten Verharzungsvermögens (bei 50° in dünner Schicht werden sie nach 24 Stunden fest oder merklich dickflüssiger bis klebrig) gelten Harzöle als minderwertiges

Schmieröl. Wie nachfolgende Tabelle zeigt, verdampfen sie auch leichter als Mineralschmieröle; ganz entsprechend liegt auch der Entflammungspunkt der Harzöle niedriger als bei den Mineralölen.

Tabelle 36.

	Verdampfungsverluste in Prozent		Flammpunkt Grad C	
	nach 5 stünd. Erhitzen auf 100°	nach 2 stünd. Erhitzen auf 170°	Pensky	offener Tiegel
Schwere Harzöle . . .	0,4—0,8	5,6—7,4	109—146	148—162
Mineralspindelöle . . .	0,05—0,10	0,5—1,8	177—203 (1 Öl 121)	189—213
Mineralmaschinenöle .	0,06—0,13	0,6—1,05	188—195 (1 Öl 126, 1 Öl 139)	205—221

Von Mineralölen unterscheiden sie sich schon durch charakteristischen Geruch und Geschmack.

2. Farbenreaktionen. α) Beim Schütteln gleicher Volumina Öl und Schwefelsäure vom spez. Gewicht 1,6 wird die Mischung rot gefärbt; die Säure setzt sich mit blutroter Farbe ab.

Mittels dieser Reaktion kann man bis zu 1% Harzöl meistens erkennen. Sehr sorgfältig raffinierte Harzöle geben die Reaktion schwach oder gar nicht.

β) Je 1 ccm Öl und Essigsäureanhydrid, kräftig durchgeschüttelt, geben auf Zusatz von einem Tropfen Schwefelsäure vom spez. Gew. 1,53 zur abgetrennten sauren Schicht bei Gegenwart von Harzöl Violettfärbung (Storch - Liebermannsche Reaktion). Diese Reaktion ist schärfer als erstere, wird aber auch von Harz veranlaßt. Neben freiem Harz wird Harzöl nach 3—7 sowie durch den Geruch nachgewiesen.

Wird Harzöl für sich oder in Schwefelkohlenstofflösung mit einem Tropfen Zinntetrachlorid (nach Allen besser Zinnbromid) geschüttelt, so tritt schöne Violettfärbung ein.

3. Löslichkeit in Alkohol und Azeton. Harzöl ist im doppelten Volumen absol. Alkohols zu 50—100 %, Mineralschmieröle sind zu 2—15 %, sehr leichte bis zu 35 % löslich. Mit Azeton ist Harzöl in jedem Verhältnis mischbar, Mineralschmieröl gebraucht das Mehrfache seines Volumens zur Lösung.

4. Brechungsexponent beträgt für Harzöle bei etwa 18° 1,535—1,550, bei Mineralschmierölen meistens 1,490—1,507,

amerikanische leichte Maschinenöle vom spez. Gew. 0,852—0,880 haben annähernd entsprechend mit dem spez. Gewicht und der Zähigkeit (4,3—18,6 bei 20°) steigend Brechungsexponenten 1,476—1,489 (Bestimmung von Dr. Brauen).

5. Optisches Drehungsvermögen. Mineralöle drehen sehr wenig, $[\alpha]_D$ beträgt höchstens + 3,1° (M. A. Rakusin, Chem.-Ztg. 1904, **28**, 574), oft ist $[\alpha]_D$ fast 0, bei Harzölen dagegen + 30 bis + 50°, bei entsäuerten Harzölen kann die Drehung auch niedriger sein, z. B. bis + 23°.

6. Spez. Gewicht beträgt bei Harzölen 0,97—1,00, bei Mineralschmierölen 0,840—0,940, in der Regel 0,880—0,915 bei + 15°.

7. Jodzahl beträgt bei Harzölen 43—48, bei Mineralölen meistens unter 6, selten über 14; bei Crackdestillaten aus Mineralöl liegt sie bedeutend höher, z. B. bis gegen 70.

Liegt auf Grund der unter 2 angegebenen Farbenreaktionen begründeter Verdacht auf Harzöl in einem Schmieröl vor, so ermittelt man noch die unter 3—7 genannten Eigenschaften, nötigenfalls auch an dem in absol. Alkohol löslichen Teil des zu prüfenden Öls. Dieser Auszug muß natürlich die fraglichen Eigenschaften des Harzöls noch ausgeprägter zeigen.

8. Quantitativer Nachweis von Harzöl in Mischung mit Mineralöl.

Nach Storch werden 10 g Öl (fettfreies) mit der fünffachen Gewichtsmenge 96 proz. Alkohol leicht erwärmt und geschüttelt. Die abgegossene gekühlte Lösung wird, nachdem man das im Kolben zurückgebliebene Mineralöl mit wenig 96 proz. Alkohol gewaschen hat, in einen tarierten Erlenmeyerkolben gebracht und dort vom Alkohol durch Erhitzen im Wasserbad befreit. Der Rückstand (A) wird gewogen und dann mit der zehnfachen Menge Alkohol behandelt. Das in Lösung gehende Harzöl wird nach dem Verdunsten des Lösungsmittels gewogen (B). Das in B noch gelöste Mineralöl berechnet sich wie folgt: Sind zum Lösen der 10 g Substanz a, zum Lösen von A im ganzen b g Alkohol verbraucht, so lösen $a—b$ Gramm Alkohol $A — B$ Gramm Mineralöl; also lösen b Gramm Alkohol $\frac{A-B}{a-b} \cdot b$ Gramm Mineralöl; diese Menge ist von dem Gewicht B abzuziehen, um die richtige Menge Harzöl zu erhalten.

9. Qualitativer Nachweis von schwerem Mineralöl in Mischung mit Harzöl. Ein einfacher Nachweis von Mineralöl in Harzöl nach Valenta besteht darin, daß man 2 ccm Öl mit

20—22 ccm eines Gemisches von 10 Teilen Alkohol (91 Gew.-Proz.) und 1 Teil Chloroform kräftig schüttelt. Tritt eine Trübung durch Öltröpfchen oder eine sich abscheidende Ölschicht auf, so ist Mineralöl zugegen. Mineralöl hat keine irgendwie ausgeprägten Reaktionen, die in gewöhnlicher Weise ermittelten Löslichkeitsverhältnisse lassen sogar kleinere Mengen Mineralöl (unter 15 %) nicht scharf erkennen. Zur sicheren Erkennung kleinerer Mineralölmengen dient das Verfahren von Holde, das sich auf die verschiedene Löslichkeit von Mineralöl und Harzöl in Alkohol und auf die Brechungskoeffizienten gründet.

10 ccm Öl werden im verschließbaren Meßzylinder mit 90 ccm 96 gew.-proz. Alkohol bei Zimmerwärme durchgeschüttelt. Das Verbleiben ungelöster Spuren ist für den weiteren Gang der Prüfung ohne Bedeutung (Fall I).

Bleiben beträchtliche Mengen Öl ungelöst (Fall II), so ist ohne weiteres der Verdacht auf Gegenwart größerer Mengen Mineralöl gegeben. Gewißheit hierüber verschafft man sich nach genügendem Absitzenlassen der Mischung (über Nacht) durch Untersuchung des abgesetzten und mit wenig 96 proz. Alkohol abgespülten Öles auf Brechungskoeffizient. Bei Gegenwart von Mineralöl beträgt dieser weniger als 1,5330 bei etwa 18°. Man kann aber hier in Zweifelsfällen das ausgeschiedene Öl wie nach Fall I weiter behandeln und prüfen.

Im Fall I wird die alkoholische Lösung mit kleinen Mengen Wasser bis zum Eintritt einer starken milchigen Trübung versetzt. Nach längerem Stehen (erforderlichenfalls über Nacht) wird die klare alkoholische Lösung von den niedergefallenen Öltropfen A, die aber nicht mehr als 1 ccm einnehmen dürfen, abgegossen. Der am Öl noch haftengebliebene Rest alkoholischer Lösung wird mit einigen ccm 96 proz. Alkohol abgespült, worauf der zurückgebliebene Ölrest im Schüttelzylinder in 20 ccm 96 proz. Alkohol bei Zimmerwärme gelöst wird. Aus dieser Lösung werden wiederum durch Wasserzusatz und darauf folgendes Stehenlassen wenige Öltröpfchen (höchstens 0,1 ccm) B abgeschieden, durch Abspülen mit Alkohol von anhaftender Lösung befreit und durch Waschen mit heißem absoluten Alkohol in ein kleines Glasschälchen gebracht. Nach Verdampfen des Alkohols und Abkühlen der zürückbleibenden Öltröpfchen auf Zimmerwärme wird deren Brechungskoeffizient bestimmt. Liegt dieser unter 1,5330, so ist Mineralöl zugegen gewesen.

b) Steinkohlenteeröle. In Frage kommen die schweren durch Abpressung des Anthrazens erhaltenen dunklen Öle; sie sind aus folgenden Eigenschaften zu erkennen

Ihr spez. Gewicht ist über 1,0. In Alkohol sind sie mit dunkler Farbe völlig bei Zimmerwärme löslich, ihr Geruch ist meistens charakteristisch kreosotartig, konz. Schwefelsäure löst sie beim Erwärmen im Wasserbad zu wasserlöslichen Verbindungen auf. Mit konz. Salpetersäure (spez. Gew. 1,45) reagieren sie unter starker, oft explosionsartiger Erhitzung und Bildung von Nitroprodukten. Ihre Viskosität bei 20^0 (Engler) ist gering (2,29—4,6).

Steinkohlenteeröle, wie auch die übrigen Teeröle geben in der Regel die von Graefe empfohlene Diazobenzolreaktion auf Phenole: ein alkalischer, durch Kochen mit $^1/_1$ N. wäßriger Natronlauge bereiteter, nötigenfalls filtrierter Auszug des Öls wird in der Kälte mit salzsaurem Diazobenzol (frisch bereitet durch Zugabe von salpetrigsaurem Kali zu einer in Eis gekühlten salzsauren Lösung von salzsaurem Anilin) versetzt. Bei Gegenwart von phenol- oder kreosothaltigen Ölen entsteht intensive Rotfärbung (siehe auch S. 289).

Zur Unterscheidung der Steinkohlenteeröle von Mineralölen kann die Valentasche Reaktion (Chem.-Ztg. 1906, **30**, 266) dienen, nach welcher Benzolkohlenwasserstoffe, wie sie im Steinkohlenteer vorkommen, bei Zimmerwärme von Dimethylsulfat leicht gelöst werden, während Rohpetroleum, Benzin, Leuchtöl, Mineralöl sowie Harzöl ungelöst bleiben. Im Meßzylinder wird eine bestimmte Menge Öl mit dem 1½—2 fachen Volumen Dimethylsulfat 1 Minute lang geschüttelt und nach erfolgter Trennung der Schichten die Volumendifferenz abgelesen (Vorsicht wegen der Giftigkeit des Dimethylsulfats!).

Graefe (Chem. Rev. 1907, **14**, 112) fand, daß die Methode bei Mischungen von hochsiedenden Steinkohlenteer- und Mineralölen, wie sie in der Praxis am häufigsten vorkommen, fast theoretische Werte ergibt. Nur bei sehr niedrig siedenden Erdölderivaten ist eine merkliche Löslichkeit in Dimethylsulfat vorhanden, und bei Braunkohlenteerölen tritt ein konstanter Fehler von etwa 10% auf, bei dessen Berücksichtigung aber auch die Trennung von Steinkohlen- und Braunkohlenteerölen durchführbar ist.

c) **Hochsiedende Braunkohlenteeröle** (s. S. 346) sind durch folgende Eigenschaften gekennzeichnet:

Geruch meistens etwas kreosotartig, spez. Gewicht 0,89 bis 0,97, bei Zimmerwärme im doppelten Volumen Alkohol zu 22—62% löslich. Sie enthalten merkliche Mengen Schwefel (s. S. 350), reagieren mit Salpetersäure spez. Gew. 1,45 infolge beträchtlichen Gehaltes an ungesättigten Kohlenwasserstoffen (Jodzahl bis 70) weit energischer als Mineralöle, aber schwächer als Steinkohlenteeröle und haben in der Regel fe bei 20^0 1,6—3,0, ausnahmsweise bis 30. Sie geben fast sämtlich die Diazobenzolreaktion (siehe oben).

d) **Buchenholzteeröl** verrät sich durch seinen durchdringenden charakteristischen Geruch; sein spez. Gewicht liegt nahe bei 1, in absol. Alkohol ist es, wie Steinkohlenteeröl, völlig löslich.

Eine gelegentlich geprüfte schwarzbraune Förderseilschmiere (spez. Gew. 0,991; fe 228 bei 20°; fp 84°) enthielt etwa 20 % dickflüssiges Mineralöl und 80 % zum Konservieren des Seiles zugesetztes Buchenholzteeröl. Letzteres ließ sich durch Extrahieren mit kaltem Alkohol von dem Mineralöl trennen.

XXI. Gelöster Kautschuk.

Um den Schmierölen dickflüssigere Konsistenz und größere Schlüpfrigkeit zu verleihen, werden denselben gelegentlich kleine Mengen (1—2 %) unvulkanisierter Kautschuk zugesetzt[1]). Der Kautschuk verrät sich in der Regel durch die Eigentümlichkeit des Öles, beim Aufnehmen mit dem Glasstab oder, zwischen den Fingern gedrückt, beim Entfernen der Finger voneinander dünne Fäden zu ziehen. Aber auch die Gegenwart von Seifen kann fadenziehende Beschaffenheit bewirken.

Aus der ätherischen Lösung eines kautschukartigen fadenziehenden, zum Teil gelatiniert klumpigen Öles konnten durch Alkohol (4 Teile Äther auf 3 Teile Alkohol) 2 % Kautschuk abgeschieden werden[2]).

Der auf der Ölprobiermaschine von Martens ausgeführte Reibungsversuch ergab einen mittleren Reibungskoeffizienten von 235 (Rüböl = 100); schon bei Flächendrucken von 10 bis 25 kg/qcm wurden Störungen in der Schmierung bemerkt, bei 35 bis 80 kg/qcm war die Schmierung ganz unvollkommen, und die Temperatur der Lagerschalen stieg sehr schnell, obwohl die Maschine unter den günstigsten Verhältnissen, d. h. mit vollkommener Schmierung durch Tauchbad, arbeitete. Während des Ganges der Maschine entfernte sich das Öl infolge der Zentrifugalkraft öfters weit vom Zapfen, ohne jedoch, wie es bei anderen Ölen der Fall gewesen wäre, weggeschleudert zu werden; es schnellte vielmehr infolge seiner Elastizität immer wieder in das Tauchbad zurück.

Das auf 100° erhitzte Öl erschien nicht mehr fadenziehend und klebrig, gewann jedoch diese Eigenschaft beim Erkalten wieder; die Zähigkeit (Engler) des erkalteten Öles betrug bei 20° etwa 78.

---

[1]) Colemann, Engl. Pat. vom 30. Dez. 1870. Ber. der Deutschen chem. Gesellschaft 1871, **4**, 812.

[2]) Hierbei sind die in Alkoholäther löslichen Harze des Kautschuks nicht berücksichtigt.

Das auf 150° erhitzte und dann abgekühlte Öl schied beim Versetzen mit Alkoholäther (3 : 4) die Kautschuksubstanz nicht sofort ab; beim schwachen Erwärmen fielen deutliche braune Flocken der Kautschuksubstanz nieder.

Das wieder abgekühlte Öl gab, mit Ätheralkohol (1 : 1) behandelt, eine trübe Flüssigkeit, die beim Erwärmen nur geringe dunkle Abscheidungen zeigte, war nicht mehr fadenziehend und klebrig, und bedeutend dünnflüssiger (fe bei 20° = 46,5), es hatte mithin durch Erhitzen eine durchgreifende Änderung seines physikalischen Zustandes und der Fällbarkeit des Kautschuks in ätherischer Lösung erlitten (Depolymerisation des Kautschuks).

Der unter denselben Bedingungen wie beim ursprünglichen Öl mit dem vom Kautschuk befreiten Öl ausgeführte Reibungsversuch ergab den Reibungskoeffizienten 113 (Rüböl = 100), wobei keinerlei Störung oder Unvollkommenheit der Schmierung bis zum Flächendruck von 145 kg/qcm beobachtet wurde.

Das von Kautschuk befreite Öl zeigte somit die normalen Eigenschaften reiner schwerer Mineralmaschinenöle.

In den 90er Jahren des vergangenen Jahrhunderts sind bemerkenswerte Fortschritte in der Fabrikation der Kautschuköle insofern gemacht worden, als es gelang, diese Öle in jeder beliebigen Konsistenz in völlig klarflüssigem Zustand herzustellen, die auch auf der Ölprobiermaschine sich wie normale Maschinenöle verhalten.[1])

Der scharfe quantitative Nachweis des Kautschuks bedarf noch der Ausbildung.

Zur Verfügung stehen folgende Verfahren:

a) **Fällung in ätherischer Lösung durch Alkohol,** wie oben beschrieben. Man versetzt die Lösung des Öles, z. B. 10 g Öl in 20 ccm Äther, mit so viel absol. Alkohol, z. B. 40 ccm, daß noch keine Ölabscheidung, aber genügende Ausscheidung von Kautschuk erfolgen kann. Etwa vorhandene Seifen, die durch Alkohol mitgefällt werden, sind zuvor in der ätherischen Lösung des Öles mit verd. Salzsäure, welche nachher mit den entstandenen Chloriden auszuwaschen ist, zu zersetzen.

---

[1]) D.R.P. 55 109 vom 25. Oktober 1895. Dr. W. H. Lepenau, Salzbergen.

Der nach längerem Stehen der Lösung sich absetzende Kautschuk ist zu filtrieren, mit Alkoholäther (1 : 2) zu waschen, zu trocknen und zu wiegen.

b) Bestimmung nach Budde, Modifikation Hinrichsen-Kindscher (Lit.: Hinrichsen, Materialprüfungswesen, Verl. Jul. Springer, S. 511).

An Stelle der früher üblichen Methode von Budde (Gummi-Ztg. 1909, **24**, 4), die wegen der vielen ihr anhaftenden Fehler verlassen worden ist, ist im Materialprüfungsamt folgendes Verfahren ausgearbeitet worden, das zunächst freilich noch mit Vorbehalt angegeben sei, da die ausführliche Veröffentlichung noch bevorsteht.

Die Versuchsausführung gestaltet sich folgendermaßen: Durch einmaliges Behandeln des Öles mit Azeton wird zunächst der größte Teil der öligen Anteile entfernt. 0,1 g des Rückstandes werden mit 15 ccm Chloroform aufgequollen; man versetzt die Quellung mit 10 ccm einer Bromlösung, die 5 ccm Brom in 100 ccm Chloroform enthält, unter Eiskühlung und läßt im Eiswasser 5 Stunden stehen. Nach dieser Zeit wird die Lösung in ein Becherglas übergeführt und mit Chloroform nachgespült. Man versetzt schnell (möglichst in einem Gusse) mit der 3- bis 4fachen Menge Benzin, filtriert den entstandenen Niederschlag sogleich ab und wäscht mit Alkohol aus, bis die Waschflüssigkeit farblos abläuft und der Niederschlag auf dem Filter rein weiß erscheint. Hierauf wird das Auswaschen zunächst mit heißem Wasser, sodann wieder mit Alkohol und Äther fortgesetzt.

Das trockene Filter wird mit dem Niederschlag unmittelbar mit Kalium-Natriumkarbonat geschmolzen, wobei man darauf achten muß, daß Rotglut nicht überschritten wird. Die Schmelze wird mit Wasser aufgenommen, in der Kälte mit Salpetersäure schwach angesäuert, Silbernitrat in genügendem Überschuß hinzugefügt und die Flüssigkeit dann zum Sieden erhitzt, bis der Niederschlag sich gut zusammengeballt hat. Man filtriert und bestimmt das Bromsilber wie üblich.

Der Gehalt an Kautschuk wird aus der gefundenen Menge Brom durch Multiplikation mit 0,425 (319,7 Br = 136,1 $C_{10}H_{16}$) ermittelt.

XXII. Gehalt an Entscheinungsmitteln und Parfümierungsstoffen.

Die Fluoreszenz von Mineralölen wird gewöhnlich durch Nitronaphthalin $C_{10}H_7NO_2$, ein unliebsamer Fettgeruch durch Nitrobenzol $C_6H_5NO_2$ beseitigt. Letzteres ist an seinem bittermandelölartigen Geruch leicht zu erkennen. Gelbe Anilinfarben werden gleichfalls zur Verdeckung der Fluoreszenz benutzt, verraten sich aber häufig schon durch ihre augenfällige Färbung. Die entscheinten Mineralöle dunkeln beim Stehen nach.

Das fast geruchlose Nitronaphthalin wird wie folgt nachgewiesen:

a) Vorprobe: Die mit Nitronaphthalin, Nitrobenzol versetzten Öle und Fette (1—2 ccm) geben nach kurzem Kochen (½—1½ Min.) mit 2—3 ccm konz. etwa $^{2}/_{1}$ N. alkoholischer Kalilauge (infolge von Reduktion der genannten Zusätze zu Azokörpern) blutrote bis violettrote Färbung; hierbei werden insbesondere die an der Glaswand über der Flüssigkeit haftenden Tröpfchen der gekochten Mischung sofort rotviolett gefärbt, wenn man die entsprechende Stelle der Außenwand des Gläschens vorübergehend mit der Gasflamme bestreicht. Trane geben blutrote, alle übrigen Öle nur braungelbe bis unbestimmt rötlichbraune Färbungen.

b) Hauptprobe wird bei positivem Ausfall der Vorprobe ausgeführt; sie beruht auf der gänzlichen Reduktion des Nitronaphthalins durch naszierenden Wasserstoff zu α-Naphthylamin.

Einige ccm Öl werden im Erlenmeyerkolben 5—10 Min. durch Erhitzen mit Zinn und Salzsäure reduziert; Einbringen eines Platindrahtes in die kochende Säure befördert die Gasentwicklung. Die salzsaure Lösung, welche bei Anwesenheit von Nitronaphthalin neben Zinnchlorür salzsaures Naphthylamin in Lösung enthält, wird von der Fettschicht sorgfältig getrennt, von emulgierten Ölteilchen durch Filtrieren befreit und dann in einem zweiten Scheidetrichter mit so viel Kali- oder Natronlauge versetzt, daß das gefällte Zinnhydroxyd wieder gelöst wird. Nach dem Abkühlen wird die Lösung, welche nunmehr das durch Kalilauge in Freiheit gesetzte α-Naphthylamin enthält und dessen deutlichen Geruch zeigt, mit 10—20 ccm Äther tüchtig durchgeschüttelt. α-Naphthylamin (bei Anwesenheit erheblicher Mengen Naphthylamin scheidet sich dieses z. T. in Substanz weiß ab) geht in den Äther über und erteilt diesem violetten Schein. Aus der ätherischen Lösung erhält man durch Eindampfen α-Naphthylamin als violett gefärbtes, stark riechendes Produkt. Behandelt man dieses mit wenigen Tropfen Salzsäure, so erhält man teilweise ungelöstes salzsaures Salz, welches jedoch nach dem völligen Verdampfen der Salzsäure mit Wasser eine klare Lösung gibt, in welcher Eisenchlorid einen starken azurblauen Niederschlag hervorruft. Dieser Niederschlag nimmt, abfiltriert, alsbald eine purpurrote Färbung an, während das Filtrat eine schöne violette Färbung zeigt.

XXIII. Gehalt an Leim und anderen wasserlöslichen Substanzen.

Tierischer Leim, von schlecht geleimten Fässern in das Öl übergehend, findet sich nur gelegentlich in den Ölen in sehr geringen Mengen und wird, wie folgt, erkannt:

100 g Öl werden mit 100 ccm siedend heißem Wasser im Erlenmeyerkolben gehörig durchgeschüttelt. Nach Trennung der wäßrigen und öligen Schicht wird von ersterer, welche Leim und etwa vorhandene Alkaliseifen aufnimmt, ein aliquoter Teil (60 ccm) filtriert und in einer gewogenen Glasschale auf dem Wasserbade zur Trockne eingedampft (ein aliquoter Teil des wäßrigen Filtrats wird mit Methylorange auf freie Mineralsäure geprüft, s. S. 189). Der Rückstand wird, sofern er überhaupt als eine zu beachtende Menge Substanz erscheint und nach äußerer Beschaffenheit und Geruch beim Erhitzen die Gegenwart von Leim vermuten läßt, mehrfach mit 5—8 ccm heißem absol. Alkohol, welcher vorhandene Alkaliseifen löst, Leim aber ungelöst läßt, extrahiert. Ein etwa zurückgebliebener Leimrückstand wird gewogen; er gibt beim Erhitzen auf dem Platinblech den charakteristischen Geruch nach stickstoffhaltiger organischer Substanz, in 1—2 ccm Wasser gelöst, mit konz. Gerbsäurelösung gelblichweißen Niederschlag oder Trübung. Auch Alkohol fällt naturgemäß aus der wäßerigen Lösung den Leim aus.

Schwefelsaures Natron, welches zuweilen Trübewerden oder das sog. „Brechen“ der Mineralöle veranlaßt, kann im wäßrigen Auszug durch Bariumchlorid usw. nachgewiesen werden.

XXIV. Suspendierte Stoffe.

a) Zufällige mechanische Verunreinigungen sind bei hellen Ölen mit bloßem Auge, bei dunklen Ölen nach dem Durchgießen durch ein Sieb von $\frac{1}{3}$ mm Maschenweite und Abspülen des letzteren mit Äther zu erkennen.

Zur quantitativen Ermittlung (vgl. auch S. 27) werden 5—10 g gut durchgeschütteltes Öl im Glaszylinder in 100 ccm Benzol gelöst. Die Lösung wird nach Stehen über Nacht durch ein gewogenes Filter gegossen. Letzteres wird mit Benzol unter Nachspülung des Glaszylinders so lange gewaschen, bis die Auswaschlösung nach dem Verdunsten auf dem Wasserbad keinen Rückstand mehr gibt. Der Rückstand auf dem Filter wird alsdann bei 105^0 getrocknet und gewogen.

Handelt es sich darum, den Gehalt einer größeren Ölprobe an mechanischen Verunreinigungen, insbesondere an Sand zu prüfen, so gießt man nach gehörigem Durchschütteln 500 g Öl durch ein feines Drahtsieb, auf dem sich die gröberen Verunreinigungen ansammeln. Das gesiebte Öl wird im Wasserbad erwärmt, über Nacht absetzen gelassen und die Hauptmenge am nächsten Tage dekantiert. Den Rest löst man in Benzin bzw. Benzol auf, filtriert durch ein gewogenes Filter ab und wäscht das Filter mit Benzol ölfrei. Auf dem bis zur Gewichtskonstanz getrockneten Filter finden sich die feineren mechanischen Verunreinigungen, besonders der für ein Schmieröl natürlich recht schädliche Sand.

b) **Asphalt** (benzollöslich) kann sich in dunklen Ölen neben benzolunlöslichen mechanischen Verunreinigungen suspendiert finden. Um ihn zu kennzeichnen, muß man den Asphaltgehalt nach S. 42 im bei Zimmerwärme filtrierten und nichtfiltrierten Öl bestimmen. Aus der Differenz ergibt sich die Menge des suspendierten Asphalts. In analoger Weise kann der in Alkoholäther unlösliche, im Öl suspendierte Asphalt bestimmt werden (s. S. 42 u. 43).

c) **Vaselin, Paraffin, Seife usw.** Außer den genannten Stoffen können in Mineralölen noch Vaselin- und Paraffinteilchen, Eisenseifen usw. suspendiert sein. Man stellt die Natur dieser Stoffe nach dem Abfiltrieren fest. Z. B. hinterläßt der Filterrückstand, wenn er Eisenseife enthält, beim Verbrennen Eisenoxyd, durch Salzsäure läßt sich die Fettsäure abspalten usw. Über die Zusammensetzung aller nicht zufälligen Verunreinigungen muß von Fall zu Fall entschieden werden.

XXV. Gelöster Asphalt und gelöstes Paraffin

sind als natürliche Bestandteile von Schmierölen zu betrachten. Die dunklen Öle sind z. B. kolloidale Auflösungen der in den Rohölen enthaltenen und bei der Destillation gebildeten Asphaltstoffe in hochsiedenden Kohlenwasserstoffen.

Die Bestimmung des Asphaltgehaltes (Verfahren s. S. 42) ist in vielen Fällen von Wichtigkeit, da Gegenwart großer Asphaltmengen Anlaß zu Verharzungen und zur Verschmierung der Lager und Schmierkanäle bzw. zur Bildung von Schieberrückständen u. dgl. geben kann. Von einzelnen Behörden sind daher sowohl bei dunklen Wagenölen wie bei Zylinderölen Bedingungen über den zulässigen in Benzin unlöslichen Asphalt aufgestellt (vgl. Lieferungsbedingungen S. 236—239).

Auf Gegenwart von alkoholätherunlöslichem Asphalt wird nur von einzelnen Eisenbahndirektionen Rücksicht genommen. Die Bayerischen Staatsbahnen lassen für Naßdampfzylinderöle höchstens 1,5%, für Heißdampföle 1%, die Württembergischen Bahnen für Naßdampfzylinderöle höchstens 1% alkoholätherunlöslichen Asphalt zu (s. a. S. 44, Fußnote).

Die überwiegende Mehrzahl der im Materialprüfungsamt geprüften dunklen Zylinderöle hatte einen unter 1,7% liegenden

Gehalt an alkoholätherunlöslichem Asphalt. Nur ganz vereinzelt kamen Öle mit 2—3,5% Asphaltgehalt vor.

Diese Asphaltstoffe werden im allgemeinen nur bei rigoroseren Anforderungen, wie unter „Rohpetroleum", S. 42 ff. beschrieben, bestimmt.

XXVI. Gehalt an Zeresin.

Den bei Zimmerwärme flüssigen Dampfzylinderölen werden bisweilen zur Erzielung salbenartiger Konsistenz geringe Mengen Zeresin beigegeben; der Zeresinzusatz verrät sich bei nicht zu dunklen Ölen durch Auftreten eines hellweißen Niederschlages nach Zusatz von 3 Teilen Alkohol zu 4 Teilen der ätherischen Lösung des Öles. Der weiße Niederschlag ist abzufiltrieren, durch Waschen mit Alkoholäther zu reinigen und auf Schmelzpunkt im Kapillarrohr zu prüfen (er schmilzt in der Regel zwischen 66 und 71°). Ein genaues quantitatives Verfahren ist noch auszubilden.

XXVII. Raffinationsgrad.

Dieser wird meistens durch die schon früher beschriebenen Prüfungen auf Säure, Alkali usw. genügend gekennzeichnet. Ein gut gereinigtes Schmieröldestillat soll ferner klar durchsichtig sein, bei längerem Stehen und Temperaturwechsel keine Abscheidungen bilden und weder Wasser noch Harzteilchen, Natriumsulfat oder gelöste Erdölseifen enthalten. Die zum Nachweis der letzteren eingeführten Laugenproben werden von den meisten Technikern der Erdölindustrie wenig anerkannt. Sichereren Anhalt gibt die Aschenbestimmung (S. 206).

Die von der J. P. K. 1912 an Stelle der Aschenbestimmung angegebenen Vorschriften lauten:

Anorganische Salze werden im wäßrigen Auszug von 100 ccm Öl bestimmt. Die Gegenwart von Alkaliseifen in reinen Mineralölen tut sich in der Regel durch bleibende Emulsion und schwach alkalische Reaktion des wäßrigen Auszuges kund, wobei der qualitative Nachweis der Alkaliseife durch folgende Methode erfolgt: In einem Reagenzglas von 15 mm Weite werden 0,5 ccm 0,5°-Bé-Lauge am Bunsenbrenner bis zum Kochen erhitzt. Man fügt ein gleiches Quantum Öl hinzu und erhitzt aufs neue während einer Minute bis zum Kochen in der Weise, daß beide Flüssigkeiten sich während des Kochens so innig wie möglich mischen. Diese Probe wird hierauf für 2—3 Stunden in ein kochendes Wasserbad eingestellt. Die Probe muß alsdann folgenden Befund ergeben: Das Öl muß bei Abwesenheit naphtensaurer Salze klar sein und der Alkaliauszug soweit durchsichtig erscheinen, daß Petitdruck gelesen werden kann. Entsprechende Trübung deutet auf Gehalt an naphthensauren Salzen, im letzteren Falle muß die Aschenbestimmung vorgenommen werden.

Nach Lissenko und Stepanoff soll sich folgende Laugenprobe bewährt haben:

5 ccm $1\frac{1}{2}$proz. wäßriger Natronlauge werden mit 10 ccm Öl bei etwa 80° 2—3 Min. stark geschüttelt. Die Mischung bleibt 2 bis 3 Std. in Wasser von 70° stehen. Als Beweis für die ungenügende Raffination gilt die Bildung eines Seifenhäutchens, davon herrührend, daß die im Öl befindliche freie Naphthensäure neutralisiert wird, und die in verdünntem Alkali unlösliche Seife sich ausscheidet.

Schärfer dürfte folgende Probe sein, die auf Hydrolyse der Seife beim Erwärmen mit Wasser beruht:

20 ccm Öl werden mit 10 ccm Wasser und einigen Tropfen Phenolphthaleïnlösung in einem mit Korken verschlossenen Reagenzglas bis zur Bildung einer gleichmäßigen Mischung geschüttelt. Dann erwärmt man im Wasserbade auf 70—80° und läßt erkalten. Nach 30—40 Min. hat sich das Öl vom Wasser getrennt. Die wäßrige Schicht ist, falls das Öl Alkaliseife enthält, rosa gefärbt. Voraussetzung ist bei dieser Prüfung naturgemäß, daß freies Alkali (im alkoholischen Auszug des Öles mit Phenolphthaleïn zu erkennen) nicht zugegen war.

Da nicht sorgfältig von Natronsalzen (sulfosauren Alkalien) gereinigte Öle leichter mit dem Niederschlagswasser und dem Dampf aus dem Zylinder herausgebracht werden und so einen größeren Materialverbrauch und auch Störungen bei der Wiederbenutzung des Kondenswassers bedingen, ist neuerdings die S. 210 angegebene Emulgierprobe vorgeschlagen.

XXVIII. Gehalt an Schwefel, Chlor und Stickstoff.

Auf Gegenwart von Schwefel, Chlor und Stickstoff wird qualitativ und quantitativ nach den bekannten organisch-analytischen Verfahren geprüft. In der Regel kommen aber diese Prüfungen bei technischen Schmierölprüfungen nicht in Betracht, weil das doch nur spurenweise Auftreten des einen oder anderen dieser Stoffe die Brauchbarkeit der Öle in keiner Weise beeinträchtigt. Dagegen ist es für besondere Fälle, z. B. auch bei wissenschaftlichen Untersuchungen, geboten, den einen oder anderen jener Körper qualitativ oder quantitativ zu bestimmen.

a) Qualitative Probe. 1—2 g Öl werden mit einem Stückchen metallischem Natrium in einem Röhrchen erhitzt, bis ein vollständiges

Verglühen der ganzen Masse eingetreten ist. Der Glührückstand gibt bei Gegenwart von Schwefel in wäßriger Lösung nach Versetzen mit Nitroprussidnatrium in der Kälte purpurviolette Färbung, beim Auftupfen der Lösung auf eine Silbermünze bildet sich ein brauner bis schwarzer Fleck von Schwefelsilber, mit Bleiazetat gibt die schwach essigsaure Lösung bei Gegenwart von geringen Mengen Schwefel eine braune Färbung, bei größeren Mengen einen schwarzen Niederschlag.

Zur Prüfung auf Stickstoff wird der wäßrige Auszug des Glührückstandes nach Zusatz weniger Tropfen Eisenoxyduloxydlösung 1—2 Min. gekocht. Säuert man nun mit Salzsäure an, so wird Eisenoxyd und Eisenoxydul gelöst, und es entsteht ein Niederschlag von Berlinerblau. Bei Überschuß von konzentrierter Salzsäure lösen sich kleine Mengen von Berlinerblau vollkommen unter Verschwinden der blauen Farbe auf. Bei Gegenwart von sehr geringen Stickstoffmengen ist der blaue Niederschlag als solcher nicht sofort sichtbar, sondern gibt sich zunächst nur durch eine grüne Färbung der Lösung zu erkennen. Bei ruhigem Stehen im verschlossenen Reagenzglas sammelt sich der Niederschlag am Boden an. Noch schneller führt eine Filtration der Lösung auf sehr kleinem Filter zum Ziel; der Niederschlag gibt sich auf dem Filter sehr gut zu erkennen.

In stickstoffreien Fetten kann man einen Gehalt an Chlor in dem mit Natrium erhaltenen Glührückstand durch Lösen der Schmelze in Salpetersäure und Fällen mit Silbernitrat nachweisen. Bei stickstoffhaltigen Substanzen trägt man allmählich etwa 1 g Fett in einem Platin- oder Porzellantiegel in ein geschmolzenes Gemisch von 4 g chlorfreiem Salpeter und 4 g chlorfreier Soda ein[1]). Nach vollständigem Verbrennen der Substanz in dem geschmolzenen Gemisch wird letzteres erkalten gelassen, in Wasser gelöst und unter Zusatz von einigen Tropfen Salpetersäure mit Silbernitrat versetzt. Die salpetrige Säure wird durch Kochen der Lösung bis zum Verschwinden der braunen Dämpfe entfernt.

b) Quantitative Bestimmung von Stickstoff. Die quantitative Ermittlung des Stickstoffs in Ölen und Fetten hat nach den bisherigen Erhebungen ebenso wie die quantitativen Bestimmungen von Kohlenstoff und Wasserstoff hauptsächlich Interesse bei wissenschaftlichen Untersuchungen; bei technischen Analysen kommt sie nur ausnahmsweise in Betracht. Die Stickstoffbestimmung erfolgt bei Ölen und Fetten wie bei sonstigen

---

[1]) Da chlorat- bzw. perchlorathaltiger Salpeter, welcher nicht geschmolzen worden ist, nach Auflösung in Wasser mit Silbernitrat nicht die Chlorsilberreaktion gibt, muß man den Salpeter im geschmolzenen Zustande prüfen; durch das Schmelzen verwandeln sich $KClO_3$ und $KClO_4$ ganz oder zum Teil in KCl.

organischen flüssigen bzw. festen Substanzen nach der Methode von Dumas oder Kjeldahl.

c) Quantitative Bestimmung von Schwefel. Diese Bestimmung kann durch Eintragen von 0,5 bis 1 g Substanz in ein geschmolzenes Gemisch von 4 g Soda und 4 g Salpeter, bei schwefelreicheren Ölen nach Hempel-Graefe (s. S. 292) durch Verbrennen der Substanz in Sauerstoff, (siehe auch S. 50 und 51) durch Verbrennung in der Bombe oder durch Oxydation mit Salpetersäure nach Rothe erfolgen. In allen Fällen wird in dem Reaktionsprodukt die entstandene freie oder gebundene Schwefelsäure durch Bariumchlorid gefällt und als $BaSO_4$ gewogen, wobei die bekannten Kautelen für diese Bestimmungen zu beachten sind.

Das Verfahren von Eschka-Rothe (Österr. Zeitschr. für Berg- und Hüttenwesen **22**, 111; Mitteilungen 1891, **9**, 107) ist besonders für Schwefelbestimmungen in Kohle ausgearbeitet, eignet sich aber auch für viele der hier in Betracht kommenden Stoffe. 1 g Substanz wird mit 1,5 g eines Gemisches von 2 Tl. MgO und 1 Tl. wasserfreier Soda von bekanntem Schwefelgehalt im Platintiegel innig gemischt und bei schräger Lage des Tiegels über dem Bunsenbrenner geglüht. Der Tiegel soll unten rotglühend sein. In einer Stunde ist die Kohle verbrannt, wenn einige Male mit einem Spatel umgerührt wird. Der Rückstand wird in einem Becherglase mit einigen ccm Bromwasser behandelt, mit Wasser und verdünnter Salpetersäure versetzt und nach dem Verjagen des Broms durch Kochen filtriert. Im Filtrat wird der Schwefel als $BaSO_4$ gefällt.

d) Quantitative Bestimmung des Chlors. 1—2 g Fett werden ganz allmählich tropfenweise in einem geschmolzenen Gemisch von etwa 4 g chlorfreiem Salpeter und etwa 4 g chlorfreier Soda verbrannt. Die Masse wird alsdann, wie oben bei der qualitativen Prüfung beschrieben, unter Anwendung der für quantitative Prüfungen erforderlichen Vorsichtsmaßregeln behandelt; das gefällte Chlorsilber wird zur Wägung gebracht.

Eine in amerikanischen Laboratorien viel benutzte Methode, z.B. zur zollamtlichen Bestimmung von Chlor in Teerölen, ist folgende:

25—50 g Öl werden in einer Platinschale mit 10 g reinem, chlorfreiem Kalziumoxyd gemischt und bei niedriger Temperatur auf dem Sandbad zur Verkohlung gebracht. Der Rückstand wird mit Wasser aufgenommen, gelinde erwärmt und filtriert. Nach Ansäuern mit Salpetersäure wird das Chlor in der Lösung mit Silbernitrat in bekannter Weise bestimmt.

XXIX. Gang der Prüfung bei Mineralschmierölen.

Der Gang der Prüfung bei Mineralschmierölen richtet sich vielfach nach den für Lieferung der Öle aufgestellten Bedingungen (s. Tab. 37—41).

So wird bei dunklen Eisenbahnölen stets zunächst das Verhalten in der Kälte untersucht, da ein Öl, das im Kältepunkt nicht genügt, von der weiteren Untersuchung ausgeschlossen wird. Fettes Öl, Harzöl, Teeröl, Wasser und mechanische Verunreinigungen machen sich schon bei Prüfung der äußeren Erscheinung häufig bemerkbar. Der sichere Nachweis dieser Stoffe geschieht nach S. 210, 214, 217 ff., 205 u. 223, die quantitative Bestimmung siehe ebendort. Wichtig ist ferner die Prüfung auf freie Säure nach S. 188 ff. Helle Mineralschmieröle sind fast stets säurefrei, in dunklen Wagenölen finden sich geringe Mengen Naphthensäuren. Ist ein Öl säurefrei, so ist Prüfung auf Harz (Kolophonium) überflüssig, bei größerem Säuregehalt erfolgt Untersuchung nach S. 193.

Die Löslichkeit in Normalbenzin behufs Prüfung auf Asphalt ist nur bei dunklen Ölen zu bestimmen (S. 41); der Gehalt an ätheralkoholunlöslichem Asphalt wird im allgemeinen nur bei Zylinderölen festgestellt, s. S. 42. Für Zylinderöle wird zuweilen auch die Ausführung der Emulgierprobe verlangt (S. 210).

Die übrigen auf S. 197—228 angeführten chemischen Prüfungen werden nur in Ausnahmefällen ausgeführt.

Zur Beurteilung der Verwendbarkeit von Schmierölen für bestimmte Zwecke ist außer der Prüfung auf Reinheit Feststellung von spez. Gew., Zähigkeit, Flammpunkt, Zünd- und Kältepunkt erforderlich. Das spez. Gewicht wird bei Maschinen- und Wagenölen meistens mit dem Aräometer (S. 125), bei Zylinderölen im Pyknometer (S. 127) ermittelt. Die Bestimmung der Zähigkeit erfolgt bei Maschinenölen gewöhnlich bei 20 und 50°, bei Zylinderölen bei 50 und 100°. Der Flammpunkt wird im Materialprüfungsamt, falls nicht Benutzung des offenen Tiegels besonders verlangt wird, stets im geschlossenen Pensky-Martensschen Prober bestimmt.

Bei den Kältepunktsbestimmungen ist je nach Bedingungen das Verhalten der Öle bei einem vorher festgesetzten Kältegrade zu ermitteln, z. B. bei Eisenbahnwagenölen. Oder man hat diejenigen Grade festzustellen, zwischen denen das Öl erstarrt (S. 164 ff.). Die Prüfung erfolgt bei Maschinenölen im allgemeinen im U-Rohr. Zylinderöle werden fast ausschließlich im Reagenzglas bei 0° untersucht.

XXX. Bedingungen für Schmieröllieferungen.

Die Lieferungsbedingungen der Kleinbahnöle entsprechen im allgemeinen denjenigen der Staatsbahnen, sofern es sich um wirkliche Kleinbahnen handelt, die dem öffentlichen oder einem großen internen Verkehr dienen, z. B. Kreisbahnen, Untergrundbahnen usw. Vielfach werden zwar geringere Anforderungen gestellt (z. B. fp 130—140⁰) und keine Vorschrift über Raffination und Asphaltgehalt gegeben; aber es werden immerhin doch Mineralöle, sog. ungereinigte Residuen oder „Vulkanöle", verlangt. Die Lokomotiven einzelner Kleinbahnen werden, wie früher diejenigen der Staatsbahnen, mit einem Gemisch von raffiniertem Eisenbahnöl und Rüböl geschmiert, andere mit amerikanischem Zylinderöl.

Für Feldbahnen haben sich minderwertige Öle, z. B. auch Vulkanöle von fe 70—100 bei 20⁰ bewährt. Die Großen Berliner Straßenbahnen schreiben für Wagenöl spez. Gewicht 0,900/925, fp im offenen Tiegel 150⁰, fe bei 50⁰ 6,5—7,5 vor.

Technische Bedingungen für die Lieferung von Marineschmieröl (Prüfung s. S. 539).

A. Das Öl soll eine Mischung aus Mineralöl und fettem Öl sein. Die Untersuchung muß ergeben, daß das für die Mischung verwendete fette Öl vollkommen reines eingedicktes Rüböl ist.

B. Die Analyse des fertigen Gemisches soll folgendes ergeben:

1. Flüssigkeitsgrad nach Engler bei 20⁰ C 38—44,
bei 50⁰ C 7—8.
2. Spezifisches Gewicht bei 15⁰ C 0,915—0,935 (Wasser von 4⁰ C = 1).
3. Säurezahl (nur organische Säuren) nicht über 3,5.
4. Mineralsäuren, Harz, Harzöl, Teeröl und Verunreinigungen dürfen in dem Öl nicht vorhanden sein.
5. Der Gehalt an Mineralöl darf nicht über 76% betragen.
6. Beim Erhitzen des Öles in dünner Schicht während zehn Stunden auf 50⁰ C darf sich das Öl nicht verändern.
7. Das Öl muß, nachdem es eine Stunde lang im Reagenzglas von 15 mm Weite auf —10⁰ C abgekühlt worden ist, noch fließend sein.
8. Die Untersuchung der aus dem Öl auszuscheidenden wasserunlöslichen Fettsäuren soll eine Jodzahl von 57 bis 67 und einen Schmelzpunkt nicht über 25⁰ C ergeben.
9. Der Entflammungspunkt im Apparat Pensky-Martens darf nicht unter 170⁰ C liegen.

C. Für das in der Mischung enthaltene Mineralöl muß die Untersuchung ergeben:

1. Flüssigkeitsgrad nach Engler bei 20° C 22—25.
2. Spez. Gew. bei 15° C 0,90—0,92 (Wasser von 4° C = 1).

Lieferungsbedingungen für Öle siehe auch Tabelle 37—41.

XXXI. Veränderungeen der Schmieröle beim Gebrauch.

a) Aus dem Betriebe wiedergewonnene Schmieröle. Die zum Schmieren der kaltgehenden Maschinenteile wie des Zylinders benutzten Schmieröle werden vielfach nach dem Gebrauch gesammelt und nach mehr oder weniger vollkommener Reinigung wieder verwendet.

Zur Entscheidung, ob diese Öle dem ursprünglich verwendeten Material gleichkommen und noch den an seine Schmierwirkung zu stellenden Anforderungen genügen, dienen folgende Punkte:

Die gebrauchten Öle sind bisweilen dunkler, enthalten mehrfach Wasser (bis zu 50%) und mechanische Verunreinigungen. Sind nur geringe Mengen der genannten Stoffe zugegen, so kann die Untersuchung ohne weiteres, wie unter Schmierölen beschrieben, vorgenommen werden. Anderenfalls sind zunächst Wasser und mechanische Verunreinigungen durch längeres Erhitzen des Öles im siedenden Kochsalzbade und Filtrieren durch Heißwassertrichter, nötigenfalls unter nachfolgendem Trocknen des Öles mit Chlorkalzium zu entfernen.

Bei gebrauchten fetthaltigen Zylinderölen ist besonders etwaige Anreicherung des Gehalts an freier Säure, die sich durch Zersetzung von Neutralfett bilden kann, an Eisenseife und Asphaltstoffen zu beachten.

Spez. Gewicht und Zähigkeit der Öle werden durch den Gebrauch infolge Verdunstung leichterer Teile etwas erhöht. Ein reines Mineralzylinderöl vom spez. Gewicht 0,8992 und fe 29,4 bei 50° hatte nach einmaligem Gebrauch und nachfolgender Reinigung durch einen Friesdorfschen Ölabscheider

spez. Gew. 0,9035
fe bei 50° 31,1

nach weiterem Gebrauch und erneuter Reinigung

spez. Gew. 0,9118
fe bei 50° . . . . 32,8.

Tabelle

Anforderungen an helle Maschinen-

Hauptklasse	Untergruppe	Englergrad (fe) bei ° C 20	 50	Spez. Gewicht bei 15° C × 1000	Kältepunkt (ep) mindestens flüssig bei ° C
A. Leichte Maschinenöle fe 4—25 bei 20° 1,9—5,0 bei 50° ep Kl. I <—10 „ II <— 5 „ III < 0 „ IV <+ 5	Eismaschinenöle	4,5—15	1,9—2,5	850/910	— 21
	Spindelöle	5—15	2—2,5	850/910	I — 10 II — 5 III 0 IV + 5
	Stellwerksöle für Eisenbahnbetrieb	10—20	—	903/918	—15
	Spindelöl für feine Meßmaschinen	—	2—3	nicht unter 853	— 10
	Dampfturbinenöle	9—13 (32) *)	2,6—2,9 (6,4) *)	—	I — 10 II — 5 III 0
	Öle für Luftkompressorzylinder mit selbsttätigen Ventilen[1])	9,5—22	2,7—4,9	870/900	I — 10 II — 5 III 0
		mindest. 10	—	870/900	—
B. Schwere Maschinenöle fe 25—60 bei 20° 4,5—8 „ 50° ep Kl. I <—10 „ II <— 5 „ III < 0 „ IV <+ 5	Lageröle für kaltgehende Teile von Dampfmaschinen, Dynamos, Gaskraftmaschinen usw.	15—25	2,5—4,5	860/910	0
		30—40	5—7	900/915	—
	Dynamomaschinenöl	—	6—8	875/940	—
	Lageröl	—	5—7	903/928	— 10
		38—51	6—7,5	907/909	— 10 selten höher
		—	nicht unter 6	908/920	—

[1]) Für Luftkompressionsmaschinen, deren Zylinder mit selbsttätigen Ventilen arbeiten, werden dünnflüssige Kompressoröle (wie bei den Ammoniakeismaschinen) verwendet, da die Schmiermittel hier nur an den gekühlten Wänden des Zylinders benutzt werden, die Ventile selbst aber keiner besonderen Schmierung bedürfen.

Beim Vergleichen der Eigenschaften von gebrauchten und ungebrauchten Ölen ist natürlich auch genau zu ermitteln, ob nicht etwa fremde oder ältere Öle die Probe verunreinigt haben.

37.

öle (reine Mineralöle).

Säuregehalt ber. als % SO_3 höchstens	Flammpunkt ° C mindestens		Die Eigenschaften sind vorgeschrieben von	Sonstige Bemerkungen
	Apparat Pensky-Martens	Off. Tiegel		
0,01	145	—	—	—
0,01	140	—	—	Das typische russische Spindelöl Nobel II hat fe bei 20° C = 12,3; bei 50° = 2,97; fp Pensky = 171°; ep = —15°; Spez. Gew. 900.
0,01	160	—	den Preußischen Staatsbahnen 1907	—
0,01	140	—	der Kgl. Pulverfabrik Spandau 1911	—
0,01	175	—	—	*) Auch höher viskose Öle, z. B. fe bei 20° = 31,7, bei 50° = 4,6, haben sich vereinzelt bewährt.
0,01	200	—	—	Hohe Temperaturen treten bei selbsttätigen Ventilen nicht ein.
—	160	—	den Bayerischen Staatsbahnen 1907	—
0,01	—	200	den Preußischen Staatsbahnen 1907	—
säurefrei	175	—	den Bayerischen Staatsbahnen 1907	—
0,01	190	—	der Kgl. Pulverfabrik Spandau 1911	—
0,03	160	—	desgl.	Das typische russische Schwermaschinenöl Nobel I hat fe bei 20° = 41; bei 50° = 6,6; fp Pensky = 213°; ep unter — 10°; Spez. Gew. 907.
0,01	193—201	—	—	In behördlichen Betrieben bewährte Öle.
0,01	180	—	der Kaiserl. Werft Wilhelmshaven	—

Für Schieberkompressoren werden dickflüssige Öle mit hohem Entflammungspunkt benutzt, da die Schieberreibung zu hohen Temperaturen und zur Entflammung des Öles führen kann, und weil dünnflüssige Öle durch die großen Luftgeschwindigkeiten weggeblasen werden.

b) Rückstandsbildungen. Wiederholt haben sich in den Schieberkästen und Zylindern von Dampfmaschinen, an den Flachscheiben von Kompressorzylindern, in Koksofengasmaschinen,

Tabelle

Anforderungen an

—	—	Englergrad (fe) bei °C		Spez. Gewicht × 1000 bei 15° C	—
		20	50		
—	—	20—30	4—6	910/930	—

Tabelle

Anforderungen an helle Mineral-

Hauptklasse	Untergruppe	Englergrad (fe) bei °C		Spez. Gewicht bei 15° C × 1000	Kältepunkt (ep) mindestens flüssig bei °C
		20	50		
C. Gasmotorenöle	a) Öle für kleine und größere Gasmotoren	12,4—77	3,4—8,2	—	I < — 10 II < — 5 III < 0 IV < + 5
	b) Öle für Großgasmotoren von 1000 PS	77—130	8—15	—	desgl.
D. Dieselmotorenöle	für Zylinder und Luftpumpe	—	9—10	—	— 5
	für die Lager	—	höchstens 7	—	— 10
E. Automobilzylinder- und Getriebeöle*)	Dickflüssiges Motoröl (Sommer)	42—80	7—11	880/940	—
	Dünnflüssiges Motoröl (Winter)	20—42	4—7	870/940	— 12
	für die Zylinder	20—85	4,4—10,8	—	—
	für Zylinder und Getriebe	—	8—15	—	—

Lokomotivzylindern usw. pechartig harte, kohlige Rückstände mit weicheren Einschlüssen vorgefunden, nachdem bei einigen dieser Funde recht heftige Explosionen oder andere unangenehme Störungen im Betriebe der Maschinen vorangegangen waren.

38.

Kompoundmaschinenöl.

Säuregehalt ber. als % SO_3 höchstens	Flammpunkt °C mindestens		Die Eigenschaften sind vorgeschrieben von	Sonstige Bemerkungen
	Apparat Pensky-Martens	Off. Tiegel		
0,15	175	—	den Bayerischen Staatsbahnen 1910	Reinstes, helles Mineralöl mit mindestens 10% Rüböl, frei von Wasser und mechanischen Verunreinigungen.

39.

schmieröle für Explosionsmotoren.

Säuregehalt ber. als % SO_3 höchstens	Flammpunkt °C mindestens		Vorgeschrieben von	Sonstige Bemerkungen
	Pensky-Martens (P)	Offener Tiegel (O)		
0,01	190—211 selten niedriger bis 170	—	—	Öle vom fe bei 20° = 16,4 und fp (O) = 218° haben sich für Motoren von 2—8 PS, ein Öl mit 3% Knochenöl fe = 23,4 bei 20° und fp (O) = 196 für Motoren von 150 PS in behördlichen Betrieben bewährt.
0,01	210	—	—	—
0,01	—	220	—	Höchstens 10% von konz. Schwefelsäure zerstörbare Stoffe.
0,01	—	180	—	Desgl.
0,00	—	210	den Verkehrstruppen	helles, durchscheinendes, reines Mineralöl.
0,00	—	195	desgl.	Desgl.
0,01	185—215**)	—	Allgemeine Erfahrungen des K. M. A.	*) Automobilöle dürfen nicht zu hoch siedend sein, da ein Teil des Schmieröls im Explos.-Zylinder immer mitverbrennt. Je hochsiedender und dickflüssiger das Öl ist, desto unvollständiger verbrennt es. Nach Versuchen von Schwarz und Schlüter (Chem.-Ztg. 1911, **35**, 413) ergeben die beim Behandeln des Öles mit Azeton ungelöst bleibenden leichten Anteile ein gutes Automobilöl, während die azetonlöslichen schweren Anteile unvollkommen verbrennen und den Auspuffgasen üblen Geruch erteilen. **) Vereinzelt bis 175.
0,01	206—240	—	desgl.	—

Nach Lage der Sache ist die Bildung derartiger Rückstände, die durch mannigfaltige Veranlassungen angeregt werden kann, vielfach auf Oxydation der Öle zurückzuführen; sie ist deshalb mehrfach in Maschinen, die mit komprimierter Luft oder über-

Tabelle

Anforderungen an dunkle Mineralöle

Gruppe	Eisenbahn-verwaltung	Englergrad (fe) bei ° C		Spez. Gewicht bei 20° C × 1000	Verhalten in der Kälte: Aufstieg im 6-mm-U-Rohr mindestens 10 mm bei ° C
		20	50		
Sommeröl	Preußen 1907 Württemberg Reichslande 1912	40—60	7—10	900/940	— 5
	Bayern 1907	50—80	7,5—11	905/940	— 5
	Baden 1910	25—60	6—10	900/950	— 5
	Sachsen 1910	40—60	6,5—10	—	— 5
Winteröl	Preußen 1907 Württemberg Reichslande 1912	25—45	4,5—7,5	900/940	— 20*)
	Bayern 1907	25—50	4,5—7,5	905/940	— 15*)
	Baden 1910	25—60	6—10	900/950	— 12
	Sachsen 1910	25—45	4—7	—	— 20

hitztem Wasserdampf betrieben werden, beobachtet worden. Die Rückstände bestehen in diesem Fall aus z. T. unveränderten sowie z. T. stark bis zur Asphaltkonsistenz und Verkohlung veränderten Schmierölen in wechselnden Mengen neben anorganischen Stoffen. In Gasmotorenzylindern von Hochöfenanlagen wurden Rückstände gefunden, die Teer enthielten, der von den die Motoren speisenden Verkokungsgasen herrührte. In anderen Fällen wurden auch solche Rückstände, die Staub von Hochofenschlacke enthielten, neben oxydierten und verkohlten Schmierölbestandteilen gefunden. Die Ursachen der Rückstandsbildung sind also je nach den Betriebsverhältnissen verschiedene und sind auch nur in letzteren zu suchen. In Verunreinigungen oder abnormen physikalischen oder chemischen Eigenschaften der zum Schmieren verwendeten Öle wurde in keinem der untersuchten Fälle ein Grund für die Rückstandsbildung gefunden. Allen macht u. a. auch auf das Vorhandensein mechanischer Verunreinigungen,

40.

für Eisenbahnwagenachsenschmierung.

Säuregehalt ber. als % SO_3 höchstens	Flammpunkt °C mindestens		Sonstige Bemerkungen (Bei allen Ölen: in Normalbenzin klar oder bis auf Spuren löslich.)
	Pensky-Martens (P)	Offener Tiegel (O)	
0,3	—	160	Höchstens 0,2% in Normalbenzin unlösliche Stoffe.
0,3	145	—	Höchstens 0,3% in Normalbenzin unlöslich.
0,027	—	150*)	*) Brennpunkt über 190; höchstens 0,5% in Normalbenzin unlöslich, höchstens 6 Vol.-Proz. unter 300° siedende Anteile, höchstens 13% Destillationsrückstand.
0,00	—	—	—
0,3	—	145	Höchstens 0,2% in Normalbenzin unlösliche Stoffe. *) Probe vor dem Versuch auf 50° erhitzt.
0,3	135	—	Höchstens 0,3% in Normalbenzin unlöslich. *) Nach wiederholtem Abkühlen.
0,027	—	150*)	Höchstens 0,5% in Normalbenzin unlöslicher Asphalt, höchstens 6 Vol.-Proz. unter 300° siedende Anteile, höchstens 13% Destillationsrückstand. *) Brennpunkt über 190.
0,00	—	—	—

besonders Sand, aufmerksam, die Verschleiß der Metallwandung herbeiführen; hierdurch wird schlechte Schmierung bedingt, und diese bewirkt ihrerseits lokale Überhitzung und damit zusammenhängende Zersetzung der Öle. Mehr vom Standpunkte des Ingenieurs aus versucht Stolzenburg (Chem. Rev. 1906, **13**, 54, 79) die Ursachen der Rückstandsbildung aufzufinden. Auch er neigt der Ansicht zu, daß mit der angesaugten Luft oder dem Dampf Flugstaub oder feste Stoffe aus dem Kesselspeisewasser sowie von den Überhitzerwänden abgesprungenes Eisenoxydhydrat in den Dampfzylinder gelangen und eine gesicherte Schmierung in Frage stellen. Jedenfalls ist das verwendete Schmieröl, sofern es normalen Ansprüchen genügt, immer erst in zweiter Linie als verantwortlicher Faktor für die Rückstandsbildung anzusehen. Anders liegt die Sache bei Motoren, die nicht mit Dampf, sondern mit Treibölen betrieben werden. In einem derartigen Falle werden nach Schlüter (Chem.-Ztg.

Tabelle

Eigenschaften bewährter

Klasse	Bedingungen der	Zulässiger Gehalt an fettem Öl %	Englergrad (fe) bei ° C		Spez. Gewicht bei 15° C × 1000
			50	100	
G. Naßdampfzylinderöle	Kgl. Pulverfabrik Spandau 1911	0	—	mindestens 4	—
	Preußischen Staatsbahnen 1909	5	—	desgl.	bei 20° nicht unter 885
	Bayerischen Staatsbahnen 1910	0	—	mindestens 3*)	890/950
	Württembergischen Staatsbahnen 1909	5	—	mindestens 4*)	890/950
	Badischen Staatsbahnen 1910	0	mindestens 30	mindestens 3	890/940
	Militäreisenbahn Preußen	0	—	etwa 4	885/900
	Reichslande 1912	7,5	—	mindestens 4	893/923
	—	—	25—40	3,5—5	—
H. Heißdampfzylinderöle	Kgl. Pulverfabrik Spandau 1911	0	—	mindestens 4	—
	Kgl. Bergwerksdirektion Zabrze	5	—	7,2	906
	Preußischen Staatsbahnen 1910	0	—	mindestens 6,7	bei 20° mindestens 900
	—	0—10	45—60	5—8 (vereinzelt bis 10)	—
	Bayerischen Staatsbahnen 1910	0	—	5—7*)	890/950
	Württembergischen Staatsbahnen 1909	5	mindestens 60	mindestens 7*)	890/950

1913, **37**, 222) bei der Schmierung des Motorzylinders andere Anforderungen an die Öle gestellt als beim Dampfzylinder. Da bei der Explosion des zum Antrieb dienenden Gasgemisches die Temperatur auf über 1000° steigt, verbrennt auch ein Teil des

41.

Dampfzylindermineralöle.

Flammpunkt °C mindestens		Verdampfungsmenge in 2 Stunden %	Säuregehalt ber. als % SO_3 höchstens	Aschengehalt %	Sonstige Bemerkungen
Pensky-Martens (P)	Offener Tiegel (O)				
260	—	—	0,01	—	Für gespannten Dampf von 11 Atm.
265	—	bei 200° nicht mehr als 0,2	0,1	—	—
250	280	bei 200° nicht mehr als 0,1	0,05	—	*) fe bei 150° über 1,5. In Normalbenzin klar löslich, höchstens 1,5% Alkohol-Äther-Asphalt.
265	280	bei 200° nicht mehr als 0,2	0,07	muß fehlen	In Normalbenzin klar löslich; höchstens 1% alkoholätherunlöslichen Asphalt. *) fe bei 150° nicht unter 1,5.
—	270	—	0,016	—	Bei + 15° fließend, in Normalbenzin klar löslich.
290/300	—	—	0,03	—	Bei Zimmerwärme fließend.
275	—	bei 200° nicht über 0,2	0,03	—	Gemisch aus 92,5% raff. Mineralöl und 7,5% Talg.
250	—	—	—	kleiner als 0,1	Allg. Erfahrungen (Schwarz, Mitteilungen 1909, 27, 10).
285	—	—	0,01	—	—
300	—	—	0,01	—	Bis 0,4% benzinunlöslichen Asphalt.
300	—	—	0,1	—	In Normalbenzin höchstens 0,2% unlöslichen Asphalt; fe bei 180° über 1,6.
nahe bei 300 oder darüber	—	—	—	kleiner als 0,1	Allg. Erfahrungen (Schwarz a. a. O.).
300	320	nach 6 Stunden bei 300° nicht mehr als 0,3	—	—	Kein Rückstand mit Normalbenzin; mit Alkohol-Äther höchstens 1% Asphalt. *) Bei 180° fe mindestens 1,5.
300	334**)	bei 350° nicht mehr als 9,2	0,07	muß fehlen	*) Bei 180° mindestens 1,6. **) Brennpunkt nicht unter 378.

Schmieröls, das nicht durch die kalte Wandung des Zylinders gekühlt wird. Ist das verwendete Schmieröl asphalthaltig, so kann die Verbrennung unvollständig erfolgen, wobei kohlige Rückstände entstehen. Da auch fette Öle häufig gleichfalls nicht vollständig verbrennen, benutzt man am besten für Motorzylinderschmierung helle, asphalt-, fett- und säurefreie Mineralöle vom Flüssigkeitsgrad 4—11 bei 50°.

Der Gang der Untersuchung bei derartigen Rückständen aus Dampfzylindern, Schieberkästen, Kompressoren usw. ist gewöhnlich der, daß man zunächst mit Chloroform erschöpfend extrahiert. Das hierbei hinterbleibende Unlösliche wird mit Salzsäure behandelt, wodurch metallisches Eisen, Eisenoxyd und Eisenseifen in Lösung gehen, die nach dem gewöhnlichen Gang der qualitativen Analyse näher bestimmt werden. Der in Salzsäure unlösliche Teil des Chloroformunlöslichen besteht häufig aus Kohle, Sand, Gangart; hiervon wird die Kohle durch Veraschen ermittelt. Die chloroformlöslichen Anteile geben an leicht siedendes Benzin ein Öl ab, das im spez. Gewicht und der Elementarzusammensetzung häufig mit dem zur Schmierung verwendeten Öl große Ähnlichkeit zeigt, während das in Benzin Unlösliche der chloroformlöslichen Anteile sich in Benzol leicht löst und sich als Asphalt erweist.

Einige Untersuchungen von Rückstandsbildungen in Kompressorzylindern[1]), Heißdampfzylindern usw. seien im nachstehenden beschrieben:

Fall a) Im Kompressionszylinder einer Luftförderungsmaschine hat sich ein schwarzer kohliger Rückstand gebildet. Das Betriebsöl, welches zu der Rückstandsbildung das Ausgangsmaterial geliefert hat, zeigte folgende Eigenschaften: Spez. Gewicht bei 20° = 0,8861, fe bei 100° = 3,94, fp (Pensky) 273°, Säuregehalt 0. Bei 0° nicht fließend. Verseifbares Fett: 3 %. In Benzin klar löslich. Nach 37 stündigem Erhitzen auf 100° in dünner Schicht unverändert.

Eine Probe des Öles, 3 Tage hintereinander in feiner Verteilung (Kapillarröhren) in einer Sauerstoffatmosphäre mit Dampf von 10 Atm. Spannung erhitzt, war dunkel gefärbt und in Benzin nicht

---

[1]) In einem Fall — es handelte sich um einen mit Preßluft in einem Bergwerk betriebenen Steinbohrer — war an Stelle von Mineralöl Rüböl aushilfsweise zum Schmieren des Kompressorzylinders benutzt worden. Es trat Explosion ein, und zwei Arbeiter wurden durch die in den Arbeitsschacht strömenden gasförmigen Zersetzungsprodukte (Kohlenoxyd und Kohlensäure) vergiftet, der eine tödlich. Bei letzterem wurde Kohlenoxyd als Ursache des Todes festgestellt (Zeitschr. f. d. Berg-, Hütten- u. Salinenwesen 1900, 178). Nach den Versuchen Englers über die Zersetzung von Fetten (Ber. 1889, 592) ist die Möglichkeit der Bildung von CO aus Fetten durch starke Erhitzung gegeben.

mehr ganz löslich. An den inneren Wandungen der Kapillarröhrchen zeigten sich dicke braune Abscheidungen. Die unlöslichen Anteile zeigten die äußeren Eigenschaften von Asphalt.

Nach 6 stündigem Erhitzen des Öles mit einer 4 mm hohen, 30 mm breiten quadratischen Gußeisenplatte im Autoklaven bei Gegenwart von Wasserdampf (10 Atm.) betrug der Säuregehalt des Öles nur 0,28, berechnet als Säurezahl, und die Gewichtsveränderung der Platte war 0,6 mg, also verschwindend gering.

Der im Kompressionszylinder gefundene Rückstand besteht aus weichen Anteilen, die zu 51 % in Benzin und Benzol, zu 3 % nur in Benzol löslich sind, sowie aus harten Anteilen, die zu 29 % in Benzin und Benzol, zu 34 % nur in Benzol löslich sind.

Die löslichen Anteile sind dickflüssig, braunschwarz, die benzolunlöslichen ein grobkörniges, ungleichartiges dunkles Pulver. Die Elementaranalysen (Tab. 42) zeigen, daß der Rückstand offenbar durch starke Oxydation des Öles entstanden ist, wobei schließlich ein Teil in unlösliche Verbindungen, unter Aufnahme von Teilen der Oberfläche des Kompressorzylinders, übergegangen ist. Das ursprünglich graugrüne, im durchfallenden Licht rote Öl ist durch die Oxydation im Kompressorzylinder sauerstoffreicher und dunkel geworden.

Tabelle 42.

Elementaranalysen des Öles und des Rückstandes a.

		Kohlenstoff %	Wasserstoff %	Sauerstoff % ber. aus d. Differenz	Schwefel %	Asche %
Öl		83,9	13,4	2,52	0,18	Spuren
In Petroleumbenzin löslicher Teil des Rückstandes . . .		82,6	13,1	4,1	—	desgl.
Nur in Benzol löslicher Teil des Rückstandes		82,5	12,8	4,57	0,13	desgl.
In Benzin u. in Benzol unlöslicher Teil	des aus harten u. weichen Teilen gemischten Rückstandes	70,2	7,5	>15	0,54	—
	der harten Masse des Rückstandes	67,4	7,1	>20	0,63	4,05 hauptsächlich Eisenoxyd mit wenig Gangart

Fall b) Der Rückstand (Elementaranalysen in Tab. 43) hat sich gleichfalls in einer Luftkompressionsmaschine gebildet und stellt z. T. harte, z. T. weiche, nach verkohlter Substanz riechende Masse dar.

Das benutzte Mineralzylinderöl ist graugrün, im durchfallenden Licht rot, schwach durchscheinend, enthält neben reinem Mineralöl nur geringe Mengen Rinderklauenfett, entflammt bei 253° (Pensky) und hat Säuregehalt = 0.

Vom Rückstand lösen sich in bis 50° siedendem Petroleumbenzin 35 %, in Benzol weitere 3 % braunschwarze, dickölige, sehr schwach riechende Anteile.

Der nicht lösliche Teil ist zerrieben schwarzbraunes, wie zerriebener Asphalt aussehendes Pulver, enthält Eisenoxyd und kohlige Substanzen.

Die gelösten Anteile und das ursprüngliche Öl haben folgende Elementarzusammensetzung:

Qualitativ: Spuren Schwefel im Öl und in den löslichen Teilen des Rückstandes. Stickstoff in keinem dieser Stoffe zugegen.

Tabelle 43.

Elementaranalyse von Öl und Rückstand b.

	Kohlenstoff %		Wasserstoff %		Sauerstoff %	Asche %
	Einzelwerte	Mittel	Einzelwerte	Mittel	ber. aus der Differenz	
Ursprüngliches Öl	83,7 83,6	**83,7**	12,0 11,9	**12,0**	4,3	—
Benzinlöslicher Teil des Rückstandes	(81,8) 83,6	**(82,7)** **83,6**	11,5 11,7	**11,6**	5,7	0,3
Benzollöslicher, benzinunlösl. Teil des Rückstandes	83,5 83,4	**83,5**	11,5 11,6	**11,6**	4,9	—

Auch der Rückstand b dürfte hiernach aus dem zur Schmierung benutzten Öl unter Zersetzung und Sauerstoffaufnahme entstanden sein.

Fall c) Der Rückstand ist tiefschwarz, glänzend, zum Teil hart, zum Teil weich und klebrig und riecht schwach und unbestimmt, aufgefunden im Deckel eines Kolbenschiebers.

Das benutzte Schmieröl ist ein graugrünes amerikanisches reines Zylindermineralöl vom fp (Pensky) 280°.

Der Rückstand ist zu 45 % in bis 50° siedendem Benzin löslich. Benzol löst noch 7,5 % halbfeste braunschwarze klebrige Masse. Das benzinlösliche Öl ist dunkelbraun, sehr zähflüssig.

Der in Benzin und Benzol unlösliche Rückstand ist grobkörnig, schwarzglänzend, etwas blättrig und gibt 0,9 % hauptsächlich aus Eisenoxyd bestehende Asche.

Elementaranalysen:

Schwefel in Spuren im Öl und im Rückstand, Stickstoff weder im Öl noch im Rückstand.

Tabelle 44.
Elementaranalyse von Öl und Rückstand c.

	Kohlenstoff %		Wasserstoff %		Sauerstoff %
	Einzelwerte	Mittel	Einzelwerte	Mittel	ber. aus der Differenz
Ursprüngliches Öl	85,4 85,4	**85,4**	13,2 13,4	**13,3**	1,3
In Petroleumbenzin (bis 50° C siedend) löslicher Teil des Rückstandes	85,2 85,4	**85,3**	13,3 13,1	**13,2**	1,5

Auch bei Rückstand c ist hiernach ähnliche Bildungsweise wie bei den Rückständen a und b anzunehmen.

5 andere Rückstände, welche sich in Zylindern von Heißdampfmaschinen, in einem Niederdruckdampfzylinder, am Kolben von Kompoundlokomotiven usw. gefunden hatten, zeigten ähnliche Zusammensetzungen, d. h. sie enthielten bis 15 % benzinlösliches, wenig verändertes dunkles Öl, kleine Mengen benzollöslichen und größere Mengen benzolunlöslichen Asphalts, endlich größere Mengen (8—50 %) feiner Eisenflitter und andere mechanische Verunreinigungen.

Da sich hiernach feste schwarze Rückstände (unter Aufnahme von Teilen der Zylinder- oder Überhitzerwandungen usw.) bei Kompressorzylindern, Dampfzylindern und Schiebern nicht nur aus solchen Zylinderölen, welche als Destillationsrückstände durch gelösten Asphalt dunkel gefärbt sind, sondern auch aus helleren destillierten und völlig asphaltfreien Zylinderölen bilden können, also aus ganz normalen Zylinderölen, so dürften beliebige Zylinderöle, wenn genügend starke Oxydations- und Erhitzungsbedingungen vorliegen, z. B. in Kompressorzylindern bei zu starker Pressung und Erhitzung der Luft oder in Dampfzylindern infolge Unebenheiten der Laufflächen oder sonstiger mechanischen Störungen des regelmäßigen Schmiervorgangs, infolge sandiger Verunreinigung oder ungenügender Schmierung Rückstände bilden und dadurch in gewissen Fällen auch Explosionen veranlassen. Bemerkenswert ist, daß die meisten Rückstände von Maschinenzylindern herrühren, die mit überhitztem Dampf oder komprimierter Luft arbeiten.

c) **Prüfung von Kondenswasser.** Dieses Wasser ist vorgewärmt und enthält als gewissermaßen destilliertes Wasser keine

Kesselsteinbildner. Da es aber in der Regel durch den Dampf mitgerissene Anteile des Zylinderschmieröles enthält, so wird es von diesen durch geeignete Filtervorrichtungen befreit. Oft entsteht nun die Frage, ob solche Filteranlagen gut arbeiten, d. h. ob das filtrierte Wasser genügend ölfrei ist, oder ob das mitgerissene Öl die Kesselwände anzugreifen vermag.

Aus 1—2 Litern des Kondenswassers, dessen äußere Erscheinungen gleichzeitig festzustellen sind, werden die darin suspendierten Fettmengen mit frisch destilliertem Äthyläther ausgeschüttelt. Alle für diese Prüfung zu benutzenden Gefäße (Scheidetrichter, Kolben, Trichter, Filter) müssen zuvor durch Ausspülen mit Äther von jeder Spur Öl befreit werden, auch darf der Hahn des Scheidetrichters keinesfalls eingefettet werden. Man schüttelt eine gemessene Menge des Wassers (1000 ccm) so oft mit je 100 ccm Äther aus, bis die letzte Ausschüttelung beim Eindampfen keinen Rückstand hinterläßt. Die vereinigten Ätherlösungen werden filtriert, abdestilliert und in gewogener Schale 5 Minuten lang bei 105^0 getrocknet. Von dem nach dem Erkalten gewogenen Öl ist nötigenfalls noch der Säuregehalt und die sonstige Beschaffenheit unter Berücksichtigung der Möglichkeit eines Angriffs der Kesselwände zu prüfen.

Graefe (Petrol. 1910, 5, 419) schlägt vor, das im Wasser enthaltene Öl durch Erzeugung eines feinflockigen Niederschlags von Eisenoxyd, Tonerde u. dgl. niederzureißen und dann aus diesem Niederschlag zu extrahieren. Eine Erklärung zu diesem Vorschlag gibt die Beobachtung von Ellis (Journ. Soc. Chem. Ind. 29, 909), wonach kolloidal im Wasser gelöste bzw. suspendierte Ölteilchen elektrisch negativ geladen sind und durch entgegengesetzt geladenes gelöstes Eisenhydroxyd gefällt werden.

K. Konsistente Schmiermittel.

I. Allgemeines.

(Vgl. a. Holde, Ztsch. f. angew. Chem. 1908, 21, 41, 2138; Ztsch. f. Ind. d. Koll. 1908, 6.)

Die zur Schmierung schwer zugänglicher Maschinenteile benutzten konsistenten Fette bestehen im allgemeinen aus einer Auflösung von Kalkseife (15—23 %, vereinzelt auch mehr) in schweren Mineralölen unter Zusatz von wenig Wasser (0,5—7 %, in der Regel 1—4 %). Daneben finden sich in geringer Menge unverseiftes fettes Öl, abgespaltenes Glyzerin, freier Kalk, freie Fettsäure, färbende, geruch- oder fluoreszenzverdeckende Stoffe und vereinzelt auch Alkaliseifen. Diese Fette werden gewöhnlich hergestellt durch Auflösen von Kalkseife in Mineralöl und Verrühren dieser Lösung mit wenig Wasser, in selteneren Fällen wird das fette Öl selbst im Mineralöl gelöst, mit Kalk verseift und so viel Wasser in der Mischung belassen, daß die eigentümliche Konsistenz der Maschinenfette entsteht. Das Wasser befindet sich in den Fetten in feiner mechanischer Verteilung (Emulsion), die durch Erwärmen bis zum Tropfpunkt aufgehoben wird. Es sind dann deutlich größere Bläschen neben klarerem Öl zu erkennen. In einzelnen Fällen löst sich das Wasser in dem kalkseifehaltigen Öl auch klar auf. Gegenwart von Wasser erscheint zur Erreichung der eigentümlichen Konsistenz unbedingt erforderlich, da wasserfreie Auflösungen von Kalkseifen in Mineralöl nach kurzer Zeit inhomogen werden. Auch bei längerem Lagern von wasserhaltigen konsistenten Fetten bemerkt man zuweilen an den Rändern eine größere Transparenz, die auf Entmischung des Fettes zurückzuführen ist.

Die Kalkseife befindet sich in den konsistenten Fetten in kolloidaler Lösung, wie mit dem Ultramikroskop nachzuweisen ist.

An die auf S. 119 beschriebenen konsistenten Maschinenfette, deren Hauptvertreter das sog. Tovotefett ist, und die Wagenfette schließen sich die Kompoundfette für Schiffsmaschinen an, welche butter- bis talgartige Konsistenz haben, mit Wasser leicht emulgierbar sind und neben Alkaliseife ganz oder fast völlig verseifbare Bestandteile enthalten. Außer diesen mögen noch nachfolgende Fette erwähnt werden (Künkler, Die Fabrikation der Schmiermittel, Mannheim 1897):

Das Fett für Tränkung der Stopfbüchsenpackung soll den Verschleiß des Packungsmaterials durch die Kolben- und Schieberstangen beim Dampfzylinder verhindern und besteht gewöhnlich aus einem festen Fett (z. B. Talg) oder einer Mischung eines solchen mit Wachs und Öl.

Die Seilschmieren dienen zur Verhinderung zu raschen Verschleißes und zum Schutz gegen Witterungseinflüsse bei über Seilrollen und Seilscheiben laufenden Seilen. Sie enthalten feste Fette, Wachs, Öl, Talk usw.

Die Kettenschmieren für Krane, Aufzüge usw. sind ähnlich den Seilschmieren zusammengesetzt.

Walzenfette nennt man die konsistenten Schmiermittel für Walzen, insbesondere für die heißen Walzen in Eisenwerken, sog. Walzenstraßen; ihr Schmelzpunkt soll etwa 100^0 betragen, liegt jedoch bei einzelnen Fetten noch höher. Einzelne von diesen Schmieren bestehen aus Fettpechen oder Mischungen von Fettpech und Erdölpech. Wollfettwalzenschmieren bestehen aus mit oder ohne Zusatz von Harz oder saurem Harzöl verseiftem Wollfett. Statt Wollfett werden auch andere Abfallfette verwendet. Vaselinbriketts, welche ebenfalls zur Walzenschmierung dienen, bestehen aus Mineralöl und Natronseife und sind härter als konsistentes Maschinenfett. Als Zusatz von verseifbarem Fett wählt man tunlichst hochschmelzende Fette.

Kammradschmieren (Zahnradglätte), d. h. die zum Schmieren der Zahnräder benutzten Fette, bestehen aus einem graphit- oder talkhaltigen konsistenten Fett. Weitere Zusätze sind verschiedene Öle, Teer, Harz, Wachs, Paraffin und Zeresin.

Riemenfette sollen die Riemen geschmeidig halten und werden meistens auf der Außenseite der Riemen aufgetragen. Zur Herstellung dieser Schmieren werden nach Künkler Trane mit so viel festem Fett (Talg, Wollfett, Wachs) versetzt, daß eine weiche Schmiere entsteht.

Wesentlich verschieden von vorstehend beschriebenen Riemenfetten sind die Riemenadhäsionsfette, welche das Abgleiten der Riemen von den Scheiben verhindern sollen. In diesen Fetten findet man neben den schon früher genannten Fetten noch Harz, Harzöl, Wollfett usw., ohne daß bestimmte Normen für ihre Zusammensetzung aufgestellt sind.

Wagenfette, die zum Schmieren der Wagenachsen dienen, enthalten gewöhnlich an Stelle des Mineralöls Teeröl oder Harzöl, an Stelle von fettsaurem Kalk Harzkalkseife.

II. Untersuchungsgang bei konsistenten Fetten.

Ein allgemein gültiger Prüfungsgang läßt sich nicht ohne weiteres für alle konsistenten Schmiermittel aufstellen. Vielmehr erweisen sich bei der Mannigfaltigkeit der Zusammensetzung dieser Materialien und der an sie gestellten Anforderungen oft voneinander abweichende Prüfungswege als recht zweckdienlich.

Bei Prüfung der typischen konsistenten Fette kommen folgende Punkte in Frage:

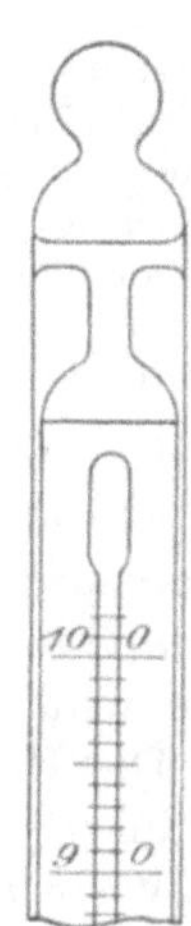

a) Äußere Erscheinungen. Ein gut durchgearbeitetes Maschinen- oder Wagenfett muß in der ganzen Masse gleiche, schmalz- bis butterartige Konsistenz und gleiche Farbe zeigen; der Geruch läßt minderwertige Zusätze wie Harzöl, Teeröl, geruchverdeckende Parfümierungsstoffe wie Nitrobenzol usw. leicht erkennen. Hellgelbe bis höchstens bräunlichoder rotgelbe Fette werden im allgemeinen den dunkleren Fetten gegenüber bevorzugt.

b) Tropfpunkt. Zur Kennzeichnung der Schmelzbarkeit bestimmt man, in Anlehnung an das Verfahren der Schmelzpunktsbestimmung nach Pohl, den Tropfpunkt im Apparat von Ubbelohde (Mitteilungen 1904, **22**, 203). Bei diesem Apparat gilt derjenige Punkt als Tropfpunkt, bei dem das auf die Quecksilberkugel eines Thermometers aufgetragene Fett unter seinem Eigengewicht abtropft. Die Unsicherheiten in der Menge des aufgetragenen Fettes, welche den früheren Vorrichtungen zur Bestimmung des Tropfpunkts anhafteten, sind bei der Ubbelohdeschen Anordnung beseitigt.

Der Apparat[1]) (Fig. 84) besteht aus dem mit der zylindrischen Metallhülse *b* fest verbundenen Einschlußthermometer *a* und der Glashulse *e*. Die Hülse *b* besitzt bei *c* eine kleine Öffnung, sie trägt im unteren federnden Teil die 10 mm lange, an der unteren Öffnung 3 mm weite Glashülse *e*.

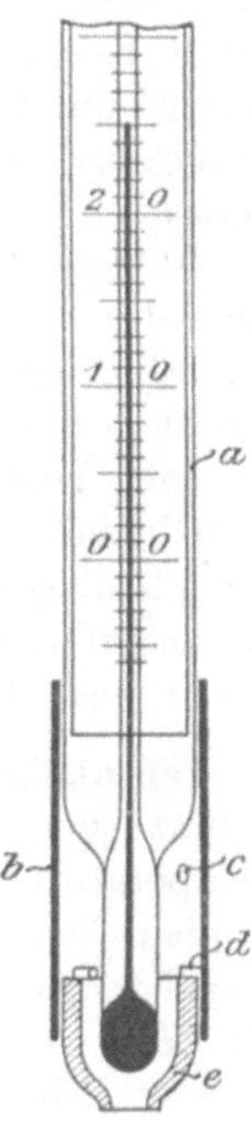

Fig. 84.

Gefäß *e* wird mit der zu prüfenden Masse durch Hineindrücken oder Hineinstreichen unter Vermeidung des Einschlusses von Luftblasen gefüllt, die überschüssige Masse wird oben glatt abgestrichen, der Apparat parallel seiner Achse eingeführt und auch an der unteren Seite von jedem Substanzüberschuß befreit. Feste Massen (Paraffin, Zeresin, Pech usw.), welche beim Einstecken des Apparates leicht Zerbrechen veranlassen könnten, werden geschmolzen in das mit der kleinen Öffnung auf eine Glasplatte gestellte Gefäß gegossen; noch ehe sie völlig erstarrt sind, wird von oben her das Thermometer aufgesteckt. Die Glashülse *e* muß so tief in die Metallhülse hinein-

[1]) Von der Firma Bleckmann & Burger, Berlin, Auguststr. 3a geliefert, gesetzlich geschützt.

greifen, wie die drei Sperrstäbchen *d* gestatten. Der Apparat wird dann in einem etwa 4 cm weiten Reagenzrohr durch Kork befestigt und durch ein Wasserbad (Becherglas von 3 L Inhalt auf Asbestdrahtnetz) so erhitzt, daß der Wärmeanstieg 1° in der Minute beträgt. Hochschmelzende, sogen. Kalypsolfette, die über 100°, manchmal erst gegen 200° schmelzen, erhitzt man statt in einem Wasserbad in einem Bad von Paraffinöl. Diejenige Temperatur, bei welcher sich eine deutliche Wölbung am Ende der Hülse zu bilden beginnt, ist der Fließbeginn, diejenige, bei welcher der erste Tropfen abfällt, der Tropfpunkt.

Infolge des Temperaturgefälles von der äußeren Seite der Fettschicht bis zur Thermometerkugel wird die Fettschicht etwas höher erwärmt, als das Thermometer anzeigt; hierfür ist erfahrungsgemäß eine Korrektur von etwa + 0,5° anzubringen; diese wird jedoch aus praktischen Gründen vernachlässigt.

Die Höhe des Tropfpunktes ist abhängig von der Menge der im Fette enthaltenen Seife bzw. des Öles, von der Menge des Wasserzusatzes, von der Höhe und Dauer der Erhitzung der Fette beim Auflösen der Seife im Öl, von der Bereitung der Seife durch Kochen oder Fällen, von der innigen Verrührung von Wasser und Ölseifenlösung, von der Zähigkeit des angewandten Mineralöls und von der Art des zur Seifenbereitung benutzten Fettes.

Weichere und zähere Fette unterscheiden sich nach Holde mehr durch den Fließbeginn als durch die Höhe des Tropfpunktes. Der Fließbeginn ist daher stets zu beobachten, er liegt gewöhnlich etwa 5° unter dem Tropfpunkt. Bei sehr weichen und auch bei sehr hoch schmelzenden Fetten sind jedoch auch Unterschiede bis zu 50° beobachtet worden, beim Lagern steigt aber der Fließbeginn noch beträchtlich; der Tropfpunkt der meisten konsistenten Fette liegt zwischen 75 und 83°, bei Walzenstraßenfetten und dgl. geht er bis zu 130°, gelegentlich noch höher.

c) Kißlings Konsistenzmesser. Zur Bestimmung der Konsistenz von Schmierfetten und salbenartigen Schmierölen bei Temperaturen, bei denen sie aus dem Englerapparat nicht abtropfen, benutzt Kißling den im Nachfolgenden beschriebenen Konsistenzmesser (Laboratoriumsbuch S. 26). Man mißt hierbei die Zeit, welche ein zylindrischer, mit Spitze versehener Metallstab braucht, um eine bestimmte Strecke in das Fett einzusinken. Von wissenschaftlicher Genauigkeit dieser Methode kann natürlich nicht die Rede sein, aber sie gibt doch gewisse für die Praxis verwendbare Vergleichswerte.

Ein 50 g schwerer Aluminiumstab *A* (Fig. 85) von 300 mm Länge und 9 mm Dicke, dessen sich verjüngender Teil 55 mm lang ist, besitzt am oberen Ende eine kreisförmige, auf der Unterseite einen kleinen, 10 mm langen Aufschlagstift *s* tragende Messingplatte *a b*; auf deren oberen Seite ist ein 40 mm langer Stift *t* angebracht, der zum Halten der vier mit zentraler Bohrung versehenen Beschwerungsgewichte, 25, 50, 100 und 200 g, dient. Die Fallhöhe des Stabes, d. h. die Höhe des Stiftes *s* über dem Hornring *r* beim Aufsetzen der Spitze des Stabes auf die Oberfläche des 125 mm hoch im Becherglas aufgefüllten Fettes, soll 100 mm betragen. Man füllt unter Vermeidung von Hohlräumen das Fett bei 20° in der vorgeschriebenen Höhe in das Becherglas *C* ein, setzt die Spitze des Stabes auf die Oberfläche auf, setzt beim Loslassen des Stabes eine Sekundenuhr in Gang und stoppt sie, wenn der Aufschlagstift auf den Metallrand aufschlägt. Die Belastung des Stabes ist so zu wählen, daß die Einsinkzeit nicht weniger als 20 und nicht mehr als 100 Sekunden beträgt.

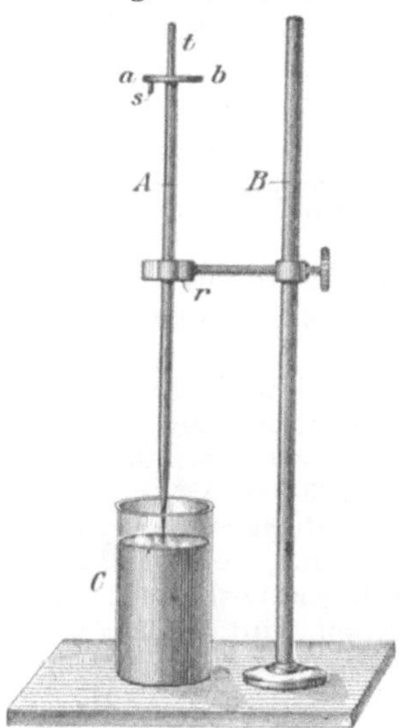

Fig. 85.

Die empirische Berechnung der Konsistenzzahlen erfolgt durch Summierung zweier Größen, von denen die eine einen Bruchteil des Stabgewichtes (samt seiner Belastung) die andere ein Bruchteil der in Sekunden ausgedrückten Einsinkzeit ist. In dieser Weise ordnet Kißling die untersuchten salbenartigen Produkte in 9 Konsistenzklassen, deren Berechnung nach Tabelle 45 erfolgt. Die Konsistenzzahl K ist

$$\mathrm{K} = \frac{\mathrm{b} + \mathrm{s}}{10};$$

darin ist

$$\mathrm{b} = \frac{\mathrm{p}}{2}, \text{ p das Stabgewicht; } \mathrm{s} = \frac{\mathrm{t}}{\mathrm{d}} = \frac{\text{Zeit in Sek.}}{\text{Divisor}}$$

Über die Größe des zu verwendenden Divisors s. Tab. 45 S. 250.

Die Methode gibt für viele Zwecke hinreichend genügende Übereinstimmung; ihre Unzulänglichkeiten bestehen in der Schwierigkeit, das Fett gleichmäßig einzufüllen, außerdem bedingen auch einzelne härtere Teilchen erhebliche Fehler.

Tabelle 45.

Bezeichnung der Konsistenz	I	II	III	IV	V	VI	VII	VIII	IX
Gewicht des Stabes in Gramm . . .	50	50	50	50	50	50	50	50	50
Zusatzgewicht . .	—	25	50	100	150	200	250	300	350
Gesamtgewicht (p)	50	75	100	150	200	250	300	350	400
$b = \frac{p}{2}$	25	38	50	75	100	125	150	175	200
Divisor (d) der in Sekunden ausgedrückten Einsinkzeit (t)	20	10	5	4	3	2	1,5	1	1
Konsistenzzahlen .	unter 3	3–5	4–7	7–10	10–13	13–17	17–22	22–28	über 28

d) Qualitative Vorprüfung auf Zusammensetzung. Löst sich das Fett, was nur selten vorkommt, in Benzin oder Äther klar auf, und hinterläßt es beim Verbrennen auf dem Platinblech keinen Aschenrückstand, so sind nur reine Fettbestandteile, event. auch Zusätze von Harz und Zeresin zugegen, welche nach den anderweitig (S. 193 und 225) gegebenen Anweisungen nachgewiesen werden. Beträchtliche Mengen von Wasser verursachen in der Benzinlösung eine Trübung, welche auf Zusatz von absolut. Alkohol verschwindet. Bei völliger Löslichkeit des Fettes in Benzin, also Abwesenheit von Seifen, wird das Fett in üblicher Weise, wie unter Mineralschmierölen bzw. verseifbaren Fetten und Wachsen beschrieben, untersucht.

Ist das Fett, wie das bei Wagenfetten, konsistenten Maschinenfetten und ähnlichen seifenhaltigen Produkten der Fall ist, in Benzin z. T. unlöslich, so wird eine Probe des Fettes im Kölbchen am Rückfluß-Kühler in 90 Vol. Benzin und 10 Vol. absol. Alkohol heiß gelöst. Die Lösung wird kurze Zeit der Ruhe überlassen und dann warm filtriert. In Lösung sind Fett, Seife, Mineralöl, im Rückstand freier Kalk, kohlensaurer Kalk sowie Zusätze (Schwerspat, Kieselgur, Graphit usw.), die nach den bekannten analytischen Verfahren untersucht werden.

Die hochschmelzenden, sog. Kalypsolfette lösen sich infolge ihres Gehalts an Alkaliseifen fester Fettsäuren schwer in Benzin-Alkohol (90 : 10) auf; man verwendet in einem derartigen Fall ein Gemisch von 80 und 20 Teilen Benzin und Alkohol, muß erforderlichenfalls den Alkoholzusatz noch weiter vergrößern und möglichst schnell im Heißwassertrichter abfiltrieren und auswaschen.

Vorprobe auf freie Fettsäure erfolgt durch Erhitzen des Fettes mit phenolphthaleïnhaltigem 80 proz. Alkohol. In der

Regel färbt sich der Alkohol dabei rot, da für die Verseifung der Fette häufig ein geringer Überschuß von freiem Ätzkalk genommen wird; in diesem Falle ist natürlich eine Prüfung auf freie Fettsäure nicht erforderlich.

e) Quantitative Bestimmungen. 1. Freie Fettsäure. Die Bestimmung der freien Fettsäure erübrigt sich meistens, da die konsistenten Fette, wenn sie nicht erheblichen Überschuß an fettem Öl enthalten, die Fettsäure nur als Seife enthalten. Im Bedarfsfall verfährt man nach Marcusson in folgender Weise:

10 g Fett werden in 50 ccm eines neutralisierten Gemisches von 90 Vol. Benzin (spez. Gew. 0,70) und 10 Vol. abs. Alkohol kurze Zeit am Rückflußkühler erhitzt. Nicht künstlich beschwerte Fette lösen sich ganz oder fast vollkommen auf. Ungelöstes wird warm abfiltriert und ausgewaschen. Man setzt zur Lösung 30 ccm neutralisierten 50 proz. Alkohol hinzu und titriert unter häufigem Durchschütteln und mehrfachem Erwärmen mit $^1/_{10}$ N. alkoholischer Natronlauge bei Gegenwart von Phenolphthaleïn, bis die untere alkoholische Schicht rosa gefärbt bleibt. Die beiden Schichten trennen sich in der Wärme sehr leicht.

Wesentlich ist bei der beschriebenen Arbeitsweise die Verwendung des verdünnten Alkohols. Mit 96 proz. Alkohol in Mischung mit Benzin oder Äther, wie bei der Säurebestimmung in hellen Schmierölen, erhält man oft ungenauen Farbenumschlag und unbefriedigende Ergebnisse. Dio Natronlauge zersetzt nämlich nach Bindung der freien Säure auch Kalkseife. Die entstehenden basischen Stoffe (Ätzkalk bzw. basische Seifen) rufen nur bei Gegenwart von Wasser den Farbenumschlag des Phenolphthaleïns scharf hervor.

Vorstehend beschriebenes Verfahren ist aber nur brauchbar, wenn in dem Fett nicht noch andere, durch Natronlauge angreifbare Substanzen nicht saurer Natur zugegen sind. Z. B. wird das in Lötfetten sich findende Zinkchlorid durch Natronlauge in Zinkhydroxyd und lösliches Natriumzinkat übergeführt, welches natürlich der Titration der freien Säure entgegensteht. Man muß in diesem Fall das Zinkchlorid erst durch Wasser aus dem in Benzin und Alkohol gelösten Fett ausziehen. Daher wird sich bei Prüfung von Fetten auf freie Fettsäure immer eine vorangehende Feststellung der Basen empfehlen.

2. Gehalt an Seife. Die Prüfung erfolgt in ähnlicher Weise, wie für Öle S. 208 beschrieben, mit folgender Änderung:

α) Titrimetrisches Verfahren von Holde. 10 g Fett werden in einem Erlenmeyerkolben von etwa 300 ccm Inhalt mit 50 ccm Benzin und 10—15 ccm verd. Salzsäure bis zum Klarwerden der Lösung am Rückflußkühler gekocht. Man spült dann die Flüssigkeit mit Benzin in einen Scheidetrichter über und läßt die salzsaure Schicht ab; diese wird für sich aufgefangen und darin die Natur der Seifenbasis (gewöhnlich Kalk) nach dem allgemeinen Gang der qualitativen anorganischen Analyse bestimmt. Häufig ist die salzsaure Schicht durch organische Farbstoffe, welche zum Färben des Fettes zugesetzt werden, stark rot gefärbt. In diesem Falle wird die Ausschüttelung mit Salzsäure so oft wiederholt, bis der Auszug farblos erscheint. Bei ungefärbten Fetten genügt zweimaliges Ausschütteln der Benzinschicht mit Säure. Nach völliger Auswaschung der Mineralsäure mit konz. Glaubersalzlösung (zum Schluß wird zweimal mit dest. Wasser gewaschen) wird die Benzinlösung unter Zusatz von 20 ccm neutralisiertem abs. Alkohol und Phenolphthaleïn mit $^1/_{10}$ normaler alkoholischer Natronlauge bis zur beginnenden Rotfärbung titriert. Die so ermittelte Säurezahl stellt die Summe der nach 1 festgestellten freien Säure und der in Form von Seife gebundenen Säure dar. Nach Abzug des nach 1 bestimmten Wertes erhält man die als Seife vorhanden gewesene Fettsäure. Um hieraus den Seifengehalt berechnen zu können, muß man außer der Natur der im salzsauren Auszug bestimmten Seifenbasis noch das Molekulargewicht M der an die Basisgebundenen Fettsäuren ermitteln.

Hierzu wird die titrierte Benzinlösung des mit Salzsäure zersetzten Fettes unter Berücksichtigung der zugesetzten 20 ccm abs. Alkohols und der zur Titration verbrauchten Anzahl ccm 96proz. alkoholischer Lauge mit so viel Wasser versetzt, daß der Alkohol etwa 50 gew.-prozentig wird. Zweckmäßig setzt man, um Emulsionen zu vermeiden, noch einige ccm starker wässeriger Kalilauge und die gleiche Menge abs. Alkohols hinzu und schüttelt die Benzinlösung nach Ablassen der unteren Schicht noch einige Male mit 50 proz. Alkohol nach Spitz und Hönig aus. Aus der alkoholischen, durch wiederholtes Ausschütteln mit leicht siedendem Benzin gereinigten Seifenlösung werden die Fettsäuren nach S. 212 abgeschieden. Zur Bestimmung des Molekulargewichts der Säuren löst man ½—1 g in neutralem abs. Alkohol und titriert mit $^1/_{10}$ N-Lauge; aus der so ermittelten Säurezahl ergibt sich das Molekulargewicht nach der Formel: $M = \frac{56\,110}{\text{Säurezahl}}$.

Die Berechnung des Seifengehalts erfolgt entsprechend den auf S. 209 angegebenen Formeln.

β) Gewichtsanalytisches Verfahren von Marcusson (Laboratoriumsbuch S. 133). Das Verfahren, das gleichzeitig mit der Bestimmung etwaiger anorganischer oder organischer Beschwerungsmittel verbunden werden kann, bedarf für einzelne

Fälle noch einer gewissen Vervollkommnung und wird von dem genannten Verfasser noch weiter studiert. Es nimmt etwas längere Zeit in Anspruch als das titrimetrische Verfahren.

10 g Fett werden in einem Erlenmeyerkolben mit 100 ccm frisch destilliertem Azeton in der Kälte solange verrieben, bis sich die festen Bestandteile in feiner Verteilung abgeschieden haben. Man läßt einige Stunden, am besten über Nacht stehen, filtriert dann ab und wäscht so lange mit Azeton aus, bis eine Probe des Auszuges beim Verdampfen keinen nennenswerten Rückstand mehr ergibt. In die Azetonlösung gehen Mineralöle, fette Öle, Teeröle usw., ungelöst bleiben auf dem Filter zurück die Seifen und rein anorganischen Bestandteile (Kalk, Beschwerungsmittel, Graphit). Behufs Isolierung der Seifen wird das Filter durchstoßen, der Niederschlag mit heißem Benzin-Alkohol (9 : 1) quantitativ in ein Kölbchen gespült und in diesem mit dem Lösungsmittel kurze Zeit gekocht. Die Seifen gehen in Lösung und können durch Filtration in der Wärme leicht von den Beschwerungsmitteln befreit werden. Die Lösung wird eingedampft und der Seifenrückstand bis zum konstanten Gewicht bei 105° getrocknet. Will man noch die etwa in die Azetonlösung gegangenen Seifen berücksichtigen, so wird von einem aliquoten Teil des azetonlöslichen Öls der Aschengehalt bestimmt; unter Zugrundelegung eines mittleren Molekulargewichts von 300 für die Seifenfettsäuren entspricht 1 mg gefundenes Kalziumoxyd 11,4 mg Kalkseife. Die Berücksichtigung der in Azeton löslichen Seife ist jedoch im allgemeinen nur notwendig, wenn Harzseife vorliegt.

3. Unverseiftes und unverseifbares Fett bzw. Öl (Neutralfett und Mineralöl). Aus der nach 2 *a* von Seifen befreiten Benzinlösung wird das Benzin abdestilliert, der Rückstand (= Neutralfett + Mineralöl) gewogen. Durch Bestimmung der Verseifungszahl des Rückstandes wird der Gehalt an verseifbarem Fett festgestellt (vgl. S. 211) und auf die ursprüngliche Menge konsistenten Fettes umgerechnet.

Will man die Eigenschaften des von verseifbarem Fett freien Mineralöls bestimmen, so ist dies nach Spitz und Hönig (S. 212) abzutrennen und auf fremde Zusätze nach S. 214ff., auf fe nach S. 138, auf ep nach S. 163 zu prüfen.

Der Gehalt an Mineralöl beträgt bei konsistenten Fetten 75—81 %.

4. Gesamtfett. 10 g der Probe werden mit 100 ccm Äther und einem Überschuß verd. Salzsäure (10 ccm) bis zur Klarflüssigkeit am Rückflußkühler gekocht. Nach Abheben und erschöpfendem Ausäthern der sauren Schicht werden die vereinigten Ätherlösungen mit Glaubersalzlösung und zum Schluß zweimal mit dest. Wasser mineralsäurefrei gewaschen; der Äther wird sodann verjagt und der bei 105° getrocknete Rückstand, das Gesamtfett (bestehend aus Mineralöl, Neutralfett und den aus den Seifen frei gemachten Fettsäuren) gewogen.

5. Bestimmung des Wassers erfolgt nach dem Verfahren von Marcusson (S. 26).

Die hiernach ermittelten Wassergehalte von konsistenten Fetten lagen zwischen 1 und 6,3 %, in der Regel 1—4 %.

6. Glyzerin. Das Glyzerin spielt in den konsistenten Fetten nur die Rolle eines in geringer Menge (0,5—2 %) vorkommenden Nebenbestandteiles, abgeschieden durch Verseifung des zugesetzten Fettes; es ist nur in Ausnahmefällen zu bestimmen.

Zur quantitativen Bestimmung des Glyzerins z. B. nach dem Azetinverfahren verwendet man die saure Flüssigkeitsschicht, welche durch Zersetzen von 10 g Fett mit Benzin und verd. Salzsäure erhalten wird, zur völligen Klärung durch ein doppeltes Filter gegossen und nach dem Auswaschen des Filters in gleicher Weise, wie S. 498 beschrieben, behandelt wird.

7. Freier Kalk. Geringe Mengen freien Kalkes finden sich, von der Darstellung herrührend, in vielen konsistenten Fetten.

Vorprobe: Einige Gramm Fett werden mit phenolphthaleïnhaltigem 40 proz. Alkohol kalt geschüttelt. Rotfärbung rührt gewöhnlich von Ätzkalk her, selten von freiem Alkali.

Bestimmung: 10 g Fett werden mit 50 ccm Benzin und 5 ccm Alkohol ¼ Std. am Rückflußkühler erwärmt; das Ungelöste wird filtriert und mit heißem Benzinalkohol im Heißwassertrichter völlig ausgewaschen. In dem fett- und seifenfreien Rückstand wird Ätzkalk in bekannter Weise bestimmt.

8. Sonstige Verunreinigungen und Zusätze. Beschwerungsmittel wie Gips, Schwerspat, Stärkemehl, Talk, oder Zusätze wie Graphit oder Ruß bleiben bei der unter 7 beschriebenen Behandlung mit Benzinalkohol ungelöst und sind nach bekannten Methoden leicht zu kennzeichnen.

9. Nebenbestandteile. Färbende Stoffe werden in untergeordneten Mengen zur Erzielung einer bestimmten orangegelben oder ähnlichen Farbe zugesetzt und brauchen in der Regel nicht besonders bestimmt zu werden. Häufig sind sie schon äußerlich erkennbar, sie reagieren meistens mit Salzsäure unter Rotfärbung.

Auch die Bestimmung eines Zusatzes von Nitronaphthalin, das als Entscheinungsmittel für das zugesetzte Mineralöl hier und da benutzt wird und nötigenfalls nach S. 222 qualitativ und quantitativ nachzuweisen ist, erübrigt sich in der Regel.

In Benzinalkohol lösliche Fremdstoffe werden nach Abdestillieren des Lösungsmittels und Zersetzen der Kalkseife mit verdünnter Salzsäure gemäß den Angaben auf S. 214 und ff. ermittelt.

Als Beispiel eines eigenartig zusammengesetzten Fettes sei folgende Analyse eines sog. Huf- und Lederfettes mitgeteilt:

Äußere Erscheinungen: schmalzartig, schwarz, nicht fluoreszierend, Geruch schwach nach Knochenfett.

Das mit Äthyläther extrahierte Fett war grünlich und schmalzartig. In Äther unlöslicher Rückstand 0,21 %, rußartig schwarz, leicht verbrennlich, in Alkohol, Säuren und Alkalien unlöslich, wurde als zur Färbung des Fettes benutzter Ruß angesprochen.

Das extrahierte Fett war in Petroläther schwer löslich (!). Feste, flockige Bestandteile blieben im Petroläther schwebend, und die Lösung ließ in der Kälte ein dickes, gelbliches Öl niederfallen, welches sich in 90proz. Alkohol leicht löste. Die schwer löslichen, festen Bestandteile wiesen auf die Gegenwart von Vaselin, die niederfallende ölige Masse auf die Gegenwart von Rizinusöl hin. Der im Petroläther schwer lösliche feste Bestandteil hatte paraffinartige Konsistenz und war völlig weiß. Auch durch heißen Alkohol ließ sich das von dem Ruß befreite Fett in einen weißen, schwer schmelzbaren Körper und ein weicheres Fett trennen. Das in der Petrolätherlösung des Fettes niederfallende Öl erschien nach dem völligen Auswaschen mit Petroläther gelb gefärbt, völlig verseifbar und verhielt sich Lösungsmitteln gegenüber genau wie Rizinusöl. Die Verseifungszahl 171 und die Beschaffenheit der Fettsäuren des mit Petroläther abgeschiedenen Öles wiesen ebenfalls auf Rizinusöl hin.

Der nach Spitz und Hönig abgeschiedene unverseifbare Bestandteil des Fettes (48,2 %) hatte vaselinartige Konsistenz und war gelb gefärbt. Mit Alkohol ließ sich eine geringe Menge öliger braungelber Substanz ausziehen, welche mit konzentrierter alkoholischer Kalilauge Violettrotfärbung (Nitronaphthalinreaktion) gab. Die Gegenwart von Cholesterin bzw. von Wollfett im ursprünglichen Fett wurde auf Grund der geringen Menge und Beschaffenheit des öligen alkoholischen Auszuges der nicht verseifbaren Substanz als ausgeschlossen erachtet. Da jedoch, dem Geruche des ursprünglichen Fettes nach zu urteilen, an verseifbarem Öl neben Rizinusöl noch ein Zusatz animalischen Öles vermutet wurde, so wurde zur näheren Kennzeichnung des letzteren zunächst das Rizinusöl aus dem Gesamtfett entfernt. Hierzu wurden 5 g des mit Äther extrahierten Huffettes mehrfach mit 90proz. Alkohol (im ganzen mit etwa 30 ccm) ausgeschüttelt, wobei etwa 1,2 g, also $^1/_4$ bis $^1/_5$ des Huffettes, alkohollösliches Öl erhalten wurde. Der nach der Extraktion mit Alkohol verbleibende Rückstand wurde zur Verseifung des in ihm etwa enthaltenen fetten Öles mit konzentrierter alkoholischer Kalilauge gekocht. Die aus der Seife abgeschiedenen Fettsäuren schmolzen bei 38° und rochen nach Knochenfett.

Im ursprünglichen Fett und im alkoholischen Auszug wurde die Gegenwart von Nitronaphthalin durch Überführung in Naphthylamin und durch dessen Verhalten zu Eisenchlorid erkannt (S. 222).

Zusammenfassung: Das untersuchte Fett ist ein mit sehr wenig Ruß gefärbtes schmalzartiges Fett, welches zur Hälfte aus unverseifbarem, vaselinartigem Fett, zur Hälfte aus verseifbarem Fett bestand. Letzteres setzte sich zusammen aus Rizinusöl und einem an festen Glyzeriden reichen Fett, welches, dem Geruch der Fettsäuren und demjenigen des ursprünglichen Fettes nach zu urteilen, tierischen Ursprungs (Knochenöl) sein dürfte. Außer den genannten Bestandteilen enthielt das Fett noch als Entscheinungsmittel Nitronaphthalin. Schädliche oder minderwertige Stoffe oder Zusätze wie Harz, Harzöl, Wasser, feste Stoffe, Mineralsäuren waren nicht vorhanden, sondern nur 0,26 % freie Fettsäure, berechnet als SO_3; dieser Betrag entspricht, unter Berücksichtigung der im vorliegenden Fett enthaltenen Menge verseifbaren Fettes, dem in manchen natürlichen verseifbaren Fetten vorkommenden Gehalt an freier Fettsäure.

Tabelle 46.

Bedingungen der Großen Berliner Straßenbahn für die Lieferung von Schmierfetten.

Bezeichnung des Fettes	Schmelzpunkt °C	Seifengehalt %	Wassergehalt %
Konsistentes Fett	90	22—25	bis 4
Achsenlagerfett	85	18—20	bis 4
Zahnradfett	60—65	bis 15	—

Lieferungsbedingungen der Kaiserlichen Werft Wilhelmshaven.

Das konsistente Maschinenfett muß aus reinem Mineralöl unter Zusatz der zur Verseifung erforderlichen Pflanzenöle gewonnen sein. Der Zusatz von Pflanzenölen soll 20 % nicht überschreiten. Es muß säurefrei sein und eine homogen-schmalzartige Beschaffenheit zeigen. Nicht fett- oder nicht seifenartige Bestandteile dürfen, abgesehen von dem zur Aufquellung erforderlichen Gehalt an Wasser und dem Glyzerin, nicht zugegen sein. Beim Stehen oder Gebrauch soll es weder Öl noch Seife absondern und auch keine sonstigen Veränderungen infolge Oxydation oder Verdunstung zeigen.

Lieferungsbedingungen der Königl. Pulverfabrik Spandau.

Das starre Maschinenfett soll aus Kalkseife, Mineralöl und Wasser bestehen, gut gereinigt und frei von fremden Stoffen sein. Organische Säure, berechnet als Ölsäure, bis 2,12 % (= 0,3 % SO_3) zulässig. Das Fett soll sich bei Wärmegraden — 5 bis + 25° in seiner Starrheit nur unbedeutend ändern und stets eine gleichmäßige Schmierfähigkeit besitzen. Bei längerem Lagern an der Luft darf das Fett weder verharzen noch eine firnisartige Beschaffenheit annehmen. 10 Stunden auf 100° erhitzt, soll das Fett nach dem Abkühlen nicht harzig oder eingetrocknet erscheinen. Flammpunkt (Apparat Pensky-Martens) nicht unter 150°.

Bedingungen der Bergwerkdirektion Zabrze für die Lieferung von Seilschmiere.

Die Seilschmiere muß frei von Säure, Teer und Teerölen sein, darf höchstens 2 % anorganische Bestandteile haben und beim Gebrauch weder harzen noch bröckeln; sie muß von salbenartiger Konsistenz sein, welche ein leichtes Auftragen auf die Seile mittels Borstenpinsel gestattet und sich weder beim Lagern noch im Gebrauch ändert.

Die Seilschmiere muß im Winter — garantiert frostsicher — in flüssigerer, im Sommer in festerer Form geliefert werden.

L. Sog. wasserlösliche oder emulgierbare Mineralöle (Bohröle, Fräsöle, Textilöle).

I. Herstellung und Verwendung.

Die sog. wasserlöslichen Mineralöle, welche entweder auf Zusatz von Wasser klare bzw. annähernd klare Lösungen bilden oder mit Wasser haltbare Emulsionen geben, haben als billige Schmiermittel für Werkzeugmaschinen, als kältebeständige Füllflüssigkeiten für hydraulische Pressen, als Straßenspreng- und Fußbodenöle, zum Einfetten von Wolle, von Tuchstoffen usw. große Bedeutung erlangt. Sie werden durch Auflösen der Ammoniak-, Kali- oder Natronseifen von Ölsäuren, Fettschwefelsäuren, Harzsäuren, Naphthensäuren in Mineralölen, häufig unter gleichzeitigem Zusatz von Ammoniak, Benzin oder Alkohol.

in einzelnen Fällen (bei den Bolegschen Ölen, D.R.P. 122 451) unter gleichzeitiger Oxydation mit Luftsauerstoff dargestellt. Die in Wasser klar oder fast völlig klar löslichen Öle sind als Auflösungen von Mineralölen in Lösungen von sauren Seifen aufzufassen.

Nach D.R.P. 174 906 von F. W. Klever (Köln) vom 5. 1. 1905 werden wasserlösliche Schmier- und Rostschutzöle dadurch hergestellt, daß hochsiedende Alkohole aus sog. flüssigen Wachsen neben ölsauren Alkalien in Mineralölen gelöst werden. An Stelle der ölsauren Salze werden auch die Alkalisalze der Fettsäuren aus Hanföl, Rüböl, Rizinusöl, Kottonöl usw., oder harzsaure Alkalien verwendet, die mit den höheren Alkoholen und niedrig siedenden Mineralölen emulgieren.

Ein bekanntes Straßensprengöl ist z. B. „Westrumit", das eine Auflösung von Ammoniakseife in schwerem Wietzer Rohöl darstellt. Die Verwendung von Ammoniakseife gilt darum bei der Straßensprengung als vorteilhaft, weil diese Seife bald nach Auftragung des Öles bzw. der wässerigen Emulsion des letzteren auf die Straße das Ammoniak abgibt und das zurückbleibende Öl deshalb nicht leicht durch Regen auswaschbar wird.

Neuerdings sind auch Teeröle bzw. Teer zur Staubbindung auf Straßen vielfach angewendet worden. Es ist nun von Truc und Fleig durch Versuche an Tieren festgestellt worden, daß bei frisch geteerten Straßen durch die kaustische und toxische Wirkung des Teers die Augen empfänglicher für eine Infektion durch Bakterien werden, die sich im Staub finden. Allerdings soll die Zahl der im Staub vorhandenen Mikroben durch die Teerung sehr vermindert werden. Die richtige technische Ausführung der Teerung ist geeignet, die Nachteile im Vergleich zu den erheblichen Vorteilen auf ein Minimum zu reduzieren.

In letzter Zeit hat Raschig das Staubverhinderungsmittel „Kiton" eingeführt, das eine Mischung von Teer und Ton darstellt, den Teer fest bindet und in den Straßenschotter hineingearbeitet wird. Dadurch soll die Sprengung mit Teerölen überflüssig und Wegwaschen des Teers vermieden werden.

II. Rostschutzvermögen von Bohrölen.

3 mm starke quadratische Gußeisenplatten von 30 × 30 mm verlieren bei dreiwöchentlichem Liegen in 1—2 proz. Schmier-

seifenlösungen, welche früher zum Fräsen von Metallen benutzt wurden, bis zu 18 mg, in Mischungen von 2 oder 5 Teilen wasserlöslichem Vaselinöl in 100 Teilen Wasser nur 6—8 mg. Stahlplatten werden von letzteren Mischungen nach 3 Wochen noch nicht angegriffen, während sie in den genannten Seifenlösungen 10—15 mg verloren hatten.

III. Erstarrungspunkt.

Der Zusatz der wasserlöslichen Öle zum Wasser erniedrigt den Gefrierpunkt des letzteren oft um mehrere Grade; eine Mischung von 80 Teilen Wasser mit 20 Teilen Öl ist z. B. noch bei -5^0 flüssig; wegen dieser Eigenschaften werden wasserlösliche Öle auch statt Glyzerin als Füllflüssigkeit für hydraulische Pressen und Druckleitungen bei tiefen Temperaturen benutzt, um Einfrieren des Wassers zu verhindern.

IV. Emulgierbarkeit oder Löslichkeit in Wasser.

In Rücksicht auf die vorstehend besprochenen Eigenschaften ist es auch wichtig, die Emulgierbarkeit der wasserlöslichen Öle oder deren Löslichkeit in Wasser festzustellen. Sofern es sich, was häufig bei sog. wasserlöslichen Ölen der Fall ist, nur um emulgierte Öle handelt, kommt es darauf an, die Beständigkeit der 2—5- oder 10 proz. Emulsion der Öle nach ein- oder mehrtägigem Stehen zu ermitteln. Ist das Öl nicht gut hergestellt, so ist die Emulsion natürlich weniger haltbar. Bei den Ammoniakseife enthaltenden Ölen zersetzt sich die Seife an der Luft allmählich, und die Emulgierbarkeit geht alsdann zurück. Solche Öle müssen daher in gut verschlossenen Gefäßen aufbewahrt werden.

Auch durch Erhitzen oder Behandeln mit Mineralsäure verlieren die Öle dadurch, daß im ersteren Fall Ammoniak entweicht oder im zweiten Fall an Mineralsäuren gebunden wird, und Fettsäure frei wird, ihre Emulgierbarkeit.

V. Prüfung der Zusammensetzung.

a) Gehalt an flüchtigen Stoffen (Wasser, Alkohol, Benzin). Der Wassergehalt wird durch Destillation von etwa 20 g Öl im 1 L-Erlenmeyerkolben unter Zugabe von Xylol und Bimssteinstückchen (S. 26) bestimmt. Klar erscheinende Öle können bis zu 50 % Wasser enthalten.

Das wäßrige Destillat prüft man auf Alkohol, nachdem man es nochmals fraktioniert und die leichtest siedenden Anteile für sich abgetrennt hat, mittels der Jodoformprobe. Hierzu gibt man zu dem Destillat ein Körnchen Jod und dann so viel wäßrige Kalilauge, daß die durch das Jod bedingte Färbung gerade verschwindet. Beim schwachen Anwärmen wird der Jodoformgeruch besonders deutlich. Liegt Verdacht auf Gegenwart von Benzin in dem Öl vor, so kann dies nach Zersetzen des Öles mit verd. Schwefelsäure direkt oder durch Einleiten von Wasserdampf übergetrieben und oberhalb des Wassers in Meßkolben mit engem graduierten Hals (s. S. 288) gemessen und isoliert werden.

Bei gleichzeitiger Gegenwart von Benzin und Alkohol destilliert man das Öl unter Zusatz von Kaliumbisulfat und Bimssteinstückchen, versetzt das Destillat unter Schütteln mit verd. Natronlauge, die den Alkohol aus dem Benzin völlig herauszieht, und destilliert die alkoholische Laugenschicht nach Messung der Benzinmenge nochmals. Im Destillat wird alsdann die Alkoholmenge durch Ermittelung des spez. Gewichts festgestellt.

b) Freie organische Säure. 1. Bei Abwesenheit von Ammoniak (durch den Geruch beim Erhitzen leicht kenntlich) wird die freie Säure in üblicher Weise durch Titration mit $^1/_{10}$ N. alkoholischer Natronlauge bestimmt.

2. Bei Gegenwart von Ammoniakseife sättigt die Natronlauge nicht nur die freie Säure, sondern sie zersetzt bei weiterem Zusatz auch die vorhandene Ammoniakseife. Der Farbenumschlag mit Phenolphthaleïn tritt also nicht nach Abbindung der freien Säure, sondern erst nach völliger Zersetzung der Ammoniakseife ein, und der Verbrauch an Alkali entspricht der vorhanden gewesenen freien Säure zuzüglich der an Ammoniak gebundenen.

Um letztere zu ermitteln, bestimmt man durch Erhitzen von 20—30 g Öl mit konzentrierter Natronlauge im geräumigen Erlenmeyerkolben mit Reitmeyer-Aufsatz den Ammoniakgehalt des Öles, indem man das übergehende Ammoniak in einer gemessenen Menge $^1/_{10}$ N.-Schwefelsäure auffängt und die verbliebene Säuremenge mit $^1/_{10}$ N.-Natronlauge zurücktitriert.

Sind außer Ammoniak keine anderen Basen zugegen, so läßt es sich auch durch einfache Titration einer wässerigen Emulsion des Öles mit $^1/_2$ N.-Salzsäure bei Gegenwart von Methylorange bestimmen. Die der gefundenen Ammoniakmenge entsprechende Säure, berechnet als Säurezahl, zieht man von dem durch direkte Titration des Öles gefundenen, ebenso berechneten Säuregehalt ab. Die Differenz ist freie Säure.

c) Gehalt an Ammoniak und Ammoniakseifen berechnet sich aus den unter b 2 gefundenen Daten ohne weiteres.

d) Unverseifte Neutralstoffe werden aus dem mit Benzin und $^1/_{10}$ N. alkoholischer Natronlauge (Alkohol 80 vol.-proz.) geschüttelten Öl nach Spitz und Hönig (S. 212) quantitativ ausgezogen. Das in der Benzinlösung verbleibende Neutralöl wird in üblicher Weise

(S. 210—218) auf Menge und Art von vorhandenem fetten Öl, Mineralöl, Harzöl usw. geprüft.

e) Gehalt an Alkaliseifen. 1. Der Alkaliseifengehalt wird, wenn Alkaliseifen der gewöhnlichen einbasischen Fett- oder Naphthensäuren und nicht der Fettschwefelsäuren oder oxydierten Harzsäuren (Bolegsche Öle) die Wasserlöslichkeit bedingen, ähnlich wie unter Mineralschmierölen und konsistenten Fetten (S. 208 und 252) beschrieben, ermittelt. Zu diesem Zweck werden die gewogenen Gesamtfettsäuren, welche aus dem nach d erhaltenen alkalischen Auszug nach Zersetzung mit Mineralsäure in üblicher Weise gewonnen werden und die Summen der ursprünglich im freien Zustand und an Alkali gebunden gewesenen Fettsäuren darstellen, titriert; man muß von diesem Gesamtbetrag den nach b ermittelten Gehalt an freier Säure abziehen (Differenz S als Säurezahl) und nach der Formel

$$x : \frac{S}{10} = (23 + M - 1) : 56{,}11$$

den Natronseifengehalt berechnen. Sofern neben Alkaliseife Ammoniakseife vorhanden ist, welche gleichfalls nach b bestimmt wurde, ist diese natürlich mit zu berücksichtigen.

2. Bei Gegenwart von Fettschwefelsäuren oder oxydierten Harzsäuren als Seifengrundlage läßt die bloße Titration nach e 1 nicht die Menge des ursprünglich in den Seifen dieser Säuren gebunden gewesenen Alkalis bestimmt erkennen, weil jene Säuren Alkali doppelt, nämlich in der Karboxyl- und in der Sulfogruppe, zu binden vermögen, und die in den Bolegschen Ölen sich findenden oxydierten Harzsäuren auch erheblich mehr Alkali aufnehmen, als einer einbasischen oder einatomigen Säure entspricht. Man muß in diesem Fall nach Marcusson neben der Menge der an Alkali im ursprünglichen Öl gebunden gewesenen Fettsäure F_s, die sich aus der Differenz der nach e 1 ermittelten Gesamtfettsäure und der ursprünglich vorhanden gewesenen freien Fettsäure ergibt, das gesamte an Fettsäure gebundene Alkali A durch Veraschung und Umrechnung der erhaltenen Karbonate auf das Metall berechnen. Aus diesem wird alsdann durch Addition von A zu F_s die ursprünglich vorhanden gewesene Seifenmenge berechnet.

Beispiel für e 2:

Die als freie Fettsäure vorhanden gewesene Fettsäure F_f entspreche einer Säurezahl S = 10.

Die freien und an Basen gebunden gewesenen Fettsäuren, welche nach c abgeschieden worden waren und insgesamt 15 g wiegen, entsprechen zusammen einer Säurezahl $S_1 = 30$.

Dann entfallen auf die freie Säure $\frac{15 \cdot 10}{30} = 5$ g und auf F_s mithin 10 g.

Sind ferner 2 g Alkali, als Metall berechnet, gefunden worden, so sind etwa $10 + 2\,g = 12\,g$ Seife vorhanden gewesen.

Zur Entscheidung, ob man Verfahren d 1 oder d 2 anwendet, sind die abgeschiedenen Fettsäuren als Ölsäure, Harzsäure oder Fettschwefelsäure zu kennzeichnen.

Hierbei ist zu beachten, daß Ölsäure flüssig ist, spez. Gew. < 1, Jodzahl 90 und Molekulargewicht 282 hat.

Fettschwefelsäuren haben hohen Schwefelgehalt, scheiden sich, sofern sie in größerer Menge vorhanden sind, beim Ansäuern ihrer Lösung mit Mineralsäuren als schwere Öle am Boden ab und bilden für sich ohne Basenzusatz haltbare Emulsionen.

Harzsäuren sind harzartig zähe oder sehr dickflüssig, klebrig und haben spez. Gew. > 1.

Beispiel: In einem mit Wasser emulgierbaren sog. wasserlöslichen, in Wirklichkeit aber nicht völlig löslichen Öl, welches als Bohröl benutzt wurde, wurden 78 % Mineralschmieröl (hell), 9,8 % Gesamtfettsäure, hiervon 9,1 % an Basen gebunden und 0,8 % freie Fettsäure, sowie 11,1 % unter 100° siedende Bestandteile (Benzin und Alkohol) gefunden.

M. Paraffinmassen aus Rohpetroleum.

I. Allgemeines über Herstellung, Verwendung usw.

Der Gehalt an Paraffin in den Rückständen der Petroleumdestillation schwankt beträchtlich. Rückstände von rumänischen Petrolen enthalten 0,5—18 % (Campina-Öl 12 %, Campina-Bakau-Öl 18 %, Bustenari-Öl 0,5 %, Baicoiu-Öl 5 %). Da das Paraffin zunächst in der Form des amorphen Protoparaffins vorliegt, das selbst nach starker Abkühlung nicht durch Druck vom Öl zu trennen ist, muß Destillation vorgenommen werden, bei der das Paraffin in die kristallinische Form des Pyroparaffins übergeht. Die paraffinhaltigen Ölfraktionen werden in Österreich unter Abkühlung in zylindrischen doppelwandigen Gefäßen nach dem Patent von Singer-Porges in Öl und Paraffin getrennt. Das letztere wird durch Filterpressen von anhaftendem Öl befreit, die letzten Reste Öl werden meistens nach dem sog. Schwitzverfahren von Henderson entfernt.

Nach einem österreichischen Patent von Porges und Singer (Braunkohle 1910, 748) erhält man die Paraffinmassen ölfrei durch Verwendung eines gasförmigen Druckmittels, das aus den Köpfen der Presse direkt in dieselbe eingeleitet wird.

Das Verfahren von Singer-Porges ist in mehreren Fabriken, besonders in Galizien, durch ein noch rationelleres Verfahren, Patent Porges-Neumann, ersetzt. Dieses Verfahren gestattet schnellere Paraffinabscheidung durch bessere Anordnung der Abkühlungskammern, doch erhält man bei der langsameren Abkühlung nach Singer-Porges größere Paraffinkristalle, weshalb man neuerdings vielfach auf letzteres Verfahren zurückgreift. Durch Anwendung von sog. Preßschwitzrohren sind in neuerer Zeit auch die hydraulischen Pressen entbehrlich geworden.

Das Schwitzverfahren beruht darauf, daß man das Paraffin in zahlreichen übereinander angeordneten Blechschalen, die in bestimmter Höhe ein Sieb haben, zunächst auf Wasser schmilzt, dann das Wasser abläßt, bis das geschmolzene Paraffin eben auf dem Sieb liegt, das Paraffin erstarren läßt und nun das Wasser ganz abzieht. Hierauf wird die ganze Schwitzkammer durch Dampf geheizt, worauf das dem Paraffin noch anhaftende Öl herausschwitzt und abgeleitet wird[1]).

Unter „Paraffinmassen", „Paraffinschuppen" usw. versteht man feste, meist schuppige und mehr oder weniger stark durch noch anhaftendes Öl gefärbte Massen von Paraffin aus den paraffinreichen Destillaten des Rohpetroleums, Braunkohlenteers und anderer bituminöser Körper. Sie sind das Rohmaterial für die Herstellung des Kerzenparaffins, für das Paraffinieren der Zündhölzer, für Isolationsmaterial der elektrotechnischen Industrie usw. Die Paraffinmassen werden entweder an Ort und Stelle ihrer Gewinnung auf reines Paraffin und Kerzen verarbeitet oder an andere Fabriken zur Verarbeitung auf diese Stoffe verkauft.

Die zur Kerzenfabrikation dienenden Paraffinmassen sind in kaltem absoluten Alkohol nur in minimalen Mengen löslich und schmelzen nahe bei 50°; es kommen aber auch weichere, bis nahe bei 30° schmelzende, sog. Weichparaffinmassen in den

[1]) Die in den Vereinigten Staaten zur Abscheidung des Paraffins aus den Ölen üblichen Kristallisationsverfahren in doppelwandigen liegenden oder stehenden Zylindern und die dort gebräuchlichen von den europäischen Anlagen zum Teil abweichenden Schwitzverfahren sind vom Verf. in der Chem.-Ztg. 1913, **37**, 54, 86, beschrieben.

Handel, die auch in Alkohol etwas löslicher sind. Diese werden durch kaltes Abpressen der leichteren Öle erhalten und dienen zu Imprägnierungszwecken (in Amerika auch zur Herstellung von Kaugummi) oder, sofern sie nicht zu niedrig schmelzen, als Zusätze zu hartem Kerzenparaffin. (Über Schmelzpunkt und Erstarrungspunkt von Paraffin und Paraffinmassen siehe S. 351).

II. Prüfung.

a) Wassergehalt und mechanische Verunreinigungen werden nach den S. 26 ff. beschriebenen Methoden bestimmt.

b) Bestimmung des Gehalts an Paraffin erfolgt nach dem S. 46 beschriebenen Verfahren.

0,5—1,0 g Substanz werden im 25 mm weiten Reagenzglas in Äthyläther unter Vermeidung von Ätherüberschuß gelöst. In der Lösung wird mit der gleichen Menge absoluten Alkohols bei — 20 bis — 21° in der S. 46 beschriebenen Weise das Paraffin gefällt. Bei zu breiiger Beschaffenheit wird der Masse zwecks besserer Filtration wenig Alkoholäther zugesetzt. Im Filtrat der ersten Fällung ist stets nach Abdampfen des Lösungsmittels nochmals der Paraffingehalt in der eben beschriebenen Weise zu ermitteln und dem zuerst gefundenen hinzuzufügen.

Bei den als Abfallprodukte anzusehenden Weichparaffinmassen gibt das Verfahren nur Näherungswerte, da die Weichparaffine noch bei — 20° in Alkoholäther erheblich löslich sind.

Die gußfertigen Kerzenparaffine werden nach den S. 355 beschriebenen Methoden geprüft. Der Gehalt an Weichparaffin kann sowohl in diesen Massen als auch in den fertigen Kerzen, nachdem man die Stearinsäure durch Alkali entfernt hat, nach Holde durch fraktioniertes Fällen der härteren Paraffine mit 94 proz. Alkohol in ätherischer Lösung bei + 20° ermittelt werden (Mitteilungen 1902, **20**, 5, 241).

Hierzu werden 2 g stearinsäurefreies Paraffin im Meßzylinder in 20 oder 30 ccm Äther gelöst und mit 30 bzw. 40 ccm Alkohol bei + 20° gefällt. Es werden dann die Mengen und Schm. des gefällten und gelösten Paraffins bestimmt.

Es wird in der Technik lieber transparentes als opakes Paraffin benutzt; man glaubt, daß Transparenz allein schon ein Beweis der Güte sei, da transparentes Paraffin ölfrei sein soll. Nach Versuchen von Singer (Chem. Rev. 1909, **16**, 202) zeigt bei dem Engler-Holdeschen Verfahren der Paraffinbestimmung selbst vollkommen transparentes Paraffin einen Ölgehalt, der in manchen Fällen bis zu 2 % beträgt, während nach der in England geübten Redwoodschen Methode, bei der das Paraffin zwischen Leinentüchern und Filtrierpapier kalt gepreßt wird, das Öl nur etwa $\frac{1}{3}$ oder $\frac{1}{4}$ des durch Alkoholätherfällung gefundenen beträgt. Singer schlägt deshalb vor, einen nach Holde ermittelten Ölgehalt von $2-2\frac{1}{2}$ % als handelsüblich zu erklären.

Das „Vergilben“ opaker Paraffine hängt nach Sommer (Petrol. 1911, **7**, 409) von dem Gehalt an ungesättigten zyklischen Kohlenwasserstoffen ab, deren Menge durch die Formolitprobe festgestellt wird (Olefine kommen infolge der Behandlung der Handelsparaffine mit Schwefelsäure nicht in Betracht). Transparente Paraffine zeigten Formolitzahlen bis höchstens 0,3, während sie bei opaken Sorten bis zu 1,6 heraufgehen. Die Ausführung der Formolitprobe geschieht nach Sommer in folgender Weise:

20 g Paraffin werden in einem Kolben geschmolzen, mit 20 ccm konz. Schwefelsäure versetzt; sodann wird ganz allmählich, unter Vermeidung starker Erwärmung, die gleiche Menge Formaldehyd unter Umschütteln zufließen gelassen, wobei sich der Kolbeninhalt intensiv dunkelrot färbt. Man beläßt den Kolben noch 20 Min. unter zeitweisem Umschütteln auf dem Wasserbad und entleert ihn dann in eine Porzellanschale, die man bis zur vollständigen Trennung des Reaktionsproduktes vom Paraffin weiter erwärmt. Nach dem Erkalten hebt man den Paraffinkuchen ab, gibt die darunter befindliche Flüssigkeit in einen Scheidetrichter und schüttelt sie nach starkem Verdünnen mit Wasser mit Chloroform aus. Nach dem Abdunsten des Lösungsmittels wird die Formolitmenge bei 105° getrocknet und gewogen.

c) Unterscheidung von Erdöl- und Schwelparaffin. Paraffin aus Rohpetroleum hat nach Krey und Graefe ein wesentlich geringeres Jodaufnahmevermögen (Jodzahl = 0 oder wenig höher) als Paraffin aus Braunkohlenteer, Schieferteer und dgl., das höhere Jodzahlen, bis zu mehreren Einheiten ansteigend, hat.

Ein auf gereinigte und rohe Paraffine gleichermaßen anwendbares Verfahren haben Marcusson und Meyerheim (Ztsch. f. angew. Chem. 1910, **23**, 1057) ausgearbeitet. Die Methode beruht darauf, daß aus den Paraffinen die stets vorhandenen kleinen Ölmengen abgeschieden und diese auf ihre Jodzahl geprüft werden (s. S. 446).

d) Schwefelgehalt. In Rücksicht darauf, daß gelegentlich schwefelhaltiges Paraffin aus javanischem (?) Erdöl neuerdings im Handel vorkommen soll, welches durch den Schwefelgehalt des abtropfenden Paraffins silberne Leuchter schwärzt, wird in England eine einfache Prüfung auf Schwefel vorgenommen. Hierzu wird untersucht, ob eine in das geschmolzene auf etwa 167° erhitzte Paraffin getauchte blanke Silbermünze oder blankes Kupferblech geschwärzt werden.

e) Sonstige Prüfungen von Kerzenparaffin auf Erstarrungspunkt, Biegeprobe, Harz usw. s. S. 355 ff.

Der Erstarrungspunkt von Paraffin aus Rohpetroleum wird heute in Österreich-Ungarn nur mit dem Shukoffschen Apparat bestimmt (Singer. Petrol. 1909, 4, 18).

N. Vaselin.

(Literatur: C. Engler und M. Böhm, Dingl. polyt. Journ. 1886, Bd. 262, 468 u. ff. u. M. Böhm, Dissertation, Karlsruhe 1887.)

I. Begriffsfeststellung.

Vaselin ist ein salbenartiges, farbloses oder hell bräunlichgelbes Produkt der Erdölverarbeitung, das zu kosmetischen und als Salbengrundlage zu pharmazeutischen Zwecken, als Schmiermittel und Rostschutz verwendet wird.

Man unterscheidet natürliches und künstliches Vaselin. Ersteres wurde früher fast nur aus amerikanischem Erdöl gewonnen, indem die leichten Öle bis zur salbenartigen Konsistenz des Rückstandes abgetrieben wurden. Letzterer wurde mittels Knochenkohle, konz. Schwefelsäure oder Bleicherde gebleicht[1]).

Es ist aber auch möglich, Vaselin aus galizischen, elsässischen, ja sogar russischen Erdölen herzustellen. Die natürlichen Vaseline verschiedener Herkunft und verschiedener Bereitungsweise unterscheiden sich durch Schmelzpunkt und spezifisches Gewicht.

Künstliches Vaselin ist ebenfalls ein kosmetisches Produkt und gemäß Vorschrift des deutschen Arzneibuches ein Gemisch von gebleichtem schweren Mineralöl (Paraffinum liquidum) mit Zeresin (Paraffinum solidum).

---

[1]) Die neuere Herstellungsweise des Vaselins in den Vereinigten Staaten hat Verf. in der Chemiker-Ztg. 1913 (a. a. O.) beschrieben.

II. Eigenschaften und Prüfung.

Zwei aus galizischen Rohölen (spez. Gew. 0,812 und 0,820) von C. Engler und M. Böhm einmal durch Bleichung der butterartigen, in Petroläther gelösten Destillationsrückstände mittels Knochenkohle das andere Mal durch Bleichung des Rohöls mittels Knochenkohle, und Destillation des gebleichten Öles im Vakuum (10—15 mm Quecksilber) erhaltene Vaselinproben zeigten folgende Eigenschaften:

1. Vaselin, aus Rückständen erhalten, Schm. 32°. Beim Abkühlen des Vaselins oder durch Abkühlen der heißen alkoholischen Lösung ließen sich keine kristallinischen Abscheidungen von Paraffin erkennen, während sich aus den schweren Destillaten reichlich Paraffinschuppen abscheiden. Das Paraffin ist also im rohen Erdöl und in den Rückständen nicht kristallinisch — als sog. „Protoparaffin" — in den Destillaten aber kristallinisch enthalten.

Elementaranalyse:	% C	% H
	86,83	13,15

2. Aus gebleichtem Erdöl durch Abdunsten der leichten Teile erhaltene Vaseline.

Tabelle 47.

	Ausbeute %	Schm.	Spez.Gew. bei 20°	Elementaranalyse	
				% C	% H
Erdöl I	13,8	30—31°	0,8809	86,48	13,82
„ II	13,2	30—31°	0,8785	86,16	13,61

Die überdestillierten gebleichten Öle waren auch schwefel- und sauerstofffrei, zeigten aber höheren H-Gehalt:

	% C	% H
Erdöl I	85,20	14,83
Erdöl II	85,18	14,75

Das von Engler und Böhm aus Erdöl II hergestellte Vaselin vom spez. Gew. 0,8785 und Schm. 30—31° gab, in ätherischer Lösung mit Alkohol in der Kälte so oft gefällt, bis ein völlig öliges Filtrat erhalten wurde, als Ausscheidung ein festes Vaselin vom Schmelzp. 40° und dem spez. Gew. 0,8836. Auch flüssige Lösungen von Paraffin in Paraffinöl zeigen niedrigere spez. Gewichte als die einzelnen Komponenten (Grotowsky, Zeitschr. f. Berg-, Hütten- und Salinenwesen 1876, Bd. 24, S. 42).

Die Elementarzusammensetzung des festen und flüssigen Teils des Vaselins war die gleiche:

	Festes Vaselin		Flüssiges Vaselin
% C	86,17	86,34	86,47
% H	13,85	13,73	13,60

Auch in den Siedepunkten (240—245°) der beiden Anteile zeigten sich keine Unterschiede. Der Destillationsrückstand des festen Vaselins war amorph, das Destillat stark kristallinisch. Die Kohlenwasserstoffe beider Anteile sind gesättigt, da sie auf Zusatz von einem Tropfen Brom starke Bromwasserstoffentwickelung geben.

Die Prüfung erstreckt sich auf Säuregehalt und Abwesenheit fremder Zusätze und kann in gleicher oder ganz ähnlicher Weise, wie dies schon in der vorangehenden Abschnitten unter „Mineralöle" usw. beschrieben ist, durchgeführt werden. Das spez. Gewicht wird meistens bei 100° mit der hydrostatischen Wage, deren Senkkörper ein bis zu 100° reichendes Thermometer hat, oder mit dem Sprengelschen Pyknometer bestimmt (s. S. 130). Die Benutzung dieser Apparate darf als bekannt vorausgesetzt werden. Das spez. Gewicht eines Chesebrough-Vaselins wurde zu 0,845, dasjenige eines deutschen Vaselins zu 0,827 bei 100° ermittelt.

Die Prüfung des Vaselins nach der Neuausgabe des Arzneibuches für das Deutsche Reich erfolgt in folgender Weise:

Weißes Vaselin: Weiße, höchstens grünlich durchscheinende Masse, unter dem Mikroskop weder körnig noch kristallinisch; schmilzt in der Wärme zu einer klaren, farblosen, blau fluoreszierenden, geruchlosen Flüssigkeit; unlöslich in Wasser, wenig in Alkohol, leicht löslich in Chloroform und Äther. Schmelzpunkt 35—40°.

20 Tl. heißes Wasser mit 5 Tl. weißem Vaselin geschüttelt, muß auf Zusatz von 2 Tropfen Phenolphthaleïn farblos bleiben, dagegen auf weiteren Zusatz von 0,1 ccm $^1/_{10}$ Normal-Kalilauge gerötet werden (Prüfung auf freies Alkali und Säure).

Eine Mischung von 3 ccm NaOH und 20 ccm Wasser, die mit fünf Tropfen weißem Vaselin unter Umschütteln zum Sieden erhitzt worden ist, darf nach dem Erkalten beim Übersättigen mit Salzsäure keine Ausscheidung geben (verseifbare Fette und Harze).

Wird weißes Vaselin mit dem gleichen Raumteil Schwefelsäure in einer mit Schwefelsäure gereinigten Schale zusammengerieben, so darf sich das Gemisch innerhalb einer halben Stunde höchstens bräunen, aber nicht schwärzen (organische Verunreinigungen).

Gelbes Vaselin: Gelbe, durchscheinende Masse von gleichmäßiger, weicher Salbenkonsistenz; schmilzt beim Erwärmen zu einer klaren, gelben, blau fluoreszierenden, geruchlosen Flüssigkeit; unter dem Mikroskop weder körnig noch kristallinisch; Löslichkeit, Schmelzpunkt und Prüfung auf Verunreinigungen wie bei weißem Vaselin.

III. Unterscheidung von natürlichem und künstlichem Vaselin.

Nach Engler und Böhm läßt sich natürliches und künstliches Vaselin durch folgende Eigenschaften unterscheiden:

1. Die festen Anteile des künstlichen Vaselins (Zeresin) bedingen eher die Annahme einer ungleichen körnigen Beschaffenheit und lassen sich eher durch Destillation von den flüssigen Anteilen trennen als diejenigen des natürlichen Vaselins.

2. Künstliches Vaselin geht beim Erwärmen plötzlich aus der breiigen Form in die flüssige Form über und hat vor der Verflüssigung bedeutend dickere, nach der Verflüssigung dünnere Konsistenz als Naturvaselin, das sich beim Schmelzen mehr wie ein tierisches Fett verhält. Der Vergleich der Viskositäten ergab folgende Werte:

Tabelle 48.

	fe bei			
	45°	50°	80°	100°
Natürl. amerik. Vaselin . . .	4,8	3,7	2,1	1,6
Künstliches Vaselin	läuft nicht aus	läuft nicht aus	1,5	1,2

Das künstliche Vaselin lief auch bei 65° aus dem Englerapparat noch nicht aus, während es ganz geschmolzen bei 80 und 100° weit dünnflüssiger war als Naturvaselin.

3. Die Aufnahmefähigkeit für Sauerstoff war bei natürlichem Vaselin größer als bei künstlichem. Schon R. Fresenius (Dingl. polyt. Journ. 1880, **236**, 503) hat nach 15 stündig. Erhitzen von je 4 g Chesebrough-Vaselin und deutschem Virginia-Vaselin von Helferich & Co., Offenbach, in Sauerstoff bei 110° bei ersterem 21,8 ccm Sauerstoffaufnahme und deutlich saure Reaktion, bei letzterem nur 3,2 ccm O-Aufnahme und ganz schwach saure Reaktion ermittelt.

Engler und Böhm erhitzten je 11—15 g säurefreies natürliches und künstliches Vaselin und andere Vergleichsmaterialien unter Zusatz von 2—3 ccm Wasser (zur Beförderung der Oxydation bzw. Säuerung) mit 53—76 ccm O in zugeschmolzenen Röhren 24 Std. lang auf 110—115° und fanden hierbei folgende Ergebnisse:

3 natürliche Vaseline der Chesebrough Manufacturing Co. nahmen 35—46,5 ccm O auf und brauchten 5,5—10,5 mg KOH zur Neutralisation von je 100 g.

3 künstliche Vaseline, bereitet nach Arzneibuchvorschrift durch Zusammenschmelzen von 1 Teil Ceresin mit 3 Teilen verschiedener Vaselinöle I und II, nahmen nur 4,2—4,7 ccm O auf und verbrauchten 0,7—1,4 mg KOH.

2 Schweineschmalzproben absorbierten 42—50 ccm O und verbrauchten 31—39 mg KOH (unter Abzug des ursprünglichen Säuregehaltes). Die zur Bereitung des künstlichen Vaselins benutzten Proben Vaselinöl I und II absorbierten 4,1—5,5 ccm O, das Zeresin 3 ccm O.

Die Säuerung des natürlichen Vaselins ist aber unter weniger starken Erhitzungsbedingungen bedeutend geringer. Auf Glasplatten gestrichene Proben ergaben, in der Nähe des Ofens der Luft ausgesetzt, folgende Zahlen:

	Natürliches Vaselin		Künstliches Vaselin	Schweineschmalz
	I	II		
Gew.-Proz. Säure, ausgedrückt in mg KOH	0,025	0,026	0,015	0,048

Mit atmosphärischer Luft 2 Tage auf 40—50° in zugeschmolzenen Glasröhren erhitzte Proben zeigten folgende Sauerstoffaufnahmen:

	Natürliches Vaselin	Künstliches Vaselin	Schweineschmalz
ccm O	2,0	1,5	2,3

Ersatz der Luft durch reinen Sauerstoff ergab kaum merklichen Unterschied.

Nach Engler und Böhm hat hiernach das natürliche Vaselin bei den normalen Bedingungen für chirurgisch-medizinische Verwendung genügende Widerstandsfähigkeit gegen atmosphärische Einflüsse und auf der anderen Seite größere physikalische und chemische Homogenität und Dickflüssigkeit bei erhöhter Temperatur. Der größeren Beständigkeit des künstlichen Vaselins gegen konz. Schwefelsäure, Salpetersäure usw. im Vergleich zum natürlichen Vaselin ist unter diesem Gesichtspunkt keine erhebliche Bedeutung beizulegen.

Bei Verwendung zu Schmierzwecken ist ebenfalls das natürliche Vaselin wegen seiner höheren Viskosität, sofern nicht zu hohe, eine stärkere Säuerung bedingende Temperaturen in Frage kommen, vorzuziehen.

IV. Unterscheidung von Vaselin, Paraffinöl und ähnlichen Produkten der Mineralölindustrie.

Die zolltechnische Abfertigung paraffinhaltiger Erzeugnisse der Mineralölindustrie macht vielfach Schwierigkeiten. Es sind folgende Produkte zu unterscheiden:

1. Vaselinöl und 2. Paraffinöl sind im allgemeinen Destillate aus Erdöl- oder Braunkohlenteer, die entweder aus paraffinhaltigen Destillaten durch Abpressen des Paraffins als flüssiges Öl oder durch Destillation paraffinreicher Öle als salbenartige Massen erhalten worden sind. Als Vaselinöl gelten nur Erzeugnisse der Erdölindustrie. Paraffinöle können auch aus Braunkohlenteer gewonnen werden. Paraffinöl und Vaselinöl können also als halbfeste Zwischenprodukte oder als ölige Endprodukte mit wasserheller, gelber, rotgelber oder dunkelbrauner Farbe vorkommen, je nachdem sie von Paraffin in der Hauptsache befreit und chemisch gereinigt sind oder nicht.

3. Konsistentes Schmieröl (Zylinderöl) ist ein hochsiedender Rückstand oder ein Destillat der Erdöldestillation von rotbrauner bis dunkler Farbe und dünnsalbiger Konsistenz (s. S. 124).

4. Als paraffinhaltiges, leicht erstarrendes Rohöl kommt ein rohes Erdöl in Frage, das in der Regel braunschwarz gefärbt ist, nach Benzin riecht und infolge hohen Paraffingehaltes bei Zimmerwärme schwer fließend oder nicht fließend ist.

5. Vaselin, Vaselinsalbe. Stets salbenartige Produkte der Erdölindustrie, entweder gewonnen als Rückstand aus Erdöl durch Abdampfen und starke chemische Reinigung (Aufhellung), aus paraffinreichem Erdöl als „Naturvaselin" oder als „Kunstvaselin" durch Zusammenmischen von Zeresin oder Zeresin und Paraffin mit wasserhellen Destillaten, wie Paraffinum liquidum (weißes Vaselin, Paraffinsalbe) oder mit gewöhnlichen Mineralschmierölen (gelbes Vaselin).

6. Paraffinbutter, eine Art Rohparaffin, das in der technischen Fachliteratur meistens die Bezeichnung „Paraffin-

masse" trägt, kristallinisches Paraffin enthält und auf solches verarbeitet wird.

7. Paraffinschuppen. Aus Rohparaffin durch Auspressen oder Ausschleudern des Öles erhaltene schuppige Paraffinmasse.

8. Weichparaffin. Gereinigtes Paraffin, Schm. unter 40°, spez. Gew. unter 0,890 bei 20°, verwendet zum Tränken von Zündhölzern.

Zur Unterscheidung der vorstehend aufgeführten Erzeugnisse wurde von der Kaiserlichen Technischen Prüfungsstelle des Reichsschatzamtes (Berlin) folgende Vorschrift ausgearbeitet.

Anleitung zur Unterscheidung paraffinhaltiger Mineralölerzeugnisse.

Die bei Zimmerwärme tropfbar flüssigen Mineralöle sind auf ihren Flüssigkeitszustand bei + 15° in folgender Weise zu prüfen:

5 g der Probe werden in einem Probierröhrchen von 18 mm Weite mit eingesenktem Glasstabe im siedenden Wasserbade bis zur Klarflüssigkeit erhitzt und danach 2 Stunden auf + 15° abgekühlt. Nach Verlauf dieser Zeit ist das Probierröhrchen schnell umzukehren, um festzustellen, ob die Probe nach dem Herausziehen des Glasstabes fließt.

Von dem bei 15° nicht flüssigen Mineralölerzeugnis (in dem Abwesenheit von Harz, Fett und dergl. vorher festgestellt ist) werden 1—2 g bei 15—20° dünn und gleichmäßig auf einen Teller von gebranntem, unglasiertem Ton (Porzellan) aufgestrichen. Hierzu ist eine Probe ohne vorheriges Aufschmelzen zu verwenden.

1. Verbleibt bei dieser Prüfung die Probe 2 Stunden ohne sichtbare Veränderung auf dem Teller, so liegt ein „Naturvaselin" (bzw. ein Gemisch von „Natur-" und „Kunstvaselin") oder ein „konsistentes Schmieröl" vor.

2. Sind nach Verlauf dieser Zeit an Stelle der ursprünglichen Probe stark glänzende Kristallschuppen von Paraffin zu bemerken, so bestand die Ware aus „Paraffinöl", „Vaselinöl" oder „Paraffinbutter".

3. Ist die Probe eingetrocknet unter Hinterlassung einer gleichmäßigen, nicht kristallinischen, glanzlosen oder mattglänzenden Decke, so ist nach der unten zu Fall 3 gegebenen Vorschrift auf „Kunstvaselin" („Paraffinsalbe") der Tarifnummer 258 des Warenverzeichnisses zum Zolltarif von 1906 zu prüfen.

4. Verbleibt beim Aufstreichen auf unglasierten Ton eine braun gefärbte glanzlose Schicht (asphalthaltiges Paraffin), so ist die Gegenwart von Roherdöl anzunehmen. Es sind alsdann die zu Fall 4 vorgeschriebenen Prüfungen auszuführen.

Zu Fall 1. Unterscheidung von Naturvaselin bzw. Gemischen von Natur- und Kunstvaselin von konsistentem Schmieröl.

1 g der Probe wird in 10 ccm Äther, nötigenfalls unter schwachem Erwärmen am Rückflußkühler, gelöst, nach Abkühlen auf Zimmerwärme mit 20 ccm absol. Alkohol versetzt und in einer Eis-Viehsalzmischung auf — 20° abgekühlt. Hierauf läßt man die Proben sich wieder auf Zimmertemperatur erwärmen. Schüttelt man nunmehr die Proben kräftig durch, so erhält man bei Vorliegen von Vaselin einen weißen, flockigen, paraffinartigen Niederschlag, der sich nicht zusammenballt. Bei Gegenwart von konsistentem Schmieröl ist der Niederschlag hellbraun, dickölig bis klumpig.

Bestehen hinsichtlich der Art der Ausscheidung Zweifel, so ist festzustellen, ob ein weiterer Teil der Probe in Branntwein von 62 Gewichtsprozent bei 15° schwimmt oder untersinkt. Dabei ist auf die Abwesenheit von Luftbläschen im Innern oder an der Oberfläche der Probe zu achten. Wenn die Probe untersinkt, so ist sie als Schmieröl der Tarifnummer 239 zuzuweisen; wenn sie schwimmt, hat eine Untersuchung durch einen Chemiker zu erfolgen.

Zu Fall 2. Untersuchung von Paraffinöl bzw. Vaselinöl und Paraffinbutter.

Erwies sich die Probe als kristallhaltig, so ist ihr Erstarrungspunkt nach Ziffer 43, Teil III der Anleitung für die Zollabfertigung zu bestimmen (Hallesche Methode siehe S. 352).

Hierzu ist eine Durchschnittsprobe zu verwenden, in gelinder Wärme aufzuschmelzen, gut durchzumischen und mit Hilfe eines Glasstabes ein Tropfen zur Prüfung zu entnehmen. Die Temperatur des Wassers im Becherglas braucht in der Regel 50° nicht zu überschreiten. Es sind zwei Bestimmungen vorzunehmen, die auf weniger als 1° untereinander übereinstimmen müssen; der niedriger beobachtete Wert ist der Verzollung zugrunde zu legen. Liegt der Erstarrungspunkt über 20°, so ist die Ware als „Paraffinbutter" der Tarifnummer 250, im entgegengesetzten Falle als „Paraffinöl" oder „Vaselinöl" der Tarifnummer 239 zuzuweisen. In der Anleitung für die Zollabfertigung Teil III, Ziffer 43 (Seite 177) ist bei dem Stichwort „Weichparaffin" nach dem ersten Absatz einzufügen.

Wird Weichparaffin bei 15° auf einen Teller aus gebranntem, unglasiertem Ton (Porzellan) gedrückt, so gibt es keine öligen Bestandteile an den Ton ab, auch wird sein Erstarrungspunkt dadurch nicht verändert.

Zu Fall 3. Nachweis von Kunstvaselin. 0,5 g des auf dem Tonteller hinterbliebenen Rückstandes werden in 5 ccm Schwefelkohlenstoff, nötigenfalls unter schwachem Erwärmen am Rückflußkühler, gelöst und mit 50 ccm Alkoholäther (1 : 1) bei 25° versetzt. Tritt ein flockiger Niederschlag ein, so ist Zeresin und damit Kunstvaselin zugegen (s. jedoch Versuche mit Alkohol-Chloroform S. 316).

Zu Fall 4. Nachweis von Roherdöl. Die Probe zeigt dunkle Farbe sowie roherdölartigen Geruch nach ungereinigtem Benzin und Petroleum. Diese beiden Bestandteile sind durch Destillation nachzuweisen. Ferner ist in folgender Weise auf die Anwesenheit von Asphaltstoffen zu prüfen:

1 ccm oder 1 g des Öles wird mit 40 ccm eines unter 50° siedenden Benzins versetzt und gut durchgeschüttelt. Nach zweistündigem Stehen wird die Lösung abfiltriert. Bei Anwesenheit von Roherdöl hinterbleiben auf dem Filter schwarz gefärbte Massen, welche in frisch gefälltem Zustande in Benzol löslich sind.

O. Teer- und pechartige Destillationsrückstände.

(Petroleumteer, Petroleumasphalt, Petroleumpech.)

I. Begriffsbestimmung.

Außer den vorgenannten Ölen und Paraffinmassen aus Rohpetroleum kommen noch dunkle Rückstände der Dampfdestillation von Rohpetroleum in den Handel, welche zur Asphaltherstellung, Verarbeitung auf dunkle Schmieröle oder Wagenfette, Walzenschmieren, Imprägnieren von Dachpappen, Asphaltisolierplatten usw. dienen; als Schmiermittel sind die Rückstände geeignet, sofern sie noch teerartig dickflüssig sind, wie z. B. die Marke „Zyklop-Zylinderöl“, oder beim Erhitzen auf dem Wasserbad flüssig werden und bei der Krack-Destillation noch erhebliche Mengen Schmierölteile (über 50 %) abgeben. Nach Auflösung in dünneren Schmierölen dienen sie endlich auch zur Herstellung brauchbarer Eisenbahnöle. Die Untersuchung dieser Rückstände, welche unter der Bezeichnung „Erdölpech“ oder „Erdölasphalt“ „Goudron“ in den Handel gelangen, kommt vielfach in Rücksicht auf die Verzollung in Frage.

Diejenigen Rückstände nämlich, welche dunkle Farbe und zugleich höhere Dichte als 1,00 besitzen, also nach einstündiger Eintauchung in Wasser von 15° untersinken und aus dem Englerschen Viskosimeter bei einviertelstündigem Erwärmen auf 45° nicht oder nur tropfenweise oder so ausfließen, daß der Ausflußstrahl nach 10 Sekunden aufhört, sind zollfrei zu belassen, alle anderen dagegen als Mineralöle nach Maßgabe der Vorschriften mit 10 M. für 1 dz zu verzollen. Letztere Rückstände geben

Additional material from Untersuchung der Kohlenwasserstofföle und Fette
ISBN 978-3-662-22870-8 (978-3-662-22870-8_OSFO3.pdf),
is available at http://extras.springer.com

bei der Destillation, wie oben angedeutet, noch erhebliche Mengen Schmieröldestillate.

Zur Herbeiführung einer einheitlichen Terminologie der pech- und asphaltartigen Stoffe empfiehlt es sich, den Namen „Asphalt" für diejenigen Produkte vorzubehalten, die sich in der Natur vorgebildet finden und höchstens geringe, kaum nachweisbare Zusätze von Mineralölen und dgl. zwecks besserer technischer Verwendung enthalten. Die als geringerwertig angesehenen Ersatzstoffe, die bei der Verarbeitung von Erdölen entstehen, sind als „Kunstasphalt" oder noch besser je nach ihrer Herkunft als Peche, z. B. Erdölpech, Fettpech, Braunkohlen-, Steinkohlenteerpech, zu bezeichenen.

Der Verf. hat in Gemeinschaft mit Marcusson folgende Vorschläge für die technische Begriffsbestimmung des Bitumens gemacht.

Der Begriff „Bitumen" leitet sich ab von pix tumens (aufwallendes Pech) und umfaßt in weiterem Sinne die verschiedenartigen im umstehenden Tableau genannten Rohbitumina, die sich entweder unmittelbar in der Natur vorfinden oder erst künstlich durch Zersetzungsdestillation (Schwelen) aus Kohlen usw. gewonnen werden.

Im engeren Sinne bezeichnet Bitumen den Naturasphalt und in weiterem Sinne auch dessen künstliche Ersatzstoffe[1]).

Die Erkennung des Produktes nach den im umstehenden Tableau angegebenen Reaktionen ist vielleicht in einzelnen Fällen erschwert, da auch die Naturprodukte in ihrer Zusammensetzung schwanken und allenthalben Übergänge vorkommen. So sollen Naturasphalte vereinzelt vorkommen, welche die Anthrachinonprobe zeigen, und andererseits Steinkohlenteere, die kein Anthrazen enthalten, wenn sie, wie z. B. der frühere Meilerteer, bei zu niedriger Temperatur hergestellt wurden. Das Vorhandensein oder Fehlen des einen oder anderen Unterscheidungsmerk-

[1]) In diesem Sinne spricht man auch von einem Bitumengehalt in Dachpappen, Isolierfilzpappen, Stampfasphalt usw. und versteht unter Bitumengehalt dann den Gehalt an Naturasphalt oder dessen Ersatzstoffen, wie Erdölpech, Steinkohlenteerpech, Fettdestillationspech usw. Die in Benzol oder Schwefelkohlenstoff unlöslichen kohlenstoffreichen Bestandteile von Steinkohlenteerpech, Ölgasteerpech usw. gelten technisch nicht als Bitumenbestandteile.

mals soll deshalb in erster Linie Schlüsse auf die mutmaßliche Herkunft, nicht aber in allen Fällen Schlüsse auf die Qualität zulassen.

II. Zähigkeit.

Pechartige Rückstände sind zur Prüfung im Englerschen Viskosimeter bei 45⁰ wegen der diesen Versuchen anhaftenden Fehlerquellen und großen Unbequemlichkeiten wenig geeignet. Man wird daher die zolltechnische Prüfung (s. S. 274) unter Hinzuziehung zuverlässiger, bequem auszuführender Schmelzproben und des spez. Gewichts (s. unter III. und VI.) auf sicherere Grundlagen stellen müssen. Löslichkeit in Benzol, einfache Destillationsprobe über freier Flamme in einer Glasretorte unter Bestimmung der Art und Menge der Destillate geben neben den genannten einfachen physikalischen Proben geeignete Handhaben zur Kennzeichnung des technischen Wertes der pechartigen Erdölrückstände.

III. Schmelzpunkt.

Je höher der Schmelzpunkt liegt, umso weniger wird das Pech als Schmiermittel für Heißwalzenstraßen und zur Herstellung von geschmeidigeren Lacken oder als elastischer Bauasphalt geeignet sein. Andererseits werden auch wieder für heißere Gegenden höher schmelzende Asphalte zur Straßenpflasterung verlangt. Es braucht nicht besonders hervorgehoben zu werden (siehe Hippol. Köhler, Asphalte), wie vielfach die Anforderungen je nach den besonderen Verwendungszwecken hier wechseln.

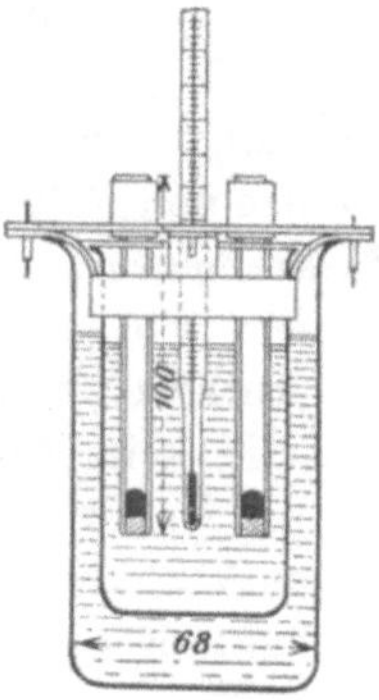

Fig. 86.

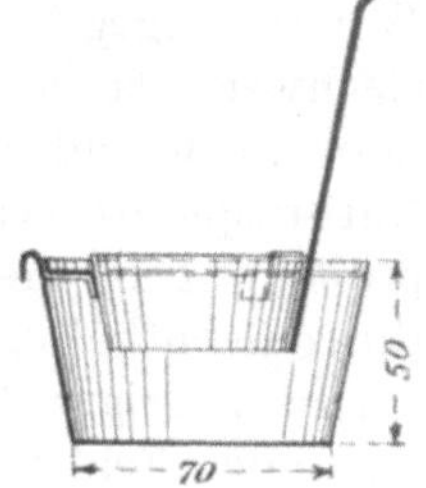

Fig. 87.

Die nachstehend beschriebene Schmelzpunktsbestimmung von G. Kraemer und C. Sarnow (Chem. Ind. 1903, 55) hat sich durch leichte Handhabung und gute Übereinstimmung der Wiederholungsversuche bewährt. (Apparat Fig. 86 und 87.)

Das Pech wird in 6—7 mm weiten Röhrchen durch Eintauchen der letzteren in das im Ölbad (Fig. 87) auf 150° erhitzte Pech etwa 5 mm hoch aufgefüllt. Dann gießt man eine 5 g schwere Quecksilberschicht auf das an der Luft, nötigenfalls auf Eis erstarrte Pech und erwärmt die Röhrchen solange im doppelten Wasserbad (Fig. 86) allmählich, bis das Quecksilber durch die geschmolzene Pechschicht fällt. Dieser Punkt ist der Schmelzpunkt. Nach Vorschlag von M. Böhm kann man auch austarierte Messingstäbchen statt des Quecksilbers mit Vorteil benutzen. Zur Vermeidung der Schwierigkeiten, das Pech genau in der vorschriftsmäßigen Höhe in die Röhren einzufüllen, wird nach Barta (Petrol. 1911, 7, 158) ein an beiden Seiten abgeschliffenes Röhrchen von 6 mm lichter Weite und 5 mm Höhe auf eine befeuchtete Glasplatte gesetzt und der bei 150° aufgeschmolzene Asphalt so eingefüllt, daß sich eine kleine Kuppe bildet, die nach dem Erkalten mit einem angewärmten Messer abgeschnitten wird. Das so vorbereitete Röhrchen wird mit Hilfe eines kleinen Gummischlauches an einem gleich weiten, 10 cm langen Glasrohr Glas an Glas angesetzt, das Quecksilber eingefüllt und dann im Wasserbad erwärmt, so daß die Temperatur um 2° in der Minute steigt. Für über 100° schmelzende Peche kann man ein Glyzerinbad benutzen.

Von einer größeren Zahl von Erdölpechen verschiedener Herkunft zeigten diejenigen, welche sich bei Zimmerwärme noch mit dem Glasstab etwas bewegen ließen, den Schm. 25—40°, die übrigen gänzlich starren Proben zeigten den Schm. über 40° bis zu 80°. Das Kraemer-Sarnowsche Verfahren liefert zwar scharf begrenzte Zahlen; aber diese weichen naturgemäß von den nach anderen Verfahren, z. B. der gewöhnlichen Kapillarmethode, erhaltenen oft sehr ab, wie nachfolgende Ermittelungen zeigen:

	Schm. nach Kraemer-Sarnow	in der Kapillare
Zeresin (?)	52°	47—53°
Bienenwachs	55,5°	61,5—63,5°
Paraffin	46°	45—48°
Kolophonium	67—67,5°	ganz unscharf
Asphalt, gereinigt (hart)	51,5—52°	„
Asphalt B, glashart	82°	„
Petroleumrückstand aus Elsasser Erdöl	105°	„

Neuerdings hat sich das für die Tropfpunktsbestimmung von Fetten, Vaselin und Zeresin eingeführte Verfahren von Ubbelohde nach Versuchen von Loebell auch zur Bestimmung des Erweichungs- bzw. Fließpunktes von Pechen und Asphalten bewährt. Der Vorzug dieses Verfahrens vor dem Kraemer-Sarnowschen dürfte darin liegen, daß das Pech bei dem Ubbelohdeschen Apparat nur unter seinem eigenen Druck bis zum Schmelzpunkt erhitzt wird, beim Kraemer-Sarnowschen Verfahren aber unter dem noch hinzukommenden fast 35 mal so großen des Quecksilbers, so daß bei Zimmerwärme erweichende Peche auf letzterem Apparat keine Unterschiede mehr zeigen und das Quecksilber sofort nach Einbringung in das Röhrchen durchfallen lassen.

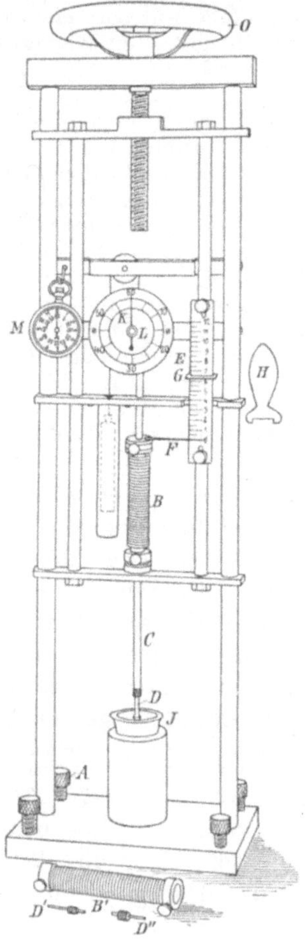

Fig. 88.

Mechanische Prüfungen.

Außer auf die S. 276 beschriebene Schmelzpunktsbestimmung wird noch großer Wert von namhaften Fachleuten, z. B. C. Richardson, H. Abraham, E. Graefe auf mechanische Prüfungen der Härte und sog. Duktilität oder Dehnbarkeit von Asphalten für Bauzwecke gelegt (siehe auch Nachtrag).

IV. Prüfung der Härte.

Die Härte bituminöser Materialien wird z. B. in den Vereinigten Staaten mit Abrahams Konsistenzmesser (Fig. 88) gemessen.

Bei diesem Apparat wird die durch Spannung einer Feder B erzeugte Kraft gemessen, die nötig ist, um einen Stahlstab c von bestimmter Kopffläche in einer bestimmten Zeit (1 Min.) 1 cm tief in die zu prüfende, durch ein Wasserbad auf konstanter Temperatur gehaltene flüssige oder feste Asphaltmasse einzudrücken.

Der Stab ist in 3 auswechselbaren Kopfstärken vorhanden, er wird an der Feder *B* befestigt und durch Andrehen von *O* heruntergedrückt. Die Spannung der Feder, die in 2 Stärken (1 g für weiche, 1 kg für harte Substanzen) vorhanden ist, wird an der Teilung E, die Zeit an der Uhr *M* gemessen. Die Zusammendrückung der Feder geschieht durch die Schraube *O* in solchem Zeitmaß, daß bei 1 cm Eintauchtiefe der Zeiger *K* auf dem Kreis *L* gerade in 1 Min., die auf der Uhr *M* abgelesen wird, beim Teilstrich 60 angekommen ist. Die Teilung auf *L* ist dementsprechend eingerichtet.

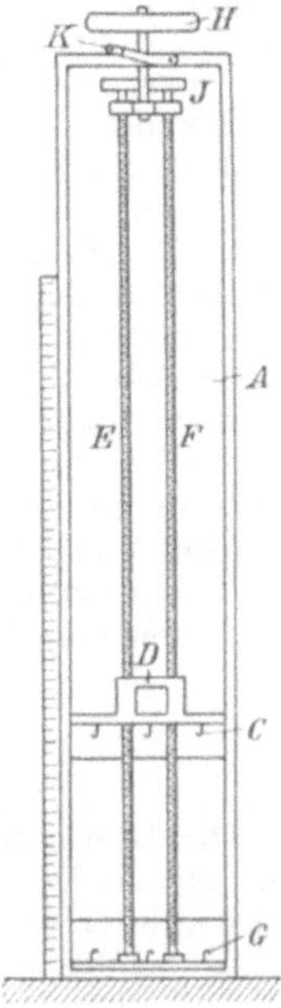

Fig. 89a.

V. Prüfung der Streckbarkeit (Duktilität).

Dieser in Fig. 89a und b abgebildete Apparat ist in der Barber Asphalt Paving Co. in Maurer (Vereinigte Staaten) in Gebrauch und hat sich nach C. Richardson und E. Graefe sehr bewährt. Paraffinreiche Erdölrückstände reißen beim Auseinanderziehen der in *B* eingespannten Proben kurz ab, während paraffinarme Naturasphalte und Erdölrückstände eine größere Streckbarkeit zeigen.

Versuchsausführung: Das Bassin *A* des Duktilometers wird zur Vornahme eines Versuches mit Wasser von 25° C gefüllt und die Flüssigkeit während der Dauer der Untersuchung ständig auf der

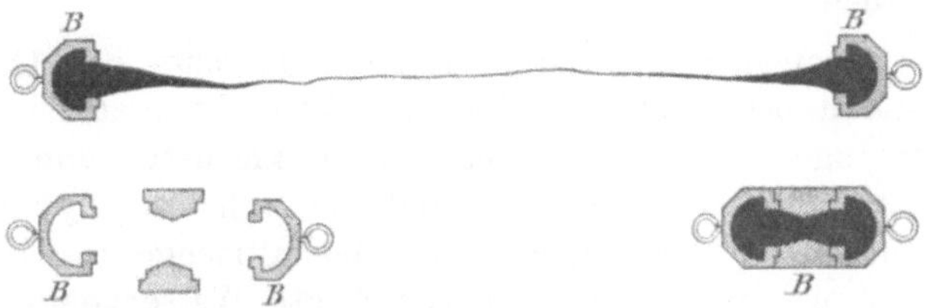

Fig. 89b.

gleichen Temperatur erhalten. Das in die zerlegbaren Messingformen *BB* gegossene Bitumen wird vorsichtig eingebracht und die an der Form befindlichen Ösen in die dazu bestimmten Haken *C* am Schlitten *D* der Schraubenspindeln *E F* und am feststehenden Querbrett *G* am vorderen Ende des Bassins eingehängt, so daß dann bei dem durch Drehung des Handrades *H* auf den Spindeln *E F* bewirkten Fortbewegen des Schlittens *D* eine langsame Dehnung des Prüfungsbriketts eintritt. Die Drehung des Handrades *H* muß ganz gleichmäßig erfolgen, es sind in einer Minute 48 Umdrehungen zu machen (in 5 Sekunden 4 Umdrehungen). Jede Umdrehung wird durch entsprechende Schläge des mit einem Antrieb *I* in Verbindung stehenden Klopfhammers *K* markiert. Die Dehnung ist so lange fortzusetzen, bis eine Zerreißung des Bitumens eintritt. Die Entfernung zwischen den beiden Backen der Messingform gibt dann die gesuchte Duktilität in Zentimetern an. Es empfiehlt sich, den Versuch zur Erzielung genauer Resultate zweimal auszuführen. Die Untersuchungsbriketts werden in die Messingformen eingegossen, nachdem diese auf eine leicht eingefettete Glasplatte gelegt und durch Zusammenbinden am Auseinandergehen verhindert sind. Es empfiehlt sich, die bei Vornahme des Versuches herausfallenden Seitenteile der Formen ebenfalls leicht einzufetten, um ein Ankleben derselben zu verhindern. Deformationen der Briketts sind sorgfältig zu vermeiden.

VI. Spezifisches Gewicht.

Die Bestimmung des spezifischen Gewichts gibt einen Anhalt dafür, ob ein Destillationsrückstand durch weitgehende Abtreibung von Destillaten erhalten ist oder nicht; sie dient auch zur Identitätsbestimmung und kann mit Vorteil nach dem S. 129 beschriebenen Verfahren für kleine Substanzmengen ausgeführt werden. Will man nur ermitteln, ob das spez. Gewicht eines Asphaltes oberhalb oder unterhalb 1,0 liegt, so läßt man einen Tropfen des in größerer Menge gut durchgeschmolzenen, aber nicht überhitzten Asphalts in ein mit Wasser von $+15^0$ gefülltes Becherglas fallen und beobachtet, ob der eine Stunde im Wasser verweilende Tropfen zu Boden fällt oder schwimmt. Luftbläschen müssen sorgfältig mit einer Gänsefeder entfernt werden.

Zur genauen Ermittelung des spez. Gewichts von Goudron oder Asphalt bestimmt man das absol. Gewicht m einer kleinen Asphaltmenge. Dann wägt man ein Pyknometer von 10 ccm Inhalt mit Wasser gefüllt (p) und hiernach das Pyknometer nach Hineinwurf der abgewogenen Asphaltmenge (p_1). Dann stellt $p + m - p_1$ das von m verdrängte Wasservolumen dar und man erhält $\frac{m}{p + m - p_1}$ das spez. Gewicht des Asphalts bei der Versuchstemperatur.

Einen einfachen Apparat zur Bestimmung des spez. Gewichts von Asphalt sowie anderer beim Erstarren sich zusammenziehender Materialien (Paraffin, Wachs und dergl.) hat Sommer konstruiert, beschrieben von Graefe (Petrol. 1909, **5**, 266).

Um das 10 ccm fassende zylindrische Gefäß vollständig mit der zu untersuchenden Substanz zu füllen, was wegen der Kontraktion beim Erstarren früher Schwierigkeiten bereitete, wird auf das Meßgefäß ein sog. verlorener Kopf aufgegossen, ein aus der Metallgießerei entlehntes Hilfsmittel. Nach dem Erstarren in einem Bad von bekannter Temperatur wird der Überschuß an Substanz mit einem angewärmten Messer entfernt, und das spez. Gewicht entweder durch Wägung oder durch ein passend kalibriertes Aräometer, an dem man das Pyknometergefäß anhängt, festgestellt.

VII. Paraffingehalt.

Um den Paraffingehalt in Erdölrückständen zu bestimmen, empfiehlt es sich, durch folgende, von F. Schwarz vorgeschlagene Vorbehandlung mit konz. Schwefelsäure und Kohle die färbenden und harzigen Stoffe zu entfernen, welche die Reinabscheidung des Paraffins stören:

10 g Pech werden in einem kleinen Hartglase im Ölbade mit 4 ccm konz. Schwefelsäure so lange unter Umrühren auf 180^0 erhitzt, bis der Geruch nach schwefliger Säure verschwunden ist. Nun werden 40 g Knochenkohle zugesetzt und das Gemisch nach dem Pulverisieren (event. nach Stehenlassen über Nacht) im Graefeapparat (s. S. 43) mit bis 50^0 siedendem Benzin extrahiert. Nach dem Verdunsten des Benzins erhält man hellfarbige Rückstände, in denen der Paraffingehalt nach S. 46 bestimmt wird. Der Gehalt an Paraffin ist auf ursprüngliches Pech bezogen anzugeben.

VIII. Nachweis fremder Teere, Peche und Asphalte in Erdölpechen.

a) Erkennung von sog. Fettpechen. Ebenso wie die teer- und pechartigen Petroleumrückstände dienen die bei der Destillation der Kerzenfettsäuren, des Wollfettes, des Palmöls usw. im Großbetriebe verbleibenden schwarzen Rückstände (Stearinpech, Wollfettpech usw.) zur Gewinnung von Heißwalzenschmieren, Kabelisolierstoffen, Dachpappenimprägnierungen usw. Die weicheren nicht zu spröden Produkte dieser Art lassen sich nach 1 und 2 (S. 282, 284) durch die in ihnen immer noch enthaltenen Fettsäuren und Ester bequem von den Pechen der Erdöldestillation, die höchstens minimale Mengen Naphthensäuren oder anderer organischer Säuren enthalten, unterscheiden. Im übrigen enthalten sie die bei der Destillation der Fettstoffe sich immer bildenden hochsiedenden Kohlenwasserstoffe neben asphaltartigen, sauerstoffhaltigen Körpern in angereicherter Menge. (S. a. S. 557 unter Wollfettoleïnen.)

Die im Großbetrieb stark abdestillierten, spröden Rückstände der Destillation von Fetten sind wegen ihres minimalen Gehaltes an Fettsäuren und Estern nur nach den unter 2—3 beschriebenen oder ähnlichen Methoden sicher von den Erdölrückständen zu unterscheiden.

Qualitativ gibt sich Fettpech bereits dadurch zu erkennen, daß beim Erhitzen der Probe im Wasserbad ein fettartiger Geruch auftritt; wird die Probe über freier Flamme im Reagenzglas für sich oder besser mit gepulvertem Kaliumbisulfat erhitzt, so ist der unangenehme Geruch des Akroleïns wahrnehmbar. Zur Kennzeichnung des letzteren kann man die Dämpfe auch in ammoniakalische Silberlösung leiten, die durch Akroleïn reduziert wird. Genaue Erkennung erfolgt gemäß nachstehenden Prüfungsverfahren.

1. Durch die Destillationsprobe. Bei trockener Destillation in der Retorte geben Fettpeche Destillate mit merklichem Fettsäuregehalt, Erdöl- und Braunkohlenteerpeche dagegen fast säurefreie Destillate (s. Tab. 49). Noch deutlicher werden diese Erscheinungen, wenn man die Peche nicht mit freier Flamme, sondern mit Wasserdampf, der auf etwa 300° überhitzt ist, destilliert (Tab. 50).

Tabelle 49.

Säurezahl der Krackdestillate verschiedener Peche.

	Fraktion I (etwa ¼ des Gesamtdestillats)	Fraktion II (etwa ½ des Gesamtdestillats)	Fraktion III (etwa ¼ des Gesamtdestillats)
Hartes Wollpech	5,2	1,1	0,08
Gemisch harter Fettpeche	5,3	0,95	0,6
Hartes Erdölpech	0,4	0,4	0,3
Braunkohlenteerpech	0,1	0,2	0,4
Braunkohlenteerpech II	0,2	0,6	0,6

Es ist bei diesen Bestimmungen jedoch zu berücksichtigen, daß auch die Krackdestillate einzelner Naturasphalte recht

Tabelle 50.

Säurezahl der Wasserdampfdestillate von Fettpechen.

	Fraktion I	Fraktion II	Fraktion III
Hartes Pechgemisch	14,6	13,7	13,4
Weiches Wollfett	34,8	37,8	7,0

erhebliche Säuremengen aufweisen, die sich allerdings durch ihre harzartig spröde Konsistenz, ihre geringe Löslichkeit in Petroläther und durch die Löslichkeit ihrer Salze von den aus Fettpechen abdestillierten Säuren unterscheiden (s. S. 290).

Aus den Destillaten der Fettpeche sind reichliche Mengen rein weißes Kerzenparaffin (14—17 %) nach dem Alkoholätherverfahren (S. 46), vgl. Donath (Chem.-Ztg. 1893, **17**, 1788) abzuscheiden. Nachfolgende Elementaranalysen einzelner solcher Destillate zeigen die Zusammensetzung der festen Paraffine und der, zum großen Teil ungesättigten Krackdestillaten aus Erdölpechen entsprechenden, flüssigen Destillatanteile.

Tabelle 51.

Elementaranalysen von Destillaten aus Fettpechen.

	% C	% H	% C + H
Paraffin aus dem Destillat eines harten Wollpechs	85,02	14,3	99,32
Paraffin aus dem Destillat eines Gemisches harter Fettpeche . . .	85,37 84,51	14,89 14,93	100,26 99,44
Flüssiges, von Fettsäuren u. festem Paraffin befreites Destillat aus hartem Wollpech	85,89	13,07	98,96

Die spez. Gewichte der über freier Flamme abgetriebenen Destillate der Fettpeche liegen wie bei den in gleicher Weise erhaltenen Destillaten von Erdöl- und Braunkohlenteerpechen erheblich unter 1 und lassen demnach diese Peche bequem von den Steinkohlenteerpechen unterscheiden, deren Destillate aromatischen Charakter und spez. Gewicht > 1,0 haben, in Alkohol leicht, bzw. bei schwacher Erwärmung völlig löslich und mit konzentrierter Schwefelsäure sulfurierbar sind.

Vor einigen Jahren wurde auch zwecks zollfreier Einfuhr das spez. Gewicht von Erdölpechen durch Zusatz von Harzen auf über

1,0 gebracht. Man hat deshalb für den Fall eines hohen spez. Gewichts das Pech mit 70proz. Alkohol auszukochen, den alkoholischen Auszug einzudampfen und mit dem Rückstand die Morawskische Reaktion anzustellen (siehe S. 193). Durch Zusatz von Kolophonium wird auch die Säurezahl der ersten Destillatanteile stark vergrößert.

2. Unterscheidung harter Fettpeche von Petroleum- und Braunkohlenteerpechen durch die Verseifungszahl. Die harten Fettpeche enthalten noch merkliche Fettsäure- und Estermengen und geben deshalb erheblich höhere Verseifungszahlen als Erdölrückstände. In diesen Zahlen ist also ein gutes Kriterium für beide Sorten von Pechen gegeben.

Nach der Annahme von G. Kraemer, der bei Asphalt aus Wietzer Rohöl gleichfalls Esterzahlen von 2—4 erhalten hat und diese auf die Gegenwart von Wachsestern zurückführt (Chem.-Ztg. 1907, **31**, 675), sollten auch in den vorliegenden Pechen merkliche Mengen Ester vorhanden sein. Da aber sowohl die von G. Kraemer als auch die im Materialprüfungsamt bestimmten Esterzahlen beim Erhitzen der Substanz mit ½ N. alkoholischer Lauge erhalten worden sind, die auf ungesättigte Substanzen oxydierend wirken kann, so scheinen die geringen hier in Betracht kommenden Esterzahlen noch keine genügend sichere Stütze für die Gegenwart von Estern in Asphalt und Pechen darzubieten. Daß die Asphalte beträchtliche Mengen ungesättigter Stoffe enthalten, geht aus den S. 307 mitgeteilten Jodzahlen der aus Pechen und Asphalten abgeschiedenen Fraktionen hervor.

Aus dem gleichen Grunde dürfen auch nicht oxysäureähnliche und in Petroläther schwerlösliche Stoffe, die beim Kochen von Mineralölen, Montanwachs, Ozokerit usw. mit alkoholischer Lauge erhalten werden, ohne weiteres als in jenen Stoffen fertig gebildet angesehen werden (s. a. die hohen Jodzahlen 15—26 und Verseifungszahlen 28,6—34,3 der aus einem säurefreien, reinen, russischen Mineralöl abgeschiedenen Harze, Mitteilungen 1907, 25, 147).

Die Versuchsausführung zur Bestimmung der Verseifungszahl von Pechen gestaltet sich nach Marcusson (Ztschr. f. angew. Chem. 1911, 24, 1297) folgendermaßen:

5 g Pech werden in 25 ccm schwefelfreiem Benzol am Rückflußkühler gelöst und dann mit 25 ccm alkoholischer Normalkalilauge

1 Stunde lang verseift. Nach dem Erkalten fügt man etwa 200 ccm neutralisierten 96 proz. Alkohol zu und titriert nach Zusatz von 3 ccm einer alkoholischen 1 proz. Phenolphthaleïnlösung und 3 ccm einer 3 proz. alkoholischen Lösung von Alkaliblau 6 b (Höchster Farbwerke) mit $\frac{1}{2}$ N.-Salzsäure auf deutlich blau. Der Farbenumschlag ist beim Beobachten der an der Gefäßwandung beim Schütteln ablaufenden Flüssigkeit bzw. beim Abgießen eines kleinen Teiles der Lösung in ein Reagenzglas scharf zu erkennen.

Fettpeche geben bei dieser Behandlungsweise Verseifungszahlen von 33—106, Erdöl- und Braunkohlenteerpeche von 8—21.

Nach diesem Verfahren kann man einwandfrei feststellen, ob in einem Pechgemisch Fettpech zugegen ist; liegt die Verseifungszahl nahe bei 100, so wird man auf reines Fettpech schließen können. Liegt sie aber niedriger, so gelingt der Nachweis von Erdölpech neben Fettpech nach folgendem Verfahren von Marcusson noch bei einem Gehalt von 20 % Erdölpech mit völliger Sicherheit. Die Probe beruht darauf, daß Erdölrückstände im Gegensatz zu Fettpechen mit der zuerst von Malencovic für andere Asphaltunterscheidungen benutzten Quecksilberbromidlösung unlösliche Doppelverbindungen infolge ihres sulfidartig gebundenen Schwefels geben.

10 g Pech werden in 25 ccm Benzol unter Erwärmen gelöst, nach dem Erkalten mit 30 ccm $\frac{1}{2}$normaler alkoholischer Kalilauge versetzt, kurz umgeschüttelt und schnell mit etwa 200 ccm 96 proz. Alkohol verdünnt. Nach kurzem Stehen wird die alkoholische Lösung abgegossen, der im Kolben verbleibende Rückstand noch mit wenig Alkohol nachgewaschen, unter Erwärmen auf dem Wasserbade und gleichzeitigem Aussaugen mit der Wasserstrahlpumpe möglichst vom Alkohol befreit und schließlich im Trockenschrank bei 105^0 getrocknet. Den Rückstand löst man unter Erwärmen am Rückflußkühler in Äther unter Zusatz von etwas gekörntem Chlorkalzium, läßt absetzen und filtriert nach dem Erkalten von den ungelösten Asphaltenen durch ein Faltenfilter in ein etwa 3,5 cm weites Reagenzglas ab. Die so erhaltene Lösung versetzt man mit 20 ccm Quecksilberbromidlösung (5 g $HgBr_2$ in 250 ccm wasserfreiem Äther) und läßt über Nacht stehen. Der eventuell gebildete Bodensatz wird abfiltriert, mit Äther ausgewaschen und mit warmem Benzol vom Filter gelöst. Mit ausgefallenes Quecksilberbromür bleibt bei dieser Behandlung auf dem Filter ungelöst zurück. Merkliche Mengen Erdölpech geben einen Niederschlag, der sich in heißem Benzol mit schwarzbrauner Farbe löst.

3. Kupfergehalt der Fettpeche. Wohl fast alle Fettpeche enthalten, wenn auch nur in minimalen Mengen, Kupferseifen, von den kupfernen zur Fettdestillation verwendeten

Destillationsblasen herrührend. Die Erdölpeche sind sämtlich kupferfrei, da Erdöl nur in schmiedeeisernen oder gußeisernen Blasen destilliert wird.

4. Bei der Behandlung der Benzollösung des Pechs mit Benzin und konz. Schwefelsäure nach Marcusson-Eickmann (S. 293) geben Stearinpeche 3,3—11,8%, Wollpeche 15,4—40% ölige Anteile, also weniger als Erdölpeche (40—60%).

5. Unterscheidung von Stearin- und Wollpech. Beim Kochen mit starker alkoholischer Kalilauge gibt nach Donath und Margosches (Chem. Ind. 1904, 224) Wollpech im Gegensatz zu Stearinpech stets einen in siedendem Alkohol und in heißem Wasser schwer löslichen Niederschlag, der beim Behandeln mit Salzsäure eine dunkle Fettsäure abspaltet. Diese gibt mit Alkohol und Blutkohle gereinigt und umkristallisiert eine bei 80—82,5° schmelzende schneeweiße Säure.

Zur Ausführung der Probe werden 10 g Pech mit 50 ccm $^1/_2$-normaler alkoholischer Kalilauge $^1/_2$ Stunde am Rückflußkühler gekocht. Hat sich nach dem Erkalten oberhalb der unlöslichen Pechanteile eine kristallinische Ausscheidung gebildet, so ist Wollpech zugegen.

b) Nachweis von Holzteer, Kienteer und Steinkohlenteer bzw. Holzteer-, Kienteer- und Steinkohlenteerpech in Erdölpech. 1. Holzteer, welcher durch trockene Destillation von Holz entsteht, ist durch seinen charakteristischen Kreosotgeruch und seine fast völlige Löslichkeit in kaltem absoluten Alkohol sowie in Eisessig kenntlich. Etwa vorhandene fremde Peche, wie Erdöl- oder Fettpech, bleiben bei der Behandlung mit Alkohol zum großen Teil ungelöst.

Ein wäßriger Auszug des Holzteers reagiert sauer (Essigsäure) und gibt mit einem Tropfen Eisenchlorid eine anfangs grüne, später braungrüne Färbung. Die ersten Destillate des Holzteers bilden wäßrige, sauer reagierende Flüssigkeiten. Die öligen Destillate riechen mehr oder weniger kreosotartig, sind in Alkohol leicht löslich und werden durch Erwärmen mit konz. Schwefelsäure in wasserlösliche Verbindungen übergeführt.

Holzteerpech unterscheidet sich nach E. Donath und B. Margosches (Chem. Ind. 1904, 224) durch seine Schwerlöslichkeit in kaltem Tetrachlorkohlenstoff von allen übrigen Pechen. Wie Kienteerpech hat es spez. Gewicht über 1,0, große Mengen von Harzsäuren, die öligen Anteile der Destillate sind in Benzin wie diejenigen von Holzteer z. T. unlöslich.

2. Kienteer, entstanden durch Destillation von kienhaltigem Holz, hat hohe Säurezahl infolge hohen Gehaltes an Harzsäuren, z. B. 30 %; er beginnt gegen 110° zu sieden. Die ersten Destillate bis 200° sind zum Teil wäßrig und sauer reagierend und riechen ebenso

wie die bis 300 ° siedenden Destillate nach Holzteer. Diese haben in den öligen Anteilen spez. Gewicht über 1,0, lösen sich nicht ganz in Normal-Benzin auf, färben wie Harzöl Schwefelsäure 1,62 rot und geben scharf die Morawskische Reaktion, was sich durch die Entstehung von harzölhaltigen Destillaten aus den im Kienteer enthaltenen Harzsäuren erklärt.

Die über 300° siedenden Destillate haben ebenfalls spez. Gewicht über 1,0, lösen sich im gleichen Volumen Normalbenzin fast ganz auf; bei stärkerer Verdünnung wird die Löslichkeit geringer.

Kienpech verhält sich ähnlich wie Kienteer; es hat ebenfalls hohen Gehalt an Harzsäuren, z. B. entsprechend Säurezahl 57, und beginnt gegen 140° zu sieden. Von den zwischen 200 und 300° siedenden, teils wäßrigsauren, teils öligen Destillaten sind letztere im gleichen Volumen Normalbenzin zu 90 %, im 4 fachen Volumen Normalbenzin nur zu 80 % löslich, die höher siedenden Destillate sind im gleichen Volumen Normalbenzin fast ganz, im 4 fachen Volumen weniger löslich.

3. Steinkohlenteer und Steinkohlenteerpech, von denen ersterer sich schon durch den bekannten Kreosotgeruch verrät, enthalten erhebliche Mengen rußartiger, in Benzol unlöslicher Stoffe, die aber nicht aus reinem Kohlenstoff bestehen, sondern wenigstens zum Teil Kohlenwasserstoffe mit sehr hohem Gehalt an Kohlenstoff darstellen (Teer im Mittel 21 % rußartiger Stoffe, Pech bedeutend mehr). Hierdurch unterscheiden sie sich von allen übrigen nicht bis zur Verkokung destillierten Pechen, die in Benzol ganz oder bis auf geringfügigeMengen löslich sind. DerSchwefelgehalt derSteinkohlenpeche beträgt in der Regel nur 0,6—0,8 %.

Infolge seines Gehaltes an höheren Phenolen gibt Steinkohlenteer die auf S. 289 beschriebene Graefesche Reaktion mit Diazobenzolchlorid.

An Alkohol geben Holzteer- und Steinkohlenteerpech beträchtliche Mengen löslicher Teile vom spez. Gew. < 1 ab; die Destillate des Steinkohlenteers sind in Alkohol leicht löslich und werden beim Erwärmen mit konz. Schwefelsäure in wasserlösliche Verbindungen (Sulfosäuren) übergeführt. Die über 200° siedenden Anteile haben spez. Gew. > 1, während die Destillate von Erdöl-, Braunkohlenteer- und Fettpechen sämtlich spez. Gew. unter 1 haben, in Alkohol schwer löslich und durch konz. Schwefelsäure zum erheblichen Teil nicht sulfurierbar sind.

Zur Bestimmung der Sulfurierbarkeit erwärmt man einige Gramm des Peches eine Stunde lang mit der fünffachen Menge konz. Schwefelsäure im Wasserbad und gießt das Gemisch hierauf in etwa 500 ccm Wasser (s. auch S. 310 unter „quantitative Asphaltbestimmung"). Zur Untersuchung und Bestimmung der Menge der unsulfurierten Bestandteile bringt man nach Holde die gesamte Flüssigkeit in einen 500 ccm fassenden Kolben mit langem in $^1/_{10}$ ccm geteilten Hals (Fig. 90, S. 288). Beim Erwärmen des Kolbens mit warmem Wasser sammeln sich die öligen unsulfurierten Anteile in dem langen

Halse an und können durch Nachfüllen von Wasser bequem durch ein seitlich angebrachtes Rohr zur Untersuchung abgezogen werden.

In Mischung mit anderen Pechen sind Steinkohlenteer bzw. -pech durch vorgenannte Eigenschaften, sicher ferner durch die nachstehend beschriebene Anthrachinonprobe nachzuweisen.

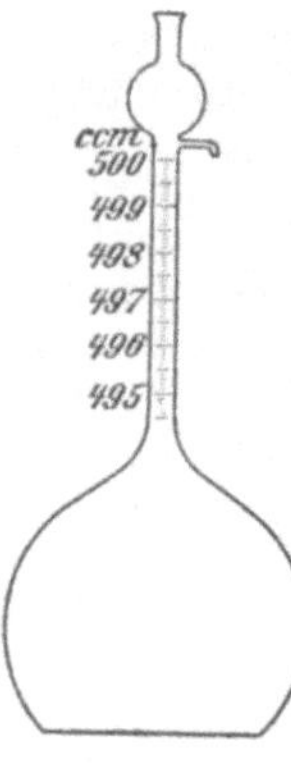

Fig. 90.

Ein Teil des über 300° siedenden öligen Destillats, event. die schon erstarrten Anteile desselben (diese sind durch Behandeln mit wenig absol. Alkohol leicht von den flüssigen zu trennen) werden nach Luck (Anal. Chem., Bd. **16**, 61) oxydiert, das gewonnene Anthrachinon wird als solches durch die Liebermannsche Reaktion, intensive Rotfärbung beim Kochen mit Zinkstaub und Natronlauge (Ann. Chem. Pharm., Bd. **212**, S. 65), gekennzeichnet. Nach dem Filtrieren tritt allmähliche Entfärbung an der Luft ein.

Zur Ausführung der Oxydation löst man 1 g der zu oxydierenden Substanz in 45 ccm Eisessig, versetzt die siedende Lösung im Laufe von 2 Stunden tropfenweise mit einer Lösung von 15 g Chromsäure in 10 ccm Eisessig und 10 ccm Wasser, kocht noch 2 Stunden, läßt erkalten, versetzt mit 400 ccm kaltem Wasser und saugt das ausfallende Anthrachinon ab.

Bei geringem Gehalt an Steinkohlenpech werden entsprechend mehr Ausgangsmaterial und Oxydationsmittel verwendet.

Nach F. Schwarz wird der Nachweis von fremden Teeren und Pechen neben Steinkohlenteer durch Bestimmung der von konzentrierter Schwefelsäure nicht angreifbaren Stoffe gemäß der S. 281 beschriebenen Arbeitsweise erbracht.

10 g Pech werden mit 4 ccm konz. Schwefelsäure behandelt, die Menge des Verdampfungsrückstandes des nach S. 281 gewonnenen Benzinauszugs gilt als Maßstab für den Gehalt an fremden Pechen.

Nach den Versuchen des genannten Verf. schwankt der Gehalt an Stoffen, die von konzentrierter Schwefelsäure unter den angegebenen Bedingungen nicht angegriffen werden,

bei Steinkohlenteerpechen	von	0,10— 0,21 %
„ Naturasphalten	„	0,6 —11 %
	(meistens	3 — 5 %)
„ Erdölpechen	von	5,7 —36 %
	(meistens	15 —30 %)

Werden also Zahlen erhalten, die den Betrag von 0,2 % erheblich überschreiten, so ist neben Steinkohlenteerpech Gegenwart eines fremden Bitumens anzunehmen.

Zur Unterscheidung der verschiedenen Steinkohlenteerpeche (Gasteer-, Zechenteer- und Hochofenteerpech) von einander dient die Bestimmung des freien Kohlenstoffs und des Gehalts an Aschenbestandteilen. Gasteerpech (mit Ausnahme des Vertikalofenteerpechs, das sich dem Koksofenteerpech ähnlich verhält) enthält selten unter 25—30 % fixe Kohle, Koksofenteerpech in der Regel 5—7, selten über 10—12 %. Gas- und Koksofenteerpech hinterlassen fast nie über 0,1 % (bis 0,5 %) Asche, Hochofenteerpech dagegen meistens ziemlich hohe Prozentsätze (mindestens 6,8—11,1 %).

c) **Braunkohlenteerpech,** das sich von Steinkohlenteerpech durch das Fehlen in Benzol unlöslicher kohliger Stoffe unterscheidet, gibt ebenso wie dieses infolge seines Gehaltes an phenolartigen Körpern die Graefesche Diazobenzolreaktion (Chem.-Ztg. 1906, **30**, 298).

2 g Bitumen werden 5 Minuten mit 20 ccm $^1/_1$ N. wäßriger Natronlauge gekocht, nach dem Erkalten wird die Masse filtriert. Sollte das Filtrat sehr dunkel gefärbt sein, so kann man durch Schütteln mit fein pulverisiertem Kochsalz die Farbe aufhellen. Das Filtrat wird unter Eiskühlung mit einigen Tropfen frisch aus Anilin, Salzsäure und Natriumnitrit unter Kühlung hergestellter Diazobenzolchloridlösung versetzt. Bei Gegenwart von Braunkohlen- (und Steinkohlen-) teerpech tritt Rotfärbung, unter Umständen Abscheidung eines roten Niederschlages ein.

Nach Marcusson und Eickmann (Chem.-Ztg. 1908, **32**, 965) geben Naturasphalt, Erdölpeche und Fettpeche hierbei keine Rotfärbung, sondern nur Gelb- oder Orangefärbung.

Loebell hat den Nachweis von Braunkohlen- und Steinkohlenteerpech neben Natur- und Erdölasphalt wie folgt verbessert:

Die Probe wird gepulvert, bei nicht Kalk usw. enthaltenden und daher nicht ohne weiteres pulverisierbaren Pechen nach Vermischung des letzteren mit Seesand. Einige g der gepulverten Substanz werden kalt mit Azeton ausgezogen. Der Azetonauszug ist bei Braunkohlenteer- und Steinkohlenteerpech rotbraun bis tiefbraun, bei Erdöl- und Naturasphalt farblos oder zitronengelb.

Der von Azeton durch Abdampfen befreite und mit ½ N. wässeriger Lauge behandelte Extrakt gibt mit Diazobenzolchlorid bei Gegenwart von Braunkohlenteer- oder Steinkohlenteerpech deutlich rote Färbungen oder Niederschläge, bei Naturasphalt fast farblose Lösung.

Ein positiver Ausfall der Diazoprobe deutet nach Marcusson (Chem. Rev. 1911, **18**, 47) nicht ohne weiteres auf Verfälschung mit Braunkohlenteerpech. Um Naturasphalt geschmeidig zu machen, setzt man häufig Braunkohlenteeröle (Paraffinöl) zu, die gleichfalls die Graefesche Reaktion geben.

Um in einem derartigen Fall zu unterscheiden, ob ein erlaubter Zusatz von Braunkohlenteeröl oder eine Verfälschung mit Braunkohlenteerpech vorliegt, führt man die Diazoprobe mit den nach Marcusson-Eickmann (s. S. 293) erhaltenen, in Petroläther unlöslichen Asphaltenen aus. Geben diese auch positiven Ausfall der Reaktion, so war Braunkohlenteerpech zugegen.

Um aus den nach S. 293 mit Petroläther aus der Benzollösung des Peches ausgefällten und ausgewaschenen Asphaltenen die Phenole möglichst vollständig zu gewinnen, kocht man ¼ Stunde lang mit ½-normaler alkoholischer Kalilauge am Rückflußkühler, filtriert nach dem Erkalten, verdampft aus dem Filtrat den Alkohol und nimmt mit Wasser auf. Die so erhaltene Lösung, die meistens sehr dunkel gefärbt ist, schüttelt man zur Aufhellung mit pulverisiertem Kochsalz, das den größten Teil der färbenden Verunreinigungen ausfällt. Das helle Filtrat wird dann in der üblichen Weise mit Diazobenzolchlorid geprüft.

Bei der Prüfung von Asphaltmastix auf Braunkohlenteerpech ist zu berücksichtigen, daß der Mastix durch Erhitzen von bituminösem Kalkstein mit Naturasphalt oder dessen Surrogaten hergestellt wird. Hierbei kann nun bei Verwendung von Braunkohlenteerpech eine Bindung der in diesem enthaltenen Phenole durch den Kalk stattfinden, wodurch schwerlösliches Kalziumphenolat entsteht. Beim Ausziehen des Mastix mit Benzol oder Chloroform werden dann nur sehr wenig freie Phenole im Auszug vorhanden sein, weshalb die Graefesche Reaktion trotz Gegenwart von Braunkohlenteerpech ausbleiben kann. Behandelt man jedoch den Mastix mit einem organischen Lösungsmittel bei gleichzeitiger Gegenwart von Salzsäure (z. B. mit Äther-Salzsäure nach Prettner, S. 295), so werden die Phenolate zersetzt, und es tritt nunmehr in dem so ausgezogenen Bitumen die Diazoprobe mit aller Schärfe ein.

d) Der Nachweis von Naturasphalt in Erdölpechen komm wegen des höheren Wertes des ersteren kaum in Frage. Wichtiger ist der umgekehrte Nachweis (S. 293). Jedoch ist die Bestimmung der beiden Asphaltarten nebeneinander häufig erforderlich. Es gelingt zwar, nach S. 293 in einem Bitumengemisch Erdölpech nachzuweisen; in diesem Falle wird es außer durch die Schwefelbestimmung immer noch anderweitig nötig sein festzustellen, ob gleichzeitige Gegenwart von Naturasphalt vorliegt. Dieser Nachweis gelingt nach Marcusson (Chem. Rev. 1911, **18**, 47) in folgender Weise:

30 g der Probe (bei aschehaltigem Material soviel, als 30 g Bitumen entspricht) werden in einer kleinen Retorte destilliert und

2 Fraktionen von je 4—5 ccm in kleinen Meßzylindern aufgefangen. Diese werden nach genauem Messen des Volumens in Benzol gelöst und zunächst mit Wasser gewaschen (falls sich Mineralsäure vorfindet, gebildet aus dem Schwefel des Bitumens oder aus dem zum Extrahieren des Bitumens benutzten Chloroform) und dann nach Zusatz von neutralem Alkohol bei Gegenwart von Alkaliblau mit $^1/_{10}$-normaler alkoholischer Natronlauge titriert. Das erste Destillat zeigt bei Vorliegen von Naturasphalt Säurezahl über 1, bei Erdölpech unter 1; das zweite Destillat hat bei Gegenwart von Naturasphalt noch merklichen Säuregehalt, während es bei Erdölpech säurefrei ist. Dieses Verfahren ist nur bei Abwesenheit von Fettpechen anwendbar, da diese Peche auch erheblichen Säuregehalt in den Destillaten aufweisen (S. 282). Fettpeche geben sich aber schon durch den Akroleïngeruch beim Erhitzen zu erkennen (S. 282). Ein Unterschied liegt auch darin, daß die beim Destillieren von Fettpech erhältlichen Säuren fettsäureartig und in Benzin leicht löslich sind, während die Säuren aus Naturasphalten asphaltartig, spröde und in Benzin fast unlöslich sind.

Charakteristisch für Naturasphalte ist ein merklicher Aschengehalt, während Erdölrückstände fast aschefrei sind.

Naturasphalte enthalten in der Regel 1,7—10 % Schwefel; viele aus schwefelfreiem oder schwefelarmem Rohöl erhaltene Petroleumpeche sind schwefelfrei oder enthalten nur minimale Mengen Schwefel (bis höchstens 1,4 %). Eine Sonderstellung in dieser Beziehung nimmt der Mexikanische Erdölrückstand ein, der nach L o h m a n n (Chem. Rev. 1911, **18**, 107) 2—6 % Schwefel enthält[1]).

Ungarische Petroleumpeche vom Schm. 34 und 55,4°, vom spez. Gew. 1,02 und 1,03 enthalten z. B. 86,3 bzw. 87,3 % C, 10,3 bzw. 9,7 % H und 3,4 bzw. 3 % O, aber keinen S und N. Somit kann bei bekannter Herkunft eines Petroleumpechs unter Umständen aus dem Schwefelgehalt auf Anwesenheit von Naturasphalt geschlossen werden. Zu berücksichtigen ist aber hierbei, daß auch Petroleumpech, Steinkohlenteerpech usw. durch Kochen mit Schwefel in zur Asphaltherstellung geeignetere Produkte übergeführt werden, daß in diesen Fällen natürlich der Schwefel-

[1]) In seinen sonstigen Eigenschaften verhält sich der Mexikanische Erdölrückstand wie alle anderen Petroleumpeche. So zeigt z. B. ein mexikanischer Asphalt mit 5,5 % Schwefel nur 0,2 % Asche, 32,2 % ölige Anteile (nach M a r c u s s o n - E i c k m a n n) bei 20° dickflüssig mit 2,2 % Paraffin; Säurezahl des ersten Destillats 0,9, des zweiten Destillats 0,4.

gehalt noch weniger aussagt, künstliche Schwefelung aber durch Schwefelwasserstoffentwicklung bei der Behandlung des Peches mit Wasserdampf nachzuweisen ist.

An einzelnen Orten, z. B. in Derna und Tataros in Südungarn, wird ein „Naturasphalt" genannter Asphalt dadurch gewonnen, daß ein mit weichem Bitumen (15—22 %) getränkter sog. Asphaltsand durch Auskochen mit heißem Wasser in Sand und geschmolzenes Bitumen getrennt und dieses nach dem Abschöpfen und Entwässern durch Destillation in Schmieröl und einen härteren, als Bau- und Straßenasphalt benutzten Asphalt getrennt wird. Dieser „Naturasphalt" ist also ein Destillationsrückstand und ähnelt in der Tat auch Erdölpechen in manchen Punkten.

Die Bestimmung des Schwefelgehaltes wird nach dem von Marcusson und Döscher (Chem.-Ztg. 1910, **34**, 417) abgeänderten Verfahren von Hempel-Graefe ausgeführt. Die Substanz wird hierbei in einer Sauerstoffatmosphäre verbrannt, die gebildete schweflige Säure von Natronlauge absorbiert, mit Brom zu Schwefelsäure oxydiert und als Baryumsulfat gefällt. Die Versuchsausführung ist folgende:

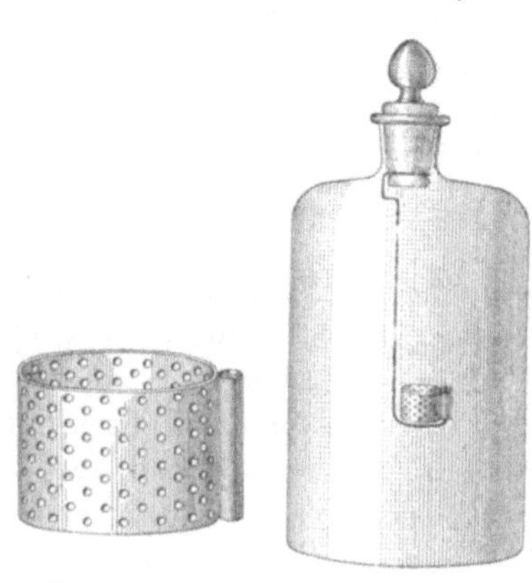

Fig. 91 a. Fig. 91 b.

In einem Platinkästchen (Fig. 91 a), dessen Seitenwandungen mit 0,5 mm weiten Löchern versehen sind, wägt man auf etwas Watte, die mit wenig fein gepulvertem Salpeter bestreut ist, etwa 0,3 g Substanz ab, gibt wiederum ein wenig Salpeter darauf und überdeckt mit wenig Watte. Inzwischen hat man die mit destilliertem Wasser beschickte 6—7 Liter fassende Flasche (Fig. 91 b) in der üblichen Weise mit Sauerstoff gefüllt, nach Eingießen von 100 ccm einer 10 proz. wässerigen Lösung von reinstem Natriumhydrat mit einem Korkstopfen verschlossen und mit einem Sicherheitsdrahtnetz umgeben. In die Glasflasche paßt ein eingeschliffener Vollstopfen, der den zur Aufnahme des Platinkästchens dienenden Platindraht (von 1—1,5 mm Stärke) oder Kupferdraht trägt. Man hängt nun das Kästchen in die Öse dieses Drahtes, befestigt einen Zwirnsfaden einerseits in der Watte, andererseits am oberen Ende des Drahtes, führt den Draht mit dem Kästchen in die Flasche ein, entzündet den Zwirnsfaden und setzt sofort den dünn eingefetteten Stopfen fest auf, den man dann während der Verbrennung festhalten muß. Nach einstündigem Stehen des Reaktionsproduktes spült man den Inhalt quantitativ in ein Becherglas, erhitzt mit 2 bis 3 Tropfen Brom zum Sieden, säuert vorsichtig mit verdünnter Salzsäure an und filtriert. Das zum Sieden erhitzte Filtrat wird dann in der üblichen Weise mit Bariumchlorid gefällt.

Gegenüber dem Verfahren von Graefe hat die besonders in Rußland mit gutem Erfolg benutzte Methode von Eschka den Vorzug, auch dort, wo nicht gerade immer Sauerstoff zur Verfügung steht, anwendbar zu sein (Versuchsausführung S. 228).

e) **Der Nachweis von Erdölpech in Naturasphalt** ist von größerer Bedeutung als der unter d) beschriebene umgekehrte Nachweis. Zur analytischen Unterscheidung von Natur- und Kunstasphalt dient das Verfahren von Marcusson und Eickmann (Chem.-Ztg. 1908, **32**, 965), das auf der Untersuchung der in Petroläther löslichen Anteile der Peche beruht.

20 g Bitumen werden in einem kleinen Kölbchen in 30 ccm Benzol unter Rückfluß gelöst und die Lösung unter Umschütteln in 400 ccm bis 80° siedenden Petroläther eingegossen; das Kölbchen wird mit 40 ccm Petroläther nachgespült. Nach einigem Stehen wird von den ausgefallenen asphaltartigen Stoffen abgesaugt, mit Petroläther nachgewaschen und das Filtrat zur völligen Befreiung von Asphaltstoffen dreimal mit je 30 ccm konz. Schwefelsäure im Scheidetrichter geschüttelt. Die noch mit $^1/_1$-normal alkoholischer (50 proz.) Alkalilauge und dann einige Male mit Wasser gewaschene Petrolätherlösung wird eingedampft und je 5 Minuten lang auf dem Wasserbad bis zur Gewichtskonstanz erwärmt. Hierbei ist auf die leichte Flüchtigkeit der Mineralöle Rücksicht zu nehmen und Überhitzen zu vermeiden.

Bestimmung der Menge und der Konsistenz der öligen Anteile genügt meistens zur Entscheidung der Frage, ob Naturasphalt oder Erdölrückstand zugegen ist. Vor Ausführung der Konsistenzprobe ist das Öl (s. S. 124) im 15 mm weiten Reagenzglas 10 Minuten lang im Wasserbad zu erwärmen und dann 1 Stunde ohne Bewegung bei 20° zu belassen.

Naturasphalt liefert 1,4—34 %[1]) öliger Anteile, gelbbraun bis braun, bei 20° fließend, mit einem Paraffingehalt von höchstens 1 %; beim Abkühlen der Alkoholätherlösung auf — 20° fallen harzige, durchsichtige Stoffe aus. Erdölpech liefert 26—58 %[1]) öliger Anteile, grün bis grünschwarz, bei 20° nicht fließend, dünn- bis dicksalbig, mit festen vaselineartigen Ausscheidungen;

[1]) Die Ausbeuten sind auf aschefreies Bitumen bezogen.

der Paraffingehalt beträgt in diesen Anteilen in der Regel 3,3—16,6 %, vereinzelt bis 2,2 % herab.

Zur Feststellung des Paraffingehalts in den petrolätherlöslichen öligen Anteilen sind diese zu destillieren und im Destillat das Paraffin zu bestimmen, dessen Menge auf die Menge des zur Destillation benutzten Öles bezogen wird.

Betragen die öligen Anteile mehr als 34 % (bezogen auf aschefreies Bitumen), und zeigen sie bei + 20° salbenartige Konsistenz und vaselineartige Ausscheidungen, so ist Vorhandensein von Erdölrückstand wahrscheinlich. Trifft nur eine der beiden Voraussetzungen zu (z. B. bei Mischungen), so entscheidet die Bestimmung des Paraffingehaltes der öligen Anteile; wird der Paraffingehalt höher als 2 % gefunden, so ist auf Gegenwart von Erdölpech zu schließen. So kann man noch 25 % Erdölpech im Naturasphalt nachweisen.

Sog. Paraffinöl, welches zum Geschmeidigmachen dem Naturasphalt häufig zugesetzt wird, beeinträchtigt nicht die Unterscheidung von Natur- und Kunstasphalt (Marcusson a. a. O.).

Auch durch den Schwefelgehalt der nacheinander durch Ausziehen mit Petroläther, Benzin, Benzol, Chloroform bereiteten Extrakte unterscheidet sich nach Holde und Eickmann gleichfalls Erdölasphalt von Naturasphalt. Bei ersterem bleibt der geringe Schwefelgehalt der ursprünglichen Probe auch in dem Extrakt nahezu konstant, bei letzterem steigt er allmählich an (s. Tab. 55 auf S. 310 u. 311).

IX. Untersuchung von Asphaltklebemassen.

Asphaltklebemassen, die zur Herstellung von Isolierplatten für Bauzwecke benutzt werden, enthalten häufig Gemische von Naturasphalt und Steinkohlenteerdestillationsrückständen oder nur letztere in geschwefeltem Zustand und unter Beimengung von Fichtenharz. Die Schwefelung soll das Material gegen Witterungseinflüsse widerstandsfähiger machen, der Harzgehalt soll dem Produkt größere Klebekraft verleihen.

Die quantitative Bestimmung des Fichtenharzes in derartigen Produkten erfolgt nach folgendem Verfahren von Holde und Meister (Chem.-Ztg. 1911, **35**, 793).

10—20 g der Probe (bei Gegenwart von über 4 % Harz genügen 2,5—5 g Ausgangsmaterial) werden am Rückflußkühler mit 200 ccm Äther ausgekocht, die ungelösten Bestandteile abfiltriert und dreimal mit Äther nachgewaschen. Das Filtrat wird nun so oft (6 mal genügt in der Regel) mit je 30 ccm wäßriger $^1/_{10}$-n. Natronlauge durchgeschüttelt, bis die wäßrige Schicht farblos erscheint. Die erhaltene Seifenlösung wird noch zweimal mit je 50 ccm Äther, die vereinigten ätherischen Auszüge noch einmal mit 30 ccm $^1/_1$-n. Lauge geschüttelt. Die vereinigten alkalischen, das Kolophonium als Seife enthaltenden Auszüge zerlegt man mit überschüssiger verdünnter Schwefelsäure bei Gegenwart von Äther im Scheidetrichter. Nach erschöpfendem Ausziehen mit Äther wird der ätherische, das Kolophonium als freie Abietinsäure enthaltende Auszug unter Zusatz von konz. Glaubersalzlösung mineralsäurefrei gewaschen, dann nach dem Filtrieren auf 100 ccm eingedampft und mit 0,5 g trockner Knochenkohle etwa 10 Minuten auf dem Wasserbad gekocht, wobei sich die vorher rotbraune Lösung erheblich aufhellt. Nach Abfiltrieren und Auswaschen der Knochenkohle mit Äther verdampft man das Lösungsmittel auf dem Wasserbad, trocknet den Rückstand 5 Minuten bei 105° C. und wägt nach dem Erkalten. Zu dem gefundenen Gewicht werden 8 % in Rücksicht auf die in $^1/_{10}$-n. wäßriger Lauge nicht löslichen Stoffe des Kolophoniums hinzugefügt.

Bei 11 künstlichen Mischungen von Steinkohlenpech mit 1½ bis 14 % Kolophonium betrugen die Abweichungen des gefundenen Harzgehaltes von dem wirklich vorhandenen im Höchstfalle 0,7 %.

X. Die Untersuchung von Asphaltpulvern und Asphaltsteinen.

Als Surrogat für „Naturasphalt" finden sich Petroleumpeche und andere Rückstände der Destillation bituminöser Stoffe auch mit ton- und magnesiahaltigem Kalkstein gemischt, und es ist in diesen teils gepulvert, teils in festen Stücken zur Prüfung gelangenden Steinen der Gehalt an „Bitumen" und die Natur des letzteren zu ermitteln.

a) Zur Bestimmung des Bitumengehaltes werden nach Prettner (Chem.-Ztg. 1909, **33**, 917, 926) etwa 2 g des Stampfasphaltmehles mit 15 ccm Äthersalzsäure (hergestellt durch Sättigen von konz. Salzsäure mit Äther unter Wasserkühlung) in 3—4 Portionen unter ständigem Rühren versetzt, bis der gesamte kohlensaure Kalk zersetzt ist; die Verluste an Äther werden durch zeitweises Nachfüllen von etwa 5 ccm Äther ersetzt. Nach etwa 10 Minuten langem Umrühren setzt man 15 ccm Wasser zu und beendet unter stetem Digerieren die Zersetzung. Durch Einspritzen von heißem Wasser und Erwärmen auf dem Dampfbad wird der Äther völlig verjagt und die

Lösung des Anorganischen durch ein Filter abgegossen. Man wäscht dann den Kolben und das Filter mit heißem Wasser völlig mineralsäurefrei und trocknet Kolben mit Glasstab sowie Filter 3/4 Stunden bei 110°. Man löst dann das Bitumen aus dem Kolben in Chloroform und gibt diese Lösung durch das Filter hindurch in eine gewogene Glasschale, in der man auf dem Wasserbad eindampft und je 1/4 Stunde bis zur Gewichtskonstanz bei 105° trocknet. Die Übereinstimmungen bei Wiederholungsversuchen sind recht gute, auch hat sich gezeigt, daß das so erhaltene Bitumen nur Spuren von Asche aufweist.

b) Art des Bitumens. Zur Prüfung auf Naturasphalt wird zunächst der Schwefelgehalt festgestellt. Durch Lösen in Benzol wird ermittelt, ob das Bitumen völlig in Lösung geht, oder ob merkliche Mengen kohliger Stoffe zugegen sind (Steinkohlenteerpech). Zum Nachweis von Braunkohlenteerpech dient die Graefesche Diazobenzolchloridprobe (s. S. 289, Diazoprobe für Asphaltmastix). Auf Fettpech wird durch Bestimmung der Verseifungszahl geprüft, auf Naturasphalt und Erdölpech durch Abscheidung der öligen Anteile nach Marcusson-Eickmann.

c) Kohlensaurer Kalk usw. Zur Bestimmung der anorganischen Bestandteile benutzt man die nach Prettner erhaltene salzsaure Lösung oder den Rückstand, der beim Extrahieren des Materials im Graefeapparat mit Chloroform hinterbleibt. Die Prüfung auf Gips, kohlensauren Kalk und Magnesia, Tonerde und Eisenoxyd, Gangart usw. erfolgt in der bei der quantitativen anorganischen Analyse üblichen Weise.

P. Abfälle der Erdölverarbeitung.

I. Destillationsabfälle.

a) Picenfraktion. Nachdem die Hauptprodukte: Benzin, Petroleum, Gasöl, Schmieröl usw., aus dem Erdöl abdestilliert sind, gehen äußerst zähe, braunrote, leicht erstarrende Massen über, welche zurzeit keinen nennenswerten Nutzwert haben und daher gewöhnlich unter den Destillationskesseln verbrannt werden. Eine technische Untersuchung zur Bewertung dieser, Picen, Kracken und ähnliche stark ungesättigte Kohlenwasserstoffe enthaltenden Massen erfolgte bisher noch nicht.

Nach Zaloziecki und Gans (Chem.-Ztg. 1900, **24**, 535 bis 536 und 553—557) enthalten diese Massen neben Paraffin, das durch Benzin ausgezogen werden kann, ein kompliziertes Gemenge hochschmelzender Kohlenwasserstoffe von der allgemeinen Formel $C_n H_{2n-2}$. Sie stehen also in der Elementarzusammensetzung dem Anthrazen, Phenanthren, Reten usw.

nahe, verhalten sich aber von diesen gänzlich verschieden bei der Oxydation mit Chromsäure in Eisessiglösung. Sie geben weder Chinone noch Karbonsäuren, werden vielmehr gänzlich in Kohlensäure und Wasser übergeführt; Zaloziecki und Gans nehmen daher an, daß sie nicht der aromatischen Reihe angehören. Ob etwa kombinierte Polymethylenringe, wie z. B. im Dizyklopentadien

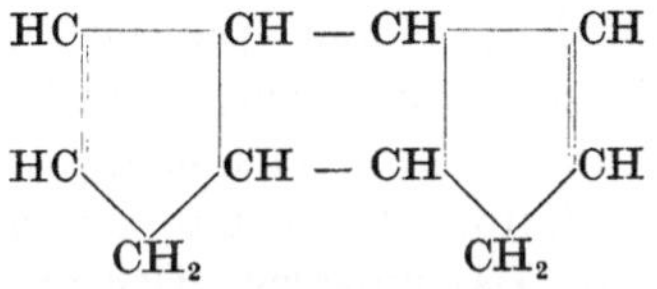

$$\begin{array}{ccccccc} HC & = & CH & - & CH & - & CH \\ \| & & | & & | & & \| \\ HC & & CH & - & CH & & CH \\ & \diagdown & \diagup & & \diagdown & \diagup & \\ & CH_2 & & & & CH_2 & \end{array}$$

oder eine sonstige noch unbekannte Klasse von Verbindungen vorliegt, bedarf noch der Feststellung.

b) Koks. Wenn die Erdöldestillation so weit getrieben wird, daß selbst bei stärkster Unterstützung durch freies Feuer keine Destillate mehr übergehen — häufig wird nur bis auf Pech abgetrieben —, so hinterbleibt ein wegen seines geringen Aschengehaltes als Elektrodenmaterial für Bogenlicht sehr geschätzter Koks. Zwecks Prüfung desselben auf Leitfähigkeit schaltet man ihn in den Stromkreis einer Glühlampe, bei Ermangelung einer elektrischen Lichtanlage in den Stromkreis einer elektrischen Klingel, die durch einen Akkumulator oder mehrere Elemente betrieben wird, ein. Glühen der Lampe bzw. Anschlagen der Klingel zeigt an, daß die untersuchte Probe leitend ist (vgl. Graefe, Laboratoriumsbuch, S. 62).

c) Gase. Bei allen Destillationen von Mineralöl im Großbetrieb bilden sich Gase, die man in größeren Betrieben zuweilen zur Feuerung der Destillationskessel benutzt; sie werden nach bekannten gasanalytischen Verfahren untersucht.

II. Raffinationsabfälle.

a) Säureharze. Beim Raffinieren der hochsiedenden Öle mit konz. und rauchender Schwefelsäure, insbesondere beim Abscheiden der Asphaltharze aus dunklen Residuen, werden braunschwarze, harzige Stoffe ausgeschieden. Von diesen sogen. Säureharzen lösen sich einzelne, z. B. die bei der Herstellung weißer Vaselinöle erhaltenen, als Sulfosäuren in Wasser mit dunkler Farbe auf und können zur Herstellung wasserlöslicher Öle benutzt werden. Andere, z. B. die bei der Raffination von Wagenölen (Residuen) in Mengen bis zu 30 % erhaltenen pechartigen Abfälle, sind in Wasser wenig löslich; sie werden nach dem Auskochen der freien Säure mit Wasser oder Abstumpfen mit Kalk entweder in dünneren Abfallölen aufgelöst, unter den Destillationskesseln verheizt oder durch Destillation über freier Flamme wiederum auf Öl verarbeitet oder als Surrogat für Peche und Asphalt benutzt.

Solche Abfälle sind bei einem spez. Gew. $>$ 1 zollfrei; ihre Prüfung erstreckt sich außer auf spez. Gewicht auf wasserlösliche Anteile, Gehalt an neutralen Pechstoffen, Asche usw.

Die Trennung der Sulfosäuren von freier Schwefelsäure beruht auf der Löslichkeit ihrer Bariumsalze. Der zu prüfende wässerige Auszug (auf 200 oder 500 ccm zu verdünnen) wird in zwei aliquote Teile geteilt. In der einen wird mit $^1/_{10}$ oder $^1/_2$ Normallauge unter Zusatz von Phenolphthaleïn die Gesamtsäure titriert, in der anderen Hälfte wird mit Bariumchlorid die freie Schwefelsäure gefällt und als $BaSO_4$ gewogen. Der Gehalt an Sulfosäuren wird in Äquivalenten KOH oder SO_3 ausgedrückt.

Von den durch Destillation der Mineralöle erhaltenen goudron- bis pechartigen Rückständen unterscheiden sich die Säureharze, soweit sie durch Abstumpfen mit Kalk von überschüssiger Schwefelsäure befreit sind, durch Gehalt an schwefelsaurem Kalk und sulfosauren bzw. alkylschwefelsauren Kalksalzen.

Letztere werden nach F. Schwarz (Chem. Rev. 1912, **19**, 211) durch Behandeln der Säureharze mit alkoholischer Salzsäure (spez. Gew. 1,19) in der Hitze in Chlorkalzium und freie Sulfosäuren gespalten. Diese verbleiben in der alkoholischen Lösung und können nach Abfiltrieren der in der Kälte sich ausscheidenden öligen oder harzigen Neutralstoffe und Neutralisieren der Lösung mit Natronlauge nach dem bekannten Verfahren von Spitz und Hönig von den durch Alkohol mit aufgenommenen unverseifbaren Stoffen getrennt werden.

Leider werden abgestumpfte Säureharze im Handel oft als „Goudron“ oder „Mineralölrückstand“ bezeichnet. Diese den zollpflichtigen Destillationsrückständen zukommenden irreführenden Bezeichnungen für Säureharze sollten nicht angewendet werden.

Beispiel für Prüfung eines Säureharzes.

Es war festzustellen, ob dickflüssige bis salbenartig zähe, goudronartig aussehende Produkte als Destillationsrückstand oder neutralisiertes Säureharz anzusehen sind:

1. Gehalt an Asche: 4,9—24 % (hauptsächlich schwefelsaurer Kalk), daneben Eisen, Tonerdeverbindungen und Kieselsäure.

2. Direkte Abscheidung der Sulfosäuren bzw. Alkylschwefelsäuren: 4,1 g des Goudrons wurden mit abs. alkoh. Salzsäure (Salzsäure von spez. Gew. 1,19) wiederholt extrahiert; der Extrakt wurde nach Abfiltrieren der in der Kälte sich ausscheidenden, vorher gelösten neutralen öligen oder harzigen Stoffe mit der gleichen Menge Wasser versetzt und nach Abstumpfung der freien Salzsäure, Sulfosäure usw. mit Kalilauge, mit Benzin (nach Spitz und Hönig) zwecks Abscheidung unverseifbarer Stoffe ausgeschüttelt. Nach Verdampfung der wäßrig-alkoholischen, die sulfosauren Salze enthaltenden Lösung zur Trockne wurde der Rückstand mit Salzsäure und Äther versetzt, um die Sulfosäure in Freiheit zu setzen; die ätherische Lösung, welche Sulfosäuren, Alkylschwefelsäuren usw. enthält, wurde mit Kochsalzlösung mineralsäurefrei gewaschen, wodurch vermieden wurde, daß die in Wasser leicht löslichen sulfurierten Säuren in Lösung gehen. Nach Verjagen des Lösungsmittels, Aufnehmen des Rückstandes mit wenigen ccm absol. Alkohols und nochmaliger Filtration wurden als Verdampfungsrückstand 0,3064 g = 7,5 % des Goudrons erhalten; dieser war braunschwarz, bei Zimmerwärme spröde, harzig und wurde auf dem Wasserbade größtenteils weich; er war ferner in Wasser klar löslich, in Benzin, Benzol und Äther schwer löslich und spaltete beim Kochen mit Salzsäure Schwefelsäure ab, enthielt also Sulfosäure.

b) Neutrale pechartige Stoffe. Solche Stoffe, welche unmittelbar als Pech oder Asphalt für Lacke, Dichtungen usw. zu benutzen sind, werden nach dem Patent von C. Daeschner, DRP. 124980, Kl. 23b, bei der Raffination dunkler Residuen durch Fuselöl (Amylalkohol, s. a. S. 44) erhalten. Die Prüfung dieser Stoffe erstreckt sich vornehmlich auf die Bestimmung des Schmelzpunktes nach S. 276. Andere Prüfungen, z. B. auf Aschengehalt, fremde Zusätze usw. werden nach Bedarf nach den S. 281 u. ff. gegebenen Anweisungen vorgenommen.

c) Abfallsäuren. Neben den unter a) beschriebenen Säureharzen fallen auch unreine Säuren (Schwefelsäure, Sulfosäure) bei der Raffination der Erdöle ab. Diese Säuren sind öfter noch stark mit Säureharzen beladen, so daß gelegentlich in Rücksicht auf die Frachttarifierung Zweifel entstehen, ob die Säure als Säureharz oder Abfallsäure anzusprechen ist. Über solche Fälle entscheidet die Bestimmung der freien Säure, der Sulfosäuren, des Wassers und des neutralen in Benzol löslichen Harzes.

Die Abfallsäuren werden, sofern sie nicht durch Vergraben beseitigt werden, entweder durch Konzentration und mechanische

Reinigung auf Schwefelsäure oder durch Behandlung mit Kupfer- und Eisenabfällen auf Vitriolsalze verarbeitet (die regenerierte Schwefelsäure wird wieder zur Raffination benutzt). In beiden Fällen ist für die Bewertung der Säure der Gehalt an freier Schwefelsäure (nach dem oben angegebenen Schema zu ermitteln) maßgebend.

Bei der chemischen Behandlung der Braunkohlenteerprodukte mit Schwefelsäure entsteht ein Reaktionsprodukt, das man wohl als „Säureharze" zu bezeichnen pflegt; doch ist dies nur eine mit Braunkohlenteerprodukten beladene Schwefelsäure, aus der man eine verdünnte Abfallschwefelsäure und Asphalt (Braunkohlenteerpech) durch Weiterverarbeitung gewinnt. Harz oder Säureharz erhält man nie als Abfallprodukt bei der Verarbeitung des Braunkohlenteers.

Beispiel.

Bei einer als Abfallharz deklarierten Abfallsäure der Mineralölverarbeitung war die richtige Deklaration zu ermitteln. Die Probe zeigte folgendes Verhalten:

1. Äußere Erscheinungen: Zähflüssig, schwarz, mit festen feinen Teilchen durchsetzt, nach schwefliger Säure riechend.

2. Wasserunlösliche Pechstoffe: 5 g Abfallsäure wurden mit 50 ccm Wasser versetzt, ausgeschiedene pechartige Anteile wurden mit heißem Wasser mineralsäurefrei gewaschen, mit heißem Benzol behandelt und vom Benzol durch Abdampfen befreit. Extrakt nach Trocknen bei 105° braunschwarz, asphaltartig = 19,3 %; Benzolunlösliches 0,1 %, von gleichem Aussehen wie Benzollösliches, enthielt Spuren Asche.

3. Freie Schwefelsäure: Die von unlöslichen Pechstoffen befreite wäßrige Flüssigkeit wurde mit Waschwässern vereinigt zu 1 L aufgefüllt; 50 ccm bei Gegenwart verdünnter Salzsäure heiß mit Chlorbarium gefällt. (Barytsalze von Sulfosäuren fallen aus salzsaurer Lösung nicht aus.)

Gehalt der ursprünglichen Probe an freier Schwefelsäure zu 58 % ermittelt.

4. Sulfosäuren: 20 ccm der nach 3. hergestellten wäßrigen Lösung mit $^1/_{10}$ N.-Natronlauge bei Gegenwart von Phenolphthaleïn titriert. Gefunden, auf ursprüngliche Probe bezogen = 60,2 % freie Säure einschließlich Sulfosäuren, ber. als Schwefelsäure.

Da nach 3. nur 58 % Schwefelsäure zugegen, entfallen die übrigen 2,2 % auf Sulfosäuren, deren Molekulargewicht und wirkliche Menge, weil für die vorliegende Frage belanglos, nicht ermittelt wurden.

5. Wasser: Wasser in erheblicher Menge qualitativ durch Destillation der ursprünglichen Probe bis 120° nachgewiesen. Über-

getrieben = 14 % einer wäßrigen Flüssigkeit (Wasser und schweflige Säure). Jedenfalls ist mehr als 14 % Wasser in der Probe zugegen, da ein Teil des Wassers von der Schwefelsäure zurückgehalten wird.

6. Sonstige Bestandteile: Nach Eindampfen von 100 ccm der nach 3. erhaltenen Lösung und Abrauchen der Schwefelsäure blieben neben geringfügigen Mengen organischer Stoffe etwa 1 % Eisenoxyd (auf ursprüngliche Probe bezogen) zurück.

7. Zusammenfassung der Ergebnisse. Die Probe ist kein Säureharz, sondern eine Abfallsäure der Mineralölverarbeitung, die etwa 58 % wasserfreie Schwefelsäure, etwa 19 % wasserunlösliche Säureharze sowie Wasser und wasserlösliche Verunreinigungen enthielt.

d) Abfall-Laugen. Die beim Auslaugen der gesäuerten Öle erhaltenen Abfall-Laugen werden entweder beseitigt oder, sofern dies lohnend erscheint, durch Kalzinierung regeneriert. In einigen Fabriken werden aus diesen Laugen, welche neben freiem Alkali und Salzen von Erdölsäuren bisweilen beträchtliche Mengen unverändertes Öl gelöst und emulgiert enthalten, durch Versetzen mit Mineralsäure sog. dunkelfarbige Seifenöle abgeschieden, welche anderen Ölen, z. B. Schmierölen für Wagen usw., zugesetzt werden.

Tabelle 52.

Eigenschaften von Naphthensäuren aus Schmieröl-raffinationslaugen.

Säuren aus	Äußere Erscheinungen	Verseifungs-Zahl	Jodzahl nach		Löslichkeit in bis 50° siedendem Benzin	Reaktion auf Schwefel
			Waller	Wijs		
Saponaphtha	zähflüssig, dunkelbraun, nach Naphthensäuren riechend	145,8	28,4	42,3	klar löslich	schwach
russischem Schmieröl	dickölig, fadenziehend, braunschwarz, nach Naphthensäuren riechend	118,3	5,5	21,8	desgl.	stark
galizischem Schmieröl	weichharzig, fadenziehend, braunschwarz, nach Naphthensäuren riechend	87,6	30,7	51,5	desgl.	desgl.
rumänischem Schmieröl	desgl.	157,4	4,0	—	desgl.	desgl.

Zwecks Feststellung der Verarbeitungsfähigkeit prüft man die Abfall-Laugen auf Alkalität, Gehalt an neutralen Seifen, event. auch auf Ausbeute an Seifenölen. Die hierzu erforderlichen einfachen chemischen Operationen können hier übergangen werden.

Aus den Abfall-Laugen (Mitt. 1909, **27**, 17) abgeschiedene Säuren zeigten die in Tabelle 52, S. 301, zusammengestellten Eigenschaften.

Beim Waschen der ätherischen Lösung der Säuren mit Wasser gehen diese zum Teil mit brauner Farbe in die wäßrige Schicht über. Dieser Übelstand wird durch Waschen der ätherischen Lösung mit konzentrierter Natriumsulfatlösung vermieden. Lidoff (Chem. Rev. 1902, **9**, 134) hat die Jodzahl von Naphthensäuren aus Laugen der Kerosinfabrikation zu 1,4—3,9, die Säurezahl zu 213,9—238,9 gefunden. Naphthensäurehaltige Öle gelatinieren bei der Luxschen Probe auf verseifbares Fett, ohne Schaumbildung zu zeigen. Diese Eigenschaft kann leicht Gegenwart von verseifbarem Fett vortäuschen.

e) **Seifenöle.** In diesen ist Gehalt an freier organischer Säure (s. S. 188) und an Alkali zu bestimmen.

Zweites Kapitel.

Naturasphalt.

I. Vorkommen, äußere Erscheinungen und Zusammensetzung.

Nach Ansicht Englers sind die Asphalte aus Petrolkohlenwasserstoffen durch Polymerisation entstanden, wobei freier Sauerstoff katalytisch beschleunigend wirkte. Es ist nämlich durch Versuche erwiesen, daß die Asphaltbildung bei Gegenwart von Luft wesentlich schneller verläuft, jedoch ist die aufgenommene Sauerstoffmenge zu gering, um die Asphaltbildung durch Oxydation allein zu erklären.

Die am längsten bekannte Fundstätte von Asphalt ist das Tote Meer, an dessen Ufer und auf dessen Spiegel Asphalt besonders nach Erdbeben in größerer Menge gewonnen wird. In neuerer Zeit hat das Asphaltlager auf der Insel Trinidad infolge günstigerer Bedingungen für Gewinnung und Versendung eine weit größere Wichtigkeit gewonnen als der vorher erwähnte Fundort. Während der syrische Asphalt nur wenige Prozent Aschenrückstand hinterläßt, der Gilsonit sogar nur ½ % Asche besitzt, enthält der Trinidadasphalt 33—54 % mineralische Bestandteile.

Für Straßenbau (Walzasphaltstraßen) wird der aus den Asphaltseen von Trinidad und Bermudez gewonnene Asphalt viel benutzt. Nach Richardson (Petrol. 1912, **7**, 1347) enthält der rohe Trinidadasphalt 28—30 % Wasser, im trockenen Zustande 56 % Bitumen, 38 % mineralische Bestandteile, der Rest ist Hydratwasser des Tons und etwas unlösliche organische Substanz. Das reine Bitumen erweicht bei 76° und schmilzt bei 83°, hat bei 25° ein spezifisches Gewicht 1,032, 82,33 % Kohlenstoff, 10,69 % Wasserstoff, 6,16 % Schwefel und 0,81 % Stickstoff. Der Asphalt enthält 63 % in Benzin leicht lösliche sogen. Malthene von äußerst zähflüssiger, klebriger Beschaffenheit; der Rest besteht aus den sehr harten und spröden Asphalthenen. Der sehr ähnlich zusammengesetzte Bermudez-Asphalt enthält 11—46 % Wasser, im trockenen Zustande 95 % Bitumen von 82,88 % Kohlenstoff, 10,79 % Wasserstoff, 5,87 % Schwefel und 0,75 % Stickstoff. Über 70 % sind in Benzin leicht löslich (Malthene); in Tetrachlorkohlenstoff unlösliche Carbene sind nicht vorhanden.

Auch in Venezuela, Mexiko (im Bezirk Sota della Marina), in Kalifornien, Utah und Colorado sind mächtige Asphaltlager entdeckt worden.

Das äußere Aussehen der Asphalte ist sehr verschieden, man findet sowohl harte, spröde, schwarze Massen als auch solche von ganz weicher, selbst dickflüssiger Beschaffenheit, die man mit dem Namen „Bergteer“ oder „Goudron minéral“ bezeichnet. An gewissen Fundstellen hat dieser Bergteer poröse Gesteine, vor allem Kalkstein durchdrungen. Derartiger bituminöser Kalkstein findet sich in Frankreich (Val Travers, Seyssel im Rhonetal), in Italien (S. Valentino), auf Sizilien, in Dalmatien (Ragusa), im Elsaß, in Hannover (Limmer). Das im Grubengebiet der Asphaltgesellschaft San Valentino, Reh & Co. gewonnene asphaltführende Gestein zeigt folgende Zusammensetzung[1]):

Bitumen	10,7—15,7 %
Unlösliche Kieselsäure	0,1— 0,5 %
Lösliche Kieselsäure	Spuren
Kohlensaurer Kalk	50—86 %
Kohlensaure Magnesia	1—32 %
Eisenoxyd und Tonerde	0,2— 1,2 %
Feuchtigkeit und Gase bei 100°	0,2— 1 %

II. Gewinnung, Verarbeitung.

Die Gewinnung des Asphalts erfolgt auf dem 50—60 ha großen und 50 m tiefen „Pechsee“ der Insel Trinidad und auf den 50 bzw. 300 ha großen Bermudez-Seen durch Ausstechen, andere Lager von Asphalt und die bituminösen Kalksteine werden bergmännisch ausgebeutet. Bei den Asphaltseen quillt flüssiger

[1]) Die Zahlen sind einer von der Asphaltgesellschaft San Valentino, Reh & Co., anläßlich ihrer Beteiligung an der Deutschen Städte-Ausstellung 1903 herausgegebenen Schrift über Asphalt-Gewinnung und Asphalt-Produkte entnommen.

Asphalt ständig aus Quellen und Kratern und erhärtet dann an der Luft.

Da der natürlich vorkommende Asphalt durch erdige, den Transport verteuernde Bestandteile verunreinigt ist, wird er vielfach an der Fundstätte durch Schmelzen oder durch Destillation auf einen höheren Bitumengehalt gebracht. Ein durch Schmelzen gereinigter Asphalt ist der ,,Asphalt Trinidad épuré". Bei diesem Verfahren wird durch Überhitzung ein Teil des Bitumens zerstört, infolgedessen haben die geringeren Sorten einen nicht unbeträchtlichen, bis zu 11 % gehenden Gehalt an freiem Kohlenstoff (Lindenberg, Asphalt-Industrie, S. 11).

Bei Tatarosasphalt (Ungarn) muß nach H. J. Jachzel schwach alkalisches Wasser zum Ausschmelzen des Asphalts aus dem Sand benutzt werden, um die durch Sauerstoffaufnahme gebildeten Harzsäuren zu lösen und dadurch den Asphalt von dem Sand trennen zu können. Aus dem gelb bis braun gefärbten Wasser können die Harzsäuren niedergeschlagen werden, die in reinem Wasser z. T. löslich sind, aber aus dieser Lösung durch Essigsäure und Bleiazetat fällbar sind. Die Säuren sind in kochendem Alkohol teilweise löslich, verseifen sich schwer mit alkoholischer Kalilauge und schmelzen nach Le Sueur und Crossley (Hans Meyer, Analyse und Konstitutionsermittelung organischer Verbindungen, 1903, S. 55) bei 47,5°.

An der Luft gelagert, erfordert schließlich auch Dernaer Asphaltsand etwas alkalisches Wasser zum Ausschmelzen. Die Sauerstoffaufnahme bewirkt Gewichts- und Härtezunahme des Asphalts.

Die Destillate von Dernaer Asphalt zeigen die in Tabelle 53 (auf folg. Seite) zusammengestellten Eigenschaften.

Aus dem geringen Gehalt an Sauerstoff, Stickstoff und Schwefel, dem hohen spezifischen Gewicht und der starken Alkohollöslichkeit folgt, daß ein Gemisch von nahezu reinen Kohlenwasserstoffen mit ziemlich geringem Paraffingehalt bei Öl a und b vorlag.

Neuerdings kommen auch bei der Destillation von italienischem und amerikanischem natürlichen Bitumen als Rückstand erhaltene Produkte unter der Bezeichnung ,,Naturasphalt" in den Handel: San-Valentino-Bitumen, Mexiko-Asphalt, Venezuela- (Orinoco-) Asphalt, gewisse Sorten von Cuba-Asphalt.

Tabelle

Eigenschaften und Zusammensetzung der

Art des Öles	Äußere Erscheinungen (im Reagenzglas)	Englergrad bei		Spez. Gew. × 10000	Flammpunkt (Pensky)	Kältepunkt im 6-mm-U-Rohr	In Petroleumbenzin (spez. Gew = 0,70) (1 : 40)	Asphaltharze
		20°	50°		°C			
a Aus dem Asphalt unmittelbar durch Destillation gewonnenes Rohöl	mäßig zähflüssig, blauschwarz, undurchsichtig, schwacher blauer Fluoreszenzschein, bituminöser Geruch	17,9 (20,0)	3,4	9310 (9357)	95	—5° bequem fließend, Aufstieg 18 mm, —8,7° kaum fließend, Aufst. ? mm, —10° nicht fließend	klar löslich	nicht zugegen
b Aus a durch Abtrennung der leichten Teile mittels Wasserdampf erhaltenes Rohdestillat	wie a, etwas zersetzt riechend	27,9 (29,9)	4,1	9368 (9417)	151	0° fließend, Aufstieg 9 mm, — 2,8° nicht fließend	desgl.	desgl.
c Durch Schwefelsäure raffiniertes Destillat b	zähflüssiger als a und b, gelb, klar durchsichtig, blauer Schimmer, schwach mineralölartig riechend	30,6 (31,5)	4,5	9263 (9305)	160	+ 2° bequem fließend, Aufstieg 17 mm, 0° nicht fließend	desgl.	desgl.

Anm. Die in Klammern gesetzten Englergrade und spez. Gewichte stellen

Die Zwischenstellung, die „eingedickte Naturasphalte" zwischen Naturasphalten und Erdölrückständen einnehmen, geht aus folgender Zusammenstellung (Tab. 54) nach neueren Versuchen von Marcusson hervor.

Naturasphalt wird zur Herstellung von Asphaltlacken, in der Kautschukindustrie, als Isoliermittel und in der Bautechnik verwendet.

Über die Verarbeitung von Trinidad-Asphalt und sizilianischem Asphalt bei der A.-G. Johannnes Jeserich, Charlottenburg, Salzufer 17, zu Straßenstampfasphalt, Gußasphalt, Gußasphaltbroten, sog. Mastixplatten für Erdbodenbelag, Asphaltplatten, Isolierpappen sei folgendes gesagt:

Das Asphaltrohmaterial für den Gußasphalt gibt der rohe Trinidadasphalt, der in unregelmäßigen Stücken von Trinidad zu Wasser nach der Fabrik geliefert wird. Die Verarbeitung geschieht hier zunächst durch Läutern des Asphalts, indem dieser in horizontal liegenden mit großer Füllöffnung an der oberen Hälfte versehenen

53.

Destillate von Rohasphalt von Derna (Südungarn).

Paraffin (festes) %	Siedegrenzen	Wasser und mechanische Verunreinigungen	Elementaranalyse C %	H %	O %	N %	S %	Löslichkeit in absol. Alkohol: % gelöstes Öl	Farbe d. alkoholischen Öllösung	Jodzahl (Waller-Hübl)
0,59	Siedebeginn 215°; % bis 300° 15; ,, 360° 35; ,, Teer 35; Teer 10; Verlust 5	fehlen	86,96	12,33	0,48	Spuren	0,23	30	dunkelbraun	23,8
0,97	Siedebeginn 310°; % bis 360° 82; ,, Teer 12; Teer 4; Verlust 2	desgl.	87,46	12,25	0,00	Spuren	0,29	25	hellbraun	19,7
1,42	Siedebeginn 315°; % bis 360° 67; ,, Teer 28; Teer 4; Verlust 1	desgl.	87,26	12,24	0,30	0	0,20	20	schwach gelb	6,8

nach mehrjährigem Lagern der Öle in Flaschen ermittelte Werte dar.

zylindrischen eisernen Blasen unter ständigem Rühren mittels mechanischen Antriebs so lange erhitzt wird, bis das in dem Asphalt enthaltene Wasser gleichzeitig mit anderen flüchtigen Gasen und Dämpfen, die

Tabelle 54.

Material	Aschengehalt %	Schwefel %	Ölige Anteile, erhalten n. Marcusson-Eickmann %	Paraffingehalt der öligen Anteile %	Säurezahlen der Krackdestillate: 1. Destillat	2. Destillat
Mexiko-Asphalt . . .	aschefrei	5,8	35	2,8	1,6	0,9
Dernaer Goudron (Rohsand ausgeschmolzen)	5,4	0,7	52	—	3,4	2,6
Dernaer Asphalt (Rohsand ausgeschmolzen und eingedickt) . .	6	0,9	25	1,6	0,7	0,7

durch Röhren fortgeleitet werden, entweicht. Durch das Rühren wird die Verdampfung des Wassers und der flüssigen Bestandteile gefördert und gleichzeitig verhindert, daß die wertvollen feinen tonigen Bestandteile des Asphaltes zu Boden sinken. Die so vorbehandelte Masse läßt man dann durch eine an der Vorderseite der Blase unten angebrachte Öffnung und eine Rinne über ein grobes Sieb mit etwa 1 cm weiten Maschen laufen, das grobe Verunreinigungen von Holzteilen usw. zurückhält.

Der so vorbereitete Asphalt wird dann in ähnlichen mit Rührwerk versehenen zylindrischen Blasen mit gepulvertem sizilianischen Asphalt und anderen Beimengungen, sogen. Flußmitteln, für die Zwecke der Bereitung von Gußasphalt, Isolierpappen usw. gemischt. Der Trinidadasphalt bildet hierbei mit Flußmitteln, z. B. Mineralölen, versetzt, den sog. Trinidadgoudron, der als Zusatz zum sizilianischen Asphaltsteinpulver unter Beigabe von Kies diesem die Eigenschaft des Gußasphalts gibt.

Zu geringeren Sorten Gußasphalt wird sog. Asphaltaufbruch, d. h. aufgebrochener Straßenasphalt mitbenutzt.

Der Gußasphalt zum Ausgießen der Fugen von Steinpflaster u. dgl. kann geringerwertige Zusätze, z. B. Steinkohlenteerpech, neben Naturasphalt erhalten.

Der Stampfasphalt zur Herstellung der Stampfasphaltstraßen wird aus reinem sizilianischen Asphaltgestein, das zunächst hell- bis dunkelbraun, im Bruch dunkelbraun, im Schnitt schmutzigweiß aussieht und 10—12 % Bitumen enthält, gewonnen, indem das Gestein in Brechmaschinen gebrochen, dann in Desintegratoren gepulvert und durch Elevatoren auf große Trockenhürden gebracht wird. Von dort geht es der eigentlichen Verwendung, d. h. der Einstampfung als Straßenasphalt entgegen.

Der natürliche Asphaltstein besitzt die sehr wichtige Eigenschaft, beim Erhitzen zu einem Pulver zu zerfallen, das ev. durch Druck und Wärme wieder zu einer Masse von der Härte des ursprünglichen Gesteins verdichtet wird. Künstlich mit Bitumen imprägnierter körniger Kalkstein soll nach den Erfahrungen der Praxis diese Eigenschaft nicht besitzen, in der Hitze, ohne zu zerfallen, den Bitumengehalt abgeben und demnach auch unter Druck und Wärme nicht wieder genügend fest werden[1]).

Ein anderer Teil des sizilianischen Asphalts geht in die oben erwähnten Mischtrommeln, wo er mit anderen Asphaltmaterialien zu Gußasphalt usw. verarbeitet wird.

Die sog. Gußasphaltbrote oder Mastixbrote stellen nur eine bequem zu versendende zum Verkauf bestimmte Form des Gußasphaltes dar.

In Amerika werden die Asphaltstraßenbelege nicht wie in Deutschland aus Stampfasphalt hergestellt, sondern mangels Vor-

---

[1]) Die Asphaltbaumaterialien usw., Normalverordnungsblatt für das K. und K. Heer, Wien 1910, K. K. Hof- und Staatsdruckerei.

kommen von natürlichem Asphaltgestein mit künstlichem Sandasphalt, bestehend aus Sand und Steinstaub, z. B. Diabas mit Trinidad- oder Bermudasasphalt und Flußmitteln (Erdölrückstände, Mineralöle usw.).

III. Unterscheidung von Naturasphalt und Erdölpech.

Da der Schwefelgehalt des Naturasphalts sehr schwankt, ist es möglich, Mischungen mit Erdölpech herzustellen, deren Schwefelgehalt innerhalb der für Naturasphalte gültigen Grenzen liegt. Nach Malencovic (Baumaterialien 1906, S. 29) sollen Naturasphalte im Gegensatz zu geschwefelten Erdölpechen mit Quecksilberbromid in ätherischer Lösung einen Niederschlag geben. Diese Probe hat sich für den Nachweis von Naturasphalt neben Erdölpech nicht, aber zum Nachweis von Naturasphalt oder Erdölpech in Fettpech als brauchbar (siehe S. 285) erwiesen.

In der Elementarzusammensetzung unterscheiden sich Naturasphalte und Erdölpeche in einzelnen Fällen nur wenig; erhebliche Unterschiede treten jedoch stets zutage, wenn man nach Holde und Eickmann nicht die Peche selbst, sondern die mit verschiedenen Lösungsmitteln aus ihnen erhaltenen Auszüge untersucht. Verschiedene Peche wurden mit Sand und Tierkohle zu einer pulverisierbaren Masse zusammengeschmolzen und im Graefeschen Extraktionsapparat (s. Fig. 16, S. 43) nacheinander erschöpfend mit Petroläther, Petroleumbenzin (spez. Gew. 0,70), Benzol und Chloroform ausgezogen (s. Tabelle 55). Die Zähigkeit der Auszüge steigt von öliger, später weichharzig-fadenziehender Beschaffenheit bis zu kolophoniumartig spröder Härte, die Farbe wird immer dunkler, der eigenartige Geruch verschwindet. Bei den aus Erdölpech erhaltenen Auszügen nimmt allmählich der Sauerstoffgehalt auf Kosten des Wasserstoffs zu, während der Kohlenstoffgehalt der einzelnen Auszüge im wesentlichen der gleiche ist. Bei den Naturasphalten hingegen wächst der Gehalt an Schwefel und Sauerstoff wesentlich (mit Ausnahme des Sauerstoffgehaltes im Chloroformextrakt von Nr. 3), während der Kohlenstoffgehalt sinkt und die Menge des Wasserstoffs nur wenig verändert wird.

Die sonstige analytische Unterscheidung von Natur- und Erdölasphalt ist S. 290 ff. beschrieben.

Tabelle

Elementaranalysen von

Material	Nr.	Herkunft	Gehalt an Asche %	Schmelzpunkt des Gesamtbitumens (extrahiert mit Chloroform) °C	In Petroläther lösliches Bitumen													
					In Lösung gebliebenes Bitumen (weichharzig, fadenziehend)							Beim Stehen in der Kälte wieder ausgefallen (spröde)						
					Menge %	% C	% H	% S	% N	% O	% Asche	Menge %	% C	% H	% S	% N	% O	% Asche
Naturasphalt	1	San Valentino	15	95	40,4	84,9	7,5	5,8	Spuren	1,8	0	1,0	78,6	8,8	8,3	Spuren	4,3	0
	2	Trinidad Epuré	40	91	66,5	83,3	10,8	2,3	0	2,6	0	0,3	—	—	—	dgl.	—	—
	3	Trinidad	37	82	50,0	82,8	10,2	3,6	0	3,4	0	—	—	—	—	—	—	—
Erdölpeche	1	Galizien	0	69	70	87,7	10,4	0,9	0	1,0	0	8,7	88,9	7,2	1,4	Spuren	2,5	0
	2	desgl.	0	91	54,1	87,0	10,3	0,7	Spuren	2,0	0	4,2	88,0	7,4	1,4	dgl.	3,2	0
	3	desgl.	3,2	43,3	78,9	86,2	10,6	0,5	dgl.	2,7	0,5	3,0	86,6	7,4	1,3	dgl.	4,7	0
	4	russisch	0,2	27	85,5	86,02	11,98	1,48	—	0,52	0	—	—	—	—	—	—	—
	5	desgl.	—	17,8	89,0	—	—	—	—	—	—	—	—	—	—	—	—	—
	6	deutsch	—	24,0	75,0	—	—	—	—	—	—	—	—	—	—	—	—	0

IV. Quantitative Bestimmung von Naturasphalt neben Steinkohlenteerpech.

Gemische von Steinkohlenteerpech und Naturasphalt finden vielfach Verwendung als Asphaltklebemassen, zur Abdichtung von Mauerwerk gegen Feuchtigkeit usw. Da gute Asphaltklebemassen etwa 25 % Naturasphalt (Trinidadasphalt) enthalten sollen, ist eine annähernde quantitative Ermittelung von Wert. Nach Marcusson (Ztschr. f. angew. Chem. 1913, **26**, 91) gelingt dies dadurch, daß man das Steinkohlenteerpech durch Erhitzen mit konz. Schwefelsäure in wasserlösliche Produkte überführt, während die Menge der aus Naturasphalt entstehenden wasserunlöslichen Einwirkungsprodukte der Schwefelsäure einen Schluß auf die

55.

Asphaltbestandteilen.

In Petroläther nicht lösliches, in Benzin lösliches Bitumen (bei 1 etwas weich, die übrigen spröde)							In Benzin nicht lösliches, in Benzol lösliches Bitumen (spröde)							In Benzol nicht lösliches, in Chloroform lösliches Bitumen (spröde)						
Menge %	% C	% H	% S	% N	% O	% Asche	Menge %	% C	% H	% S	% N	% O	% Asche	Menge %	% C	% H	% S	% N	% O	% Asche
22,5	81,5	9,6	7,1	Spuren	1,7	0	13,8	79,7	7,6	8,2	Spuren	4,5	0	4,2	76,3	7,6	9,6	fehlt	6,5	fehlt
2,6	81,0	9,8	—	dgl.	—	0,7	27,3	74,7	7,8	7,2	dgl.	10,3	0	3,0	74,7	8,5	7,5	dgl.	9,3	dgl.
3,3	77,0	7,8	4,7 1,0	dgl.	5,7	0,9	19,6	80,2	8,5	4,7	dgl.	5,7	0	3,0	80,8	9,1	7,5	dgl.	2,0	0,6
0,7	—	—	—	dgl.	—	—	17,1	90,2	6,3	1,4	dgl.	2,1	0	1,1	88,8	6,0	1,0	dgl.	4,2	fehlt
3,6	86,0	7,4	1,2	dgl.	5,4	0	20,8	88,5	8,4	0,9	fehlt	2,2	0	0,6	89,1	6,1	—	dgl.	< 4,8	dgl.
1,0	81,8	9,6	—	dgl.	—	0	1,4	85,9	5,9	1,4	dgl.	6,8	—	1,5	87,0	6,0	1,6	dgl.	4,8	dgl.
2,4	—	—	—	—	—	—	9,8	89,31	8,54	0,62	—	1,18	0,35	0,8	—	—	—	—	—	—
1,0	—	—	—	—	—	—	5,5	89,93	7,02	1,09	—	1,15	0,45	0,8	—	—	—	—	—	—
2,0	85,8	8,85	—	—	—	0	12,0	88,15	7,44	—	—	—	0,13	4,6	83,36	5,97	1,71	—	8,1	0,86

Menge des vorhandenen Naturasphaltbitumens gestattet. Die Versuchsausführung gestaltet sich demnach folgendermaßen:

10 g der Probe werden mit 75 ccm Äthersalzsäure (siehe S. 295, wie bei der Bitumenbestimmung nach Prettner) in 3 bis 4 Portionen unter ständigem Rühren versetzt[1]). Nach etwa 10 Min. langem Rühren setzt man die gleiche Menge Wasser hinzu und erwärmt auf dem Dampfbade bis zum Verschwinden des Äthergeruches. Das Unlösliche wird abfiltriert, die saure Lösung ausgewaschen und nach dem Trocknen des Filters das Bitumen mit

[1]) Die quantitative Extraktion des Bitumens mit Benzol oder Chloroform ist nicht angängig, da die kohligen Stoffe des Steinkohlenteerpeches einen geringen Teil des Bitumens adsorbieren und nur schwierig an Lösungsmittel abgeben.

siedendem Chloroform im Graefeschen Extraktionsapparat (Fig. 16, S. 43) ausgezogen. Durch Abdestillieren des Chloroforms gewinnt man das für die Sulfurierung erforderliche Bitumen, dessen Menge nach kurzem Trocknen bei 105° bestimmt wird. 3 g dieses Bitumens werden in einem dickwandigen Reagenzglase mit 6 ccm konz. Schwefelsäure im siedenden Wasserbade unter häufigem Umrühren 3/4 Stunden lang erhitzt. Nach Beendigung der Sulfurierung läßt man erkalten und spült das Reaktionsprodukt mit 200 ccm Wasser in einen Erlenmeyerkolben. Im Verlauf von etwa 1 Stunde setzt sich am Boden des Glases ein schwarzer, pulveriger, zum Teil bröckeliger Niederschlag ab.

Die Abtrennung des Niederschlages macht bisweilen Schwierigkeiten, da sich das Filter leicht verstopft. Es empfiehlt sich, eine Nutsche von etwa 7 cm Durchmesser und ein vorher gewogenes gehärtetes Filter zu verwenden. Die Flüssigkeit wird ohne Aufrühren des Niederschlags allmählich, so daß stets nur eine dünne Schicht das Filter bedeckt, auf die Nutsche gebracht, und zwar zunächst ohne Saugen. Der im Kolben verbleibende Rückstand wird anfangs durch Dekantieren mit Wasser gewaschen und erst zum Schluß auf die Nutsche gebracht[1]). Etwaige Klumpen werden mit dem Glasstab zerdrückt. Das Auswaschen wird so lange fortgesetzt, bis das Waschwasser nicht mehr gegen Methylorange sauer reagiert. Dann wird das Filter bei 105° getrocknet und gewogen. Die Menge des so erhaltenen Produktes rechnet man auf das mit Äthersalzsäure zersetzte Ausgangsmaterial um und bringt noch die empirisch festgestellte Korrektur von + 4 % an.

Wie Marcusson (a. a. O.) an Mischungen von Steinkohlenpech mit 15—60 % Trinidadrohasphalt bzw. Trinidad épuré festgestellt hat, beträgt bei dieser Arbeitsweise und Berechnung der Fehler gegenüber den theoretischen Werten höchstens ± 1,5 %. Zu berücksichtigen ist hierbei jedoch, daß man auf diese Weise immer nur den Gehalt einer Mischung an Naturasphalt**bitumen** feststellen kann; die in Wirklichkeit vorhandene Menge Naturasphalt hängt von der Menge der in ihm enthaltenen mineralischen Stoffe (s. S. 303) ab. Auch eine direkte Bestimmung der Aschenmenge kann nicht einwandfrei zum Ziele führen, da z. B. der Klebemasse absichtlich Mineralstoffe zugesetzt sein können.

[1]) Wo eine Zentrifuge zur Verfügung steht, läßt sich diese mit Vorteil für die Trennung des Niederschlags vom Waschwasser verwenden.

Drittes Kapitel.

Erdwachs und Montanwachs.

A. Erdwachs (Ozokerit).

I. Vorkommen, chemischer Charakter.

Rohes Erdwachs wird hauptsächlich in Boryslaw, Starunia und Dzwiniacz in Galizien durch Bergbau gewonnen. Es ist im Rohzustand dunkelbraun bis grünlichschwarz, wachsartig, kommt vielfach in blättrigen Stücken als sog. Aderwachs mit nur schwachem, aber auch gelegentlich stärkerem erdölartigen Geruch vor, schmilzt verschieden hoch, in den geringeren Sorten unter 60°, bei den normalen Sorten zwischen 68 und 75° und als Marmorwachs gegen 84°. Es besteht in der Hauptmasse im Gegensatz zu Paraffin aus vielen amorphen Kohlenwasserstoffen $C_n H_{2n+2}$, die höher molekular als die in der Hauptsache kristallinische Beschaffenheit zeigenden Kohlenwasserstoffe des Paraffins sind. In den niedriger schmelzenden Ozokeriten finden sich auch kristallinische Paraffinanteile in geringeren Mengen. In allen Rohozokeriten finden sich oxydierte, dunkel gefärbte Stoffe als Nebenbestandteile.

II. Überführung in Zeresin.

Das rohe Erdwachs wird in der Regel durch Erhitzen mit etwa 20 % konz. Schwefelsäure auf 120 bis allmählich 200° von den färbenden Stoffen befreit, wobei etwa 20 % Wachs verloren gehen. Die saure Masse wird mittels der kohligen Rückstände der Blutlaugensalzfabrikation weiter gereinigt, wodurch naturgelbes Wachs (Zeresin) erhalten wird. Durch wiederholte Reinigung, wobei die Rückstände in erwärmten Filterpressen von dem gereinigten Erdwachs getrennt und die in der Kohle verbleibenden Zeresinmengen durch Extraktion mit Benzin gewonnen werden, erhält man weiße Fabrikate, deren Wert nach der Farbe und Höhe des Schmelzpunktes beurteilt wird.

III. Die Prüfung von Rohozokerit auf Ausbeute an Zeresin beim Raffinieren geschieht nach Lach-v. Boyen (Ztschr. f. angew. Chem. 1898, **11**, 383) durch Erhitzen von 5 g Rohwachs mit 18 % (0,45 ccm) konz. Schwefelsäure auf 180—200° bis zum Verschwinden der schwefligsauren Dämpfe. In die heiße Masse werden 10 % Entfärbungspulver (Blutlaugensalzrückstände, die nahe bei 140° getrocknet wurden) und etwa 6 g extrahiertes Sägemehl oder ein anderes Auflockerungsmittel eingerührt. Die erkaltete Masse wird im Graefeapparat mit Benzin extrahiert. Die Menge des Benzinextraktes ergibt die Ausbeute. Bei sehr hoch schmelzenden Ozokeriten, sog. Marmorwachs muß man zum Extrahieren hochsiedendes Benzin anwenden, da sonst die Extraktion zu lange dauert.

IV. Prüfung von Ozokerit und Zeresin auf fremde Zusätze.

Erdwachs und Zeresin, welche zur Herstellung von Kabel-Walzenmassen, Luxus- und Kirchenkerzen, Schuhcrême, Bohnerwachs, Lederfett dienen, sind sehr teuer und werden deshalb häufig, und zwar meistens mit Paraffin, verfälscht. Diese Fälschung ist des geringeren Preises wegen und deshalb am lohnendsten, weil sie bei Zusatz von nicht zu erheblichen Mengen aus den oben angedeuteten Gründen nicht leicht nachweisbar ist.

Da auch Ozokerit seit einer größeren Reihe von Jahren vielfach im Gemisch mit Paraffin raffiniert wird, so werden sogar im Handel auch paraffinhaltige raffinierte Ozokerite ohne weiteres als „Zeresin“ angesprochen, während die durch Raffination des reinen Ozokerits erhaltenen Produkte im Handel „reine raffinierte Ozokerite“ genannt werden. In der wissenschaftlichen Literatur, wie auch im vorliegenden Buch ist die ursprüngliche Definition von „Zeresin“ als „reiner raffinierter Ozokerit“ beibehalten.

a) Prüfung auf Paraffin. Es bestehen zwischen Zeresin und Paraffin folgende Unterschiede, von denen besonders die unter 4 beschriebene refraktometrische Prüfung in ausreichender Weise den technischen Nachweis von künstlichen Paraffinzusätzen zu Ozokerit oder Zeresin ermöglicht:

1. Das Kristallisationsvermögen läßt nur größere Mengen Paraffin in Zeresin sicher erkennen. Liegt Ozokerit zur Prüfung vor, so raffiniert man diesen erst mit konz. Schwefelsäure und prüft das so gereinigte Produkt durch Auflösen von 1 Teil Zeresin in 50 ccm Chloroform unter schwachem Erwärmen und Zusatz von 18 ccm absol. Alkohol zu der auf 20° abgekühlten Lösung. Hierbei scheidet sich das Zeresin meistens amorph aus

und kann als solches durch Abnutschen erkannt werden. Zum Filtrat fügt man 40 ccm abs. Alkohol bei 20°, läßt bei dieser Temperatur stehen und saugt den Niederschlag ab, wobei Paraffin kristallinische Beschaffenheit zeigt. Allein ausschlaggebend ist diese Prüfung nicht.

2. Das spez. Gewicht von Paraffin (ep 44—58°) liegt bei 15° zwischen 0,867 und 0,915, dasjenige von Zeresin (ep 56—84°) zwischen 0,912 und 0,943. Die Unterschiede lassen also in gewissen Fällen gröbere Zusätze von Paraffin erkennen.

3. Schmelz- und Tropfpunkt oder Erstarrungspunkt lassen nach dem oben Gesagten nur in Verbindung mit der Prüfung nach 1 und 2 unter Umständen Paraffin in Zeresin erkennen, wobei zu berücksichtigen ist, daß Weichparaffine Schmelzpunkte bis zu 35° herab haben.

4. Der Brechungsexponent, ausgedrückt in Skalenteilen des Butterrefraktometers, gibt ein schon etwas besseres Mittel an die Hand, Paraffin in Zeresin nachzuweisen, wie Ulzer und Sommer (Chem.-Ztg. 1906, **30**, 142) gezeigt haben. Insbesondere machten diese Autoren auch den Versuch, die alkoholischen Extrakte des zu prüfenden Zeresins auf Refraktometerzahl zu prüfen, weil in diesen tatsächlich das in Alkohol leichter lösliche Paraffin angereichert wird. Die von den genannten Autoren gefundenen Refraktometerzahlen für Zeresine 11,5—13 bei 90° sind später von Marcusson und Schlüter berichtigt worden, indem die obere Grenze auf 17 erhöht wurde. Die von Ulzer und Sommer für Paraffine festgestellten Grenzen waren 1,6—6,8 bei 90°. Holde und Vielitz fanden bei Paraffinen vom Schm. 51, 54 und 58° (im Kapillarrohr) Refraktometerzahlen 0—3,8. Bei Beurteilung der Refraktometerzahlen ist aber zu berücksichtigen, daß ein Ölgehalt sowohl der Paraffine als auch der Zeresine je nach der Höhe des Ölgehaltes den Brechungskoeffizienten sehr beeinflussen kann, so daß es erforderlich ist, diese Zahlen an ölfreiem Material zu ermitteln. Es erscheint z. B. wahrscheinlich, daß die noch verhältnismäßig hohen von U. und S. gefundenen Refraktometerzahlen von Paraffin auf solche Ölgehalte zurückzuführen sind.

Um sich von den Schwankungen der Refraktometerzahlen reiner Zeresine beim Nachweis des Paraffins unabhängig zu machen, stellten J. Marcusson und H. Schlüter (Chem.-

Ztg. 1907, **31**, 348) mit einer zuerst von Graefe zum qualitativen Nachweis von Zeresin in Paraffin benutzten Lösungs- und Fällungsflüssigkeit (auf 3 g Zeresin 30 ccm Schwefelkohlenstoff und 300 ccm Alkoholäther 1 : 1, Alkohol 96 proz.) bei reinen Zeresinen und Gemischen mit Paraffinen fraktionierte Fällungen her, deren Refraktometerzahlen bei + 90° sie ermittelten. Sie fanden, daß bei + 25° 3 g Substanz in etwa ⅓ Liter der Graefeschen Flüssigkeit bei reinen Zeresinen stets 55—60%, bei reinen Paraffinen von Schmelzpunkten bis zu 57° keine Fällung gaben, und daß die weiteren fraktionierten Fällungen der durch Eindampfen etwas eingeengten Filtrate der Fällungen bei Gegenwart erheblicher Mengen (z. B. 50 %) Paraffin zunächst stark ansteigende, dann aber stark abfallende Refraktometerzahlen im Verhältnis zu reinem Zeresin ergaben. Auf diese Beobachtung stützten sie ein qualitatives und unter Berücksichtigung der Fällungswerte auch quantitatives Verfahren zum Nachweis von Paraffin, das eine Reihe von Jahren die Zeresinprüfung wesentlich erleichtert hat. Da sie aber auch das Vorkommen von Ozokeriten von anormalen Fällungswerten für möglich hielten, so stellten sie eine weitere Prüfung ihres Verfahrens in Aussicht.

Anschließend an das vorerwähnte Verfahren hat nun Holde den refraktometrischen Paraffinnachweis zu Zeresin mit einem anderen Lösungs- und Fällungsmittel (Chloroform und Alkohol) neu studiert. Es wurden nur 1 g Substanz, eine Fällungstemperatur von + 20° und eine Fällungsweise benutzt, bei der die Fällungen in den Filtraten nicht durch teilweises Eindampfen der letzteren, sondern nur durch Zugabe erneuter bestimmter Mengen Alkohol zu den unveränderten Filtraten der vorangehenden Fällung oder zu den ganz eingedampften, mit bestimmten Chloroformmengen aufgenommenen Filtraten bei + 20° erzeugt wurden, sodaß schließlich in jedem Zeresin noch 10 % Paraffin scharf refraktometrisch nachgewiesen wurden.

Bei diesem unter Mitwirkung von F. Landsberger ausgearbeiteten Verfahren wurden nicht nur die fraktioniert gewonnenen Fällungen, sondern auch die letzten, unter den gewählten Versuchsbedingungen nicht mehr fällbaren, sehr kleine Mengen Öl enthaltenden und deshalb salbenartigen in jedem Zeresin vorhandenen Bestandteile geprüft, in denen bei künstlichen Mischungen mit Paraffin letzteres sich anreichert und in ganz charakteristischer Weise die Refraktometeranzeige des öligen Restes herabdrückt.

Bei dem komplizierteren Verfahren a wurde 1 g Substanz in 50 ccm Chloroform unter schwachem Erwärmen gelöst und bei + 20° mit 18 ccm abs. Alkohol gefällt. Der Niederschlag wurde nach 20 Min.

Stehen bei + 20° abgenutscht. Jede folgende Fällung wurde durch Zugabe von 40 ccm abs. Alkohol zum Filtrat der vorhergehenden bei + 20° erhalten. Wenn keine Fällung hierbei mehr eintrat, wurde das Filtrat ganz eingedampft, mit 5 ccm Chloroform aufgenommen, mit 15 ccm Alkohol bei + 20° gefällt, der Niederschlag (letzte Fällung) abfiltriert und Filtrat eingedampft (nicht fällbarer Rest). Alle Fällungen wurden gewogen und refraktometrisch bei 100° geprüft. Die gewonnene Zahl wurde gemäß Tab. 72, S. 413 auf Skalenteile des Butterrefraktometers bei 90° umgerechnet.

Es ergab sich, daß reine Zeresine in der letzten Fällung vor dem Eindampfen die Skalenteile 5,2—15, im nicht fällbaren Rest die Skalenteile 14,5—23,4, Mischungen mit 10 % Paraffin im nicht fällbaren Rest stets weniger als 14,5, nämlich 7,9—12,3, und in Fällung 5 meistens weniger als 5,2 Skalenteile zeigten. Bei 15 % Paraffinzusatz betrugen schon die Skalenteile der fünften Fällung stets weniger als 5,2, bei 20 % Paraffin weniger als 3,6, so daß der Paraffinnachweis im Zeresin hiermit möglich erscheint.

Die Mengen der bei diesem Verfahren gewonnenen ersten Fällungen, welche bei + 20° in 50 ccm Chloroform durch 18 ccm abs. Alkohol aus 1 g Zeresin gefällt wurden, können als Vergleichs- und Identitätsprobe für die Güteprüfung der Zeresine in ähnlicher Weise benutzt werden, wie dies bei der Bestimmung des Weich- und Hartparaffingehalts in Kerzenmaterial nach Holde (Mitteilungen 1902, 241) vorgesehen ist.

Paraffine von den Schmelzpunkten 50—58° (im Kapillarrohr bestimmt) geben in Chloroform-Alkohol bei dem genannten Mischungsverhältnis keine Fällung, wohl aber höher schmelzende indische Paraffine vom Schm. bis zu 61°, deren Zusatz zum Zeresin wohl aber etwas ungewöhnlich sein dürfte.

Einfachstes Verfahren b. 1 g Zeresin, bzw. die gleiche Menge des gemäß III, S. 314 nach Lach und v. Boyen gereinigten Rohozokerits, werden unter schwachem Erwärmen in 30 ccm Chloroform, ohne daß das Chloroform dabei ins Sieden gerät, im Erlenmeyerkolben von etwa 200 ccm Inhalt gelöst. Die Lösung wird auf + 20° abgekühlt, bei dieser Temperatur mit 60 ccm 96 vol.-proz. Alkohol versetzt, und die Mischung noch etwa 20 Min. bei dieser Temperatur gehalten. Der Niederschlag wird je nach der Menge auf 6—10 cm weiter Porzellannutsche abgesaugt (Fällung I). Das Filtrat wird durch Abdestillieren von der Hauptmenge des Lösungsmittels befreit, der Rest wird im offenen Kolben abgedampft. Der verbleibende Zeresinrückstand wird mit 5 ccm Chloroform aufgenommen, auf + 20° gebracht und bei dieser Temperatur mit 15 ccm 96 vol.-proz. Alkohol gefällt. Nach 20 Min. Stehen bei + 20° wird der Niederschlag auf kleiner Nutsche abgesaugt (Fällung II).

Das Filtrat wird in kleiner tarierter Schale vom Lösungsmittel befreit und gewogen (nicht fällbarer Rest).

Jeder der beiden Niederschläge (Fällung I und II) wird für sich nach Ablösen vom Filter mit heißem Benzol und vorsichtigem Wegdampfen des Benzols ebenfalls gewogen und dann ebenso wie der nicht fällbare Rest auf Brechungskoeffizienten bei 100° im Zeiß-Abbeschen Refraktometer geprüft. Die Zahlen werden auf Skalenteile des Zeißschen Butterrefraktometers bei + 90° umgerechnet.

Reine Zeresine und Mischungen mit Paraffin (Schm. 53°) ergaben folgende Refraktometeranzeigen bei + 90°.

	Fällung I	Fällung II	Nicht fällbarer eingedampfter Rest
Reine Zeresine	11,3—18,5	6,4—8,5	15,8—24,5
Mischungen mit 10 % Paraffin	10,6—19,5	3,5—9	8,5—14,5
dsgl. mit 20 % Paraffin .	11,0—12,9	2,5—2,8	7,2— 9,3

Auch nach diesem einfacheren Verfahren b ist also der Paraffinnachweis mit genügender Schärfe zu führen.

b) Der Ölgehalt wird im Zeresin so bestimmt, daß man zunächst bei Zimmerwärme in einem Gemisch von Chloroform und Alkohol (1 : 1) die Hauptmenge des Zeresins ausfällt, absaugt, im Filtrat nach S. 46 bei — 20° den Rest der festen Kohlenwasserstoffe abscheidet und das Filtrat dann eindampft und wägt.

c) Kolophonium wird durch erschöpfendes Ausziehen mit 70 proz. Alkohol nachgewiesen.

Aus den vereinigten, nach dem Erkalten klar filtrierten Auszügen wird der Alkohol abdestilliert, der Rückstand wird bei 100—115° bis eben zur Klarflüssigkeit getrocknet und gewogen. Bei gleichzeitiger Gegenwart von Fettsäuren wird der mit 70proz. Alkohol erhaltene Auszug nach dem Abdestillieren des Lösungsmittels nach der S. 193 gegebenen Vorschrift weiter verarbeitet.

Auch in Paraffin kann in gleicher Weise Kolophonium bestimmt werden.

d) Erdölrückstände, d. h. feste Rückstände der Mineralöldestillation geben bei Behandlung der Probe mit Petroleumbenzin starke Asphaltniederschläge, welche in Benzol löslich sind und, aus Benzollösung abgedampft, einen festen schwarzglänzenden Asphaltlack hinterlassen, während rohes Erdwachs sich in Benzin fast völlig löst bzw. nur äußerst geringfügigen, wenig charakteristischen Rückstand mechanische Verunreinigungen) hinterläßt.

e) Mineralische Zusätze wie Talk, Kaolin, Gips werden nach dem Veraschen oder Auflösen des Erdwachses in Benzin durch Untersuchung des Rückstandes nach den bekannten analytischen Verfahren qualitativ und quantitativ ermittelt.

f) **Zusätze von Stearin, Palmitin, Japanwachs, Talg usw.** werden nach den S. 434 ff. beschriebenen Verfahren festgestellt.

g) **Schmelzpunkt, Erstarrungspunkt, Tropfpunkt** werden, wie unter Paraffin und S. 247 beschrieben, ermittelt. In der Regel wird bei Zeresin der Schmelzpunkt im Kapillarrohr, bei rohem Erdwachs und bei zolltechnischen Prüfungen der Tropfpunkt festgestellt.

B. Montanwachs.

Durch Extraktion mit Benzin oder Benzol läßt sich nicht das gesamte in einer Schwelkohle enthaltene Bitumen, welches durch Verschwelung zu gewinnen ist, erhalten. 40—50 % des letzteren, bisweilen auch bis 90 % und darüber verbleiben beim Extrahieren in der Kohle. In der Regel wird das Rohbitumen durch Extraktion der getrockneten zerkleinerten Kohle mit Benzol gewonnen. Neuerdings hat H. Köhler (DRP. 204 256) geschmolzenes Naphthalin als Extraktionsmittel empfohlen, dessen in der Kohle nach der Extraktion verbliebene Reste durch Wasserdampf abgetrieben werden. Der Schmelzpunkt des extrahierten Bitumens liegt zwischen 70 und 80°, zuweilen höher oder bedeutend niedriger. Der Schmelzpunkt des Bitumens ist nicht nur von dem benutzten Lösungsmittel, sondern auch von der Art der Kohle abhängig.

Das extrahierte Bitumen besteht nach Hell (Ztsch. f. angew. Chem. 1900, **13**, 556), G. Krämer und Spilker (Ber. 1902, **35**, 1212) aus Estern hochmolekularer Säuren, freien Säuren und schwefelhaltigen Begleitstoffen. Hübner (Inauguraldissertation, Halle 1903) fand einen ketonartigen Körper $C_{16}H_{32}O$ als Bestandteil des Bitumens, Hell die Montansäure $C_{29}H_{50}O_2$, von anderer Seite wird sie zu $C_{29}H_{58}O_2$ angegeben.

Durch trockene Destillation wird das Bitumen in gesättigte und ungesättigte Kohlenwasserstoffe, saure und basische Stoffe unter Abscheidung von Wasser und Kohlensäure zersetzt.

Ramdohr (DRP. 2232) hat zuerst 1869 und 1878 versucht, durch Behandeln der Schwelkohle mit Dampf Bitumen zu erhalten; dieses bestand aber aus Teer und festem Bitumen und erforderte zu kostspielige Verarbeitung. Erst 1897 hat E. von Boyen (DRP. 101 373 vom 1. Juli 1897) nochmals mit besserem Erfolg die Gewinnung von Bitumen aufgenommen, indem er die grubenfeuchte Braunkohle mit überhitztem Wasserdampf oder die getrocknete Kohle mit Extraktionsmitteln auf Bitumen verarbeitete. Das Bitumen verarbeitete er auf Montanwachs durch mehrfaches Destillieren mit auf 250° erhitztem Wasserdampf, später durch Destillieren im Vakuum. So wurde ein über 80° schmelzendes, kristallisiertes, weißes Produkt erhalten.

Neuerdings wird nach einem Patent von E. Schliemann, Hamburg, das Rohwachs ähnlich wie Ozokerit bzw. Karnaubawachs vor der Reinigung (mit Schwefelsäure und Entfärbungspulver) mit Paraffin zusammengeschmolzen und dadurch der Einwirkung der Reagenzien zugänglicher gemacht. Durch Erhitzen des gereinigten Montanwachses (70 % freie Montansäure) mit Glyzerin entsteht in glatter Weise Glyzerindimontansäureester, vom Schmp. 80—81° und Tropfpunkt über 100°; dient als Ersatz von Karnaubawachs zum Härten von Fetten und Wachsen.

Das rohe Montanwachs wird zur Herstellung von Schuhcrêmen, Phonographenmassen, elektrischen Isoliermaterialien usw. benutzt. Man hat es ähnlich wie rohes Erdwachs auf mechanische Verunreinigungen, Schmelzpunkt usw. zu prüfen und Zusätze festzustellen, soweit dies nach den bekannten Konstanten (siehe auch unter Kerzenmaterialien, S. 477ff.) möglich ist. Das gereinigte Produkt wird man auf Schmelz- bzw. Erstarrungspunkt und gleichfalls auf Gegenwart von Zusätzen prüfen müssen.

Nach J. Marcusson (Chem. Rev 1908, **15**, 193) ist rohes Montanwachs durch doppeltnormale alkoholische Lauge weder über freier Flamme noch unter Druck völlig verseifbar, wohl aber gelingt die Verseifung bei 8 stündigem Kochen von beispielsweise 10 g Wachs mit 50 ccm Benzol und 50 ccm 2 N. alkoholischer Lauge und Hinzufügen von 100 ccm absoluten Alkohols bis zur völligen Lösung.

Die nach dieser Verseifung abgeschiedene Montansäure hatte die Verseifungszahl 143 und ließ sich mit heißem Petroläther in unlösliche, dunkle, oxysäureartige Stoffe (Schm. über 100°) und unter 100° schmelzende petrolätherlösliche Säuren, die nicht die Liebermannsche Cholestolreaktion gaben, zerlegen. Daß selbst bei Behandlung mit so starker alkoholischer Lauge nur Spuren flüchtiger Säuren zu erhalten waren, dürfte dadurch erklärlich sein, daß die Montansäuren vorwiegend gesättigter Natur und daher durch alkoholische Lauge nicht zu niederen Säuren abzubauen sind.

Die unverseifbaren Anteile gaben mit Essigsäureanhydrid und Schwefelsäure ausgeprägte Cholesterinreaktion, so daß im Montanwachs, das von Krämer und Spilker als ein wichtiges Urmaterial des Erdöls angesehen wird, auch Cholesterinalkohole oder deren rechtsdrehende Umwandlungsprodukte enthalten sein müssen. Das aus Alkohol umkristallisierte Unverseifbare gab nicht mehr die Cholesterinreaktion, wohl aber der Verdampfungsrückstand der alkoholischen Mutterlauge. Die benzinlöslichen Teile der letzteren gaben gleichfalls die Reaktion, wurden aber nach einiger Zeit, ähnlich wie die unverseifbaren Teile des Wollfettoleïns, z. T. benzinunlöslich (Mitteilungen 1904, **20**, 100).

Proteïnsäuren im Sinne Neubergs (Biochem. Zeitschr. 1906, 368) können im Montanwachs nicht vorhanden sein, da dieses nur Spuren von mit Wasserdampf flüchtigen Säuren enthält. Walker (Chem.-Ztg. 1906, **30**, 1167) fand die optische Drehung der aus absolutem Alkohol kristallisierten Teile des Montanwachses zu $\alpha_D = +10^0$ bei 50^0 C, also sehr hoch. Nach Marcusson sind nicht nur die unverseifbaren Anteile, sondern auch die petrolätherlöslichen Säuren des Wachses rechtsdrehend.

Ein von Eisenreich (Chem. Rev. 1909, **16**, 211) geprüftes Montanwachs gab folgende Konstanten:

Säurezahl 93; Verseifungszahl 94,6; Jodzahl nach Wijs 12; Unverseifbares 29 %; Azetylsäurezahl 93; Azetylzahl 11,2; Montansäure vom Schmp. $82{,}5^0$ $C_{29}H_{58}O_2$; Unverseifbares von der Formel $C_{42}H_{86}O$ und dem Schmp. $63{,}5^0$; eine alkoholische Hydroxylgruppe war nicht nachweisbar.

Die Arbeitsweise war folgende: Zur Bestimmung der Verseifungszahl wurden 2 g Wachs mit 40 ccm Benzol und 25 ccm ½ normaler Kalilauge 6 Stunden am Rückflußkühler gekocht und mit ½ normaler Salzsäure zurücktitriert.

Die Säurezahl wurde in der Weise bestimmt, daß das Wachs in einem neutralisierten Gemisch von Äthyl- und Amylalkohol (1 : 2) unter gelindem Erwärmen gelöst und mit $^1/_{10}$ normaler alkoholischer Kalilauge bei Gegenwart von Phenolphthaleïn titriert wurde.

Die Bestimmung des Unverseifbaren nach Spitz und Hönig bereitet infolge der Schwerlöslichkeit der Montansäureseifen Schwierigkeiten. Als praktisch hat es sich herausgestellt, 2 g Wachs wie zur Bestimmung der Verseifungszahl zu verseifen; die verseifte Lösung wurde mit 30 g gründlich gereinigtem, trockenem Quarzsand vermischt und unter Umrühren auf dem Wasserbad zur Trockne verdampft. Der Rückstand wurde im Soxhletapparat mit Petroläther (bis 60^0 siedend) extrahiert.

Viertes Kapitel.

Durch Destillation aus Steinkohle, Braunkohle, Schiefer und Torf gewonnene Teere.

A. Steinkohlenteer und seine Verarbeitungsprodukte.

(Literatur: Lunge-Köhler, Industrie des Steinkohlenteers, Bd. 1.)

I. Zusammensetzung roher Steinkohlenteere und ähnlicher Stoffe.

Steinkohlenteer wird in vorwiegender Menge im Kokereibetrieb (Zechen- oder Koksofenteer), in zweiter Linie bei der Herstellung von Leuchtgas und Koks als Nebenprodukt erhalten (Gasteer). Eine mehr untergeordnete Rolle spielt der bei der pyrogenen Zersetzung von Ölgas erhaltene Ölgasteer, Wassergasteer, sowie der in der Roheisenindustrie entfallende Hochofenteer. Die Ausbeute an Teer beträgt bei der Leuchtgasbereitung ca. 4,7 % der Kohle, bei der Koksfabrikation 2 bis 6 %, je nach Kohle und Ofenkonstruktion. Seine Farbe verdankt der Teer hauptsächlich suspendiertem freien Kohlenstoff und dunklen hochmolekularen Kohlenwasserstoffen. Das spez. Gewicht schwankt bei Steinkohlenteer zwischen 1,1 und 1,28, bei anderen Teeren innerhalb ziemlich weiter Grenzen von 0,954 bis 1,220 (vgl. Lunge-Berl, III. Bd., 375). In der Regel liegt das spez. Gewicht der Steinkohlenteere über 1, nur Hochofenteer und Ölgasteer können (je nach der Art der Vergasung) auch spez. Gewicht < 1 haben. In der Hauptsache besteht der Steinkohlenteer aus aromatischen Kohlenwasserstoffen. Nach dem neuen Del-Monte-Schwelprozeß (Braunkohle, 1912, **11**, 607) gelingt es, durch Verkokung von Steinkohle bei niederer Temperatur einen Teer zu erhalten, der mehr aliphatischen Charakter besitzt als aromatischen, also mehr dem Braunkohlenteer und Erdöl ähnelt als dem Steinkohlenteer.

Der Teer der deutschen Gasanstalten zeigte nach G. Krämer (Journ. f. Gasbeleucht. 1891, 225) im Durchschnitt früher folgende Zusammensetzung:

Reihe C_nH_{2n-6} (Benzol und Homologe)	2,50 %
,, $C_nH_{2n-7}OH$ (Phenol und Homologe)	2,00
,, $C_nH_{2n-7}N$ (Pyridin- und Chinolinbasen)	0,25
,, C_nH_{2n-12} (Naphthalin, Azenaphthen)	6,00
,, C_nH_n (Schwere Öle)	20,00
,, C_nH_{2n-8} (Anthrazen, Phenanthren)	2,00
,, $C_{2n}H_n$ (Asphalt, lösliche Bestandteile des Pechs)	38,00
,, $C_{3n}H_n$ (Kohle, unlösliche Bestandteile des Pechs)	24,00
Wasser, ammoniakhaltig	4,00
Gase (Verlust bei Destillation)	1,25
	100,00 %

Hierbei ist jedoch zu berücksichtigen, daß die vorstehende Analyse bei Verwendung von horizontal oder schräg liegenden Retorten erhalten wurde. Die Einführung der Vertikalretorten wird auch in der Zusammensetzung der Teere eine Änderung bedingen. So gibt z. B. Schäfer (Einrichtung und Betrieb eines Gaswerks, München 1909, S. 194) folgende Gegenüberstellung der Ausbeuten bei Benutzung derselben Kohle:

	Vertikalofen	Schrägofen
Wasser	5,70 %	10,35 %
Leichtöl bis 100°	8,90	1,00
Leichtöl 100 bis 170°	1,20	1,60
Mittelöl 170 bis 230°	13,50	7,50
Schweröl 230 bis 270°	7,30	10,27
Anthrazenöl über 270°	29,30	18,80
Pech	34,10	58,13

So zeigt auch ein Gasteer aus Glovers Kammeröfen nur 11,1 % freien Kohlenstoff, gegenüber 23,2 % bei der Verarbeitung im gewöhnlichen Retortenofen.

Eine genaue Zusammenstellung aller bisher im Steinkohlenteer gefundenen und vermuteten Bestandteile findet sich in Lunge-Köhler, S. 221 ff.

Der undestillierte Steinkohlenteer wird zur Heizung der Gasretorten, zur Konservierung von Holz, Stein und Eisen (s. III.

Imprägnieröle), zur Dachpappenfabrikation, als Zusatz zu Naturasphalt (Nachweis s. S. 310), zur Rußfabrikation usw. verwendet. Durch Destillation des Teers über freiem Feuer oder mittels Wasserdampf wird bekanntlich eine große Anzahl für die Farbenfabrikation und die Herstellung pharmazeutischer Produkte wichtiger Stoffe gewonnen. Die Menge der bei Fraktionierung des Steinkohlenteers erhaltenen Destillate geht aus der S. 326 angegebenen Tafel hervor.

Zechenteere (Koksofenteere) sind meist dünnflüssiger als Gasteere, besitzen nicht über 10—12 % freien Kohlenstoff, häufig nur 2—6 %. Nach Spilker (Kokerei und Teerprodukte) zeigen die Teere aus den Koksofenanlagen des Ruhrgebietes bei einem spez. Gewicht von 1,145 bis 1,191 folgende Zusammensetzung:

Wasser	2,69 %
Leichtöl	1,38
Mittelöl	3,46
Schweröl	9,93
Anthrazenöl	24,76
Pech	56,44
Verlust	1,34

Hochofenteere werden, hauptsächlich in Schottland, gewonnen, wo die Hochöfen nicht mit Koks, sondern mit Kohlen geblasen werden. Im Gegensatz zu Steinkohlenteer enthält Hochofenteer mehr saure Öle (Phenol, Kresol und besonders die höheren Homologen), wenig Benzol und aromatische Kohlenwasserstoffe, dagegen viel Paraffine. Der sehr hohe Gehalt an Aschenbestandteilen (Flugasche) entwertet das daraus hergestellte Pech. Die Zusammensetzung eines Teeres ist nach Smith (Journ. Soc. Chem. Ind. 1883, 495)

Wasser	32,3 %,	spez. Gew. 1,007
Öl bis 230°	2,8	„ 0,899
Öl von 230—300°	7,1	„ 0,971
Öl von 300° bis zum Erstarren des Destillats	13,5	„ 0,994
Weichparaffin	17,3	„ 0,987
Koks	21,5	„ —
Verlust	5,5	„ —

Das Wasser ist stark ammoniakhaltig.

Wassergasteer. Einen dem bei der Leuchtgasbereitung gewonnenen ähnlichen Teer erhält man bei der Wassergasdarstellung (s. S. 94). Der rohe Teer enthält bis 30% neutrales Wasser und ist davon nur schwer zu befreien. Nach Lunge (Lunge-Köhler S. 200) ist dieser Teer weniger wertvoll infolge seines hohen Gehaltes an Paraffinen. Ein Teer aus mit russischem Rohöl karburiertem Wassergas hatte nach Mathews und Goulden (Gas World **16**, 625; Wagner-Fischers Jahresbericht 1892, S. 77) folgende Zusammensetzung:

Benzol	1,19 %
Toluol	3,83
Leichte Paraffine	8,51
Solvent-Naphtha	17,96
Phenole	Spuren
Mittelöle	29,44
Schweröle	24,26
Naphthalin	1,28
Anthrazen, roh	0,93
Koks	9,80
	97,20 %

Wassergasteer enthält gewöhnlich nur Spuren von freiem Kohlenstoff und besteht im wesentlichen aus noch unzersetztem Gasöl sowie aromatischen Zersetzungsprodukten desselben. Gut entwässerter Wassergasteer ergibt bei der Verarbeitung im Großbetrieb (nach Lunge-Köhler S. 201):

Leicht- und Mittelöle bis 230°	etwa	22 %
Schweröle bis 300°	,,	30
Anthrazenöle über 300°	,,	13
Pech (sehr glänzend und dünnflüssig)	,,	30
Wasser und Verlust	,,	5

Ölgasteer (Fettgasteer) zeigt in bezug auf Eigenschaften und Zusammensetzung die größte Ähnlichkeit mit Steinkohlenteer, unterscheidet sich von diesem durch sein geringeres spez. Gewicht und das nahezu gänzliche Fehlen phenolartiger und basischer Substanzen. Ölgasteer zeigt fast dieselbe Farbe und ähnlichen Geruch wie Steinkohlenteer, ist aber dünnflüssiger als dieser; der Gehalt an freiem Kohlenstoff dürfte 20—22 % nicht übersteigen.

Verarbeitung von Steinkohlenteer in der Aktiengesellschaft für Teerverwertung in Meiderich.

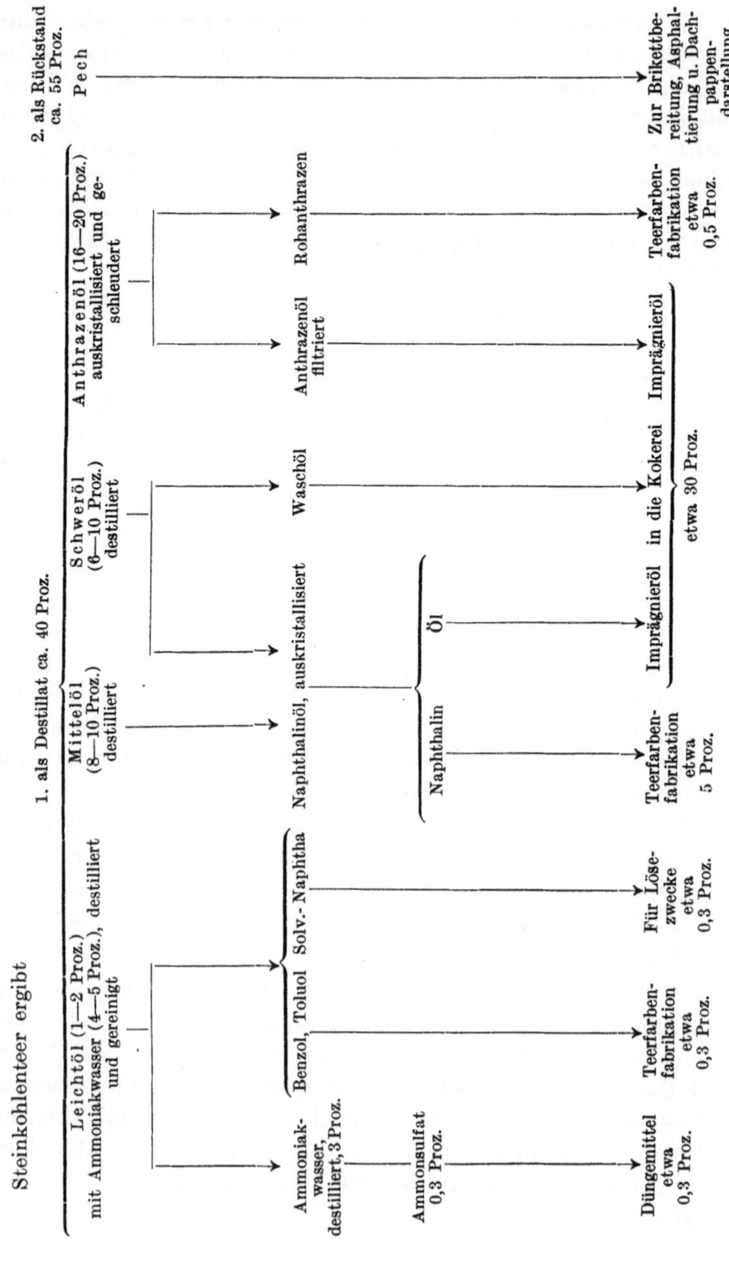

Scheithauer gibt folgende Analyse von Ölgasteer aus Gasöl der sächsisch-thüringischen Braunkohlenteerindustrie an:

Vorlauf: von 70 bis 150°	5—10 %
Leichtöl: von 150—200°	5—10
Mittelöl: von 200—250°	20
Schweröl: von 250—300°	20
Anthrazenöl: über 300°	30
Pech und Verlust	10

In einem Ölgasteer derselben Provenienz fand Würth (Dissertation, München 1904):

Benzol	1,00 %
Toluol	2,00
Xylole	1,30
Verharzbare Öle unter 150°	1,00
Öl von 150—200°	1,50
Öl von 200—300°	26,60
Öl von 300—360°	12,60
Naphthalin	4,90
Rohanthrazen	0,58
Phenole	0,30
Basen	Spuren
Asphalt	22,00
Freier Kohlenstoff	20,50
Wasser (neutral)	4,00

II. Untersuchung der Rohteere.

a) Spezifisches Gewicht. Diese Bestimmung muß etwas anders ausgeführt werden, als dies bei Ölen (S. 125) beschrieben ist. Zunächst ist auf den Wassergehalt des Teeres Rücksicht zu nehmen.

Zur Entfernung des mechanisch beigemengten Wassers stellt man den Teer in einem großen bedeckten Becherglas 24 Stunden lang in warmes Wasser (nicht über 50°) und entfernt dann das an der Oberfläche angesammelte Wasser durch Abgießen sowie Betupfen mit Filtrierpapier. Den wasserfreien Teer läßt man dann auf Zimmerwärme abkühlen. Da bei dieser Temperatur der Teer jedoch im allgemeinen zu dickflüssig ist, um im Pyknometer bestimmt zu werden, bedient man sich zweckmäßig nach Lunge (Ztsch. f. angew. Chem. 1894, 7, 449) eines Wägegläschens (Fig. 92), in dessen

Glasstopfen man einen von oben nach unten durchgehenden Kerb *a* von 2 mm Weite und 2 mm Tiefe hineinfeilt.

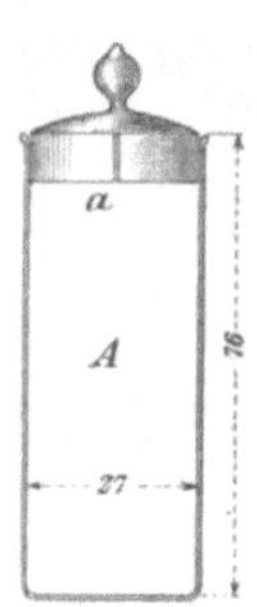

Fig. 92.

Man bestimmt zunächst das Eigengewicht (a) des Gläschens, füllt es dann bis zum Rand mit Wasser von 15° und wägt wieder (b). Nach Entleerung und Trocknung gibt man etwa bis zu $^2/_3$ der Höhe Teer hinein und stellt 1 Stunde lang mit abgenommenem Deckel in warmes Wasser, um alle Luftblasen aus dem Teer zu entfernen. Dann läßt man abkühlen und wägt Glas + Teer (c). Man füllt mit Wasser auf, setzt den Deckel auf und läßt bei konstanter Temperatur stehen. Nach Abtupfen des aus dem Kerb herausgetretenen Wassers und Abtrocknen des Apparates wägt man wieder (d).

Das gesuchte spezifische Gewicht ist dann

$$\frac{c - a}{b + c - (a + d)}.$$

b) Bestimmung des freien Kohlenstoffs. Zu dieser Bestimmung in Teeren verfährt man nach Köhler (Dingl. Polyt. Journ. **270**, 233) folgendermaßen:

10 g Teer werden mit einer Mischung von je 25 g Eisessig und Toluol am Rückflußkühler zum Sieden erhitzt und die Flüssigkeit durch 2 ineinander geschobene, gewogene Filter filtriert. Man wäscht mit heißem Toluol so lange nach, bis dieses farblos abläuft, trocknet die Filter bei 120° bis zur Gewichtskonstanz und wägt zurück. Die Gewichtsdifferenz ergibt dann unmittelbar den Gehalt der Probe an freiem Kohlenstoff.

Die Kohlezahl eines Teeres liefert wertvolle Anhaltspunkte für die Pechausbeute und die Verarbeitungsfähigkeit; denn je kohlereicher ein Teer ist, um so größer ist die Gefahr des Übersteigens bei der Destillation.

c) Wassergehalt. Zur Bestimmung des Wassergehalts im Teer sind verschiedene Methoden vorgeschrieben (vgl. Lunge-Berl, Bd. III, S. 386 ff.), deren nähere Beschreibung hier jedoch fortfallen kann, da die Destillation mit Xylol nach Hofmann-Marcusson (S. 26) auch in diesen Fällen zum Ziele führen wird.

d) Destillationsprobe siehe S. 332 sowie Lunge-Köhler S. 499.

III. Untersuchung der rohen Teerdestillate und Rückstände.

Durch Destillation zerlegt man den Rohteer in folgende Fraktionen:

Leichtöl bis 170°,
Mittelöl bis 230°,
Schweröl bis 270°,
Anthrazenöl bis zum Schluß der Destillation,
Steinkohlenteerpech als Destillationsrückstand.

Das Mittelöl wird nach mehrtägigem Stehen event. noch künstlich abgekühlt und dann durch Filtrieren und Pressen von Naphthalin befreit; ebenso behandelt man das Schweröl und vereinigt das daraus gewonnene Rohnaphthalin mit dem aus dem Mittelöl abgepreßten. In ähnlicher Weise gewinnt man aus dem Anthrazenöl das Anthrazen, indem man 3—4 Tage stehen läßt (es kristallisiert nur langsam) und dann durch Leinwand filtriert und abpreßt.

a) **Leichtöl** ist gelb bis dunkelbraun gefärbt, leicht beweglich, spez. Gewicht 0,910 bis 0,950, 90 % sieden bis 200°. Siedebeginn ist gewöhnlich 80—90°; es sieden 30—50 % bis 120° (Grenze der Anilinbenzole); 50—80 % bis 160° (Grenze für die Xylole), Rest bis zu 90 % zwischen 170 und 230°. Leichtöl aus Koksofenteer enthält häufig noch viel höher siedende Anteile.

1. Prüfung auf Phenole. 100 ccm Öl werden mit 100 ccm Natronlauge (spez. Gewicht 1,100) geschüttelt. Je 1 ccm Zunahme der Laugenschicht wird mit 1 % als saure Öle in Rechnung gestellt. Zur genaueren Bestimmung wird die Lauge vom Öl getrennt, auf dem Wasserbad eingedampft, bis auf Zusatz von Wasser keine Trübung mehr erfolgt, nach dem Erkalten mit Salzsäure angesäuert und mit Kochsalz ausgesalzen. Das Volumen der ausgeschiedenen Phenole wird gemessen und für jeden Kubikzentimeter 1% in Rechnung gestellt. Das Mittel aus beiden Bestimmnugen gilt als wahrer Gehalt an sauren Ölen.

2. Prüfung auf Basen. Das mit Natronlauge extrahierte Öl wird mit 30 ccm 20proz. Schwefelsäure geschüttelt und deren Volumenzunahme ermittelt.

Um die Menge der Pyridinbasen festzustellen, werden die mit Schwefelsäure ausgezogenen Basen vorsichtig mit Natronlauge (spez. Gewicht 1,4) in großem Überschuß gefällt. Man destilliert dann ab, bis das Destillat keinen Pyridingeschmack mehr zeigt; das etwa 50 ccm betragende Destillat wird mit absolutem Alkohol auf 200 ccm aufgefüllt und hiervon 10 ccm mit 50 ccm abs. Alkohol und etwa 2 ccm einer gesättigten wäßrigen Kadmiumchloridlösung versetzt. Nach 24stündigem Stehen werden die abgeschiedenen weißen Kristalle des Doppelsalzes auf einem gewogenen Filter abfiltriert, bei 100° getrocknet und gewogen. 100 Teile des Doppelsalzes entsprechen 46 Teilen Pyridinbasen.

b) **Mittelöl** ist bei gewöhnlicher Temperatur fest bzw. breiartig infolge ausgeschiedenen Naphthalins, gelb bis bräunlich gefärbt, bei 40° vollkommen flüssig; spez. Gewicht etwa 1,02; es sollen bis 260° wenigstens 90% sieden. Das vom Naphthalin abgepreßte Öl soll bis 250° sieden und das spez. Gewicht 0,99—1,01 haben. Mittelöl enthält bis 40 % Naphthalin, 25—35 % Phenole, ferner Methylnaphthalin, sowie 5 % basische Stoffe (Pyridin, Chinolin, Chinaldin).

Die Prüfung auf Naphthalin durch Abpressen des erkalteten Öles erfolgt nach S. 329.

c) **Karbolöl** hat spez. Gewicht 1,00—1,005, ist bei gewöhnlicher Temperatur breiartig und siedet von 160—250°.

Karbolöl enthält 25—40 % Phenole, etwa ebensoviel Naphthalin, 7 % Basen.

Zur Untersuchung auf Phenole werden mindestens 500 ccm Karbolöl mit Natronlauge (1,1) extrahiert, die alkalische Lösung wird im Dampfstrom auf dem Sandbad ausgeblasen, bis das Destillat klar und annähernd geruch- und geschmacklos ist. Man fällt die Phenole durch Kohlensäure oder verd. Schwefelsäure und gesättigter Kochsalzlösung, wäscht einmal mit Wasser und trennt sorgfältig von diesem. Das Produkt ist auf Wassergehalt, Erstarrungspunkt und Klarlöslichkeit zu prüfen (siehe auch Lunge-Berl, Bd. III, S. 400—401).

d) **Schweröl** ist eine halbflüssige Masse vom spez. Gewicht 1,04, zumeist zwischen 200 und 300° siedend.

Schweröl enthält 14—16 % Naphthalin, Azenaphthen und ähnliche Kohlenwasserstoffe, 8—10 % saure Öle (Kresole und Homologe), 6 % Pyridinbasen und 70 % flüssige Kohlenwasserstoffe unbekannter Konstitution.

e) **Naphthalinöl I** siedet zwischen 180 und 230°, scheidet beim Erkalten etwa 40 % Naphthalin ab, enthält 15 % saure Öle und bis zu 3 % basische Bestandteile.

Naphthalinöl II siedet zwischen 200 und 280°; dessen Rohnaphthalin ist durch Azenaphthen und Methylnaphthalin verunreinigt. Nach Abtrennen des Naphthalins erhält man aus Naphthalinöl I Handelskarbolsäure, aus Naphthalinöl II Kreosotöl, das mit der gleichen Menge filtrierten Anthrazenöls gemischt als Imprägnieröl dient.

f) **Anthrazenöl** ist grünlichgelb bis grünbraun, hat spez. Gewicht etwa 1,1 und siedet zwischen 280 und 400°. Anthrazenöl enthält 2,5—3,5 % Reinanthrazen, daneben Phenanthren, Karbazol, Fluoren, Akridin, 6 % Phenole unbekannter Konstitution. Außer Imprägnieröl (siehe unter e) werden aus Anthrazenöl Karbolineum und andere Anstrichmittel hergestellt. Über die Bestimmung des in einem Anthrazenöl und Rohanthracen vorhandenen Reinanthrazens siehe S. 288. Über die Prüfung von Anthrazen auf Methylanthrazen, Phenanthren, Karbazol, Paraffin siehe Lunge-Köhler S. 621—625.

g) **Pech** ist eine harzartige Masse von tiefschwarzer Farbe und muscheligem, mehr oder weniger glänzendem Bruch. Das spezif. Gewicht schwankt je nach der Herkunft: Wassergasteerpech nicht über 1,20; Vertikalofenteerpech und Kokereiteerpech 1,25 bis 1,275; Gasteerpech über 1,30—1,33. Man unterscheidet je nach dem Grade, bis zu dem der Teer abgetrieben ist,

Weichpech	erweicht bei	40°,	schmilzt bei		50°,
Mittelhartes Pech	,, ,,	60°,	,,	,,	70°,
Hartpech	,, ,,	80—85°,	,,	,,	90—100°.

IV. Handelsbenzole.

Die bei der Destillation des Steinkohlenteers erhaltenen beiden ersten Fraktionen (Vorlauf und Leichtöl) bestehen in der Hauptsache aus Benzol und seinen Homologen. Der zwischen 120 und

Tabelle 56.

Fabrik-bezeichnung	Handelsmarke	Siedegrenzen	Spez. Gew. $\frac{15}{15}$ °C
Handelsbenzol I	90 proz. Benzol	bis 100° 90, bis 120° 100 %	0,880—0,883
,, II	50 ,, ,,	,, 100° 50, ,, 120° 90	0,875—0,877
,, III	0 ,, ,,	,, 100° 0, ,, 120° 90	0,870—0,872
,, IV	—	,, 130° 30, ,, 141,5° 90	—
,, V	Solv.-Naphtha I	,, 130° 0, ,, 160° 90	0,870—0,880
,, VI	,, ,, II	,, 145° 0, ,, 175° 90	0,880—0,910
Handelsschwerbenzol . . .	Schwerbenzol	,, 160° 0, ,, 195° 90	0,920—0,945
Reinbenzol . .	80/81% Benzol	95% innerhalb 0,8° siedend	0,883—0,885
Benzol, thiophenfrei	—	95% ,, 0,8° ,,	0,883—0,884
Toluol	Reintoluol	95% ,, 0,8° ,,	0,870—0,871
Xylol	Reinxylol	bis 136° 0, bis 140° 90 %	0,867—0,869
Cumol	—	,, 163° 0, ,, 172° 90	0,886—0,890
Pseudocumol .	—	,, 167° 0, ,, 170° 90	0,888—0,890

170° übergehende Anteil wird als Solvent-Naphtha bezeichnet. Die in den Handel kommenden Benzole werden je nach ihrem Siedepunkt als 90-, 50-, 30-, 0prozentiges Benzol bezeichnet, d. h man erhält bei der Destillation dieser Produkte bis 100° C 90 usw. Volumprozente Destillat. Das 0 proz. Benzol ist ein reines Toluol.

90 proz. Benzol dient zum Karburieren von Leucht- und Wassergas, Schwerbenzol (Solvent-Naphtha) in der Gummi- und Lackindustrie als Lösungsmittel, sowie als Betriebsstoff für Explosionsmotoren.

In Tabelle 56 (auf S. 331) sind die Handelsprodukte mit ihren Siedegrenzen und spez. Gewichten angegeben.

Die Zusammensetzung der Handelsbenzole geben Kraemer und Spilker (a. a. O. 38) folgendermaßen an:

Tabelle 57.

	90 proz. Benzol %	50 proz. Benzol %	0 proz. Benzol %	Solvent-Naphtha — 160° %	Solvent-Naphtha — 175° %	Schwer-benzol %
Benzol	84	43	15	—	—	—
Toluol	13	46	75	5	—	—
Xylol	3	11	10	70	35	5
Cumol	—	—	—	25	60	80
Neutrales Naphthalinöl	—	—	—	—	5	15

Bei Untersuchung von Benzolen und Solvent-Naphtha sind folgende Prüfungen vorzunehmen:

a) Destillationsprobe. Zur Destillation dient nach Kraemer und Spilker der Apparat Fig. 93. Die Blase von 150 ccm Inhalt ist aus 0,6—0,7 mm starkem Kupfer getrieben; der zur Aufnahme des gläsernen Siederohrs dienende oben 22, unten 20 mm weite Stutzen ist 25 mm lang; die Maße des Siederohres sind aus der Figur zu entnehmen. Das Thermometer taucht genau mit seinem Quecksilbergefäß bis in die Mitte der Kugel des Aufsatzes und ist bei genauen Analysen mit einstellbarer Skala versehen. Mit dieser führt man die Destillation unabhängig vom Barometerstand aus, indem man zuerst 100 ccm destilliertes Wasser in das Destillationsgefäß gibt, von demselben ca. 60 ccm überdestilliert und dabei den 100°-Punkt genau einstellt. Als Vorlage dient ein in halbe Kubikzentimeter geteilter Zylinder. Das Siedegefäß wird mit 100 ccm der zu untersuchenden Substanz gefüllt[1]).

[1]) Lieferant des Apparates ist Dr. Rob. Muencke, Berlin, Luisenstraße.

Man destilliert nun so, daß man als Anfang des Siedens diejenige Temperatur aufzeichnet, bei welcher der erste Tropfen vom Vorstoß in die Vorlage abtropft, und hält den Gang der Destillation so, daß in der Minute 5 ccm (d. s. 2 Tropfen in der Sekunde) übergehen. Die Destillation gilt als beendet, wenn 90 ccm oder auch bei reinen Produkten 95 ccm, d. h. 90 bzw. 95 %, übergegangen sind. Die aufzufangenden Fraktionen sind:

bei Reinbenzol:	bis 79°	Vorlauf,
	79— 81	Benzol.
	Rest	Nachlauf;
bei 50- und 90proz. Benzol:	bis 79°	Benzolvorlauf,
	79— 85	Benzol,
	85—105	Zwischenfraktion,
	105—115	Toluol,
	Rest	Xylol;
bei Toluol:	bis 109°	Vorlauf,
	109—110,5	Toluol,
	Rest	Nachlauf;
bei Xylol:	bis 135°	Vorlauf,
	135—137	p-Xylol,
	137—140	m-Xylol,
	140—145	o-Xylol,
	Rest	Nachlauf.

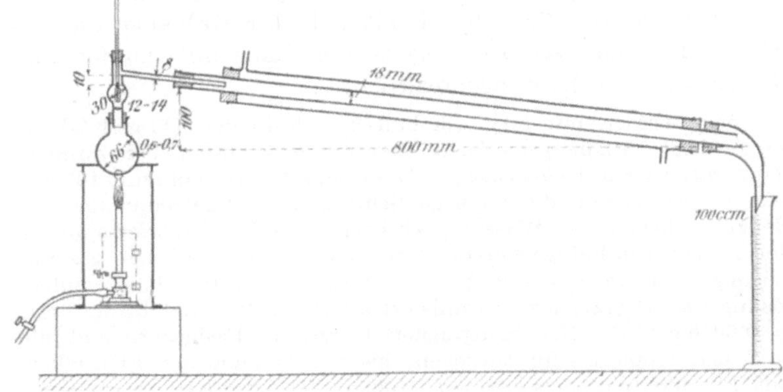

Fig. 93.

b) Prüfung auf Schwefelkohlenstoff. 90er Handelsbenzol enthält 0,2—1 % Schwefelkohlenstoff (Muspratt 1908, S. 46). Das spez. Gewicht des Benzols wird durch CS_2 nach Nickels (vgl. Schultz, Steinkohlenteer, Bd. I, S. 37) erhöht, und zwar durch 1 Vol.-Proz. um 0,0033, durch 2 Vol.-Proz. um 0,0065, durch 3 Vol.-Proz. um 0,0093.

Der qualitative Nachweis von Schwefelkohlenstoff erfolgt nach Liebermann und Seyewetz (Ber. 1891, **24**, 788) am besten mit Phenylhydrazin. 10 ccm des zu untersuchenden Benzols werden mit 4—5 Tropfen Phenylhydrazin versetzt und unter öfterem Durchschütteln etwa 1—1½ Stunden stehen gelassen. Bei 0,03 % Schwefelkohlenstoff erfolgt noch ein ganz deutlicher Niederschlag von phenylsulfokarbazinsaurem Phenylhydrazin

$$CS \begin{cases} S.N_2H_2.C_6H_5 \\ N_2H_4.C_6H_5 \end{cases}$$

Die Reaktion wird noch empfindlicher, wenn man das Benzol destilliert und den an Schwefelkohlenstoff angereicherten Vorlauf prüft.

Schneller kann der Nachweis nach Votoček und Potemšil (Chem.-Ztg. Rep. 1891, **15**, 275) mit Hilfe der Hofmannschen Reaktion erfolgen:

$$CS_2 + 2\,C_6H_5 \cdot NH_2 = CS(NH \cdot C_6H_5)_2 + H_2S,$$

die in alkalischer Lösung schnell erfolgt. Das gebildete Alkalisulfid kann mit Nitroprussidnatrium sicher und scharf entdeckt werden.

Quantitativ wird der Gehalt an Schwefelkohlenstoff nach F. Frank (Chem. Ind. 1901, 262) bestimmt durch Schütteln des zu untersuchenden Benzols mit alkoholischer Kalilauge und Titration des gebildeten xanthogensauren Kalis mit Kupfersulfat (Hofmannsche Xanthogenreaktion):

50 g werden mit 50 g alkoholischer Kalilauge (11 g KOH in 90 g absol. Alkohol) gemischt und einige Stunden bei Zimmertemperatur der Ruhe überlassen. Das Gemisch wird dann mit 100 ccm Wasser geschüttelt, die wäßrige Schicht wird abgetrennt und das Benzol mehrmals mit Wasser gewaschen. Die Waschwässer sind mit der xanthogenathaltigen ersten Lösung zu vereinigen. Die gesamte Lösung oder ein aliquoter Teil der Lösung wird mit Kupfersulfatlösung titriert (12,475 g kristallisiertes Kupfersulfat in 1 Liter, 1 ccm = 0,0076 g CS_2). Man neutralisiert hierzu mit Essigsäure und läßt so lange Kupferlösung zufließen, bis ein Tropfen der Flüssigkeit, auf Filtrierpapier neben einen Tropfen Ferrozyankalium gebracht, an der Berührungsstelle der Auslaufzentren eine rotbraune Zone von Ferrozyankupfer entstehen läßt. Auch an dem Zusammenballen des anfangs fein verteilten Niederschlags von Kupferxanthogenat läßt sich der Endpunkt der Titration erkennen. Bei einem Gehalt von über 5 % CS_2, wie er in Benzolvorläufen vorkommt, ist mehr alkoholische Lauge oder weniger Benzol zu verwenden. Höhere Benzole sind frei von Schwefelkohlenstoff.

c) **Prüfung auf Thiophen** (etwa 0,05—0,5 % in reinen bzw. Handelsbenzolen). In einer mit reiner Schwefelsäure ausgespülten Porzellanschale werden auf einige Körnchen Isatin einige ccm Schwefelsäure gegossen und, mit Benzol überschichtet, mit einem Uhrglas bedeckt stehen gelassen. Bei thiophenhaltigem Benzol bilden sich blaue Ringe um das Isatin (Indophenin), bei reinem Benzol dagegen tritt diese Reaktion nicht ein.

Die quantitative Bestimmung des Thiophens erfolgt nach Schwalbe (Lunge-Köhler, S. 972) auf kolorimetrischem Wege. Die Testlösungen stellt man aus thiophenfreiem Benzol und absolut reinem Thiophen (Kahlbaum) in Konzentrationen von 0,5, 0,25, 0,1, 0,075, 0,05, 0,025 und 0,01 % her. 25 ccm Isatinschwefelsäure (0,5 g in 1000 g reiner konzentrierter Schwefelsäure) gibt man in einen 100-ccm-Meßkolben, fügt 25 ccm reine konzentrierte Schwefelsäure hinzu sowie einmal 1 ccm des zu untersuchenden Benzols, zu einer zweiten Isatinschwefelsäure-Mischung 1 ccm der Testbenzole, schüttelt 5 Minuten lang kräftig um und beobachtet die Färbung auf weißer Unterlage nach 15 Minuten. Handelsbenzole prüft man von 0,5 % herab, reine Benzole von 0,25 bzw. 0,1 % an. Im geschlossenen Gefäß kann man mit der kolorimetrischen Prüfung bis zu 0,05 % herabgehen. In offener Porzellanschale kann man die Prüfung bis zu 0,01 % Thiophengehalt herab ausführen, wenn man zu je 25 ccm der 0,05proz. Isatinlösung je 1 ccm Testbenzol und zu untersuchendes Benzol gibt.

d) **Prüfung auf ungesättigte Verbindungen.** Konzentrierte Schwefelsäure (66° Bé) darf bei 5 Minuten langem Schütteln mit dem gleichen Vol. (5 ccm) Benzol nur schwach gefärbt werden, starke Bräunung deutet auf Gegenwart von ungesättigten Kohlenwasserstoffen (Cumaron, Inden usw.). Auch das Bromadditionsvermögen der ungesättigten Verbindungen ist zu ihrer titrimetrischen Bestimmung herangezogen worden.

e) **Prüfung auf Paraffinkohlenwasserstoffe.** Das spez. Gewicht des Benzols (0,87—0,89) wird durch Benzin (spez. Gew. 0,65—0,75) erheblich erniedrigt. Zur ungefähren quantitativen Bestimmung von Benzin in Benzol und Solventnaphtha wird das Verhalten gegen Salpetersäure nicht mehr benutzt.

Nach Krämer und Spilker werden in einem geräumigen Scheidetrichter 200 g der Probe mit 500 g rauchender Schwefelsäure von 20 % Anhydridgehalt unter Vermeidung stärkerer Erwärmung eine Viertelstunde lang geschüttelt und dann 2 Stunden lang absitzen gelassen. Die verbrauchte Schwefelsäure wird abgezogen und diese Operation noch zweimal mit der gleichen Menge rauchender Schwefelsäure wiederholt. Danach sind in der Regel die Kohlenwasserstoffe außer den Paraffinen, Naphthenen und dem Schwefelkohlenstoff zerstört. Die vereinigten sauren Auszüge gießt man auf dasselbe Gewicht möglichst klein geschlagenen Eises unter Umschütteln mit der Vorsicht, daß keine Erwärmung über 40° dabei eintritt. Dann destilliert man die ungelösten Kohlenwasserstoffe über freier Flamme in einen 100 ccm fassenden Scheidetrichter ab, bis außer dem zuerst übergegangenen Öl noch 50 ccm Wasser überdestilliert sind. Auf diese Weise wird alles etwa von den Sulfosäuren gelöste oder in mechanischer Verteilung darin befindliche Öl gewonnen und nach dem Abziehen des Wassers mit dem ursprünglich abgezogenen Öl vereinigt. Darauf wird die Gesamtmenge des Öles so oft mit je 30 g rauchender Schwefelsäure (20 % Anhydrid) geschüttelt, bis keine Volumenabnahme mehr stattfindet. Die Anzahl Gramme des mit geringen Mengen Wassers nachgewaschenen Öles hat man durch 2 zu dividieren, um den Prozentgehalt der Probe an Paraffinen zu finden.

90-, 50-, und 0proz. Benzol enthalten kaum über 1 % Paraffine, Toluol in der Regel keine, Xylol oft bis 3 %. Über die Unterscheidung von Benzol- und Paraffinkohlenwasserstoffen nach Holde und Valenta siehe. S. 61 und 218.

V. Desinfektionsöle.

(Literatur: Lunge - Köhler, Steinkohlenteer, Band 1, S. 606 ff. Muspratt, Chemie 1896, 5, S. 248 ff.; 1905, 8, S. 60—61.)

a) Anstrichsdesinfektionsöle (Karbolineum). Unter „Karbolineum" versteht man schwere, zu desinfizierenden Anstrichen dienende und von Anthrazen durch Abpressen befreite Steinkohlenteeröle (Grünöle) sowie aus dem abgepreßten Anthrazenöl durch Behandeln mit Chlorzink oder nach dem DRP. 46021 durch Behandeln mit Chlor gewonnene Öle. Der Zusatz von Chlorzink soll die in den höhersiedenden Anteilen des Steinkohlenteers nicht mehr enthaltenen bakteriziden Phenole ersetzen, die Behandlung mit Chlor dagegen wirkt eindickend auf das Öl, so daß die Viskosität, der Entflammungspunkt und das spez. Gew. erhöht werden; außerdem beseitigt das Chlor den dem rohen Karbolineum anhaftenden unangenehmen Geruch. Auch Harze findet man häufig dem Karbolineum zugesetzt. Die Nachahmung des Karbolineums durch Mineralöle hat nicht die konservierende Kraft des Anthrazenöls, weshalb der Nachweis des Fettkohlenwasserstoffe enthaltenden Wassergasteers von Wichtigkeit ist. Die Prüfung kann durch Ausschütteln mit Dimethylsulfat (Valentasche Probe, s. S. 218) erfolgen.

Von Filsinger (Chem.-Ztg. 1891, **15**, 544) sind verschiedene als Karbolineum bezeichnete Anstrichöle untersucht worden, siehe Tabelle 58, Spalte 1 und 2. In Spalte 3 sind die im Materialprüfungsamt früher festgestellten Eigenschaften einiger Karbolineumproben angeführt.

Tabelle 58.

	D.R.P. 46 021 (Avenarius)	Andere Sorten Karbolineum	Eigenschaften v. Karbolineum (K. M. A.)
Spezifisches Gewicht	1,128	1,075—1,130	1,11—1,12
Flüssigkeitsgrad bei 17° C.	10,0	1,5—6,2	8—14 (b. 20°)
Flammpunkt	131°	58—110°	106—118°
Brennpunkt	190°	95—130°	—
Siedebeginn.	230°	200—270 °	205—240°
Destillate bis 250°. . .	0	8—53 %	5—11 %
Destillate von 250—300°	22,6 %	20—51 %	77—78 %
Aschengehalt	0,03 %	0,02—0,83%	0,07—0,08 %
Phenol	Spuren	0,4—5,4 %	—
Naphthalinabscheidung	keine	z. T. beträchtliche Mengen	—
Anthrazen im Destillationsrückstand . . .	fehlt	zugegen	—

Der Name „Karbolineum" (von carbo und oleum) soll keinerlei Beziehungen des Produktes zur Karbolsäure andeuten.

b) Pissoiröle sind nach Kreiß[1]) auf folgende Punkte zu prüfen:

1. Spezifisches Gewicht. Dieses muß, damit das Öl seinem Zweck, als Geruchverschluß zu wirken, genügt, kleiner als dasjenige des Urins sein, also < 1.

2. Erstarrungspunkt. In Rücksicht auf die kalte Jahreszeit soll das Öl unter — 10° erstarren.

3. Der Englergrad soll nicht unter 9 bei 20° liegen.

4. Der Phenolgehalt soll nicht unter 10 L pro 100 kg betragen.

c) Imprägnierungsöl (Kreosotöl) (auch als Lucigenöl für Straßenbeleuchtung usw. benutzt) wird aus dem Schweröl des

[1]) Bericht über die Tätigkeit des kantonalen chemischen Laboratoriums Basel-Stadt 1904.

Steinkohlenteers durch Fraktionierung und Abpressung der festen Ausscheidungen (Naphthalin usw.) erhalten.

Imprägnieröle sollen nach den Bedingungen der preußischen Staatsbahnen folgende Eigenschaften haben:

Bei der Destillation sollen bis 150° höchstens 3 %, bis 200° höchstens 10 %, bis 235° höchstens 25 % überdestillieren (Thermometerkugel im Dampf). Spez. Gew. bei 15° zwischen 1,04 bis 1,1. Bei + 40°, auch beim Vermischen mit gleichen Raumteilen Benzol (kristallisierbares), darf das Öl höchstens Spuren ungelöster Körper ausscheiden. Zwei Tropfen dieser Mischung, wie auch des unvermischten Öles, müssen, auf mehrfach zusammengefaltetes Filtrierpapier gegossen, von diesem vollständig aufgesaugt werden, ohne einen deutlichen Flecken ungelöster Stoffe zu hinterlassen.

Außerdem wird von verschiedenen Behörden (Deutsch-Chinesische Eisenbahngesellschaft) verlangt, daß der Gehalt an sauren (karbolsäureartigen) Bestandteilen, die in Natronlauge vom spez. Gew. 1,15 löslich sind, mindestens 6 % beträgt (in Sachsen 12 %).

Lucigenöl, Teeröl für Öldampflampen, soll nach Bedingungen von Militärbehörden ein spez. Gewicht von höchstens 1,02 bei + 15° C haben, kein Wasser, keine mechanischen Verunreinigungen und Bodensätze irgendwelcher Art, ebenso bei gewöhnlicher Temperatur kein ungelöstes Naphthalin oder ähnliche Stoffe enthalten; auch darf sich Bodensatz nach längerem Lagern bei gewöhnlicher Temperatur nicht zeigen. Bei — 10° C soll das Lucigenöl flüssig sein, abgesehen von geringen Mengen kristallinischer Ausscheidungen (Naphthalin und dgl.). Bei der Destillation müssen mindestens 81 % unter 300° C übergehen.

Eine weitgehende Abscheidung des Naphthalins aus dem Kreosotöl durch künstliche Kühlung dürfte wegen der erheblichen Verteuerung und mit Rücksicht auf den Verwendungszweck nicht lohnend sein.

Die Prüfungsweise für die Imprägnierungs- und Pissoiröle, Heizöle ergibt sich aus den früher beschriebenen Methoden.

VI. Holzzement.

(Vgl. Köhler, Asphalte, S. 246 ff.)

Unter Holzzement versteht man einen Steinkohlenteer, dessen Konsistenz und Klebkraft durch Zusatz von Schwefel, Harz und anderen Stoffen beträchtlich erhöht ist. Neben Steinkohlenteer kommt auch zuweilen Ölgasteer zur Verwendung.

Der Schwefel wirkt bei einer Temperatur über 110⁰ auf gewisse im Steinkohlenteer enthaltene Verbindungen kondensierend, wodurch der Schmelzpunkt des Produktes erhöht wird. Es hat sich als zweckmäßig herausgestellt, den Schwefel in schweren Teerölen gelöst zuzusetzen. Zur Verdickung des dünnflüssigen Steinkohlenteers dient Steinkohlenpech, eine hohe Klebkraft wird durch Zusatz von Harz und Harzöl erzielt. Um ein Abfließen des Holzzementes bei seiner Verwendung zur Dachpappenfabrikation zu verhindern, halten es einige Fabriken für erforderlich, ihrem Produkt Mergel, Kreide, Asphaltsteinmehl oder ähnliche mineralische Stoffe zuzusetzen.

Guter Holzzement (vgl. Friese, Asphalt- und Teerindustriezeitung Nr. 23, 24, 25 und 26) soll teigartige Beschaffenheit und glänzendes Aussehen haben, da matte Färbung auf Gehalt an freiem Kohlenstoff hindeutet, der von Verwendung minderwertiger Pechsorten oder zu hoher Temperatur bei der Herstellung herrühren kann. Holzzement darf beim Erhitzen nicht schäumen oder größere Mengen Schwefelwasserstoff entwickeln. Diese Erscheinungen sind entweder durch Wassergehalt oder dadurch bedingt, daß der Schwefel bei zu niedriger Temperatur zugesetzt wurde. Größere Mengen leichtflüchtiger Bestandteile sollen nicht zugegen sein; ferner wird verlangt, daß Holzzement bei 90⁰ völlig dünnflüssig ist und somit Aufbringung eines dünnen Anstriches ermöglicht. Seine Klebkraft soll sehr hoch sein; zwei mit Holzzement bestrichene Lagen Papier sollen dauernd fest verbunden sein. Ein Gehalt an Paraffin und paraffinölartigen Substanzen gilt als Nachteil.

Zur chemischen Prüfung des Holzzementes ist der Bitumengehalt durch Extraktion mit Chloroform festzustellen. Die chloroformlöslichen Anteile enthalten neben Bitumen Harz, Paraffin und gebundenen Schwefel. Das Bitumen wird durch seine Unlöslichkeit in absolutem Alkohol von den letzteren Stoffen getrennt, das Paraffin scheidet sich beim Abkühlen der heißen alkoholischen Lösung aus, der Schwefel kann nach Graefe bestimmt werden (s. S. 292).

In Benzol unlöslich bleiben mineralische anorganische Stoffe, freier Schwefel und freier Kohlenstoff. Der Schwefel kann durch Behandeln des Rückstandes mit Schwefelkohlenstoff, der Gehalt an freiem Kohlenstoff durch Glühen des gewogenen schwefelfreien Rückstandes ermittelt werden.

Von physikalischen Prüfungen ist die Ermittlung des Schmelzpunktes nach Kraemer-Sarnow oder Ubbelohde (s. S. 276, 247) wichtig. Die Klebkraft wird bestimmt durch Aneinanderkleben zweier Platten mit einer bestimmten Menge Holzzement und Auseinanderreißen der Platten in einem Apparat, der dem bei Zementprüfungen verwendeten ähnlich ist und eine Messung der zum Auseinanderreißen benötigten Kraft durch Gewichte gestattet.

Die Streichfähigkeit wird mit einem kurzhaarigen, kräftigen kleinen Pinsel ermittelt; es soll dabei ein glatter Anstrich ohne Rillen erzielt werden.

B. Braunkohlenteer und seine Verarbeitungsprodukte.

(Literatur: Scheithauer-Muspratt, Paraffin und Mineralöle. Graefe, Laboratoriumsbuch für die Braunkohlenteer-Industrie.)

I. Verarbeitung der Braunkohle.

Während das Rohpetroleum und der Naturasphalt fertig gebildet in der Erde vorkommen, werden Braunkohlenteer, Schiefer- und Torfteer, Asphaltöl usw. erst durch trockene Destillation, gelegentlich auch durch Wasserdampfdestillation aus den festen bituminösen Stoffen gewonnen. Der Rohteer aus Braunkohle, Schiefer und Torf wird in ähnlicher Weise wie das Rohpetroleum auf Leuchtöl (Solaröl), Putzöl, Gasöl, insbesondere aber auf Paraffin und Abfallprodukte verarbeitet. Das Gasöl stellt beim Braunkohlenteer 40—50 % der gesamten Teerverarbeitung dar. Das wertvollste Produkt der Braunkohlenteerverarbeitung ist das Paraffin.

Die in den fünfziger Jahren entstandene Schwelindustrie, an deren Entwicklung Grotowsky, Schwarz, Riebeck, Wernecke, Krey u. a. hervorragenden Anteil genommen haben, ist hauptsächlich durch die Einführung der stehenden Rolleschen Schwelzylinder lebensfähig geworden (1858). Einen der wichtigsten Fortschritte in der Schwelindustrie haben gleichzeitig Wernecke und Ziegler mit der Einführung der Schwelgase zur Heizung der Schwelöfen erzielt, wodurch enorme Mengen Feuerkohle erspart wurden. Die Benutzung der Schwelgase zu motorischen Zwecken hat später Krey eingeführt; nach Eisenlohr soll auch schon Wernecke solche Versuche früher ausgeführt haben.

Man betrachtet die Bäume der Tertiärzeit als Ursprungsmaterial der Braunkohle.

Aus einigen Sorten Braunkohle, die 5—10 % Bitumen enthalten, wird nach dem Verfahren von E. v. Boyen durch Extraktion mit Benzol unmittelbar rohes Montanwachs gewonnen.

Der durch Schwelung erhaltene mehr vaselinartige Teer ist sowohl in qualitativer wie in quantitativer Hinsicht sehr erheblich von dem durch Extraktion aus der Braunkohle erhaltenen Montanwachs verschieden. Die Teerausbeute ist, weil auch das unlösliche Bitumen beim Schwelen zersetzt wird, in der Regel höher als die Wachsausbeute, während selbstredend das hochschmelzende, ohne Zersetzung zu erhaltende Montanwachs bedeutend höherwertig ist als der Teer bzw. das aus diesem durch Destillation und spätere Reinigung gewonnene Paraffin.

II. Schwelversuche zur Feststellung der Teerausbeute werden bei deutscher Braunkohle in Thüringen, der schottischen Bogheadkohle, bituminösem Schiefer (z. B. in Messel bei Darmstadt und in Schottland) ausgeführt. Bei Schwelung der Braunkohle wird auch die Menge des als Nebenprodukt auftretenden Koks ermittelt. Da sich gleichzeitig beim Schwelen der Kohle Wasser in erheblichen Mengen sowie Schwelgase bilden, so werden auch die Mengen der letzteren beiden Stoffe festgestellt.

Die Schwelkohle bildet in dem Zustand, wie sie aus der Erde gefördert wird, eine mehr oder weniger plastische, zuweilen auch schmierige, sich fettig anfühlende Masse von braunschwarzer Farbe. Im trockenen Zustand ist sie im Gegensatz zu der dunkelbraunen bis schwarzen Feuerkohle gelb bis gelbbraun gefärbt. Die besten Sorten Schwelkohle hießen früher Pyropissit; sie kommen zurzeit nicht mehr vor, ihre Teerausbeute betrug 64 bis 66 %. Eine jetzt noch als gut geltende Schwelkohle gibt nach Scheithauer 10 % Teer, 52 % Wasser, 32 % Koks und 6 % Gas und Verlust. Die im Jahre 1905 verschwelten Kohlen der sächsisch-thüringischen Industrie gaben im Durchschnitt 3,9 kg Teer pro Hektoliter („Braunkohle“ 1906, S. 508). Bei gutem Absatz für Grudekoks werden jedoch auch noch Kohlen geschwelt, die nur 3 kg Teer liefern. Der schottissche Schieferton in Broxburn gibt 12 % Teer, 8 % Wasser, 9 % Koks, 4 % Gas und 67 % Asche, der Schwelschiefer von Messel bei Darmstadt liefert 6—10 % Teer, 40—45 % Wasser und 40—50 % Rückstand.

Torf, welcher geologisch als eine Vorstufe der Braunkohle anzusehen ist, liefert 2—6 % Teer (s. S. 362).

Bituminöser Asphalt von Hannover liefert 29—34 % Teer.

Zur Ermittlung der Teerausbeute genügt aus den oben dargelegten Gründen nicht eine Extraktion mit Lösungsmitteln, es muß vielmehr eine trockene Destillation in nachfolgender Weise ausgeführt werden.

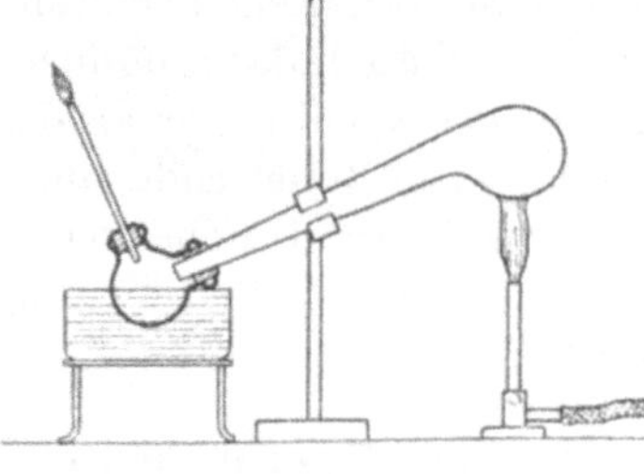

Fig. 94.

Eine tarierte, 150—200 ccm fassende Retorte (Fig. 94) aus schwer schmelzbarem Kaliglas, welche so beschaffen ist, daß die Dämpfe keine große Steighöhe überwinden müssen, ist mit einer tubulierten, in Wasser gekühlten tarierten Vorlage verbunden. 20 bis 50 g der zerkleinerten Kohle werden in dieser Retorte anfänglich mit kleinerer, später mit größerer Flamme solange erhitzt, bis keine Dämpfe mehr übergehen. Bei normal geführter, 4—6 Stunden dauernder Schwelung dürfen die aus dem kleinen Gasentbindungsrohr der Vorlage entweichenden Gase entweder gar nicht oder nur vorübergehend mit kleiner Flamme bei Annäherung einer Zündflamme brennen. Die den Koks enthaltende Retorte wird nach Beendigung des Versuches zurückgewogen. Das Destillat, bestehend aus weißlich bis gelblich gefärbtem trüben Wasser und Teer, wird gewogen, nachdem der in dem Retortenhals kondensierte Teer durch Aufschmelzen in die Vorlage gebracht ist. Durch Einstellen der Vorlage in heißes Wasser und Einfüllen von heißem Wasser in die Vorlage wird bewirkt, daß der Teer oben schwimmt. Nach dem Abkühlen wird der erstarrte Teer durchstochen, das Wasser abgegossen und die Vorlage mit dem an der Luft getrockneten Teer gewogen, nachdem der Rest des anhaftenden Wassers mit Fließpapier entfernt wurde. Sicherer arbeitet man, wenn man nach vorsichtigem Abgießen des Wassers den Teer durch Ausschütteln der Vorlage mit Benzol auszieht und im Auszug den Teergehalt bestimmt. Geringe Mengen von Wasser entfernt man durch Beigabe von wenig absol. Alkohol und Verdampfung des letzteren. Die bei der Schwelung gefundene Wasser- und Teermenge rechnet man auf 55 % Destillationswasser (Grubenfeuchtigkeit + Zersetzungswasser) um. Die so gewonnene theoretische Ausbeute wird noch auf den Großbetrieb umgerechnet, wofür man je nach den Betriebsverhältnissen 60—70 % der theoretischen Ausbeute annimmt. Der im Großbetrieb erhaltene Teer enthält weniger saure Körper und ist leichter als der bei der Probeschwelung gewonnene.

III. Bitumenbestimmung.

Je bitumenreicher eine Braunkohle ist, einen umso besseren Teer liefert sie, weshalb neben der Probeschwelung auch die Bitumenbestimmung als Güteprüfung der Kohle in Betracht kommen kann. Die für die Montanwachsfabrikation als Ausgangsmaterial dienenden Kohlen werden nach ihrem Bitumengehalt bewertet.

Zur Bestimmung des Bitumengehaltes werden 10 g gepulverter und getrockneter Kohle in dem S. 43, Fig. 16 angegebenen modifizierten Graefeschen Extraktionsapparat mit Benzol erschöpfend extrahiert. Der Extrakt wird in gewogener Schale eingedampft und im Trockenkasten bei 105⁰ bis zum Verschwinden des Benzolgeruchs erhitzt.

Die Bitumengehalte einiger Kohlen betragen nach Graefe (Laboratoriumsbuch S. 27)

Böhmische Braunkohle	1,29 %
Braunkohle von Texas	2,07
Braunkohle von Wladiwostok.	5,38
Sehr gute Schwelkohle	27,3
Pyropissit	69,5

IV. Eigenschaften des Rohteers.

a) Physikalische Eigenschaften. Der Braunkohlenteer ist bei Zimmerwärme butterartig fest, gelblichbraun bis dunkelbraun und riecht kreosotartig, z. T. auch nach Schwefelwasserstoff, welcher sich bei der Teerdestillation oft in erheblicher Menge bildet. Er wird bei mäßiger Erwärmung leichtflüssig, da er keine viskosen Schmierölanteile enthält, sein ep liegt je nach der Zusammensetzung zwischen + 15 und + 30⁰. Der Teer beginnt gegen 80⁰, bisweilen auch erst gegen 100⁰ zu sieden. Die Hauptmenge der Destillate geht zwischen 250⁰ und 350⁰, bei einigen Teeren zwischen 250⁰ und 300⁰ über.

b) Die chemische Zusammensetzung ist bei genaueren technischen Untersuchungen zu berücksichtigen[1]). Der Rohteer enthält

[1]) Um die Kenntnis der chemischen Zusammensetzung des Braunkohlenteers und der Schwelwässer der Braunkohle haben sich besonders E. Rosenthal (Angew. Chem. 1893, **6**, 109; 1901, **14**, 665; 1903, **16**, 221; Chem.-Ztg. **14**, 870), Oehler (Angew. Chem. 1899, **11**, 561), Heussler (Ber. 1892, **25**, 1665), Krafft (Ber. 1888, **21**, 2256), Ihlder (Angew. Chem. 1904, **17**, Heft 16) u. a. verdient gemacht.

als Hauptbestandteile gesättigte und ungesättigte Kohlenwasserstoffe. Erstere bilden die größere Menge und finden sich vom Heptan C_7H_{16} bis zum festen Heptakosan $C_{27}H_{56}$ vor; der immerhin noch starke Gehalt des Braunkohlenteers an ungesättigten Kohlenwasserstoffen bewirkt, daß Braunkohlenteeröle, ebenso die leichter schmelzenden Paraffine erheblich mehr Jod (erstere bis zu 70 %, Paraffin bis zu 9 %) absorbieren als die entsprechenden Öle aus Rohpetroleum. Auch die Schieferöle und in noch höherem Maße die Torföle absorbieren mehr Jod als Destillate des Rohpetroleums, und alle vorgenannten Öle aus Braunkohlen-, Schiefer- und Torfteer reagieren daher mit rauchender Salpetersäure und mit Schwefelsäure unter wesentlich stärkerer Temperaturerhöhung als die Öle aus Rohpetroleum. In geringeren, aber immerhin noch bemerkenswerten Mengen finden sich im Braunkohlenteer Phenole und Kresole, aromatische Kohlenwasserstoffe wie Benzol und dessen Homologe, Naphthalin (0,1—0,2 %), Chrysen $C_{18}H_{12}$ und Picen $C_{22}H_{14}$. Ferner sind in kleinen, für die Gewinnung allerdings nicht lohnenden Mengen Aldehyde, Ketone, Pyridinbasen von C_5H_5N aufwärts bis zum Parvolin $C_9H_{13}N$, auch Chinolin und Schwefelverbindungen wie Schwefelwasserstoff, Schwefelkohlenstoff, Thiophen C_4H_4S und Merkaptane gefunden worden.

c) **Verarbeitung des Braunkohlenteers** (Scheithauer). Der Braunkohlenteer der sächsisch-thüringischen Mineralöl-Industrie liefert 10—15 % Paraffin und 50—60 % Mineralöle. Das Paraffin wird nach der Höhe des Schmelzpunktes als Hart- oder Weichparaffin bezeichnet. Die Schmelzpunkte der Paraffine liegen zwischen 35° und 60° C.

Die Mineralöle sind nach dem spez. Gewicht geordnet folgende:

Solaröl mit dem spez. Gewicht von . . .	0,825/0,830	bei 17° C
Putzöl „ „ „ „ „ . . .	0,850/0,860	„ „
Gelböl „ „ „ „ „ . . .	0,860/0,870	„ „
Rotöl „ „ „ „ „ . . .	0,870/0,880	„ „
Gasöl (dunkles Paraffinöl) m. d. spez. Gew.	0,880/0,900	„ „
Schweres Paraffinöl mit dem spez. Gew.	0,900/0,920	„ „

Als Nebenprodukte werden in der Gesamtmenge 3—6 % gewonnen: Asphaltprodukte (Braunkohlenteerpech und Goudron), Rohkreosot, Kreosotnatron und Kreosotöl.

V. Technische Prüfung des Teers.

Für die technische Bewertung des Teers kommen in erster Linie folgende Punkte in Betracht:

a) **Das spezifische Gewicht** schwankt nach Graefe (Laboratoriumsbuch S. 29) je nach Ausgangsmaterial zwischen 0,850 und 0,910 bei 44⁰ (bei Steinkohlen- und Buchenholzteer ist es $>$ 1), es wird wegen der festen oder butterartigen Konsistenz des Teeres gemäß Versuchsbeschreibung S. 125 ff. mit Pyknometer oder Aräometer bei 44⁰ C bestimmt. Die wertvollen Teile des Teers, Kohlenwasserstofföle und Paraffin, erniedrigen, die minderwertigen Kreosotstoffe und basischen Anteile erhöhen das spez. Gewicht. Sehr gute Teere wiegen 0,820—0,830, schlechtere mehr als 0,910. Teere aus Braunkohlengeneratoren wiegen bis über 1,000 und sind dementsprechend auch gering zu bewerten.

b) **Der Erstarrungspunkt** liegt umso höher, je höher der Paraffingehalt des Teers ist.

Zur Prüfung taucht man das runde Quecksilbergefäß eines Thermometers in den geschmolzenen, auf 60—70⁰ erhitzten Teer und läßt nach dem Herausziehen des Thermometergefäßes dieses unter fortwährendem Drehen in einem schräg gestellten Erlenmeyerkolben gegen Luftzug geschützt abkühlen. Die Temperatur, bei welcher der Tropfen am Quecksilbergefäß erstarrt und sich mitzudrehen beginnt, ist die Erstarrungstemperatur (sogen. Galizische Methode). Paraffinreiche Teere erstarren bei 20—30⁰ und höher (s. auch S. 351).

c) **Die Destillationsprobe,** die wichtigste Prüfung zur Bewertung des Rohteers, läßt die Ausbeute an leichtem Rohöl und an Paraffinmasse erkennen. Die Siedegrenzen liegen zwischen 80 und 400⁰ (Hauptmenge zwischen 250—350⁰).

Man destilliert etwa 200 g Teer in einer Retorte, fängt zunächst das Destillat bis zu demjenigen Punkt, wo ein Tropfen auf Eis erstarrt, als „leichtes Rohöl", das weitere Destillat bis zu dem Punkt, wo gelblichrote harzige Massen (Picene) übergehen, als „Paraffinmasse" auf. Die rötlichen, Picen enthaltenden Teile werden getrennt aufgefangen. Der gewogene Destillationsrückstand stellt den Koks dar (1,5—4 %); die Gewichtsdifferenz der zur Destillation verwendeten Teermenge und der daraus gewonnenen gewogenen Produkte ergibt die Menge der Gase und Verluste. Bei genauer Prüfung bestimmt man die Destillate nach Temperaturintervallen (bis 150⁰, bis 250⁰ usw.) unter gleichzeitiger Beobachtung ihres Verhaltens auf Eis.

Nach Scheithauer lieferte ein Teer der sächsisch-thüringischen Mineralölindustrie 5 % Benzin, 5—10 % Solaröl, 10 % helle Paraffinöle, 30—50 % schwere Paraffinöle, 10—15 %

hartes Paraffin, 3—6 % weiches Paraffin, 3—5 % Asphaltprodukte, geringe Mengen Kreosot und 20—30 % Koks, Gas, Wasser.

d) Nachweis von Braunkohlenteer, dessen Destillaten und Rückständen gründet sich auf Gegenwart der höheren Homologen des Phenols, die beim Behandeln mit Diazobenzolchlorid die auf S. 289 beschriebene Reaktion geben.

VI. Prüfung der aus Braunkohlen- und Schieferteer erhaltenen öligen Destillate.

Die durch Destillation des Teers, Rektifikation und Abpressen der Paraffinmassen erhaltenen Öle (Benzin, Solaröl, Paraffinöl, Gasöl, Putzöl usw.) werden etwa in gleicher Weise wie die entsprechenden Produkte aus Rohpetroleum (s. S. 53 ff.) geprüft.

Für Gasöl aus Braunkohlenteer kommen noch folgende Punkte in Betracht:

a) Der Kreosotgehalt soll bei gutem Gasöl nur minimal sein.

Nach Graefe (Laboratoriumsbuch S. 32) schüttelt man 50 Teile des Destillates mit 30 Teilen Natronlauge von 38° Bé in einem graduierten Rohre und läßt unter Erwärmen absitzen. Nach etwa ½ Stunde haben sich 3 Schichten gebildet, von denen die obere aus kreosotfreiem Öl, die mittlere aus Kreosotnatrium, die untere aus wäßriger Lauge besteht. Zur gewichtsanalytischen Bestimmung des Kreosotes verdünnt man mit Wasser, so daß man nur noch zwei Schichten hat, hebt im Scheidetrichter die Ölschicht ab, säuert die wäßrige Schicht mit Salzsäure an und dampft nach dreimaligem Ausäthern die ätherische Lösung ein. Zu langes Erwärmen ist zu vermeiden, da die Kreosote bei dieser Temperatur bereits ziemlich flüchtig sind.

b) Der Schwefelgehalt kann bei leicht auf der Lampe brennbaren Destillaten nach Engler-Heußler (s. S. 80) oder nach Hempel-Graefe durch Verbrennung in Sauerstoff ermittelt werden (s. S. 292). Über den Schwefelgehalt der Braunkohlenteeröle s. S. 350.

c) Gehalt an in konz. Schwefelsäure löslichen sog. schweren Kohlenwasserstoffen wird nach S. 62 ermittelt. Eisenlohr ermittelt deren Menge durch mehrfaches Ausschütteln von 300 g Öl mit je 10 % konz. Schwefelsäure bis zu dem Punkte, wo das Öl keine Gewichtsabnahme mehr erleidet. Das mit H_2SO_4 behandelte Öl zeigt nach Angaben Graefes und entsprechend den früheren Ausführungen unter Petroleum und Gasöl (S. 83) bessere Ausbeute an Licht und Wärme, hat auch dementsprechend geringere Jodzahlen (9—15).

d) Destillationsprobe. Bei der Beurteilung eines Gasöls nach den Siedegrenzen ist zu berücksichtigen, daß ein Gasöl — ceteris paribus — als umso höherwertig angesehen wird, je geringer die Grenzen sind, innerhalb deren es siedet. Zweckmäßig ist es, die Siedegrenzen zu ermitteln, innerhalb welcher 80 % des Öls übergehen. (Deutsche Verbandsbeschlüsse 1909.)[1]) Wie Kreosot und ein hoher Gehalt an ungesättigten Kohlenwasserstoffen, so beeinträchtigt auch ein Gehalt an schwereren, über 300° siedenden Ölen den Vergasungswert; es ist daher durch einen Destillationsversuch die Menge dieser Öle bei der Prüfung der Gasöle festzustellen.

Die Siedeanalyse wird im Englerkolben (S. 32) vorgenommen; ermittelt werden die Destillate in Abständen der Siedegrenze von je 50°. Um zu entscheiden, ob es sich verlohnt, ein Destillat noch auf Paraffin zu verarbeiten, stellt man fest, nach wieviel Destillatprozenten das Destillat auf Eis erstarrt.

e) Der Gehalt an Weichparaffinen, welche sich in dem hauptsächlich aus leichteren Ölen bestehenden Gasöl finden, hat (Eisenlohr, Ztsch. f. angew. Chem. 1897, **10,** 300 und 332, und 1898, **11,** 549) eine besondere Bedeutung in Rücksicht auf den Vergasungswert dieser Öle. Nach Eisenlohrs Versuchen, welche auf dem bereits beschriebenen Apparat von Wernecke (S. 96) ausgeführt sind, ist — ceteris paribus — der Vergasungswert umso höher, je mehr Weichparaffine zugegen sind. Die von

[1]) Eine von Holde neuerdings zur Unterscheidung von sog. Lackbenzin (Terpentinersatz) und Leuchtpetroleum vorgeschlagene einfache Siedeprobe läßt sich vielleicht bis zu einem gewissen Grad auch zur Beurteilung von Gasöl verwerten. Die Probe beruht darauf, daß die Differenz (b — a) beim Siedebeginn zwischen Temperatur der siedenden Flüssigkeit (b) im Englerkolben und im Dampf (a, am Abzugsrohr gemessen) bei Lackbenzinen nur 5—18°, bei Leuchtölen 30—45° beträgt und beim Abdestillieren von etwa 20 ccm Öl bei Lackbenzinen auf 4—15°, bei Leuchtölen auf 21—44° sinkt. Dies Ergebnis wird dadurch bedingt, daß Lackbenzine in engeren Grenzen sieden als Leuchtpetrole, welche auch wesentlich mehr höher siedende Anteile haben; letztere erniedrigen die Dampfspannung bezw. erhöhen den Siedepunkt der niedriger siedenden Anteile in der siedenden Flüssigkeit.

Eisenlohr angeregte quantitative Bestimmung der Weichparaffine im Gasöl bedarf aber noch der Durcharbeitung.

Außer der S. 46 beschriebenen Methode hat sich besonders für praktische Zwecke nach Scheithauer das Verfahren von Zaloziecki bewährt. Man löst etwa 5 g Öl in der zehnfachen Menge Amylalkohol, fällt mit der gleichen Menge nahezu absol. Alkohols bei 0° das Paraffin aus und filtriert es bei dieser Temperatur.

f) **Der Flammpunkt** wird in einzelnen Fällen als Identitätsprobe und zur Kennzeichnung der Feuersicherheit bestimmt (s. Schmieröle).

g) **Die Bestimmung des Vergasungswertes** nach Wernecke-Helfers oder Hempel sowie der übrigen Punkte, welche ein summarisches Urteil über die Brauchbarkeit der Gasöle liefern, ist S. 94 ff. beschrieben.

Von den Schieferölen liefern die schottischen eine größere Gasausbeute als die französischen, erstere 54—58, letztere 43 bis 44 cbm Gas auf 100 kg Öl; die Messelschen Schieferöle liefern 57—58 cbm Gas mit 10,5 Hefner-Kerzen, 35 kg Teer und 4,6 kg Koks. Diese Angaben haben nur Vergleichswert für gleichartige Anlage und Vergasung. Über den Apparat von Wernecke-Helfers s. S. 96.

h) **Farbe, Leuchtwert und Kältebeständigkeit** von Solarölen und Gasölen werden auch gelegentlich bestimmt (s. S. 66ff.). Die

Tabelle 59.

Eigenschaften von Braunkohlenteerölen (Graefe, Laboratoriumsbuch).

Art des Öles	Spezifisches Gewicht × 1000	Siedebeginn °C	Siedeanalyse es destillieren bis 150° %	bis 200° %	bis 250° %	bis 300° %	Flüssigkeitsgrad nach Engler	Flammpunkt, Apparat Pensky-Martens °C	Brechungsexponent bei 17,5°
Braunkohlenbenzin	800—820	136	7	94	100	—	0,98	29	1,460
Solaröl	820—835	136	4	84	100	—	1,00	35	1,469
Putzöl	845—870	189	—	4	95	100	1,1	66	1,485
Gelböl		204	—	—	68	96	1,21	82	1,490
Rotöl	875—900	207	—	—	34	81	1,25	85	1,497
Gasöl		201	—	—	30	78	1,4	86	1,505
Schweres Paraffinöl	900—930	228	—	—	2	16	3,45	103	1,513

Farbe der Gasöle ist für die Bewertung belanglos (Deutsche Verbandsbeschlüsse 1909).

Putzöle aus Braunkohlenteer (leichte Paraffinöle) verursachen hie und da bei den mit den Ölen hantierenden Arbeitern Hautreizungen (s. S. 51 ff.). Um diesen Belästigungen der Arbeiter zu begegnen, ist zu prüfen, ob die Öle kreosotfrei sind (s. S. 346 unter a) und nicht mit Natronlauge reagieren (Deutsche Verbandsbeschlüsse 1909).

VII. Unterscheidung von Destillaten der Rohpetroleum- und Braunkohlenteerverarbeitung.

Die Feststellung der Herkunft eines Schmieröls (ob Produkt der Petroleum- oder Braunkohlenteerverarbeitung) geschieht nach folgenden Unterscheidungsmerkmalen:

Fast alle Braunkohlenteerdestillate geben in ihren alkalischen Auszügen bei der S. 289 beschriebenen Diazoreaktion rote Färbung oder Fällung, während Petroleumprodukte farblos bleiben oder höchstens gelb bis gelbbraun gefärbt werden.

Außerdem:

1. Die Braunkohlenteeröle sind vielfach am Geruche erkenntlich.

2. Das spez. Gewicht gibt einigermaßen Aufschluß, da die Braunkohlenteeröle sowie die Messeler und schottischen Schieferöle so hohes spez. Gewicht haben, daß gröbere Zusätze sich noch erkennen lassen.

3. Unterscheidung durch die Prüfung auf Kreosote.

5 ccm des Öls werden mit 30 ccm Natronlauge von 38^0 Bé in der Wärme in einem Meßzylinder tüchtig durchgeschüttelt und etwa 10 Minuten im kochenden Wasserbade der Ruhe überlassen. Bildet sich an der Trennungsstelle eine schwarze Schicht, so ist mit Sicherheit auf Gegenwart von Kreosot, d. h. eines Braunkohlen- oder Schieferteerproduktes zu schließen. Wenn das zu prüfende Öl zu dick ist, so verdünnt man es mit reinem, vorher auf Kreosot geprüftem Petroleum.

4. Jodzahl. Produkte der Braunkohlenteerverarbeitung enthalten beträchtliche Mengen ungesättigter Verbindungen und haben daher eine hohe Jodzahl. In nachstehender Übersicht sind die Jodzahlen von verschiedenen Mineralölprodukten aus Braunkohlenteer und Rohpetroleum zusammengestellt. (Graefe, Laboratoriumsbuch S. 127, Petrol. 1905—1906, **1**, S. 14, 81,

632 und 636). Aus der Tabelle geht zugleich der Unterschied der nach Hübl und nach Wijs bestimmten Zahlen hervor.

Tabelle 60.

Jodzahlen von Braunkohlenteer- und Erdölprodukten.

Art des Öles	Hübl	Wijs
Solaröl	77,0	85
Gasöl	63,0	69
Paraffinöl	52,0	60
Russisches Petroleum	0	0,8
Amerikanisches Petroleum	16,8	19,1
Deutsches Petroleum	0,73	3,0
Galizisches Petroleum	2,18	4,02
Ligroin	0,05	0,2

5. Schwefelgehalt. Während normal raffinierte Mineralölprodukte nur bis 0,03 % Schwefel enthalten, findet man in Produkten der Braunkohlenverarbeitung bis zu 2 % (s. Tabelle 61; Graefe, Laboratoriumsbuch S. 129).

Tabelle 61.

Schwefelgehalt einiger Braunkohlen- und Erdölprodukte.

Produkte aus Braunkohlenteer	%
Solaröl	0,83
Putzöl	0,78
Gelböl	0,76
Rotöl	0,86
Gasöl	1,36
Paraffinöl	0,99
Benzin	0,73
Goudron	0,97
Asphalt	1,65
Kreosotöl	1,15
Pyridinbasen aus Braunkohlenteeröl, bis 200° siedend	0,025
Produkte aus Erdöl	**%**
Petrolkoks von Wietzer Öl	0,74
Petrolkoks von Pechelbronner Öl	1,24
Gasöl aus Wietzer Erdöl	0,35

(Bestimmung des Schwefelgehalts s. S. 50, 79, 228).

VIII. Paraffinmassen, -schuppen und fertiges Paraffin aus Braunkohlenteer.

a) Paraffinbestimmung. Für ungefähre Ermittelungen wird die Rohparaffinmasse auf 2—3° abgekühlt und zwischen Filtrierpapier oder Leinewand gepreßt. Von dem abgepreßten und gewogenen Paraffin wird der Schmelzpunkt bestimmt.

Die genaue Bestimmung des Paraffins in diesen Massen geschieht ebenso wie in den Paraffinschuppen nach S. 46.

Weichparaffinschuppen aus Braunkohlenteer, welche nicht mehr als 14 % Öl enthalten, werden nach Eisenlohr (s. oben) wie folgt auf Paraffingehalt geprüft:

0,5 g Substanz werden in 100 ccm absol. Alkohol gelöst; nach Zusatz von 25 ccm Wasser wird die Masse auf — 18 bis — 20° abgekühlt. Das Paraffin wird in der S. 47 beschriebenen Filtriervorrichtung unter Anwendung der Saugpumpe filtriert und mit auf — 18° abgekühltem Alkohol von 80° Tr. ausgewaschen, bis das Filtrat auf Wasserzusatz klar bleibt. Das Paraffin wird nach Trocknung im Vakuumexsikkator bei 35—40° bis zur Gewichtskonstanz, die nach 6—8 Stunden eintritt, gewogen.

Nach Scheithauer hat sich das Verfahren von Zaloziecki (s. oben) zur Bestimmung des Paraffins auch in den Schuppen bewährt, wenn man diese in dem 15—20 fachen Gemisch von Amyl- und Äthylalkohol löst.

Sonstige Untersuchungen der Paraffinschuppen und fertigen Paraffine s. S. 264 und unter „Kerzenmaterialien".

b) Der Schmelzpunkt und Erstarrungspunkt des Paraffins ist eines der wichtigsten Kriterien für die technische Brauchbarkeit des Materials, da ein Paraffin umso wertvoller ist, je höher sein Schmelzpunkt liegt. Bei der Feststellung des Erstarrungspunktes von Paraffin ist zu beachten, daß beim Auskristallisieren Fraktionierung in dem Sinne stattfindet, daß die in der Mitte der Paraffintafel gelegenen Teile den höchsten Erstarrungspunkt zeigen, während er nach dem Rande zu niedriger wird. So hat Breth (Petrol. 1911, **7**, 106) Unterschiede bis zu 0,7° festgestellt. Es ist deshalb für einwandfreie Versuche erforderlich, eine ganze Paraffintafel aufzuschmelzen und dann aus der durchgerührten Schmelze die Durchschnittsprobe zu entnehmen.

1. Die Schmelzpunktsbestimmung im Kapillarröhrchen (s. a. S. 404) wird von einzelnen Fabriken den anderen Methoden gegenüber bevorzugt, weil sie nicht nur den Endpunkt des Schmelzens, sondern auch den für die technische Beurteilung wichtigen Beginn des Schmelzens zu beobachten gestattet. Bei guten Paraffinen sollen Anfangs- und Endpunkt des Schmelzens nicht mehr als 2° auseinanderliegen.

2. Die Hallesche Methode, die für die zolltechnische Untersuchung von Paraffinmaterialien vorgeschrieben ist,

ist unpraktisch und diffizil auszuführen. Als Beginn des Erstarrens gilt hier die Paraffinnetzbildung in einem flüssigen Paraffintropfen, welcher auf heißem, sich allmählich abkühlendem Wasser schwimmt.

Die vom „Verein für Mineralölindustrie in Halle a. d. S." ausgearbeitete Vorschrift lautet:

„Ein kleines mit Wasser gefülltes Becherglas, ca. 7 cm hoch, 4 cm Durchmesser, wird auf 70° erwärmt; auf das Wasser wird ein kleines Stückchen Paraffin geworfen von einer Größe, daß es beim Zusammenschmelzen ein rundes Auge von höchstens 6 mm Durchmesser bildet. Sobald dieses flüssig ist, taucht man ins Wasser ein Normal-Celsiusthermometer so tief ein, daß das Quecksilbergefäß ganz vom Wasser bedeckt ist. Im Augenblick, wo sich am Paraffinauge ein Häutchen bildet, liest man den Erstarrungspunkt ab. Das Becherglas wird durch Glastafeln während des Versuchs vor Zugluft geschützt; auch darf der Hauch des Mundes beim Beobachten der Skala das Paraffinauge nicht treffen."

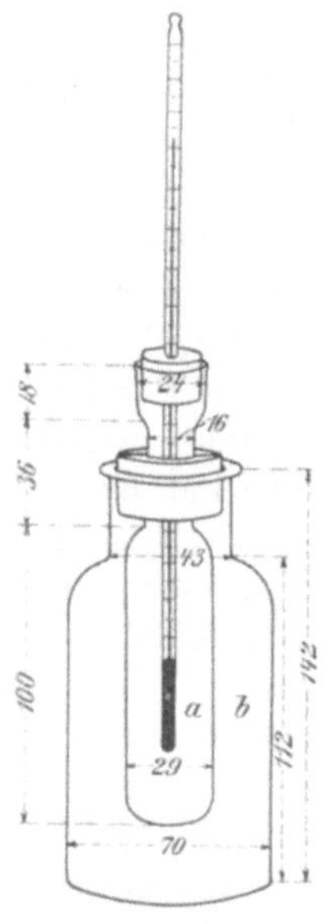

Fig. 95.

Man muß bei gleicher Laboratoriumstemperatur arbeiten und das Becherglas nicht über die Hälfte mit Wasser füllen, weil sonst mehr Luftkühlung stattfindet und der Erstarrungspunkt höher ausfällt. Bei gemischten Paraffinen (weichen und harten, hoch und niedrig schmelzenden) sind Täuschungen sehr leicht möglich. Das Wasser darf ferner nicht eine wesentlich höhere Temperatur haben als das Paraffinauge, da sich dieses sonst zu sehr auf der Oberfläche ausbreitet und der Erstarrungspunkt bedeutend niedriger ausfällt; bei gleicher Temperatur bleibt das Paraffin oben gewölbt, und der Erstarrungspunkt ist ein höherer.

3. Der Shukoffsche Apparat (Chem.-Ztg. 1901, **25**, Nr. 95), Fig. 95, wird neuerdings für die Bestimmung des Erstarrungspunktes von Paraffin in großem Umfang verwendet. (Dieser Apparat ist eine handlichere Umformung der bekannten Dalikanschen und Finkenerschen Apparate zur Bestimmung des Erstarrungspunktes von Fetten.) Als Erstarrungspunkt gilt hier derjenige Wärmegrad, bei welchem während der Abkühlung des geschmolzenen Paraffins das Thermometer deutlich längere Zeit stehen bleibt, oder derjenige höchste Wärmegrad, bis zu

welchem das Thermometer von selbst nach einigem Verweilen auf einem Punkte ohne äußere Wärmezufuhr steigt.

Bei den von erheblichen Stearinsäurezusätzen freien Paraffinmassen wird immer nur Stehenbleiben, nicht aber Ansteigen der Temperatur beobachtet.

Nach Shukoffs Vorschrift werden 30—40 g der zu prüfenden Kerzenmasse im Gefäß *a* geschmolzen. Sobald die Temperatur der Masse auf etwa 5° oberhalb des Erstarrungspunktes gesunken ist, wird der Apparat stark und regelmäßig geschüttelt, bis der Inhalt deutlich trübe und undurchsichtig geworden ist. Dann wird ohne Schütteln jede halbe Minute beobachtet, bei welchem Punkt das Thermometer stehen bleibt, oder bis zu welchem höchsten Punkt es nach dem Stehenbleiben ansteigt.

4. Bestimmung des Erstarrungspunktes am sich drehenden Thermometer (sog. galizische Methode) ist nach Graefe in der sächsisch-thüringischen Industrie üblich.

Die Versuchsausführung ist auf S. 345 beschrieben. Wiederholungsversuche stimmen auf etwa 0,5° überein.

Die nach dem Shukoffschen Verfahren erhaltenen Ergebnisse zeigen bei Wiederholungsversuchen höchstens Unterschiede von wenigen Zehntelgraden und stimmen bedeutend besser überein als die nach der Halleschen Methode erhaltenen Zahlen. Bei der Bestimmung am rotierenden Thermometer erhält man gegenüber der Shukoffschen Methode um 0,5—1° höhere Werte. Bei besseren Paraffinkerzen differieren Beginn und Endpunkt des Schmelzens im Kapillarrohr um höchstens 2—4°, Anfang des Schmelzens liegt über 50°, Endpunkt zwischen 53 und 55°. Die geringeren Marken beginnen schon bei 47—48° zu schmelzen. Endpunkt des Schmelzens und Erstarrungspunkt, nach Hallescher Methode bestimmt, liegen nahe beieinander, selten gehen die Unterschiede bis zu 2°. Die nach der Halleschen Methode gefundenen Zahlen liegen gewöhnlich etwas niedriger als die Endpunkte des Schmelzens im Kapillarrohr und meistens fast genau so hoch wie die nach Shukoff ermittelten Zahlen.

Graefe hat gezeigt, daß bei Mischungen von Montanwachs oder Hartparaffin mit minderwertigem Weichparaffin der Charakter des Materials nur durch ein Verfahren richtig gekennzeichnet werden kann, welches, wie das Shukoffsche, die Beobachtung der Erstarrungswärme einschließt.

Die neuerdings zur Erhöhung des Schmelzpunktes von Kerzenparaffin empfohlenen Anilide der höheren Fettsäuren, Reten usw. erhöhen bei den unter b 1 und 2 beschriebenen Methoden scheinbar den Erstarrungspunkt merklich dadurch, daß sie bei einer höheren Temperatur auskristallisieren, bei der das Paraffin bereits ganz geschmolzen ist.

5. Zur Bestimmung des Tropfpunktes, die für zolltechnische Unterscheidung von Paraffin und Zeresin gemäß Vorschrift der Steuerbehörden nach Finkener ausgeführt wurde, eignet sich besser der Apparat von Ubbelohde (s. S. 247).

c) **Die Kontraktion** des geschmolzenen Paraffins beim Erstarren beträgt nach Graefe (Chem. Rev. 1910, **17**, 3) 11—15 %, höher schmelzende Paraffine zeigen größere Kontraktion.

d) **Bestimmung des Kolophoniums** geschieht wie bei Zeresin unter Auskochen mit 70 proz. Alkohol (s. S. 318).

e) **Sonstige Zusätze oder Verunreinigungen** werden nach den unter „Mineralschmieröle" beschriebenen Verfahren ermittelt.

Für die fertigen Paraffinkerzen kommt noch folgende Prüfung in Frage:

f) **Gehalt an Weich- und Hartparaffin** wird nach S. 264 bestimmt.

g) **Unterscheidung des Braunkohlenteerparaffins von Erdölparaffin.** Weil das durch Schwelen von Braunkohlen und Schieferton erhaltene Paraffin in seiner technischen Verwendbarkeit gegenüber dem Erdölparaffin höher bewertet wird (s. a. S. 359), und aus zolltechnischen Gründen ist die Feststellung der Herkunft eines Paraffins häufig von Wichtigkeit. Bei reinen Produkten kann nach Graefe der Nachweis in einfacher Weise derart geführt werden, daß man 1—2 ccm geschmolzenes Paraffin auf das gleiche Volumen konz. Schwefelsäure schichtet und einige Zeit bei Wasserbadtemperatur unter Vermeidung starken Schüttelns stehen läßt. Petrolparaffine bleiben dabei hell oder färben höchstens die Säure, die aber auch klar bleibt, während Schwelparaffine (Braunkohlenteer- und Schieferteerparaffine) sich gelb bis braun färben und gewöhnlich auch die Säure trüben. Ein anderer Unterschied besteht nach Krey und Graefe darin, daß die Jodzahlen reiner Petroleumparaffine 0,4—1,9 betragen, bei Schwelparaffinen dagegen 3,3—5,8.

Jedoch versagen beide Prüfungsarten bei rohen und teilweise gereinigten Produkten. Ein in jedem Falle brauchbares Verfahren von Marcusson und Meyerheim (Ztsch. f. angew. Chem. 1910, **23**, 1057) beruht darauf, aus den Paraffinen die in mehr oder minder geringfügigen Mengen stets vorhandenen öligen Anteile abzuscheiden und auf Jodzahl zu prüfen. Man verfährt dazu zweckmäßig wie folgt:

100 g Paraffin werden in 300 ccm Äthyläther[1]) unter Erwärmen gelöst und mit dem gleichen Raumteil 96proz. Alkohol versetzt; bei stark ölhaltigen Rohparaffinen genügt es, 50 g Material und die Hälfte der angegebenen Reagenzien zu verwenden. Das beim Abkühlen mit fließendem Wasser ausfallende Paraffin wird auf einem Büchnertrichter abgesaugt, das Filtrat durch Abdestillieren vom Lösungsmittel befreit, der Rückstand in 50 ccm Äther gelöst und mit 50 ccm 96proz. Alkohol von neuem gefällt. Die Fällung wird jetzt aber, um das feste Paraffin möglichst scharf abzutrennen, bei —20° vorgenommen (entsprechend dem Paraffinbestimmungsverfahren nach Holde, S. 46). Die vom Niederschlag befreite Alkoholätherlösung ergab nach dem Abdestillieren des Lösungsmittels die öligen Anteile, welche in einigen Fällen noch durch schwarze harzartige Teilchen verunreinigt waren. Zur Entfernung der Harzstoffe wurde mit leicht siedendem Benzin aufgenommen, filtriert und das Filtrat eingedampft. Von dem Rückstande, welcher teils rein ölig war, teils weichparaffinartiges Aussehen zeigte, wurde dann die Jodzahl nach dem bekannten Verfahren von Hübl-Wallerb estimmt (S. 446).

Nach diesem Verfahren beträgt die Jodzahl der aus Erdölparaffinen abgeschiedenen öligen Anteile 3—12, die Jodzahl der entsprechenden Öle aus Braunkohlen- und Schieferteerparaffin 18—31, und zwar treten diese Unterschiede bei gereinigten und rohen Paraffinen in gleicher Weise auf.

IX. Paraffinkerzen und Kompositionskerzen.

a) Begriffsfeststellung. Alle Paraffinkerzen enthalten kleine Mengen, 1—2 %, Stearin, welche zur Erleichterung des Herausbringens der gegossenen Kerzen aus den Formen zugesetzt werden. Kompositionskerzen sind solche Kerzen, die aus wechselnden Mengen Paraffin und beträchtlichen Mengen Stearin (in der Regel ⅓ Stearin) bestehen. Durch den großen Stearinzusatz verlieren die Kerzen die Transparenz der Paraffinkerze und werden den höherwertigen Stearinkerzen somit auch äußerlich ähnlicher, der Stearinzusatz wird bei der Herstellung ständig kontrolliert, damit er sich

[1]) Es erscheint zweckmäßiger, statt des feuergefährlichen und weit schwerer neben Alkohol rein wiederzugewinnenden Äthers Chloroform zu benutzen, wie dies inzwischen auch schon von anderer Seite vorgeschlagen ist.

innerhalb der zulässigen Grenzen bewegt. Die untere Grenze ist durch die bei geringen Stearinzusätzen beginnende Transparenz des Gemisches, die obere durch die Preisdifferenz von Paraffin und Stearin bedingt. Nach Krey differiert der Stearingehalt in Spitze und Fuß der Kompositionskerzen oft um 2—3 %; diese Differenz rührt nach Graefe (Braunkohle **3**, 109) von der in verschiedenen Schichthöhen ungleichartigen Temperatur des Kühlwassers her, durch welches die gegossenen Kerzen zum Erstarren gebracht werden.

Zu Kompositionskerzen wählt man meistens nicht das sehr hochschmelzende, sondern ein nahe bei 50° schmelzendes Paraffin. Ein Zusatz von wesentlich unter 49° schmelzendem Paraffin gilt als Qualitätsverminderung.

Der Schmelzpunkt der Mischungen von Stearin und Paraffin liegt entsprechend dem Raoultschen Gesetz niedriger als der berechnete mittlere Schmelzpunkt. Nach Graefe (Laboratoriumsbuch S. 87) kann man den Schmelzpunkt eines Paraffingemisches berechnen nach der Formel

$$\frac{f \cdot a + f' \cdot b}{a + b},$$

wo f und f′ die Schmelzpunkte der einzelnen Sorten, a und b die angewendeten Mengen bedeuten.

b) Alkoholkerzen. Vor längerer Zeit und neuerdings wieder kamen auch Paraffinkerzen in den Handel, bei denen der äußere Eindruck der weißen Stearinkerze durch Alkoholzusatz zum Paraffin unter wesentlich geringerem Stearinzusatz, als bei Kompositionskerzen sonst üblich ist, erreicht wurde. Durch Verdunsten des Alkohols, besonders beim Brennen, wird die Kerze allmählich durchsichtiger.

Zur Bestimmung der Menge der flüchtigen Zusätze schmilzt man nach Graefe (Laboratoriumsbuch S. 110) 5—10 g des Materials in einem gewogenen Reagenzglas und bläst fünf Minuten lang einen nicht zu schnellen trockenen Luftstrom durch die geschmolzene Masse. Die Gewichtsdifferenz entspricht dem Gehalt an flüchtigen Stoffen.

c) Prüfung. Die Untersuchung der Kerzen gestaltet sich nach Graefe (Seifensiederzeitung 1909, 1279 und 1332) folgendermaßen:

Ob eine Kerze eine reine Paraffin- oder eine Kompositionskerze ist, kann man häufig schon durch den bloßen Augenschein ermitteln, da Paraffinkerzen ein mehr durchscheinendes, Kompositionskerzen ein mehr milchiges, undurchsichtiges Äußere zeigen. Da die Zusammensetzung der Kerze am Kopf- und am Fußende verschieden ist (siehe oben), so wird zur Analyse die ganze Kerze aufgeschmolzen und der Docht entfernt; von der gut durchgerührten Schmelze werden die einzelnen Proben entnommen.

1. Stearinsäuregehalt. 10 g Material werden im Becherglas mit 50 ccm 50proz. Alkohol versetzt, durch Erwärmen zum Schmelzen gebracht und nach Zusatz von Phenolphthaleïn mit $^{1}/_{10}$ N.-Kalilauge titriert. (Die Kalilauge hat gegenüber der Natronlauge den Vorteil, daß die Kaliseifen nicht so schnell erstarren als die Natronseifen.) Man läßt die titrierte Lösung erkalten, hebt den Paraffinkuchen ab, den man mit Wasser wäscht, nochmals mit heißem Wasser aufschmilzt, abermals erstarren läßt, trocknet und wägt. Die mit den Waschwässern vereinigte Seifenlösung wird nach Verdünnen mit Wasser auf 200 ccm mit Salzsäure schwach angesäuert, die ausgeschiedenen Stearinsäureflocken abfiltriert, mit Wasser mineralsäurefrei gewaschen, mit Wasser aufgeschmolzen und der erstarrte Kuchen getrocknet und gewogen. Der titrimetrische und gravimetrische Befund differieren nur ganz unerheblich voneinander.

Von dem abgeschiedenen Paraffin und Stearin bestimmt man den Schmelzpunkt nach einem der oben beschriebenen Verfahren, und zwar findet man den Schmelzpunkt der Komponenten bei stearinsäurereichen Gemischen stets höher als den der ursprünglichen Kerze, da durch den Stearinsäurezusatz der Schmelzpunkt des Paraffins herabgesetzt wird.

Den Gehalt des Stearins an Ölsäure bzw. Isoölsäure (Jodzahl 90,1) ergibt die Bestimmung der Jodzahl. Eine Jodzahl von 4,5 würde demnach einem Gehalt von 5 % Ölsäure oder Isoölsäure entsprechen.

Zur Untersuchnug des abgeschiedenen Paraffins auf Herkunft aus Erdöl oder Braunkohlenteer kann das S. 354 angegebene Verfahren dienen.

2. Gehalt an Weichparaffin. In dem nach 1 abgeschiedenen stearinsäurefreien Paraffin wird der Gehalt an Weichparaffin nach S. 264 bestimmt.

3. Bei der photometrischen Prüfung der Kerzen ist festzustellen, ob sie rußen, ablaufen und beim Auslöschen riechen. Bei genauen photometrischen Messungen, die ähnlich den beim Leuchtöl angegebenen ausgeführt werden, hat sich gezeigt, daß reine Paraffinkerzen bei gleichem Materialverbrauch mehr Licht liefern als Kompositionskerzen.

4. Prüfung auf Säureamide. Montanwachs und Karnaubawachs. Um Kerzen aus Weichparaffinen höhere

Stabilität zu geben, werden ihnen Stearinsäureanilid und ähnliche Säureamide (Patent von C. Liebreich), Montanwachs und Karnaubawachs zugesetzt.

Die stickstoffhaltigen erstgenannten Verbindungen geben beim Schmelzen der Kerzenmasse mit metallischem Natrium und Behandeln der gelösten Schmelze mit Eisenvitriol und Eisenchlorid Berlinerblau.

Die Zusatzstoffe kann man im Paraffin anreichern durch Erwärmen der Masse auf 5—10° unter den scheinbaren Schmelzpunkt, Abpressen im erwärmten Filtertuch mit erwärmten Platten und Behandeln des geschabten Rückstandes mit kaltem Benzol, in dem sich nur Paraffin leicht, Stearinsäureanilid, Montanwachs und Karnaubawachs aber schwer lösen. Die beiden letzteren sind nach Untersuchungen von Graefe (Laboratoriumsbuch S. 88) durch Verseifungs- und Säurezahl zu identifizieren.

Der genannte Autor fand die in Tabelle 62 zusammengestellten Werte.

Tabelle 62.

	Montanwachs			Karnaubawachs	
	Probe I	Probe II	Probe III	Probe I	Probe II
Säurezahl	101,6	71,0	42,4	13,78	10,60
Verseifungszahl . .	101,6	73,8	62,0	75,38	80,60
Ätherzahl	—	2,8	19,6	61,60	70,00

d) Biegeprobe. Diese Probe kennzeichnet die Neigung der Kerzen zum Verbiegen, welche vom Gehalt an Weichparaffin abhängig ist.

22 cm lange Kerzen, welche an der Spitze 16 mm, am Fuß etwa 18 mm stark sind, werden an ihrem Fußende in runde Löcher eines senkrecht aufgestellten Brettes horizontal eingefügt und auf Biegung unter dem Eigengewicht geprüft.

Der herausragende Teil der Kerze wird 21 cm lang gewählt. Nach einstündigem Stehen bei 22° (nach Graefe bei 25°) wird die Durchbiegung der Kerzen in Millimetern, am genauesten durch Ablesung am Kathetometer, ermittelt. Je größer die Durchbiegung in einer Stunde, umso geringwertiger ist, ceteris paribus, das Material.

Bei Untersuchung anders geformter Kerzen ist das Material in die für die Biegeprobe angegebene Form zu bringen. Zu diesem Zwecke wird die (Metall)-Form angewärmt; etwas über den Erstarrungspunkt erwärmt wird die geschmolzene Masse in die Form eingegossen und diese in Kühlwasser von Zimmertemperatur bis zum Erstarren der Masse gekühlt.

Die Biegeprobe soll nur mit Kerzen vorgenommen werden, die sich wenigstens 6 Stunden außerhalb der Form und dabei mindestens 3 Stunden in dem Raum befinden, in dem die Biegeprobe vorgenommen wird.

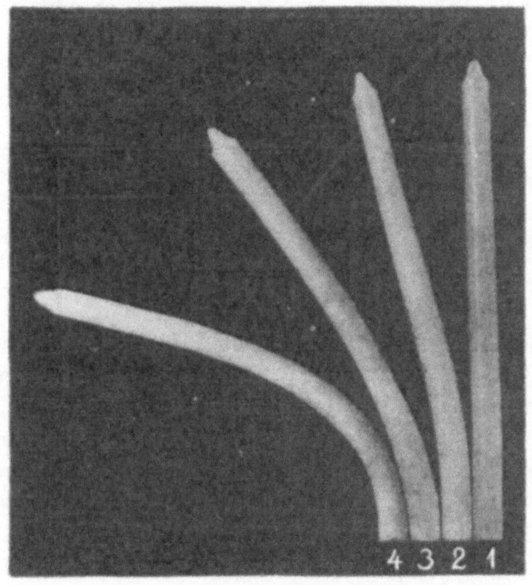

Fig. 96.

Fig. 96 zeigt Kerzen aus verschiedenen Paraffinen nach der Biegeprobe. Es bedeutet:

1. Kerze aus Braunkohlenteerparaffin vom Schmp. 53^0, 2. Kerze aus Braunkohlenteerparaffin vom Schmp. 50,5^0, 3. Kerze aus Erdölparaffin vom Schmp. 50,7^0, 4. Kerze vom Schmp. 50,4^0 gemischt aus Paraffin vom Schmelzpunkt 35,3 und 60,6^0. Aus der Figur geht nicht nur der Einfluß des Weichparaffins auf die Stabilität der Kerzen hervor, sondern auch die größere Güte des Braunkohlenparaffins vor dem Erdölparaffin. Es hat sich wiederholt gezeigt (Graefe, Laboratoriumsbuch S. 85), daß Kerzen aus Schwelparaffin sich bei der Biegeprobe günstiger verhalten als solche aus Erdölparaffin vom gleichen Schmelzpunkt.

C. Schwelprodukte des bituminösen Schiefers.

I. Schieferteer.

Der jetzt in Schottland geschwelte Schiefer gibt gegenüber der früher dort verarbeiteten Bogheadkohle, die bis 35 % Teer lieferte, nur 8—14 % Teer. Der Messeler bituminöse Schiefer gibt 6—10 % Teer. Die Schwelfähigkeit wird in gleicher Weise wie bei den Kohlen geprüft (s. S. 341).

Tabelle 63.

Verarbeitungsprodukte	Schottischer Schieferteer	Messeler Teer
Naphtha	4 %	4 %
Öldestillat	48 %	50—55 %
Rohparaffin	12 %	12—15 %
Koks, Gas und Verlust . .	35 %	33 %

Im großen wird in stehenden kontinuierlich arbeitenden Retortenöfen der Systeme Henderson und Young-Beilby unter Mitwirkung von überhitztem Wasserdampf geschwelt. Die hierbei entstehenden Gase werden mit minderwertigem oder ausgekoktem Schiefer unter den Retorten verheizt und dienen ferner zur Beleuchtung der Arbeitsräume oder zum Betriebe der Motoren. Das Schwelwasser enthält ca. 0,6 % Ammoniak und wird dementsprechend auf Ammoniumsulfat verarbeitet. Die Messelschen Schwelwässer liefern noch Brenzkatechin.

Auch in Kanada sind neuerdings, und zwar in Neu-Braunschweig und Neu-Schottland, sehr erhebliche Befunde von bituminösem Schiefer, sog. Albertit, gemacht worden, die in der Aufschließung nach schottischem Vorbild begriffen sind.

Der Schieferteer (spez. Gew. 0,850—0,900, Schmelzpunkt sehr schwankend) wird in gleichen oder ähnlichen Blasen wie der Braunkohlenteer, aber ohne vorherige chemische Reinigung destilliert, in Messel ausschließlich im Vakuum. Die Unterstützung der Destillation durch Wasserdampf ist bei Schieferteer unschädlich. Die Öldestillate sind etwa die gleichen wie beim Braunkohlenteer und werden auch entsprechend verarbeitet und geprüft. Die Paraffinkristallisation geschieht in Messel unter steter Bewegung. Überall wird zum Auskristallisieren künstliche Abkühlung durch Kältemaschinen benutzt.

II. Ichthyol.

a) Begriffserklärung. Unter „Ichthyol“ versteht man im allgemeinen ein wasserlösliches Öl, das aus schwefelreichem, durch Destillation von bituminösem Seefelder Schiefer (Tirol) usw. gewonnenem Rohöl durch Sulfurieren und Neutralisieren mit Ammoniak oder Soda erhalten wird, unter dem Namen Ammonium sulfoichthyolicum usw. in den Handel kommt und bis zum Jahre 1900 wohl ausschließlich von der Hamburger Ichthyolgesellschaft Cordes, Hermanni & Co. hergestellt wurde (Lüdy, Chem.-Ztg. 1903, **27**, 984; Pharm. Zentralh. 1903, 795). In den letzten Jahren sind verschiedene Konkurrenzprodukte unter dem Namen „Ichthyopon“ usw. in den Handel gelangt. Das Ichthyol dient vielseitigen therapeutischen Zwecken, z. B. der Heilung von Rheumatismus, Hautekzemen, Entzündungen usw. Der Name Ichthyol ist von Schröter, welcher zuerst 1883 ein Patent zur Herstellung von Ichthyol genommen hat, deshalb gewählt, weil sich in dem Schiefer, aus welchem das Rohöl durch Destillation gewonnen wird, Abdrücke von Fischen finden (ἰχθύς = Fisch, oleum = Öl).

Nach dem DRP. 216906 von N. Zwingauer (Chem.-Ztg. Rep. 1910, **34**, 26) erhält man bei der Destillation des zerkleinerten bituminösen Gesteins im Vakuum unter Einleiten von überhitztem Wasserdampf ein dickes, braunes, nur schwach riechendes schwefelhaltiges Öl vom spez. Gew. 1,0 und der Viskosität 17,7, das sich leicht sulfurieren läßt und höheren therapeutischen Wert besitzen soll.

b) Eigenschaften des Rohöls. Das zur Darstellung des Ichthyols dienende Rohöl ist durchsichtig, braungelb, hat 0,865 spez. Gew. und siedet zwischen 100 und 255°. Die verschiedenen Fraktionen riechen nach Merkaptanen, aber auch petroleumartig. Verdünnte Säuren entziehen dem Öl geringe Mengen N-haltiger Basen, die nach Dippelschem Öl riechen. Die Dämpfe färben konz. Schwefelsäure violett bis blau.

Elementaranalyse: 77,25—77,94 % C, 10,5 % H, 10,7 % S und 1,1 % N. Alkoholisches Kali und Natriumamalgam entziehen dem Öl keinen S. (Baumann und Schotten durch Pharm. Zentralh. 1883, 447). Nach Schröter enthält das Rohöl nur 2,5 % S. Dieser steigt erst durch die Sulfurierung auf 10 %

(Pharm. Zentralh. 1883, 113). Es scheint hiernach, als ob Baumann und Schotten, auf deren Prüfung sich auch die nachstehenden Angaben beziehen, ein anderes Öl als Schröter geprüft haben.

c) **Eigenschaften des Ichthyols.** Das Ichthyol löst sich in Wasser mit brauner Farbe unter Fluoreszenz klar auf; stärkere Säuren fällen aus der Lösung ein Harz, das eine in Wasser lösliche stickstoffreie organische Säure ist und aus der Lösung wieder durch Mineralsäuren abgeschieden wird. (Auffällig ist das dem Türkischrotöl sehr ähnliche Verhalten des Ichthyols, s. S. 512). Das Ichthyol ist nach Baumann und Schotten auch stickstofffrei. Offenbar haben letztgenannte Autoren auch nur das Natrium sulfoichthyolicum geprüft, denn sie stellten auch als Formel $C_{28}H_{36}Na_2S_3O_6$ fest. Schwefel fanden sie hiernach 15,73 %. Der Schwefel scheint z. T. als Sulfogruppe, z. T. nach Art des Merkaptanschwefels oder der organischen Sulfide direkt in Verbindung mit C zu stehen. Da die Sulfosäuren als solche keine Wirkung auf den tierischen Organismus ausüben, hat die therapeutische Anwendung des Ichthyols insbesondere mit dem an C gebundenen S zu rechnen, während die Sulfogruppe nur die Wasserlöslichkeit und leichte Resorbierbarkeit des Präparats bedingt.

d) **Prüfung des Ichthyols.** Nach den Bestimmungen der deutschen Pharmakologenkommission 1886 soll sich das Ichthyol in Wasser oder in einem Gemisch von gleichen Teilen Weingeist und Äthyläther klar auflösen. Nach den Angaben von Lüdy finden sich als Verunreinigungen Ammoniumsulfat und geringe Ölmengen (Pharm. Zentralh. 1903, 797).

D. Torfteer.

I. Technologisches.

Die große Ausdehnung der Torfmoore hat schon zu zahlreichen Problemen und Patenten hinsichtlich einer guten Ausnutzung der Torflager Veranlassung gegeben. Wesentlich ist zunächst die billige und unabhängig von der Witterung zu vollziehende Beseitigung des etwa 90 % betragenden Wassergehaltes der Torfmassen unter entsprechender Herabminderung ihres Volumens. Am vorteilhaftesten hat sich für diesen Zweck die Schwelerei bewährt, bei der die abziehenden Feuergase gleich den Torf vortrocknen. Der aus den Pressen kommende Torf kann nach der Vortrocknung unbeschadet transportiert und in Luftschuppen sich selbst überlassen bleiben. Die übrigen auf eine Trocknung abzielenden Patente galten bis vor einigen Jahren als zu kompliziert und gestatteten nicht eine genügende Verringerung des Torfvolumens. Neuere Verfahren, z. B. von W. Wielandt, Oldenburg, (Chem.-Ztg. 1912, **36**, 1305) sollen unter Anwendung geeigneter Baggermaschinen die bisherige Schwierigkeit bei der Lufttrocknung und Aufarbeitung des Torfes vermeiden lassen.

Bei der Schwelerei wird der Torf entweder ganz verkokt — der Koks wird dann statt Holzkohle in der Metallurgie benutzt — oder halb verkohlt, so daß eine gute Heizkohle entsteht. Als Schwelprodukte resultieren so 4 oder 2 % Teer, 40 bzw. 36 % Schwelwasser, 21 bzw. 12 % Gase.

Der dem Braunkohlenteer ähnliche Torfteer wird auch entsprechend verarbeitet auf wenig Photogen, Solaröl, Gasöl, Paraffin und die zugehörigen Kreosote. Eine größere Bedeutung hat der nur in untergeordneten Mengen bisher erhaltene Torfteer noch nicht gewonnen.

II. Analyse.

a) Zur Versuchsschwelung im Laboratorium ist eine gute Durchschnittsprobe von etwa 0,5 kg aus einer eisernen Retorte zu destillieren. Der Aschengehalt soll 6—8 % nicht übersteigen. 70 % des erhaltenen Teers werden wie bei der Braunkohle als Ausbeute des Großbetriebes berechnet. Der zu verschwelende Torf hat 20—30 % Wassergehalt.

Entsprechend der natürlichen Stellung des Torfes zwischen Holz und Kohle enthält das Schwelwasser hauptsächlich Ammoniak, Methylalkohol und Holzessig.

b) Schwelwasseranalyse. Ammoniak wird durch Destillation mit NaOH und Auffangen in $^1/_2$ N.-H_2SO_4 bestimmt und als Ammonsulfat berechnet (1 ccm ½ N.-Säure = 0,033 g Ammonsulfat). Essigsäure wird nach Entfernung der flüchtigen Basen durch Destillation mit Natronlauge und Ansäuern mit Phosphorsäure im Dampfstrom abdestilliert und mit Normalnatronlauge titriert (1 ccm $^1/_1$ N.-Lauge = 0,079 g essigsaurer Kalk). Der Methylalkohol wird nach mehrfacher Rektifizierung mittels Kolonnenapparates durch Behandlung mit Jod und rotem Phosphor als Jodmethyl bestimmt, das abdestilliert, unter Wasser aufgefangen, und im Meßzylinder abgelesen wird. Bei Verwendung von 5 ccm Holzgeist ist: gefundene ccm Jodmethyl $\times$ 12,48 = Vol. $^0/_0$ an Methylalkohol. (Vorschrift der engl. Regierung, vgl. Klar, Holzverkohlung, 1904, 223.)

Die chemische Zusammensetzung der Teere aus Schiefer und Torf ist derjenigen von Braunkohlenteer qualitativ sehr ähnlich, weicht aber in quantitativer Hinsicht von dieser sehr ab.

Torfteer liefert im Durchschnitt: Turfol und Solaröl 10 bis 20, Mittelöl 10—20, Paraffin 1—4 (6), Kreosot 30—40, Koks und Verlust 20—30 %.

E. Holzteer und Kienteer.

Die Eigenschaften dieser Teere sind S. 286 soweit beschrieben, als sie für die Untersuchung der hier in Frage kommenden Stoffe von Wichtigkeit sind.

Fünftes Kapitel.

Verseifbare Fette.

Pflanzliche und tierische Fette und Öle.

I. Technologisches.

Pflanzliche und tierische Fette werden als Speiseöle (Olivenöl, Sonnenblumenöl, Mohnöl, Erdnußöl, Schmalz usw.), sofern sie nicht trocknend sind, ebenso wie tierische Fette als Schmieröle, Ledereinfettungsöl (z. B. Tran)usw. verwendet. Trocknende Öle werden als Firnisgrundlage für Rostschutz- und Malerfarben, für Kitte, Linoleum usw. benutzt. Im Vordergrund steht hier Leinöl, für Malerfarben werden auch Sonnenblumenöl, Mohnöl, Sojabohnenöl, Perillaöl benutzt. Ein sehr geschätztes trocknendes Öl ist das chinesische Holzöl, gewonnen aus den Samen von Aleurites cordata.

Zur Verfälschung pflanzlicher Schmieröle dienen Baumwollsaatöl, Sesamöl und trocknende Öle wie Leinöl, Hanföl, Nußöl und Sonnenblumenöl.

Für Maschinen- und Wagenschmierung sind minderwertige tierische Öle, z. B. die leicht trocknenden Öle von Seetieren (Trane), weniger geeignet; das diesen in der Herkunft nahestehende Spermazetiöl, ein sog. flüssiges Wachs (S. 550), ist ein nicht trocknendes, aber sehr leichtflüssiges gutes Schmieröl.

Die pflanzlichen Öle werden aus den zerkleinerten Samen oder Früchten durch hydraulische Pressung oder durch Extraktion mittels Benzin, Schwefelkohlenstoff, gechlorte Kohlenwasserstoffe usw., die tierischen Öle durch Ausschmelzen der fetthaltigen Körperteile mit oder ohne Dampf oder ebenfalls durch Extraktion mittels Benzin usw. gewonnen.

Die extrahierten Öle sind in vielen Fällen unreiner als die ausgepreßten und ausgeschmolzenen Öle weil die Extraktionsmittel auch färbende und harzige Stoffe leicht lösen; z. B. ist das sog. Benzinknochenfett infolge höheren Gehaltes an festen Glyzeriden, Kalkseifen und Verunreinigungen gewöhnlich dunkler gefärbt als durch Dämpfen der Knochen und Klauen gewonnenes Knochenfett. Manche Öle werden im rohen Zustande, nur von Schleimteilen durch Ablagern befreit, aber auch raffiniert benutzt (z. B. Leinöl). Andere Öle, insbesondere Rüböle, sind vor der technischen Verwendung stets von färbenden und sonstigen nicht fettartigen, in den Ölen gelösten Bestandteilen (Harz, Kleber, riechende Stoffe usw.) zu befreien. Dies geschieht in der Regel durch Behandeln mit konz. Schwefelsäure, Abziehen des geklärten Öles und Auswaschen der Schwefelsäure. Die in den rohen Ölen vorkommenden freien Fettsäuren sind, wenn die Öle zur Schmierung feinerer Maschinenteile verwendet werden sollen, zu entfernen. Derartige Öle werden mit alkalischen Mitteln (Laugen, Sodalösung, in Wasser aufgeschwemmter Magnesia usta usw.) behandelt, welche später wieder durch Waschen mit Wasser bzw. Absitzenlassen und Filtration über Moos usw. entfernt werden.

II. Spontane Zersetzung von Fetten (Ranzidität).

Das „Ranzigwerden" der Glyzeridfette und -öle ist mit Zersetzung des Fettes in freie Fettsäure und Spaltungsprodukte des Glyzerins verknüpft. Eigentlicher ranziger Geruch und Geschmack, welche das sinnlich wahrnehmbare Kennzeichen der Ranzidität sind, lassen sich aber vornehmlich bei sauer gewordenen Speisefetten wie Butter und ähnlichen, flüchtige Säuren enthaltenden Fetten, weniger scharf bei technischen, flüchtige Säuren nicht enthaltenden Fetten, bemerken. Freies Glyzerin scheint sich bei dieser Zersetzung nicht zu bilden, es wird sofort weiterzersetzt; dementsprechend zeigen auch stark fettsäurehaltige Öle, z. B. ranziges Olivenöl, niemals Abscheidung von Glyzerin, das bekanntlich in Ölen nicht löslich ist. Die Neigung zur Abscheidung von Fettsäuren ist besonders groß bei Palmfett, welches öfter nur noch aus freien Fettsäuren besteht. Wie schon im Samen das Fett durch enzymatische Einwirkungen teilweise und nach den Versuchen von Connstein, Hoyer und Wartenberg (Ber. 1902, **35**, 3988) jedes fette Öl durch Rizinussamen bei Gegenwart freier wasserlöslicher Säuren fast völlig aufgespalten wird, so nimmt man auch bei Palmfett usw. bestimmte enzymatische Einflüsse als Ursache der leichten und schnellen Aufspaltung des Fettes an.

Nach A. Schmidt (Anal. Chem. 1898, **37**, 301) u. a. ist Auftreten von Aldehyden und Ketonen (nachweisbar im Dampfdestillat mittels salzsauren Metaphenylendiamins) beim Ranzigwerden festgestellt. Nach Jorissen bilden Butter, Olivenöl und Lebertran, dem Lichte ausgesetzt, Wasserstoffsuperoxyd (Chem.-Ztg. 1898, **22**, 162). Tran verliert, dem Lichte ausgesetzt, seine charakteristische Reaktion mit Salpetersäure vom spez. Gew. 1,50. Dietz (Chem.-Ztg. 1905, **29**, 705) fand, daß ranzige Fette Superoxyde enthalten, welche mit Jodkalium und Stärkelösung Violett- oder Blaufärbung geben. Nach Amthor (Zeitschr. f. anal. Chem. 1899, **38**, 10) und Reimann (Zentralbl. f. Bakteriol. 1900, **6**, Nr. 5—7), welche Mikroorganismen und Fermente als Erreger der Ranzidität ansehen, wird der ranzige Geruch der Butter hauptsächlich durch Ester niedrigmolekularer Fettsäuren und geringe Mengen freier flüchtiger Säuren hervorgerufen. Nach Amthor sollen Mikroorganismen aus dem Milchzucker der Butter Alkohol bilden, der sich mit den aus den Glyzeriden gebildeten Säuren verestert.

Der Umstand, daß ranzige Fette höhere Azetylzahlen als nicht ranzige Fette geben, läßt sich ohne die bisher noch nicht einwandfrei bewiesene Existenz von Mono- und Diglyzeriden in ranzigen Fetten durch Gegenwart von Oxysäuren, Anhydriden, Laktonen und flüchtigen Säuren erklären (Marcusson).

III. Vorgänge bei der Raffination.

Bei der Raffination der fetten Öle mit konzentrierter Schwefelsäure kann ein Überschuß an Säure bei zu langer Einwirkungsdauer oder zu hoher Temperatur leicht nicht unerhebliche Mengen Öl in freie Fettsäure, Fettschwefelsäure und Glyzerin spalten. Wenn auch bei der nachfolgenden Auswaschung mit Wasser die Fettschwefelsäuren in freie Schwefelsäure und Fettsäuren zersetzt werden und die freie Mineralsäure entfernt wird, so bleibt immerhin ein erheblicher Teil der durch Zersetzung entstandenen freien Fettsäure zurück, wie die häufig hohen Säuregehalte raffinierter fetter Öle im Vergleich zu den rohen fetten Ölen zeigen. Andererseits zeigen einzelne sorgfältig raffinierte Öle keinen oder bedeutend geringeren Säuregehalt als die stets freie Fettsäure enthaltenden rohen Öle.

Rohe Rüböle enthalten selten weniger als 0,7 % und selten mehr als 1,5 % freie Fettsäure (ber. als Ölsäure, vgl. auch S. 187). Bei nicht sorgfältig raffinierten fetten Ölen geht der Säuregehalt bis zu 6 % herauf, bei rohen Baumölen, rohen Klauenfetten usw. beträgt er bis zu 28 % (berechnet als Ölsäure) und darüber.

Flüssigkeiten, welche auch zur Raffination fetter Öle dienen, aber keine Neubildung freier Fettsäure veranlassen, sind Zinkchloridlösung, Kali- oder Natronlauge, Ammoniaklösung.

Riechende Stoffe werden, soweit dieselben von flüchtigen Fettsäuren aus ranzigen Ölen herrühren, durch Behandlung mit Sodalaugen usw. oder Wasserdampf entfernt. Beim Tran versagt auch letzteres Mittel, so daß dessen charakteristischer Geruch bisher noch nicht ganz beseitigt werden konnte. Nach Tsujimoto (Chem. Rev. 1913, **20**, 8) sind die Hauptträger des schlechten Geruches des Tranes die Klupanodonsäure und ihre Homologen der Reihe $C_n H_{2n-8}O_2$. Werden die Tranfettsäuren oder ihre Ester im Vakuum destilliert, so hinterbleiben die ungesättigten Säuren im Rückstand und das Destillat ist viel geruchsschwächer.

Bleichen der Öle erfolgt entweder durch oxydierende Agenzien (Kaliumbichromat und Schwefelsäure, Bichromat und Salzsäure, Wasserstoffsuperoxyd, Kaliumpermanganat und Schwefelsäure usw.), oft auch (z. B. bei Knochenölen) nur durch Einwirkenlassen von Luft und Sonnenlicht, oder durch Behandlung mit Knochenkohle, feinem Tonpulver oder Aluminiummagnesiumhydrosilikat (sog. Fullererde oder Floridaerde). Neuerdings werden Perborate, Perkarbonate, organische Superoxyde (z. B. Luzidol d. i. Benzoylsuperoxyd) usw. auch zum Bleichen von Ölen benutzt.

Fullererde wird zum Bleichen von Talg, Knochenölen, Kottonöl usw. benutzt. Vereinzelt finden auch schweflige Säure oder saures schwefligsaures Natron, welche den Farbstoff durch Reduktion zerstören, zum Bleichen Anwendung.

Tabelle 64 gibt Aufschlüsse über Einzelheiten der Fabrikation der wichtigsten technischen Pflanzenöle.

IV. Zusammensetzung und Synthese der Fette.

a) Aufbau der Fette (einfache und gemischte Glyzeride). Pflanzliche und tierische Fette nennt man die öl- oder fettartigen in Pflanzensamen, Fruchtfleisch und im Tierkörper vorkommenden Glyzerinester der höheren gesättigten und ungesättigten Fettsäuren, also Verbindungen des Glyzerins $C_3H_5(OH)_3$ mit Ölsäure $C_{18}H_{34}O_2$, Stearinsäure $C_{18}H_{36}O_2$, Palmitinsäure $C_{16}H_{32}O_2$, Linolsäure $C_{18}H_{32}O_2$, Linolensäure $C_{18}H_{30}O_2$ usw., welche die gemeinschaftliche Bezeichnung „Glyzeride“ haben. Das Glyzerin ist in den Fetten entweder an die gleiche Säure gebunden, wie im Tristearin $C_3H_5(C_{18}H_{35}O_2)_3$, Trioleïn $C_3H_5(C_{18}H_{33}O_2)_3$, oder an

Tabelle 64.

Gewinnung pflanzlicher fetter Öle.

Art des Öles	Olivenöl (das technische Öl wird gewöhnlich Baumöl, das Speiseöl Provence- oder Nizzaöl usw. genannt)	Rüböl	Senfsaatöl (Schwarz- und Weißsenföl)	Rizinusöl	Erdnußöl (Arachisöl)	Baumwollsaatöl (Cottonöl)	Sesamöl
Ausgangsmaterial	Fleisch oder Kerne der Ölbaumfrüchte; das aus letzteren gewonnene Öl heißt Olivenkernöl	Samen von Kohlsaat oder Colza, Raps oder Reps und Rübsen	Samen vom schwarzen und weißen Senf	Samen von Ricinus communis	Erdnüsse, Früchte der Leguminose Arachis Hypogaea	Samen der Baumwollstaude, Gossypium herbaceum	Samen des Sesamum orientale und indicum
Prozentgehalt der Samen usw. an Öl	Fleisch 56 Kerne 12	33—43	schwarzer Senf 15—25, weißer Senf 25—35	50—60	Kerne 38—50 Hülsen 4,4	20—25, entschälte Saat bis 40	47—56
Gewinnung des rohen Öles, Raffination und Verwendungszwecke	Früchte mit Kernen oder ohne diese zerquetscht. Der Brei wird auf hydraulischen und heizbaren Pressen erst kalt, dann warm unter allmählicher Drucksteigerung gepreßt. Speiseöle (Provenceöl oder Jungfernöl) sind feinste Sorten und werden kalt, die Baumöle warm gepreßt; unreinere Produkte sind die aus den Preßrückständen gewonnenen Nachmühlenöle, Sulfuröle (durch Extraktion mit Schwefelkohlenstoff), Lavalöle (durch Behandeln der gepreßten Masse mit warmem Wasser). Brennöle werden durch heißes Pressen und Klären erhalten. — Tournantöle sind freie Ölsäure enthaltende Olivenöle, die aus vorgepreßten, vergorenen Massen gewonnen werden, mit kohlensauren Alkalien Emulsionen (sog. Ölbeizen) geben und in der Türkischrotfärberei verwendet werden.	In der Regel durch Pressung. Die Preßrückstände (Rapskuchen) enthalten nach zwei- bis dreimaliger Pressung noch 7,5 bis 10,1 % Öl. Zur Raffination 1 % englische Schwefelsäure eingerührt, 70% Wasser von 50° und 1½ % gebrannter Kalk als Kalkmilch hinzugefügt. Statt mit Kalkmilch wird auch mit bloßem Wasser gewaschen. Auch Filtration, Entfärbung mit Kohle usw. werden benutzt. Rohes Rüböl wird hauptsächlich zum Schmieren, raffiniertes zum Brennen benutzt.	Durch Pressung oder Extraktion. Die Preßrückstände werden auf ätherisches Senföl verarbeitet, indem sie mit warmem Wasser verrührt, nach längerem Stehen destilliert werden. Schwarzsenfsamen gibt Allylsenföl (C_3H_5CNS), Weißsenfsamen — Sinalbinsenföl C_7H_7OCNS. Das fette Öl wird als Schmieröl, zur Seifenfabrikation oder als Brennöl benutzt.	Meistens durch Pressung, selten durch Extraktion. Zur Pressung werden die Samen auf 80° C erhitzt. Die zweiten und dritten Pressungen liefern dunklere minderwertige Öle. Zum Extrahieren sind Schwefelkohlenstoff oder Alkohol, nicht aber Benzin zu benutzen, da in letzterem das Öl unlöslich ist. Zur Ausscheidung von Pflanzeneiweiß und Schleim mit Wasser gekocht, durch Absitzenlassen unter Luft- und Lichtabschluß geklärt, durch Filtration über Knochenkohle gebleicht.	Wie beim Sesamöl; die feinsten kalt gepreßten Öle werden als feines Speiseöl benutzt; das feinste Öl ist farblos, in zweiter Qualität schwach gelblich. Geruch und Geschmack wie beim besten Provenceöl. Wird auch als Zusatz bei der Margarinefabrikation verwendet.	Die von der Baumwolle und den Samenschalen befreiten Kerne werden nach Zerkleinerung und Erwärmung gepreßt. Das rohe tiefbräunlichrote Öl wird in der Regel durch 10- bis 15prozentige Natronlauge gereinigt, wobei die färbenden und schleimigen Stoffe mit der gebildeten Seife als sog. Soapstock niederfallen. Die weitere Bleichung erfolgt durch Fullererde. Das Öl wird zur Margarine- und zur Speisefettfabrikation (Kunstschmalz usw.) gebraucht.	Gewöhnlich durch dreimalige Pressung, einmal kalt und zweimal warm. Das kalt gepreßte Öl ist feines Speiseöl. Das Öl der dritten Pressung wie das durch Extraktion gewonnene dienen zur Seifenfabrikation. Das Speiseöl wird der Margarine als obligatorischer Zusatz, der leicht erkennbar ist, beigefügt.

mehrere Säuren, z. B. als Oleodistearin $C_3H_5(C_{18}H_{33}O_2)(C_{18}H_{35}O_2)_2$ im Mkanifett oder als Oleopalmitostearin $C_3H_5(C_{18}H_{33}O_2)(C_{16}H_{31}O_2)(C_{18}H_{35}O_2)$, wie es im Schweineschmalz usw. vorkommt.

Als Nebenbestandteile finden sich noch außer färbenden Stoffen regelmäßig in allen tierischen Fetten in kleinen, meistens nur wenige Zehntel Prozent betragenden Mengen Cholesterin $C_{27}H_{46}O$ und in pflanzlichen Fetten ein isomerer ungesättigter Alkohol Phytosterin (s. S. 430). Vereinzelt, z. B. im Fett des Eigelbs, in Erbsenfett, findet sich auch in Fetten Lezithin von der Formel

$$\begin{array}{l} CH_2\text{—}OCOC_{17}H_{35} \\ | \\ CH\ \text{—}OCOC_{17}H_{35}\quad (CH_3)_3N\cdot OH \\ | \\ CH_2\text{—}OPO(OH)O\cdot CH_2\cdot CH_3 \end{array}$$

Das Lezithin ist als fettesterartige Verbindung von Cholin (Oxäthyltrimethylammoniumhydroxyd) mit dem Distearin-Phosphorsäureester des Glyzerins aufzufassen und findet sich noch im Gehirn, in den Nerven, in den Blutkörperchen. Aus dem Eigelb (λέκιθος Eidotter), Gehirnsubstanz usw. kann Lezithin gewonnen werden[1]).

Bis vor wenigen Jahren nahm man auf Grund der Untersuchungen von Chevreul (Les corps gras d'origine animale, Paris 1815—23, Neuauflage 1889) u. a. an, daß die wesentlichen Bestandteile der Fette ausschließlich Gemische von Triglyzeriden sind, bei denen der Glyzerinrest mit je 3 Molekülen ein und derselben Fettsäure verbunden ist.

In alten Fetten sind gelegentlich auch Diglyzeride, z. B. von Reimer und Will (Ber. 1886, **19**, 3320) in altem Rapsöl Dieruzin, $C_3H_5(C_{22}H_{41}O_2)_2OH$, gefunden; letzteres dürfte sich

---

[1]) Es ist in Alkohol und Äther leicht löslich, wachsartig und kristallinisch. Mit Wasser quillt es zu einer opalisierenden Lösung auf, aus der es durch Salze gefällt wird. Mit Basen und Säuren bildet es Salze, mit Platinchlorid entsprechend seinem Gehalt an Cholinbase ein schwerlösliches Doppelsalz $(C_{42}H_{84}NPO_8HCl)_2PtCl_4$. Durch Kochen mit Säuren oder Barytwasser zerfällt es in Cholin, Glyzerinphosphorsäure, und Stearinsäure. Aus diesem Zerfall wird seine Konstitution abgeleitet, die auch durch synthetische Versuche von Hundeshagen (Journ. f. prakt. Chem. 1883, [2] **28**, 219) und A. Grün u. F. Kade (Ber. 1912, **45**, 3367) gesichert erscheint.

wahrscheinlich unter Abscheidung freier Erukasäure beim Ranzigwerden des Öles gebildet haben. Marcusson konnte in ranzigen Fetten keine niederen Glyzeride nachweisen (Ber. 1906, **39**, 3466).

Nach J. Bell (vgl. Lewkowitsch, Analysis 1895, 489) enthält Kuhbutter ein gemischtes Glyzerid von der Formel $C_3H_5(C_4H_7O_2)(C_{16}H_{31}O_2)(C_{18}H_{33}O_2)$ Oleo-Palmito-Butyrin, welches A. W. Blyth und Robertson (Journ. of the Chem. Soc. 1889, 162) später aus Kuhbutter isolierten.

Nach Heise (Arbeiten aus d. Kaiserl. Gesundheitsamt 1896, 540; 1897, 306 und Chem. Rev. 1899, **6**, 91) ist Oleodistearin $C_3H_5(C_{18}H_{35}O_2)_2C_{18}H_{33}O_2$ Hauptbestandteil des Mkanifettes, des Samenfettes des ostafrikanischen Talgbaumes Stearodendron Stuhlmanni Engl. und des Fettes der Garcinia indica Chois., der sog. Kokumbutter. Henriques und Künne (Chem. Revue 1899, 6, 45) stellten aus Mkanifett die Chlorjodverbindung dieses Glyzerides dar.

Holde und Stange (Ber. 1901, **34**, 2402) schieden aus Olivenöl ein gemischtes Glyzerid der Bruttoformel $C_3H_5(C_{18}H_{33}O_2)(C_{17}H_{33}O_2)_2$ ab. Die in diesem Glyzerid scheinbar vorhandene Heptadezylsäure erwies sich bei weiterem Studium als Gemisch von Palmitinsäure mit verschiedenen hochmolekularen Säuren bis mindestens hinauf zur Arachinsäure $C_{20}H_{40}O_2$. Das gleiche Geschick teilten nach Untersuchungen von Holde, Ubbelohde und Marcusson (Ber. 1905, **38**, 1247) die von Gérard in Daturaöl, von Nördlinger im Palmfett und von Kreis und Hafner im Schweinefett aufgefundenen Heptadezylsäuren, so daß die zuerst von Chevreul im Menschenfett angenommene Existenz einer natürlich vorkommenden Margarinsäure ebenso wie das anderweitig mehrfach festgestellte Vorkommen anderer gesättigten Säuren mit unpaarer Kohlenstoffatomzahl, z. B. der Säuren $C_{15}H_{30}O_2$ usw. in natürlichen Fetten in Frage gestellt war. Vielmehr schienen die Fette nur gesättigte Säuren mit paarer Kohlenstoffatomzahl zu enthalten. Auch manche in Fetten festgestellte Befunde an ungesättigten Säuren mit unpaarer Kohlenstoffatomzahl erschienen nachprüfungsbedürftig. Eine neuere Arbeit von Meyer und Beer (Monatshefte 1912, **33**, 311) läßt aber die Existenz einer Säure $C_{17}H_{34}O_2$ im Daturöl wieder als sicher erscheinen. Es gelang den Verf. nämlich, durch weitgehendes fraktioniertes Fällen mit Lithiumsalzen die Säure $C_{17}H_{34}O_2$ abzuscheiden (s. S. 397).

Gemischte Glyzeride sind ferner von Klimont (Ber. 1901, **34**, 2636) und Fritzweiler (Arbeiten aus dem Kaiserl. Gesundheitsamt 1901, **18**, 371) in der Kakaobutter, von Kreis und Hafner im Schweinefett (Ber. 1903, **36**, 2766), von Hansen im Hammel- und Rindertalg (Arch. f. Hyg. 1902, 42), von H. Okada im Japantran (Chem.-Ztg. 1908, **32**, 1199) gefunden worden; indessen ist zwischen den Befunden von Klimont und Fritzweiler bereits insofern ein Widerspruch vorhanden, als dieser 6 % Oleodistearin in der Kakaobutter auffand, Klimont aber dieses Glyzerid nicht nachweisen konnte.

Nach Holde (Ber. 1902, **35**, 4307) bedingt die Gegenwart von gemischten, also niedrig schmelzenden Glyzeriden den trotz hohen Gehalts an hochschmelzenden Säuren verhältnismäßig niedrigen Erstarrungspunkt der flüssigen Fette (Palmitin-, Stearin-, Arachinsäure usw. sind z. B. im unter 0^0 erstarrenden Olivenöl zu 15 % nachgewiesen worden). Vgl. dazu auch: Kremann und Schoulz (Monatshefte 1912, **33**, 1063) und Holde (Ber. 1912, **45**, 3701). Die erstgenannten Autoren zeigten nämlich im Einklang mit der Erklärung von Holde, daß bereits 4,8 % Stearin in Trioleïn gelöst einen Schmelzpunkt von $+ 28^0$ der Mischung, und 6,1% Palmitin im Trioleïn einen Schmelzpunkt von $+ 25^0$ ergeben; je 4,5 % Tristearin und Tripalmitin in Oleïn aufgelöst geben sogar einen Schmp. der Mischung von $31,7^0$.

Für die Triglyzeride besonders chrakteristisch ist die Erscheinung des sog. doppelten Schmelzpunktes, die zuerst von Heintz bei Stearin beobachtet wurde. P. Duffy (Quart. Journ. of the Chem. Soc. **5**, 197; Journ. f. prakt. Chem. 1852, **57**, 335) sah in dieser Erscheinung die Folge der Bildung verschiedener isomerer Modifikationen, während in neuerer Zeit Guth (Zeitschr. f. Biologie 1903, **44**, N. F. **26**, 109) annahm, daß die zum ersten Mal geschmolzenen und dann wieder erstarrten Glyzeride sich in einem ähnlichen Zustand befinden wie unterkühltes Wasser oder übersättigte Glaubersalzlösung. Nach Bömer (Zeitschr. f. Unters. d. Nahrungs- und Genußmittel 1907, 96) handelt es sich um physikalische Isomorphie oder Dimorphie, ähnlich wie bei Schwefel und Kieselsäure. Da die aus Lösungsmitteln kristallisierten Glyzeride nur einen Schmelzpunkt haben, ist hier die stabile Modifikation anzunehmen, während die aus den Schmelzflüssen beim schnellen Abkühlen erhaltene Modifikation der Glyzeride als labile anzusehen ist, die bei dem sog. ersten Schmelzpunkt in die stabile übergeht. Die gleiche Umwandlung findet allmählich auch bei Zimmertemperatur statt. Über das Bestehen zweier Modifikationen der Glyzeride, das auf Polymorphie, Polymerie oder einer subtilen strukturchemischen Isomerie (Moto-Isomerie im Sinne Knoevenagels, Ber. 1907, **40**, 515) beruhen könnte, aber noch nicht völlig geklärt ist, berichtet auch Grün (Ber. 1912, **45**, 3691).

Aus Hammeltalg hat A. Bömer (Ztsch. f. Unters. d. Nahr.- u. Genußmittel 1907, II, 90) durch fraktionierte Kristallisation als unlöslichstes Glyzerid Tristearin vom Schmp. 72° isoliert, während W. Hansen, H. Kreis und A. Hafner (Ztsch. f. Unters. d. Nahr.- u. Genußmittel 1904, I, 641) als unlöslichstes Glyzerid Palmitodistearin angaben. A. Bömer (Ztsch. f. Unters. d. Nahr.- u. Genußmittel 1909, **17**, 353—396) hat dann aus Hammeltalg gemischte Glyzeride gewonnen, indem er aus einer ätherischen Fettlösung durch Erniedrigung der Temperatur oder Alkoholzusatz mehrere Fraktionen bildete, diese wieder in Unterfraktionen teilte, Fraktionen, die Glyzeride mit gleichem Schmelzpunkt enthielten, vereinte und weiter in der gleichen Weise behandelte. Ölsäurehaltige Glyzeride wurden nach Kreis und Hafner (Ztsch. f. Unters. d. Nahr-. u. Genußmittel **7**, 641) durch Überführen in die Chlorjodverbindung mittels Wijsscher Jodmonochlorideisessiglösung entfernt. Es wurden so Dipalmitostearin (Schm. 57,5°, Umwandlungspunkt 46,8°) und Palmitodistearin (Schmelzp. 63,3°, Umwandlungspunkt 51,6°) erhalten.

b) Die Eigenschaften der Fettsäuren, welche zum Aufbau der Glyzeride dienen, sind in Tabelle 65 auf S. 374 und 375 zusammengestellt. Die Fettsäuren finden sich in den Fetten zu 92—95 % zumeist an Glyzerin gebunden.

c) Synthese der Fette. Künstlich werden Fette, z. B. Mono-, Di-, Tri-Stearin, Palmitin usw., durch Erhitzen von freien Fettsäuren mit entsprechenden Mengen Glyzerin auf höhere Temperaturen, z. B. 200—260° im zugeschmolzenen Rohr (Berthelot, Ann. d. Chim. et de Phys. (3) 1854, **41**, 420; chimie organique, fondée sur la synthèse, Paris 1900, vol. 11) dargestellt.

Die in den Glyzeriden vorkommenden Säuren.

(Die künstlich gewonnenen isomeren Säuren sind eingeklammert.)

Tabelle 65.

Gesättigte, in Fetten vorkommende Fettsäuren $C_n H_{2n} O_2$.

Formel	Name	Mol.-Gew.	Schm. °C	Kp. °C	Hauptvorkommen	Schm. Äthylester °C
$C_2H_4O_2$	Essigsäure	60	Erstarrp. + 17,5	118 bei 760 mm	Macassaröl	—
$C_4H_8O_2$	Buttersäure	88	— 6,5	162,3 bei 760 mm	Kuhbutter	—
$C_6H_{12}O_2$	(Isobutylessigsäure Capronsäure)	116	Erstarrp. <— 18	199,7 bei 732 mm	Kuhbutter Kokosnußöl	—
$C_8H_{16}O_2$	Caprylsäure	144	+ 16,5	237 bei 760 mm	dgl.	—
$C_{10}H_{20}O_2$	Caprinsäure	172	+ 31,4	270 bei 760 mm	dgl.	—
$C_{12}H_{24}O_2$	Laurinsäure	200	43,6	102 bei 0 mm	Lorbeeröl Kokosfett Walratöl	— 10°
$C_{14}H_{28}O_2$	Myristinsäure	228	53,8	121—122 bei 0 mm	Muskatbutter Kokosfett	—
$C_{16}H_{32}O_2$	Palmitinsäure	256	62,6	139 bei 0 mm	Palmfett Bienenwachs Walrat Japantran	—
$C_{18}H_{36}O_2$	Stearinsäure	284	69,5	bei 15 mm = 232 bei 0 mm = 155	Talg	33,7
$C_{20}H_{40}O_2$	Arachinsäure	312	77	—	Erdnußöl	50
$C_{22}H_{44}O_2$	Behensäure	340	82	—	Behenöl	49
$C_{24}H_{48}O_2$	Lignozerinsäure Karnaubasäure	368	80,5 72,5	— —	Arachisöl Karnaubawachs	55 —
$C_{26}H_{52}O_2$	Zerotinsäure	396	77,8	—	Bienenwachs	60
$C_{30}H_{60}O_2$	Melissinsäure	452	89	—	dgl.	73

Formel	Name	Mol.-Gew.	Schm. °C	Kp. °C	Hauptvorkommen
	Säuren der Ölsäurereihe $C_n H_{2n-2} O_2$.				
$C_5H_8O_2$	Tiglinsäure	100	+ 64,5	198,5 bei 760 mm	Crotonöl
$C_{16}H_{30}O_2$	Physetölsäure	254	+ 30	—	Walrat Robbentran
$C_{18}H_{34}O_2$	Ölsäure (Elaïdinsäure) (Isoölsäure)	282	+ 14 + 51° 45	153 154 bei 0 mm 179	In fast allen pflanzlichen Ölen — —
	Rapinsäure	—	—	—	Rüböl
$C_{22}H_{42}O_2$	Erucasäure	338	34	281 bei 30 mm	dgl.
	(Brassidinsäure)	338	65	265 bei 15 mm	Senföl
	Säuren der Linolsäurereihe $C_n H_{2n-4} O_2$.				
$C_{18}H_{32}O_2$	Linolsäure Taririnsäure Elaeo-Margarinsäure	280	<— 18 + 50,5 43—44[1])	— — —	Trocknende Öle Fett der Picramnia Holzöl

[1]) Kamekata, J. chem. Soc. 1903, 1042.

Formel	Name	Mol.-Gew.	Schm. °C	Kp. °C	Hauptvorkommen
Säuren der Linolensäurenreihe $C_n H_{2n-6} O_2$.					
$C_{18}H_{30}O_2$	Linolensäure Isolinolensäure	278	—	—	Leinöl Leinöl (?)
Säuren der Reihe $C_n H_{2n-8} O_2$.					
$C_{18}H_{28}O_2$	Klupanodonsäure	276	—	—	Japanischer Sardinentran [1]) Heringsöl
Hydroxylierte gesättigte Säure $C_n H_{2n} O_3$.					
$C_{16}H_{32}O_3$	Lanopalminsäure	272	88	—	Wollwachs
$C_{31}H_{62}O_3$	Coccerinsäure	480	93	—	Cochenillewachs
Hydroxylierte Säuren der Ricinolsäurereihe $C_n H_{2n-2} O_3$.					
$C_{18}H_{34}O_3$	Ricinolsäure Ricinelaïdinsäure	298	+ 5 53	— —	Rizinusöl
Hydroxylierte gesättigte Säure $C_n H_{2n} O_4$.					
$C_{18}H_{36}O_4$	Dioxystearinsäure	316	142	—	Rizinusöl
Zweibasische Säuren $C_n H_{2n} (COOH)_2$.					
$C_{22}H_{42}O_4$	Japansäure	370	118	—	Japanwachs
Zyklische Säure.					
$C_{18}H_{32}O_2$	Chaulmugrasäure	280	68	248 bei 20 mm	Chaulmugraöl (Paractogenus Kurzii)

Das einfachste Fett, Glyzerintriformiat (Triformin) wird nach P. Van Romburgh (Ztsch. f. phys. Chem. 70, II Arrhenius Festband 459—61, Chem. Zentralbl. 1910, I, 1337) durch wiederholtes Erhitzen von Glyzerin mit überschüssiger 100 proz. Ameisensäure gewonnen. Nach fraktioniertem Destillieren und kristallisieren aus flüssigem Ammoniak wurde es in farblosen Kristallen von Schm. 18° und Kp. 266° bei normalem Druck als in kaltem Wasser unlöslicher, durch warmes Wasser verseifbarer Körper erhalten.

Mono- und Diglyzeride $C_3H_5(OH)_2(OR)$ oder $C_3H_5OH(OR)_2$ erhält man durch Erhitzen von Salzen der Fettsäuren mit Chlorhydrin (Krafft, Ber. 1903, **36**, 4339 und Guth, Ztsch. f. Biologie, **44**, N. 26, I, 78). Die bei letzterer Synthese entstehenden Mono- und Diglyzeride werden durch Erhitzen mit Essigsäureanhydrid in

[1]) M. Tsujimoto, J. of the Coll. of Engineering, Tokyo Imperial University 1906, 1.

die gemischten Triglyzeride $C_3H_5OR \cdot (OC_2H_3O)_2$ und $C_3H_5(OR)_2$ C_2H_3O übergeführt. Reine Triglyzeride werden nach Berthelot durch Erhitzen von Mono- und Diglyzeriden mit den entsprechenden Säuren oder nach Guth, Partheil und v. Velsen (Archiv d. Pharmazie 1900, **238**, 267) durch Erhitzen von Tribromhydrin mit den Silber- oder Natriumsalzen der Fettsäuren dargestellt. A. Grün hat Diglyzeride durch Erhitzen von Glyzerindischwefelsäure $C_3H_5(OH)(OSO_3H)_2$ mit Fettsäuren in schwefelsaurer Lösung erhalten (Ber. 1905, **38**. 2284). A. v. Skopnik (Dissertation Zürich 1909) erhielt dreifach gemischte Glyzeride, indem er auf α-Monochlorhydrin zunächst z. B. Laurinsäurechlorid einwirken ließ, wodurch ein α-Lauro-α'-Chlorhydrin entstand. Dies Produkt gab mit myristinsaurem Kali α-Lauro-α'-Myristin, das bei Einwirkung von Stearinsäurechlorid in α-Lauro-β-Stearo-α'-Myristin überging.

Gemischte Glyzeride sind auch durch Erhitzen von Mono- und Diglyzeriden mit Fettsäuren, z. B. Oleodistearin durch Erhitzen von α-Distearin mit Ölsäure, erhalten worden (Kreis und Hafner, Ber. 1903, **36**, 2766).

Ebenso führt Erhitzen von Säureanhydriden oder Chloriden mit Diglyzeriden oder Erhitzen von Fettsäureestern des α-Monochlorhydrins mit Kalium- oder Silbersalzen zu gemischten Glyzeriden (Ad. Grün und P. Schacht, Ber. 1907, **40**, 1778 ff., Ad. Grün und E. Theimer, Ber. 1907, **40**, 1792 ff.).

V. Umwandlung von Fettbestandteilen zwecks Konstitutionserforschung.

Durch Einwirkung salpetriger Säure wird die flüssige Ölsäure in die isomere Elaïdinsäure vom Erstarrungspunkt und Schmelzpunkt 51°, die Ricinolsäure in Ricinelaïdinsäure vom Schmelzp. 53° übergeführt. Auch Trioleïn und Ricinoleïn erleiden entsprechende Umwandlungen, die auf sterischen Umlagerungen beruhen.

$$\underset{\text{Normale Ölsäure}}{\begin{array}{r} CH_3 \cdot (CH_2)_7 \cdot CH \\ \| \\ CH-(CH_2)_7-CO_2H \end{array}} = \underset{\text{Elaïdinsäure}}{\begin{array}{r} CH_3 \cdot (CH_2)_7 \cdot CH \\ \| \\ CO_2H-(CH_2)_7-CH \end{array}}$$

(Baruch, Ber. 1893, **27**, 173.)

Auf vorstehender Reaktion beruht auch die hauptsächlich von Finkener ausgebildete Prüfung von Olivenöl und anderen nicht trocknenden Ölen mit beträchtlichem Oleïngehalt. Während trocknende Öle, wie überhaupt Öle mit merklichem Linolsäuregehalt, flüssig bleiben, werden nicht trocknende, vorwiegend Trioleïn enthaltende Öle bei der Einwirkung salpetriger Säure fest.

Nach E. Molinari und E. Soncini absorbiert 1 Mol. Ölsäure bei Einwirkung des Ozons quantitativ 3 Atome O (1 Mol. Ozon). Das Additionsprodukt $C_{18}H_{34}O_5$ geht beim Erhitzen fast quantitativ in 1 Mol. n.-Caprylsäure und eine Ketosäure $C_{10}H_8O_3$ über; es muß daher die Doppelbindung in der Mitte der Ölsäureformel angenommen werden. Ein weiterer Beweis hierfür ist der Zerfall der Ölsäure bei vorsichtiger Oxydation in Pelargonsäure $C_8H_{17}COOH$ und Azelaïnsäure $COOH \cdot (CH_2)_7COOH$. Linolsäure nimmt analog der Ölsäure 2 Mol. Ozon auf (Società chimica di Milano durch Chem.-Ztg. 1905, **29**, 715).

Harries und Thieme (Ber. 1905, **38**, 1630 und 1906, **39**, 3728) fanden indes, daß Ölsäure bei der Behandlung mit Ozon 4 Atome O aufnimmt und das Ozonid

$$
\begin{array}{ccccccccc}
CH_3 \cdot (CH_2)_7 \cdot & CH & \cdot & CH & \cdot (CH_2)_7 \cdot & C & \cdot OH \\
 & | & & | & & \| & \\
 & O & — & O & & O & \\
 & & \diagdown O \diagup & & & \| & \\
 & & & & & O &
\end{array}
$$

bildet, welches sich unter Aufnahme von 2 Mol. Wasser in 1 Mol. norm. Nonylaldehyd und 1 Mol. Halbaldehyd der Azelaïnsäure unter gleichzeitiger Bildung von H_2O_2 zersetzt.

Aus dem Ozonid mit 4 At. O, das sie Ölsäureozonidperoxyd nennen, gewannen Harries und Thieme durch Waschen mit Wasser und Natriumbikarbonat und Trocknen des mit Äther isolierten Produkts ein Ozonid derselben Formel, wie es Molinari und Soncini erhielten.

Ein weiteres Isomeres der Ölsäure ist die bei der Destillation von Kerzenfettsäuren entstehende Isoölsäure (s. S. 473).

In demselben stereoisomeren Verhältnis wie Elaïdinsäure zu Ölsäure steht die 4 CH_2-Gruppen mehr als Ölsäure besitzende Brassidinsäure $C_{22}H_{42}O_2$ zu Erucasäure.

Die in alkalischer Lösung aus Ölsäure usw. durch Kaliumpermanganat erhaltenen, S. 392 beschriebenen Oxydationsprodukte dienen zur Kennzeichnung der Säuren (Saytzeff, Journ. f. prakt. Chem. (2), **34**, 304 und 315).

In saurer Lösung erhielt Albitzky (Journ. f. prakt. Chem. **61**, 65 und Ber. 1900, **33**, 2909) beim Oxydieren mit unterchloriger Säure und Ätzkali oder mit Persulfat aus Ölsäure und Erucasäure bei 99,5 bzw. 100° schmelzende Dioxysäuren, welche sonst bei Oxydation in alkalischer Lösung mit Permanganat aus Elaïdinsäure oder Brassidinsäure entstanden, und durch Oxydation der letzteren Säuren wurden in saurer Lösung die sonst aus Ölsäure und Erucasäure in alkalischer Lösung erhaltenen Dioxysäuren vom Schmelzpunkt 136,5 bzw. 131—133° erhalten.

In annähernd neutraler bzw. schwach alkalischer Lösung stellten Holde und Marcusson (Ber. 1903, **36**, 2657) aus Ölsäure Ketooxystearinsäure $CH_3(CH_2)_7 \cdot CO \cdot CHOH \cdot (CH_2)_7—CO_2H$ dar, welche durch Oxydation mit Chromsäure und Eisessig in die Stearoxylsäure $CH_3(CH_2)_7CO \cdot CO(CH_2)_7—CO_2H$ übergeht.

Die normale Struktur der Stearinsäure wurde von Krafft durch allmählichen Abbau zu Säuren von kleinerer Kohlenstoffzahl bewiesen.

VI. Veränderungen von Fettbestandteilen.

a) Durch Einwirkung von Luft. Das Ranzigwerden der Fette wurde schon S. 366 kurz besprochen. Die Ölsäure, der Hauptbestandteil der flüssigen nicht trocknenden Fette, verändert sich an der Luft nicht unerheblich. Salkowski fand in jahrelang aufbewahrter reiner Ölsäure kristallinische, bei 48° schmelzende Säure (Festschrift zum Virchow-Jubiläum 1890, 19). In dieser Substanz nimmt Senkowsky (Zeitschr. f. physiol. Chem. 1898, 434) auf Grund von Bestimmung von konstanter Ätherzahl (S. 438), Azetylätherzahl, Jodzahl usw., ohne allerdings die einzelnen Substanzen zu isolieren, die Gegenwart beträchtlicher Mengen Stearolakton, Oxystearinsäure und nur 32,1 % Ölsäure an. Fahrion (Chem.-Ztg. 1893, **17**, 434 und 1899, **23**, 770) führt das Sinken der Jodzahl der Ölsäure hauptsächlich auf Polymerisationen zurück, ohne jedoch chemisch klar definierte Stoffe abgeschieden zu haben.

Der Trockenprozeß ist in seinen Einzelheiten ebensowenig ganz geklärt wie das Ranzigwerden. Beiden Prozessen gemeinschaftlich ist die Zunahme an Oxysäuren, welche die Azetylzahl erhöhen, das Eintreten von Polymerisationen, welche ebenso wie die Oxydation ungesättigter Anteile starke Erhöhung der spezifischen Gewichte und Zähigkeiten verursachen. Bei den trocknenden Ölen erstrecken sich aber die für den Trockenprozeß charakteristischen Veränderungen nicht nur auf die Glyzeride bzw. Säuren mit einer ungesättigten Bindung, welche die Hauptbestandteile der nicht trocknenden Öle bilden (Oleïn, Trierucin usw.), sondern in erster Linie auf die Glyzeride bzw. Säuren mit 2 und mehr doppelten Bindungen (Linolsäure, Linolensäure, Klupanodonsäure usw.), deren durch den Trockenprozeß gebildete, oxydierte, polymerisierte und anhydrisierte Derivate mehr oder weniger harte, in Benzin, Äther usw. unlösliche, nur durch Verseifen mit alkoholischen Laugen auflösbare Verbindungen (Linoxyn usw.) darstellen. Da beim Trocknen der Öle Oxydation und Polymerisation nachgewiesenermaßen nebeneinander stattfinden, so möchte Verf. annehmen, daß die von C. Engler neuerdings (Vortrag, gehalten auf dem VIII. Internat. Kongreß f. angew. Chem. zu New-York Sept. 1912) für die Bildung der Asphalte experimentell gestützte Theorie, nach welcher der auch nur vorübergehend eintretende Sauerstoff bereits die Neigung zur Polymerisationsbildung bei ungesättigtem Körper hervorrufe, sich auch teilweise auf den Prozeß der Trocknung bei fetten Ölen übertragen lasse, weil hier — mutatis mutandis — ähnliche Verhältnisse vorliegen. Für diese Erklärung spricht z. B. auch, daß das Trocknen der Öle durch Zugabe von Sikkativen wie harzsaurem oder leinölsaurem Mangan (sog. kalt bereitete Firnisse) oder durch Kochen mit Manganborat, Bleiglätte usw. (sog. gekochte Firnisse) erhöht wird. Auch in letzterem Fall bilden sich Schwermetallseifen ungesättigter Säuren, die vermutlich Sauerstoff aktivieren, ihn labil binden und an das Leinöl übertragen und dieses im Sinne einer Polymerisation aktivieren. Die Frage der polymerisierten Firnisse ist in mehreren Patenten von Kronstein, Karlsruhe, behandelt.

In neuerer Zeit wurde der Trockenprozeß wiederholt studiert. So stellten Olsen und Ratner (Chem. Ztg. 1912, **36**, 1188) fest, daß bei der Trocknung Leinöl Kohlensäure und

Wasser abgibt und Sauerstoff aufnimmt; z. B. hatte ein Leinöl in 74 Tagen 1,87 % Kohlenstoff und 14,73 % Wasserstoff verloren und dafür 37,80 % Sauerstoff absorbiert. Orlow (Journal Russ. Phys.-Chem. Ges. **43**, 1509; Chem. Zentr. 1912, I, 861) fand, daß 0,1—0,15 g Leinöl, auf einer Glasplatte von etwa 100 qcm aufgetragen, bei Zimmerwärme 15—16 % Sauerstoff aufnimmt, während das Festwerden der Schicht (Abkleben) bereits bei 12% Sauerstoffaufnahme stattfindet. Das Abkleben erfolgt dann, wenn die aufgenommene Sauerstoffmenge der Jodzahl des Öles entspricht.

Ebenso wie das Leinöl ist das Holzöl durch eine starke Oxydationsfähigkeit ausgezeichnet und gehört neben Perillaöl und Plukenetiaöl (s. S. 462) zu den am besten trocknenden Ölen. Neben der Oxydation findet bei Holzöl stets Festwerden, auch bei Luftabschluß, statt (Fahrion, Farbenztg. 1912, **17**, 2530, 2583, 2635, 2689), und zwar durch molekulare Umlagerung und Polymerisation. Der erste Prozeß findet bereits bei gewöhnlicher Temperatur unter Einwirkung des Lichtes statt und führt zu einem kristallinischen, in Fettlösungsmitteln löslichen Körper vom ungefähren Schmp. 32°. Die Polymerisation erfolgt bei Temperaturen über 150° und ergibt einen amorphen, in Fettlösungsmitteln nicht löslichen, unschmelzbaren Körper. Das Holzöl trocknet bei gewöhnlicher Temperatur rascher an als Leinöl, aber langsamer durch. Bei höherer Temperatur trocknet Holzöl wesentlich rascher. Der Chemismus des Trockenprozesses ist beim Holzöl derselbe wie beim Leinöl; die Annahme, daß Holzöl „von innen heraus" trocknet, wie manche Forscher erklärten, ist unrichtig. Die Polymerisation trocknender Öle geht durch die Verseifung nicht zurück; diese bildet daher ein Mittel zur Unterscheidung oxydierter und polymerisierter Öle: die Säuren polymerisierter Öle sind in Petroläther löslich, diejenigen oxydierter Öle unlöslich. Die Polymerisation der Holzölsäure verläuft ganz anders als die des Holzöls selbst, sie liefert keine festen, sondern flüssige Produkte (v. Schapringer, Dissertation Karlsruhe 1912).

b) Physiologischer Aufbau, Umsetzung und Giftigkeit der Fette im Tierkörper. Auf Grund systematischer Fütterungsversuche nimmt man heute übereinstimmend an, daß das Hauptmaterial für die Fettbildung im Tierkörper die Kohlenhydratnahrung bildet, während Eiweißnahrung nicht Fettbildung veranlassen soll.

Daß im tierischen Körper selbst Fette aus den Komponenten durch Enzyme synthetisiert werden können, gilt als erwiesen. Henriot (Lit. s. Inaugural-Dissertation ,,Beiträge zur Synthese der Fette. Symmetrische Glyzeride" von Paul Schacht, Zürich) erhielt Tributyrin aus Buttersäure, Glyzerin und Wasser bei 37° unter dem Einfluß des auch fettspaltend wirkenden Enzyms Serolipase. Zu den gleichen Ergebnissen kamen Kastle und Loevenhart (Amer. Chem. Journ. 1900, **24**, 491), während Doyen und Morel die Existenz der Serolipase überhaupt bezweifelten (Compt. rend. **134**, 1254).

Nach Loevenhart (Amer. Journ. Physiolog. **6**, 331) wird die Fettsynthese im Körper durch die Lipase bewirkt. Versuche von Rosenfeld (Allgem. Med. Zentralblatt 1901, Nr. 73), Munk (Du Bois-Reymonds Archiv 1883, 273; Virchows Archiv **95**, 407), Lebedeff (Med. Zentralblatt 1882, Nr. 8) u. a. hatten schon früher ergeben, daß ein Aufbau von Fetten aus Fettsäuren und Glyzerin im Tierkörper selbst erfolgen kann. Der deutlichste Beweis hierfür ist der Tierversuch von Minkowski (Jahrb. f. Tierchemie **16**, 42), der nach Verfütterung von Erucasäure Erucin, das sich sonst im Tierkörper nicht findet, nachwies. (Vgl. Paul Schacht, a. a. O. S. 14.)

Die Ansichten über die Resorbierbarkeit der mit der Nahrung aufgenommenen Fette im Tierkörper gehen auseinander.

J. Munck (Zentralbl. f. Physiol. **14**, 121 durch Chem. Zentralbl. 1900, II, 390) ist der Ansicht, daß die Fette als solche oder als Seifen resorbiert werden. Im Gegensatz hierzu ist E. Pflüger (Pflügers Arch. 82, 303, 23/10) in Übereinstimmung mit den meisten anderen Autoren der Meinung, daß die Fette erst nach voraufgehender Aufspaltung resorbiert werden, da sich nie Fettemulsionen im Darm zeigen. V. Henriques und C. Hansen (Zentralbl. f. Physiol. **14**, 313) bestätigten die Pflügersche Ansicht, indem sie bei Verfütterung eines Gemisches von Paraffin und Fett die vollständige Ausscheidung des Paraffins in den Exkrementen und die völlige Resorbierbarkeit des Neutralfettes feststellten. Nach König sind die leichter verdaulichen Fette auch die leichter resorbierbaren. Lührig untersuchte, inwieweit die Geschwindigkeit der Verseifung der Fette mit der leichten Verdaulichkeit bzw. Resorbierbarkeit zusammenhängt; er fand unter Benutzung des kalten Verseifungsverfahrens (S. 436) keine nennenswerten Unterschiede in den Verseifungsgeschwindigkeiten von Butter, Margarine, Schmalz, Cottonöl, Sesamöl usw. Wenn jener Zusammenhang vorhanden ist, müßte hiernach kein Unterschied in der Verdaulichkeit zwischen den genannten Fetten bestehen (Chem.-Ztg. 1900, **24**, 647).

Anläßlich der im Jahre 1910 in Deutschland aufgetretenen Margarinevergiftungen ist zum ersten Mal die Giftigkeit eines Fettes, nämlich des indischen Cardamomenöls, das der beanstandeten Margarine zugesetzt war, festgestellt worden. Im übrigen sind reine Fette, von der purgierenden Wirkung des Ricinusöls abgesehen, nicht giftig. Dagegen schädigen nach Bokorny (Chem. Ztg. 1911, **35**, 630) die Seifen, z. B. ölsaures Natron die Herzwirkung. Intravenös injiziert, vermindern sie den Blutdruck und wirken durch Lähmung der Gehirntätigkeit narkotisierend (Munck). Freie Fettsäuren sind, soweit sie wasserlöslich sind, von der Buttersäure aufwärts giftig, ebenso Aldehyde. Daher können zersetzte ranzige Fette gesundheitsschädigend wirken.

VII. Theorie der Verseifung.

Die Fette und Wachse sind beim Kochen mit wäßrigen Laugen verseifbar, d. h. sie werden in fettsaure Salze (Seifen) unter Abspaltung von Glyzerin oder höheren Alkoholen (bei den Wachsen) verwandelt. Die Endreaktion stellt sich durch die Formel

$$C_3H_5(OR)_3 + 3\,NaOH = C_3H_5\,(OH)_3 + 3\,NaOR$$

dar, wobei R ein Säurerest, z. B. $C_{16}H_{31}O$ (Palmitinsäurerest) ist. Nach physikalisch-chemischen, auf indirektem Wege geführten Untersuchungen von Geitel (Journ. f. prakt. Chem. 1897, **55**, 417 und 429, und 1898, 113) und von Kremann (Monatsschr. f. Chem. 1906, 607) soll der Verseifungsprozeß stufenweise, d. h. unter intermediärer Bildung von Di- und Monoglyzeriden verlaufen, wobei z. B. aus Tripalmitin $C_3H_5(C_{16}H_{31}O_2)_3$ erst Dipalmitin $C_3H_5(C_{16}H_{31}O_2)_2OH$ und dann Monopalmitin $(C_3H_5)(C_{16}H_{31}O_2)\,(OH)_2$ entstehen. Diese Annahme hatte schon früher Alder Wright (Animal and vegetable fats and oils, London 1894) ausgesprochen. Auch in ranzigen Fetten nimmt

Geitel als Folge einer durch Wasser eingetretenen partiellen Verseifung die Gegenwart von Mono- und Diglyzeriden an, womit die Auffindung von Dierucin im Rüböl (Reimer und Will, Ber. 1886, **19**, 3320) im Einklang zu stehen scheint. Das Dierucin soll sich nach Strohmann und Kerl (s. Muspratt 1891, (3), 650) nur in dem mit Schwefelsäure raffinierten Öl, nicht aber im Rohöl finden. Reimer (Ber. 1907, **40**, 256) zeigte aber, daß das Dierucin sich gerade im Rohöl findet, was auch W. Normann annimmt.

Nach R. Fantos Versuchen (Monatsschr. f. Chem. **25**, 919—928) an Fetten und auch an reinen Glyzeriden würde die Verseifung bei Verwendung wäßriger Laugen quadrimolekular, d. h. unter direkter Einwirkung von 3 Mol. KOH auf 1 Mol. Triglyzerid, also im Sinne Balbianos (Ber. 1903, **36**, 1571), verlaufen. J. Kellner (Chem.-Ztg. 1909, **33**, 453) glaubt, bei der Verseifung mit Alkali in wäßriger Lösung im offenen Gefäß tetramolekularen Verlauf der Verseifung, im Autoklaven dagegen Bildung von Mono- und Diglyzeriden nachgewiesen zu haben. Für die von Geitel angenommene stufenweise Verseifung sprechen zwar die oben erwähnten physikalisch chemischen Messungen von Kremann (s. S. 382), indessen nimmt Kremann an, daß die Verseifungsgeschwindigkeiten der Glyzeride so groß sind, daß die Isolierung der Mono- und Diglyzeride kaum möglich ist. So erklären sich die in bezug auf Mono- und Diglyzeride negativen Befunde Balbianos (a. a. O.) und Marcussons (Ber. 1906, **39**, 3466 und Ber. 1907, **40**, 2905) bei der Verseifung von Tribenzoin und Fetten mit wäßriger Lauge. Letzterer hat aber neuerdings im Einklang mit Kellner (s. oben) gezeigt, daß sich bei der Autoklavenverseifung die Bildung von niederen Glyzeriden direkt nachweisen lasse (Ztsch. f. ang. Chem. 1913, **26**, 173), weil diese nicht wie bei der alkalischen Verseifung sofort weiter aufgespalten werden, sondern teilweise im unangegriffenen Fett gelöst zurückbleiben.

A. Grün und O. Corelli (Ztsch. f. angew. Chemie 1912, **25**, 665 u. 947) zeigten, daß auch bei der Verseifung der Fette mit conc. Schwefelsäure an reinem Tripalmitin und Tristearin, daß stufenweise Verseifung stattfindet. Sie konnten aber bei partieller Verseifung nur Diglyzeride neben unveränderten Triglyzeriden abscheiden, da die weitere Umwandlung in Monoglyzeride zu schnell von statten geht und letztere daher nicht zu isolieren sind.

Bouis (Compt. rend. **45**, 35) und später Kossel und Obermüller (Ztsch. f. physiol. Chem. 1891, **15**, 321, 330) zeigen, daß sich in kürzester Zeit durch Natriumalkoholat in ätherischer Lösung unter Bildung von Äthylestern der Fettsäuren als Zwischenprodukte die Fette in der Kälte völlig verseifen.

$$C_3H_5(OR)_3 + 3\,C_2H_5ONa = C_3H_5(ONa)_3 + 3\,R\,OC_2H_5.$$

Bei weiterer Einwirkung von Wasser, welches bei der Reaktion nicht ganz ausgeschlossen ist, bildet sich aus $C_3H_5(ONa)_3$ Glyzerin und NaOH, welches letztere die Äthylester verseift.

$$3\,C_3H_5(ONa)_3 + 3\,H_2O = 3\,C_3H_5(OH)_3 + 3\,NaOH.$$

Nach H. Bull (Chem.-Ztg. 1900, **24**, 814 und 845) kann Natriumalkoholat allein, ohne Gegenwart von Wasser, Glyzeridfette nicht verseifen. Nicht allein die Verseifung, sondern auch die Ätherlöslichkeit der Salze wird durch den Wasserzusatz gefördert. Bei der Verseifung bilden sich Äthylester und Natriumglyzerat, das in trockenem Äther unlöslich ist. Durch letztere Reaktion glaubt Verf. auch Glyzerin in Fetten bestimmen zu können, in käuflichem Glyzerin gelang ihm dies nicht.

Nach Henriques (Ztsch. f. angew. Chem. 1898, **10**, 697) sind die Fette, auch die meisten Wachse, schon in der Kälte nach 10- bis 12 stündigem Stehen mit alkoholischer Lauge in petrolätherischer Lösung völlig verseift, wobei sich, z. B. bei Trioleïn, die vom genannten Verfasser isolierten Äthylester als Zwischenprodukte nach folgender Formel bilden:

$$\begin{aligned} & C_3H_5(C_{18}H_{33}O_2)_3 + 3\,NaOH + 3\,C_2H_5OH \\ = \; & C_3H_5(OH)_3 + 3\,C_{18}H_{33}O_2 \cdot C_2H_5 + 3\,NaOH \\ = \; & C_3H_5(OH)_3 + 3\,C_{18}H_{33}O_2Na + 3\,C_2H_5OH. \end{aligned}$$

Die Isolierung der Äthylester der Fettsäuren gelingt, wenn man nur $\frac{1}{3}$ der theoretischen zur Verseifung erforderlichen Laugenmenge nimmt und nach eintägigem Stehen der Petrolätherlösung die im Petroläther gelösten Ester von dem verseiften Fett nach dem Verfahren von Spitz und Hönig (s. S. 212) trennt.

Von der Spaltung der Fette durch Verseifung ist die Spaltung durch Hydrolyse zu unterscheiden; dieselbe kann erfolgen durch

Behandeln mit Mineralsäuren, gespanntem Wasserdampf oder durch Enzyme (s. auch S. 473).

Alkoholische Spaltung der Fette findet nach Haller (Compt. rend. 1906, **143**, 657) auch beim Erhitzen von Glyzeriden mit absol. Alkohol (am besten Methylalkohol) statt, der 1—2 % Salzsäure enthält.

$$C_3H_5(COOR)_3 + 3\,R'OH = C_3H_5(OH)_3 + 3\,R\,COOR'.$$

Es bilden sich also Methylester der Fettsäuren; die Alkoholyse wird erleichtert, wenn man die Fette in neutralen Lösungsmitteln wie Benzin, Tetrachlorkohlenstoff usw. löst. Bei der Alkoholyse des Kokosfettes erhielten Haller und Joussonfrian (Compt. rend. 1906, **143**, 803) die Methylester der Kapron-, Kapryl-, Kaprin-, Laurin-, Myristinsäure usw., die durch fraktionierte Destillation zu trennen sind. Trilaurin und Trimyristin überwogen im Kokosfett. Das Verfahren dient also zur wissenschaftlichen Analyse der Fette.

VIII. Hydrolyse und Alkoholyse von Alkaliseifen.

Jede Seife reagiert in wäßriger Lösung alkalisch, auch wenn sie zuvor neutral gewesen ist. Die neutrale Seife wird hierbei gemäß folgender Umsetzung in saure Seife und freies Alkali zerlegt:

$$2\,R\,COOK + H_2O = R\,COOK + R\,COOH + KOH.$$

Durch Zusatz von starkem Alkohol wird die Hydrolyse aber wenigstens bei Zimmerwärme aufgehoben.

Die durch Hydrolyse abgespaltene saure Seife stellt jedoch keinen einheitlichen Körper dar, sondern wechselnde Gemische von neutralen Salzen mit freier Fettsäure. Die Hydrolyse wird vollständig, wenn eine Komponente der Lösung entzogen wird; so kann man die gesamte freie Palmitinsäure aus 1 g Natriumpalmitat gewinnen, wenn man eine Lösung in 400 g Wasser mit heißem Toluol auszieht.

Die Hydrolyse durch gleiche Mengen Wasser soll nach Krafft und Stern beim Natriumstearat größer sein als beim Palmitat. Adler, Wright und Thomson (Journ. Soc. Chem. Ind. 1885, 630) kommen dagegen zu dem umgekehrten Resultat.

Durch Alkoholzusatz wird die Hydrolyse so zurückgedrängt (Kanitz, Ber. 1903, **36**, 403), daß schon 40 vol.-proz. Äthylalkohol die Hydrolyse völlig aufhebt; ein Zusatz von 15 % Amylalkohol soll die gleiche Wirkung haben.

Versuche des Verfassers, die in Gemeinschaft mit G. Meyerheim und H. Döscher ausgeführt wurden (Ztsch. f. Elektrochem. 1910, **12**, 436), ergaben nun, daß noch beachtenswerte hydrolytische Abspaltungen freier Ölsäure bei 50 vol.-proz. Alkohol als Lösungsmittel bemerkbar sind, wenn man die Lösung mit Benzin ausschüttelt. Es gehen dann noch durch Titrierung nachweisbare Mengen Fettsäure bzw. sauren Salzes in die Benzinlösung. Bei Verwendung von 80 vol.-proz. Alkohol ist hydrolytische Spaltung kaum noch nachweisbar. Wenn man also alkoholische Seifenlösungen für analytische Zwecke mit Benzin oder Petroläther ausschüttelt, z. B. zur Abscheidung unverseifbarer Öle, ist auf die erwähnten hydrolytischen Spaltungen der alkoholisch-wäßrigen Seifenlösungen Rücksicht zu nehmen.

Die Versuche von Holde wurden von S. v. Schapringer an stearin-, palmitin-, myristin-laurinsauren Alkalien fortgesetzt, wobei die Verteilungskoeffizienten für die abgespaltene Säure und die Hydrolysengrade für alkoholische Lösungen der genannten Seifen bei Gegenwart von Benzin und Abwesenheit des letzteren ermittelt wurden (Dissertation, Karlsruhe 1912).

Aber nicht nur hydrolytische, sondern auch alkoholytische Spaltungen von Alkaliseifenlösungen finden statt, allerdings erst beim Kochen der neutralen alkoholischen Lösungen.

Der Chemismus dieser Spaltungen, welche sich durch Rötung von phenolphthaleïnhaltigen Lösungen von neutralem essigsauren oder ölsauren Natrium usw. beim Kochen zu erkennen geben, ist noch nicht näher geprüft, er müßte sich indessen nach folgender Formel abspielen:

$$2\,R\,COOK + C_2H_5OH \rightleftarrows R\,COOK + R\,COOC_2H_5 + KOH.$$

Beim Abkühlen der Lösungen tritt wieder Entfärbung ein, indem die Reaktion in umgekehrter Richtung verläuft.

Daß bei der Reaktion nicht etwa der Gehalt an Kohlensäure, welcher beim Erhitzen entweichen würde, mitspielt, hat Verf. dadurch erwiesen, daß er die Versuche im Erlenmeyerkolben unter Ausschluß von Kohlensäure (Abschluß durch ein Natronkalkrohr) ausgeführt hat.

Der hier besprochene Vorgang der Alkoholyse ist für die Beurteilung der Neutralität von Seifen, insbesondere von solchen für textiltechnische Zwecke, wo auf vollkommenes Freisein der Seifen von Alkali Wert gelegt wird, von Wichtigkeit. Die Prüfung auf freies Alkali wird deshalb nicht durch unmittelbare Titration in der Siedehitze bei Gegenwart von Phenolphthaleïn, sondern nach Heermann unter Trennung der Seife von etwa vorhandenem freien Alkali ausgeführt (s. S. 489).

IX. Methoden zur Zerlegung der Fette in einzelne Bestandteile.

a) Trennung fester Säuren von flüssigen. 1. Das Verfahren nach Varrentrapp beruht auf der leichten Löslichkeit der Bleisalze ungesättigter Säuren in Äther.

3 g Fett werden mit 50 ccm alkohol. Kalilauge verseift; die Lösung wird mit Essigsäure eben angesäuert, mit $^1/_{10}$ N.-Natronlauge genau neutralisiert und mit 50 ccm Wasser verdünnt. Aus dieser Lösung fällt man durch ganz allmähliches Zulaufenlassen eines kochenden Gemisches von 30 ccm 10proz. Bleizuckerlösung und 200 ccm Wasser die Bleiseife und gießt nach dem Erkalten die klare Flüssigkeit erforderlichenfalls durch ein Filter von den an den Wandungen sitzenden Bleiseifen ab. Letztere werden heiß vollkommen ausgewaschen und von Wasser durch Schwenken des Glases tunlichst befreit. Die letzten Wasserreste werden mittels eines Filtrierpapierröllchens entfernt. Trocknen der Bleiseifen ist zur Verhütung von Oxydation zu vermeiden.

Man schüttelt dann mit 150 ccm Äther zunächst kalt, hierauf unter kurzem Erwärmen am Rückflußkühler. Die am Boden des Gefäßes sich absetzenden Bleisalze der festen Säuren werden nach dem Erkalten abfiltriert und mit je 30 ccm Äther so oft ausgewaschen, bis eine Probe des Filtrats nach Eindampfen und Zersetzen des Rückstandes mit verdünnter Salzsäure feste, nichtölige Säure gibt. Die vereinigten Ätherauszüge werden mit überschüssiger verdünnter Salzsäure durchgeschüttelt, blei- und mineralsäurefrei gewaschen und vom Äther durch Abdestillieren befreit. Letztere Operation ist bei Gegenwart stark ungesättigter Säuren im Wasserstoffstrome vorzunehmen.

Behufs Abscheidung der festen Säuren werden die ätherunlöslichen Bleiseifen mit Salzsäure und Benzin unter häufigem Umschütteln so lange erwärmt, bis die Benzinlösung völlig klar erscheint. Zur Vervollständigung der Zersetzung wird noch zweimal mit heißer Salzsäure geschüttelt, dann wird mineralsäurefrei gewaschen und nach Abdestillieren des Äthers der Rückstand gewogen.

Die festen Säuren werden von den flüssigen nach vorstehendem Verfahren nicht vollkommen getrennt, ein geringer Teil der flüssigen Säuren bleibt bei den festen und umgekehrt. So hatten aus Olivenöl abgeschiedene feste Säuren die Jodzahl 3,6, aus Daturaöl gewonnene 3,75, entsprechend etwa 3—4 % flüssiger Säure. Nach Partheil und Ferié (Arch. f. Pharmaz. 1903, 552) wird eine quantitative Trennung durch Bildung gemischter, feste und flüssige Säuren enthaltender Bleiseifen verhindert. Zur Kennzeichnung des Gehalts an flüssigen Säuren ist neben der Menge der festen Säuren stets auch die Jodzahl anzugeben.

Bei der Untersuchung von Fetten mit hohem Gehalt an wasserlöslichen Säuren (Butter, Kokosfett usw.) ist zu berücksichtigen, daß die Bleiseifen dieser Säuren in Äther löslich sind, und daß daher bei obiger Arbeitsweise die ungesättigten Säuren stets niedrig molekulare gesättigte Säuren enthalten. Behufs Isolierung der ungesättigten Säuren aus den erwähnten Fetten muß man daher entweder die nach obiger Vorschrift erhaltenen flüssigen Säuren noch erschöpfend mit heißem Wasser ausziehen oder von vornherein von den in Wasser unlöslichen Säuren ausgehen.

Nicht anwendbar ist das Varrentrappsche Verfahren bei Gegenwart von Erukasäure (im Rüböl) und Isoölsäure (in Kerzenmassen), festen ungesättigten Säuren, deren Bleisalze in kaltem Äther nur schwierig löslich sind.

2. Bestimmung der festen Fettsäuren nach Farnsteiner (Ztsch. f. Nahr.- und Genußm. 1898, 390; zollamtlich vorgeschrieben für die Untersuchung der Ölsäuren).

Etwa 4 g der Probe (genau abgewogen) werden mit 50 ccm ½ normaler alkoholischer Kalilauge in einem Erlenmeyerkolben von 300 ccm Inhalt unter Einleiten von Wasserstoff verseift, die Lösung heiß mit Essigsäure bei Gegenwart von Phenolphthaleïn neutralisiert und in die neutrale Lösung eine kochende Mischung von 30 ccm 10proz. Bleiazetatlösung und 150 ccm Wasser in dünnem Strahl unter fortwährendem Schütteln eingegossen. Die gefällte Bleiseife wird sofort zum Anhaften an den Kolbenwandungen gebracht, indem der Kolben unter heftigem Schütteln unter der Wasserleitung gekühlt wird. Die Bleisalze werden dann mehrmals im Kolben mit heißem Wasser gewaschen und dann unter Durchleiten von Wasserstoff bei 105° im Trockenschrank getrocknet. Die trockenen Bleiseifen werden dann gleichfalls im Wasserstoffstrom in 200 ccm siedendem thiophenfreien Benzol gelöst; die Lösung wird abgekühlt und 2 Stunden im Eisschrank bei etwa 8° stehen gelassen, worauf die ausgeschiedenen Bleisalze auf einem Faltenfilter abfiltriert werden. Das Filter wird unter Einleiten von Wasserstoff zunächst mit 15 ccm Benzol und dann noch einmal mit 10 ccm ausgekocht. Diese so erhaltenen

25 ccm werden vereinigt und gekühlt. Die auskristallisierten Bleisalze werden noch zweimal in der gleichen Weise behandelt. Die filtrierten Benzollösungen, im ganzen 275 ccm, werden vereinigt und darin die Jodzahl nach v. Hübl (S. 447) bestimmt (innere Jodzahl).

Die auf dem Filter nach dem letzten Umkristallisieren verbliebenen Bleisalze werden mit einem Gemisch von gleichen Teilen rauchender Salzsäure und Alkohol zersetzt und zuerst mit Alkohol, dann mit Äther in einen Scheidetrichter übergespült. Es wird nach Versetzen mit Wasser ausgeäthert; die Ätherlösung wird mit Chlorkalzium getrocknet, abfiltriert und die so erhaltenen festen Fettsäuren nach dem Abdestillieren des Äthers bei 105° im Wasserstoffstrom getrocknet. Der Gehalt der festen Säuren an flüssigen kann durch Bestimmung ihrer Jodzahl geschehen.

3. Präparative Abscheidung größerer Mengen von festen Säuren bei annähernd bekanntem Gehalt an letzteren.

Man löst die in üblicher Weise abgeschiedenen Gesamtfettsäuren in 90proz. Alkohol (auf 10 g Fettsäure 50 ccm Lösungsmittel) und fällt mit ungenügenden Mengen alkohol. Bleiazetatlösung, so daß nur die zuerst sich umsetzenden festen Säuren als Bleisalze ausfallen.

Zur Abscheidung der festen Säuren aus Arachisöl (enthält etwa 10 % gesättigte Säuren) behufs Prüfung auf Arachinsäure verwendet man beispielsweise auf 10 g Fettsäuren 1 g Bleiazetat, das in Wirklichkeit 15 % Fettsäure entsprechen würde. Der entstehende Niederschlag wird dann abgesaugt, noch zweimal aus Benzol umkristallisiert und, wie unter 1. angegeben, weiter zersetzt (vgl. auch S. 410).

b) Quantitative Bestimmung von Stearinsäure in Fettsäuremischungen.

(O. Hehner und C. A. Mitchell, The Analyst 1896, 21, 316.)

Das Verfahren beruht darauf, daß in einer bei 0° gesättigten alkoholischen Stearinsäurelösung Stearinsäure unlöslich, Palmitin-, Myristin-, Ölsäure usw. löslich sind.

Von den zu prüfenden festen Fettsäuren werden 0,5 g, von flüssigen Säuren 5 g im 150-ccm-Kolben in etwa 100 ccm bei 0° gesättigter 95proz. alkohol. Stearinsäurelösung[1]) am Rückflußkühler gelöst. Diese Lösung wird über Nacht in einer doppelwandigen Eiskiste auf 0° abgekühlt. Zwischen der äußeren Holzwandung und der inneren aus Zink befinden sich Wolle und Sägespäne, zwischen den beiden Deckeln der Kiste liegt ein Kissen von Wolle und Flanell.

---

[1]) Die Lösung wird durch Auflösen von 3 g Stearinsäure in 1 L warmem Alkohol, Abkühlen der Lösung in doppelwandiger Eiskiste über Nacht und Abfiltrieren mit Hilfe der umstehend skizzierten Vorrichtung oder im Eistrichter (S. 47) hergestellt.

Zur Förderung der Kristallisation wird der Kolben am nächsten Tag in Eiswasser gelinde geschüttelt, er verbleibt danach noch ½ Stunde im Eiswasser.

Die alkoholische Lösung soll mit Hilfe der Absaugevorrichtung (Fig. 97) möglichst vollständig abgesaugt werden, während der Kolben *a* im Eiswasser verbleibt. Die Glocke des mit feinem Kattun bezogenen Saugtrichters *b* soll nicht mehr als 6 mm Durchmesser haben[1]). Das Filtrat muß klar sein. Den Rückstand wäscht man dreimal mit je 10 ccm der auf 0° abgekühlten gesättigten alkoholischen Stearinsäurelösung aus und löst ihn dann samt den am Trichterchen hängenden Anteilen in heißem Alkohol, dampft den Alkohol ab und wägt den Rückstand in tarierter Schale. Da die Gefäßwände und die aus kristallisierte Stearinsäure etwas Waschflüssigkeit zurückhalten, bringt man hierfür eine Korrektur an, indem man von der gewogenen Stearinsäure 0,005 g abzieht. Der Schmelzpunkt der abgeschiedenen Stearinsäure soll nicht unter 68° liegen. Fremde Fettsäuren irgendwelcher Art, flüchtige und nicht flüchtige, gesättigte und ungesättigte sollen das Resultat nicht beeinflussen[2]).

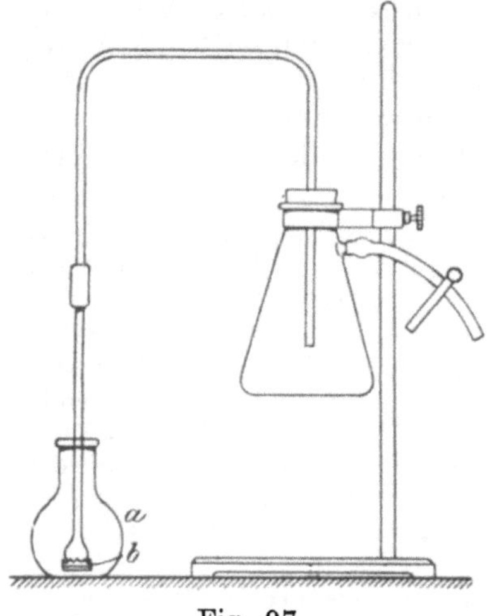

Fig. 97.

Das beschriebene Verfahren soll nach H. Kreis und A. Hafner (Ztsch. f. Unters. d. Nahr.- und Genußm. 1903, 22) bei Gegenwart von wenigstens 0,1 g Stearinsäure annähernd quantitative Ergebnisse liefern, dagegen bei geringerem Stearinsäuregehalt infolge von Übersättigungserscheinungen ganz ungenaue Zahlen ergeben.

Liegen in den nach S. 436 abgeschiedenen festen Fettsäuren nur Palmitin- und Stearinsäure vor, so kann man deren ungefähre Menge bequem aus dem leicht zu ermittelnden mittleren Molekulargewicht (S. 387) und den bekannten Molekulargewichten

---

[1]) Da die ausgeschiedene Stearinsäure leicht Verstopfungen des Kattunfilters bewirkt, muß man event. auf dem Eistrichter (S. 47), welcher durch Zusatz von wenig Salz zum Eis zu kühlen ist, filtrieren.

[2]) Dies dürfte natürlich für Arachinsäure, Lignozerinsäure und andere höher als Stearinsäure schmelzende gesättigte Säuren nicht zutreffen. (Abscheidung von Arachin- und Lignozerinsäure s. S. 419.)

der Palmitin- und Stearinsäure berechnen. Sind x % der einen Säure von Mol. m_1 und y % der Säure von Mol. m_2 zugegen, und beträgt das mittlere Molekulargewicht des Gemisches m so ergibt sich

$$x + y = 100$$

$$\frac{x}{m_1} + \frac{y}{m_2} = \frac{100}{m}$$

Hieraus folgt

$$x = \frac{100\, m_1 (m - m_2)}{m (m_1 - m_2)}$$

$$y = \frac{100\, m_2 (m_1 - m)}{m (m_1 - m_2)}$$

c) Untersuchung der nach S. 387 gewonnenen flüssigen Säuren. Bei noch unbekannten flüssigen Säuren ist bisweilen deren Natur und Menge festzustellen. Im allgemeinen hat man es mit Ölsäure, Linolsäure und Linolensäuren zu tun.

1. Jodzahl. Inwieweit nur Ölsäure oder auch die stärker ungesättigten Säuren zugegen sind, läßt sich bis zu einem gewissen Grade schon aus der Jodzahl (Bestimmung der Jodzahl s. S. 391) der flüssigen Säuren entnehmen (siehe untenstehende Tabelle 66). Die Jodzahl der flüssigen Säuren wird in der Regel als innere Jodzahl bezeichnet (Wallenstein und Fink, Chem.-Ztg. 1894, **18**. 1190). L. M. Tolman und L. S. Munson (Chem. Zentralbl. 1903, II, 1288) berechnen die innere Jodzahl („wirkliche" Jodzahl) nach folgender Formel:

$$A = \frac{J \cdot 100}{L}.$$

A = Jodzahl der flüssigen Fettsäuren,
J = Jodzahl des Neutralfettes,
L = Prozentgehalt des Neutralfettes an flüssigen Säuren, d. h. Gesamtfettsäuren (95,5) minus feste Fettsäuren.

Für die reinen ungesättigten Fettsäuren berechnen sich folgende Jodzahlen (Benedikt-Ulzer):

Tabelle 66.

Fettsäure	Formel	100 g der Säure addieren g Jod (Jodzahl)
Hypogäasäure	$C_{16}H_{30}O_2$	99,88
Ölsäure und Isoölsäure	$C_{18}H_{34}O_2$	89,96
Erukasäure	$C_{22}H_{42}O_2$	75,05
Rizinusölsäure	$C_{18}H_{34}O_3$	85,14
Linolsäure	$C_{18}H_{32}O_2$	181,22
Linolensäure	$C_{18}H_{30}O_2$	273,80

2. Trennung nach Hazura. Hazuras Verfahren (Monatshefte 1887, 147, 156, 260; 1888, 180, 198, 469, 941, 947; 1889, 190) zum Nachweis dieser Säuren nebeneinander beruht darauf, daß die ungesättigten Säuren bei Oxydation mit Kaliumpermanganat in alkalischer Lösung unter Bildung von verschiedenen charakteristischen Oxyfettsäuren an Stelle jeder Doppelbindung 2 Hydroxylgruppen aufnehmen. Es geben so:

Ölsäure	$C_{18}H_{34}O_2$.	Dioxystearinsäure Schmp. 136,5°	$C_{18}H_{34}(OH)_2O_2$
Linolsäure	$C_{18}H_{32}O_2$.	Sativinsäure Schmp. 174°	$C_{18}H_{32}(OH)_4O_2$
Linolensäure	$C_{18}H_{30}O_2$.	Linusinsäure Schmp. 203—205°	$C_{18}H_{30}(OH)_6O_2$
Isolinolensäure	$C_{18}H_{30}O_2$.	Isolinusinsäure Schmp. 173—175°.	$C_{18}H_{30}(OH)_6O_2$

Die genannten Oxysäuren unterscheiden sich insbesondere auch durch ihr verschiedenes Verhalten gegen Lösungsmittel (Wasser und Äther).

Ausführung der Oxydation.

30 g flüssige Fettsäuren werden mit 36 ccm Kalilauge (spez. Gew. 1,27) verseift, worauf mit Wasser zu 2 L Gesamtflüssigkeit verdünnt wird. Zu dieser Lösung läßt man 2 L 1½proz. Kaliumpermanganatlösung in dünnem Strahl unter Rühren mit der Turbine hinzufließen (bei Untersuchung von Transäuren ist Abkühlung auf 0° und Verwendung von ½proz. Permanganatlösung notwendig), läßt zehn Minuten lang stehen und versetzt mit wäßriger schwefliger Säure bis zur völligen Auflösung des Manganhyperoxyds.

α) Wasserunlösliche Oxydationsprodukte.

Der durch die Mineralsäure infolge Zersetzung der Seifen gebildete Niederschlag kann unangegriffene Fettsäure, Dioxystearinsäure und Sativinsäure enthalten.

Die im Niederschlag noch enthaltenen nicht oxydierten Säuren werden von den oxydierten durch leicht (bis 50°) siedendes Benzin, das die Oxysäuren nicht löst, abgetrennt. Die ungelösten Säuren werden mit Äther bei Zimmerwärme behandelt (auf 20 g Säure 2 L Äther). In Lösung geht Dioxystearinsäure, — durch mehrfaches Umkristallisieren aus 96proz. Alkohol zu reinigen —, ungelöst bleibt Sativinsäure, die aus heißem Wasser kristallisiert. Von Wasser ungelöst bleiben bisweilen noch geringe Mengen Dioxystearinsäure.

β) Wasserlösliche Oxydationsprodukte.

Das Filtrat des Niederschlages, welches Linusin- und Isolinusinsäure enthalten kann, wird mit Kalilauge neutralisiert, bis auf $^1/_{12}$—$^1/_{14}$ des ursprünglichen Volumens eingedampft und angesäuert. Der bei Gegenwart der letztgenannten Säuren entstehende flockige, braune Niederschlag wird zur Entfernung von Azelaïnsäure und anderen sekundären Oxydationsprodukten lufttrocken mit Äther extrahiert. Die unlöslichen Säuren kristallisiert man aus Alkohol um. Mikroskopische Untersuchung der Kristalle gibt Aufschluß, ob nur Linusin- oder auch Isolinusinsäure zugegen ist. Erstere bildet abgestumpfte rhombische Tafeln, letztere bildet Nadeln. Die Trennung beider Säuren erfolgt durch Kristallisation aus wenig Wasser. Isolinusinsäure bleibt vornehmlich in der Mutterlauge.

Das beschriebene Verfahren läßt nur annähernde Schlüsse auf die quantitative Zusammensetzung eines Gemisches flüssiger Säuren zu, da ein Teil der verwendeten Säuren tiefergreifenden Spaltungen unterliegt.

3. Bestimmung flüssiger Säuren mit Hilfe der Bromadditionsprodukte. Nach Hazura (Monatshefte 1887, 463 und 472), Hehner und Mitchell (Analyst 1898, 313) sowie Farnsteiner (Ztsch. f. Unters. der Nahr.- und Genußm. 1899, 1) lassen sich die ungesättigten Säuren in Mischungen durch ihr verschiedenes Verhalten gegen Brom kennzeichnen.

Man erhält bei Einwirkung überschüssigen Broms aus:

Linolensäure:	Hexabromstearinsäure Schmp. 180—181°,
Isolinolensäure:	flüssige Hexabromstearinsäure,
Linolsäure:	Tetrabromstearinsäure Schmp. 113—114°,
Ölsäure:	flüssige Dibromstearinsäure.

Aus den stark ungesättigten Transäuren: Oktobromide.

Die bromierten Säuren zeigen erhebliche Löslichkeitsunterschiede (s. auch S. 422, Oktobromidprobe, und S. 450, Hexabromidzahl).

α) Bromierung nach Hehner und Mitchell.

0,3 g Fettsäuren werden in 10 ccm Eisessig gelöst; die Lösung wird auf + 5° abgekühlt und tropfenweise mit Brom bis zur bleibenden Braunfärbung versetzt. Nach dreistündigem Stehen bei + 5° wird durch Asbest oder ein Faltenfilter filtriert und nacheinander mit je 5 ccm gekühltem Eisessig, Alkohol und Äther nachgewaschen. In Lösung bleibt Dibromstearinsäure, ungelöst ein Gemisch von Hexa- und Tetrabromstearinsäure. Dies wird getrocknet, gewogen und auf

Bromgehalt geprüft. Da ein Hexabromid der Theorie zufolge 63,32 % und ein Tetrabromid 53,33 % Brom enthält, so können die Mengen der einzelnen Säuren aus den folgenden Gleichungen berechnet werden:

$$x + y = 100$$

$$\frac{63{,}3\,x}{100} + \frac{53{,}3\,y}{100} = B;$$

$$x = 10 \cdot (B - 53{,}3),$$

worin x die Prozentzahl der Hexabromide, y die Prozentzahl des Tetrabromides und B die Prozentzahl von Brom in dem rohen Bromidgemisch bedeutet.

Der Schmelzpunkt des Gemisches soll etwa 175—180° betragen.

Je 1 g Hexabromstearinsäure entspricht 0,3667 g Linolensäure, je 1 g Tetrabromstearinsäure entspricht 0,4666 g Linolsäure.

Liegen Fettsäuren aus Ölen der Seetiere vor, so enthält der durch Brom erzeugte Niederschlag neben Hexa- und Tetrabromiden auch Oktobromide. Letztere lassen sich dadurch erkennen, daß der Schmelzpunkt des Produkts erheblich über 180° liegt, und bei 200° Schwärzung erfolgt. Bei Gegenwart von Oktobromiden läßt sich natürlich der Gehalt an Tetrabromiden durch Brombestimmung nicht ermitteln. Vermutet man ein Gemisch von Hexa- und Oktobromiden, so werden die Bromide durch Kochen mit Benzol, worin Oktobromide unlöslich sind, getrennt.

β) Bromierung nach Farnsteiner.

Zur Kennzeichnung von Linolsäure neben Ölsäure in linolensäurefreien Mischungen wird 1 g Säure in 10 ccm Chloroform gelöst und bei Zimmertemperatur mit einer Lösung von ca. 1 g Brom in 10 ccm Chloroform versetzt. Oder man benutzt das Filtrat von α, das Ölsäuredibromid und Linolsäuretetrabromid enthält. Nach einigem Stehen wird das Lösungsmittel abdestilliert, der Rückstand wird mit leicht siedendem (von 35—68°) Benzin heiß behandelt, in dem das Dibromid sich leicht, das Tetrabromid nur sehr wenig löst; beim Abkühlen der Benzinlösung fällt das Tetrabromid größtenteils aus. Letzteres kann durch den Schmp. 113—114° und das Molekulargewicht 600 identifiziert werden.

Beide beschriebenen Bromierungsverfahren bedürfen noch der Nachprüfung.

4. Trennung von Linolsäuren und Linolensäuren von Ölsäure nach Farnsteiner (Ztsch. f. Unters. d. Nahr.- und Genußm. 1899, 1; 1903, 161). Ölsaures Barium löst sich in kaltem wasserhaltigen Benzol-Alkohol sehr schwer, die Bariumsalze der ungesättigten Säuren $C_n H_{2n-4} O_2$ und $C_n H_{2n-6} O_2$ leicht. Mittels dieses Verfahrens hat der genannte Verfasser auch Ölsäure in Leinöl wie sie schon Mulder annahm gefunden.

5. Wasserstoffzahl, Reindarstellung und Konstitutionsbestimmungen von Leinölsäuren nach E. Erdmann und F. Bedford. (Ber. 1909, 42, 1324; Inauguraldissert. von Bedford: „Über die ungesättigten Säuren des Leinöls".) Nach den Verfassern läßt sich eine Modifikation des Sabatier- und Senderensschen Verfahrens (Ann. chim. phys. 1905, 4, 319) dazu benutzen, an die nicht unzersetzt oder schwer flüchtigen flüssigen Fettsäuren und deren Ester Wasserstoff quantitativ zu addieren. Die zu reduzierenden Substanzen werden in gewogener Menge auf Bimsteinstücke, die mit metallischem Nickel präparariert sind und sich in einem vertikalen auf 170—200° erhitzten Glasrohr befinden, unter gleichzeitigem Überleiten von gemessenen Mengen Wasserstoff aufgetropft. Nach Passierung des katalytisch wirkenden Nickels wird der überschüssige Wasserstoff durch Überführung in Wasser wie bei der Elementaranalyse bestimmt. Unter „Wasserstoffzahl" verstehen die Verf. die von 100 g Substanz aufgenommene Wasserstoffmenge.

Ölsäure wird bei der beschriebenen Einwirkung quantitativ zu Stearinsäure, Krotonsäureäthylester quantitativ zu Buttersäureäthylester, die Äthylester der Leinölsäuren zu Stearinsäureäthylester reduziert. Damit ist gleichzeitig erwiesen, daß die Leinölsäuren eine normale unverzweigte Kohlenstoffkette enthalten.

Diejenige Leinölsäure, welche ein festes Hexabromid (Schmp. 179°) gibt, nennen die Verfasser α-Linolensäure; sie berechneten aus der Menge des Bromids und des Linolensäureäthylesters (22,3 %) 15,3 % Linolensäure in der Leinölsäure. Aus der Hexabromstearinsäure stellten die Verf. das Kalium- und Bariumsalz sowie den Äthylester dar.

Sowohl dem Hexabromid als auch dem Hexabromstearinsäureäthylester läßt sich das Brom durch Kochen mit geraspeltem Zink und Alkohol leicht entziehen. Im ersteren Fall bildet sich zum Teil Linolensäureäthylester, zum Teil Zinksalz.

Aus dem mit Wasser ausgefällten Gemisch wird das Zink durch Schwefelsäure entfernt, das abgeschiedene Öl verseift. Die durch verdünnte Schwefelsäure abgetrennten Säuren werden in ätherischer Lösung mit Natriumsulfat getrocknet und im hohen Vakuum destilliert. Die Leinölsäure geht bei 0,001 bis

0,002 mm Druck und 75 mm Steighöhe zwischen 157 und 158° als farbloses, nicht unangenehm riechendes Öl über.

Die durch Reduktion des Hexabromids der α-Linolensäure mit Zink erhältliche Linolensäure $C_{18}H_{30}O_2$ ist ein Gemisch der beiden isomeren α- und β-Linolensäuren.

Nach der Methode von Harries (Ber. 1906, **39**, 3667) gelang es E. Erdmann, F. Bedford und F. Raspe (Ber. 1909, **42**, 1334) Leinölsäure analog der Ölsäure je nach dem angewendeten Lösungsmittel (Hexahydrotoluol oder Chloroform) in ein normales Ozonid mit 9 Atomen Sauerstoff oder in Linolensäureozonidperoxyd mit 10 Atomen O pro Grammolekül überzuführen. Ähnlich wie bei Ölsäure gibt das Peroxyd des α- und β-Linolensäureozonids auch beim Behandeln mit Wasser den Halbaldehyd der Azelaïnsäure. Ganz analog waren die Spaltungsprodukte der Ozonidperoxyde derÄthylester der α- und β-Linolensäure.

Die beiden Ozonidperoxyde der Äthylester haben verschiedene Zersetzungsgeschwindigkeit gegen Wasser, obwohl sie die gleichen Spaltungsprodukte geben.

α- und β-Linolensäure sind wie Ölsäure und Elaïdinsäure stereoisomer.

d) Trennung der festen Säuren voneinander. 1. Fraktionierte Fällung nach Heintz (Journ. f. prakt. Chem. 1855, 3). Unterwirft man die alkoholische Lösung eines Gemenges gesättigter Fettsäuren einer fraktionierten Fällung mit Magnesiumazetat, so werden zu Anfang die kohlenstoffreichsten Säuren als Magnesiumsalze niedergeschlagen. Durch nacheinander folgendes Zersetzen der einzelnen Fällungen erhält man dann Säuren mit allmählich abfallendem Molekulargewicht. Das Verfahren ist besonders geeignet zur Trennung von Säuren, die konstant schmelzende Gemische bilden, wie das molekulare Gemisch von Palmitin- und Stearinsäure, das früher als eine einheitliche Säure, „Margarinsäure", angesehen wurde. Durch Heintz wurde sie nach obigem Verfahren als Gemisch von Palmitin- und Stearinsäure festgestellt. Die von Gérard im Daturaöl und von Nördlinger im Palmfett angeblich gefundene Säure, $C_{17}H_{34}O_2$, „Daturasäure", wurde von Holde in gemeinsamen Versuchen mit Ubbelohde und Marcusson (Mitteilungen 1905, **23**, 36; ferner Ber. 1905, **38**, 1247) als Gemisch von mindestens drei Säuren erkannt, indessen gelang es neuerdings Meyer und Beer (Monatshefte 1912, **33**, 311) durch noch weitergehendes fraktioniertes Fällen mit Lithiumsalzen 2,5% einer Säure $C_{17}H_{34}O_2$ im Daturaöl nachzuweisen (s. unten), die mit der synthetischen Margarinsäure von Krafft identisch ist und bei 59—59,5° schmilzt.

Zu der von Holde benutzten Trennung der Säuren nach Heintz löst man 1—2 g in Alkohol auf und fällt heiß mit einer alkoholischen Lösung von $^1/_{30}$—$^1/_{40}$ des Gewichts der angewandten Säure an essigsaurer Magnesia. Noch Abtrennen des Niederschlags wird im Filtrat die gebildete freie Essigsäure durch etwas Ammoniak abgestumpft, dann wird sukzessive mit der gleichen Menge Magnesiumazetat weiter gefällt. Beim Kristallisieren darf die Temperatur nicht zu niedrig sein, da andernfalls Fettsäuren mit dem Magnesiumsalz ausfallen. Ist nur noch ungenügende Fällung zu erzielen, so wird die Lösung konzentriert. Aus den einzelnen Fällungen werden die Säuren abgeschieden und auf Schmelzpunkt und Molekulargewicht geprüft.

Eine quantitative Trennung der Säuren ist nach diesem Verfahren natürlich nicht möglich; hat man jedoch zwei bestimmte Säuren nachgewiesen, so kann man aus ihrem Molekulargewicht und demjenigen des Gemenges den Prozentgehalt ungefähr berechnen.

Die Abscheidung der festen Säuren aus dem Öl und die fraktionierte Fällung wurde nach Meyer und Beer wie folgt ausgeführt:

Je 100 g Öl wurden mit 0,5 L 95proz. Alkohol emulsioniert, bei Siedehitze mit 10 g Lithiumoxyd in 30 ccm Wasser versetzt und 1 Stunde am Rückflußkühler gekocht. Die sich beim Erkalten ausscheidenden Lithiumsalze wurden abgesaugt, mit Alkohol gewaschen und nach der Methode von Farnsteiner (s. S. 388) über die Bleisalze von ungesättigten Säuren getrennt. Die Bleisalze wurden mit konz. Salzsäure verrieben, in kochendes Wasser eingetragen und erhitzt. Die so nach dem Erstarrenlassen, Auskochen, Trocknen und Pulvern erhaltenen Säuren (140 g) wurden in 96proz. Alkohol gelöst, mit je 5 ccm einer zehnprozentigen alkoholischen Lithiumazetatlösung und einigen Tropfen Ammoniakwasser kräftig umgeschüttelt; die in der Kälte ausfallenden Salze wurden mit kaltem Alkohol gewaschen, mit Salzsäure zersetzt, mineralsäurefrei gewaschen und aus 75proz. Alkohol umkristallisiert. Wenn Lithiumazetat keine Fällungen mehr gab, wurde mit Magnesiumazetat und zum Schluß mit Bariumazetat in derselben Weise weiter fraktioniert gefällt. Alle bei 59—59,5° schmelzenden Fraktionen mit einem Molekulargewicht 269,2—271,4 wurden vereinigt und nochmals mit Lithiumazetat fraktioniert gefällt, jede Fällung nach der Zersetzung fraktioniert aus Alkohol umkristallisiert und dann noch jede einzelne Teilfraktion aus Petroläther und Benzol kristallisiert. Schmelzpunkt und Molekulargewicht blieben hierbei ungeändert, ebenfalls bei der Fraktionierung über die Magnesium- und Bariumsalze. Demnach scheint die Daturasäure wirklich eine einheitliche Heptadecylsäure zu sein. Synthetisch nach Krafft (Ber. 1879, **12**, 1672) dargestellte normale Heptadecylsäure schmilzt bei 59,5—60° und hat das Molekulargewicht 270,3.

2. Fraktionierte Destillation im Vakuum. Weit schneller als durch fraktionierte Fällung läßt sich ein Fettsäuregemisch durch fraktionierte Destillation im luftverdünnten Raum in seine Bestandteile zerlegen. Gewöhnlich genügt ein Vakuum von 15 mm, doch tritt auch hierbei zuweilen Zersetzung von Säuren ein. Diese läßt sich fast ganz vermeiden (Krafft, Ber. 1882, **15**, 1692 und 1889, **22**, 816) durch Destillation in absolutem Vakuum, wie man es bei Anwendung des von Krafft oder Ubbelohde (Ztsch. f. angew. Chem. 1906, **19**, 2240) angegebenen Destillationsapparates und einer Quecksilberluftpumpe erhält. Als beste und insbesondere auch unzerbrechliche Laboratoriumspumpe für vollständiges Vakuum ist die rotierende Kapselölpumpe von Dr. Gaede-Freiburg zu empfehlen.

Siedepunkte der höheren gesättigten Fettsäuren im absoluten Vakuum.

Laurinsäure	102° C
Myristinsäure	121—122
Palmitinsäure	138—139
Stearinsäure	154,5—155,5

3. Holland (Ztsch. f. angew. Chem. 1911, **24**, 1054) verestert 100 ccm Fettsäure durch halbstündiges Kochen mit 100 ccm Alkohol und 10 ccm konz. Salzsäure und trennt dann die Ester durch Vakuumdestillation. Zum Zersetzen der Ester benutzt er Glyzerinlauge. Beim Auflösen und Kristallisieren der Fettsäuren ist Vorsicht notwendig, weil sehr leicht Veresterung eintritt.

4. Eugenio Morelli (Atti R. Accad. dei Lincei, Rom 17, II durch Chem. Zentralbl. 1908, **12**, 1019) hält die Trennung von Stearin-, Palmitin- und Ölsäure über die Hydroxamsäuren auf Grund der verschiedenen Löslichkeit der letzteren für geeignet. Stearinhydroxamsäure $C_{17}H_{35}C(:NOH)OH$. Jeanrenaud (Ber. 1889, **22**, 1270) hat Hydroxamsäuren zuerst durch Einwirkung von Hydroxylamin auf Ester einwertiger Alkohole gewonnen:

$$C_6H_5COOC_2H_5 + NH_2OH = C_6H_5C\,(:NOH)\,OH + C_2H_5OH.$$

Analog verhalten sich die Fettglyzeride gegen Hydroxylamin.

e) Gewinnung reiner Glyzeride der gesättigten Fettsäuren aus natürlichen Fetten. (A. Bömer, Ztsch. f. Unters. d. Nahr- u. Genußmittel 1909, **17**, 353—396.) 1 bis 2 kg Fett werden in der 2- bis 3-fachen Menge Äther, Chloroform oder Benzol gelöst, und aus dieser Lösung werden durch fraktionierte Kristallisation bei langsam erniedrigter Temperatur etwa 4 Fraktionen gewonnen. Jede der erhaltenen Fraktionen wird durch das gleiche Verfahren wieder in 3 bis 4 Unterfraktionen geteilt. Anstatt die Temperatur zu erniedrigen, kann man auch die Löslichkeit der Glyzeride durch allmählichen Alkoholzusatz vermindern. Innerhalb 5° schmelzende Unterfraktionen sind miteinander zu vereinigen. Zur Abtrennung ölsäurehaltiger Glyzeride behandelt man die erhaltenen Produkte nach Kreis und Hafner (Ztsch. f. Unters. d. Nahr.- und Genußmittel **7**, 641) mit Wijsscher Jodmonochlorideisessiglösung, wodurch die ersteren in ihre Chlorjodverbindungen übergeführt werden. Die nunmehr gereinigten Glyzeride werden hierauf der fraktionierten Lösung unterworfen, wodurch von A. Bömer (a. a. O.) als am schwersten lösliches Glyzerid aus Hammeltalg Tristearin gewonnen wurde.

Zur Gewinnung weiterer Glyzeride werden die bei der fraktionierten Lösung erhaltenen Mutterlaugen, soweit sie gleich schmelzende Glyzeride enthalten, vereinigt und die daraus gewonnenen Substanzen erneut der fraktionierten Lösung unterworfen. Die Unterschiede im Schmelzpunkt der bei dieser Fraktionierung erhaltenen Glyzeride betragen bei der ersten Fraktionierung 2° und werden bei der zweiten Fraktionierung auf 1°, bei der dritten bzw. vierten auf 0,5° vermindert. Zur Schmelzpunktsbestimmung sind immer die aus den Lösungen kristallisierenden Glyzeride zu verwenden. Die so erhaltenen Glyzeride können als rein angesehen werden, wenn sie mit Kupferoxyd keine Halogenreaktion mehr geben, und wenn die Schmelzpunkte der aus der Benzollösung kristallisierten und der aus dem Schmelzfluß erstarrten Substanz sehr nahe zusammenfallen.

X. Prüfung von Samen, Ölkuchen u. dgl. auf Öl- bzw. Fettgehalt.

Für die Extraktion der Fette mittels Lösungsmittel werden in der Technik Schwefelkohlenstoff, Benzin, Tetrachlorkohlenstoff (in der Technik kurz „Tetra“ genannt) und neuerdings Trichloräthylen (Tri) benutzt. Die letzteren beiden sind bekanntlich nicht brennbar; Trichloräthylen greift Metalle weniger an als Tetrachlorkohlenstoff. Die gechlorten Kohlenwasserstoffe haben ein bedeutend höheres spez. Gewicht als Benzin, z. B. hat Tetra spez. Gewicht 1,60. Dies ist ein erheblicher Mangel gegenüber dem Benzin und Benzol, da die Volumina der Extraktionsmittel für die extrahierte Menge maßgebend sind und daher die spez. schwereren Lösungsmittel in größeren Gewichtsmengen verbraucht werden. Dagegen zeichnen sich die gechlorten Kohlenwasserstoffe durch wesentlich geringere spez. Wärme und Verdampfungswärme gegenüber anderen Extraktionsmitteln aus.

Es haben nämlich:

	Siedepunkt	Spez. Wärme	Latente Verdampf.-Wärme
Schwefelkohlenstoff . . .	46,5°	0,157	79,9
Benzin	60—100°	0,401	92,3
Tetrachlorkohlenstoff . .	76,5°	0,131	46,6
Trichloräthylen (spez. Gewicht 1,47)	88	—	—

Im Laboratorium wird der Ölgehalt der Samen usw. in folgender Weise bestimmt:

100 g fein gemahlenen Materials werden lufttrocken in einer Schleicher- und Schüllschen Extraktionshülse im Graefe-Apparat (Fig. 16, S. 43) erschöpfend mit Petroläther oder Tetrachlorkohlenstoff ausgezogen, wozu meistens 6 Stunden genügen. Sehr fettreiche oder stark schleimhaltige Materialien werden zweckmäßig vor der Extraktion mit dem doppelten Gewicht ausgeglühten Sandes vermischt. Sehr zweckmäßig ist es auch, die extrahierten Samen usw. nach Befreiung von der Hauptmenge des Öles nochmals zu zermahlen, um die letzten ölhaltigen Zellen zu öffnen.

Wendet man Äthyläther zur Extraktion an, so ist es notwendig, vor der Extraktion das zerriebene Material zu trocknen und wasserfreien Äther zu verwenden, da feuchte Samen oder Kuchen leicht Fremdstoffe an den Äther abgeben. Materialien, welche trocknende Öle enthalten, wie Leinsamen und Leinkuchen, müssen mit besonderer Vorsicht getrocknet werden, da diese Öle bei Anwendung zu hoher Temperaturen oder bei zu langem Erhitzen teilweise unlöslich werden. Die Extrakte unvorsichtig getrockneter Proben sind häufig dunkel gefärbt und enthalten verharzte Stoffe.

Nach der Extraktion wird die Lösung filtriert, abdestilliert und der Rückstand (Rohfett) getrocknet und gewogen. Über den Fettgehalt einiger Samen gibt Tabelle 64 (s. S. 369) Aufschluß. Da Äther aus nicht ganz trocknem Material außer Wasser auch Nichtfette zu lösen vermag, nimmt man zweckmäßig nach dem Abdestillieren des Äthers das Fett nochmals in Petroläther auf. Da das Trocknen von Fetten mit hoher Jodzahl im Trockenkasten bei 105° ohne Veränderung der Substanz nicht angängig ist, leitet man während des

Trocknens einen langsamen Wasserstoffstrom mit Hilfe eines doppelt gebohrten Korkes über die Oberfläche des Fettes.

XI. Prüfung der äußeren Erscheinungen der Fette.

In noch höherem Grade als bei Mineralölen geben bei fetten Ölen die äußeren Erscheinungen Anhaltspunkte zur Beurteilung der Reinheit.

a) Farbe, Durchsicht und Fluoreszenz. Die nicht gebleichten rohen fetten Öle erscheinen im Reagenzglas von 15 mm Weite weingelb, grün oder bräunlichgelb bis schmutzig gelbbraun, jedoch fast immer noch durchsichtig. Rohes Baumwollsaatöl ist tiefschmutzigbraun bis grünlichschwarz. Die raffinierten Öle sehen je nach dem Grade der Raffination und Bleichung wasserhell bis weingelb aus. Bei einzelnen Proben reiner fetter Öle, z. B. bei braungelbem Erdnußöl, können sich auch deutliche bläuliche Fluoreszenzerscheinungen am Rande der Flüssigkeit zeigen, die den Verdacht auf Gegenwart von Mineralöl erwecken können. Im allgemeinen sind die fetten Öle indessen bis auf die stark eingekochten Leinöle (Stand- und Dicköle, S. 515) fluoreszenzfrei.

b) Die Konsistenz der Fette bei Zimmerwärme richtet sich nach dem Gehalt an festen und flüssigen Fettsäuren bzw. deren Glyzeriden. Talg, Schmalz, Palmöl usw., welche beträchtliche Mengen der festen Fettsäuren (Stearinsäure und Palmitinsäure) enthalten, sind bei Zimmerwärme halbfest bis fest. Olivenöl, Mandelöl, Leinöl, Baumwollsaatöl, Rizinusöl enthalten hauptsächlich Glyzeride der flüssigen Fettsäuren, Ölsäure, Linolsäure, Linolensäure, Rizinölsäure usw., und sind daher bei Zimmerwärme flüssig. Diejenigen flüssigen Öle, welche große Mengen von festen Fettsäuren in Form von hochschmelzenden Glyzerinestern oder in freiem Zustand enthalten, z. B. nicht abgepreßte Erdnußöle und Knochenöle, erstarren schon bei mäßiger Abkühlung. Dagegen kann trotz eines ziemlich beträchtlichen Gehaltes an festen Säuren, z. B. Palmitin- und Stearinsäure usw., ein Öl flüssig sein, wenn, wie z. B. bei Olivenöl, die festen Fettsäuren mit je 1 oder 2 Mol. Ölsäure zu mäßig hoch oder niedrig schmelzenden gemischten Glyzerinestern verbunden sind.

c) Geruch und Geschmack können häufig mit Erfolg zur Kennzeichnung fetter Öle herangezogen werden. Am schärfsten lassen sich hierdurch Trane, auch in Mischungen mit anderen

Ölen, nachweisen. Um Trane deshalb für die Seifenfabrikation nutzbar zu machen, gibt es neuerdings Verfahren, um ihnen den unangenehmen Geruch zu nehmen. Die riechenden Substanzen sind niedere Fettsäuren und Amine, von denen die ersteren durch fraktionierte Vakuumdestillation, die letzteren durch Behandeln mit Schwefelsäure entfernt werden können. Über die Abtrennung der unangenehm riechenden Klupanodonsäure nach Tsujimoto siehe S. 368.

Außer von der Art des Öles sind Geruch und Geschmack auch wesentlich von der Gewinnung und vom Alter der Öle abhängig. Tierische Öle riechen in der Regel intensiver als pflanzliche, so daß bei Mischung der Geruch der letzteren leicht verdeckt wird.

XII. Physikalische Prüfungen.

a) Löslichkeit. Sämtliche Öle und Fette sind in Äthyläther, Chloroform, Schwefelkohlenstoff und, mit Ausnahme von Rizinusöl, auch in Petroläther und in Mineralölen leicht löslich. In absol. Alkohol lösen sich die meisten Fette wenig; die Löslichkeit steigt mit zunehmendem Gehalt an Fettsäuren, welche sich bekanntlich leicht in Alkohol lösen. Das oft schon im Anlieferungszustand fast ganz in Fettsäuren gespaltene Palmfett ist daher in Alkohol auch leicht löslich. Leicht löslich in jedem Verhältnis in Alkohol sind ferner Rizinusöl und Traubenkernöl. Erheblich lösen sich in Alkohol Öle und Fette, welche Glyzeride niedrig molekularer Säuren enthalten, wie Delphintran und Meerschweintran, ferner Kokosfett, Butter und ähnliche Fette. Zur Prüfung von Fetten dient daher auch bis zu einem gewissen Grade ihre verschiedenartige Löslichkeit in Alkohol und in Eisessig.

Die besten, aber auch teuersten Lösungsmittel für Fette sind Chloroform und Tetrachlorkohlenstoff, welche deshalb in chemischen Wäschereien zur Entfernung älterer Fettflecke, Ölfarbenflecke usw. benutzt werden. Neuerdings ist man auch bei der Gewinnung der Fette bestrebt, an Stelle der feuergefährlichen Extraktionsstoffe, wie Canadol, Benzin, Benzol, Schwefelkohlenstoff, den nichtentzündlichen Tetrachlorkohlenstoff oder das Trichloräthylen zu verwenden, indessen greift ersterer im Betriebe die verwendeten Metalle, insbesondere Kupfer, allmählich an; auch sind die gechlorten Kohlenwasserstoffe erheblich schwerer und teurer als die anderen Extraktionsflüssigkeiten.

b) Spez. Gewicht und Ausdehnungskoeffizienten. Das spez. Gewicht der Fette schwankt zwischen 0,913—0,996. Das niedrigste spez. Gewicht 0,913—0,916 haben die nichttrocknenden Öle, wie Olivenöl und Klauenöl, ferner die Kruciferenöle, Rüböl und Senföl. Das spez. Gewicht steigt ziemlich regelmäßig mit der Jodzahl. Rizinus-, Traubenkern- und Krotonöl haben infolge ihrer eigenartigen Zusammensetzung das höchste bei flüssigen fetten Ölen beobachtete spez. Gewicht 0,955—0,9736.

Feste Fette haben spez. Gewicht 0,920—0,970.

Während die flüssigen Wachse spez. Gewicht 0,876—0,883 haben, liegt dasjenige der festen Wachse zwischen 0,960—0,999.

Die Bestimmung des spez. Gewichts wird bei flüssigen Produkten nach S. 125ff. vorgenommen. Feste Fette und Wachse prüft man mittels der Alkoholschwimm-Methode S. 129 oder mit der Mohr-Westphalschen Wage bei höherer Temperatur, meistens 100°, und benutzt hierzu die Fig. 36 skizzierte, ohne weiteres verständliche Anordnung. Auch das Sprengelsche Pyknometer, Fig. 35, wird hierzu benutzt.

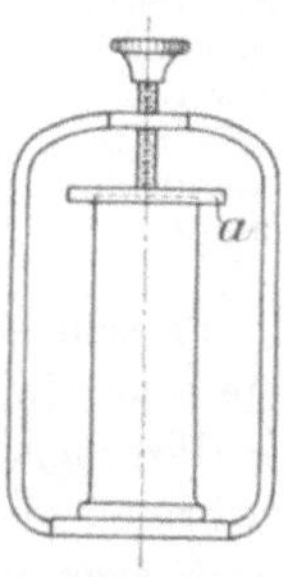

Fig. 98.

Das spez. Gewicht salbenartiger und fester Stoffe bestimmt man bei gewöhnlicher Temperatur im Pyknometer von Gintl (Fig. 98).

Das unten geschlossene Gläschen von etwa 8 mm Durchmesser und 20 mm Höhe wird mit der zu untersuchenden Substanz in geschmolzenem Zustande gefüllt, und zwar so, daß eine Kuppe über dem obersten Rand des Gläschens steht. Der Glasdeckel besitzt eine eingeschliffene, auf den Rand des Gläschens passende Rille. Pyknometer und Deckel werden in einem vergoldeten Klemmrahmen mittels der Klemmschraube befestigt. Der durch die Schraube herausgepreßte Überschuß der Substanz wird mit einem in Benzin getauchten Lappen fortgewischt.

Der Ausdehnungskoeffizient der fetten Öle und Wachse, dessen Kenntnis für die Berechnung des spez. Gewichts von Wichtigkeit ist, schwankt von 0,000 654—0,000 838. Die Änderung des spez. Gewichts mit der Temperatur (spez. Gew. $\cdot\, \alpha$) beträgt im Durchschnitt $\pm$ 0,0007 für 1° Temperaturdifferenz.

In umstehender Tab. 67 sind die Umrechnungsfaktoren für einige Fette und Wachse angegeben (Ubbelohde Bd. I, S. 309).

Tabelle 67.

Material	Umrechnungsfaktor für 1° Temperaturerhöhung	Material	Umrechnungsfaktor für 1° Temperaturerhöhung
Baumwollsaatöl . . .	0,000 677	Olivenöl.	0,000 729
Bienenwachs	0,000 838	Palmkernöl	0,000 701
Butter	0,000 664	Palmöl	0,000 727
Erdnußöl.	0,000 675	Rizinusöl	0,000 690
Japanwachs	0,000 734	Robbentran	0,000 654
Kakaobutter	0,000 772	Rüböl	0,000 675
Klauenfett	0,000 671	Schweinefett. . . .	0,000 703
Kokosnußöl	0,000 686	Sesamöl.	0,000 687
Lebertran	0,000 685	Sonnenblumenöl . .	0,000 746
Leinöl	0,000 690	Spermacetiöl. . . .	0,000 815
Menhadenöl	0,000 698	Talg	0,000 727
Mohnöl	0,000 744	Walfischtran. . . .	0,000 745

c) **Schmelzpunkt.** Da die Fette kompliziert zusammengesetzte Gemische sind, ist ihr Schmelzpunkt nicht so scharf begrenzt, wie dies meistens bei chemischen Individuen der Fall ist. Beim Erwärmen der Fette tritt zunächst ein Erweichen, dann ein Durchscheinendwerden und schließlich klares Schmelzen ein. Da die einzelnen Phasen des Flüssigwerdens unscharf ineinander übergehen, begnügt man sich gewöhnlich damit, den Beginn und den Endpunkt des Schmelzens festzustellen.

Das Fett wird zunächst aufgeschmolzen und während des Erstarrens gut durchgerührt, um eine genügend gleichmäßige Mischung zu erhalten. Man entnimmt dann an verschiedenen Stellen kleine Teilchen und stopft sie mit Hilfe eines ausgezogenen Glasstäbchens in ein dünnwandiges, an einem Ende zugeschmolzenes, etwa 1 mm weites Kapillarrohr. Das so vorbereitete Röhrchen muß man mindestens 24 Stunden bei Zimmerwärme belassen, da die Fette häufig nach unmittelbar vorangegangenem Schmelzen eine Erniedrigung des Schmelzpunktes zeigen. Das Röhrchen befestigt man dann mit Hilfe eines kleinen Gummiringes so an einem Thermometer, daß das Fett sich in der Höhe der Quecksilberkugel befindet; das Thermometer wird mit einem Korkstopfen in einem 2—3 cm weiten Reagenzglas befestigt, das in einem mit Wasser gefüllten Becherglas erhitzt wird. Das Erhitzen des Thermometers in einem derartigen Luftbad ist dem direkten Erwärmen im Wasser vorzuziehen, da sonst leicht Überhitzung des Röhrchens durch aufsteigende Wasserströmungen erfolgen könnte. In der Nähe des Schmelzpunktes läßt man das Thermometer nur langsam steigen. Als Beginn des Schmelzens beobachtet man die Temperatur, bei der das Fett zusammensintert und an den Rändern durchscheinend wird; der Endpunkt des Schmelzens ist derjenige Wärmegrad, bei welchem das Fett vollkommen durchsichtig wird.

d) Erstarrungspunkt. 1. Flüssige Fette. Der Erstarrungspunkt von fetten Ölen wird lediglich im Reagenzglas (vgl. S. 164), nicht im U-Rohr, bestimmt. Im Gegensatz zu Mineralölen wird bei fetten Ölen im allgemeinen durch Bewegung, z. B. durch Rühren mit einem Glasstabe das Erstarren bei der Gefriertemperatur beschleunigt. Da ohne zeitweilige Bewegung der Proben diese infolge von Überkältung viele Stunden lang unter ihrer Erstarrungstemperatur flüssig bleiben können, so muß bei fetten Ölen die Prüfung auf ihre Erstarrungstemperatur stets unter zeitweiliger Bewegung von wenigstens einer Probe, z. B. durch einen Glasstab, geschehen.

Über die Erstarrungstemperatur fetter Öle geben die Tabellen 77—82 Aufschluß.

2. Feste Fette. Zur analytischen Unterscheidung von Fetten wird vielfach der Erstarrungspunkt der Fettsäuren, seltener der Fette selbst, benutzt.

Da der Schmelzpunkt der Fette infolge ihres chemischen Charakters keine genau definierte Größe ist, benutzt man zur

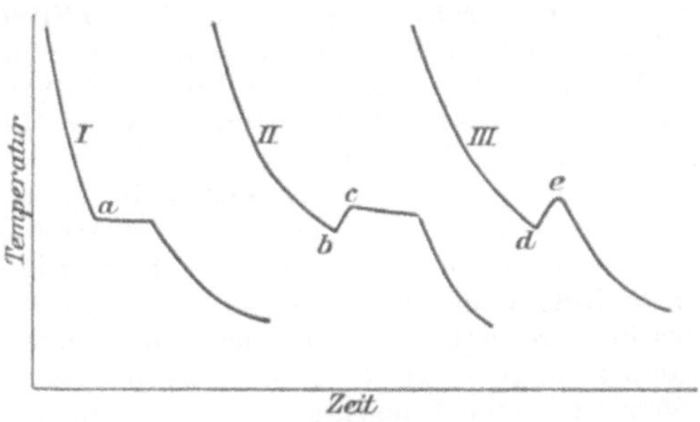

Fig. 99.

Charakterisierung häufig den Erstarrungspunkt, d. h. diejenige scharf begrenzte Temperatur, bei welcher ein sich abkühlendes Fett infolge der freiwerdenden latenten Schmelzwärme längere Zeit seine Temperatur beibehält. Und zwar können hierbei 3 Fälle eintreten (vgl. Fig. 99):

I. die Temperatur fällt bis zum Punkte a, bleibt hier längere Zeit konstant und fällt dann weiter (Erstarrungspunkt ist a);

II. die Temperatur fällt bis zum Punkte b, steigt ziemlich rasch bis zu c, bleibt hier einige Zeit konstant und fällt dann wieder (Erstarrungspunkt ist c);

III. die Temperatur fällt bis zum Punkte d, steigt ziemlich rasch bis e und fällt dann wieder (e ist der Erstarrungspunkt).

Der Erstarrungspunkt oder Titertest wird in England nach dem von dem Dalicanschen Verfahren etwas abweichenden von Norman-Tate, in Frankreich und Amerika nach dem Dalicanschen Verfahren bestimmt, das von der Internationalen Analysenkommission zu London 1909 als Einheitsverfahren angenommen ist.

α) Dalicansches Verfahren. 50 g Fett werden in bekannter Weise (S. 435) mit alkoholischer Lauge verseift. Nach Verdampfen des Alkohols werden die Fettsäuren nach Aufnehmen der Seife in Wasser durch Zusatz von verdünnter Schwefelsäure abgeschieden und die Lösung erhitzt, so daß die Fettsäuren sich als klare, ölige Masse, frei von festen Partikeln, auf der wässerigen Lösung absetzen. Diese zieht man dann mittels eines Hebers ab und wäscht die Fettsäuren mit heißem Wasser mineralsäurefrei. Die Schale mit den Fettsäuren bringt man dann wieder aufs Wasserbad und erwärmt, bis die Fettsäuren vollkommen flüssig sind. Hierbei scheiden sich etwas Wasser und Verunreinigungen aus. Die warmen flüssigen Fettsäuren werden alsdann durch ein trockenes Faltenfilter im Heißwassertrichter filtriert und in ein 16 cm langes, 3,5 cm weites, in dem Hals einer 10 cm weiten und 13 cm hohen Pulverflasche befestigtes Reagenzglas gegossen, daß letzteres bis zur Hälfte gefüllt ist. Ein in $^1/_{10}$-Grade geteiltes Thermometer[1]) wird so in die geschmolzene Masse eingetaucht, daß die Quecksilberkugel ungefähr in der Mitte des Fettes steht. Sobald einige erstarrte Fetteilchen am Boden des Glases erscheinen, wird das Fett mit dem Thermometer gerührt, indem letzteres, ohne die Gefäßwandung zu berühren, abwechselnd dreimal von rechts nach links und umgekehrt bewegt und dabei fortgesetzt sorgfältig beobachtet wird. Die Temperatur, welche in kurzen Intervallen (2 Min.) zu notieren ist, fällt anfangs, bleibt dann einige Zeit konstant oder steigt dann plötzlich und erreicht ein Maximum, auf dem sie einige Zeit stehen bleibt, um dann wieder zu fallen. Letzterer Punkt ist der Titertest oder Erstarrungspunkt.

[1]) Das Thermometer ist von 10 bis 60° in Zehntelgrade geteilt. Die Marke 10° soll 3 bis 4 cm über dem Quecksilbergefäß liegen; dieses soll 3 cm lang und 6 mm dick sein. Bezugsquelle: Vereinigte Fabriken für Laboratoriumsbedarf, Berlin.

β) Das Verfahren von Wolfbauer wird hauptsächlich in Österreich verwendet.

120 g Fett werden mit 45 ccm 48proz. wäßriger Kalilauge verseift; die in üblicher Weise isolierten Fettsäuren werden 2 Stunden bei 100° (zur Entfernung geringer Mengen Feuchtigkeit, die den Erstarrungspunkt herabdrücken) getrocknet. Dann füllt man sie heiß in ein 3½ cm weites, 15 cm hohes Reagenzglas, das mittels Korken in ein Präparatenglas eingesetzt ist, bis etwa 1½ cm unter dem Rand ein und rührt mit dem Thermometer, bis die anfangs klare Masse undurchsichtig wird. Von diesem Punkt an beobachtet man das Thermometer, dessen höchster mehrere Minuten konstant bleibender Stand als Erstarrungspunkt angegeben wird.

γ) Verfahren nach Shukoff siehe S. 352.

δ) Finkeners Verfahren (Mitt. 1889, 7, 27; 1890, 8, 153; Chem.-Ztg. 1896, 20, 132). Während bei den Verfahren α — γ der Erstarrungspunkt nach vorherigem Bewegen der Masse bestimmt wird, ist er nach dem Finkenerschen Verfahren, das in Deutschland zur zolltechnischen Unterscheidung von Talg, Schmalz und Kerzenfetten dient, in der von Anfang an unbewegten Masse zu ermitteln.

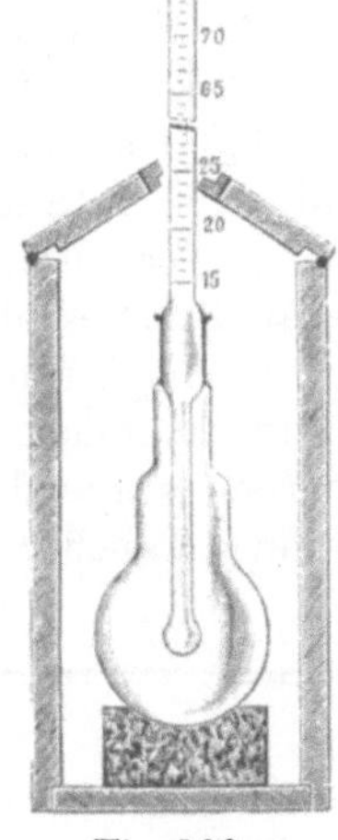

Fig. 100.

Liegt der Erstarrungspunkt der Fette unter 30°, so sind sie als schmalzartige Fette, liegt er zwischen 30 und 45°, so sind sie als Talge, und liegt er über 45°, so sind sie als Kerzenstoffe zu behandeln. Jedoch wird Preßtalg, der als solcher deklariert ist, noch mit einem Erstarrungspunkt von 50° zur Verzollung als Talg zugelassen, wenn er nicht mehr als 5 % freier Fettsäure enthält.

Der Finkenersche Apparat (Fig. 100) besteht aus einem mit Klappdeckel versehenen, viereckigen Holzkasten und einem Glaskolben von 49—51 mm Kugeldurchmesser mit eingeschliffenem Thermometer, der auf einer Korkunterlage im Innern des Holzkastens ruht. In den Glaskolben füllt man das zu prüfende Fett bzw. die Fettsäuren (Abscheidung s. S. 406 *a*) in klarflüssigem Zustande (nach dem Schmelzen soll noch mindestens 10 Minuten in einer unbedeckten Porzellanschale auf siedendem Wasserbade erwärmt werden) bis zur Marke ein, stellt ihn dann sofort in den Kasten, schließt den Deckel und notiert von 50° ab die Temperatur in Zwischenräumen von 2 Minuten.

Bei harten Fetten beginnt das Thermometer nach einiger Zeit langsamer zu fallen, bleibt einige Minuten stehen, steigt wieder, erreicht einen höchsten Stand und sinkt abermals. Dieser höchste Stand ist der Erstarrungspunkt.

Bei weichen Fetten bleibt die Temperatur mehrere Minuten konstant und sinkt dann, ohne den vorigen dauernden Stand wieder zu erreichen. Der beobachtete, sich auf einige Zeit nicht ändernde Stand ist der Erstarrungspunkt.

In zweifelhaften Fällen wird das Fett im Kolben abermals geschmolzen und nochmals auf seinen Erstarrungspunkt geprüft.

Eine Regelung der Temperatur ist nur dann nötig, wenn sie allzusehr von der normalen Zimmerwärme abweicht. Das Abkühlen des Fettes im Kolben von 100° auf 50° dauert etwa ¾ Stunden.

Der Finkenersche Apparat hat den Vorzug, daß die Fettmasse gegen Temperatureinwirkung der Außenluft gut geschützt ist, daß man mehrere Apparate gleichzeitig beobachten kann, und daß die Stellung des Thermometers durch den Schliff, in dem dieser sitzt, und auch die sonstigen Maße des Apparates genau fixiert sind.

Die nach Wolfbauer und Shukoff ermittelten Erstarrungspunkte stimmen nach Shukoffs Versuchen untereinander gut überein, während die nach Dalican erhaltenen etwas niedriger liegen (s. Tabellen 68 u. 69, und Shukoff, Chem. Rev. 1899, 6,12).

Tabelle 68.

	Talgtiter nach	
	Dalican	Wolfbauer
Stearin	51,2	51,5
Hammeltalg	45,0	45,5
Amerikanisches Knochenfett	43,4—5	44,1
,, ,,	43,1—2	43,8
,, ,,	41,5	42,0
Russisches Knochenfett	41,1—2	41,7
,, ,,	40,8—9	41,6

Tabelle 69.

Talgtiter nach	
Wolfbauer	Shukoff
51,4	51,5
45,5	45,5
44,0	44,0
43,8	43,8
41,7	41,7
41,6	41,6

e) **Spez. Wärme.** Bestimmung der spez. Wärme s. S. 14. Die spez. Wärme der fetten Öle läßt sich auch nach Graefe berechnen, wenn man die Prozentgehalte des zu prüfenden Öles an C, H und O durch die entsprechenden Atomgewichte 12, 1 und 16 dividiert und diese Quotienten mit der Atomwärme 1,8 für C, 2,3 für H und 4,0 für O multipliziert[1]). So berechnet sich für Mohnöl, das nach Cloëz 77,5 % C, 11,4 % H und 11,1 % O enthält, die spez. Wärme zu 0,406.

Tabelle 70.

Spez. Wärme von Fettsäuren.

(Vgl. Landolt - Börnstein-Roth, S. 768 ff.)

	Temperatur °C	Spez. Wärme
Buttersäure	24 bis 97	0,526
Caprinsäure,		
fest	0 „ 16	0,697
flüssig	35 „ 103	0,524
Caprylsäure,		
fest	—11 „ 8	0,630
flüssig	16 „ 90	0,545
Cerotinsäure,		
fest	0 „ 30	0,387
flüssig	80 „ 124	0,607
Laurinsäure,		
fest	—10 „ 25	0,432
flüssig	40 „ 100	0,572
Myristinsäure,		
fest	—10 „ 25	0,405
flüssig	65 „ 142	0,532
Palmitinsäure,		
fest	—10 „ 25	0,484
flüssig	65 „ 104	0,635
Stearinsäure,		
fest	0 „ 30	0,397
flüssig	75 „ 137	0,550
Valeriansäure	23 „ 93	0,590

Tabelle 71.

Spez. Wärme von Fetten.

(Landolt - Börnstein, 3. Aufl. S. 405.)

	Temperatur	Spez. Wärme
(Olivenöl spez. Gewicht 0,911)	6,6°	0,471
Rizinusöl	—	0,434

[1]) S. a. Graefe, Petrol. 1907, **3**, 521.

f) Brechungskoeffizient. In vielen Fällen, z. B. zur Unterscheidung von Harzölen und Mineralölen, Terpentinölen und Benzin, Benzolen usw. (s. diese) sowie von Butter und Schweineschmalz, von Leinöl, Holzöl, kann der Brechungskoeffizient für sich oder in Verbindung mit anderen Untersuchungen zur Kennzeichnung der Öle dienen. Die Bestimmung läßt sich schnell und mit kleinen Stoffmengen ausführen.

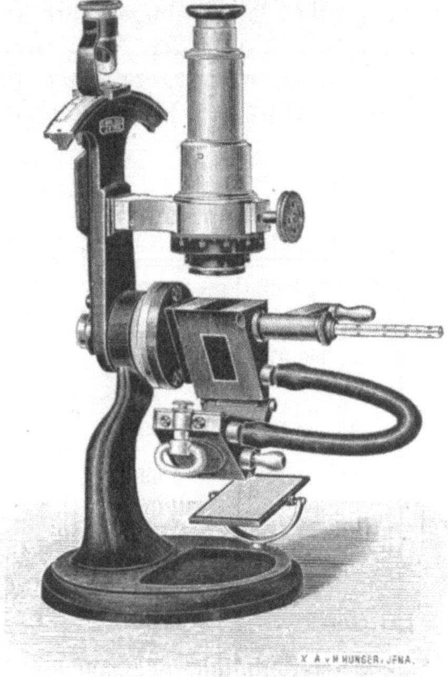

Fig. 101.

Das Abbesche Refraktometer[1]) (Fig. 101), dessen Prismen durch einen konstant temperierten Wasserstrom erwärmbar sind, oder das für die besonderen Zwecke der Butteruntersuchung konstruierte Butterrefraktometer von Zeiß, Jena, (Fig. 103) eignen sich sowohl für flüssige als auch für feste Fette. Auf beiden Apparaten wird mittelbar der Grenzwinkel der totalen Reflexion bei streifendem Lichteintritt gemessen.

1. Handhabung des Abbeschen Refraktometers (Fig. 101—102).

Das Refraktometer wird so vor den Beobachter hingestellt, daß das Doppelprisma ihm zugewandt ist. Die untere Prismenhälfte wird nach Lockerung des Triebs heruntergeklappt (s. Stellung in Fig. 102), worauf beide Prismen mit Watte und Äther sorgfältig zu reinigen sind. Nachdem 1—2 Tropfen des zu untersuchenden Stoffes auf die horizontale Fläche des festen Prismas gebracht, das zweite Prisma bis zum Einschnappen der Feder eingeschoben ist, wird das Fernrohr hochgeklappt und in die Stellung gebracht, welche

[1]) Zu beziehen von Zeiß, Jena.

die Fig. 103 zeigt. Der Zeiger des Apparates ist auf den Anfang der Teilung, welche sich auf dem Kreissegment an der linken Seite des Refraktometers befindet, zu drehen. Der Beleuchtungsspiegel wird in die richtige Lage gebracht und das Fernrohr auf das doppelte Fadenkreuz eingestellt. Hierauf bewegt man den Zeiger langsam aufwärts, bis die untere Hälfte des Gesichtsfeldes bis zum Schnittpunkte des Fadenkreuzes dunkel erscheint. Mit Hilfe der Triebschraube an der rechten Seite des Refraktometers ist die Grenzlinie zwischen hell und dunkel möglichst scharf einzustellen.

Der Brechungsexponent wird auf dem Teilkreis an der linken Seite mit Hilfe einer Lupe abgelesen, wobei die vierte Dezimale zu schätzen ist. Die Stellung der am Objektivende befindlichen Trommel, welche durch die Tiefschraube bewegt wird, ist ebenfalls abzulesen, falls die Dispersion bestimmt werden soll.

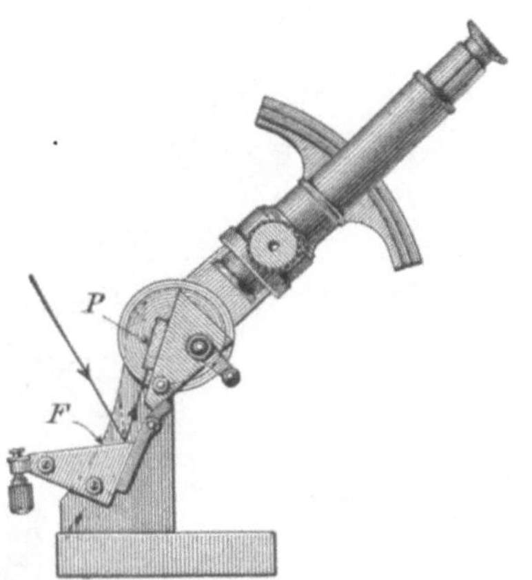

Fig. 102.

Einstellung und Ablesung werden wiederholt, nachdem die Trommel um 180° weitergedreht ist, und aus je zwei Ablesungen werden die Mittel genommen.

Die Ablesung am Teilkreis ergibt unmittelbar den Brechungsexponenten n_D des Stoffes für das Licht der Fraunhoferschen Linie D und die Versuchstemperatur, welche deshalb mit zu vermerken ist. Die Temperaturkorrektion für Öle und Fette, Paraffin und Zeresin usw. beträgt im Mittel — 0,0004 (d. h. für je 1° Temperaturzuwachs wird n_D um rund 0,0004 kleiner); die Ablesung an der Trommel ergibt die Zahl z, für welche aus der dem Instrumente beigebenen Dispersionstafel der Faktor ς zu entnehmen ist. Für $z > 30$ ist ς mit negativem Vorzeichen in Rechnung zu bringen. Die Tafel ergibt ferner 2 dem gefundenen Brechungsexponenten entsprechende Werte A und B, so daß die Dispersion $n_F - n_C = A + B\,\varsigma$ berechnet werden kann.

Reinigung nach Gebrauch: Sogleich nach Benutzung sollen die Prismen mit etwas Äther und mit reiner, weicher Leinwand oder Watte gereinigt werden. Dabei ist die größte Vorsicht geboten, weil die Prismen aus sehr weichem Glase bestehen. Auch ist es gut, beim Wegstellen des Refraktometers ein Stück Filtrierpapier zwischen die sich berührenden Prismenflächen zu legen.

Prüfung der Refraktometer auf richtige Einstellung: Die Stellung des am Zeiger befindlichen Index auf dem Teilkreise ist richtig, wenn destilliertes Wasser bei ca. 18° im Mittel aus beiden

Ablesungen $n_D = 1,3330$ oder das dem Apparat beigegebene Normalplättchen seinen richtigen Exponenten ergibt. Um die Justierung, falls sie einmal gestört ist, wiederherzustellen, verschiebt man nach Lüften der beiden Schrauben am Ende des Zeigers den Index, bis er richtig anzeigt. Genügt der Spielraum am Index nicht, so kann man auch das feste Prisma drehen, wenn man die Schrauben in der Fußplatte desselben lüftet.

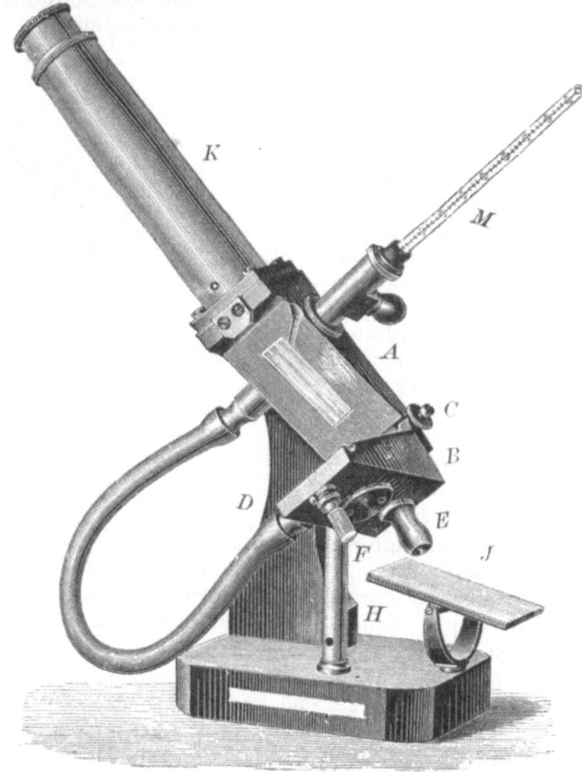

Fig. 103.

2. Das Butterrefraktometer (s. Fig. 103) ist dem Abbeschen Refraktometer in der Konstruktion der heizbaren Prismen sehr ähnlich. Die Brechung des Lichtes wird jedoch nicht als Brechungsexponent an einem Teilkreise mit Zeiger abgelesen, sondern es wird nur die Lage der Grenze zwischen dem hellen und dem dunklen Teile des Gesichtsfeldes festgestellt auf

einer in dem Fernrohr befindlichen empirischen Okularskala, welche von 0 bis 100 eingeteilt ist. Diese Skalenablesung wird bei Butter-, Schmalzuntersuchungen usw. gewöhnlich direkt als Skalenteil des Zeißschen Butterrefraktometers (Sk.-T.) angegeben. Die zugehörigen Brechungsexponenten n_D können aus der folgenden Tabelle entnommen werden. Die abgelesenen Refraktometerzahlen sind bei Butteruntersuchungen auf 40^0 umzurechnen, indem man für jeden Wärmegrad über 40^0 0,55 Teilstriche zu der abgelesenen Refraktometerzahl zuzählt, für jeden Wärmegrad unter 40^0 von dem abgelesenen Wert abzieht.

Tabelle 72.

Umrechnung von Skalenteilen des Butterrefraktometers in Brechungsexponenten.

Sk.-T.	n_D	Sk.-T.	n_D	Sk.-T.	n_D	Sk.-T.	n_D	Sk.-T.	n_D
0	1,4220	21	1,4385	42	1,4538	63	1,4679	84	1,4807
1	1,4228	22	1,4392	43	1,4545	64	1,4685	85	1,4812
2	1,4236	23	1,4400	44	1,4552	65	1,4691	86	1,4818
3	1,4244	24	1,4408	45	1,4559	66	1,4698	87	1,4824
4	1,4252	25	1,4415	46	1,4566	67	1,4704	88	1,4829
5	1,4260	26	1,4423	47	1,4573	68	1,4710	89	1,4835
6	1,4268	27	1,4430	48	1,4580	69	1,4717	90	1,4840
7	1,4276	28	1,4438	49	1,4587	70	1,4723	91	1,4846
8	1,4284	29	1,4445	50	1,4593	71	1,4729	92	1,4851
9	1,4292	30	1,4452	51	1,4600	72	1,4736	93	1,4857
10	1,4300	31	1,4460	52	1,4607	73	1,4742	94	1,4862
11	1,4308	32	1,4467	53	1,4613	74	1,4748	95	1,4868
12	1,4316	33	1,4474	54	1,4620	75	1,4754	96	1,4873
13	1,4324	34	1,4481	55	1,4626	76	1,4760	97	1,4879
14	1,4331	35	1,4488	56	1,4633	77	1,4766	98	1,4884
15	1,4339	36	1,4495	57	1,4640	78	1,4772	99	1,4890
16	1,4347	37	1,4502	58	1,4646	79	1,4778	100	1,4895
17	1,4354	38	1,4510	59	1,4653	80	1,4783	101	1,4901
18	1,4362	39	1,4517	60	1,4659	81	1,4789	102	1,4906
19	1,4370	40	1,4524	61	1,4666	82	1,4795	103	1,4912
20	1,4377	41	1,4531	62	1,4672	83	1,4801	104	1,4917

Der für Butteruntersuchungen sehr bequeme Apparat hat nur den in der Tabelle angegebenen beschränkten Meßbereich, der für viele Stoffe nicht ausreicht. Überall da, wo das Refraktometer auch für andere Stoffe benutzt werden soll, ist deshalb die Anschaffung des Abbeschen Refraktometers mit heizbaren Prismen und Teilkreisablesung (s. Fig. 101) zu empfehlen, da sein sechsmal so großer Meßbereich von $n_D = 1{,}3$—$1{,}7$ reicht.

3. Die Heizvorrichtungen: Zur Erzeugung des für Prüfungen bei höherer Temperatur zum Erwärmen der Prismen nötigen konstant temperierten Wasserstroms dient die in Fig. 104 gezeichnete Vorrichtung (Ubbelohde, Handbuch, Bd. I, S. 333).

Von dem an der Wand aufzuhängenden Wasserkasten A fließt Wasser durch die kupferne Heizschlange und das Refraktometer zu dem stehenden Wasserkasten B. Da A und B infolge der Überlaufrohre konstante Niveaudifferenz haben, so ist der Wasserstrom und die Erhitzung desselben sehr gleichmäßig. Bis zu Temperaturen von 75° genügt eine Heizschlange, darüber hinaus sind zwei Heizschlangen zu verwenden, die jedoch nicht hintereinander, sondern nebeneinander anzuordnen sind.

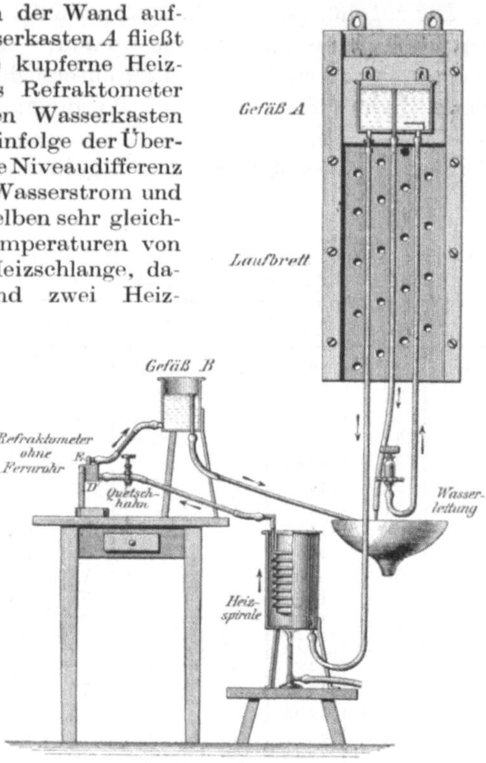

Fig. 104.

Durch Regulierung der Flamme unter der Heizschlange gelingt es leicht, jede beliebige Temperatur einzustellen. Soll jedoch eine bestimmte Temperatur längere Zeit beibehalten werden, so muß in die Gasleitung ein Gasdruckregulator eingeschaltet werden.

Für Bestimmungen bei 100° schickt man einen Wasserdampfstrom durch die Prismen.

XIII. Chemische Prüfung der Fette auf Zusammensetzung.

Die chemische Prüfung der Fette auf Reinheit erstreckt sich auf folgende Punkte:

a) Verunreinigungen wie Wasser (Prüfung s. S. 26), zufällige suspendierte Stoffe, Art und Menge der Asche (Brennöle z. B. sollen aschefrei sein oder nur Spuren von Asche enthalten). Gegenwart von Stickstoff (zum Nachweis von Eiweißstoffen), von Schwefel, von Chlor usw. werden in der Regel nach den unter „Mineralschmierölen" (s. S. 206ff.) beschriebenen Methoden ermittelt. Bei der Bestimmung der Menge der mechanischen Verunreinigungen durch Lösen des Fettes in niedrig siedendem Petroläther und Abfiltrieren durch gewogenes Filter ist zu beachten, daß außer den Verunreinigungen auch vielfach Seifen und Oxysäuren oder oxydierte Fette abgeschieden werden. Man erkennt die Seifen durch Erwärmen des Unlöslichen mit Petroläther und Salzsäure, wobei die Fettsäuren in die Petrolätherlösung übergehen.

Ätherische Öle wie Rosmarinöl aus denaturiertem Olivenöl oder Terpentinöl aus Lacken werden durch Wasserdampfdestillation von den zu untersuchenden Proben getrennt. Nachweis von Nitrobenzol und Nitronaphthalin s. S. 222.

b) Bodensätze sind in pflanzlichen und tierischen Fetten häufig charakteristischer Art und durch Zusammensetzung oder ungenügendes Lagern bedingt.

1. Bodensätze, von festen Glyzeriden herrührend. Fette, welche reich an festen Glyzeriden (Palmitin, Stearin) sind z. B. nicht abgepreßte Knochenfette, Baumwollsaatöle usw., scheiden bei niederer Temperatur, oft schon nahe bei + 15°, einen Teil der festen Anteile ab. Solche Bodensätze sind bei schwachem Erwärmen leicht schmelzbar.

2. Zerkleinerte Teile von Pflanzensamen, Schleim- und Eiweißstoffe, welche von nicht sorgfältiger mechanischer Reinigung der Öle oder von nicht genügend langem Ablagern der Öle herrühren, finden sich oft in Leinölen, Rübölen usw.

Beim Schütteln des Öles mit dem gleichen Raumteil Wasser in der Wärme setzt sich das Wasser bei merklichem Schleimgehalt mit weißlicher Trübung ab, die sich selbst durch öfteres Filtrieren nicht entfernen läßt. Nach längerem Stehen bildet sich zwischen Öl und Wasser eine weiße, flockige Schicht. (Weißliche Emulsionen können auch von Alkaliseifen herrühren, sind dann aber durch Schütteln mit Salzsäure und Äther zerstörbar.)

Beim Erhitzen des Öles auf 250° scheiden sich die Schleim- und Eiweißstoffe gallertartig aus („Brechen“ des Öles).

50—100 g Öl werden in einem Becherglase einige Zeit auf 250° erhitzt. Die Schleim- und Eiweißstoffe scheiden sich dabei flockig (froschleichartig) aus. Man filtriert die Niederschläge durch ein gewogenes Filter warm ab (dabei gehen etwa ausgeschiedene feste Glyzeride mit in Lösung), reinigt sie von anhaftendem Öl durch Auswaschen mit Petroläther, wägt sie nach dem Trocknen bei 105° und prüft sie dann unter dem Mikroskop. Hierbei zeigen sich an den Pflanzentrümmern die den betreffenden Samen eigentümlichen Zellstrukturen, z. B. Pigmentschichten, Oberhaut, Haare usw. Beim Kochen mit Salzsäure geben die Schleimstoffe nach J. König, falls sie aus Kohlehydraten bestehen, zu etwa 60 % Traubenzucker, welcher quantitativ durch Kochen mit Fehlingscher Lösung bestimmt werden kann.

Die Menge der Eiweißstoffe im Niederschlag wird durch Stickstoffbestimmung nach Kjeldahl festgestellt.

c) **Harz, Seife usw.** werden ähnlich, wie unter Schmierölen S. 193 ff. beschrieben, nachgewiesen und bestimmt.

d) **Prüfung auf unverseifbare Stoffe.** Als unverseifbare Stoffe bezeichnet man diejenigen Anteile der Fette, Öle und Wachse, die beim Kochen mit Kalilauge nicht in wasserlösliche Stoffe übergeführt werden.

1. Qualitative Prüfung auf unverseifbare Öle. Reine fette Öle und feste Fette geben beim Kochen mit ½ N. alkoholischem Kali Seifenlösungen, welche auf Zusatz von Wasser klar bleiben. Bei Gegenwart hochsiedender Mineralöle, Harzöle und Teeröle zeigen sich entweder bereits in der mit alkoholischem Kali gekochten Flüssigkeit unverseifte Öltröpfchen, oder die Lösung nimmt auf Zusatz von Wasser milchige Trübung an.

Zu beachten ist, daß auch mineralölfreie Firnisse, welche mit Sikkativ hergestellt sind, bei der qualitativen Verseifungsprobe Trübungen geben, da die entstehenden Blei- und Manganhydroxyde in Wasser unlöslich sind. Diese fein-flockigen Ausscheidungen sind jedoch bei einiger Übung leicht von den durch Mineralöl verursachten Trübungen zu unterscheiden. Man kann sich übrigens von diesen anorganischen Hydroxyden dadurch unabhängig machen, daß man den Firnis vor der Prüfung auf unverseifbares Öl mit verd. Salpetersäure behandelt und die Nitrate auswäscht.

6—8 Tropfen Öl werden 2 Minuten lang mit 5 ccm ½ N. alkoholischer Kalilauge im Reagenzglas gekocht. Zu der Seifenlösung wird allmählich destilliertes Wasser (½ bis 15 ccm) hinzugefügt und beobachtet, ob nunmehr die Lösung klar bleibt oder eine bleibende bzw. bei größerem Wasserzusatz verschwindende Trübung entsteht.

Mineralschmieröl verrät sich fast durchweg bei einem Zusatz bis zu 1 % herab bei dieser Verseifungsprobe, nur in wenigen Fällen ist die Grenze der Nachweisbarkeit 1,25 %. Leichte Mineralöle sind infolge ihrer besseren Löslichkeit in der wäßrig-alkoholischen Seifenlösung nicht mit gleicher Sicherheit nachzuweisen. So können noch 10 % Petroleum übersehen werden. Für Harzöl ist die Grenze der Nachweisbarkeit 12 %, für Braunkohlenteeröl 3 %.

Paraffin läßt sich nach diesem Verfahren in Schmalz, Talg usw. in Mengen von 0,3 — 0,4 % noch bequem nachweisen (H. Dunlop, The Analyst **34**, 524). Die unverseifbaren, in flüssigen Wachsen (Spermazetiöl, Haifischtran) vorkommenden höheren Alkohole fallen bei der beschriebenen Verseifungsprobe auf Zusatz von Wasser nicht aus, sie stören somit nicht den Nachweis von Mineralölen in jenen fetten Ölen. (Lobry de Bruyn, Chem.-Ztg. 1893, **17**, 1453.)

2. Quantitative Bestimmung erfolgt nach S. 212; die Kennzeichnung der Art des nach Spitz und Hönig abgeschiedenen Unverseifbaren wird nach S. 214 vorgenommen.

Die mit Petroläther aus der Seifenlösung ausgezogenen unverseifbaren Stoffe sind in Zweifelsfällen zwecks Spaltung geringer etwa noch unverseift gebliebener Anteile Fett nochmals mit wenigen Kubikzentimetern ½ N. alkohol. Lauge zu kochen und von neuem zu isolieren, falls nicht ihre äußere Beschaffenheit sie ohne weiteres als höhere Alkohole (Cholesterin bzw. Phytosterin) erkennen läßt (Fendler, Ber. d. Pharm. Ges. 1904, 103). Natürliche unverseifbare Bestandteile von fetten Ölen (höhere Alkohole wie Cholesterin und Phytosterin) haben eine Jodzahl von 70 und darüber; schon bei Gegenwart von 1—2 % Mineralöl, das nur wenig Jod absorbiert, wird die Jodzahl auf die Hälfte und weiter herabgedrückt. Kocht man die unverseifbaren Anteile mit dem doppelten Vol. Azetanhydrid 1 Stunde, so setzt sich nach dem Erkalten etwa vorhandenes Mineralöl ölig oben auf dem Essigsäureanhydrid ab. Die höheren Alkohole bleiben entweder in Lösung, oder sie scheiden sich, sofern sie wie Cholesterin und Phytosterin hochschmelzend sind, kristallinisch als Azetate in der Flüssigkeit aus.

Die natürlichen unverseifbaren Anteile der Fette sind im Gegensatz zu Mineralöl in warmem 90proz. Alkohol leicht löslich. Häufig erkennt man auch einen Zusatz von Mineralöl an der Fluoreszenz des Unverseifbaren.

3. Prüfung auf höhere Alkohole bzw. flüssige Wachse. Bei der Abscheidung der unverseifbaren Bestandteile nach Spitz und Hönig ist zu beachten, daß neben Mineralöl oder Harzöl auch die aus den sog. flüssigen Wachsen beim Verseifen in großer Menge (40—50 %) sich ausscheidenden höheren Alkohole als unverseifbare Stoffe in den Petrolätherauszug übergehen. (Über die Eigen-

schaften des Unverseifbaren aus Bienenwachs siehe S. 562. Besteht das Unverseifbare aus Paraffin oder Zeresin, so wird der Schmp. nach dem Azetylieren der Substanz unverändert sein; sind dagegen höhere Alkohole vorhanden, so sinkt der Schmp., da die Essigsäureester erheblich niedriger schmelzen als die Alkohole selbst.)

1 Vol. des unverseifbaren Öles wird am Dephlegmatorrohr mit 2 Vol. Essigsäureanhydrid 1—2 Stunden in einem mit Teilung versehenen Reagenzglase gekocht, wobei die höheren Alkohole als Essigsäureester in Lösung gehen. Nach dem Abkühlen der Masse wird die Menge des nicht gelösten Mineralöls abgelesen, s. a. S. 556. Über die Natur der in Essigsäureanhydrid gelösten Ester unterrichtet man sich, indem man die Lösung mit Wasser auskocht, die zurückbleibenden Ester trocknet und ihre Verseifungszahl bestimmt. Das abgeschiedene Mineralöl muß zur Entfernung mitgelösten Essigsäureanhydrids einige Male mit verdünntem Alkali geschüttelt und dann mit Petroläther gewaschen werden, so daß es schließlich nach dem Erhitzen flüssig bleibt. (Lobry de Bruyn, Chem.-Ztg. 1893, 17, 1453.)

4. Prüfung bei Gegenwart fester Wachse. Das Verfahren von Spitz und Hönig ist bei Gegenwart fester Wachse in der Regel nicht anwendbar, da die Alkalisalze der hochmolekularen Wachssäuren durch ihre Schwerlöslichkeit störend wirken. Ebenfalls ist die beschriebene Modifikation bei Gegenwart von Wollfetten nicht anwendbar, da die Wollfettseifen in Benzin löslich sind.

In diesem Falle verseift man 5—10 g Wachs mit alkoholischer Kalilauge, neutralisiert nach Zusatz von Phenolphthaleïn mit Essigsäure und fällt bei etwa 70° mit verd. Chlorkalziumlösung in geringem Überschuß unter ständigem Rühren. Nach Zugabe des fünffachen Volumens Wasser läßt man erkalten. Die das Unverseifbare umschließenden Kalksalze werden abgesaugt, ausgewaschen, getrocknet und nach Vermengen mit Sand im Soxhletapparat mit Petroläther ausgezogen, bei Gegenwart von Wollfett mit frisch destilliertem Azeton.

e) Besondere Prüfung auf Gegenwart einzelner fetter Öle.

1. Prüfung auf Erdnußöl. Die für Erdnußöl charakteristische Gegenwart der Arachin- und Lignozerinsäure läßt Zusätze von über 10 % dieses Öles erkennen.

Vorprobe. Diese beruht auf der Schwerlöslichkeit des arachin- bzw. lignozerinsauren Kalis in Alkohol.

0,6 bis 0,7 ccm Öl werden mit 5 ccm alkoholischer Kalilauge (33 g KOH in 1 L 90proz. Alkohol) 2 Minuten gekocht; der verdampfte Alkohol wird durch neuen ersetzt. Bei Gegenwart von viel Erdnußöl wird die Seifenlösung bei Zimmerwärme breiig bis gallertartig fest. Zusätze von 10—15% Erdnußöl verraten sich in Olivenölen, in Mohnölen bei Zimmerwärme und in Rizinusölen bei 0° durch flockige Niederschläge in den alkoholischen Seifenlösungen. Über die äußeren Erscheinungen der Seifenlösungen bei anderen Ölen geben die Tabellen 77 und 79 Aufschluß. Zu berücksichtigen ist, daß Sesamöl und Cottonöl bei 20° starke flockige Abscheidungen geben, Rüböl eine fast feste Masse. Sesam- und Cottonöl sind durch ihre Farbenreaktionen (S. **424** und **426**), Rüböl durch seine niedrige Verseifungszahl zu erkennen.

Ist bei der Vorprobe die Lösung klar geblieben, so erübrigt sich im allgemeinen die im nachfolgenden beschriebene Abscheidung der Arachinsäure.

Abscheidung von Arachin- und Lignozerinsäure. Nach Renard (Ztsch. f. anal. Chem. 1873, 231) werden je nach der zu vermutenden Menge Arachisöl aus 10 bis 40 g Öl, wie auf S. **387** angegeben, die festen Säuren abgeschieden und aus 50—100 ccm 90 proz. Alkohol, in dem Arachin- und Lignozerinsäure weit schwerer als Palmitin- und Stearinsäure löslich sind, umkristallisiert. Die Temperatur soll beim Abkühlen nicht unter + 15° gehen. Der Schmp. soll dann 70—71° (durch wenig Palmitin- und Stearinsäure herabgedrückt) betragen. Andernfalls ist aus gemessenen Mengen 90proz. Alkohols mehrfach bis zum Erreichen dieses Schmelzpunktes umzukristallisieren. Da 90proz. Alkohol bei 15° Arachin- bzw. Lignozerinsäure löst, muß die in Lösung gegangene Arachin- und Lignozerinsäure berücksichtigt, d. h. zur gefundenen Menge addiert werden. Die von 100 ccm 90proz. Alkohols bei 15° gelöste Arachinsäuremenge beträgt nach Tortelli und Ruggeri (Chem.-Ztg. 1898, **22**, 600)

bei 0,05—0,11 g Säure 0,033 g,
„ 0,17—0,47 g „ 0,050 g,
„ 0,5 —2,7 g „ 0,070 g.

Diese Zahlen wurden von Archbutt (Journ. Soc. Chem. Ind. 1898, 1124) bestätigt.

Der Gehalt der Probe an Arachisöl wird durch Multiplikation des Gewichts der Säure mit 21 gefunden, da Arachisöl durchschnittlich $^1/_{21}$ Arachinsäure und Lignozerinsäure enthält.

Nach J. Fachini und G. Doria (Chem.-Ztg. 1910, **34**, 994) wird Erdnußöl an seinem Gehalt an Arachinsäure dadurch erkannt, daß die aus den Alkaliseifen abgeschiedenen Fettsäuren (aus 20 g Öl) ungetrocknet in 150 ccm reinem, bei 56—57° siedendem Azeton unter schwacher Erwärmung gelöst und die Lösung tropfenweise mit Wasser bis zur eintretenden Trübung versetzt wird. Sollte die Trübung verbleiben oder sollten sich 2 Schichten bilden, so wird so viel Azeton hinzugefügt, bis die Lösung bei 40—45° klar bleibt. Dann läßt man kristallisieren. Bei Gegenwart von Arachisöl bilden sich schon bei 28—29° perlglänzende Kristalle. Nach einstündiger Abkühlung auf

15° werden die Kristalle filtriert und mit 10 ccm Azeton (32 Vol. Wasser, 68 Vol. Azeton) gewaschen. Arachin- und Lignozerinsäure werden dann nach Tortelli und Ruggeri, wie oben angegeben, ermittelt.

Da reine Stearinsäure ebenso wie das Gemisch von Lignozerin- und Arachinsäure bei 69,5 °, aus Benzin kristallisierte bei 71° schmilzt, ist in Zweifelsfällen das Molekulargewicht der abgeschiedenen Säuren zu bestimmen (Stearinsäure 284, Arachinsäure 312, Lignozerinsäure 368, Mischungen der beiden letzteren etwa 340). Ist nicht genügend Substanz zur Molekulargewichtsbestimmung vorhanden, so sind die Säuren nach Herz (Repert. d. anal. Chem. 1886, **6**, 604) mikroskopisch zu unterscheiden. Während Stearinsäure in bogig runden, eisblumenartigen Formen aus alkoholischer Lösung kristallisiert, schießen die Lignozerinsäurekristalle in kurzen Nädelchen an, die sich dann zu ziemlich verästelten Gebilden vereinigen.

Besonderer Nachweis von Erdnußöl in Olivenöl. Eine einfache und rasch auszuführende Methode, um noch mindestens 5 % Erdnußöl im Olivenöl nachzuweisen, beruht darauf, daß die Kristallisationstemperatur von Olivenölfettsäuren bei Gegenwart von Erdnußöl heraufgesetzt wird. (Adler, Ztsch. f. Nahr.- u. Genußm. 1912, **23**, 676.)

1 ccm des zu untersuchenden Öles wird abpipettiert und mit 5 ccm einer etwa 8proz. alkoholischen Kalilauge (80 g Kaliumhydroxyd in 80 g Wasser gelöst und mit 90 vol.-proz. Alkohol zu 1 L aufgefüllt) in einem 100-ccm-Erlenmeyerkolben 4 Min. unter öfterem Umschütteln am Rückflußkühler gekocht. Nach Abkühlen auf etwa 25° gibt man genau 1,5 ccm einer verd. Essigsäure (1 Vol. Eisessig, 2 Vol. Wasser) sowie 50 ccm 70 vol.-proz. Alkohol hinzu und schüttelt gut durch. Sollte die Lösung nicht klar werden, was durch einen höheren Gehalt an Erdnußöl bedingt ist, so erwärmt man so lange, bis in der Flüssigkeit jede Trübung verschwunden ist. Hierauf kühlt man durch Eintauchen in kaltes Wasser unter Umschütteln auf 16° ab und beläßt 5 Min. lang bei dieser Temperatur. Hat sich nach dieser Zeit keine Trübung gebildet, so geht man mit der Temperatur auf 15,5° herunter, beläßt 5 Min. lang hierbei unter öfterem Umschütteln und beobachtet wieder. Hat sich jetzt noch kein Niederschlag gebildet, so ist gar kein oder weniger als 5 % Erdnußöl zugegen. Bei höherem Gehalt an Erdnußöl liegt die Kristallisationstemperatur der Fettsäuren höher, so daß bei 16° starke Ausscheidung stattfindet. Durch Bestimmung der Temperatur, bei welcher das Kristallisieren der Fettsäuren beginnt, kann man einen Anhalt für den ungefähren Gehalt an Erdnußöl gewinnen.

Bei 20 Olivenölen fand Adler die Kristallisationstemperatur zu 11,8—14,3, im Mittel zu 13,1°, bei Erdnußölen im Mittel zu 40,3°. Nach dem oben beschriebenen Verfahren erhält man folgende Werte:

	Kristallisations-temperatur
Reines Olivenöl	13,5
Olivenöl mit 5 % Erdnußöl	16,9
„ „ 10 % „	19,8
„ „ 20 % „	25,7
„ „ 30 % „	29,2
„ „ 40 % „	31,5
„ „ 50 % „	33,8
„ „ 60 % „	35,3
„ „ 70 % „	36,6
„ „ 80 % „	38,0
„ „ 90 % „	39,3
Reines Erdnußöl	40,3

Ein Olivenöl von der Kristallisationstemperatur der Fettsäuren von 11,8° ergab nach Zusatz von 5 % Erdnußöl 15,9°, ein solches von 14,3° nach Zusatz von 5 % Erdnußöl 17,0°.

Lüers (Ztsch. f. Unt. d. Nahr.- u. Genußm. 1912, **24**, 683) beobachtete bei myristinsäurereichen Olivenölen auch bei Abwesenheit von Erdnußöl bei 16° Ausscheidungen (myristinsaures Kali), die jedoch verschwanden, wenn man wenig konzentrierte Säure zusetzt. In diesem Falle ist die Probe auf Erdnußöl so auszuführen, daß man, wie oben angegeben, auf 16° abkühlt; zeigt sich hierbei eine Trübung, so setzt man 3 Tropfen Eisessig hinzu, erwärmt schwach bis zum Klarwerden und kühlt von neuem auf 16° ab, arbeitet sonst nach der Vorschrift von Adler.

Das Verfahren von Adler kann nur für Mischungen von Olivenöl und Erdnußöl benutzt werden, würde aber nicht zutreffende Ergebnisse liefern, sobald noch andere, an sich nicht minderwertige stearin- oder palmitinreiche Fette zugegen sind.

2. Prüfung auf Cruciferenöle (insbesondere Rüböl) durch Abscheidung von Erukasäure nach Holde und Marcusson (Ztsch. f. angew. Chem. 1910, **23**, 1260). Der Nachweis gründet sich darauf, daß Erukasäure, die bei 33—34° schmilzt und ein hohes Molekulargewicht (338) besitzt, bei 0° und — 20° in 96vol.-proz. Alkohol leichter löslich ist als die gesättigten festen Säuren und nach deren Abtrennung in 75vol.-proz. Alkohol bei — 20° sich ausscheidet, während der größte Teil der flüssigen Säuren gelöst bleibt. Die Ausführung der Prüfung geschieht wie folgt:

20—25 g der auf Erukasäure zu prüfenden Fettsäuren werden im doppelten Raumteil 96proz. Alkohols gelöst und in einem weiten

Reagenzglase durch eine Eis-Viehsalzmischung unter Umrühren mit einem Glasstab auf — 20° abgekühlt. Der entstehende Niederschlag von gesättigten Fettsäuren wird im Kältetrichter (s. Fig. 17, S. 47) bei — 20° abgesaugt und mit gekühltem Alkohol etwas ausgewaschen. Das Filtrat wird eingedampft, der Rückstand mit dem vierfachen Raumteil 75 vol.-proz. Alkohol aufgenommen und wiederum auf — 20° abgekühlt. Die nunmehr langsam, bei geringem Rübölgehalt bisweilen erst im Verlauf von etwa einer Stunde entstehende kristallinische Fällung, welche nach dem Absaugen und Auswaschen mit auf — 20° gekühltem 75proz. Alkohol rein weiß erscheint, besteht zum größten Teil aus Erukasäure. Man löst sie mit warmem Benzol oder Äther vom Filter, das zuvor aus dem Kältetrichter herauszunehmen ist, dampft die Lösung ein und bestimmt von dem Rückstand durch Titration einer gewogenen Menge mit $^1/_{10}$ N. alkoholischer Lauge die Säurezahl und hieraus das Molekulargewicht. Dieses liegt bei Gegenwart von Rüböl oder sonstigen Cruciferenölen (Senföl, Hederichöl) über 300 (reine Erukasäure 336).

Bei hohem Gehalt des Ausgangsmaterials an festen Fettsäuren, z. B. bei Tran, bildet sich beim Abkühlen der Fettsäuren im doppelten Raumteil 96proz. Alkohol bei — 20° ein so starker Niederschlag, daß die Filtration sehr erschwert wird. Für solche Fälle empfiehlt es sich, die alkoholische Lösung zunächst auf 0° abzukühlen und bei dieser Temperatur abzusaugen, um die Hauptmenge der festen Säuren zunächst zu entfernen. Die weitere Verarbeitung des Filtrats erfolgt dann, wie oben angegeben.

Mit Hilfe dieses Verfahrens lassen sich noch 20 % Rüböl im Leinöl scharf nachweisen. In einem Falle z. B. hatte die abgeschiedene rohe Erukasäure (0,74 g) das Molekulargewicht 321,5 und schmolz nahe bei 30°.

3. Prüfung auf Trane. Trane geben sich zwar meistens durch ihren unangenehmen Geruch und durch ihre starken rotbraunen Färbungen zu erkennen, die sie mit sirupöser Phosphorsäure und mit starken Laugen geben, indessen sind diese Proben insbesondere in Mischungen mit wenig Tran und bei Gegenwart oxydierter, pflanzlicher, trocknender Öle oder ranziger Fette nicht immer stichhaltig.

Sicherer erscheint die Kennzeichnung, die in Anlehnung an Halphen und Lewkowitsch von Marcusson und v. Huber (Seifensiederzeitung 1911, **38**, 249) ausgebildet wurde.

Das Verfahren beruht auf folgender Beobachtung:

Oktobromide aus Tran sind in kochendem Benzol fast unlöslich, schwärzen sich gegen 180° und sind bei 230° noch nicht geschmolzen. Hexabromide aus Leinöl usw. dagegen sind in heißem Benzol löslich, schmelzen gegen 175°.

10 ccm der aus dem Öl abgeschiedenen Fettsäuren werden nach Halphen bromiert, indem sie mit 200 ccm eines Gemisches von 28 Raumteilen Eisessig, 4 Teilen Nitrobenzol und 1 Teil Brom in einem Meßzylinder mit eingeschliffenem Glasstopfen gut durchgeschüttelt werden. Der entstehende gelbe Niederschlag wird nach mehrstündigem Stehen auf einer kleinen Nutsche unter Verwendung einer Filterplatte aus dichtem Filtrierpapier abgesaugt und mit Äther bis zur Reinweißfärbung gewaschen. Entsteht nach einstündiger Einwirkung der Bromlösung kein Niederschlag, so ist die Probe praktisch frei von Tran und linolsäurehaltigen Ölen. Um festzustellen, ob ein entstandener Niederschlag Oktobromide enthält, erhitzt man ihn nach dem Trocknen und Pulvern mit Benzol (100 ccm Benzol auf 2 g Niederschlag) ½ Std. lang am Rückflußkühler zum Sieden. Ungelöstes wird im Heißwassertrichter filtriert und nach dem Trocknen der Schmelzpunkt geprüft. Ist die Masse bei 200° noch ungeschmolzen, aber infolge teilweiser Zersetzung geschwärzt, so ist Tran zugegen. Wird ein unter 200° liegender Schmelzpunkt gefunden, so wird versucht, den Schmelzpunkt durch Auskochen mit Benzol heraufzusetzen. Die Hexabromide aus trocknenden pflanzlichen Ölen schmelzen bei 175—180° ohne Zersetzung. 10 % Tran waren nach vorstehendem Verfahren in pflanzlichen Ölen noch nachweisbar.

Nicht nur die Tranfettsäuren, sondern auch die Trane selbst geben bei Gegenwart von Halphenscher Bromlösung schwer lösliche Bromide. Man kann daher, falls nicht Seifen, sondern Öle auf Gegenwart von Tran zu prüfen sind, die Öle selbst mit der Bromlösung behandeln. Entsteht kein Niederschlag, so ist kein Tran zugegen. Entsteht ein Niederschlag, so sind die Gesamtfettsäuren abzuscheiden und in der oben angegebenen Weise zu bromieren.

Die bromierten Glyzeride aus Tran zeigen nämlich ähnliche Löslichkeitsverhältnisse wie die aus trocknenden pflanzlichen Ölen erhaltenen und sind daher auch mittels Benzol von letzteren schwer zu trennen.

Diese Bromidprobe ist nach Stiepel (Seifensiederztg. 1912, 953) nicht anwendbar, wenn die Produkte erhitzt sind. Bei Leinölen gehen die Hexabromidausbeuten beim Erhitzen ganz erheblich zurück, bei Tranen können die Oktobromidausbeuten bis zu 0 reduziert werden (s. auch S. 453).

4. Prüfung auf Holzöl nach P. Mc. Ilhiney (Journ. of Ind. and Eng. Chem.1912, 4).

Bei der Behandlung mit Jod erstarrt Holzöl zum Teil und wird unlöslich in Petroläther. Ob reines oder verfälschtes Holzöl vorliegt, darüber gibt die Menge des bei folgendem Verfahren löslich bleibenden Öles Aufschluß:

5 g Öl werden mit 10 ccm 99,5proz. Essigsäure bis zur klaren Lösung erhitzt, zu der dann 50 ccm einer 1,5 % Jod enthaltenden heißen 99,5proz. Essigsäure hinzugegeben werden. Nach einer halben Stunde werden 50 ccm Petroläther hinzugefügt und das Ganze nach gutem Durchmischen in einen Scheidetrichter gebracht. Hier wird die Ausschüttelung mit Petroläther zweimal wiederholt. Die Petrolätherschicht wird zuerst mit Wasser säurefrei, dann mit Jodkaliumlösung zur Entfernung des freien Jods, dann wieder mit Wasser gewaschen. Nach dem Verdampfen des Petroläthers wird der Rückstand gewogen. Holzöl gibt keinen löslichen Rückstand,

5. Farbenreaktionen zur Prüfung auf Sesamöl und Cottonöl. Von der großen Zahl der zur Unterscheidung von Fetten und Ölen vorgeschlagenen Farbenreaktionen haben sich die folgenden bewährt.

α) Die Baudouinsche Reaktion, beruhend auf der durch Sesamöl hervorgebrachten Pfirsichrotfärbung zuckerhaltiger Salzsäure; sie gibt bei Gegenwart von Sesamöl scharfe Färbungen, so daß sich bis zu 1 % Sesamöl in anderen Ölen durch sehr deutliche Rotfärbung, 0,5 % durch schwache Rosafärbung noch bemerkbar machen, während sich bei reinem Olivenöl, Rüböl, Hanföl usw. die Säure nur mit gelblicher Farbe absetzt.

0,1 g fein gestoßener Rohrzucker wird in 10 ccm Salzsäure vom spez. Gew. 1,19 gelöst, dann wird die Säure mit 20 ccm Öl im Reagenzglase stark geschüttelt und das Gemisch der Ruhe überlassen. Maßgebend ist nur die Farbe der Säure unmittelbar nach erfolgter Trennung der Schichten, da sich bei längerem Stehen die zuckerhaltige Salzsäure stets tiefbraun bis rotbraun färbt und so eventuell zu Irrtümern Veranlassung geben kann.

Nach Merkling (Arch. d. Pharm. **10**, 440) ist Träger der Sesamölreaktion ein dickes, alkohollösliches Öl. Da sich bei der Einwirkung von Salzsäure auf Zucker Furfurol bildet, verfahren Villavecchia und Fabris (Ztsch. f. angew. Chem. 1893, 6, 505) folgendermaßen:

In einem Reagenzglas werden etwa 5 ccm Öl und 5 ccm Salzsäure vom spez. Gew. 1,19 mit 6—8 Tropfen einer 2proz. alkoholischen Furfurollösung etwa ½ Minute lang stark geschüttelt. Bei Gegenwart von Sesamöl (bis zu 1 %) nimmt die sich absetzende Säure eine schön karmoisinrote Färbung an; bei Abwesenheit von Sesamöl färbt sich die Säure höchstens gelb bis braungelb. Auch bei dieser Reaktion ist die Färbung der Säure nur unmittelbar nach erfolgter Trennung der Flüssigkeitsschichten maßgebend.

Da einzelne reine Olivenöle (Afrika, Portugal, Bari) mit Zucker und Salzsäure schwache Rosafärbung geben sollen, empfehlen Villavecchia und Fabris die Prüfung mit Furfurol und Salzsäure. Marcusson (Ubbelohde, Handbuch, Bd. I, S. 279) erhielt bei zwei von ihm untersuchten reinen Olivenölen von der Jodzahl 78 bzw. 79 sowohl mit Zucker und Salzsäure wie mit Furfurol und Salzsäure schwache Rosafärbung, während die Soltsiensche Reaktion nicht eintrat, und auch die nach Millians Vorschlag abgeschiedenen Fettsäuren keine Färbung gaben.

Da sich schon ein sehr geringer Zusatz von Sesamöl in anderen Fetten nachweisen läßt, ist in den „Ausführungsbestimmungen zum Gesetz, betr. Verkehr mit Butter und Käse, vom 15. Juni 1897" behufs Unterscheidung der Margarine von Butter ein Zusatz von mindestens 10 % Sesamöl zur Margarine vorgeschrieben. Das zuzusetzende Sesamöl soll, im Verhältnis 0,5 : 99,5 mit Baumwollsaatöl oder Erdnußöl gemischt, noch deutliche Rotfärbung bei der Furfurolsalzsäurereaktion geben. Nach neueren Untersuchungen von Utz (vgl. Ubbelohde, Handbuch, Bd. I, S. 279) geht der Träger der Baudouinschen Reaktion beim Füttern von Kühen mit Sesampreßkuchen in einzelnen Fällen in die Milch und somit in die Butter über, weshalb auch reine Butter die Sesamölreaktion zu geben vermag; es ist daher in Zweifelsfällen die Phytosterinazetatprobe (S. 434) heranzuziehen.

Nach P. Soltsien lassen sich 10—20 % Sesamöl in alten Fetten nicht mehr nachweisen. Nach 8 Wochen ist die Reaktion kaum noch so stark als bei 1 % Sesamöl. (Zeitschr. f. öffentl. Chem. 1899, 15.) Bei mit Tierkohle behandeltem Sesamöl bleibt die Reaktion ebenfalls aus (Bömer, Zeitschr. f. Nahrungs- und Genußmittel 1899, 708).

Bei Ausführung der Baudouinschen Reaktion ist zu beachten, daß manchen Fetten und Ölen Teerfarbstoffe zugesetzt werden, die schon mit Salzsäure allein Rotfärbung geben. Die amtliche Anweisung zur chemischen Untersuchung von Fetten und Käsen vom 1. April 1898 läßt daher etwaige salzsäurerötende Farbstoffe vor der Sesamölprüfung durch Ausschütteln mit Salzsäure vom spez. Gew. 1,125 entfernen. Das Ausschütteln soll so lange fortgesetzt werden, bis die Salzsäure nicht mehr gefärbt wird.

Nach Soltsien (Zeitschr. f. öffentl. Chemie 1897, 494), Siegfeld (Milchzeitung 1899, 243) und Fendler (Chem. Rev. 1905, **12,** 10) kann dieses Ausschütteln eine Fehlerquelle bedingen, da außer dem Teerfarbstoff auch der Träger der Baudouinschen Reaktion dem Öle entzogen wird, weshalb bei gefärbten Fetten vorzuziehen ist, mittels der nachfolgend beschriebenen Soltsienschen Probe auf Sesamöl zu prüfen.

β) Die Soltsiensche Reaktion auf Sesamöl. Diese von Beythien (Chem.-Ztg. 1900, 24, 1019) und Utz (Chem.-Ztg. 1901, 25, 412) sehr empfohlene Reaktion ist nach Fendler auch bei Gegenwart von Teerfarbstoffen sehr brauchbar, da letztere durch das von Soltsien verwendete Zinnchlorür zu farblosen Spaltungsprodukten reduziert werden.

2—3 Rtle. des zu prüfenden Öles oder Fettes (das, wenn nötig, vorher im Wasserbade geschmolzen wurde) werden im doppelten Vol. Benzin vom Siedepunkt ca. 70—80° gelöst, mit 3 Rtln. salzsaurer Zinnchlorürlösung (Bettendorfs Reagens, herzustellen durch Sättigen konzentrierter Zinnchlorürlösung mit Salzsäuregas) bis zur gleichmäßigen Mischung durchgeschüttelt und in ein Wasserbad von 40° getaucht. Nach dem Absetzen der Zinnchlorürlösung wird das Reagenzglas in Wasser von etwa 80° nur bis zur Höhe der Zinnchlorürlösung eingesenkt, so daß ein Sieden des Benzins nach Möglichkeit vermieden wird. Bei Gegenwart von Sesamöl färbt sich die Zinnchlorürlösung rot.

Der Träger dieser Reaktion kann nach Soltsien dem Öle durch Schütteln mit Salzsäure nicht entzogen werden, da das ausgezogene Öl die Zinnchlorürreaktion mit unverminderter Stärke gibt (Chem. Rev. 1906, **13**, 138).

γ) Die Halphensche Reaktion auf Baumwollsaatöl (Journ. Pharm. Chim. [6] **6**, 390, und Chem. Zentralbl. 1897, II, 1161).

Je 2 ccm Öl, Amylalkohol und 1 proz. Lösung von Schwefel in Schwefelkohlenstoff werden in einem Reagenzglase, das bis zur Hälfte in siedende Kochsalzlösung getaucht ist (s. Fig. 105), erhitzt. In dem tiefstehenden Gläschen sammelt sich der abdestillierende Schwefelkohlenstoff. Sollte eine rote oder orange Färbung nach 10 Minuten dauerndem Erhitzen noch nicht eingetreten sein, so wird der abgedampfte Schwefelkohlenstoff wiederholt erneuert und noch je 5 bis 10 Minuten erhitzt. Durch Auftreten einer roten Färbung in der amylalkoholischen Öllösung lassen sich noch 5 % Baumwollsaatöl mit Sicherheit nachweisen; bei Olivenöl, Rüböl, Hanföl, Erdnußöl, Mandelöl, Sesamöl, Mohnöl und Tranen tritt die Reaktion nicht ein. Trane zeigen wohl bei wiederholten Erhitzen eine schwache Färbung; wenn man aber das Reagenzglas so bewegt, daß die Öllösung an den Wandungen des Gläschens herabläuft, so ist der zu Täuschungen Veranlassung gebende rötliche Stich in der ablaufenden dünnen Schicht der Lösung nicht zu bemerken. Geringe Mengen Cottonöl enthaltende Öle zeigen dagegen beim Ablaufen an der Glaswand noch deutliche rötliche Färbung.

Die Halphensche Reaktion tritt noch ein bei Cottonölen, welche vorher auf 210° erhitzt worden waren, jedoch nicht mehr nach 10 Minuten langem Erhitzen der Öle auf 250°, ebenso nicht bei geblasenen und bei mit rauchender Salzsäure geschüttelten oder mit Chlor oder schwefliger Säure behandelten Ölen. Das mit Salzsäure geschüttelte Öl hat nach B. Kühn und F. Benger (Zeitschr. f. Nahr.- und Genußmittel 1906, **12**, 145) niedrigere Jodzahl als das ursprüngliche (106,0 gegen 108,5) und gibt mit Kupferspan eine Chlorreaktion, weshalb der die Halphensche Reaktion gebende Körper ein Äthylen- oder Azetylenderivat sein dürfte. Dementsprechend nahm schon früher Raikow (Chem.-Ztg. 1900, **24**, 584) an, daß der Träger der Halphenschen Reaktion eine ungesättigte Säure sei. Die Rotfärbung soll durch Anlagerung von Schwefel an eine doppelte oder dreifache Bindung dieser Säure unter Bildung von chromophoren Sulfoaldehyd- oder Sulfoketogruppen entstehen. Die Intensität der Färbung ist bei verschiedenen Baumwollsaatölen nicht immer gleich; die Färbungen variieren von orange bis tiefrot.

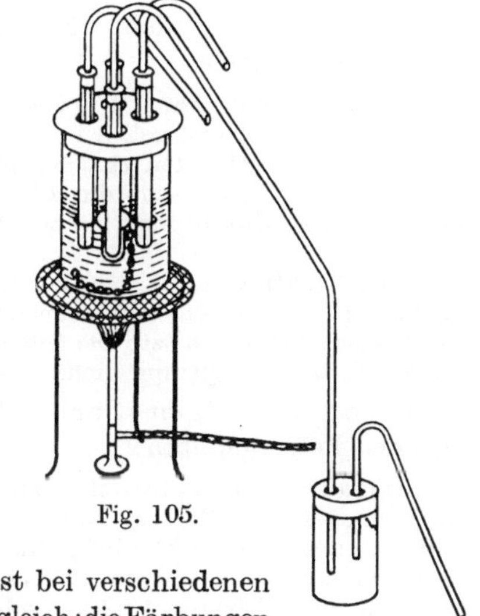

Fig. 105.

Die chromogene Substanz scheint nur in sehr geringen Quantitäten vorhanden zu sein und wird auch zum Teil in den Baumwollsamenkuchen zurückgehalten. Sie hat die Eigenschaft, in das Körperfett des Schweins oder Rindes beim Füttern mit Baumwollsamenkuchen überzugehen. Daher erhält man die Halphensche Reaktion auch bei Schweinefetten, die von Baumwollsamenöl absolut frei sind. In diesem Falle entscheidet über Gegenwart von Cottonöl die Phytosterinazetatprobe (S. 434).

Falls bei Untersuchung eines Öles die Halphensche Probe negativ ausfällt, aber Anwesenheit von erhitztem Baumwollsaatöl vermutet wird, kann dieses bisweilen noch durch Behandeln mit Salpetersäure 1,41 festgestellt werden.

Beim Schütteln von Baumwollsaatölen mit dem gleichen Volumen dieser Säure entstehen rotbraune Färbungen, während Olivenöle, in gleicher Weise behandelt, schmutziggelbe Färbungen geben, welche bei längerem Stehen der Mischungen ins Bräunliche übergehen. Mittels dieser Probe können sich 20 % Cottonöl in Olivenöl verraten. Da indessen auch beim Schütteln von Rüböl mit obiger Säure Braunfärbung beobachtet worden ist, hat die Reaktion nur den Wert einer Vorprobe auf gröbere Zusätze Cottonöl.

δ) Die Millianssche Reaktion (Comptes rendus 1888, 550) beruht auf Reduktion von Silbernitrat durch einen im wesentlichen aldehydartigen, noch nicht näher gekennzeichneten Bestandteil des Baumwollsaatöles.

5 ccm der aus dem Öl abgeschiedenen Fettsäuren werden in 15 ccm 90proz. Alkohol gelöst und mit 2 ccm einer 3proz. wäßrigen Silberlösung 1—3 Minuten zum Kochen erhitzt. Bei Gegenwart von Baumwollsaatöl färbt sich die Flüssigkeit dunkel, und die Fettsäuren steigen, durch metallisches Silber dunkel gefärbt, an die Oberfläche.

Die Reaktion gibt sich bei Gegenwart von 5 % Cottonöl scharf, von 1 % durch sehr schwache schokoladenbraune Färbung zu erkennen. Stark erhitzte Öle geben die Reaktion in abgeschwächtem Maße bzw. überhaupt nicht.

6. Von sonstigen Farbenreaktionen seien noch die folgenden hervorgehoben:

α) Rohe Rüböle, Senföle, Leinöle, Hanföle geben nach Holde beim Schütteln mit Schwefelsäure vom spez. Gew. 1,53—1,62 stets intensive grasgrüne bis bläulichgrüne Färbungen der Mischung sowie der sich beim Stehen trennenden Säure. Raffinierte Rüböle und Leinöle geben mit Schwefelsäure 1,62 nur schwach gelbe bis bräunliche Färbungen. Es kann daher die Schwefelsäurereaktion zur Unterscheidung von rohem und raffiniertem Rüböl, Leinöl usw. dienen.

β) Die Trane geben mit verschiedenen Reagenzien, z. B. alkohol. ½ N.-Kali- oder Natronlauge, sirupöser Phosphorsäure usw., rotbraune bis schmutzigrote Färbungen, welche gröbere Zusätze der letzteren zu anderen Ölen kennzeichnen, indessen als zuverlässige analytische Unterscheidungsmittel bei geringen Tranzusätzen nicht angesehen werden können (s. S. 422).

γ) Wollfett, Wollfettoleïn und -stearin geben infolge ihres Gehaltes an Cholesterin und Isocholesterin die Liebermannsche und Hager-Salkowskische Reaktion (s. S. 555).

δ) Eine neue Reaktion auf Pflanzenfette hat Serger (Chem.-Ztg. 1911, **35,** 581) angegeben.

Kurz vor der Ausführung des Versuches stellt man sich das Reagens dar, indem man in einem mit Glasstopfen verschließbaren

Stehzylinder 10 ccm konz. Schwefelsäure mit 0,1 g ganz fein gepulvertem Natriummolybdat 2 Min. lang tüchtig schüttelt. Nach 5 Min. langem Stehen ist das Reagens gebrauchsfertig, jedoch nicht länger als ½ bis 1 Std. zuverlässig. In einem dickwandigen, graduierten, mit Glasstopfen verschließbaren Glas löst man 5 ccm Öl in 10 ccm Äther und unterschichtet die Lösung vorsichtig mit 1 ccm des Reagenzes. Nach ganz kurzem, aber tüchtigem Durchschütteln scheidet sich die Mischung in zwei Schichten, von denen die untere eine charakteristische, an Intensität zunehmende Färbung annimmt. Man beurteilt letztere nach 15 Minuten. Dabei färbt sich (Nachprüfung durch Utz, Chem. Rev. 1912, **19,** 72) Sesamöl olivgrün, später dunkelgrün, Olivenöl schwach gelbgrün, Kokosfett grasgrün, Baumwollsaatöl blaugrün, dann dunkelblau. Bei ranzigen sowie bei gebleichten Ölen kann die Reaktion versagen. 10 % Pflanzenfett sind mit Sicherheit noch im tierischen Fett nachzuweisen.

ε) Kokosfett läßt sich nach W. Ludwig und H. Haupt (Ztsch. f. Nahr.- u. Genußm. 1907, **13**, 605) auch an einer Farbenreaktion erkennen, die ein Hauptbestandteil des Kokosfettes, die Laurinsäure, mit Furfuramid gibt, während Ölsäure, ein Hauptbestandteil der Butter und des Schmalzes, das die Farbenreaktion bedingende rote Furanilin bindet und die rote Färbung verhindert.

Das Reagens wird wie folgt bereitet:

0,5 g salzsaures Anilin, in 25 ccm 96proz. Alkohol gelöst, werden mit 5 ccm 1 proz. alkohol. Furfurollösung und 1 ccm Phenol gemischt, die schwach rötliche Mischung wird mit etwa 10 Tropfen 5proz. Ammoniaklösung bis zum Verschwinden der Rotfärbung bzw. Übergang zu gelbrötlich behandelt.

Nach zweistündigem Stehen werden 0,5 ccm des Reagens zu einer Auflösung von 20 Tropfen der zu prüfenden Säuren in 5 ccm 96proz. Alkohol hinzugefügt, wobei der obere Teil des Reagenzglases nicht vom Reagens benetzt werden darf. Nach einmaligem Umschütteln wird das Gemisch beiseite gestellt. Es färbt sich mit Laurinsäure und anderen niederen Säuren rot, mit Ölsäure gelb. Gibt man zu der rot gefärbten Lösung 10 Tropfen Ölsäure hinzu, so färbt sie sich gelb.

ƒ) **Biologischer Nachweis von Fetten** beruht darauf, daß Blutserum von Kaninchen, mit dem Blutserum eines anderen Tieres, z. B. Pferdes, vorbehandelt, in dem Serum des Blutes dieses zweiten Tieres eine Eiweißfällung hervorruft. Um z. B. Pferdefett mittels dieser von Uhlenhut und Weidanz für den Nachweis von Fetten vorgeschlagenen Reaktion (Praktische Anleitung zur Ausführung des biologischen Eiweißdifferenzierungsverfahrens, Jena

1909) in anderen Fetten nachzuweisen, wurden von Wittels und Welwart (Seifensiederztg. 1910, **37,** 1014) 50 g Fett im sterilen Erlenmeyerkolben mit 200 ccm 0,85proz. Kochsalzlösung bei zweistündigem Einstellen in eine Kältemischung durch wiederholtes Schütteln ausgelaugt. Mit der abgegossenen Kochsalzlösung wurden weitere 50 g Fett ausgelaugt, so daß der Eiweißgehalt auf 0,3 % stieg. Die nach zweimaligem Filtrieren über ausgeglühtem Kieselgur geklärte Eiweißlösung wurde mit Blutserum von Kaninchen, das mit Pferdeblutserum entsprechend vorbehandelt war, unterschichtet. Nach wenigen Minuten entstand bei Gegenwart von Pferdefett im ursprünglichen Fett eine spezifische Trübung in Form eines deutlich sichtbaren Rings.

g) Kristallographischer Nachweis von pflanzlichem in tierischem fetten Öl. Das Verfahren beruht auf Abscheidung und Kennzeichnung der höheren Alkohole und wird angewendet, wenn die Heranziehung der übrigen Konstanten gemäß Tab. 77 bis 82 noch Zweifel übrig läßt, und pflanzliche Öle mit bestimmten Farbenreaktionen sich nicht nachweisen lassen.

1. Phytosterinprobe. (Salkowski, Analyt. Chem. 1887, 557; A. Bömer, Zeitschr. f. Nahrungs- und Genußmittel 1898, S. 21, 81, 532.) Alle tierischen Fette enthalten ein oder wenige Zehntel Prozent Cholesterin, einen sekundären aromatischen Alkohol von der Formel $C_{27}H_{46}O$ (Windaus, Ber. 1906, **39**, 2261), Tran bis etwa 2 %, Eieröl etwa 4,5 %; alle pflanzlichen Öle dagegen enthalten das dem Cholesterin isomere Phytosterin [meistens 0,2—1,2 %][1]). Cholesterin schmilzt bei 146° (korr.), nach Bömer bei 148,4°—150,8°, und kristallisiert in dünnen Täfelchen von rhombischem Umriß. Meistens findet sich die Kristallform Fig. 106*a*, seltener *b* und *c*. Phytosterin zeigt in nicht genügend gereinigtem Zustand stärker wechselnden, von 132,0—138,0° (korr.), vereinzelt bis über 140° (z. B. bei Rüböl) liegenden Schmelzpunkt, je nach dem Fett, aus welchem es abgeschieden wird. Windaus und Hauth (Ber. 1906, **39**, 4378) zeigten aber, daß die Schwankung des Schmelzpunktes der Phytosterine verschiedener Pflanzenfette auf einen Gehalt an einem hochmolekularen Alkohol mit 2 ungesättigten Bindungen Stigmasterin

[1]) Die Mengenverhältnisse beziehen sich auf die direkt abgeschiedenen, noch nicht durch Umkristallisieren gereinigten Alkohole.

$C_{30}H_{48}O$ oder $C_{30}H_{50}O$ vom Schm. 170° zurückzuführen ist, der gemäß S. 432 über das Tetrabromacetat vom Phytosterin getrennt werden kann. Nach Bömer sind bei Phytosterin am häufigsten Nädelchen mit zweiseitiger Zuspitzung, entsprechend Fig. *d* oder *e*, seltener die Formen *f*, *g*, *h*. Die in die Kristalle eingezeichneten Pfeile bedeuten die Auslöschungsrichtungen, bei denen die Kristalle unter dem Polarisationsmikroskop bei gekreuzten Nicols dunkel erscheinen.

Mischungen von Phytosterin und Cholesterin haben einen zwischen 137° und 144° liegenden Schmelzpunkt und kristallisieren in den Formen des Phytosterins; überwiegt Cholesterin sehr stark, so erhält man Phytosterinnadeln und rhombische Cholesterinformen nebeneinander oder nach Bömer teleskopartige Formen entsprechend Fig. *i* und *k*. Entmischung findet bei häufigerem Umkristallisieren nicht statt. Schon geringe Mengen Phytosterin drücken den Schmelzpunkt des Cholesterins merklich herab und verändern dessen Kristallformen. Daher ist durch Untersuchung der höheren Alkohole sicher festzustellen, ob reines tierisches Öl oder Gemisch von tierischem und pflanzlichem Öl vorliegt.

Der umgekehrte Nachweis von tierischem in pflanzlichem Öl ist nur bei gröberen Zusätzen des ersteren zu erbringen, da indessen pflanzliche Fette wegen ihres billigeren Preises selten mit tierischem Fett versetzt werden, so tritt die Frage des Nachweises von tierischem Fett in pflanzlichem Fett weniger häufig auf. Bei den billigeren Seetierfetten, den Tranen, erleichtert der hohe Cholesteringehalt den Nachweis auch geringerer Mengen, und für die sog. flüssigen Wachse, wie Spermazetiöl und Delphintran, genügt ihr niedriges spez. Gewicht, ihre niedrige Verseifungszahl usw. zum Nachweis (s. S. 550).

Cholesterin bildet nach Windaus (Ber. 1906, **39**, 518) ein in Äther-Eisessig schwer lösliches Dibromid und soll an diesem neben Phytosterin erkannt werden. Nach Holde und Werner[1]) ist jedoch bei den kleinen für die Prüfung praktisch in Frage kommenden Mengen der Nachweis des Cholesterindibromids neben dem Phytosterindibromid nicht sicher zu erbringen. Der bei 184,5° schmelzende Phytosteryläther $(C_{27}H_{45})_2O$, erhalten durch Erhitzen von Phytosterin mit $CuSO_4$ auf 200°, bietet vielleicht nach Holde und Schaefer (Zeitschr. f. angew. Chem. 1906, **19**, 1608) mehr Aussicht, Cholesterin

[1]) Dissertation P. Werner, Berlin 1911.

neben Phytosterin nachzuweisen, da der entsprechend hergestellte Cholesteryläther vom Schm. 195° unter bestimmten Kristallisationsbedingungen, z. B. langsam aus Ligroin und Alkohol kristallisierend, in Nadeln, Phytosteryläther in Blättchen herauskommt[1]).

Stigmasterin $C_{30}H_{48}O$ oder $C_{30}H_{50}O$ wurde von Windaus und Hauth (Ber. 1906, **39**, 4387; 1907, **40**, 3681) in der Calabarbohne aufgefunden. Schm. 170°; $[\alpha]_D = -44{,}67°$ (in Äther). Den übrigen Sterinen, insbesondere dem Phytosterin gegenüber ist Stigmasterin durch ein in Äther schwer lösliches Tetrabromazetat charakterisiert, das zur Abtrennung des Stigmasterins vom Phytosterin in Pflanzenfetten allgemein dient. Man verwandelt das Phytosterin durch Kochen mit Essigsäureanhydrid (siehe unter 2.) in das Azetat, löst

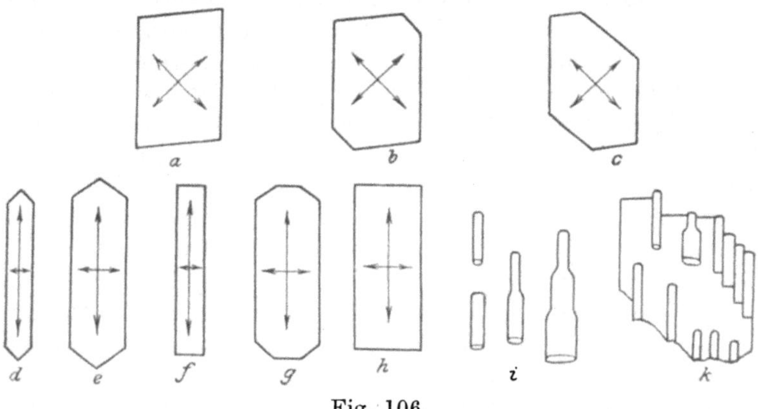

Fig. 106.

z. B. 20 g desselben in 200 ccm Äther und versetzt mit 250 ccm einer Lösung von 5 g Brom in 100 ccm Eisessig. Fällt beim Stehen in der Kälte ein Niederschlag aus, so ist dies Tetrabromstigmasterinazetat; bleibt die Lösung klar, so liegt reines Sitosterin vor. Auch im Rüböl, dem Kakaofett und Kokosöl wurde Stigmasterin aufgefunden, nicht nachgewiesen wurde es im Leinöl und Baumwollsaatöl.

Um aus den Bromiden die ihnen zugrunde liegenden Alkohole wiederzugewinnen, wird z. B. das Filtrat vom Tetrabromid mit 200 g 4proz. Natriumamalgam versetzt und nach Entfernen des Quecksilbers und dem Abdestillieren des Äthers noch mit 10 g Zinkstaub am Rückflußkühler gekocht. Nach dem Abfiltrieren des Zinkstaubs wird das Azetat durch Zusatz von Wasser gefällt und durch vierstündiges Kochen mit 200 ccm einer 10proz. alkoholischen Kalilauge verseift. Beim Abkühlen der Lösung fallen glänzende Blättchen aus, deren Menge durch vorsichtigen Zusatz von Wasser noch

[1]) ebenda.

vermehrt wird. Das Produkt wird durch Schmelzpunkt und Kristallform identifiziert.

Abscheidung der höheren Alkohole. An Stelle der umständlichen Methode der Extraktion der Seifenlösungen der Fette mit Äther ist folgendes bequeme Verfahren von Windaus (Ber. 1909, **42**, 238; Ztschr. f. physiol. Chem. **65**, 110) getreten. Wird Cholesterin in alkoholischer Lösung mit einer alkoholischen Digitoninlösung versetzt, so fällt das Cholesterin fast quantitativ als Digitonincholesterid aus

$$C_{27}H_{46}O + C_{55}H_{94}O_{28} = C_{82}H_{140}O_{29}.$$

Ebenso wie Cholesterin verhalten sich alle andern Sterine. Das zu untersuchende Fett wird mit 95proz. Alkohol ausgekocht und die vom Fett abgehobene Lösung mit einer 1proz. Lösung von Digitonin in heißem, 90proz. Alkohol versetzt, solange noch ein Niederschlag entsteht. Nach mehreren Stunden wird der Niederschlag durch einen Goochtiegel filtriert, mit Alkohol und mit Äther gewaschen, bei 100° getrocknet und gewogen. Aus der Menge A des Additionsproduktes berechnet sich die Cholesterinmenge C gemäß der Formel

$$C = A \cdot 0{,}2431.$$

Nur freies Cholesterin, nicht aber seine Ester geben diese Reaktion; die lockeren Additionsverbindungen von Cholesterin und Fettsäuren verhalten sich wie freies Cholesterin. Eine Zerlegung des Digitonincholesterids kann man durch Kochen mit Xylol bewirken, in welchem Cholesterin, aber nicht Digitonin löslich ist, oder man führt durch Kochen des Digitonincholesterids mit Essigsäureanhydrid das Cholesterin nach Windaus in das Azetat über, das gleich auf Schmelzpunkt geprüft werden kann (siehe unten). Dieses Verfahren wenden mit Erfolg Marcusson und Schilling zum Nachweis von Cholesterin und Phytosterin in Fetten an (Chem. Rev. 1913).

Die Windaussche Reaktion verwendet auch Steinkopf (Chem.-Ztg. 1912, **36**, 653), um Erdöle auf Cholesterin zu prüfen. Ohne vorher das Öl mit Alkohol auszukochen, versetzt man direkt das 70° warme Öl mit einer ebenfalls 70° warmen 1proz. alkoholischen (Alkohol 90proz.) Digitoninlösung. Noch in 1proz. Cholesterin-Erdöllösung entsteht sofort ein Niederschlag; durch Zufügen von wenig Wasser kann leicht eine Trennung der unteren öligen und der oberen, den Niederschlag enthaltenden wässerig-alkoholischen Schicht erreicht werden. Der Niederschlag erwies sich nach dem Filtrieren und Auswaschen mit Äther als reines Digitonin-Cholesterid (zersetzt sich langsam oberhalb 240°). Hochsiedende Öle, vor allem stark paraffinhaltige, werden mit Benzin oder Benzol verdünnt mit Digitonin geprüft.

Man kann hiernach auch die Windaussche Digitoninprobe zum Nachweis pflanzlicher und tierischer Fette in Mineralölen verwenden.

2. Die Phytosterinazetatprobe (Bömer, Ztschr. f. Nahr.- und Genußm. 1901, 1070) ist schärfer als die Phytosterinprobe und gestattet, pflanzliches Öl bis zu etwa 1 % herab in tierischem Fett nachzuweisen. Sie ist daher in vielen Fällen der ersteren vorzuziehen oder mindestens dieser anzuschließen.

Das Rohcholesterin oder -phytosterin aus 100 g Fett wird mit etwa 2 ccm Azetanhydrid in einem Schälchen auf dem Drahtnetz aufgekocht, der Überschuß an letzterem wird auf dem Wasserbade verjagt und der Rückstand mehrfach aus Alkohol umkristallisiert. Cholesterinazetat schmilzt bei 114,3—114,8° (korr.), Phytosterinazetat bei 125,6 bis 137,0° (korr.). Bei mehrfachem Umkristallisieren einer Mischung wird das Produkt an Phytosterin angereichert, da Phytosterinazetat in Alkohol schwerer löslich ist als der Cholesterinester; daher steigt der Schmelzpunkt. Bleibt dieser bei mehrfachem Umkristallisieren einer Probe bei etwa 115° konstant, so liegt reines tierisches Öl vor, anderenfalls ist pflanzliches Öl zugegen. Durch Verseifen mit alkohol. KOH werden aus dem Azetat die Alkohole wieder abgeschieden und zur Bestätigung der Azetatprobe auf Kristallform (siehe oben) untersucht.

Die Phytosterinazetatprobe ist beispielsweise auch zum Nachweis von Margarine in Butter in Fällen, in denen die gewöhnlichen Konstanten keine sicheren Schlüsse zulassen, sehr geeignet, da fast jede Margarine unter Zusatz von pflanzlichem Öl hergestellt wird (Bömer, Zeitschr. f. Nahrungs- und Genußmittel 1902, 1018).

XIV. Sogenannte quantitative Konstanten der Fette.

a) Die Säurezahl wird bei Fetten in der gleichen Weise wie bei Mineralölen bestimmt (s. S. 188). Sind feste Fette zu prüfen, so daß bei Zimmerwärme das Abmessen von 10 ccm unmöglich ist, so wägt man 5 oder 10 g Substanz ab, löst in neutralem Benzol-Alkohol und titriert mit $^1/_{10}$N.-Lauge unter Verwendung einer in Kubikzentimeter geteilten Bürette (anstatt der Prozent-SO_3-Bürette, die bei Einwägung von 9,14 gr Fett benutzt werden kann). Bei gleichzeitiger Gegenwart von Ammoniak-, Erdalkali- oder Schwermetallseifen wird nach dem S. 251 angegebenen Verfahren geprüft (Alkaliseifen stören nicht).

b) Die Köttstorfersche Verseifungszahl. Die Köttstorfersche Verseifungszahl, auch kurz Verseifungszahl genannt, bezeichnet diejenige Anzahl Milligramm KOH, welche 1 g Fett zur Verseifung erfordert. Wie die Zahlen in Tab. 77—82 zeigen, werden hauptsächlich Rüböl, Senföl, Rizinusöl und Spermazetiöl durch niedrigere Verseifungszahlen gegenüber den übrigen fetten Ölen charakterisiert. Außerdem zeigen mineralölhaltige fette Öle entsprechend der Unverseifbarkeit der Mineralöle niedrigere — zur Bestimmung der Mineralölmenge verwertbare — Verseifungszahlen als die reinen fetten Öle (s. S. 211).

1. Warme Verseifung nach Köttstorfer (Zeitschr. f. analyt. Chem. 1879, 18, 199).

1,5—2 g Öl werden in einem Erlenmeyer-Kölbchen[1]) von 200 ccm Inhalt mit 25 ccm aus der Pipette abgelassener $\frac{1}{2}$ N. alkohol. Kalilauge am Rückflußkühler auf dem Wasserbade 15 Minuten erhitzt; 25 ccm in gleicher Weise aus derselben Pipette abgelassene Lauge (immer dieselbe Tropfenanzahl nachfließen lassen!) werden gleichzeitig $\frac{1}{4}$ Stunde auf dem Wasserbade gekocht. Dieser blinde Versuch ist wegen der Veränderlichkeit des Titers der alkoholischen Lauge, wegen Einwirkung des Alkalis auf das Glas und in Rücksicht auf verschiedene Anfangstemperatur der Lauge erforderlich. Nach beendeter Verseifung wird in der Hauptprobe das überschüssige, nicht zur Verseifung gebrauchte Ätzkali nach Zusatz von 50 ccm neutralisiertem abs. Alkohol und 1 ccm 1 proz. alkohol. Phenolphthaleïnlösung mit $\frac{1}{2}$-normaler Salzsäure zurücktitriert. In der zweiten Probe wird der Titerwert der 25 ccm Kalilauge durch Salzsäure bestimmt.

Beispiel: 2,2334 g Öl werden mit 25 ccm Lauge verseift. Es entsprechen:

25 ccm Lauge = 23,36 ccm Salzsäure
zum Zurücktitrieren werden 8,00 ccm Salzsäure verbraucht.

Mithin wurde eine 15,36 ccm Salzsäure
äquivalente Menge Kalihydrat zum Verseifen des Öles gebraucht.

Entspricht 1 ccm Salzsäure	0,0280 g KOH,
so entsprechen 15,36 ccm Salzsäure	0,43008 g „
Also verbrauchen 2,2334 g Öl	0,43008 g „
1 g Öl =	192,6 mg „

mithin ist 192,6 die Verseifungszahl des Öles.

Bei Mischungen von fetten Ölen mit Mineralöl, Paraffin u. dgl. verfährt man nach S. 211. Trane geben beim Verseifen mit alkohol. Lauge tiefdunkelrote bis rotbraune Lösungen, in denen die Titrierung mit Phenolphthaleïnindikator schwierig ist. In solchen Fällen ist das von G. de Negri und G. Fabris vorgeschlagene Alkaliblau von Meister, Lucius und Brüning in Höchst a. M. als Indikator vorzuziehen. Dieser in alkalischer Lösung rote Farbstoff wird in

[1]) Man benutzt zweckmäßig das gegen Alkalien ziemlich widerstandsfähige Glas von Schott und Gen. in Jena; s. auch Hefelmann und Mann, Pharm. Zentralhalle 1895.

saurer Lösung blau. Es empfiehlt sich, bei Titrierungen mit Alkaliblau für die Seifenlösungen 3 ccm, für die bloßen Titerflüssigkeiten 2 ccm einer etwa 2proz. alkohol. Indikatorlösung anzuwenden.

Die Versuchsausführung bei der Verseifung von Wachsen siehe S. 560.

2. Die kalte Verseifung nach Henriques (Zeitschr. f. angew. Chem. 1891, 4, 721) beruht darauf, daß verseifbare Glyzeridfette sowie Bienenwachs, Insektenwachs usw., in Petroläther oder Benzin gelöst, unter Zusatz von $^1/_1$ N. alkohol. Kalilauge in 18—20 Stunden bei Zimmerwärme vollständig verseift werden. Das Verfahren kann wegen seiner Handlichkeit benutzt werden, wenn die zur Verfügung stehende Zeit für die Untersuchung ausreicht, es hat sich aber bisher wenig im Laboratorium eingebürgert. Für Gemische von Mineralölen und fetten Ölen sowie für Wollfett ist vorläufig nur das warme Verseifungsverfahren zu benutzen.

3—4 g Öl werden im Erlenmeyerkolben in 25 ccm Petroläther (Bienen- und Insektenwachs in bei etwa 100° siedendem heißen Benzin) gelöst und mit 25 ccm alkohol. normaler Kalilauge versetzt. Diese darf nur geringe Mengen Wasser (3 %) enthalten. Gleichzeitig mit der Ölprobe werden in einem zweiten Erlenmeyerkolben 25 ccm Petroläther und 25 ccm der verwendeten Lauge allein 18 bis 20 Stunden der Ruhe überlassen. Beide Kolben sind mit dehnbarer Gummikappe zu verschließen. Nach Stehen über Nacht wird der Überschuß an Alkali im ersten Kölbchen und der Titer im zweiten Kölbchen durch Zurücktirieren mit ½ N.-Salzsäure ermittelt. Das in Alkohol völlig lösliche Rizinusöl wird übrigens auch ohne Petrolätherzusatz durch alkoholische Normallauge in der Kälte völlig verseift.

Diejenigen Öle, welche eine hohe Verseifungszahl besitzen, z. B. Meerschweintran 216—272, Palmkernöl 248, Kokosnußöl 246—268 usw., weisen dementsprechend bemerkenswerte Gehalte an flüchtigen Säuren mit niedrigem Molekulargewicht auf, welche sich durch mehr oder weniger große Reichertsche Zahlen 2,5—65,8) näher kenntlich machen. (Siehe Tab. 78 und 82.)

c) **Mittleres Molekulargewicht der Fettsäuren.** Um in einer Mischung von fettem und unverseifbarem Öl die Natur des ersteren zu ermitteln, bestimmt man neben der Jodzahl vor allem das mittlere Molekulargewicht der aus der Ölprobe abscheidbaren Fettsäuren; dieses ist auch für die Berechnung des Seifengehaltes (S. 209) wichtig.

Die Bestimmung wurde früher meistens so ausgeführt, daß 0,5—1 g Fettsäure in neutralisiertem Alkohol gelöst und mit $^1/_{10}$ N. alkohol. Natronlauge bis zum Farbenumschlag des Phenolphthaleïns titriert wurde. Aus der so ermittelten Neutralisationszahl wurde das Molekulargewicht berechnet.

Indessen werden auf diese Weise (s. a. Tortelli und Pergami, Chem. Revue 1902, 9, 182, 204) in den meisten Fällen zu hohe Molekulargewichte gefunden, da die aus den Fetten abgeschiedenen Säuren anhydrid- bzw. laktonartige Stoffe enthalten, die durch das verd. kalte Alkali nicht angegriffen werden. Der Gehalt an derartigen Anhydriden nimmt beim Altern der Öle zu.

Zur Bestimmung des wirklichen Molekulargewichts sind etwa 1—2 g Fettsäuren mit 25 ccm ½ N. alkohol. Kalilauge zu kochen und, ebenso wie ein gleichfalls anzusetzender blinder Versuch, mit ½ normaler Salzsäure zurückzutitrieren. Hieraus berechnet man nach S. 435 die Verseifungszahl.

Das mittlere Molekulargewicht findet man dann nach der Gleichung:

$$m = \frac{56\,110}{v},$$

wo v die ermittelte Verseifungszahl der angewandten Fettsäuren und 56 110 das mit 1000 multiplizierte Molekulargewicht des Ätzkalis ist.

Die Differenz in den aus der Neutralisationszahl und den aus der Verseifungszahl berechneten Molekulargewichten schwanken nach Tortelli und Pergami von 0 bis etwa 20. Sie betrugen beispielsweise bei Rüböl je nach Alter 5,7 bis 9,1, bei Cottonöl 3 bis 14,4, bei Leinöl 10,3 bis 19,6.

Die mittleren Molekulargewichte der unlöslichen Fettsäuren einiger Öle und Fette sind in nachfolgender Tabelle 73 zusammengestellt.

Tabelle 73.

Mittlere Molekulargewichte von Fettsäuren.

	Tortelli und Pergami	Materialprüfungsamt
Mandelöl	277,5	267,4
Cottonöl	274,3	262,6
Arachisöl	280,5	—
Colzaöl (Rüböl)	309,1	303,6
Rizinusöl	296,7	—
Leinöl	273,2	275,3
Olivenöl	279,1	—
Rindertalg	270,8	—
Schweineschmalz	276,2	—
Pflanzentalg	262,1	—
Knochenöl	—	273,2

Nachfolgende tabellarische Übersicht (74) zeigt die Molekulargewichte und Verseifungszahlen einiger reiner Triglyzeride, von denen sich in Schmierölen hauptsächlich die am Schluß der Tabelle genannten 6 Glyzeride finden.

Tabelle 74.

Triglyzerid	Formel	Molekular-gewicht	Verseifungs-zahl
Butyrin	$C_3H_5(O \cdot C_4H_7O)_3$	302	557,3
Valerin	$C_3H_5(O \cdot C_5H_9O)_3$	344	489,2
Caproïn	$C_3H_5(O \cdot C_6H_{11}O)_3$	386	436,1
Caprin.	$C_3H_5(O \cdot C_{10}H_{19}O)_3$	554	303,7
Laurin	$C_3H_5(O \cdot C_{12}H_{23}O)_3$	638	263,8
Myristin	$C_3H_5(O \cdot C_{14}H_{27}O)_3$	722	233,1
Palmitin.	$C_3H_5(O \cdot C_{16}H_{31}O)_3$	806	208,8
Stearin	$C_3H_5(O \cdot C_{18}H_{35}O)_3$	890	189,1
Oleïn	$C_3H_5(O \cdot C_{18}H_{33}O)_3$	884	190,4
Linoleïn	$C_3H_5(O \cdot C_{18}H_{31}O)_3$	878	191,7
Rizinoleïn	$C_3H_5(O \cdot C_{18}H_{33}O_2)_3$	932	180,6
Eruzin	$C_3H_5(O \cdot C_{22}H_{41}O)_3$	1052	160,0

d) Die Ätherzahl. Die „Ätherzahl“ gibt die zur Verseifung des Neutralfettes in 1 g der Probe nötige Anzahl Milligramme Kalihydrat an. Die Verseifungszahl kann demnach bei Fetten, welche freie Fettsäuren enthalten, auch als die Summe der „Säurezahl“ und der „Ätherzahl“ betrachtet werden.

Die Ätherzahl wird entweder aus der Differenz zwischen Verseifungs- und Säurezahl gefunden oder direkt bestimmt, indem man 2 g Fett wie zur Bestimmung der Säurezahl (s. S. 434) in neutralem Benzol-Alkohol mit $^1/_{10}$ N.-alkoholischer Natronlauge bei Gegenwart von Phenolphthaleïn neutralisiert, dann die Lösungsmittel verjagt und den Rückstand mit 25 ccm alkoholischer ½-normaler Kalilauge ¼ Std. am Rückflußkühler kocht; der Alkaliüberschuß wird in der üblichen Weise mit ½-normaler Salzsäure zurücktitriert.

Die Bestimmung der Ätherzahl spielt bei der Untersuchung der Schmiermittel nur in ganz besonderen Fällen eine Rolle (zur Bestimmung des Glyzeringehaltes), dagegen ist sie für die Untersuchung des Bienenwachses, für welches das Verhältnis von Säurezahl zu Ätherzahl charakteristisch ist, von Bedeutung (S. 560).

e) Die Reichert-Meißlsche und die Polenske-Zahl. Der Prozentgehalt eines Fettes an flüchtigen Fettsäuren wird gewöhnlich nicht bestimmt. Dagegen werden Vergleichszahlen für den Gehalt an flüchtigen Säuren ermittelt, indem man nach Reichert-

Meißl die Sättigungskapazität der in einer bestimmten Menge Fett enthaltenen flüchtigen Fettsäuren bestimmt.

Die Reichert-Meißlsche Zahl (R.M.Z). gibt die Anzahl ccm $^1/_{10}$ N.-Lauge an, die zur Neutralisation der aus 5 g Fett nach dem unten beschriebenen Verfahren erhaltenen flüchtigen wasserlöslichen Fettsäuren erforderlich sind.

Die Bestimmung der Reichert-Meißlschen Zahl kommt bei Schmierölen nur bei auffallend hoher Verseifungszahl, welche durch Gegenwart von Meerschweintran, Palmkernöl oder geblasenen Ölen veranlaßt wird, in Frage; sie dient hauptsächlich zum Nachweis von Verfälschungen der Naturbutter mit Margarine, Schweineschmalz und Kokosfett. Margarine und Schweineschmalz enthalten sehr geringfügige Mengen flüchtiger Säuren, R.M.Z. 0—1, Kokosfett hat R.M.Z. 5—8. Die genannten Zusätze erniedrigen daher sämtlich die 20—30 betragende R.M.Z. der Naturbutter. Kleine Mengen Kokosfett sind somit sehr schwer in der Naturbutter festzustellen; die Feststellung geschieht mit Hilfe der Polenske-Zahl („neue Butterzahl" P.Z.); diese gibt die Anzahl ccm $^1/_{10}$ N.-Lauge an, welche zur Neutralisation der flüchtigen wasserunlöslichen Fettsäuren aus 5 g Fett notwendig sind.

Das Verhältnis der flüchtigen wasserunlöslichen Säuren zu den flüchtigen löslichen Fettsäuren ist beim Kokosfett groß, bei der Butter klein. (Vgl. Benedikt-Ulzer, 5. Aufl., 973 ff.)

Tabelle 75.

	R.M.Z.	P.Z.	$\frac{\text{P.Z.}}{\text{R.M.Z.}} \cdot 100$
Butter	26—33	1,9—3,0	7,3—9,1
Kokosfett	5—8	16,8—17,8	223—336

Die Bestimmung der beiden Zahlen wird nach Polenske (Zeitschr. f. Unters. der Nahr.- u. Genußm. 1904, 273) folgendermaßen ausgeführt.

1. Reichert-Meißlsche Zahl[1]).

[1]) Zur richtigen Ausführung der Methode ist die folgende Vorschrift, sowohl was die Abmessungen des Apparates als die angegebenen Abwägungen betrifft, strengstens zu beachten (so geben z. B. größere Kolben als solche von 300 ccm Inhalt zu hohe Werte).

5 g des filtrierten Butterfettes werden mit 20 g Glyzerin und 2 ccm 50proz. Natronlauge in einem 300-ccm-Kolben nach Leffmann und Beam (Analysis of milk and milk products, Philadelphia 1893, 65) unter ständigem Umschwenken über freier Flamme bis zum Klarwerden der Flüssigkeit verseift. Die Seife wird in 90 ccm ausgekochtem Wasser gelöst. Die Lösung soll klar und fast farblos sein. Die auf 50⁰ erwärmte Seifenlösung wird zuerst mit 50 ccm verdünnter Schwefelsäure (25 ccm H_2SO_4 in 1 L), alsdann mit einer Messerspitze voll Bimssteinpulver versetzt und nach sofortigem Verschluß des Kolbens der Destillation in dem Fig. 107 gezeichneten Apparat unterworfen. Die Benutzung von Eisendrahtnetzen als Unterlage für den Kolben ist zu vermeiden; am besten eignen sich flache Asbestteller mit Ausschnitt von 6,5 cm Durchmesser. Weder der Asbestteller noch der diesen tragende Eisenring dürfen glühend werden; man destilliert bei völlig geöffnetem Brenner, aber mit der nur wenig abgestumpften Spitze der Flamme. Überhitzung gibt falsche, meistens zu hohe Resultate.

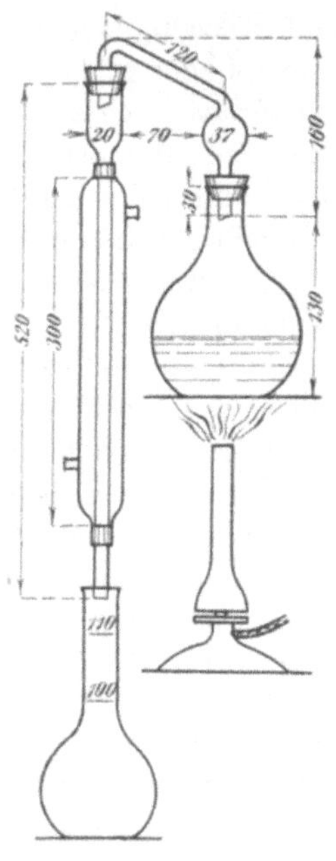

Fig. 107.

Das Destillat von 110 ccm soll in 19 bis 21 Minuten übergehen und beim Abtropfen eine Temperatur von 20—23⁰ haben.

Sobald das Destillat die Marke 110 der Vorlage erreicht hat, wird zunächst die Flamme entfernt und darauf die Vorlage sofort durch einen Meßzylinder von 25 ccm Inhalt ersetzt.

Der Kolben mit dem Destillat wird nun, ohne daß man vorher den Inhalt mischt. 10 Minuten lang so tief in Wasser von 15⁰ eingetaucht, daß die Marke 110 etwa 3 cm unter der Oberfläche sich befindet. Nach Verlauf der ersten 5 Minuten bewegt man den Kolbenhals im Wasser mehrmals nur so stark, daß die auf der Oberfläche des Destillates schwimenden Säuren an die Wandungen des Halses gelangen. Nach 10 Minuten stellt man den Aggregatzustand der Säuren fest (bei reiner Butter halbfeste undurchsichtige Massen, bei Kokosfett ölig). Nunmehr wird das Destillat in dem mit Glasstopfen verschlossenen Kolben durch vier- bis fünfmaliges Umkehren desselben, unter Vermeidung starken Schüttelns, gemischt und durch ein glattes Filter von 8 cm Durchmesser filtriert. 100 ccm des Filtrats werden unter Zusatz von Phenolphthaleïn mit $^1/_{10}$ N.-Natronlauge titriert. Die verbrauchte Anzahl Kubikzentimeter Lauge, multipliziert mit 1,1 (von 110 ccm Destillat wurden nur 100 ccm titriert) gibt die Reichert-Meißlsche Zahl an.

2. Polenske-Zahl.

Zur Bestimmung der wasserunlöslichen flüchtigen Säuren ist völlige Entfernung der wasserlöslichen Säuren nötig. Man wäscht das zum Abfiltrieren der flüchtigen Säuren nach 1. benutzte Filter dreimal mit je 15 ccm Wasser, das vorher nacheinander das Kühlrohr, den darunter gestellten Meßzylinder und den 110-ccm-Kolben passiert hat. Dann verfährt man dreimal mit je 15 ccm neutralem 90proz. Alkohol in gleicher Weise, füllt das Filter aber immer erst dann von neuem auf, wenn die vorhergegangene Füllung abgelaufen ist. Die vereinigten alkoholischen Filtrate werden dann unter Zusatz von Phenolphthaleïn mit $^1/_{10}$ N.-Natronlauge titriert. Die Anzahl der zur Neutralisation verbrauchten ccm Lauge gibt die Polenske-Zahl an.

Die Schwankungen bei Doppelbestimmungen sollen nicht erheblich mehr betragen als 10 % bei P. Z. bis 2; 8 % bei P. Z. 2—5; 5 % bei P. Z. 5—10; 4 % bei P. Z. über 10.

In Mischungen von fettem Öl und Mineralöl (z. B. „Marineölen", Mischungen von Mineralöl mit geblasenem Rüböl oder Baumwollsaatöl, s. S. 538) wird die Reichert-Meißlsche Zahl nach Marcusson (Mitt. 1905, **23**, 45) folgendermaßen bestimmt.

Man verseift so viel des Gemisches, als 5 g fettem Öl entspricht, mit N. alkohol. Kalilauge unter Zusatz des gleichen Vol. Benzol, trennt das Unverseifbare nach dem Verfahren von Spitz und Hönig (S. 212) ab, verdampft den Alkohol aus der Seifenlauge und verfährt mit dem rückständigen Seifenbrei wie oben. Ein blinder Versuch ist ebenfalls mit einer Mischung von Benzol und alkohol. Kali auszuführen. Die Zahl der zur Titration der flüchtigen Säuren verbrauchten Kubikzentimeter Lauge bezieht man auf das in der Probe enthaltene fette Öl.

f) **Die Hehnerzahl** gibt den Prozentgehalt eines Fettes an wasserunlöslichen Fettsäuren an, dessen Kenntnis für die Wertbestimmung von Rohprodukten der Stearinkerzenindustrie sowie zur Beurteilung von Seifen wichtig ist.

Die gewöhnliche Bestimmungsweise der Hehnerzahl, bei der man eine gewogene Fettmenge verseift, die Fettsäuren durch Mineralsäuren in Freiheit setzt, abfiltriert, mit Wasser auswäscht, in Alkohol löst, eindampft und wägt, hat außer der Nichtberücksichtigung der wasserlöslichen Säuren die Fehlerquelle, daß ungesättigte Säuren sich beim Eindampfen zum Teil oxydieren und zum Teil flüchtig sind.

Genaue Resultate erhält man (abgesehen von der auch hier nicht stattfindenden Berücksichtigung der wasserlöslichen Säuren) in jedem Falle bei Anwendung des von Fendler und Frank

(Ztschr. f. angew. Chem. 1909, **22**, 255) verbesserten Verfahrens von Hefelmann und Steiner, das auf Wägung der Alkalisalze der Fettsäuren beruht.

7—8 g Seife werden in etwa 50 ccm Wasser gelöst und in einem Scheidetrichter mit 40 ccm 10proz. Schwefelsäure zersetzt. Man schüttelt dann zweimal mit je 50 ccm Äther aus und wäscht die vereinigten ätherischen Fettsäurelösungen dreimal mit je 10 ccm Wasser zur Entfernung der freien Mineralsäure. Die gewaschene ätherische Lösung wird in einen 300 ccm fassenden, mit ausgeglühtem sehr groben Sand und einem Glasstab getrockneten und gewogenen Philippsbecher (Erlenmeyerkolben mit weiter Öffnung) übergeführt. Man destilliert etwa die Hälfte des Äthers ab, gibt alsdann 50 ccm neutralen abs. Alkohol sowie einige Tropfen 1 proz. Phenolphthaleïnlösung hinzu und titriert mit karbonatfreier normaler alkoholischer Kalilauge bis zur Rötung. Die so erhaltene Seifenlösung wird auf dem Wasserbade unter Umrühren eingedampft, der Verdampfungsrückstand bei 103—105° bis zur Konstanz getrocknet, wobei von Zeit zu Zeit der Becherinhalt mit dem Glasstab aufgelockert wird. Trocknen bei höherer Temperatur als 105° ist wegen Zersetzung der Seife zu vermeiden. Hiernach berechnet man den Fettsäuregehalt gemäß der Formel:

$$x = s - 0{,}038\,14 \cdot v,$$

worin s die gewogene Menge fettsauren Alkalis, v die zur Neutralisation verbrauchte Anzahl Kubikzentimeter normaler Kalilauge bedeutet.

Die Mehrzahl der Fette hat eine Hehnerzahl von 92 bis 95, meistens etwa 95. Die Hehnerzahl ist natürlich bedeutend geringer bei denjenigen Fetten, welche hohe Reichert-Meißlsche Zahlen haben.

So beträgt die Hehnerzahl von:

Kokosfett	83,8—90,5
Butter	86—88
Palmkernöl	87,6—91,1
Delphintran (vom Kopf)	66,3

g) **Jodzahl.** Unter Jodzahl eines Öles versteht man die Halogenmenge, berechnet als Gramm Jod, welche von 100 g Fett unter bestimmten Verhältnissen (Einwirkungsdauer, Art des Jodüberträgers, Überschuß an letzterem usw.) absorbiert wird.

Die Jodzahl ist eins der wichtigsten Kriterien bei der Prüfung eines Fettes auf Reinheit (s. Tab. 77—82). Je nach der Höhe der Jodzahl teilt man die pflanzlichen Öle ein in trocknende mit der Jodzahl 130—200 (Hauptvertreter Leinöl, Holzöl, Mohnöl), halbtrocknende Öle von der Jodzahl 95—130 (Hauptvertreter Maisöl, Sojabohnenöl, Rüböl, Baumwollsaatöl, Sesamöl), nichttrocknende Öle von der Jodzahl unter 95 (Hauptvertreter Olivenöl, Erdnußöl, Rizinusöl).

Die Jodzahl der tierischen Fette liegt bei Landtieren unter 80, bei Seetieren gewöhnlich über 100.

Jod wirkt bei gewöhnlicher Temperatur nur sehr träge auf Fette ein, in der Wärme ist es aber in seinen Wirkungen sehr ungleichmäßig und gibt keine glatten Reaktionen. Dagegen reagiert nach v. Hübl eine alkoholische Jodlösung bei Gegenwart von Quecksilberchlorid schon bei gewöhnlicher Temperatur mit den ungesättigten Fettsäuren und deren Glyzeriden quantitativ.

Die Reaktion verläuft im wesentlichen unter Addition von Chlorjod[1]), das sich nach Ephraim und Wijs entsprechend folgender Gleichung bildet:

$$HgCl_2 + 2\,J_2 = HgJ_2 + 2\,JCl.$$

Die Menge des angelagerten Halogens entspricht bei Säuren mit einer Doppelbindung 2 Atomen, bei Leinölsäure 4 Atomen, bei Linolensäuren 6 Atomen Jod, ist also bei trocknenden Ölen bedeutend höher als bei nichttrocknenden.

Vollständige Halogenabsorptionen erhält man bei nichttrocknenden und trocknenden Ölen mit Hüblscher oder Wallerscher Jodlösung nur bei einem Jodüberschuß von etwa 50 % und 18- bis 24stündiger Einwirkung oder bei etwa 75 % Jodüberschuß und 2stündiger Einwirkung.

Nach Versuchen von Poncio und Gastaldi (Gazz. chim. ital. 1912, **42**, II, 92; Zentralbl. 1912, II, 1154) ist bei den Säuren

---

[1]) Von der großen Zahl von Arbeiten, welche sich mit der Hüblschen Jodzahl beschäftigen, sind zu nennen: v. Hübl, Dinglers polyt. Journ. Bd. 253, 281; C. Liebermann, Berichte 1891, **24**, 4117; Schweißinger, Pharm. Zentralh. 1887, Nr. 12, 147; Benedikt, Chem. Ind. 1887, Heft 8; Merkling, Chem.-Ztg. 1887, **11**, Nr. 22; v. Brüche, Apoth.-Ztg. 1890, 493; Holde, Mitteil. 1891, **9**, 81, und 1892, **10**, 163; Fahrion, Chem.-Ztg. 1891, **15**, 1792, und 1892, **16**, 863; Gautter, Anal. Chem. 1893, 303; Ephraim, Angew. Chem. 1895, **8**, 254; Schweitzer und Lungwitz, Journ. Soc. Chem. Ind., 28. Febr. u. 31. Dezbr. 1895; Waller, Chem.-Ztg. 1895, **19**, 1786 u. 1831; Wijs, Angew. Chem. 1898, **11**, 291; Chem. Revue 1899, **6**, 1; Hanus, Zeitschr. f. Nahr.- u. Genußmittel 1901, 913; Ingle, Journ. Soc. Chem. Ind. 1902, 587 und 1904, 422.

der Ölsäurereihe die Struktur von größter Bedeutung für den Ausfall der Jodzahlbestimmung. Je weiter die Doppelbindung von der Karboxylgruppe entfernt ist, desto mehr nähern sich die gefundenen Jodzahlen den theoretischen Werten. So fallen z. B. bei der Ölsäure $CH_3 \cdot (CH_2)_7 \cdot CH = CH \cdot (CH_2)_7 \cdot COOH$ Jodzahl und theoretischer Wert zusammen, hingegen ergibt die Crotonsäure $CH_3 \cdot CH = CH \cdot COOH$ Jodzahlen von 4,3—17,4 (Theorie 295) und die 2,3-Ölsäure $CH_3 \cdot (CH_2)_{14} \cdot CH = CH - COOH$ Jodzahlen von 3,0—18,0 (Theorie 89,7).

1. Schwankungen der Jodzahl. Die Herstellungsweise der Öle hat besonders bei den von Natur an festen Glyzeriden reichen Ölen einen großen Einfluß auf die Jodzahl, z. B. bei Knochenölen, Klauenfetten, Erdnußölen. Je nach dem Verwendungszweck werden feste Glyzeride mehr oder weniger bei der Verarbeitung abgepreßt; je mehr aber diese entfernt sind, umso höher steigt die Jodzahl. Die Knochen- und Klauenöle für feine Mechanismen müssen klarflüssige Beschaffenheit auch bei ziemlich niedrigen Wärmegraden beibehalten und werden daher, soweit wie irgend möglich, von festen Glyzeriden befreit. Demnach bestehen diese Öle aus fast reinem Oleïn und haben die höchste Jodzahl aller handelsüblichen Klauenöle (bei Zimmerwärme fast starre Öle J.-Z. 44, bei — 10° flüssige Produkte Jod-Zahl bis 75). Auch andere Herstellungsweisen haben, wie G. de Negri und G. Fabris zeigten, Einfluß auf das Jodaufnahmevermögen, z. B. haben die mit Lösungsmitteln extrahierten Olivenöle infolge größeren Gehaltes an festen Glyzeriden niedrigere Jodzahl als die gepreßten Öle. Manche Öle werden durch Einblasen von Luft künstlich eingedickt, nehmen dabei viel Sauerstoff auf unter Bildung von Oxysäuren und erhalten dadurch niedrigere, bis zu 55 herabgehende Jodzahlen. Leinöle nehmen nach dem Einkochen bei mangelndem Luftzutritt unter Polymerisation zu Firnissen bedeutend weniger Jod als vorher auf (siehe S. 516).

Beim Lagern der Öle können erhebliche Veränderungen in ihrem Jodaufnahmevermögen stattfinden. Man muß daher bei Bestimmung der Jodzahl, besonders bei trocknenden Ölen, unter Hinzuziehung des spez. Gewichts und des Gehaltes an Oxysäuren, welche bei alten Ölen steigen, die Möglichkeit jener Einflüsse berücksichtigen, um nicht falsche Schlüsse aus den Jodzahlen zu ziehen, z. B. wurde selbst die Jodzahl des nicht trocknenden Olivenöls, welches anfänglich die Jodzahl 85 besaß, nach 19monatiger Aufbewahrung in verschlossener Flasche zu 81 gefunden. Ein in offener Schale 7 Monate lang aufbewahrtes Rüböl von der anfänglichen Jodzahl 98,3 zeigte die spätere Jodzahl 88,4; bei gleicher Aufbewahrung ging nach 14 Monaten die Jodzahl eines Gemisches von Rüböl und Baumöl von 95 auf 76, eines Mohnöls von 141 auf 94,2 zurück. Das spez. Gewicht des Olivenöls war von 0,914 bei 15° auf 0,916, dasjenige des Rüböls von 0,914 auf 0,925, des Gemisches von Rüböl mit Baumöl von 0,915 auf 0,933, des Mohnöls von 0,924 auf 0,963 in den genannten Aufbewahrungszeiten gestiegen. Entsprechend diesen Veränderungen der Jodzahlen und der spez. Gewichte, welche nach den Arbeiten von Mulder[1]), Hazura[2]), Fahrion[3]) u. a. auf Aufhebung der doppelten Bindungen durch Oxydationen, Polymerisationen und Anhydridbildungen zurückzuführen sind, werden auch die sich verändernden Öle wesentlich dickflüssiger.

Zur Ermittlung der ursprünglichen Jodzahl eines halb- oder nichttrocknenden Öles, das durch den Einfluß des Luftsauerstoffes verändert ist, muß man nach Sherman und Falk (Journ. Amer. Chem. Soc. 1903, **25**, 711, und 1905, **27**, 605 — Chem.-Ztg. 1903, **27**, 217) für das Anwachsen des spez. Gewichtes um je 0,001 (bei 15,5°/15,5°) 0,8 zu der gefundenen Jodzahl hinzufügen (s. S. 542). Ist das ursprüngliche spez. Gewicht nicht genau bekannt, so nimmt man das mittlere spez. Gewicht der betr. Ölart an. Diese Angaben wurden in vielen Fällen bestätigt gefunden, jedoch ergaben sich in einzelnen Fällen auch beträchtliche Abweichungen.

2. Bestimmung der v. Hüblschen Jodzahl nach Waller.

α) Jodlösung. 25 g Jod und 30 g Quecksilberchlorid werden in je 500 ccm 95proz. Alkohol gelöst; die filtrierten Lösungen werden vereinigt und mit 50 ccm konz. Salzsäure vom spez. Gewicht 1,19 versetzt. Die so gewonnene Jodlösung ist haltbarer als die salzsäurefreie, von Hübl verwendete, da durch die Salzsäure Wasser gebunden und die in der Hüblschen Lösung neben der Hauptreaktion (Entstehung von Chlorjod) nach der Gleichung

$$JCl + H_2O = HCl + HJO$$

---

[1]) Die Chemie der trocknenden Öle und ihre Anwendung in der Malerei, Berlin 1867.

[2]) Monatshefte für Chemie 1888, 180 und 198.

[3]) Chem.-Ztg. 1893, **17**, 684 und 1848.

verlaufende und weitere Nebenreaktionen bedingende Bildung von unterjodiger Säure vermieden wird; s. die oben zitierten Arbeiten.

β) Natriumhyposulfitlösung, enthaltend 24,8 g des Salzes auf 1 L Wasser, deren Titer in folgender Weise nach Volhard gestellt und von Zeit zu Zeit kontrolliert wird.

Von einer vorrätig gehaltenen Bichromatlösung (3,8663 g reines, wiederholt umkristallisiertes und getrocknetes Kaliumbichromat in 1 L Wasser) läßt man 20 ccm in eine Stöpselflasche zu 10 ccm 10proz. Jodkaliumlösung und 5 ccm konz. Salzsäure fließen. 20 ccm der Bichromatlösung machen aus der Jodlösung 0,2 g Jod frei, welche alsdann mit Natriumhyposulfitlösung titriert werden. Man fügt von letzterer Lösung so viel hinzu, bis die Mischung nur noch schwach gelb gefärbt ist, setzt dann etwas Stärkelösung hinzu und läßt unter fortgesetztem kräftigen Umschütteln tropfenweise noch so viel Hyposulfitlösung hinzufließen, bis der letzte Tropfen die Blaufärbung eben zum Verschwinden bringt.

γ) Jodkaliumlösung. Enthält 1 Teil Jodkalium auf 9 Teile Wasser.

Versuchsausführung: Proben, welche nicht klar sind und Verunreinigungen enthalten, müssen von diesen durch Filtration befreit werden; Knochenfette und andere Öle, welche feste Fettbestandteile wie Stearin und Palmitin suspendiert enthalten, ebenso feste Fette wie Talg, Schmalz usw. werden durch Filtration im Heißwassertrichter gereinigt. Feste Fette werden in der Weise abgewogen, daß man ein Schälchen mit Glasstab und Fett wägt, nach dem Aufschmelzen die erforderliche Fettmenge am Glasstab heraustropft, erkalten läßt und zurückwägt.

Die Proben werden in kleinen Wägegläschen nach Holde abgewogen, und zwar von flüssigen Fetten 0,18—0,22 g (6—8 Tropfen), von festen Fetten 0,5—1 g. Bei trocknenden Ölen (Leinöl, Holzöl u. dgl.) wägt man nur 0,15—0,18 g ab. Das Öl wird in mit eingeschliffenen Stopfen versehenen, 300 ccm fassenden Flaschen in 20 ccm reinem Chloroform gelöst, zu der Lösung läßt man 25, bei trocknenden Ölen 30 ccm der Quecksilberchloridjodlösung zufließen; der Jodüberschuß soll mindestens 50 % der absorbierten Halogenmenge betragen, da bei Anwendung geringerer Jodmengen zu niedrige Zahlen erhalten werden. Zweckmäßig verwendet man an Stelle einer Pipette einen Apparat mit automatischer Einstellung (Fig. 108). Dann wird die Flüssigkeit in der Flasche stark umgeschüttelt und etwa 24 St., vor direktem Sonnenlicht geschützt, in einem Raume von normaler Temperatur der Ruhe überlassen. Bei etwa eintretender Trübung der Lösung muß noch etwas Chloroform bis zur völligen Klärung hinzugefügt werden. Gleichzeitig werden zwei blinde Proben (20 ccm Chloroform und 25 bzw. 30 ccm Jodlösung ohne Ölzusatz) in gleicher Weise angesetzt und aufbewahrt. Nach etwa 24 Stunden wird der Gehalt an wirksamem Jod nach Hinzufügung von 20 ccm 10proz. Jodkaliumlösung und

100—150 ccm Wasser durch Titrieren mit Natriumthiosulfatlösung ermittelt. Man titriert zunächst unter Schütteln der rotbraunen Flüssigkeit ohne Indikatorzusatz bis zur Gelbfärbung der sich oben absetzenden wässerigen Flüssigkeit, dann setzt man 1—2 ccm Jodzinkstärkelösung hinzu und titriert bis zum Verschwinden der Blaufärbung. Der Unterschied in dem so ermittelten Jodgehalt der Lösungen mit und ohne Fettzusatz gibt die von der abgewogenen Ölmenge absorbierte Menge Jod an. Die nach beendetem Titrieren bei kurzem Stehen der Lösung infolge Abspaltung von Jod aus den Additionsverbindungen auftretende Bläuung ist nicht mehr zu berücksichtigen.

B e i s p i e l: 0,1945 g Leinöl werden mit 30 ccm Jodlösung versetzt. 1 ccm Natriumthiosulfatlösung entspricht nach der Titerstellung 0,011 572 g Jod.

Nach 24stündiger Einwirkung des Jods werden zur Bindung des Jods in:

30 ccm ölfreier Jodlösung 62,19 ccm Natriumthiosulfatlösung,

30 ccm der ölhaltigen Jodlösung 33,39 ccm Natriumthiosulfatlösung verbraucht; die Jodabsorption entspricht also 62,19—33,39 = 28,80 ccm Thiosulfat.

Mithin haben 0,1945 g Leinöl 28,8 · 0,011 572 = 0,3333 g Jod aufgenommen. Demnach beträgt die Jodzahl $\frac{0,3333 \cdot 100}{0,1945} = 171,3$.

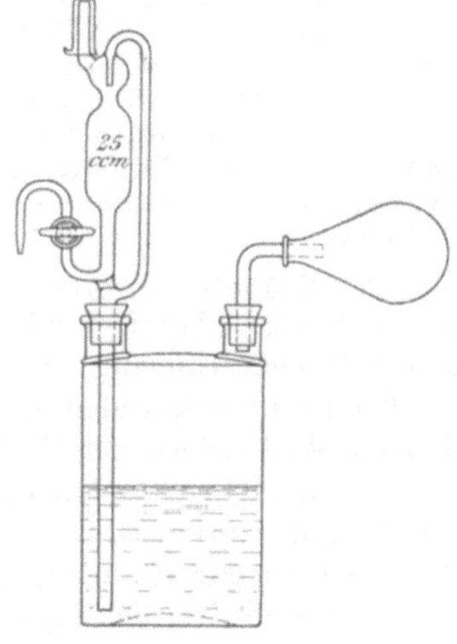

Fig. 108.

Bei Zeitmangel läßt man die Jodlösung auf die Öllösung nur 2 Stunden einwirken; man braucht dann für nichttrocknende Öle 30 ccm, für halbtrocknende Öle 40 ccm, für trocknende Öle 60 ccm Jodlösung, um annähernd die gleichen Zahlen wie bei 24stündiger Einwirkung zu erhalten.

3. Die für die zolltechnische Untersuchung von fetten Ölen vorgeschriebene Methode ist die Bestimmung der Jodzahl mit der älteren Lösung v. Hübl's. Die Methode unterscheidet sich von der aus ihr entstandenen Wallerschen Modifikation dadurch, daß die alkoholischen 5proz. Jod- und 6 proz. Quecksilberchloridlösungen getrennt aufbewahrt und erst vor dem Versuch vermischt werden, aber ohne den von Waller angegebenen Salzsäurezusatz. Die Mischung soll mindestens 48 Stunden vor dem Gebrauch stattfinden. Im übrigen ist die Versuchsausführung, wie unter 2. angegeben (0,3—0,4 g Öl in 15 ccm Chloroform und 30 ccm Hüblscher Lösung). Die Hüblsche Jodlösung ist nur so lange zu benutzen, als 25 ccm

derselben noch mindestens 35 ccm $^1/_{10}$-N. Thiosulfatlösung beanspruchen (der Gehalt der Jodlösung wird bei längerem Stehen geringer).

4. Bestimmung der Jodzahl nach Wijs. Dem Nachteil bei der Hübl-Wallerschen Jodzahlbestimmung, d. h. der langen Versuchsdauer, begegnet Wijs (s. a. Ber. 1898, **31**, 750; Zeitschr. f. anal. Chem. 1898, 277; Chem. Revue 1898, **5**, 137, und 1899, **6**, 5) durch Verwendung einer Lösung von Jodmonochlorid in Eisessig. 9,3573 g Jodtrichlorid, 7,1374 g Jod werden in warmem Eisessig aufgelöst, die vereinigten Lösungen mit Eisessig zu 1 L aufgefüllt. Tetrachlorkohlenstoff (käufliches Chloroform soll oft Alkohol enthalten) dient zum Lösen der Fette. Der Tetrachlorkohlenstoff ist vor dem Versuch mit Kaliumbichromat und konz. Schwefelsäure auf etwa vorhandene oxydierbare Verbindungen zu prüfen; hierbei darf keine Grünfärbung eintreten. Die Versuchsausführung ist im übrigen die gleiche wie bei dem Hüblschen Verfahren. Bei nichttrocknenden Ölen und Fetten, deren Jodzahl unter 100 liegt, genügt ½ Stunde zur Beendigung der Reaktion. Bei halbtrocknenden Ölen ist ½ bis 1 Stunde erforderlich, bei trocknenden Ölen 1 bis 2 Stunden.

Das Wijssche Verfahren, das nach Wijs bei reinen Fettsäuren mit der Theorie gut übereinstimmende Zahlen ergibt, hat in der Technik Eingang gefunden.

Bei nichttrocknenden und halbtrocknenden Ölen betrugen die nach Wijs erhaltenen Zahlen nur wenige Einheiten, bei Leinölen und ähnlichen trocknenden Ölen 6—10 Einheiten, bei Wollfett und den unverseifbaren Anteilen aus Wollfettoleïn bis zu 34 Einheiten mehr als die nach Hübl-Waller erhaltenen Zahlen.

Danach dürfte die Wijssche Methode für normale Glyzeridfette ohne weiteres an Stelle der Hüblschen oder Hübl-Wallerschen benutzt werden können, wo nicht entgegenstehende Abmachungen nach Zollvorschriften, Lieferungsverträgen usw. vorliegen.

Bei Cholesterin enthaltenden Fetten, wie z. B. Wollfetten, wie überhaupt bei Produkten, die erheblich in ihrer Konstitution, insbesondere der Art und Lage der Doppelbindung ihrer ungesättigten Bestandteile von den normalen Glyzeridfetten abweichen, stellt der Wijssche Halogenüberträger ein wesentlich anderes Reagens dar als die Hüblsche oder Wallersche Lösung.

h) Die Azetylzahl. Die Azetylzahl gibt an, wieviel Milligramm Kalihydrat zur Bindung der bei Verseifung von 1 g azetylierten Fettsäuren bzw. azetyliertem Fett oder Wachs abgespaltenen Essigsäure erforderlich sind; sie dient zur quantitativen Bestimmung des Hydroxylgehaltes einer Substanz und liefert demnach ein Maß für den Gehalt eines Fettes, Fettgemisches oder Bestandteils eines Fettes an Oxyfettsäuren oder Fettalkoholen, Mono- und Diglyzeriden. Jede alkoholische Hydroxylgruppe nimmt beim Kochen mit Essigsäureanhydrid eine Azetylgruppe auf und spaltet bei nachfolgender Verseifung die Essigsäure quantitativ wieder ab. Bei Schmierölprüfungen ist die Azetylzahl zu bestimmen, wenn der Oxydationsgrad von eingedickten oder geblasenen Ölen oder der Gehalt an Rizinusöl oder Traubenkernöl, die hauptsächlich aus Glyzeriden von Oxysäuren bestehen, zu ermitteln ist (s. a. S. 450, Petrolätherunlösliche Oxysäuren). Auch bei wissenschaftlichen Untersuchungen, z. B. um bei stufenweiser Verseifung einen Gehalt an Mono- und Diglyzeriden festzustellen, ist die Azetylzahl von Bedeutung. Rizinusöl hat Azetylzahl 153—156, Traubenkernöl 144, die anderen fetten Öle weniger als 10, nur bei alten und ranzigen Ölen steigt sie.

Bestimmung: 1. Azetylierung nach Benedikt-Ulzer (Monatshefte 1887, 8, 40). 10—20 g der nach S. 441 aus dem Fett gewonnenen nicht flüchtigen, wasserunlöslichen Fettsäuren werden mit dem gleichen Volumen Essigsäureanhydrid 2 Stunden in einem Kölbchen am Rückflußkühler gekocht. Die Mischung wird in einen Erlenmeyerkolben von 1 L Inhalt mit 500—600 ccm Wasser übergespült und mindestens dreimal je ½ Stunde zur Entfernung der Essigsäure über freier Flamme gekocht. Um Stoßen der Flüssigkeit zu vermeiden, leitet man durch ein nahe dem Boden des Glases mündendes Kapillarrohr einen langsamen Kohlensäurestrom ein. Nach dem jedesmaligen Kochen hebt man das Wasser in einem Scheidetrichter ab. Die freie Essigsäure ist nach dreimaligem Kochen gewöhnlich entfernt (Prüfung mit Lackmus). Die azetylierten Säuren werden im Luftbade durch ein trockenes Filter filtriert oder in Äther aufgenommen, filtriert und vom Lösungsmittel durch Destillation befreit.

2. Verseifung der azetylierten Säuren nach Lewkowitsch. 4—5 g der nach 1. azetylierten Säuren werden mit 50 ccm ½ normaler alkoholischer[1]) Kalilauge durch Kochen am Rückflußkühler verseift; darauf wird der Alkohol verjagt, die Seife in ausgekochtem kohlensäurefreien Wasser gelöst und mit so viel ½-normaler Schwefelsäure versetzt, als der angewendeten Laugenmenge[2]) entspricht. Zur Beschleunigung der Abscheidung kann man einen kleinen, natürlich genau zu messenden Überschuß von Schwefelsäure zusetzen. Man filtriert nun die Fettsäuren ab (siehe Hehnerzahl S. 441) und wäscht so lange mit heißem Wasser aus, bis dieses

---

[1]) Am besten nimmt man methylalkoholische Kalilauge.

[2]) Durch einen blinden Versuch zu ermitteln.

nicht mehr gegen Methylorange sauer reagiert. Im gesamten Filtrat wird die freigewordene Essigsäure mit $^1/_{10}$ normaler Natronlauge titriert. Die Anzahl der verbrauchten ccm (eventl. unter Berücksichtigung des Mehrzusatzes an Schwefelsäure), mit 56,11 multipliziert und durch die angewendete Substanzmenge dividiert, ergibt die Azetylzahl.

i) Gewichtsanalytische Bestimmung der Oxysäuren. Außer durch die Azetylzahl läßt sich nach Fahrion (Ztschr. f. angew. Chem. 1898, **11**, 782) der Gehalt eines Öles an Oxysäuren annähernd quantitativ durch Ermittlung der petrolätherunlöslichen Säuren bestimmen. Nicht alle Oxysäuren sind in Petroläther unlöslich. Das Verfahren wird namentlich zur Vergleichung des Oxydationsgrades von Leinölfirnissen, geblasenen Ölen sowie zur Bestimmung der sogenannten Dégrasbildner (s. S. 544) benutzt und folgendermaßen ausgeführt:

3—5 g Fett werden mit 25 ccm alkohol. Normallauge verseift; nach Verjagen des Alkohols löst man in 50—70 ccm heißem Wasser und säuert im Scheidetrichter mit verd. Salzsäure an. Nach Erkalten schüttelt man mit 100 ccm Petroläther durch. Nach längerem Stehen (am besten über Nacht) ist die Petrolätherschicht vollkommen klar, die Oxysäuren legen sich an die Wände des Scheidetrichters an und können leicht von der petrolätherischen und wäßrigen Schicht getrennt werden. Man wäscht sie noch mit Petroläther gut aus, löst dann in warmem Alkohol, trocknet nach dem Verdampfen des letzteren bei 100—105° und wägt. Ist ihre Menge bedeutend, so können sie noch unoxydierte Säuren einschließen. In diesem Falle empfiehlt es sich, die Oxysäuren nochmals in Kalilauge zu lösen und durch Behandeln mit Petroläther und Salzsäure wieder abzuscheiden.

Für Bestimmung der Rizinusölfettsäuren ist dieses Verfahren nicht anwendbar, da die an sich in Petroläther schwer löslichen Rizinusölsäuren ihre Schwerlöslichkeit bei Gegenwart fremder Fettsäuren verlieren.

k) Hexabromidzahl. Unter Hexabromidzahl versteht man die nach dem unten beschriebenen Verfahren erhaltene Menge Hexabromid aus 100 g Fettsäuren; sie ist ein Maß für den Gehalt der Öle an Linolensäure (Ölsäure, Linolsäure und Isolinolensäure werden nicht angezeigt). Über die Bromadditionsprodukte ungesättigter Säuren hat zunächst Hazura (s. S. 393) Versuche angestellt. Hehner und Mitchell (Analyst 1898, **23**, 313) haben das Verfahren zur quantitativen Untersuchung der Öle benutzt, in dem sie Brom auf eine Äther-Eisessiglösung des Öles einwirken ließen; da jedoch infolge der eintretenden Temperatur erhöhung teilweises Verdunsten des Äthers stattfand, änderte sich auch damit die Menge der ausfallenden Hexabromide. In neuerer Zeit haben Eibner und Muggenthaler (Farbenztg. 1912, **18**, 131, 175, 235, 356, 411, 466, 523, 582, 641) sämtliche Fehlerquellen des Verfahrens studiert und auf Grund ihrer Versuche folgende Vorschrift angegeben:

1. Herstellung der reinen Fettsäuren. In drei runde Abdampfschalen von ca. 220 ccm Inhalt werden je etwa 3,5 g Öl eingewogen, mit je 45 ccm ½ normaler alkoholischer Kalilauge versetzt und auf dem Wasserbad unter öfterem Umrühren mit einem Glasstab verseift. Die nahezu trockene Seife wird zerdrückt und der Alkohol völlig verjagt. Die erste trockene Seife wird mit 50 ccm heißem Wasser aufgenommen, zur vollständigen Lösung etwa 5 Min. auf dem Wasserbade weiter erwärmt, die Lösung in die zweite Schale gespült, mit Wasser nachgewaschen usw. Die in der dritten Schale etwas abgekühlte Gesamtseifenlösung gibt man in einen Scheidetrichter von 1 L Inhalt, wo sie nicht mehr als 180 ccm einnehmen darf. Man kühlt auf Zimmerwärme ab, setzt die Fettsäuren durch Zusatz von 20 ccm fünffach-normaler Schwefelsäure in Freiheit und schüttelt mit 100 ccm Äther aus. Hierauf läßt man die untere Schicht in einen zweiten Scheidetrichter ab, äthert hierin mit 40 ccm Äther aus und läßt die vereinigten Fettsäurelösungen mit 70 g entwässertem Glaubersalz möglichst über Nacht, mindestens aber 4—5 Stunden stehen. Die ätherische Lösung wird durch ein trockenes Faltenfilter (18,5 cm Durchmesser) filtriert. Das Abdestillieren des Äthers nimmt man in einem tarierten Erlenmeyerkolben von 200 ccm Inhalt vor, der mit einem doppelt gebohrten Kork verschlossen ist. Durch die eine Bohrung geht ein Tropftrichter zum Nachfüllen des Äthers, durch die zweite der mit dem Kühler verbundene Destillieraufsatz. Den abdestillierten Äther verwendet man dazu, das Glaubersalz im Scheidetrichter, das ziemlich viel ätherische Fettsäurelösung aufnimmt, fünf- bis sechsmal mit je 100—120 ccm Äther auszuziehen. Zum Schluß wird Faltenfilter und Tropftrichter mit Äther quantitativ abgespritzt. Geht kein Äther mehr über, so entfernt man Tropftrichter und Kühler und setzt einen mit Gaszu- und -ableitungsrohr versehenen Stopfen ein; das Gaszuleitungsrohr soll einige Zentimeter über dem Fettsäuregemisch enden, das Ableitungsrohr ist zu einer Kapillare ausgezogen. Unter starkem Sieden des Wasserbades leitet man 2 Stunden lang einen langsamen Wasserstoffstrom ein, der durch alkalische Bleisalzlösung und konzentrierte Schwefelsäure gereinigt wird; das Tempo soll 4—5 Gasblasen in der Sekunde betragen. Der Kolben wird dann noch warm in einen Vakuumexsikkator gesetzt, dieser stark evakuiert und dann mindestens 4 Stunden der Ruhe überlassen. Dann wird sehr rasch gewogen und wieder stark evakuiert; nach 2 Stunden wird wieder möglichst rasch gewogen und abermals evakuiert, am besten so über Nacht stehen gelassen und das Gewicht nochmals kontrolliert.

2. Herstellung der 10proz. ätherischen Fettsäurelösung. Aus den gewogenen Fettsäuren (9—10 g) stellt man eine etwa 10proz. ätherische Lösung her, indem man 40 ccm über Chlorkalzium getrockneten und filtrierten Äther in den Kolben gibt, durch kurzes Umschwenken die Fettsäuren löst und nun mit Äther quantitativ in einen genau geeichten Meßzylinder von 100 ccm Inhalt mit eingeschliffenem Stopfen überspült. Man schüttelt durch und füllt mit Äther bis zur Marke auf.

3. Bromierungsverfahren. 20 ccm der frisch durchgeschüttelten Fettsäurelösung (enthaltend 1,9—2,0 g) werden mittels Pipette entnommen und in einem Erlenmeyerkolben von 100 ccm Inhalt mit Korkstopfen, der eine seitliche Einkerbung trägt, verschlossen etwa 10 Min. lang in einem Kältegemisch von etwa — 10° belassen. Hierauf läßt man aus einer kleinen Bürette mit eingeschliffenem Hahn und feiner Spitze 1 ccm Brom in der Weise unter ständiger Kühlung hinzu, daß man jeden Tropfen an der Wand des Kölbchens herabfließen läßt. Die ersten 0,5 ccm gibt man in einzelnen Tropfen (20 Min.), die letzten 0,5 ccm in Doppeltropfen (10 Min.) hinzu; die gesamte Bromierung darf nicht weniger als 30 Min. dauern. Dann schüttelt man noch 2 Min. lang um, verstopft wieder und beläßt noch 2 Stunden in der Kältemischung, deren Temperatur niemals über — 5° steigen darf. Inzwischen bereitet man den Waschäther vor, indem man in 5 Reagenzgläser je 5 ccm Äther gibt und verkorkt in der Kältemischung abkühlt. Zum Filtrieren dient ein Asbestsiebröhrchen nach K. Daniel, das man mit einer möglichst dünnen, einheitlichen Asbestschicht und Porzellansiebplatte versieht. Man saugt langsam 1 L Wasser hindurch, trocknet 1 Std. bei 110°, läßt im Exsikkator erkalten und wägt. Das tarierte Siebröhrchen setzt man auf eine Saugflasche, saugt aber während des Filtrierens nicht. Nachdem das Kölbchen 2 Std. gestanden hat, entnimmt man es der Kältemischung und gießt die Mutterlauge, ohne den Niederschlag aufzuwirbeln, ab. Man schüttelt den Niederschlag mit 5 ccm des gekühlten Äthers durch, läßt unter Kühlung absitzen. Wenn die zuerst abgegossene Bromlösung gerade durchgetropft ist, gießt man die Waschflüssigkeit hinzu, ohne Niederschlag mitzureißen. Das Filter darf nie trocken werden, da sonst die Filtration wesentlich länger dauert. Mit den zweiten 5 ccm Äther bringt man den Niederschlag aufs Filter, nachdem das erste Waschwasser gerade durchgetropft ist. Mit den dritten 5 ccm Äther wird das Kölbchen unter Benutzung eine Federfahne gereinigt. Der im Kolben zurückgebliebene Rest des Niederschlages wird aufgewirbelt und aufs Filter gebracht, nachdem das vorhergehende Waschwasser gerade abgetropft ist. Dann wird der Niederschlag mit einem Glasstab im Siebröhrchen aufgerührt; mit der vierten Portion Äther wird das Kölbchen mit der Federfahne nachgereinigt, die letzte Spur Niederschlag aufs Filter gebracht und gleichzeitig der Rand des Siebröhrchens von hochgezogener Mutterlauge abgespült; auch wird der Niederschlag nochmals mit dem Glasstab aufgewirbelt. Mit den letzten 5 ccm

Äther wird der Glasstab mit der Federfahne gereinigt und dann der ganze Kölbcheninhalt aufs Filter gebracht und ablaufen gelassen. Dann saugt man bei halbaufgelegtem Deckel 1 Min. lang stark ab, nimmt das Röhrchen ab, wischt es außen ab und trocknet es im Trockenkasten 2 Stunden bei 80—85°. Hierauf läßt man im Exsikkator erkalten und wägt. Das Hexabromid muß rein weiß sein, was man dadurch erreicht, daß man während des Filtrierens den Niederschlag nie trocken werden läßt. Die Hexabromidmenge wird auf 100 g Fettsäuren umgerechnet. Vergleichsversuche sollen höchstens um 1 % differieren.

Die rein weißen Hexabromide, die nach dieser Methode erhalten werden, hatten den theoretischen Bromgehalt und schmolzen bei 177°. Die verschiedenen untersuchten Leinöle ergaben die in folgender Tabelle zusammengestellten Hexabromidzahlen.

Tabelle 76.

Herkunft der Leinöle	Hexabromidzahlen				% Linolensäure in den Fettsäuren
	handelsüblicher Öle		im Laboratorium selbst gepreßter Öle	der Öle mit dunklen Fettsäuren[1])	
	Grenzwerte	Mittel[1])			
Holländisch . .	51,2—52,3	51,7	—	47,7	19,0
La Plata . . .	50,4—52,7	51,7	52,2—54,3	48,5—50,6	19,0
Indisch	50,1—50,9	50,5	50,7—54,6	50,7	18,5
Baltisch. . . .	58,0	58,0	58,5—59,1	52,4	21,3

Firnisse geben niedrigere Hexabromidzahlen als Leinöle, und zwar wurden Zahlen von 46,7 bis herab zu 39,7 gefunden; je länger und höher ein Öl bei der Firnisbereitung gekocht wurde, desto niedriger ist die Hexabromidzahl. Standöle, d. h. polymerisierte Leinöle (s. S. 515), haben Hexabromidzahlen von 2—0, obwohl die Jodzahl 100—126 beträgt, woraus hervorgeht, daß beim Einkochen hauptsächlich die Linolensäure verändert wird.

Von anderen fetten Ölen, die als Zusatz bzw. Verfälschung von Leinöl in Frage kommen, haben Mohnöl und Holzöl die

[1]) E. und M. haben zur Mittelbildung und zur Berechnung der Linolensäuremenge nur handelsübliche Leinöle herangezogen. Solange wie aber bei den nicht zur Mittelbildung herangezogenen von E. und M. selbst gepreßten Ölen oder solchen mit dunklen Fettsäuren nicht noch in anderer Weise (durch Ermittelung von Jodzahl, Verseifungszahl, Brechungsexponent) bewiesen wird, was Eibner nach einer Privatmitteilung in Aussicht stellt, daß diese Produkte nicht handelsüblichen reinen Leinölen gleich zu erachten sind, erscheint es nicht ganz unbedenklich, sie ohne weiteres von der Mittelbildung auszuschließen.

Hexabromidzahlen 0; Rüböl 4,6—7,6, Mittel 6,3; Sojabohnenöl 7,2; Perillaöl 64,1 (= 23,5 % Linolensäure).

l) Sauerstoffaufnahme. Für die Beurteilung der Feuergefährlichkeit (Selbstentzündlichkeit) der fetten Öle ist das Sauerstoffaufnahmevermögen von Wichtigkeit (vgl. S. 510). Zur Unterscheidung und Prüfung der trocknenden, halbtrocknenden und nichttrocknenden Öle dient ebenfalls die Sauerstoffaufnahme. Da Ölsäure und deren Glyzeride überhaupt nicht trocknen und nur minimale Mengen Sauerstoff aufnehmen, Linol- und Linolensäure und deren Glyzeride aber leicht trocknen, so trocknet demnach ein Öl umso besser ein, je höher die Jodzahl liegt, d. h. je höher der Gehalt an letzteren Glyzeriden ist.

Zur Bestimmung des Eintrocknungsvermögens wird 1 Tropfen Öl auf einer Glasplatte von 5 · 10 cm Größe möglichst gleichmäßig verstrichen und bei Zimmerwärme oder im Trockenschrank bei 50° sich selbst überlassen. Von Zeit zu Zeit prüft man, ob eine Veränderung der Konsistenz bei Zimmerwärme oder die Bildung einer festen, trocknen Haut stattgefunden hat.

Die halbtrocknenden Öle Sesamöl und Baumwollsaatöl trocknen etwa in 7—10 Tagen ein, das auf der Grenze von halb- und nichttrocknenden Ölen stehende Rüböl wird nach 12 Tagen sehr dickflüssig, später klebrig. Von den trocknenden Ölen ist Mohnöl nach 6, Leinöl nach 3—4, Firnis und Holzöl schon nach einem Tage eingetrocknet. Auf den Ausfall der Probe sind Luftfeuchtigkeit und -temperatur sowie die Art der Belichtung von Einfluß.

Es hat nicht an Versuchen gefehlt, die Sauerstoffaufnahme der Öle quantitativ zu verfolgen, jedoch hat keine der vorgeschlagenen Methoden größere Bedeutung erlangt. Dies liegt zum Teil daran, daß nicht nur Sauerstoffaufnahme erfolgt, sondern gleichzeitig Abspaltung von Kohlensäure und Wasser sowie niedrigmolekularer Fettsäuren und aldehydartiger Körper stattfindet.

Das Verfahren von Livache (Compt. rend. 1886, **102**, 1167) beruht darauf, das Öl möglichst fein verteilt eintrocknen zu lassen und den Prozeß noch dadurch katalytisch zu beschleunigen, daß man das Öl auf Bleipulver verteilt. Das molekulare Blei stellt man dar durch Fällung von Bleizuckerlösung mit Zink und schnellem Auswaschen des Niederschlags mit Wasser, Alkohol und Äther und Trocknen im Vakuum. Von diesem Pulver breitet man 1 g auf einem Uhrglas in dünner Schicht aus und tropft 0,6—0,7 g Öl so herauf, daß jeder Tropfen auf eine andere Stelle fällt und die Tropfen nicht ineinander fließen. Man läßt bei Zimmerwärme an einem hellen Orte stehen und bestimmt das Gewichtsmaximum, das bei trocknenden Ölen meistens nach 18 Stunden, manchmal erst nach 3 Tagen eintritt; nichttrocknende Öle zeigen eine Gewichtszunahme erst nach 4—5 Tagen. So erhielt Livache als Gewichtszunahme nach 2 Tagen bei Leinöl 14,3 %, Nußöl 7,9 %, Mohnöl 6,8 %, Cottonöl 5,9 %, dagegen 0 % bei Olivenöl, Rüböl, Erdnußöl, Sesamöl.

Das Verfahren von Weger und Lippert (vgl. Ubbelohde, Bd. I, S. 274) beruht darauf, das Öl in dünner Schicht auf Glastafeln aufzustreichen (0,0004—0,0008 g auf 1 qcm) und von Zeit zu Zeit zu wägen. Man erhält bei dieser Arbeitsweise weit höhere Zahlen als nach Livache. Das Weger-Lippertsche Verfahren lehnt sich zwar mehr an die Verwendungsart der Öle an, ist aber sehr von der Genauigkeit abhängig, mit der man Dezimilligramme wägen kann.

XV. Kurze Übersicht über den Gang der Prüfung bei mineralölfreien fetten Ölen.

Bei allen fetten Ölen werden nach qualitativer Feststellung der Verseifbarkeit bzw. Abtrennung der unverseifbaren Stoffe nach Spitz und Hönig zunächst Jodzahl und Verseifungszahl festgestellt. Die gefundenen Jod- und Verseifungszahlen geben dem Beobachter gemäß der Gruppierung in Tabellen 77—82 sowie nach den oben entwickelten Gesichtspunkten die Handhabe zur ungefähren Einreihung des Öles an den ihm zukommenden Platz. Eine über die gewöhnlichen Grenzen hinausgehende Jodzahl von Olivenöl, Klauenfetten und Rübölen erregt, wenn sie nicht gerade in der Nähe der Jodzahlen trocknender Öle liegt, den Verdacht einer Verfälschung.

Eine über 85 liegende Jodzahl und eine gleichzeitig unter 188 liegende Verseifungszahl weisen auf die Gegenwart von Rüböl hin. Die niedrige Verseifungszahl ist nicht nur für Rüböl, sondern überhaupt für Cruciferenöle, auch für Rizinusöl und die sogenannten flüssigen Wachse charakteristisch. Zwischen den genannten Ölen und Rüböl entscheiden Petrolätherauszug der Seifenlösung (flüssige Wachse enthalten erhebliche Mengen vaselinartiger höherer Alkohole), Geruch (flüssige Wachse haben eigentümlichen tranartigen Geruch), Löslichkeit in 90proz. Alkohol sowie in Petroläther und Dickflüssigkeit (die letztgenannten drei Eigenschaften charakterisieren Rizinusöl), vor allem die Erukasäureprobe (S. 421) usw. Hat man bei einem Olivenöl eine normale Verseifungszahl und eine über 80 liegende Jodzahl gefunden, so wird man mittels der Baudouinschen und Halphenschen Reaktion auf Sesamöl und Baumwollsaatöl prüfen. Fehlen diese Öle, so wird noch die Löslichkeit der Kaliseife in Alkohol nach den in Tab. 77 gemachten Angaben geprüft; zeigt die Lösung bei 18^0 C nach $1/2$stündigem Stehen unter zeitweisem Rühren mittels Glasstabes keinen Niederschlag, so ist die Gegenwart von Erdnußöl

XVI. Übersichten über die Eigen-

Tabelle

Pflanzliche nichttrocknende

NB. Die seltenen Werte sind eingeklammert.

Art des Öles	fe 20°	n 20°	Spez. Gew. 15°	ep °C	V.-Z.	J.-Z. des Öles	J.-Z. der Fettsäuren	R.-M.-Z.
Olivenöl oder Baumöl aus dem Fleisch der Oliven (Bari-, Provence-, Galipoliöl usw.) *Huile d'olive* *Olive Oil*	11—13	1,467 bis 1,471 61,7—68 Skt.	0,9140 bis 0,9190, bei geringeren Sorten 0,9200 bis 0,9290	einzelne —5 noch fließend, —9 erstarrt, andere schon 0 erstarrt	189—196 (185) meist nahe 190	79—85 (88,7) 76,6 japanisches Öl	86—90	0,3 (0,6)
Olivenkernöl *Huile de noyeau d'olive* *Olive Kernel Oil* [2])	—	25° 1,4682 bis 1,4688	0,918 bis 0,920	—	182 bis 188,5	87—88	—	—
Erdnußöl *Huile d'Arachide* *Arachis Oil* [3])	10—12	1,468 bis 1,472 63,2—69,5 Skt.	0,9163 bis 0,9200	meistens bei 0 erstarrt	189—194	86—98 (103)	96—103	0,5 bis 1,6
Rizinusöl *Huile de ricine* *Castor Oil*	139—140	1,477 bis 1,478 77,5—79,4 Skt.	0,9613 bis 0,9736	—10 bis —18	176—183 (186,6)	82—88	86—93	1,1 bis 2,8
Traubenkernöl *Huile de raisins* *Grape seed Oil*	—	—	0,9202 bis 0,9561	—11 bis —17	178—179 189,5 bis 194,4[6])	94—96 143[7]) 130 bis 140[6])	99	0,46
Kurkasöl *Huile de Pignon d'Inde* *Curcas Oil*	—	25° 1,4681 bis 1,4870	0,9192 bis 0,9210	—8	193,2 bis 200,4	98,3 bis 110	105	0,55

[1]) The Analyst 1896, 328. Die Verf. scheiden die Stearinsäure nach S. 389 ab. Der Befund erscheint nicht einwandfrei.

[2]) Als Marokko-Olivenöl mit bis 95 gehender Jodzahl wird ein Öl bezeichnet, das nicht von der Olive, sondern von einer anderen Nutzpflanze Marokkos stammt. Ähnlich verhält es sich mit Javaolivenöl, da in der Breite von Java die Olive nicht vorkommt (E. A. Sasserath, Zeitschr. f. Nahr. und Genußm. 1910, **20**, 749).

[3]) Ähnlich verhält sich Paranußöl (Bertholethia excelsa), spez. Gew. 0,918, ep 0°, V.-Z. 193,4, J.-Z. auch der Fettsäuren 106,0, Schm. der Fettsäuren 28—30°.

[4]) Nach Hehner und Mitchell 7 % Stearinsäure, nach Hazura (Monatshefte 10, 242) ist ungesättigte Säure auch Hypogaeasäure $C_{16}H_{30}O_2$.

schaften von fetten Ölen.

77.

Öle und feste Fette.

Azetylzahl	Hehnerzahl	Schm. d. Fettsäuren °C	ep der Fettsäuren °C	Verhalten der nach S. 418 hergestellten Seifenlösung	Hauptbestandteile des Öles	Reaktionen und sonstige Eigentümlichkeiten
4,7	94—96	22 bis 28,5 19—23 (Kalifornische Öle)	17 bis 24,6	Bei 18—20° meistens klar; Öle mit wenig Arachinsäure zeigen bei 18° flockige Niederschläge nach ¼—½ stündig. Stehen	Oleïn, wenig Linoleïn und viel Palmitinsäure enthaltende gemischte Glyzeride. Nach Hehner und Mitchell Stearinsäure nicht zugegen[1])	Arachinsäure in kleinen Mengen zugegen, bis 1,4 % unverseifbare Bestandteile. Elaïdinprobe: gelblichweiß und hart
22,5	—	—	—	—	Oleïn, wenig Palmitin und Stearin, jedoch keine Arachinsäure (?)	Ist in Alkohol und Eisessig, wahrscheinlich wegen seines hohen Gehaltes an Fettsäuren, leichter löslich als Olivenöl
3,4	94—96	27,7 bis 33	22 bis 29,5	Bei 18—20° gelatinös erstarrt	Oleïn, Palmitin, Stearin[4]), Arachin entsprechend 5 % Arachinsäure, Schm. 75°	Nachweis des Öles nach Renard[5]) durch Isolierung der „rohen Arachinsäure" (Gemisch von Arachinsäure und Lignozerinsäure)
150 bis 154	—	13	3	Bei 0° klar, 10 % Rüböl, Erdnußöl und Cottonöl geben flockige Niederschläge	Glyzeride der Rizinolsäure (Oxysäure) und deren Isomeren, sowie wenig Stearin	Mit 95 proz. Alkohol in beliebigen Verhältnissen mischbar, in Petroläther und Benzin unlöslich, 0,3—0,37 % Unverseifbares
144,5 (?) 44[6]) (Fettsäuren)	92—97	23—25	18—20	—	Glyzeride von Oxysäuren in größeren Mengen, nach Fitz Eruzin	Farbe des Öles goldgelb bis grünlich
17,6 bis 34,7	95,5	24—26	28,6	—	80 % Palmitin, 20 % Stearin in den festen Säuren (O. Klein). Bis 0,6 % Unverseifbares	Unangenehmer Geruch

[5]) Compt. rend. 73, 1330. Ferner Tortelli und Ruggeri, Chem.-Ztg. 1898, 600; Archbutt, Journ. Soc. Chem. Ind. 1898, 1124.

[6]) Marre, Rev. chim. pure et appl. 1911, 186; Zeitschr. f. angew. Chem. 1911, 2033.

[7]) F. Ulzer und K. Zumpfe finden, daß Traubenkernöl in Petroläther leicht löslich ist, daß die ätherunlöslichen Bleisalze der Fettsäuren 7—8 % Säuren vom Schm. 56, Jodzahl 0,4, geben und ein Gemisch von Palmitin- und Stearinsäure sind, daß die Säuren aus dem ätherischen Bleisalz sich bei der Oxydation mit $KMnO_4$ in der Hauptsache als bestehend aus Linolsäure, daneben Ölsäure und Rizinolsäure erweisen. Die in kaltem Äther unlöslichen, in heißem Äther löslichen Bleisalze sind in äußerst geringer Menge vorhanden. Die daraus abgeschiedenen Säuren geben bei der Oxydation eine Säure vom Schm. 115° (Dioxybehensäure und Erukasäure, Schm. 127°). Da die Säure außerdem J.-Z. = 0,4 hat, erscheint die Annahme von Fitz, daß Erukasäure vorhanden, nicht richtig.

Tabelle

Pflanzliche nichttrocknende

NB. Die seltenen Werte sind eingeklammert.

Art des Öles	Konsistenz bei Zimmerwärme	n	Spez. Gew. 15°	ep °C	V.-Z.	J.-Z.		R.-M.-Z.
						des Öles	der Fettsäuren	
Mandelöl *Huile d'amandes* *Almond Oil* [1])	—	15,5° 1,4728	0,9160 bis 0,9200	—10 bis —21,5	190—196 (183) meistens nahe bei 191	93—102	93—96	—
Kokosnußöl *Beurre de coco* *Cocoa Nut Oil*	fest	60° 1,441 40° 33,5—36,3 Skt.	0,9250 bis 0,9383	erstarrt bei 14—23,1, schmilzt bei 20,3—28	246—258 (268)	8,6 bis 9,4, Öl aus der Rinde 40	8,3 bis 10, flüssige Fettsäuren 54	5,6 bis 7,4 (8,4)
Palmöl (aus dem Fleisch der Früchte) *Huile de palme* *Palm Oil*	desgl.	60° 1,451 40° 47 Skt.	0,9210 bis 0,948	schmilzt je nach Alter und Ursprung zwischen 27 und 42,5	196—207	51—58	53,3, flüssige Fettsäuren 95—99	0,5 bis 1,9
Palmkernöl *Huile de palmiste* *Palm Nut Oil*	desgl.	60° 1,4431 40° 36—36,5 Skt.	0,9410 bis 0,9520	schmilzt zwischen 23 u. 28	241—250	10—18	12,0 bis 13,6	5—7
Chin. Talg a. d. Samen v. Stillingia sebifera *Suif végétale de la Chine, Vegetable Tallow*	desgl.	Skt. bei 50° 38	0,915 bis 0,922	Handelsproben 24—29. Mit Lösungsmitteln extrahierte Proben 34	199—210	28—38	30—39	0,7
Kakaobutter *Beurre de Cacao*	desgl.	60° 1,4220	0,950 bis 0,995	23—26, schmilzt zwischen 30—33	192—194 (200)	34—37, Bahiafett 38 bis 41,7	32,6 bis 39,1	0,3 bis 1,6
Dikafett a. d. Samen v. Irvingia gabonens. *Dika Oil*	desgl.	—	0,820 (Schädler)	34,8, schmilzt 29—31	244,5	30,9 bis 31,3	—	0,42
Muskatbutter *Mace-Butter*	desgl.	40° 1,4704	0,945 bis 0,996	41—42, schmilzt zwischen 38,5—51	153,5 bis 161 (191,4)	40,1 bis 59	—	1,0 bis 4,2
Lorbeerfett *Laurel Oil*	butterartig	—	0,9322	24—25, schmilzt 32—36	197—198	68—80	81,6 bis 82,0	1,6
Japanwachs	fest	—	0,970 bis 0,980	48,5—53	217 bis 237,5 (206,6 bis 212)	4,9 bis 8,5 (11,9 bis 12,8)	42,1	1,2

[1]) Dem Mandelöl ähnliches Verhalten betr. Konstanten weisen Aprikosen- und Pfirsichkernöl auf.

[2]) Bieber sches Reagens (rauchende Salpetersäure, konz. Schwefelsäure und Wasser zu gleichen Vol.) 1 T. + 5 T. Öl geben mit Mandelöl gelblichweiße, mit Aprikosen- und Pfirsich-

78.

Öle und feste Fette. (Fortsetzung.)

Azetylzahl	Hehnerzahl	Schm. der Fettsäuren °C	ep der Fettsäuren °C	Hauptbestandteile des Öles	Reaktionen und sonstige Eigentümlichkeiten
5,8	96—97	12—14	9,5—10,1 (v. süßen Mandeln), 11,3—11,8 (v. bitteren Mandeln)	Reich an Oleïn, nach Hehner und Mitchell sowie Gusserow 0 % Stearin	Mit Salpetersäure, spez. Gew. 1,4, nur schwache Gelbfärbung, während Aprikosen- und Pfirsichkernöl Orangefärbung geben[2])
0,9 bis 12,3	82,4—90,5	24—27	15,7—20,4 Titertest 21,2—25,2	Ähnlich dem Palmkernöl große Menge Myristin und Laurin, geringere Mengen Palmitin, Oleïn, Caprin, Caprylin und Caproïn	Ziemlich leicht in Alkohol löslich: 1 Vol. Öl löst sich in 2 Vol. Alkohol von 90 %
1,8	94,2—97,0	47,8—50	35,8—45,6	Palmitin, Oleïn, sehr wenig Linolsäure, 1 % Stearin- und höhermolekulare Säuren	Farbe zwischen orangegelb und schmutzig-dunkelrot. Großer Gehalt an freien Fettsäuren, bis nahe an 100 %
1,9—4,8	87,6—91,1	25—28,5	20—25,5	26,6 % Oleïn, 33 % Stearin, Palmitin und Myristin, 44,4 % Laurin, Caprin, Caprylin und Caproïn	Farbe weiß, angenehmer Geruch und Geschmack (nußartig)
—	93,5	Handelsproben 47 57; Mit Lösungsmitteln extrahierte Proben 39—40	Handelsproben 42 52; Mit Lösungsmitteln extrahierte Proben 34—35	Palmitin und Oleïn, 40,3 % Stearin nach Hehner und Mitchell	Schm. des Fettes, Handelsproben 44—46, mit Lösungsmitteln extrahiert 37—38
—	94,6	48—52	45—47	Palmitin-Stearinsäure, Ölsäure, Arachinsäure, gemischte Glyzeride	Björklunds Ätherprobe[3]) S = 1,1—1,95 (10 Jahre alte Probe S = 4,6)
—	—	—	—	Nach Oudemanns Laurin und Myristin	Verhält sich in der Björklundschen Ätherprobe dem Kakaofett gleich
—	—	42,5	40,0	Trimyristin, 10 % ätherisches Öl	Weißliche Farbe
—	—	—	14,3—15,1	Trilaurin, Oleïn	Farbe grün, Geruch und Geschmack charakteristisch
27 bis 31,2	90,6	56—62	53,0—56,5	Glyzeride der Palmitinsäure, Japansäure ($C_{21}H_{40}O_4$) und einer flüchtigen Fettsäure, freie Palmitinsäure	—

kernöl sofort pfirsichrote bis orange Färbung; ähnliche Färbungen treten mit Phlorogluzinäther und Salpetersäure 1,42 ein; vgl. Chwolles Pharm. Ztg. 1903, 109.

[3]) Zeitschr. f. analyt. Chemie 3, 233.

NB. Die seltenen Werte sind eingeklammert.

Art des Öles	fe 20°	n 20°	Spez. Gew. 15°	ep °C	V.-Z.	J.-Z. des Öles	J.-Z. der Fettsäuren	R.-M.-Z.
Baumwollsaatöl (Cottonöl) *Huile de Coton* *Cotton Seed Oil*	9—10	1,474 bis 1,476 72,7—76 Skt.	0,9220 bis 0,9300	meistens bei 0	191—198 meistens nahe bei 195	102 bis 111 (117)	111-116 flüssige Fettsäuren 147 bis 148	0,4 bis 1
Kapoköl[2]) *Huile de Kapok* *Kapok Oil*	—	Im Oleorefrakt. Skt. 51,3	0,9164 bis 0,9237	29,6?	191—197 (205)	118 bis 119	108 (122,5?)	3,3
Sesamöl *Huile de sésame* *Sesame Oil*	10—10,5	1,475 bis 1,476 74,3—76 Skt.	0,9220 bis 0,9237 (0,9210)	zwischen —3 und —5	188—195	103 bis 112 (117)	109 bis 112	1,2
Maisöl *Huile de maïs* *Maize Oil*	—	15,5° 1,4768	0,9215 bis 0,9239 (0,9262)	—10 bis —20	188—193	113 bis 125	125 flüssige Fettsäuren 141 bis 144[3])	0,33 bis 2,5[4])
Leindotteröl, dtsch. Sesamöl, *Huile de Camelina* *Camelina Oil*	—	Im Oleorefrakt. Skt. 32	0,9228 bis 0,9270 (0,9329)	—18	188	133 bis 135	137	—
Sojabohnenöl[5])	8—9	15° 1,4765 bis 1,4775	0,9246 bis 0,927	—8 bis —16	191 192,2 bis 194	130 bis 135 (121 bis 124?)	131?	0,45 bis 0,69
Kürbiskernöl *Huile de pepins de citronelle* *Pumkin Seed Oil*	—	25° Skt. 70—72,5 (Poda)	0,9197 bis 0,9250	—15	188—195	121 bis 130	—	1,2 bis 1,8
Bucheckernöl *Huile de faines* *Beech Nut Oil*	—	Im Oleorefrakt. Skt. 16,5 bis 18	0,9205 bis 0,9225	—17	191—196	104 bis 120	114	—
Rüböl *Huile de colza* *Rape Oil* (*Colza Oil*)	11—15 meist nahe bei 13	1,472 bis 1,476 69,5—76 Skt.	0,9132 bis 0,9175	meistens b. 0 talgartig, 5—10 stünd. Kühldauer u. Bewegung nötig	171—179 (180) meist nahe bei 175	97 bis 105 (108)	99-106 flüssige Fettsäuren 121 bis 126[3])	0,25 bis 0,4
Schwarzsenfsaatöl *Huile de moutarde noire* *Black mustard Oil*	—	15,5° 1,4672	0,9160 bis 0,9200	—5	174—175	96 bis 107	110	—
Weißsenfsaatöl *Huile de moutarde blanche* *White mustard Oil*	—	15,5° 1,4750	0,9125 bis 0,9160	—8 bis —16 (Schädler)	170—171	92—98	95—96	—

[1]) Im Baumwollstearin (vom Öl abgepreßt) sind nach Hehner und Mitchell 3,3 % Stearinsäure vorhanden.
[2]) Henriques, Chem.-Ztg. 1894. — Philippe, Moniteur Scientif. 1902, 728.
[3]) Wallenstein u. Fink, Chem.-Ztg. 1894, 1191.

Azetylzahl	Hehnerzahl	Schm. der Fettsäuren °C	ep. der Fettsäuren °C	Verhalten der nach S. 418 hergestellten Seifenlösung bei 20°	Hauptbestandteile des Öles	Reaktionen und sonstige Eigentümlichkeiten
16,6	95,9 bis 96,2	34 bis 38,5	Titer-Test 32,2 bis 37,6	starke, flockige Abscheidungen	Linoleïn, Oleïn, Stearin[4]), Palmitin	Bechi-, Millian- u. Halphen-Reaktion. Gegenwart von 1,64% eines goldgelben unverseifbaren Öles. Rohöl ist rubinrot bis nahezu schwarz
—	95	29 (36)	23—24	—	desgl.	Farbe grünlich, gibt die Halphen-Reaktion
11,5	95,6 bis 95,9	21 bis 31,5	21—24 Titer-Test 21 bis 23,8	starke flockige Abscheidungen	Linoleïn, Oleïn, Stearin, Palmitin	Baudouinsche Reaktion
7,8 bis 8,75	88,2 bis 95,7	18—20	14—16	—	4,5—7,5 % feste Fettsäuren (Hopkins u. a.), nach Hehner und Mitchell 0 % Stearin. 1,35—1,55 unverseifbare Stoffe	Öl erster Pressung blaßgelb bis goldgelb, Öl zweiter Pressung rotbraun. Letzteres dürfte auch meist reicher an freier Fettsäure sein.
—	—	18—20	13—14	—	Glyzeride der Öl-, Palmitin-Erukasäure und einer isomeren Linolsäure	Farbe goldgelb. Das kalt gepreßte Öl ist wie alle derartig hergestellten Cruciferenöle schwefelfrei
—	95,9 bis 96,0 94,2	26—28	23—24 16—17	—	80 % flüssige Säuren, davon 70 % Ölsäure, 24 % Linolsäure, 6 % Linolensäure, 0,2 0,7 % Unverseifbares	Mittelgut trocknend, etwa wie Mohnöl
—	96,2	26,5 bis 29,8	24,5 (Schädler)	—	Noch wenig untersucht	Farbe grün bis rot, je nach der Pressung
—	95,2	23—24	17	—	Noch wenig untersucht	Farbe hellgelb
6,3	95	16—21	Titer-Test 11,7 bis 13,6	feste, strahlige, weiße bis gelblichweiße Masse	Glyzeride der Erukasäure und Rapinsäure, Stearinsäure, 0,4—1,43 % Arachinsäure	Rohes Öl hat eigenartigen Geruch, gibt mit Schwefelsäure 1,53 Grünfärbung (S. 428)
—	95	16—17	15—17	—	Ähnelt in der Zusammensetzung dem Rapsöl. Nach Archbutt 1,18 % Arachinsäure und Lignozerinsäure	Das rohe Öl enthält meistens Schwefel.
—	96,7	15—16	17	—	Kommt in seinen Eigenschaften dem Schwarzsenföl nahe	Im kalt gepreßten Öl ist Schwefel nicht nachweisbar

[4]) Hohe R.-M.-Z. (4,2—4,4) besitzen die in Gärungsbottichen erhaltenen Öle, nach Winfield sogar bis 9,9.

[5]) Meister, Farben-Ztg. **15**, Nr. 33; Öttinger und Buchta, Zeitschr. f. angew. Chem. 1911, 828; Keimatsu, Chem.-Ztg. 1911, 839; Matthes und Dahle, Arch. d. Pharmazie 1911, 424, **249**; d. Zeitschr. f. angew. Chem. 1912, **25**, 179.

Tabelle

Pflanzliche

NB. Die seltenen Werte sind eingeklammert.

Art des Öles	fe 20°	n 20°	Spez. Gew. 15°	ep °C	V.-Z.	J.-Z. des Öles	J.-Z. der Fettsäuren
Mohnöl *Huile d'oeillette* *Poppy seed Oil*	8,0 bis 8,1	1,478 79,4 Skt.	0,9240 bis 0,9270	—15 meistens noch flüssig, —18 starr	190—198	134—143 (157,5)	139 flüssige Fett-säuren 150
Sonnenblumenöl *Huile de soleil* *Sunflower Oil*	8,2	60° 1,4611	0,9240 bis 0,9260 (0,9325)	—12 noch flüssig, —17 teilweise erstarrt	188—194	122—135	133—134 (124)
Nußöl *Huile de noix* *Walnut Oil*	—	22° 1,4804	0,9250 bis 0,9265	—15 flüssig, —27,5 starr	189—197	143—148 (152)	151 flüssige Fett-säuren 167
Hanföl *Huile de chènevis* *Hemp seed Oil*	8,3	Oleo-refrakt. Skt. 22° 34—37	0,9250 bis 0,9280 (0,9310)	—15 flüssig, —27,5 starr	190—194	157—166	160—170
Leinöl *Huile de lin* *Linseed Oil*	6,8 bis 7,4	1,481 bis 1,484 84—90 Skt.	0,9305 bis 0,9357 (0,9370)	—15 flüssig, —16 bis —21 starr	188—192 (187,6) (200 bis 221)	baltisch 181—204 indisch 176—191 La Plata 171—186 südrussisch 176—182 nordamerik. 177—188	179—182
Perillaöl³)	—	15° 1,483 bis 1,485	0,928 bis 0,931	—	187—192 194—197	196 188—193 181 Wijs 206	200
Plukenetiaöl⁴)	5,6 bis 6,5	15° 1,483 bis 1,484	0,9354 bis 0,9360	—15 flüssig, —21 schwach trübe, nicht flüssig	191—192	177 (Kr) — (H. u. M.) 195—200 (H. u. M.)	187 (Kr.)
Holzöl⁵), Tungöl *Huile de bois* *Wood Oil*	39	1,503 25° 1,510 bis 1,519	0,9406 bis 0,9440 (0,9360)	Frisches Öl erstarrt bei +2 bis +3, altes Öl ist dickflüssig bei —18, erstarrt bei —21	190—196 155,6 (?) 211 (?) der Fett-säuren 188,8	159—163 171	160—170

¹) Bach, Zeitschr. f. öffentl. Chem. 1898, 168. Ferner H. Thoms und G. Fendler, Chem.-Ztg. 1904, **28**, Nr. 72.
²) Jensen, Chem. Centrbl. 1911, II, 797.
³) Rosenthal, Farben-Ztg. 1912, **17**, 739; Meister, Farben-Ztg. **16**, 266; Niegemann, Farben-Ztg. **17**, Nr. 6.

80.
trocknende Öle.

Azetylzahl	Schm. der Fettsäuren °C	ep. der Fettsäuren °C	Hauptbestandteile des Öles	Reaktionen und sonstige Eigentümlichkeiten
13,1	20,2—21	15,4—16,5	Stearin und Palmitin. In den flüssigen Fettsäuren sind 65 % Linolsäure, 30 % Ölsäure und 5 % Linolen- und Isolinolensäure	Viel Verwendung zur Herstellung von Ölfarben für Tuben
—	22—23 (17)	17—18	Die flüssigen Fettsäuren bestehen hauptsächlich aus Linolsäure und wenig Ölsäure	Verseifbares 0,3—0,7 %
4,6	16—20	16	Myristin- und Laurinsäureglyzerid. Flüssige Säuren, hauptsächlich Linolsäure und geringe Mengen Ölsäure, Linolen- und Isolinolensäure	Von Künstlern als Farböl sehr geschätzt, weil zu einem guten Firnis trocknend, während Leinölfirnis auf Gemälden eher zum Springen neigt
7,5—20	17—19	15,6—16,6	Stearin und Palmitin. Glyzeride von Linolsäure, wenig Ölsäure, Linolen- und Isolinolensäure	5 T. Öl (unraffiniert), mit 1 T. Biebers Reagens geschüttelt, erst Grün-, später Schwarzfärbung
8,5	17—21	19—20,6	0,6—0,8 % Unverseifbares 10—15 % feste Glyzeride (Palmitin, Stearin, Myristin). 85—90 % Glyzeride flüssiger Fettsäuren (etwa 17,5 % Ölsäure, 30 % Linolsäure, 38 % Linolensäure) Ausbeute an festen Hexabromiden S. 453	Kalt geschlagenes Öl (1 Probe) enthält 0,42 %, warm geschlagenes Öl 0,32—0,92 %, Extraktöl 0,61—0,92 %, gekochter Firnis 0,43—0,74 %, kalt bereiteter Firnis 0,95—1,71 %, Standöl 1% unverseifbares Öl[1]). Die Liebermannsche Reaktion auf Harz versagt bei Leinölen, da harzfreie Öle eine umso stärkere Färbung geben, je mehr unverseifbare Stoffe sie enthalten[2])
—	—4 bis —5	—	—	Zeigt noch besseres Eintrocknungsvermögen als Leinöl
—	25—28	—	—	desgl. R.-M.-Z. 0,5—1; P.-Z. 0,2—0,3
—	43,8 39—40	31,2	Soll aus Oleïn und 75 % Elaeomargarin (Glyzerid der Säure $C_{18}H_{32}O_2$) bestehen. Durch Einwirkung des Lichtes geht die bei 48° schmelzende Elaeomargarinsäure in die bei 72° schmelzende Elaeostearinsäure über (Kronstein) Nach Fahrion[6]) nur 10 % Ölsäure u. 2—3 % gesättigte Säuren.	Millian- und Bechi-Reaktion positiv. Aus Schwefelkohlenstofflösung abgedampft bei 34° schmelzende kristallinische Masse. Wird beim Sieden gallertartig. Geruch!

[4]) Krause, Tropenpflanzer 1909, 281; Holde u. Meyerheim, Chem.-Ztg. 1912, 1075.
[5]) David und Holmes, Pharm. Journ. 1885, 634, 636; Cloez, Bullet. Société Chimique 26, 286, und G. de Negri und G. Sburlati, Società Ligustica di Scienze Naturali e Geografiche. Vol. VII, Fasc. III, 1896. — Analyst 1898, 113.
[6]) Farben-Ztg. 1912.

Tabelle

Fette und Öle

Art des Öles	Konsistenz bei Zimmerwärme	n	Spez. Gew. 15°	ep °C	V.-Z.	J.-Z.	
						des Öles	der Fettsäuren
Klauenfette und Knochenöle *Huile de pieds de boeuf, suif d'os Neat's Foot Oil Bone Fat*	stearinreiche Öle z. T. fest; fe bei 20° = 12,0	20° 1,466 bis 1,470 60—66 Skt.	0,914 bis 0,916	je nach Herstellung bzw. Stearingehalt weit über u. unter 0	191 bis 203	schwankt je nach Stearingehalt von 44—75 (82)	rohe Knochenfette 44—75
Pferdefett[2]) *Graisse de cheval Horse Fat*	starke Stearinabscheidungen oder ganz fest	40° 53,7 Skt.	0,919 bis 0,9220	sehr verschieden nach Amthor und Zink zwischen 20 und 30, Schm. 30—33	195 bis 199	75—86 (71,4)	84—87
Rindstalg *Suif de boeuf Beef Tallow*	fest	60° 1,4510 40° 44—49 Skt.	0,943 bis 0,952 100° 0,860 bis 0,861	Schm. 42,5—46	193 bis 200	35—44 Austral. Talg 45	41,3 flüssige Fettsäuren 92
Hammeltalg *Suif de mouton, Mutton Tallow*	desgl.	60° 1,4510 40° 44 Skt.	0,937 bis 0,940 100° 0,857 bis 0,860	Schm. 46,5—51 ep 32,9—41,0	193 bis 196	35—46	34,8 flüssige Fettsäuren 92,7
Talgöl *Tallow Oil*	flüssig bis halbfest	—	100° 0,794	34,5—37,5	—	54,6—57	—
Schweineschmalz *Sain-doux Lard*	salbenartig	40° 49,0—52 (45) Skt.	0,931 bis 0,938 100° 0,858 bis 0,860	ep 27,1—29,9 Schm. 33—48 meist 36—40	195 bis 197	53—64 vom Fuß 77,3 vom Kopf 85,0 amerikan. 60,4—68,4	64 flüssige Fettsäuren, europ. Fette 93—96 amerikan. 103—105
Schmalzöl *Lard Oil*	flüssig bis halbfest	40° 41 Skt.	0,915	10	191 bis 196	67—82 (88)	flüssige Fettsäuren 94,0—95,8
Butterfett[4]) *Beurre de vache Butter Fat*	salbenartig	40° 41,6—44,2 (46) Skt. Margarine 58,6—66,4 Skt.	0,936 bis 0,946 100° 0,864 bis 0,868	19—20, schmilzt bei 29,5—34,7	209 bis 240	26—38,9	28—31

[1]) Fahrion, Angew. Chem. 1911, 209.

[2]) Amthor u. Zink, Frühling, Zeitschr. f. angew. Chem. 1896, 352. — Nußberger, Zeitschr. f. analyt. Chem. 1897, 269. Die Angaben der Tabelle gelten für Rücken-, Herz-, Nieren- und Kammfette.

[3]) Das Fett von der Brust und den Keulen enthält keine Stearinsäure.

[4]) Büffelbutter aus Mazedonien verhält sich nach Jorissen (Chem.-Ztg. 1898, 162) betr. Zusammensetzung wie Kuhbutter, 0,866 bei 100°, Refr.-Z. 45, R.-M.-Z. 29,6.

81.

von Landtieren.

R.-M.-Z.	Azetylzahl	Hehnerzahl	Schm. der Fettsäuren °C	ep der Fettsäuren °C	Hauptbestandteile des Öles bzw. Fettes	Sonstige Eigentümlichkeiten und Reaktionen
0 (Duyk)	11,3	92—96	schwankt je nach Herstellung bzw. Stearingehalt, amerikan. Öl 29,8—30,8 13—37[1])	schwankt je nach Stearingehalt von 26,1—26,5	Oleïn, Stearin. Freie Ölsäure und Stearinsäure	Meistens durch ihren eigentümlichen Geruch zu erkennen
1,6—2,2 (Kalmann) 0,4—0,8 (Amthor u. Zink)	1,8 bis 2,4 (6—14)	96 bis 97,8	36—42	30—38,6 33,6—33,7 Titertest	Oleïn, Stearin. Freie Ölsäure und Stearinsäure	Ist gelb gefärbt. Kammfett bei 15° halbflüssig
0,25 bis 0,5	2,7 bis 8,6	95—96	43—47	Titertest 37,9—46,3	Palmitin, Stearin und Oleïn, gemischte Glyzeride wie Palmitodistearin nach Hehner u. Mitchell 50,6 % Stearinsäure	Durch Abpressen (auch von Hammeltalg) erhält man Oleomargarin. Premier jus. Talg von jungen Rindern. Finden Verwendung zur Margarinefabrikation
—	—	95,5	46—54	Titertest der Fettsäuren 43—46	Oleïn, Stearin, Palmitin, gemischte Glyzeride, z.B. Palmitodistearin, nach Hehner und Mitchell 16,4—27,7 % Stearinsäure[3])	Wird leichter ranzig als Rindertalg
—	—	—	—	—	Oleïn	Durch Abpressen von Talg gewonnen
0,3 bis 0,9	2,6	93—98	35—47	34—42	Palmitin, Stearin, 62 % (?) Oleïn, ferner gemischte Glyzeride	Erstarrt feinkristallinisch mit faltiger Oberfläche. Mikroskopisch auch von Talg zu unterscheiden
0	—	—	—	—	Oleïn	Durch Abpressen des Schweinefettes gewonnen. Verhalten gegen Salpetersäure u. bei der Elaïdinprobe d. Olivenöl ähnlich
26 bis 33[5])	1,9 bis 8,6	86—88	38—45	35,8—38	Butyrin, Caproïn, Caprylin, Laurin, Palmitin, Stearin usw.[6]). Ranzige Butter und besonders saure Rahmbutter nach Amthor Buttersäureäthylester neben anderen flüchtigen Estern	Die für die Beurteilung von Butterfett maßgebenden Verhältnisse gelten auch bei Käsefetten

[5]) 22,7—24,2, Farnsteiner u. Karsch (in Ausnahmefällen). Butter unter 26 nach den „Vereinbarungen" I, S. 96 verdächtig. Zusatz von Kokosbutter durch Bestimmung der unlöslichen flüchtigen Fettsäuren nach Polenske, s. S. 440; Juckenack u. Pasternack, Zeitschr. f. Unt. d. Nahr.- und Genußm. 1904, S. 193.

[6]) J. Bell (The Chemistry of Foods, 44), bestätigt durch A. W. Blyth u. Robertson, nimmt in der Butter die Existenz eines Oleopalmitobutyrats, $C_3H_5O_3 \begin{cases} -C_4H_7O \\ -C_{16}H_{31}O \\ -C_{18}H_{33}O \end{cases}$, an.

Tabelle

Fette und Öl

Art des Öles	Spez. Gew. bei 15°	ep °C	V.-Z.	J.-Z. des Öles	J.-Z. der Fettsäuren
Robbentrane *Huile de phoque* *Seal Oil*	0,925 bis 0,926	—2 bis —3	189—196 (178—179)	127—152 (162,6) [1]	von Bull isolierte flüssige Fettsäure 307
Walfischtran *Huile de baleine* *Whale Oil*	0,917 bis 0,927	nach Schädler beginnende Kristallabsch. bei + 10	Southern whale oil 188—193 Northern whale oil 188—224	110—128 136 Southern whale oil	130—132 flüssige Fettsäuren 145
Delphintran *Huile de Dauphin* *Dolphin Oil*: vom ganzen Körper des schwarzen Delphins	0,928 (0,9180)	setzt Walratkristalle ab von +5 bis—3	197,3—203,4	99,5 bis 128,3	—
Delphintran: aus dem weichen Fett vom Kopf und Kiefer	—	—	290	32,8	—
Meerschweintran *Huile de Marsouin* *Porpoise Oil*: gewöhnlicher aus dem ganzen Leib des Meerschweines oder Braunfisches	0,926 bis 0,937	—16 (Schädler)	216—218,8 (195)	119,4	—
Meerschweintran: Kieferöl aus Kopf und Kiefer	von festen Fetteilen durch Filtrieren und				
	0,9258	—	253—272	40—50	—
	nicht abgepreßt und nicht				
	—	—	144	77	—
Menhadentran *Huile de Menhaden* *Menhaden Oil*	0,9311	—4 (Jean)	189—192	148—160	—
Sardinenöl *Huile de Sardine* *Sardine Oil*	gewöhnliches				
	0,9330	—	—	193	—
	japanisches Öl besonderer				
	0,916 bis 0,934	—	189—192	100—164	—
Dorschlebertran *Huile de foie de morue* *Cod Liver Oil*	0,922 bis 0,941	je nach Herkunft sehr verschieden, teils bei 0 erstarrt, teils bei —10 noch flüssig	171—193	135—168 (181)	164,9 bis 170 (130)

[1]) Thomson u. Dunlop (Oil and Colourm. Journ., Bd. 29, Nr. 392).
[2]) Tsujimoto, Chem. Rev. 1909, **16**, 84.
[3]) Steenbuch, Zeitschr. f. angew. Chem. 1889, 64.
[4]) In dem besonders bereiteten japanischen Öl konnte Fahrion keine Jecorinsäure finden, dagegen fand er als flüssige ungesättigte Säure die Asellinsäure. Die Frage der Zusammensetzung dieser Trane hält Lewkowitsch für offen (siehe auch Weiß, Der Gerber, 1893, 137).

82.

von Seetieren.

R.-M.-Z.	Hehnerzahl	Schm. der Fettsäuren °C	ep der Fettsäuren °C	Hauptbestandteile des Öles	Sonstige Eigentümlichkeiten und Reaktionen
0,07 bis 0,44	92,8 bis 95,5	22—23	15,5 bis 15,9	83—89 % flüssige und 9,8—17 % feste Fettsäuren. Hauptsächlich Glyzeride. Physetölsäure und Ölsäure nach Ljubarsky. Der Geruch wird wie bei allen Tranen durch stark ungesättigte Säuren, Klupanodonsäure $C_{18}H_{28}O_2$ und Homologe bedingt[2])	Farbe gelblich bis dunkelbraun. Robbentran zeigt nach Douzard 32—32,5, Lebertran 43,5—45 Brechungszahl im Jean Amagatschen Refraktometer
0,7 bis 2,4	93,5	14—27	22,9 bis 23,9	Vorwiegend Glyzeride flüssiger Fettsäuren. Feste Kristalle bestehen aus Palmitin u. wahrscheinlich wenig Spermazeti. Klupanodonsäure siehe Robbentran	Farbe meist braun, unverseifbare Bestandteile 0,7 bis 1,4 %, im hellraffinierten Öl 0,9—3,7 %
5,6	93,1	—	—	Glyzeride flüssiger u. fester Fettsäuren u. Valeriansäure, merkliche Mengen Spermazeti. Klupanodonsäure siehe Robbentran	Farbe blaßgelb. Setzt beim Stehen Zetylpalmitat ab
65,9	66,3	—	—	desgl., doch mehr Valeriansäuretriglyzerid	Farbe strohgelb
11—12 (23)[3])	—	—	—	Glyzeride der Ölsäure, Physetölsäure (?), Stearinsäure, Palmitinsäure, Valeriansäure. Klupanodonsäure siehe Robbentran	Farbe blaßgelb bis braun. Mit Alkohol läßt sich ein leicht lösliches Öl extrahieren
Abpressen befreit				Wie oben, nur Gehalt an Valeriansäure bedeutend größer	Bei +70° in Alkohol leicht löslich
48—66	68—72	—	—		
geklärt					
2,08	96,5	—	—		
1,2	—	—	—	Hauptsächlich Glyzerdei von flüssigen Fettsäuren Klupanodonsäure siehe Robbentran	Farbe braun, Öl absorbiert leicht Sauerstoff. Unverseifbare Bestandteile 0,6 bis 1,6 %
Sardinenöl				Feste Triglyzeride, nach Fahrion hauptsächlich Palmitin, wenig Stearin, flüssige Säure. Jecorinsäure[4]) 85,7 % Trijecorin, 14,3 % Tripalmitin. Klupanodonsäure siehe Robbentran	Wird aus Japan in den Handel gebracht. Unverseifbares bis 0,6 % im gewöhnlichen, 0,5 bis 1,4 % im japan. Öl besonderer Bereitung
—	94,5	—	—		
Bereitung					
—	95,5 bis 97	—	27,6 bis 28,2		
0,2 bis 2,1	95,3 bis 96,5	der festen Fettsäuren 21—25	13,3 bis 24,3	87—92,7 % flüssiger und 5,3 bis 12,8 % fester Fettsäuren, komplizierten Gemisch. Geringe Mengen Palmitin, Stearin. Flüssige Säure nicht genügend erforscht[5]). Nach Heyerdahl 20 % Jecoleïnsäure und 20 % Therapinsäure. Bull (Chem.-Ztg. 1899, 996) schlägt fraktionierte Trennung der Alkalisalze der flüssigen Säuren vor. Klupanodonsäure siehe Robbentran	Hellblank, braunblank oder braun. 0,02—0,03 % Jod und 0,3—1,3 % Cholesterin. Im ganzen bis 2,7 % unverseifbare Stoffe (meistens nicht über 1,5 %). Freie Fettsäuren 3,8—28 %, mit Salpetersäure 1,5 sp. G. an der Berührungsstelle rote, beim Umrühren feurig rosenrote Färbung, nach kurzer Zeit zitronengelb[6])

[5]) Fahrion (Chem.-Ztg. 1893) nimmt in der flüssigen Säure die Gegenwart von Asellinsäure $C_{17}H_{32}O_2$ an, die Jodzahl der flüssigen Säure beträgt 175,5.

[6]) Merlangustran und japanisches Fischöl an der Berührungsstelle intensiv blau, beim Rühren braun, nach 2—3 stündigem Stehen der Mischung gelb, bei Robbenöl ist die Farbe anfangs unverändert, wird aber später braun.

Tabelle 83.

Lieferungsbedingungen für Rüböl und Leinöl [1]).

Material	Staat	Spez. Gew. bei 15° C × 1000	Kältebeständigkeit	Säuregehalt % SO_3	Sonstige Eigenschaften
Rüböl (Maschinenöl)	Preußen 1907	—	—	unter 0,3	Gut abgelagert, frei von Mineralsäuren, Schleim und fremdartigen Beimischungen, nicht trocknend, beim Lagern keinen Bodensatz.
	Bayern 1907	910—915 *)	—	unter 0,3	Reines Rapsöl, gut abgelagert, klar, wasser- und schleimfrei. *) Mit dem Fischerschen Oleometer noch mindestens 37,0°.
	Sachsen 1903	—	—	unter 3 Grade (Burstynscher Ölsäuremesser)	Soll aus reinem Rüb- oder Rapssamen geschlagen, frei von Beimischungen, möglichst entharzt sein, mindestens 3 Monate gelagert haben, nicht trocknend oder klebrig werden, nach längerem Lagern kein Bodensatz.
	Württemberg 1910	—	—	—	Darf die geschmierten Teile nicht angreifen, nicht dick werden oder verharzen, sonst wie beim Lampenöl. (Wird nur noch in unbedeutenden Mengen zu Schmierzwecken benutzt.)
	Baden 1910	bis 913	bei 0° C auch nach längerer Zeit keine festen Abscheidungen	höchstens 0,32	Raffiniertes Rapsöl, das allen Bedingungen entspricht, welche für Lampenöl gestellt sind. Außerdem: fe bei 20° mindestens 12.
	Reichslande 1903	—	—	—	Siehe Bedingungen für Lampenöl.
	Kgl. Pulverfabrik Spandau 1911	913,2–917,5	—	unter 0,3	Beim Schütteln des Öles mit dem gleichen Raumteil Schwefelsäure vom spez. Gew. 1,53 darf keine Grünfärbung eintreten. Alles andere wie bei den bisherigen Lieferungsbedingungen von Preußen.
Rüböl (Lampenöl)	Preußen 1907	913—917 [2])	bei 0° C keine festen Abscheidungen [2])	unter 0,3	Bestgeläutertes Raps- oder Rüböl, schleim-, harz- und wasserfrei. Mineralsäuren Spuren, keine fremdartigen Beimengungen, beim Lagern kein Bodensatz, mit heller weißer Flamme, nicht rußend, geruchlos brennend.
	Bayern 1908	—	—	unter 0,26	Lampenöl soll aus reinen Substanzen bestehen, die nicht unter 120° entflammen (Pensky), in Lampe von 17 mm Dochtbreite bei 25 mm Flammenhöhe mit fast weißer, helleuchtender, nicht rußender Flamme brennen, nach 6 Std. Brennen fast keine Kruste bilden. Verbrauch pro Stunde höchstens 7 g. Lichtstärke nach 10 Std. im Mittel noch 1,5 N.-K., bis 200° keine Destillationsprodukte.
	Sachsen 1903	—	—	unter 5 Grade (Burstynscher Ölsäuremesser)	Muß mit heller Flamme geruchlos, ohne zu rußen, brennen, sonst dieselben Bedingungen wie beim Maschinenöl.

Rüböl (Lampenöl)	Baden 1910	bis 913	0 °C auch nach längerer Zeit keine festen Abscheidungen (?)	höchstens 0,32	Raffiniertes, bestgeläutertes Rapsöl, frei von Wasser, Schleim, Verunreinigungen und anderen Ölen, gut gelagert, kein Bodensatz, mit heller weißer Flamme, geruchlos, nicht rußend brennend. Mit $^1/_5$ seines Volumens Schwefelsäure 1,53 muß das Öl ungefärbte Emulsion geben, beim Schütteln mit Alkohol muß derselbe farblos bleiben. Mit $^1/_5$ seines Volumens Natronlauge 1,43 innig gemischt, muß es eine weiße, höchstens schwach gelbliche Emulsion geben, mit Ätzkali oder -natron muß es sich vollständig verseifen lassen; die erhaltene Seife muß weiß sein oder höchstens einen Stich ins Gelbliche zeigen. Ein Tropfen Öl, auf blanke Messingplatte gebracht, darf beim Verdunsten keine Verharzung und innerhalb 24 Stunden keinen Grünschein zeigen.
	Reichslande 1903	—	nach dem Gefrieren wieder klar ohne Abscheidung von Flocken verflüssigend	bis 2 Gew.-% auf Ölsäure berechnet	Gereinigtes und abgelagertes Rüböl, frei von Mineralsäuren, Harz und Mineralöl, kein Bodensatz beim Lagern, auf Lampe ohne Zylinder mit heller weißer Flamme wenigstens 5 Std., ohne Kohlenkruste oder zu blaken brennend, als Maschinenöl sich eignend, die geschmierten Teile nicht angreifend, nicht dick werdend oder verharzend.
	Württemberg benutzt kein Rüböl zu Beleuchtungszwecken.				
Leinöl	Preußen 1901	930—940 (20°)	—	—	Abgelagert, frei von Schleim und fremden Beimischungen, bei längerem Lagern keinen Bodensatz, in dünner Schicht auf Glas oder Porzellan bei 20° spätestens nach 5 Tagen einen trockenen, klebefreien Überzug bildend.
	Württemberg 1904	—	—	—	Rein, gut abgelagert, frei von Schleim und Bodensatz, leicht trocknend.
	Baden 1910	zwischen 28 und 29 (Fischersche Ölwage)	—15° fließend	—	Gut gereinigt, von gelber bis braungelber, glanzheller Farbe, geklärt, abgelagert, beim Lagern sich nicht trübend und Bodensatz bildend, frei von Harz, Harzöl, nichttrocknenden und tierischen Ölen. Reinigungsstoffe entfernt. Aus 1 T. Kienruß und 3 T. gekochtem Leinöl pinselfertig hergestellter Firnis muß, auf steilgestellter Glasplatte aufgetragen, nach 2 Tagen an der höchstgelegenen Stelle des Strichs bei 17—22° zu einer festen hornartigen Haut eintrocknen.
	Reichslande 1912	930—935	—	—	Klar, abgelagert, schleimfrei, kalt geschlagen, von hellgelber Farbe, kein ranziger Geruch und Geschmack.
	Die Bedingungen von Bayern und Sachsen enthalten keine Bestimmungen über Leinöl. Die Bedingungen der Kgl. Pulverfabrik Spandau siehe S. 471.				

[1]) Die Mehrzahl der Direktionen schreibt vor, daß die zu liefernden Rüböle und Leinöle klar und hellgelb gefärbt sind. Baden, Bayern und Württemberg bestimmen, daß die Zähigkeit der Rüböle wenigstens 12 bei 20° (Engler) beträgt.

[2]) Bedingungen der Kaiserl. Werft Wilhelmshaven.

(über 15 %) nicht anzunehmen. Schwache Trübungen ohne deutlichen Niederschlag können auch bei reinen Olivenölen auftreten. Entsteht ein Niederschlag, so wird der Gehalt an Arachinsäure nach dem Renardschen Verfahren bestimmt; wenn sich über 0,2 % Arachinsäure ergeben, ist ein Verdacht auf Erdnußöl vorhanden.

Wie beim Olivenöl, so bestimmt man auch bei den anderen zu prüfenden fetten Ölen, z. B. Klauenfett, Rüböl, zunächst nach Feststellung des Säuregehaltes Jodzahl und Verseifungszahl und stellt danach die weiteren Proben an. Zum Nachweis von pflanzlichem Öl in tierischem dient in Zweifelsfällen die Bömersche Phytosterinazetatprobe S. 434.

Bei stark säurehaltigen Ölen ist Jod- und Verseifungszahl nur von den abgeschiedenen Fettsäuren zu bestimmen. Man kann an letzteren auch das Verhalten gegen das Baudouinsche und Halphensche Reagens prüfen. Eine unter den normalen Grenzen liegende Verseifungszahl von Olivenölen, Klauenfetten oder Knochenölen erregt bei gleichzeitig niedrigem spez. Gewicht (unter 0,910) den Verdacht auf Gegenwart flüssiger Wachse, die durch Untersuchung der unverseifbaren höheren Alkohole charakterisiert werden. Eine niedrige Jodzahl von Olivenölen, Rübölen, Klauenfetten erregt bei einem über die normalen Grenzen hinausgehenden spez. Gewicht den Verdacht einer Eindickung des Öles. In diesen Fällen gibt weiteren Aufschluß die Bestimmung des Flüssigkeitsgrades und der Gehalt an Oxysäuren. Die Zunahme an letzterem braucht der Abnahme der Jodzahl nicht parallel zu gehen, weil beim Eindicken der Öle neben der Oxydation noch Polymerisationen eintreten können.

Lieferungsbedingungen für Torpedoschmieröl.

(Kaiserl. Torpedowerkstatt Friedrichsort.)

Das Torpedoschmieröl muß ausschließlich eine Mischung von reinem Knochenöl und reinem raffinierten Rüböl sein. Es soll hellgelb, klar und durchsichtig sowie von mildem Geruch sein. Der Flüssigkeitsgrad bei 20°, bestimmt auf dem Englerschen Apparat, soll zwischen 12,0 und 13,5 liegen. Das spez. Gewicht soll 0,913 bis 0,917 bei 15° betragen.

Eine Portion Öl ist auf — 10° abzukühlen. Das Öl soll hierbei nach mindestens vierstündiger Abkühlung noch fließend und klar sein. Eine andere Portion Öl ist auf — 15° abzukühlen. Das Öl soll hierbei nach mindestens vierstündigem Abkühlen wenigstens dünnsalbig sein; das Fließen bei — 15° ist sehr erwünscht. Der Flammpunkt, bestimmt mit dem Pensky-Martens-Apparat, soll über 200° liegen; die Jodzahl des Öles soll zwischen 77 und 84, die Verseifungszahl zwischen 185 und 190 liegen. Der Säuregehalt darf 0,02 %, berechnet als Schwefelsäureanhydrid, nicht übersteigen. Im Durchschnitt soll das Öl säurefrei sein. Harzöl, Teeröl und Mineralöl sollen nicht in dem Torpedoschmieröl zugegen sein.

Lieferungsbedingungen der Kgl. Pulverfabrik Spandau für fette Öle (1911).

1. Leinöl.

Das kalt hergestellte Leinöl muß hellgoldgelb bis bräunlich, klar und frei von anderen nicht trocknenden Ölen, Harz oder sonstigen Verunreinigungen sein. Organische Säure bis 2,12 % Ölsäure (= 0,3 % SO_3) zulässig. Spezifisches Gewicht bei 15° nicht unter 0,930. Jodzahl nicht unter 171.

Wird eine Probe Leinöl von 5 ccm mit 0,25 g Kaliumpermanganat 2—3 Minuten unter fortwährendem Schütteln im Reagenzglase gekocht, so muß nach dem Erkalten 1 Tropfen, mit dem Finger auf einer reinen Glasplatte dünn ausgestrichen, bei sechsstündigem Erhitzen auf 100° zu einer glänzenden durchsichtigen Schicht auftrocknen, die nach dem Erkalten nicht mehr kleben darf.

2. Baumöl.

Das Baumol soll rein, d. h. mit anderen Stoffen nicht versetzt sein. Es muß klar und durchsichtig sein und darf weder ranzig riechen noch bei längerem Lagern einen Bodensatz bilden. Mineralsäure darf nicht anwesend sein; organische Säure bis 2,12 % Ölsäure (= 0,3 % SO_3) zulässig. Spezifisches Gewicht bei 15° 0,914—0,920.

3. Klauenöl (Knochenöl).

a) Klauenöl für Betriebszwecke. Das Klauenöl muß dünnflüssig, rein und frei von fremden Ölen und Mineralsäure sein und darf keinen Bodensatz bilden. Prüfung des Flüssigkeitszustandes bei 0°: Öl muß, ohne feste Ausscheidungen zu zeigen, nach 1 Stunde noch fließend bleiben. Organische Säure bis 2,12 % Ölsäure (= 0,3 % SO_3) zulässig. Spezifisches Gewicht bei 15° 0,914—0,917.

Ein Öltropfen, auf einer Glasplatte in dünnster Schicht ausgebreitet und etwa 24 Stunden der Lufteinwirkung bei 50° ausgesetzt, darf in erkaltetem Zustande nicht harzig oder eingetrocknet erscheinen, sondern muß zwischen dem Finger und der Glasplatte leicht beweglich bleiben.

b) Klauenöl für Waffenöl. Das Öl muß gut gereinigt und filtriert sein, so daß es in einem Reagenzglas von 15 mm Weite noch hellgelb erscheint. Es soll bei reinem Geruch klar durchsichtig, nicht mit fremden Ölen versetzt sein und darf bei längerem Lagern keinen Bodensatz bilden.

Prüfung des Zustandes bei — 10^0: Öl muß, ohne feste Ausscheidungen zu zeigen, nach 1 Stunde noch fließend bleiben. Organische Säure bis 2,12 % Ölsäure (= 0,3 % SO_3) zulässig; spez. Gewicht bei 15^0 0,914 bis 0,917; Flüssigkeitsgrad nach Engler bei 20^0 nicht unter 12; Verseifungszahl zwischen 190 und 200; Jodzahl zwischen 70 und 82.

Ein Öltropfen, auf einer Glasplatte in dünnster Schicht ausgebreitet und etwa 24 Stunden der Lufteinwirkung bei 50^0 ausgesetzt, darf in erkaltetem Zustande nicht harzig oder eingetrocknet erscheinen, sondern muß zwischen dem Finger und der Glasplatte leicht beweglich bleiben.

Sechstes Kapitel.

Technische, aus Fetten hergestellte Produkte.

A. Stearinkerzen.

1. Technologisches.

Zur Gewinnung von Stearinkerzen dienen hauptsächlich Rinder- und Hammeltalg (insbesondere der bei Margarinefabrikation abfallende Preßtalg), Palm- und Knochenfett. Neuerdings werden auch Pflanzenfette wie Malabartalg, Illipetalg, chinesischer Talg, Sheabutter, verwendet. Die in neuerer Zeit hergestellten „gehärteten Öle" (s. S. 479) dürften noch große Bedeutung für die Kerzenfabrikation erlangen.

Die durch Umschmelzen gereinigten Rohfette werden in den Kerzenfabriken in feste Fettsäuren oder Stearin (fast ausschließlich Palmitin- und Stearinsäure, das eigentliche Kerzenmaterial), flüssige Fettsäuren (Oleïn) und Glyzerin zerlegt.

Die Spaltung der Fette erfolgt:

a) Durch Erhitzen mit Wasser in Gegenwart von 1—3 % Ätzkalk oder kleinen Mengen Magnesia, in neuerer Zeit meistens Zinkoxyd, unter Druck (Saponifikatverfahren, Autoklavenspaltung).

b) Durch Behandeln mit 4—12proz. konz. Schwefelsäure bei etwa 120°. Hierbei findet nicht nur Verseifung des Fettes, sondern auch Neubildung fester Säure aus der flüssigen Ölsäure statt. Durch Anlagerung von Schwefelsäure an Ölsäure entsteht zunächst ein Schwefelsäureester der Oxystearinsäure, die Oleïnschwefelsäure, nach der Gleichung:

$$C_{17}H_{33} \cdot COOH + H_2SO_4 = C_{17}H_{34} \begin{cases} COOH \\ O \cdot SO_2 \cdot OH \end{cases}$$

Diese Verbindung zerfällt beim Auskochen der Masse mit Wasser in Oxystearinsäure und Schwefelsäure

$$C_{17}H_{34}\begin{cases}COOH\\ O\cdot SO_2\cdot OH\end{cases} + H_2O = C_{17}H_{34}\begin{cases}OH\\ COOH\end{cases} + H_2SO_4$$

Bei der darauffolgenden Destillation mit Wasserdampf geht die Oxystearinsäure unter Wasserabspaltung in die der Ölsäure isomere, feste Isoölsäure (Schm. 44—45°) über. Die Mehrausbeute an festen Säuren beträgt bei Palmöl durchschnittlich 18 %, bei Talg 14—15 % und bei Knochenfett etwa 15 %.

Vollständige Überführung flüssiger Fettsäuren und Fette in feste Produkte geschieht durch das jetzt in die Technik eingeführte Verfahren der katalytischen Fettreduktion.

Häufig werden das Saponifikat- und Schwefelsäureverfahren kombiniert, indem man die nach Spaltung im Autoklaven erhaltenen Fettsäuren zwecks Erhöhung des Gehalts an festen Säuren noch einer Nachbehandlung mit Schwefelsäure unterwirft.

c) Durch Erhitzen mit Wasser unter Hochdruck (15 bis 18 Atm.). Dieses Verfahren wird kaum noch verwendet.

d) Durch Einwirkung von Twitchells Reagens, das durch Einwirkung von überschüssiger Schwefelsäure auf eine Lösung von Ölsäure in aromatischen Kohlenwasserstoffen hergestellt wird. Infolge der starken Emulsion, welche die gebildeten Verbindungen, Oxystearinschwefelsäureäther und aromatische Sulfosäure, mit dem Fett bei Gegenwart von Wasser bilden, wird eine gute Spaltung des Fettes in verhältnismäßig kurzer Zeit bewirkt[1]). Die von Twitchell selbst für sein Reagens aufgestellten Formeln

$$\underset{\text{Benzolstearosulfosäure}}{C_6H_4\begin{cases}SO_3H\\ C_{18}H_{35}O_2\end{cases}} \quad \text{oder} \quad \underset{\text{Naphthalinstearosulfosäure}}{C_{10}H_6\begin{cases}SO_3H\\ C_{18}H_{35}O_2\end{cases}}$$

bedürfen noch der Aufklärung.

e) Fermentative Fettspaltung. Das im Rizinussamen enthaltene Ferment vermag nach Connstein, Hoyer und Wartenberg (Ber. 1902, **35**, 988) mit Wasser emulgierte Fette in Fettsäure und Glyzerin zu spalten. Man erhält drei Schichten: eine untere wässerige Glyzerinlösung, eine Mittelschicht, aus Samenteilen, Öl und Glyzerinwasser im emulsionierten Zustande bestehend, und eine obere, klare Fettsäureschicht. Bei Anwen-

[1]) F. Goldschmidt, Ztschr. f. angew. Chem. 1912, **25**, 812.

dung von 6—7 Teilen Ferment auf 100 Teile Fett erhält man nach 1—2 Tagen bei 40—45° 90 % Spaltung. Man gewinnt so sehr helle Fettsäuren neben Glyzerin.

Da die weitere Abtrennung der Mittelschicht und die Abscheidnng des Fettes aus derselben auch noch erheblich Zeit beansprucht und das Glyzerin störende Verunreinigungen enthält, so kommt das Verfahren weniger bei größeren Schnellbetrieben als in kleineren und mittelgroßen Betrieben in Betracht.

f) Nach dem Krebitzverfahren werden die Fette mit Kalk verseift. Die Kalkseifen werden in hohen Türmen mit Wasser berieselt, um das Glyzerin rein herauszuschaffen, und dann mit Sodalösung in Natronseife und $CaCO_3$ zersetzt.

Saponifikatstearin und -oleïn. Die nach a) hergestellten Fettsäuren sind bei reinen Fetten häufig so hell, daß sie schon durch Pressen zunächst bei niederer, später bei höherer Temperatur (behufs Entfernung der flüssigen Säuren) rein weißes Kerzenmaterial, „Saponifikatstearin" liefern. Dieses besteht im wesentlichen aus Stearin- und Palmitinsäure neben sehr geringen Mengen noch nicht abgepreßter Ölsäure (Jodzahl nur wenige Einheiten). Die aus den Pressen ablaufende flüssige Säure wird als „Saponifikatoleïn" bezeichnet (s. S. 478).

Destillatstearin und Destillatoleïn (Verfahren b und d). Die nach diesen Verfahren erhaltenen Rohfettsäuren sind gewöhnlich zu dunkel und müssen daher vor dem Pressen zur Reinigung mit überhitztem Dampf destilliert werden. Destillatstearin hat infolge des Gehalts an Isoölsäure (Schm. 44—45°) niedrigeren Schmelz- und Erstarrungspunkt, dagegen höhere Jodzahl als Saponifikatstearin, gewöhnlich 15—30 (reine Isoölsäure hat wie Ölsäure die Jodzahl 90). Über Destillatoleïn s. S. 478.

Nach Lewkowitsch (Analysis II, 627 und 644) hat Destillatstearin den Erstarrungspunkt 54°, die Jodzahl 15—30, Saponifikatstearin den Erstarrungspunkt 55,6—56,7° und Jodzahl von nur wenigen Einheiten.

II. Wertbestimmung der Rohfette.

Maßgebend sind Gehalt an Wasser und Nichtfetten (nach S. 26 und 415 zu ermitteln) sowie namentlich der Erstarrungspunkt der Fettsäuren. Seltener werden noch freie Säure, Hehnerzahl und Glyzeringehalt bestimmt.

a) **Erstarrungspunkt der Fettsäuren, sog. Talgtiter** ist nach einem der S. 405 ff. beschriebenen Verfahren genau zu ermitteln, da von ihm die Ausbeute an Kerzenmaterial abhängt.

Die Fettsäuren der für die Kerzenfabrikation wichtigsten Fette haben folgenden Titertest:

Fettsäuren aus	Titertest °C
Rindstalg	38—46
Hammeltalg	41—48
Knochenfett	36—42
Palmfett	36—45
Chinesischem Talg	45—53

b) **Gehalt an freier und gebundener Säure** ist nach S. 188 zu ermitteln. Von dieser Bestimmung ist nicht nur die Ausbeute an Fettsäuren und Glyzerin, sondern auch die zur Verseifung nötige Menge an Kalk und Magnesia bzw. Schwefelsäure oder Twitchells Reagens abhängig. Palmöl enthält beispielsweise häufig bis annähernd 100 % freie Fettsäuren.

c) **Gehalt an Ölsäure** ist aus der Jodzahl des Fettes zu berechnen. (Reine Ölsäure Jodzahl 90,1.) Je niedriger die Jodzahl, desto geeigneter ist das Material zur Kerzenfabrikation.

d) **Glyzerinbestimmung.** Für diese Bestimmung ist eine ganze Reihe von Verfahren ausgearbeitet:

Ungefähre Bestimmung. Da die Verseifung der Glyzeride durch Kali nach der Gleichung

$$C_3H_5(OR)_3 + 3\,KOH = C_3H_5(OH)_3 + 3\,R \cdot OK$$

vor sich geht (R = Fettsäureradikal), so entsprechen $56{,}11 \cdot 3 = 168{,}33$ g Kalihydrat 92,08 g Glyzerin oder 1 g Kalihydrat 0,547 02 g Glyzerin.

Ist also die Ätherzahl, das ist die Zahl der zur Verseifung von 1 g Neutralfett erforderlichen Milligramme KOH, eines Fettes a, so beträgt der Glyzeringehalt in 100 g Fett $a \cdot 0{,}054702$ g. Dieses Verfahren ist natürlich nur anwendbar, wenn die Ätherzahl lediglich durch Triglyzeride bedingt wird, dagegen nicht bei Gegenwart von Wachsen.

Über die genaueren Methoden zur Bestimmung des Glyzeringehaltes siehe S. 495 ff.

e) **Verfälschungen der Rohmaterialien** werden nach den in Tab. 77—82 angegebenen Gesichtspunkten nachgewiesen. Als

Verfälschungen für Talg und Knochenfett kommen hauptsächlich in Betracht: Kokosnuß- und Palmkernöl, Baumwollstearin, destilliertes Wollfettstearin, Harz, Paraffin, Zeresin, Karnaubawachs. Erstere erhöhen die V.- und R.M.Z., erniedrigen die J.-Zahl.

	Verseifungszahl	Jodzahl	Reichert-Meißlsche Zahl
Talg.	192—200	35—46	—
Knochenfett	191—203	46—56	—
Kokosnußöl	246—268	8—10	7—8,4
Palmkernöl	242—255	10—17,5	5—6,8

Baumwollstearin verrät sich durch die Halphensche und die Salpetersäurereaktion, (S. 428), destilliertes Wollfettstearin durch die Liebermannsche und Hager-Salkowskische, Harz durch die Morawskische Reaktion. Die pflanzlichen Fette können außerdem durch die Phytosterinazetatprobe (S. 434) nachgewiesen werden. Palmöl wird kaum jemals verfälscht; etwa zugesetztes Palmkernöl würde die J.-Zahl erniedrigen, die V.- und die R.M.Z. erhöhen. Bei Gegenwart von Karnaubawachs lassen sich aus dem Unverseifbaren mit Essigsäureanhydrid höhere Alkohole ausziehen. Paraffin und Zeresin werden im Unverseifbaren nachgewiesen.

III. Untersuchung der Kerzenmassen.

Die fertigen Kerzenmassen werden je nach Bedarf auf Schmelzpunkt im Kapillarrohr, Erstarrungspunkt (s. S. 404ff.), Gehalt an Neutralfett, bei unbekannter Herkunft auf Karnaubawachs, Paraffin, Zeresin usw. geprüft.

Neutralfett kann infolge unvollständiger Verseifung oder als absichtlicher Zusatz zugegen sein, am genauesten ist es durch Neutralisieren der ätherisch-alkoholischen Lösung des Fettes mit $^1/_{10}$-normaler alkoholischer Natronlauge, Versetzen mit Wasser, bis die untere Schicht 50proz. alkoholisch wird, und Ausziehen mit leicht siedendem Benzin nach Spitz und Hönig zu bestimmen.

Karnaubawachs erhöht den Schmelzpunkt des Stearins. Die Gegenwart dieses oder eines anderen Wachses ist durch Abscheidung und Kennzeichnung der höheren Alkohole leicht nachzuweisen.

Paraffin und Zeresin sind durch die qualitative Verseifungsprobe leicht nachweisbar.

Über das für die Struktur der Kerze wichtige Verhältnis von Palmitinsäure und Stearinsäure geben Schmelzpunkt (siehe S. 404) und Molekulargewichtsbestimmung (Stearinsäure 284, Palmitinsäure 256) Aufschluß.

IV. Prüfung der Handelsoleïne aus Fetten.

Oleïne aus Fetten sind gelbe bis dunkelbraune, klare oder teilweise trübe Öle, die als Hauptbestandteil Ölsäure, in geringerer Menge stark ungesättigte Säuren, wechselnde Mengen fester Fettsäuren und Neutralfett bzw. Laktone enthalten.

Die Handelsmarken technischer Ölsäure unterscheiden sich nach Rosauer (Chem. Rev. 1911, **18**, 28) folgendermaßen: Saponifikatoleïn wird erhalten aus hellen Talgfettsäuren und gebleichtem Palmöl, gespalten im Autoklaven, fermentativ oder nach Twitchell. Das Saponifikatoleïn ist frei von Kohlenwasserstoffen, enthält aber erhebliche Mengen Neutralfett. Destillatoleïn, nach dem Schwefelsäure- oder gemischten Verfahren oder auch aus dunklen Fettsäuren nach einem der Saponifikatverfahren gewonnen und nach der Spaltung destilliert, ist frei von Neutralfett, enthält aber Isoölsäure, Oxysäuren, Laktone und unverseifbare Stoffe. Das sog. weiße Oleïn ist ein doppelt destilliertes Oleïn von dunkelgelber bis gelblichweißer Farbe, frei von Neutralfett und Kohlenwasserstoffen. Oleïne, aus Talg, Knochenfett, Palmfett abgepreßt, haben eine innere Jodzahl von nicht erheblich über 90°, während aus Cottonölstearin abgepreßte Oleïne Jodzahl 110—112 haben.

Die Oleïne werden als Rohmaterial zur Seifenfabrikation verwendet, zum Einfetten der Wolle vor dem Verspinnen sowie zur Herstellung wasserlöslicher Öle.

Die Untersuchung erstreckt sich auf Gehalt an Neutralfett und Kohlenwasserstoffen, in besonderen Fällen auch auf Gehalt an festen Fettsäuren.

Kohlenwasserstoffe. Die qualitative Probe, S. 416, läßt bei geringem Gehalt an Unverseifbarem häufig im Stich, da die natürlichen unverseifbaren Stoffe stark ungesättigt und daher in verdünnter alkoholischer Seifenlösung merklich löslich sind. Bis 10 % natürliche unverseifbare Stoffe können in Oleïnen vorkommen.

Sicher werden selbst kleine Mengen solcher Kohlenwasserstoffe durch Verseifen von etwa 20 g Oleïn und Ausziehen der Seifenlösung nach S. 212 mittels Petroläthers erkannt. Man erhält so äußerlich vollkommen mineralölartige, bisweilen infolge von Paraffinausscheidung teilweise erstarrende Produkte, die sich von absichtlich zugesetztem Mineralöl durch starkes Jodabsorptionsvermögen (Jodzahl 62—69), optisches Drehungsvermögen (α_D = + 4,8 bis + 9,6°) und Farbenreaktionen beim Behandeln mit Azetanhydrid und Schwefelsäure unterscheiden (Marcusson, Chem. Revue 1905, **12**, 2).

Der gleiche Autor hat das qualitative Verfahren von Holde zum Mineralölnachweis zur Unterscheidung der natürlichen Kohlenwasserstoffe der Oleïne von zugesetztem Mineralöl ausgestaltet. Kocht man 6—8 Tropfen Öl mit 5 ccm ½normaler alkoholischer Kalilauge 2 Min. lang im Reagenzglas und setzt dann 15 ccm Wasser hinzu, so ist beim Vorliegen eines reinen Oleïns durch die entstehende geringe Trübung hindurch Fettdruck noch deutlich lesbar, bei Verfälschung mit Mineralöl oder Harzöl ist die Trübung so stark, daß Fettdruck nicht mehr lesbar ist.

Neutralfett kann aus der Ätherzahl des Oleïns berechnet werden. Hierbei ist jedoch zu berücksichtigen, daß Oleïne häufig merklichen Gehalt an Laktonen (inneren Anhydriden der Fettsäuren) besitzen, bei deren Vernachlässigung der Gehalt an Fettsäuren zu niedrig, dagegen der Gehalt an Neutralfett zu hoch gefunden wird. Nach Stiepel (Seifensiederztg. 1912, 365) verfährt man zweckmäßig folgendermaßen. Man bestimmt zunächst die Verseifungszahl (A) und die scheinbare Säurezahl (B), deren Differenz (A — B = C) die scheinbare Esterzahl (Neutralfett + Laktone) ergibt. Dann scheidet man aus 20—30 g des Oleïns nach vollständiger Verseifung die Fettsäuren in der üblichen Weise ab und bestimmt deren Verseifungszahl (A_1) und Säurezahl (B_1). Der Gehalt des Oleïns an Laktonen ergibt dann $A_1 - B_1 = C_1$, den Gehalt an Neutralfett die wahre Esterzahl $C - C_1$, die wahre Säurezahl ist $B - B_1$.

Feste Fettsäuren werden nach Varrentrapp (S. 387) bestimmt.

Stark ungesättigte flüssige Säuren, die ein Oleïn als Wollspickmittel unbrauchbar machen, werden durch die Jodzahl und nach S. 392 erkannt. Die Jodzahl normal zusammengesetzter Destillat- und Saponifikatoleïne übersteigt nicht 85.

Oleïne aus Wollfett s. S. 557.

B. Gehärtete Öle.

Die Umwandlung flüssiger Öle in feste Produkte für die Seifen-, Stearin- und Speisefettfabrikation nimmt in der modernen Patentliteratur einen großen Raum ein (siehe auch Holde, Seifensiederzeitung 1912, **39**, 918; Bömer, Zeitschr. f. Unters. d. Nahr.- und Genußm., Bd. 24, Heft 1 u. 2, und C. Ellis, Seifensiederzeitung 1913, **40**, 144, 166, 195 und 231). Die Hydrierung der ungesättigten Fettsäuren bzw. deren Glyzeride erfolgt durch An-

Tabelle

Lieferungsbedingungen

Material	Staat	Äußere Erscheinungen	Spez. Gewicht bei 15°
Talg (Rindstalg)	Preußen 1907	gelblichweiß, frischer, nicht ranziger Geruch	—
	Bayern 1900	ziemlich fest, gelblichweiß, fast geruchlos	0,930—0,940
	Sachsen 1902	—	—
	Württemberg 1904	fest, hell, möglichst weiß, nahezu geschmack- und geruchlos	0,943—0,953
	Baden 1910		—
	Reichslande 1912	weiß, frischer Geruch, nicht ranzig, nicht körnig	—
Kerzen	Preußen 1903	rein weiß, glatt und glänzend, nicht krümlig oder fettig	—
	Sachsen 1902	rein weiß, glatt, glänzend, nicht flockig oder schuppig	—
	Württemberg 1904	weiß, glänzend, hart	1,000 bei 11° (?)
	Baden 1910	weiß, glänzend, bei gewöhnlicher Temperatur hart	—
	Die Bedingungen von Bayern und den		

[1]) Anfang 1913 gültig.

84.

für Talg und Kerzen[1]).

Schm. °C	ep °C	Säuregehalt % SO_3	Sonstige Eigenschaften
—	33—40	höchstens 1	Frei von Mineralsäuren, fremdartigen Beimengungen, Haut- und Fleischteilen, in Äther klar und ohne Rückstand löslich.
über 45	über 38	höchstens 0,35	Aus reinem Rindsfett, keine fremdartigen Bestandteile, mechanische Verunreinigungen höchstens 0,5 %.
—	—	säurefrei	(Russischer) rein, frei von fremdartigen Beimengungen, im geschmolzenen Zustande klar.
über 42	über 37	höchstens 0,43	Reines Rindsfett, frei von anderen Fetten und fremdartigen Bestandteilen, Verunreinigungen höchstens 1 %, beim Erwärmen kein Schaum noch übler Geruch und Bodensatz. In siedendem Alkohol 0,822 bzw. Äther vollkommen löslich.
	über 37 Fettsäuren über 43,5	höchstens 0,2	Reiner Rindertalg, frei von anderen Fetten, fremdartigen Bestandteilen und Mineraltalg, Verunreinigungen höchstens 1 %. In siedendem Alkohol bzw. Äther vollkommen löslich.
40	—	höchstens 2 %, auf reine Ölsäure berechnet	Rindstalg, frei von Mineralsäuren, Alkalien, häutigen Teilen und Grieven, unverfälscht, in Schwefeläther klar löslich.
über 52	—		Stearinlichte in bestimmten Abmessungen, beim Aneinanderschlagen heller, harter Klang, frei von Neutralfetten (Kokosöl, Talg usw.) und Paraffin, hell brennend, nicht rußend, nicht tropfend. Docht gleichmäßig und fest.
—	—	frei von Ölsäure	Reines Stearin, frei von Talg, Paraffin usw., beim Aneinanderschlagen heller, harter Klang, nicht leicht zerbrechend, Docht gleichmäßig fest und stark, mit heller, ruhig stehender, nicht rußender Flamme brennend, wobei der Docht sich krümmen muß. An der glühenden Spitze keine Asche oder Kohle, darf nicht tropfen und der Docht beim Auslöschen nur einige Sekunden nachglimmen. Länge ohne Spitze 120 mm, Stärke 26 mm.
über 53	—	—	Aus Stearinsäure, frei von fremden Beimengungen, Paraffin und Talg höchstens 1 %, Docht muß zentral liegen, gleichmäßig stark sein und des Putzens nicht bedürfen. Papier, auf der Kerzenoberfläche gerieben, darf nicht fettig werden.
—	—	—	

Reichslanden enthalten keine Bestimmungen über Kerzen.

lagerung von Wasserstoff vermittels einer Kontaktsubstanz im Sinne der Gleichungen:

$$\underset{\text{Ölsäure}}{C_{18}H_{34}O_2} + 2\,H = \underset{\text{Stearinsäure}}{C_{18}H_{36}O_2}$$

$$\underset{\text{Oleïn}}{C_3H_5(C_{18}H_{33}O_2)_3} + 6\,H = \underset{\text{Stearin}}{C_3H_5(C_{18}H_{35}O_2)_3}.$$

Technisch erfolgt die Umwandlung in Stearinsäure bzw. deren Glyzeride durch Wasserstoff hauptsächlich bei Gegenwart von fein verteiltem, durch Reduktion von Nickeloxyd erhaltenen Nickel nach W. Normann, der als erster 1902 flüssige Fette und Fettsäuren durch katalytische Reduktion mit feinverteilten Metallen zu festen Fetten reduziert hat (D.R.P. 141 029 von Leprince u. Siveke, Herford). Erdmann und Bedford verwendeten später als Ersatz für Nickel Nickeloxyd zur Reduktion, doch wird gegen dieses Verfahren geltend gemacht, daß das Nickeloxyd ebenfalls zu Nickel reduziert wird, und dieses den Wasserstoff wie beim Normannschen Verfahren an die ungesättigten Fettsäuren anlagert. Ähnliche Reduktionen werden bei Verwendung von Nickelkarbonyl (Shukoff) und Nickelformiat (Wimmer u. Higgins) als Katalysatoren als Ersatz für Nickel angenommen. C. Ellis, a. a. O., hält die Verwendung von Nickeloxyd deshalb für ungeeigneter als diejenige von metallischem Nickel, weil ersteres sich leicht mit Fettsäuren zu giftig wirkenden, im Fett verbleibenden Nickelseifen unter gleichzeitiger Bildung von Wasser verbinden kann, während metallisches Nickel eine solche Verbindung wegen des überschüssig vorhandenen Wasserstoffs nicht eingehen soll.

Außer Nickel und dessen Verbindungen, welche in erheblichen Mengen (1—5 %) zur Fettreduktion gebraucht werden, können zum gleichen Zweck besonders in Laboratorien für Versuchszwecke Platin (Fokin, Willstätter) und Palladium (Paal) in kolloidalem Zustand benutzt werden. Palladium findet auch bereits technisch in kleinerem Maßstab zur Fettreduktion Verwendung, und zwar genügen bereits Mengen von $^1/_{50000}$—$^1/_{100000}$ der verwendeten Fettmenge (D.R.P. 230 724 von Paal u. Skita, beruhend auf Verwendung von Palladiumchlorür und Gummi oder Leim als Schutzkolloid).

Die Reduktion mit Nickel, das aus Nickeloxyd durch Überleiten von Wasserstoff bei 300—400° erhalten wird, erfolgt bei

Temperaturen über 100°. Der Wasserstoff muß sorgfältig von Schwefelverbindungen, Sauerstoff usw. gereinigt sind. Ebenso müssen die Fette einer Vorreinigung unterzogen werden, damit Schwefelverbindungen und sonstige die Reduktion störende Stoffe entfernt werden. Die Reduktion mit Platin oder Palladium kann schon bei niederen Temperaturen erfolgen.

Die gehärteten Öle zeigen, soweit sie weich bis mittelhart sind, in Farbe, Konsistenz und zum Teil auch in Geruch und Geschmack Ähnlichkeit mit Schweineschmalz, die stärker gehärteten mit Rinds- und Hammeltalg.

Im analytischen Verhalten zeigen die gehärteten Fette keine merklichen Unterschiede voneinander, da ja bei allen mehr oder weniger die Umwandlung in das gleiche Endprodukt, die Stearinsäure, erstrebt wird. Die gehärteten Öle zeigen gegenüber ihren Ausgangsprodukten eine Erhöhung des Schmelz- und Erstarrrungspunktes sowie eine Erniedrigung des Brechungsexponenten und der Jodzahl, während die Verseifungszahl ungefähr die gleiche bleibt.

Cholesterin und Phytosterin werden nach Bömer bei dem Härtungsprozeß der Öle nicht angegriffen, denn die aus gehärteten Pflanzenölen abgeschiedenen Sterine zeigen die typischen Kristallformen und Schmelzpunkte des Phytosterins bzw. seines Azetats. Demnach ist es auch möglich, in tierischen Fetten vermittels der Phytosterinazetatprobe gehärtete Pflanzenfette nachzuweisen.

Die Halphensche Reaktion auf Baumwollsaatöl tritt nach Bömer bei gehärteten Produkten nicht auf, während gehärtetes Sesamöl scharf die Baudouinsche Reaktion gibt.

Die für die Benutzung der gehärteten Öle als Speisefette wichtige Frage, ob von dem Reduktionsprozeß herrührend Nickel in den Fetten verbleibt, wird von Prall (siehe die zit. Arbeit von Bömer) dahin beantwortet, daß Nickel sich nur dann in den Fetten findet, und auch nur in Spuren, wenn die zur Herstellung benutzten Öle merkliche Mengen freier Säure enthalten; so ergab z. B. ein Sesamöl mit 2,58 % Säure ein gehärtetes Öl mit 0,006 % Ni_2O_3, ein Waltran mit 0,61 % Säure 0,0045 % Ni_2O_3 im gehärteten Tran. Bei 0,2 % freier Fettsäure im Ausgangsmaterial ist kein Nickel im gehärteten Produkt mehr nachweisbar.

Der Nachweis des Nickels erfolgt in der Weise, daß man 5—10 g Fett mit dem gleichen Volumen konzentrierter Salzsäure unter öfterem Umschütteln ½ Stunde lang im Wasserbad erwärmt, durch ein angefeuchtetes Filter filtriert und das Filtrat in einer Schale eindampft. Der Rückstand ergibt nach Fortini (Chem.-Ztg. 1912, **36**, 1461) bei Gegenwart von Nickel beim Betupfen mit einer 1 proz. alkoholischen Dimethylglyoximlösung Rotfärbung, die bei Zusatz von etwas Ammoniak häufig noch deutlicher wird. Ist der saure Auszug an sich schon stark gefärbt, so wird zunächst der Farbstoff durch Behandeln mit Tierkohle entfernt.

Von gehärteten Fetten werden zurzeit von den Ölwerken Germania (Emmerich) „Talgol" und „Candelit" in verschiedenen Hydrierungs- und Härtegraden für Zwecke der Seifenfabrikation und Kerzenherstellung in den Handel gebracht.

Da die Fette nach Schmelzpunkt und Jodzahl gehandelt werden, ist die Bestimmung dieser Konstanten bei der analytischen Beurteilung von Wichtigkeit.

C. Seifen.

I. Technologisches.

Seifen, d. h. die Alkalisalze der höheren Fettsäuren, werden entweder durch Versieden oder kaltes Verseifen von Fetten oder von Fettsäuren mit starken Laugen oder Soda und Pottasche gewonnen. Seit einigen Jahren wird an vielen Stellen die Gewinnung der Seifen aus den Fettsäuren bevorzugt, weil die hierzu nötige vorhergehende Spaltung der Fette im Autoklaven oder durch Enzyme (s. S. 474) durch die gleichzeitige Gewinnung eines verhältnismäßig reinen Glyzerins lohnender wird. Die enzymatische Fettspaltung ist in den Vereinigten Chemischen Werken Charlottenburg in den letzten Jahren dadurch vervollkommnet worden, daß man aus den geschälten Rizinussamen eine fettspaltende Emulsion durch Behandeln mit Wasser und Zentrifugieren gewinnt und diese anstatt des Samens den zu spaltenden Fetten zusetzt.

Weiche Seifen, sog. Schmierseifen, sind Kaliseifen. Sie enthalten noch das gesamte abgespaltene Glyzerin, sofern sie aus den Fetten selbst hergestellt sind, ferner überschüssige Lauge oder Fett, Salze und alle Verunreinigungen der Ausgangsmaterialien. Das vielfach bevorzugte gekörnte Aussehen der Schmierseifen ist auf Kristallisationen von stearinsaurem und palmitinsaurem Kali zurückzuführen. Neuerdings ist es auch gelungen, feste Kaliseifen bei Verwendung hochschmelzender Fette und Wachse (Japanwachs, Walrat, chines. Wachs, Bienenwachs) herzustellen.

Harte oder Natronseifen werden entweder durch kaltes Rühren der Fette (besonders Kokos- und Palmkernöl) mit starker Natronlauge (Toiletteseifen) oder durch Kochen der Fette mit Natronlauge oder der Fettsäuren mit Soda gewonnen. Das Krebitz-Verfahren zur Seifenfabrikation, das ein besseres Glyzerin liefern soll, beruht darauf, daß aus den Fetten mit Ätzkalk Kalziumseifen hergestellt und diese nach dem Abfiltrieren und Auslaugen des Glyzerins durch Wasser mit Natriumkarbonat umgesetzt werden. Die harten Seifen werden meistens mit Kochsalz ausgesalzen (sog. Kernseifen) und so von der glyzerinreichen Unterlauge getrennt. Bei den zu Leim erstarrten Seifen, sog. Leimseifen, ferner bei gefüllten Seifen (größtenteils aus Kokosnußöl gewonnen) unterbleibt das Aussalzen, demnach enthalten diese Seifen mehr Wasser als die Kernseifen, bei denen der Wassergehalt in der Regel 10—30 % beträgt. Die kalt gerührten Seifen enthalten stets noch Glyzerin, überschüssiges Alkali und Verunreinigungen, häufig Füllstoffe.

Bei Toiletteseifen, z. B. der Lanolinseife, läßt man vielfach einen kleinen Überschuß (etwa 0,06—0,08 %) freies Alkali in der Seife, um für die bei der sog. Nachverseifung in der abgelassenen noch warmen und halbflüssigen Seife stattfindende Umsetzung zwischen Fettsäuren oder Fett und Alkali genügende Mengen des letzteren verfügbar zu haben. Die Lanolinseife enthält außerdem noch 8—10 % gereinigtes, nach der Verseifung zugesetztes Wollfett (Lanolin); sie ist also eine sog. überfettete Seife. Für Waschseifen sind solche Zusätze natürlich nicht angebracht, während sie auf der Haut günstig wirken können.

Die Vorgänge bei der Seifenfabrikation, insbesondere die Einwirkung der als Elektrolyte wirkenden freien Alkalien und des Kochsalzzusatzes auf die Ausscheidung der Seife und ihre Zusammensetzung sind in vorzüglicher Weise vom kolloidchemischen Standpunkt in dem Buch von Mercklen, die Kernseifen, ins Deutsche übersetzt von F. Goldschmidt, dargestellt. Der letztgenannte Verfasser hat auch kürzlich in Gemeinschaft mit L. Weißmann eine interessante experimentelle und theoretische Studie über den Einfluß von Elektrolyten auf Viskosität und Leitvermögen von wässrigen Lösungen von Ammoniakseifen veröffentlicht (Ztsch. f. Chem. d. Kolloide 1912, **12**, 18).

Die Waschwirkung der Seifen beruht zum Teil darauf, daß die wässerigen Seifenlösungen an sich Fette und Mineralöle zu emulgieren oder lösen vermögen, zum Teil darauf, daß die Seifen sich durch Zutritt von Wasser in freie Fettsäure (bzw. saure Seife) und freies Ätzkali oder Ätznatron zersetzen und letztere die reinigende Wirkung unterstützen. Nach W. Spring (Zeitschr. f. Chem. und Ind. d. Koll. 1910, **6**, 11) spielt auch die adsorbierende Wirkung der Seife gegenüber Kohle (Ruß), Eisenhydroxyd usw., die mit Seifen an Glas, Porzellan, Haut usw. nicht haftende Adsorptionsverbindungen liefern, eine wesentliche Rolle bei der Reinigungswirkung der Seife.

II. Prüfung.

Zur Prüfung ist eine gute Durchschnittsprobe aus dem inneren Teil der Seife zu entnehmen, da die Seife an der Oberfläche beim Liegen austrocknet. Auch muß das Abwägen der Seifenproben wegen der Wasseranziehung möglichst schnell geschehen.

a) Wasserbestimmung. 5 g Seife werden mit 15 g ausgeglühtem Sand gemengt (zur Verhütung des Zusammenschmelzens), 1 Stunde bei 60—70° und darauf bis zur Gewichtskonstanz bei 100—105° getrocknet. Der Gewichtsverlust der Seife stellt den Gehalt an Wasser dar (Konventionsmethode), falls nicht noch andere flüchtige Stoffe wie Terpentinöl oder Benzin in der Seife zugegen waren. In letzterem Falle wird das Wasser nach Marcusson (S. 26) oder durch Differenzanalyse ermittelt.

b) Gesamtfett. Unter Gesamtfett versteht man bei Seifen die Summe der fettartigen Bestandteile, nämlich Fettsäuren, Neutralfett, Harzsäuren und Unverseifbares. Die aus 10—20 g der Seife durch Mineralsäure unter Erwärmen nach dem Hehnerschen Verfahren (S. 441) abgeschiedenen Fettsäuren werden nach Auswaschen der Mineralsäure gewogen (Konventionsmethode). Auf wasserlösliche Säuren braucht nur bei Gegenwart von Kokosfett- oder Palmölseifen Rücksicht genommen zu werden. In solchen Fällen salzt man nach Zusatz der Schwefelsäure mit Kochsalz aus und gewinnt so die löslichen Säuren mitsamt den unlöslichen.

Das auf Wägung der Fettsäuren als Kalisalze beruhende, von Hefelmann angegebene Verfahren, das genauere Resultate liefert als das Hehnersche, s. S. 442. Bei der Trocknung der Alkalisalze von

Leinöl an der Luft können Fehler entstehen, in diesem Falle ist die Trocknung im Kohlensäurestrom vorzunehmen.

Die mit der Huggenbergschen Scheidebürette erzielten Ergebnisse (Einheitsmethoden S. 50) haben nur für die Fabrikpraxis Wert, ohne Anspruch auf wissenschaftliche Genauigkeit zu machen.

c) Freie Fettsäure. Gibt eine Seife in kalter alkoholischer Lösung keine Rotfärbung mit Phenolphthaleïn, so ist meist freie Fettsäure oder unverseiftes Neutralfett zugegen. Die Bestimmung der freien Säure erfolgt durch Lösen von 10 g Seife in neutralisiertem etwa 60proz. Alkohol und Titration mit $^1/_{10}$ normaler Kalilauge. Der Alkaliverbrauch wird als % SO_3 oder Ölsäure (s. S. 187) ausgedrückt.

d) Unverseiftes Neutralfett. Das nach b isolierte Gesamtfett wird in alkoholischer Lösung mit $^1/_2$ normaler Kalilauge bis zur schwachen Rötung von Phenolphthaleïn titriert und dann nach Spitz und Hönig (s. S. 212) ausgezogen. Beim Eindampfen der Benzinlösung hinterbleibt Neutralfett + Unverseifbares. Der gewogene Rückstand wird mit überschüssiger $^1/_2$ normaler alkoholischer Kalilauge verseift und nun nach Spitz und Hönig abermals ausgezogen. Das so erhaltene Unverseifbare von der Summe Neutralfett + Unverseifbares subtrahiert ergibt den Gehalt an unverseiftem Neutralfett (Konventionsmethode).

e) Gesamtalkali. Unter Gesamtalkali versteht man die Summe des freien, des an Kohlensäure (Kieselsäure, Borsäure) und an Fettsäure gebundenen Alkalis.

5—10 g Seife werden in Wasser gelöst und bei Gegenwart von Methylorange mit $^1/_2$ normaler Schwefelsäure titriert. Aus dem Verbrauch an H_2SO_4 wird das Gesamtalkali berechnet, bei harten Seifen als Na_2O, bei weichen als K_2O. Voraussetzung ist Fehlen von NaCl, Na_2SO_4 usw. Sind letztere Stoffe zugegen, so führt am sichersten Aschenbestimmung zum Ziel. 1 ccm $^1/_2$ N.-Schwefelsäure entspricht 31 mg Na_2O oder 47 mg K_2O.

f) Freies Alkali. Irgendwie erheblicher Alkaliüberschuß ist nicht nur bei Toiletten- und Hausseifen, sondern auch bei den zum Waschen von Wolle und Seide dienenden Seifen zu vermeiden, da das freie Alkali die Oberfläche der Fasern, insbesondere den Glanz zerstört. Seidenfärbereien lassen noch 0,03% freies Na_2O zu, während zum Waschen und Walken starker wollener Tuche 1—1½% freies Alkali in den Walkseifen gestattet sind.

1. Einfaches Verfahren der Alkalibestimmung. 5 g Seife werden in 100 ccm absolutem, mit Phenolphthaleïn neutralisiertem Aklohol heiß gelöst und filtriert, sofern unlösliche Bestandteile vorhanden sind. Tritt Rotfärbung in dem erkalteten Filtrat ein, so titriert man dieses mit ½ N.-Salzsäure bis zur Entfärbung (Konventionsmethode). Die Rotfärbung der Seife in heißer alkoholischer

Lösung braucht nicht auf Gegenwart von freiem Alkali hinzudeuten, weil gemäß den Ausführungen auf S. 385 auch neutrale Seifen in kochendem Alkohol dissoziieren.

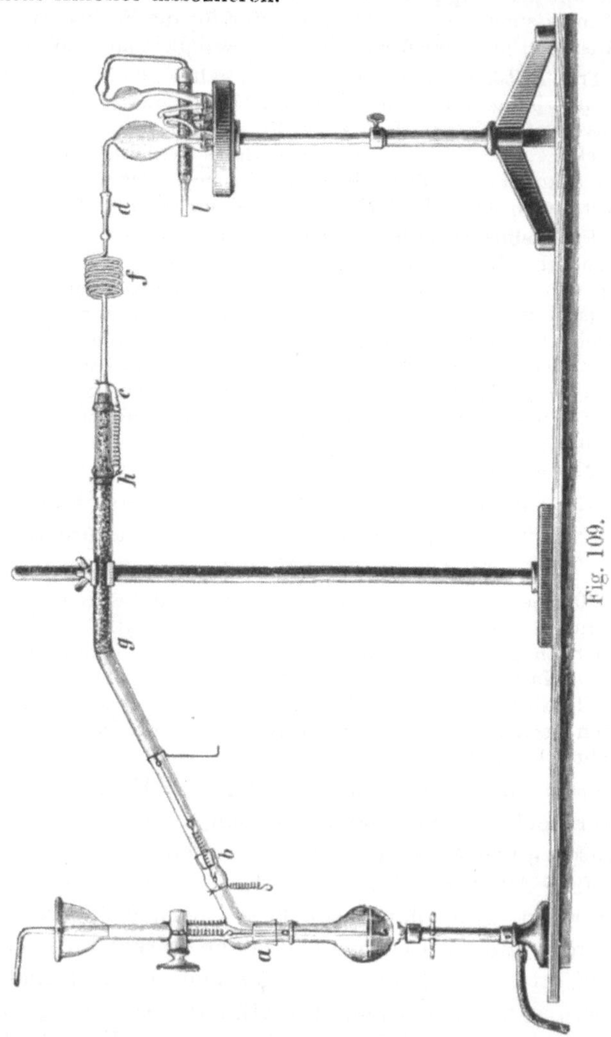

Fig. 109.

2. G e n a u e B e s t i m m u n g d e s f r e i e n A l k a l i s. Verfahren 1 liefert nach H e e r m a n n (Chem.-Ztg. **1904**, **28**, **53**) bei Gegenwart von sehr wenig freiem Alkali, dessen genaue Er-

mittlung z. B. in der Seidenfärberei von großer Wichtigkeit ist, infolge der ungenügenden Empfindlichkeit des Phenolphthaleïnindikators in alkoholischer Seifenlösung keine zuverlässigen Werte. Heermann verfährt folgendermaßen:

Je nach dem Grade der Alkalität werden 5—10 g Seife in etwa 250 ccm frisch ausgekochtem destillierten Wasser gelöst und mit 10—15 ccm 30 proz. Chlorbariumlösung versetzt. Ausfallende Barytseife, event. auch Bariumkarbonat aus etwa vorhandenem Alkalikarbonat werden abfiltriert und gut ausgewaschen. Das Filtrat, welche eine dem ursprünglich vorhandenen freien Ätzkali äquivalente Menge Bariumhydroxyd enthält, wird mit $^1/_{10}$ N.-Salzsäure und Phenolphthaleïn titriert. Ein Überschuß von Chlorbarium ist belanglos.

g) Kohlensaures Alkali. In der Regel genügt es, den nach f) 1. erhaltenen Filtrationsrückstand in Wasser zu lösen, mit $^1/_2$ N.-Salzsäure bei Gegenwart von Methylorange zu titrieren und aus dem Salzsäureverbrauch den Karbonatgehalt zu berechnen. Sind außer kohlensaurem Alkali andere basisch reagierende Stoffe zugegen (Borate, Silikate), so ist der Karbonatgehalt durch Kohlensäurebestimmung mit dem Finkenerschen Apparat, Fig. 109, (s. Mitteilungen 1889, 7, 156) zu ermitteln. Silikate werden durch Kieselsäurebestimmung, Borate nach vorheriger Titration des Gesamtalkalis aus der Differenz berechnet.

h) An Fettsäure gebundenes Alkali. Ein aliquoter Teil der nach b) abgeschiedenen Fettsäuren wird mit $^1/_{10}$ N.-Natronlauge neutralisiert. Aus dem Verbrauch an Natronlauge berechnet man das zum Binden der gesamten Fettsäure nötige Alkali. Diese Titration kann gleichzeitig zur Bestimmung des Molekulargewichtes der Fettsäuren (S. 430) dienen.

i) Natur der Fettgrundlage. Das nach b) erhaltene Gesamtfett wird gemäß S. 415 u. ff. geprüft. Etwa vorhandenes Neutralfett sowie unverseifbare Stoffe werden direkt aus der Seifenlösung durch Ausschütteln mit Äthyläther gewonnen. Zur Feststellung der tierischen oder pflanzlichen Herkunft des Fettes ist in den Fällen, in denen die Konstanten der Fettsäuren keine sicheren Schlüsse zulassen, Abscheidung der höheren Alkohole (Cholesterin bzw. Phytosterin) nach S. 433 aus 50 bis 100 g Seife erforderlich. Das erhaltene Rohcholesterin wird nach S. 434 weiter geprüft. Auf Tran prüft man mit der Oktobromidprobe nach S. 422.

Auf Harz prüft man qualitativ mittels der Morawskischen Reaktion, quantitativ nach S. 193ff. Nach Beobachtung von Besson (Seifenfabrikant 1911, 202) geben die Fettsäuren von Seifen, die aus grünen Sulfurölen hergestellt sind, auch bei Abwesenheit von Harz die Storch-Liebermannsche Reaktion, weshalb bei positivem Ausfall der Farbenreaktion noch Jodzahl und Refraktion zur Entscheidung der Gegenwart von Harz herangezogen werden sollen.

k) Anorganische Zusatzstoffe. Borax, Wasserglas, Kochsalz, Ton, Kreide und dgl. sind durch Auflösen der getrockneten Seife in

Tabelle 85.

Bedingungen der Staatsbahnen für Lieferung von Seifen[1]).

Material	Staat	Äußere Erscheinungen	Gehalt an Fettsäuren %	Sonstige Eigenschaften
Schmierseife	Preußen 1903	klar und durchscheinend, geruchlos	mindestens 40	(Braune oder grüne Seife) soll frei von Kieselsäure, kieselsauren Salzen, Ton, Stärkemehl und sonstigen Füllmitteln bzw. fremdartigen Zusätzen und so fest sein, daß sie bei 25° sich nicht zieht. Tran und übelriechende Fette dürfen zur Seife nicht verwandt werden. Zusatz von Harz ist bis zu 5 % des verwendeten Fettes zulässig.
	Bayern 1900	hellbraun, an den Kanten hell durchscheinend, Konsistenz auch im Sommer noch dicksalbenartig, zähe	mindestens 35	Muß reinste harzfreie Ölseife sein, soll keine fremdartigen, namentlich ätzenden Bestandteile sowie Beschwerungsmittel haben und Putz- und Schmierzwecken entsprechen. Wasser darf 45 %, Asche (Kali) 10 %, Verunreinigungen 3,85 % nicht übersteigen. Unverseifbares Fett sowie freies Alkali dürfen nicht vorhanden sein. Beim Lagern dürfen sich keine flüssigen Ausscheidungen bilden.
	Sachsen 1902	dickschmierig	—	Muß aus Leinöl hergestellt, frei von schädlichen Stoffen sein und wenigstens 45 % Fettgehalt zeigen.
	Württemberg 1904	dicksalbenartig, zähe, hellbraun, an den Kanten durchscheinend	mindestens 35	Reinste harzfreie Ölseife, darf keine fremdartigen, namentlich ätzenden Bestandteile, Stärkemehl, Erdmetalloxyde enthalten. Muß Putzzwecken und, im Wasser gelöst, Schmierzwecken dienen und in lauem Wasser sich gleichmäßig verteilen. Farben ausgeschlossen. Mineralöl und unverseifbares Fett sind unzulässig. Aschengehalt (abgesehen von gebundenem Alkali) unter 5 %. Spuren von freiem Alkali.

Schmierseife	Baden 1910	dicksalbenartig, zähe, hellbraun, an den Kanten durchscheinend	mindestens 35	Reinste, harzfreie Ölseife, ohne fremde Beimischung und Beschwerungsmittel, desgl. frei von Mineralöl, Mineralfetten und unverseiftem Fett, nur geringen Gehalt an freiem Alkali besitzend. Beim Lagern dürfen sich keine flüssigen Ausscheidungen bilden. Aschengehalt nicht über 5 %.
	Reichslande 1912	klar und durchscheinend, darf keinen schlechten Geruch besitzen	mindestens 40	(Grüne) aus Leinöl ohne Beimengungen von Tran, Harz usw. Frei von Verunreinigungen, fremden Zusätzen, Farbstoffen. Darf beim Lagern nicht zerfallen, kein Wasser abscheiden, nicht flüssig werden und nicht aus altem, ranzigen Öl hergestellt sein. 8 % Kali enthaltend.
Weiße Seife (Kernseife)	Preußen 1903	darf keinen besonders auffälligen Geruch besitzen, d. h. weder übelriechend noch künstlich wohlriechend	mindestens 60	Soll neutrale Kernseife sein. Frei von Harz, Kieselsäure, kieselsauren Salzen, Ton, Stärkemehl und sonstigen fremdartigen Zusätzen. Beim Waschen ausreichend schäumend. Sie muß trocken sein, 5 Tage lang der Luft bei 20° ausgesetzt, höchstens 5 % ihres ursprünglichen Gewichtes verlieren.
	Württemberg 1904	—	60	(Kernseife) soll rein, frei von Harz, Kieselsäure und Verunreinigungen und trocken sein, Wassergehalt nicht über 25 %.
	Baden 1910	muß fest, nicht schmierig und von nicht zu dunkler Farbe sein	mindestens 60	Muß ungefüllt sein, frei von fremden Beimengungen und unverseiftem Fett, höchstens Spuren von freiem Alkali. Wassergehalt höchstens 30 %. Oleïn- und Harzseife nicht zulässig.
	Reichslande 1912	nicht schmierig, weiß, hart	mindestens 60	Muß neutrale Kernseife, frei von Unreinigkeiten, gut ausgesalzen sein, 7,5 % Natron, höchstens 30 % Wasser; kein freies Natron oder freie Fettsäure.
	Die Bedingungen von Bayern und Sachsen enthalten keine Bestimmungen über weiße Seife.			

[1]) Anfang 1913 gültig.

absol. Alkohol zu ermitteln und in üblicher Weise weiter zu prüfen (Näheres siehe auch Einheitsmethoden S. 60ff.)

l) Organische Zusatzstoffe. Zucker wird nach Behandlung der wäßrigen Lösung mit Bleiessig und Natriumkarbonatlösung polarimetrisch oder nach Invertieren mit Säure durch Fehlingsche Lösung nachgewiesen.

Stärke bleibt beim Behandeln der Seife mit abs. Alkohol ungelöst zurück und kann durch die Blaufärbung beim Betupfen mit alkoholischer Jodlösung qualitativ nachgewiesen werden. Quantitative Bestimmung kann durch Überführung in Stärkezucker durch Kochen mit verdünnter Schwefelsäure und Titration mit Fehlingscher Lösung erfolgen.

Gelatine erkennt man an der Ausfällbarkeit mittels Tannin.

Glyzerin wird nach Ansäuern und Abscheiden der Fettsäuren im Filtrat nach der Azetinmethode bestimmt (S. 498).

Alkohol wird nach Ansäuern der Lösung mit Phosphorsäure und Abdestillieren durch die Jodoformreaktion qualitativ, durch Bestimmung des spez. Gewichts des Destillates quantitativ bestimmt.

Zur Bestimmung von Karbolsäure und homologen Phenolen, die sich in medizinischen Seifen finden, benutzt man die Unlöslichkeit der fettsauren Salze in konzentr. Kochsalzlösung, in welcher die Phenolate gelöst bleiben. Es werden 100 g Seife in warmem Wasser gelöst mit 10 proz. Natronlauge zum Neutralisieren versetzt. Mit Äthyläther werden etwa vorhandene Teerkohlenwasserstoffe entfernt. Die alkalische Flüssigkeit behandelt man mit starker Kochsalzlösung, wäscht die ausfallende Seife mit Salzwasser aus, dampft das Filtrat auf ein geringes Volumen ein, spült in einen Meßzylinder und setzt so viel festes Kochsalz hinzu, daß ein Teil desselben ungelöst bleibt. Dann säuert man mit Schwefelsäure an, und liest das Volumen der abgeschiedenen Karbolsäure bzw. Phenole ab (vgl. a. E. Schmidt, Pharm. Chem. 1896, 913).

Teer- und Petroleumkohlenwasserstoffe, die zur Erhöhung der reinigenden Wirkung manchmal den Seifen zugesetzt werden, können entweder, wie oben angegeben, durch Äthyläther oder durch Lösen der Seife in 50 proz. Alkohol und Ausschütteln nach Spitz und Hönig bestimmt werden. Bei Gegenwart leicht flüchtiger Kohlenwasserstoffe, z. B. Benzin, zersetzt man 100 g Seife mit verdünnter Schwefelsäure in einem geräumigen Kolben und destilliert das Benzin mit Wasserdampf über (auch auf Terpentinöl kann so geprüft werden). Die im Kolben zurückbleibende Masse kann verseift und nach Spitz und Hönig noch auf Gegenwart schwerer flüchtiger, unverseifbarer Stoffe geprüft werden.

D. Seifenpulver.

Die Seifenpulver stellen eine für manche Zwecke handlichere Form der Seife dar; sie enthalten aber meistens in großer Menge die bekannten Seifensurrogate bzw. Füllstoffe wie Wasserglas, Soda, sauerstoffentwickelnde Substanzen usw. neben kleinen Mengen Seife. Für „Seifenpulver" wird ein Mindestfettsäuregehalt von 30 % verlangt, während Erzeugnisse mit geringerem Fettsäuregehalt als „Waschpulver" bezeichnet werden (Seifensiederzeitung 1911, 653).

Als sauerstoffentwickelnde Substanzen kommen Natriumsuperoxyd, Perborate, Perkarbonate, Persulfate in Frage.

Zur qualitativen Prüfung auf aktiven Sauerstoff entwickelnde Körper wird die Probe mit Wasser, verdünnter Schwefelsäure und Chloroform durchgeschüttelt und die saure wässerige Schicht abgehoben. Man überschichtet sie mit Äther, fügt einige Tropfen einer verdünnten Kaliumbichromatlösung zu und schüttelt durch. Bei Gegenwart sauerstoffabspaltender Substanzen ist der Äther durch Überchromsäure blau gefärbt. Andere qualitative Reaktionen sowie die quantitative Bestimmung des aktiven Sauerstoffs durch direkte Titration mit Permanganat bzw. bei Gegenwart von Ferroammoniumsulfat siehe „Einheitsmethoden" S. 66—70.

Aus dem nachfolgend beschriebenen Untersuchungsgang eines handelsüblichen Seifenpulvers ergibt sich die Art der Prüfung in ähnlichen Fällen.

1. Qualitative Prüfungen. Löslich in Wasser bis auf geringfügige Mengen feinen Sand, Fasern usw. In Lösung war hauptsächlich Soda und, wie die Ausscheidung von Kieselsäure und geringen Mengen Fettsäure auf Zusatz von Mineralsäure zeigte, kieselsaures Alkali und wenig Seife. Schwermetalle und Erdalkalimetalle waren nicht zugegen. Reaktion auf Kali mit $PtCl_4$ war negativ. Von Säuren war nur Kohlensäure neben Kieselsäure und Fettsäure vorhanden.

2. Wassergehalt: Gewogene pulverisierte Menge bei 100° getrocknet: Gefunden . . . . 21,72 %.

3. In Wasser nicht lösliche Stoffe (feiner Sand usw.) 1,5 %.

4. Im Filtrat Kieselsäure nach Eindampfen mit Salzsäure und Trocknen bei 130° bestimmt . . . . 11 %.

5. Seifenbestimmung: Das getrocknete Seifenpulver in gewogener Menge mit absol. Alkohol erschöpfend heiß behandelt, Lösung filtriert und abgedampft . . . . 8 %.

6. Sodabestimmung: Durch Ermittlung der Kohlensäure nach Geißler berechnet als Na_2CO_3 . . . . 42 %.

7. Zur Ermittlung der Menge des an Kieselsäure gebundenen Natrons wurde im Filtrat der Kieselsäurebestimmung durch Eindampfen mit Schwefelsäure das Gesamtnatron als Na_2SO_4 bestimmt, dieses auf Na_2O umgerechnet, das auf Na_2CO_3 und die 8 % Seife entfallende Na_2O in Abzug gebracht, der verbleibende Rest Na_2O wurde als an SiO_2 gebunden berechnet und ergab so kieselsaures Natron . . . . 26 %.

Aus den gefundenen 11 % Kieselsäure ergab sich zwar, wenn man diese auf Na_2SiO_3 berechnet, ein etwas geringerer Gehalt an kieselsaurem Natrium, indessen ist zu berücksichtigen, daß das Verhältnis von SiO_2 zu Na_2O im Wasserglas schwankend ist.

E. Glyzerin.

(Literatur: Einheitsmethoden S. 74 ff.)

I. Allgemeines.

Glyzerin, das als Fettsäureester in allen verseifbaren Ölen und festen Fetten vorkommt, ist ein Nebenprodukt der Seifen- und Stearinfabrikation. Hierbei entstehen Glyzerinwässer, die durch Vorbehandlung und Eindampfen auf Rohglyzerin verarbeitet werden; diese werden nach ihrem Gehalt an Reinglyzerin bewertet. Durch chemische Reinigung und Entfärbung entstehen die raffinierten Glyzerine. Werden die Rohglyzerine Destillationsprozessen unterworfen, so entstehen die einfach und doppelt destillierten Glyzerine.

Je nach der Herkunft unterscheidet man folgende glyzerinhaltigen Unterlaugen und Glyzerinwässer (s. auch Fettspaltung S. 473):

a) Seifensiederunterlaugen; enthalten etwa 80 % des durch Verseifung gewonnenen Glyzerins. Sie sind durch anorganische Salze und organische Stoffe (Extraktivstoffe, Seifen usw.) stark verunreinigt. Der Gehalt an Reinglyzerin schwankt zwischen 5 und 10 %.

b) Autoklaven - Glyzerinwässer sind die reinsten glyzerinhaltigen Flüssigkeiten, gewöhnlich etwa 10proz.

c) Twitchell - Wässer sind meist ziemlich rein, 12—16 % Reinglyzerin.

d) Fermentglyzerinwässer enthalten ziemlich viel Eiweiß aus den Rizinussamen, sonst ebenfalls recht rein, 12—19 % Glyzerin.

e) Krebitzwässer entstehen beim Auslaugen der Kalkseifen mit Wasser, daher stark kalkhaltig, 6—8 % Glyzerin.

II. Qualitative Prüfung.

Glyzerin, und damit auch die Gegenwart von verseifbarem Fett, z. B. in Wachsen und dgl., wird qualitativ durch die Akroleïnprobe nachgewiesen. Beim Erhitzen für sich oder besser mit

Kaliumbisulfat entsteht unter Wasserabspaltung aus dem Glyzerin Akroleïn, das durch einen äußerst stechenden Geruch charakterisiert ist, gemäß der Gleichung:

$$CH_2OH \cdot CHOH \cdot CH_2OH = CH_2 : CH \cdot CHO + 2\,H_2O.$$

Ist nur wenig verseifbares Fett vorhanden, so verseift man die Probe in der üblichen Weise, scheidet durch Mineralsäurezusatz die Fettsäuren ab, filtriert ab und dampft das Filtrat nach Neutralisation mit Soda ein. In dem so angereicherten Rückstand prüft man dann auf Glyzerin in der oben angegebenen Weise durch Erhitzen mit Kaliumbisulfat.

Nach einem von Wagenaar (Chem. Zentralbl. 1911, I, 1765; II, 103) angegebenen Methode kocht man die auf Glyzerin zu untersuchende Probe mit alkoholischer Kalilauge, säuert an, filtriert, macht das Filtrat alkalisch, setzt Kupfersulfat zu und kocht 1 Min. lang. Wenn das nunmehrige Filtrat blau ist, war Glyzerin zugegen.

III. Quantitative Bestimmung.

Die Bestimmung der Glyzerinausbeute eines Fettes ist von Bedeutung für die Bewertung der Produkte in der Kerzen- und Seifenfabrikation, kommt für die analytische Unterscheidung der Fette nur in Frage, wenn es sich z. B. um den Nachweis von Fetten in Wachsen und ähnlichen Produkten handelt, die keine Glyzerinester sind. Da die Glyzeridfette im Durchschnitt etwa 10 % Glyzerin liefern (der Glyzerinrest in den Fetten = etwa 5 %), kann aus dem Glyzeringehalt die Menge des Neutralfettes angenähert berechnet werden.

a) Rohglyzerin. Zur Untersuchung des Glyzeringehaltes von Rohglyzerinen ist in London im Jahre 1910 von einer internationalen Kommission zur Vereinheitlichung der Glyzerinbestimmungsverfahren (vgl. auch Grünewald, Zeitschr. f. angew. Chem. 1911, 24, 865) folgende Standardmethode vorgeschrieben worden:

Analyse.

1. Bestimmung des freien Ätzalkalis.

20 g des Glyzerinmusters werden in einem 100 ccm fassenden Meßkölbchen abgewogen und mit 50 ccm frisch ausgekochtem dest. Wasser verdünnt. Dann setzt man einen Überschuß von neutraler Chlorbariumlösung und 1 ccm Phenolphthaleïnlösung hinzu, füllt bis zur Marke auf und schüttelt kräftig durch. Vom abgesetzten Niederschlag pipettiert man 50 ccm der klaren Flüssigkeit ab und titriert mit Normalsäure. Man berechnet den Alkaligehalt in Prozenten auf Na_2O.

2. Bestimmung der Asche und des Gesamtalkalis.

2—5 g des Glyzerinmusters werden in einer Platinschale abgewogen und das Glyzerin über einem leuchtenden Argandbrenner oder einer ähnlichen Wärmequelle mit niedriger Flammentemperatur abgeraucht. Die Temperatur muß möglichst niedrig gehalten werden, um Bildung von Sulfiden und Verflüchtigung von Alkalien zu vermeiden. Wenn die Masse so weit verkohlt ist, daß keine Wasser färbenden löslichen organischen Substanzen mehr vorhanden sind, wird mit heißem dest. Wasser extrahiert, filtriert und gewaschen. Rückstand und Filter verascht man in der Platinschale. Filtrat und Waschwasser werden dann in dieselbe Schale gegeben, auf dem Wasserbade eingedampft und so vorsichtig geglüht, daß die Masse nicht ins Schmelzen kommt.

Den gewogenen Rückstand löst man in Wasser auf und titriert das Gesamtalkali entweder in der Kälte mit Methylorange oder in der Siedehitze mit Lackmus als Indikator.

3. Bestimmung des als Karbonat vorhandenen Alkalis.

10 g des Glyzerinmusters werden mit 50 ccm dest. Wasser verdünnt und mit genügend Normalsäure versetzt, um das bei „2" gefundene Gesamtalkali zu neutralisieren. Dann wird am Rückflußkühler 15—20 Min. gekocht, das Kühlrohr mit kohlensäurefreiem, dest. Wasser abgespült und unter Zusatz von Phenolphthaleïn als Indikator mit Normalnatronlauge zurücktitriert. Man berechnet den Prozentgehalt an Na_2O und zieht die Prozente Na_2O, die bei „1" gefunden sind, ab. Die Differenz entspricht dem Prozentgehalt an Na_2O als Karbonat.

4. An organische Säuren gebundenes Alkali.

Die Summe der Na_2O-Prozente, welche bei „1" und „3" gefunden sind, wird von den bei „2" gefundenen Na_2O-Prozente abgezogen. Die Differenz entspricht den an organische Säuren gebundenen Alkalien.

5. Säurebestimmung.

10 g des Glyzerinmusters werden mit 50 ccm kohlensäurefreiem, dest. Wasser verdünnt und unter Zusatz von Phenolphthaleïn mit Normalnatronlauge titriert.

Als Resultat wird in Gramm die Menge Na_2O angegeben, welche erforderlich ist, um 100 g des Glyzerinmusters zu neutralisieren.

6. Bestimmung des Gesamtrückstandes bei 160°.

Um einen Verlust an organischer Säure zu vermeiden, wird das Rohglyzerin mit Soda schwach alkalisch gemacht. Jedoch darf man, um die Bildung von Polyglyzerinen zu verhindern, eine Alkalität von 0,2 % Na_2O nicht überschreiten.

10 g des Musters werden in einem 100-ccm-Kölbchen abgewogen, mit etwas Wasser verdünnt, und die notwendige Menge Normalsalzsäure oder Soda zugefügt, um die richtige Alkalinität zu erreichen. Dann wird auf 100 aufgefüllt, der Inhalt gut durchgeschüttelt und 10 ccm davon in eine gewogene Petrischale mit flachem Boden von

6 cm Durchmesser und 12 mm Tiefe gegeben. Bei Rohglyzerinen mit abnorm hohem organischen Rückstand muß eine geringere Menge abgedampft werden, so daß das Gewicht des organischen Rückstandes 30—40 mg nicht wesentlich überschreitet.

Abdampfen des Glyzerins.

Die Schale wird auf ein Wasserbad gesetzt, bis der größte Teil des Wassers verdunstet ist. Dann wird die weitere Verdampfung in einem Trockenschrank bei höherer Temperatur vorgenommen. Gute Resultate erzielt man in einem Trockenschrank von 30 × 30 × 30 cm, dessen Boden aus einer Eisenplatte von 20 mm Stärke besteht, und der in halber Höhe einen mit Asbeststreifen belegten Zwischenboden enthält. Auf diese Streifen stellt man die Petrischale mit der Glyzerinlösung. Wenn die Temperatur des Trockenschrankes bei geschlossener Tür auf 160° reguliert ist, so kann eine Temperatur von 130—140° unschwer bei halboffener Tür erhalten werden. Der größte Teil des Glyzerins sollte bei dieser Temperatur verdampft werden. Wenn das Glyzerin fast ganz verflüchtigt ist, so daß nur noch schwache Dünste abziehen, entfernt man die Schale und läßt erkalten. Es werden 0,5—1 ccm Wasser zugesetzt, und der Rückstand durch drehende Bewegung ganz oder nahezu vollständig in Lösung gebracht. Die Schale wird dann wieder auf das Wasserbad oder auf den oberen Deckel des Trockenschrankes gestellt, bis das überflüssige Wasser verdunstet ist, und der Rückstand sich in solchem Zustand befindet, daß er, in den 160° heißen Trockenschrank gebracht, nicht spritzt. Die Zeit, welche bis zu diesem Punkte erforderlich ist, kann nicht genau angegeben werden, ist aber auch nicht von Wichtigkeit; im allgemeinen braucht man 2—3 Stunden. Alsdann müssen jedoch genaue Zeiten innegehalten werden. Man läßt die Schale eine Stunde im Trockenschrank stehen, dessen Temperatur genau auf 160° eingestellt ist, nimmt sie dann heraus, läßt abkühlen, behandelt den Rückstand mit Wasser wie vorher und dunstet das Wasser wiederum ab. Der Rückstand wird nochmals eine Stunde lang einer zweiten Eintrocknung unterworfen, worauf man die Schale in einem Exsikkator über Schwefelsäure abkühlt und alsdann zur Wägung bringt. Die Behandlung mit Wasser usw. wird so lange wiederholt, bis ein konstanter Verlust von 1—1,5 mg pro Stunde eintritt.

Korrektionen, die an dem Gewicht des Gesamtrückstandes anzubringen sind.

Bei sauren Glyzerinen muß eine Korrektion für das zugesetzte Alkali angebracht werden. 1 ccm Normalalkali entspricht einer Gewichtszunahme von 0,022 g; bei alkalischen Rohglyzerinen muß eine Korrektion für die zugegebene Säure angebracht werden. Man subtrahiert die Gewichtszunahme, welche aus der Umwandlung des NaOH und Na_2CO_3 in NaCl hervorgeht. Das korrigierte Gewicht mit 100 multipliziert, ergibt den Prozentgehalt des Gesamtrückstandes bei

160°. Der Gesamtrückstand ist für die Bestimmung der nichtflüchtigen azetylierbaren Verunreinigungen aufzuheben.

7. Die Differenz zwischen dem Gesamtrückstande bei 160° und der Asche ist der organische Rückstand. Hierbei ist zu beachten, daß die Alkalisalze der organischen Säuren beim Glühen in Karbonate umgewandelt werden, und daß somit das CO_2, welches auf diese Weise entsteht, nicht im organischen Rückstand enthalten ist.

8. Feuchtigkeit.

Der Bestimmung liegt die Tatsache zugrunde, daß Glyzerin bei längerem Stehen im Vakuum über Schwefelsäure oder Phosphorsäureanhydrid völlig vom Wasser befreit wird.

2—3 g sehr reinen voluminösen Asbestes, der mit Säuren gereinigt, gewaschen und im Heißwassertrockenschrank schon getrocknet worden ist, werden in ein kleines Wägeglas von etwa 15 ccm Inhalt gebracht. Das Wägeglas wird im Vakuumexsikkator über Schwefelsäure bei einem Druck von 1—2 mm Quecksilber so lange gehalten, bis das Gewicht konstant ist; sodann werden 1—1,5 g des Musters so vorsichtig auf Asbest getropft, daß sie von diesem vollständig absorbiert werden. Das Gläschen mit Inhalt wird gewogen und dann so lange im Exsikkator unter 1—2 mm Druck gestellt, bis es konstant im Gewichte geworden ist. Bei 15° ist Gewichtskonstanz in etwa 48 Stunden erreicht. Bei tieferen Temperaturen dauert es länger. Die Schwefelsäure im Exsikkator muß öfters erneuert werden.

Azetinverfahren zur Glyzerinbestimmung.

Die amerikanischen, britischen, deutschen und französischen Glyzerinanalysenkommissionen haben sich gelegentlich einer Zusammenkunft ihrer Vertreter in London auf die nachfolgende Methode geeinigt und sind zu der Überzeugung gekommen, daß die Resultate dieser Methode bei Rohglyzerin der Wahrheit am nächsten kommen. Sie haben sich ferner dahin verständigt, daß diese Methode stets dann anzuwenden ist, wenn der Glyzeringehalt nur nach einer Methode ermittelt werden soll. Bei Reinglyzerinen ergibt die Methode Resultate, die mit denen des Bichromatverfahrens identisch sind. Die Methode ist jedoch nur dann anwendbar, wenn das Rohglyzerin nicht mehr als 50 % Wasser enthält.

Erforderliche Reagenzien.

a) Reines Azetanhydrid.

Dasselbe muß sorgfältig auf seine Reinheit untersucht werden. Ein gutes Muster darf nach der Esterifizierung bei einem blinden Versuch nicht mehr als 0,1—0,2 ccm Normalnatronlauge verbrauchen. Ebenso darf sich das Azetanhydrid nach Zugabe des Natriumazetats beim Kochen am Rückflußkühler innerhalb einer Stunde nur sehr schwach färben.

b) Reines, geglühtes und entwässertes Natriumazetat.

Das käufliche Salz wird in einer Platin-, Quarz- oder Nickelschale unter Vermeidung von Verkohlung geschmolzen, schnell pulverisiert und in einer Stöpselflasche im Exsikkator aufbewahrt. Es ist absolut notwendig, daß das Natriumazetat vollkommen wasserfrei ist.

c) Eine karbonatfreie, ungefähr normale Ätznatronlauge für Neutralisationszwecke.

Dieselbe läßt sich am besten durch Auflösen von reinem Natriumhydroxyd in der gleichen Menge Wasser herstellen, man läßt absitzen und filtriert durch ein Asbest- oder Papierfilter. Die klare Lösung wird mit kohlensäurefreiem Wasser auf die gewünschte Konzentration gebracht.

d) $^1/_1$-N.-Ätznatronlauge, karbonatfrei, wird wie oben hergestellt und sorgfältig eingestellt. Manche Natronlaugen sollen nach dem Kochen eine Gehaltsabnahme zeigen, solche Lösungen sind zu verwerfen.

e) $^1/_1$-N.-Säure.

f) Phenolphthaleïnlösung. Ein halber Teil Phenolphthaleïn wird in 100 Teilen Alkohol gelöst und neutralisiert.

Analyse.

1,25—1,5 g Rohglyzerin werden so rasch wie möglich in einem enghalsigen, ungefähr 120 ccm fassenden Kolben, der zweckmäßig mit rundem Boden versehen, gut gereinigt und getrocknet ist, abgewogen. Hierzu werden zunächst 3 g wasserfreies Natriumazetat, dann 7,5 ccm Azetanhydrid gegeben, und nunmehr das Kölbchen mit einem Rückflußkühler verbunden. Der Bequemlichkeit halber sollte das innere Rohr dieses Kühlers nicht über 50 cm Länge und 9—10 mm Durchmesser haben. Das Kölbchen wird mit dem Kühler am besten mittels eines Glasschliffes oder mittels eines Gummistopfens verbunden. Sollte ein Gummistopfen verwendet werden, so ist dieser zuvor durch Behandlung mit heißen Azetanhydriddämpfen zu reinigen. Der Inhalt des Kolbens wird etwa eine Stunde lang im gelinden Sieden gehalten, wobei man beachte, daß die Salze nicht an den Wänden des Kolbens eintrocknen. Man lasse den Kolben etwas abkühlen und schütte durch das Rückflußrohr 50 ccm kohlensäurefreies destilliertes Wasser von etwa 80°, indem man Obacht gibt, daß sich das Kölbchen nicht von dem Kühler ablöst. Man kühlt zuvor, um ein plötzliches Heraufstoßen der Dämpfe bei Zugabe des Wassers und ein Zerbrechen des Kolbens zu verhindern. Man spart Zeit, wenn man das Wasser hinzufügt, ehe der Inhalt des Kolbens erstarrt, doch kann der Inhalt auch ruhig fest und die Bestimmung am nächsten Tage ohne Schaden fortgesetzt werden. Der Inhalt des Kolbens darf so lange — jedoch nicht über 80° — erwärmt werden, bis Lösung eintritt, die häufig durch einige dunkle Flocken, welche aus organischen Verunreinigungen des Rohglyzerins stammen, getrübt ist. Durch eine drehende Bewegung wird das Auflösen beschleunigt. Flasche und Inhalt werden abgekühlt, jedoch ohne sie vom Kühler zu trennen. Wenn alles kalt ist, wird das Innere des Kühlrohres durch reines Wasser in den Kolben gespült, der Kühler vom Kolben entfernt, und der Gummistopfen oder das Ende des Kühlrohres in den Kolben abgespült. Alsdann filtriert man durch ein mit Säure extrahiertes Filter in einem Kolben aus Jenaer Glas von etwa 1 L, wäscht mit kaltem kohlensäurefreien dest. Wasser gründlich nach und fügt 2 ccm Phenolphthaleïnlösung f und so viel Ätznatronlösung c oder d hinzu, bis eine schwach rötlich-gelbliche Färbung auftritt. Die Neutralisation muß sehr vorsichtig vorgenommen werden. Zweckmäßig läßt man das Alkali an dem Flaschenrand herunterlaufen und hält den Inhalt der Flasche dauernd in Bewegung, deren Richtung man häufig ändert, bis nahezu Neutralisation eingetreten ist, die durch langsameres Verschwinden der lokalerzeugten Färbung sich bemerkbar macht. Wenn dieser Punkt erreicht ist, werden die Wände des Kolbens mit kohlensäurefreiem Wasser abgespült, und das Alkali von nun an tropfenweise zugesetzt und nach jedem Tropfen gut durchgeschüttelt, bis die gewünschte Färbung erreicht ist. Jetzt lasse man aus einer Bürette 50 ccm oder einen Überschuß von Normalnatronlauge d hereinlaufen und notiere genau die zugesetzte Menge. Man hält den Inhalt 15 Minuten in schwachem Sieden, während man den Kolben mit einem Glasrohr als Kühler versieht. Nun kühle man so schnell wie möglich ab und titriere den Überschuß an Normallauge mit Normalsäure e, bis die rötlich-gelbliche Färbung oder die gewählte Endfarbe wieder erhalten wird. Eine weitere Zugabe von Indikator zu diesem Zeitpunkt wird ein Zurückkehren der Rosafarbe verursachen.

Aus diesem Grunde sieht man von einer weiteren Indikatorzugabe ab. Aus der verbrauchten Menge $^1/_1$-N.-Natronlauge berechnet man den Glyzeringehalt unter Berücksichtigung der Korrektur für den weiter unten beschriebenen blinden Versuch. 1 ccm $^1/_1$-N.-Natronlauge = 0,03069 g Glyzerin.

Der Ausdehnungskoeffizient der Normallösungen beträgt ungefähr 0,00033 für 1 ccm und 1°. Eine Korrektur wird erforderlichenfalls vorgenommen.

Blinder Versuch.

Da das Azetanhydrid und das Natriumazetat Verunreinigungen enthalten können, welche das Resultat beeinflussen würden, ist ein blinder Versuch erforderlich, bei dem dieselben Mengen Azetanhydrid und Natriumazetat angewendet werden, wie bei der Analyse. Nachdem die Essigsäure neutralisiert ist, braucht man indessen nicht mehr als 5 ccm des Normalalkali d zuzusetzen, da dies dem Überschuß von Alkali entspricht, der meistens nach der Verseifung des Triazetins bei der Glyzerinbestimmung übrig bleibt.

Bestimmung des Glyzerinwertes der azetylierbaren Verunreinigungen.

Der durch Erhitzen auf 160° erhaltene Gesamtrückstand wird in 1 oder 2 ccm Wasser gelöst, in einen kleinen Azetylierkolben von 120 ccm hineingespült und das Wasser verdunstet. Dann setzt man wasserfreies Natriumazetat hinzu und verfährt genau wie bei der Glyzerinbestimmung. Man berechnet das Resultat auf Glyzerin.

Analyse des Azetanhydrids.

In eine abgewogene Stöpselflasche, die 10—20 ccm Wasser enthält, gießt man etwa 2 ccm Anhydrid, setzt den Stopfen auf, wägt und läßt unter gelegentlichem Schütteln während einiger Stunden stehen, bis das Anhydrid gänzlich hydrolysiert ist. Darauf wird auf 200 ccm verdünnt, Phenolphthaleïn zugesetzt und mit Normalnatronlauge titriert. Hieraus ergibt sich die Gesamtazidität an freier Essigsäure und Säure, die aus dem Anhydrid entstanden ist. In einem Wägegläschen mit Stopfen, das ein bekanntes Gewicht an frisch destilliertem Anilin (etwa 10—20 ccm) enthält, werden 2 ccm Azetanhydrid gegeben. Das ganze wird kräftig durchgeschüttelt, gekühlt und dann gewogen. Der Inhalt wird darauf in etwa 200 ccm kaltes Wasser hineingespült und wie oben titriert. Hieraus ergibt sich die Azidität der ursprünglich vorhandenen Essigsäure plus die Hälfte der Säure, die aus dem Anhydrid stammt (die andere Hälfte ist zur Azetanilidbildung verbraucht); das zweite Resultat wird von dem ersten abgezogen (beide auf 100 g berechnet) und dieses Resultat verdoppelt, ergibt die Kubikzentimeterzahl Normalnatronlauge, welche 100 g der Azetanhydridprobe erfordern. 1 ccm Natronlauge entspricht 0,051 g Anhydrid.

Bichromatverfahren zur Glyzerinbestimmung.

Erforderliche Reagenzien.

a) Pulverisiertes, reines Kaliumbichromat, welches bei 110 bis 120° in Luft, frei von Staub und organischen Dämpfen getrocknet wurde, wird als Normalpräparat angenommen.

b) Verdünnte Bichromatlösung. 7,4564 g des Bichromats a werden in dest. Wasser gelöst und die Lösung bei 15,5° zu 1 L aufgefüllt.

c) Ferroammonsulfat. Man löst 3,7282 g Kaliumbichromat a in 50 ccm Wasser und fügt 50 ccm 50 volumprozentige Schwefelsäure hinzu. Der kalten unverdünnten Lösung setzt man aus einem Wägeglase einen mäßigen Überschuß von Ferroammonsulfat zu und titriert mit verd. Bichromatlösung zurück. Man berechnet den Wert des Eisensalzes auf das angewandte Bichromat.

d) Silberkarbonat. Dies wird für jede Untersuchung aus 140 ccm 0,5 proz. Silbersulfatlösung hergestellt, die mit etwa 4,9 ccm normaler Natriumkarbonatlösung gefällt wird. Es ist ratsam, etwas weniger als die berechnete Menge Normalnatriumkarbonat anzuwenden, da ein Überschuß von Alkalikarbonat das rasche Absetzen verhindert. Nach dem Absetzen dekantiert man und wäscht einmal mittels Dekantation aus.

e) Bleisubazetat. Eine reine 10 proz. Lösung von Bleiazetat wird mit einem Überschuß von Bleiglätte eine Stunde lang gekocht, indem man das Volumen konstant hält und dann heiß filtriert. Ein später sich bildender Niederschlag wird nicht berücksichtigt. Die Lösung ist vor Kohlensäureeinwirkung zu schützen.

f) Kaliumferrizyanid. Eine Lösung, die etwa 0,1 % enthält.

Analyse.

20 g Glyzerin werden genau abgewogen, auf 250 ccm verdünnt und davon 25 ccm genommen. Man versetzt mit Silberkarbonat, läßt unter gelegentlichem Umschütteln während etwa 10 Minuten stehen und setzt einen geringen Überschuß (meistens etwa 5 ccm) des basischen Bleiazetats e hinzu, läßt wiederum einige Minuten stehen, verdünnt mit dest. Wasser auf 100 ccm und fügt dann noch 0,15 ccm Wasser hinzu, um das Volumen des Niederschlages zu kompensieren. Nun wird gründlich gemischt und durch ein lufttrockenes Filter in ein geeignetes enghalsiges Gefäß filtriert, indem man die ersten 10 ccm des Filtrates fortschüttelt, und das spätere Filtrat, wenn es nicht ganz klar ist, zum zweiten Mal filtriert. Man prüft einen kleinen Teil des Filtrates mit etwas basischem Bleiazetat, das keine weitere Fällung hervorrufen darf. (In den meisten Fällen genügen die obigen 5 ccm vollauf.) Gelegentlich bekommt man ein Rohglyzerin, welches mehr braucht, und in diesem Falle geht man aufs neue von 25 ccm der verd. Glyzerinlösung aus, die man nunmehr mit 6 ccm basischen Bleiazetats reinigt. Es muß darauf gesehen werden, daß kein allzu großer Überschuß an basischem Azetat verwendet wird. 25 ccm des klaren Filtrates werden in ein sauberes Becherglas gegossen (das vorher mit Bichromat und Schwefelsäure gereinigt wurde); um den in der Glyzerinlösung enthaltenen kleinen Überschuß von Blei als Sulfat auszufällen, werden 12 Tropfen Schwefelsäure 1 : 4 zugefügt, erst dann setzt man 3,7282 g des pulverisierten Kaliumbichromats a hinzu. Das Bichromat wird mit 25 ccm Wasser herabgespült, und man läßt unter gelegentlichem Umschütteln stehen, bis es gänzlich gelöst ist (eine Reduktion findet nicht statt).

Nun setzt man 50 ccm 50 volumprozentiger Schwefelsäure hinzu und stellt das Gefäß während etwa zwei Stunden in kochendes Wasser und schützt es während dieser Zeit vor der Einwirkung von Staub und organischen Dämpfen, wie z. B. Alkohol, bis die Titration zu Ende geführt ist. Nach dem Abkühlen fügt man aus einem Wägegläschen Ferroammonsulfat bis zu einem kleinen Überschuß hinzu, indem man durch Tüpfelproben auf einer Porzellanplatte mit dem Kaliumferrizyanid kontrolliert, und titriert schließlich mit verd. Bichromatlösung zurück. Aus der Menge Bichromat, das reduziert wurde, berechnet man den Prozentgehalt an Glyzerin. 1 g Glyzerin entspricht 7,4564 g Bichromat, 1 g Bichromat entspricht 0,13411 g Glyzerin.

Bemerkungen.

1. Die Säurekonzentration in dem Oxydationsgemisch und die Zeitdauer der Oxydation müssen genau innegehalten werden.

2. Bevor das Bichromat der Glyzerinlösung zugesetzt wird, ist es unerläßlich, daß der kleine Bleiüberschuß mit Schwefelsäure gefällt wird.

3. Bei Rohglyzerinen, die nahezu frei von Chloriden sind, kann man die Menge Silberkarbonat auf ein Fünftel und das basische Bleiazetat auf 0,5 ccm reduzieren.

4. Es empfiehlt sich, zuweilen etwas Kaliumsulfat zuzusetzen, um ein klares Filtrat zu erhalten.

Vorschriften zur Berechnung des wirklichen Glyzeringehaltes.

1. Man bestimmt den scheinbaren Prozentgehalt des Musters an Glyzerin mittels des Azetinverfahrens. Sollte das Glyzerinmuster azetylierbare Verunreinigungen enthalten, so sind diese im Resultat eingeschlossen.

2. Man bestimmt den Gesamtrückstand bei 160°.

3. Man bestimmt den Azetinwert des Rückstandes unter „2" auf Glyzerin bezogen.

4. Man subtrahiert das unter „3" erhaltene Resultat von dem unter „1" erhaltenen Prozentgehalte und gibt diese so korrigierte Zahl als Glyzeringehalt an. Wenn flüchtige azetylierbare Verunreinigungen vorhanden waren, so sind sie in dieser Zahl enthalten.

Bemerkungen.

Erfahrungsgemäß hat sich gezeigt, daß in einem guten Rohglyzerin die Summe von Wasser, Gesamtrückstand bei 160° und korrigiertem Glyzeringehalt innerhalb einer Fehlergrenze von 0,5 % gleich 100 ist. Ferner stimmt bei solchen Rohglyzerinen das Bichromatresultat mit dem unkorrigierten Azetinresultat bis auf 1 % überein.

Sollten größere Differenzen gefunden werden, so sind Verunreinigungen, wie Polyglyzerine oder Trimethylenglykol vorhanden. Trimethylenglykol ist flüchtiger als Glyzerin, es läßt sich daher durch fraktionierte Destillation isolieren. Eine annähernde Bestimmung der vorhandenen Menge Trimethylenglykol erhält man aus der Differenz der Azetin- und Bichromatuntersuchungsergebnisse solcher Destillate. Trimethylenglykol zeigt nach der ersten Methode 80,69 % und nach der zweiten 138,3 % auf Glyzerin berechnet an. Zur Bewertung des Rohglyzerins für manche Zwecke ist die Bestimmung des annähernden Gehaltes an Arsen, Sulfiden, Sulfiten und Thiosulfaten erforderlich. Methoden zum Nachweis und zur Bestimmung dieser Verunreinigungen sind nicht Gegenstand dieser Untersuchung gewesen.

Empfehlungen des Ausführungskomitees.

Sollte der nicht flüchtige organische Rückstand bei 160° bei Unterlaugenglyzerin über 2,5 % betragen — d. h. ohne Korrektur für die Kohlensäure in der Asche —, so ist dieser Rückstand nach der Azetinmethode zu untersuchen, und ein etwa gefundener Glyzeringehalt, der 0,5 % überschreitet, ist von der Azetinzahl in Abzug zu bringen. Bei Saponifikat-Destillat und ähnlichen Glyzerinen ist der organische Rückstand dann außer acht zu lassen, wenn er 1 % nicht überschreitet. Sollte das Muster mehr als 1 % enthalten, so muß der organische Rückstand azetyliert und das gefundene Glyzerin (nach Abzug von 0,5 %) von der Azetinzahl abgezogen werden.

Probeentnahme von Rohglyzerin.

Bisher benutzte man zur Entnahme von Rohglyzerinmustern ein Glasrohr, welches langsam in das Faß hineingelassen wurde, um möglichst aus allen Höhenlagen Muster zu erlangen. Diese Methode hat sich als unbrauchbar erwiesen, da das dickflüssige Glyzerin sehr langsam in dem Rohre aufsteigt, so daß es unmöglich ist, aus allen Höhenlagen Muster zu erhalten. Ein weiterer Nachteil des Glasrohres liegt darin, daß es unmöglich ist, mit demselben auch nur eine annähernd richtige Menge des am Boden des Fasses abgesetzten Salzes zu entnehmen. Der in Fig. 110 abgebildete Musterzieher vermeidet diese Nachteile. Er besteht aus zwei Messingröhren, von denen die eine genau in die andere paßt. Eine Anzahl Schlitze sind in jede Röhre eingeschnitten, und zwar so, daß durch eine Drehung der Röhre ein zusammenhängender Schlitz gebildet wird, welcher gestattet, Muster aus allen Lagen des Fasses zu ziehen. Bei dem neuen Musterzieher tritt das Glyzerin fast momentan in das Innere desselben. Auch am Boden des Musterziehers sind Schlitze angebracht, die ermöglichen, Teile des Salzes vom Boden des Fasses zu entnehmen. Der Musterzieher ist derartig konstruiert, daß durch eine einfache Drehung des oben angebrachten Griffes alle Schlitze gleichzeitig geschlossen werden können. An einem Zeiger erkennt man, ob der Musterzieher geöffnet oder geschlossen ist. Bei größeren Musterziehern (von 25 mm Durchmesser) kann man durch eine dritte Drehung nur die Bodenschlitze öffnen und schließen. Beim Gebrauch wird der Musterzieher geschlossen in das Faß eingeführt; sobald er den Boden berührt, wird er 1—2 Sekunden geöffnet und sodann wieder geschlossen. Enthält das Faß abgesetztes Salz, so muß der Musterzieher geöffnet werden, ehe er durch das Salz gestoßen wird, damit das abgesetzte Salz in genügender Menge in die Röhre des Musterziehers gelangt. Es wird aber in diesem Falle beinahe unmöglich, ein genaues Muster zu ziehen, deshalb sollte das Muster stets sofort nach der Füllung der Fässer gezogen werden.

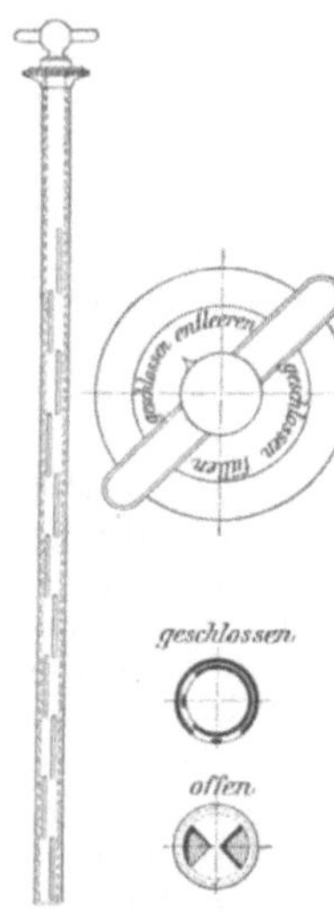

Fig. 110.

b) Reinglyzerine. Außer den unter a angegebenen Verfahren sind noch folgende Methoden zur Bestimmung des Glyzeringehaltes in Gebrauch:

1. Bestimmung nach Benedikt und Zsigmondi beruht auf der Oxydation des Glyzerins zu Oxalsäure durch Einwirkung

von Permanganat in alkalischer Lösung, entsprechend der Gleichung:

$$C_3H_5(OH)_3 + 4\,KMnO_4 + 4\,KOH = C_2H_2O_4 + 4\,K_2MnO_3 + CO_2 + 5\,H_2O.$$

$$C_3H_5(OH)_3 + 3\,O_2 = C_2H_2O_4 + CO_2 + 3\,H_2O.$$

2—3 g Fett werden mit Kalihydrat und reinem Methylalkohol verseift. Aus der gebildeten Seife werden die Fettsäuren nach S. 441 abgeschieden und gut ausgewaschen. Die vereinigten Filtrate gießt man zur völligen Klärung durch ein doppeltes Filter, wäscht nach, neutralisiert mit Kalilauge und setzt noch 10 g Ätzkali in 300 ccm Wasser hinzu. Dann läßt man in der Kälte unter Umschütteln soviel einer 5 proz. Permanganatlösung zufließen, bis die Flüssigkeit blau oder schwärzlich gefärbt ist. Nach $\frac{1}{2}$ stündigem Stehen wird Wasserstoffsuperoxyd unter Vermeidung eines größeren Überschusses zur Zersetzung überschüssigen Permanganats hinzugefügt, bis die über dem Niederschlage stehende Flüssigkeit farblos geworden ist. Man füllt in einem Literkolben bis zur Marke auf, filtriert 500 ccm ab, erhitzt sie zur Zerstörung des Wasserstoffsuperoxyds $\frac{1}{2}$ Stunde zum Kochen, läßt auf etwa 60° abkühlen und titriert die Oxalsäure unter Zusatz von Schwefelsäure mit $^1/_{10}$ N.-Permanganatlösung.

2 Mol. Permanganat entsprechen 5 Mol. Glyzerin, denn die Oxydation erfolgt in saurer Lösung nach folgendem Schema

$$5\,C_2H_2O_4 + 2\,KMnO_4 + 3\,H_2SO_4 = 8\,H_2O + 10\,CO_2 + K_2SO_4 + 2\,MnSO_4.$$

Dieses Verfahren liefert nur genaue Ergebnisse, falls außer Glyzerin keine in alkalischer Lösung zu Oxalsäure oxydierbaren Stoffe zugegen sind; es ist nach Willstätter unsicher (Ber. 1912, **45**, 2825).

2. Auch das Verfahren von A. A. Shukoff und P. J. Schestakoff (Ztsch. f. angew. Chem. 1905, **18**, 294) hat sich nach Mitteilung aus Industriekreisen bewährt. Nach W. Landsberger (Chem. Rev. 1905, **12**, 150) ist die Übereinstimmung der Resultate nach der Extraktionsmethode und dem Acetinverfahren eine gute, obgleich in einzelnen Fällen die Werte nach dem Extraktionsverfahren etwas höher ausfielen.

Die Verfasser bestimmen das Glyzerin direkt, indem sie das bei Temperaturen unter 80° zur Sirupdicke eingedampfte und mit entwässertem Natriumsulfat gemischte Analysenmaterial im Soxhlet mit Azeton ausziehen und nach Abdestillieren des Lösungsmittels (Temperatur nicht über 80°) das zurückbleibende Glyzerin wägen.

3. Verfahren von Zeisel und Fanto (Zeitschr. f. d. Landwirtsch. Versuchswesen in Österreich 1902, 5, 729) beruht

darauf, daß bei der Einwirkung von Jodwasserstoffsäure auf Glyzerin sich Isopropyljodid bildet nach der Gleichung:

$$C_3H_5(OH)_3 + 5\,HJ = C_3H_7J + 3\,H_2O + 2\,J_2.$$

Das Isopropyljodid reagiert mit Silbernitrat unter Bildung von Jodsilber und Propylen:

$$C_3H_7J + AgNO_3 = AgJ + C_3H_6 + HNO_3.$$

Das Verfahren wird folgendermaßen ausgeführt:

20 g Fett werden mit alkoholischer Lauge verseift; nach dem Verdampfen des Alkohols säuert man mit Essigsäure (nicht Salz- oder Schwefelsäure) an und scheidet die Fettsäuren in bekannter Weise ab. Einen Teil der so erhaltenen Glyzerinlösung (nicht mehr als 5 ccm, da sonst die Jodwasserstoffsäure zu sehr verdünnt wird) wägt oder mißt man in das Kochkölbchen A des Apparates (Fig. 111) und fügt ein Stückchen Bimsstein sowie 15 ccm wäßrige Jodwasserstoffsäure hinzu. Letztere soll eine Dichte von 1,9 (etwa 68 %) haben. Bei Untersuchung wasserfreier Substanzen (bei diesen ist die Einwage so zu bemessen, daß nicht mehr als 0,4 g AgJ entsteht) genügt eine 57 proz. Säure von der Dichte 1,7. Nun setzt man das Kölbchen sofort an den Apparat, beginnt gleichzeitig mit dem Einleiten von Kohlensäure durch das Ansatzrohr a (3 Blasen in der Sekunde) und destilliert bei mäßigem Sieden unter Benutzung eines Glyzerinbades. Das Destillat passiert den Aufsatz B, der etwa 5 ccm einer Aufschlämmung von 0,5 g rotem Phosphor (dieser ist vorher durch Waschen mit Schwefelkohlenstoff, Äther, Alkohol und Wasser von Verunreinigungen zu befreien) in Wasser enthält und zur Entfernung von Jod und Jodwasserstoffdämpfen aus dem Destillat dient. Das so gereinigte Isopropyljodid gelangt in einen mit 45 ccm alkoholischer Silbernitratlösung (40 g geschmolzenes Silbernitrat werden in 100 ccm Wasser gelöst, mit absol. Alkohol auf 1 L gebracht und nach 24 Stunden, event. auch vor dem Gebrauch filtriert) beschickten Erlenmeyerkolben, in dem die Umsetzung unter Bildung von Jodsilber erfolgt. Zur Sicherheit ist noch ein kleines mit 5 ccm Silberlösung beschicktes Kölbchen D vorgelegt.

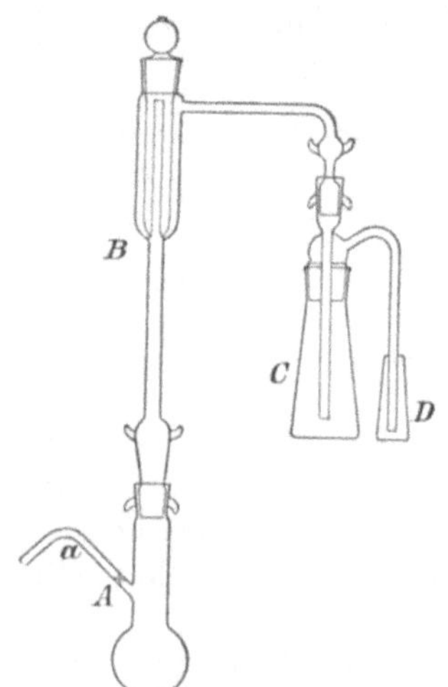

Fig. 112.

Die Dauer der Destillation beträgt 2—4 Stunden; der Endpunkt wird durch Auswechseln der Auffangeflüssigkeit kontrolliert. Zur Bestimmung des gebildeten Jodsilbers bringt man den Inhalt der Vorlage in ein Becherglas, verdünnt auf etwa 450 ccm, gibt 10—15 Tropfen verd. Salpetersäure hinzu und verfährt dann in bekannter Weise. Das gefundene Jodsilber, multipliziert mit 0,3922, ergibt die vorhandene Glyzerinmenge.

Merkliche Mengen von Schwefelverbindungen, Alkohole, Ester und Äther, soweit sie durch wäßrige Jodwasserstoffsäure flüchtige Jodide liefern, stören die Bestimmung und müssen tunlichst vorher durch Destillation oder Behandeln mit geeigneten Lösungsmitteln entfernt werden. Sulfate werden durch Behandeln mit Bariumazetat unschädlich gemacht.

Lewkowitsch (Analysis I, 311—314) hält die Methode zwar für ungenau, jedoch hat F. Schulze (Chem.-Ztg. 1905, **29**, 976) nachgewiesen, daß sie an Genauigkeit fast alle anderen Verfahren übertrifft. In österreichischen Fabriken wird diese Methode viel ausgeführt.

Die Nachteile der Zeisel-Fantoschen Methode (Benutzung von großen Mengen Fett und Jodwasserstoffsäure, Verwendung von alkoholischer Lauge und damit durch Alkohol bedingte Fehlerquelle) vermeiden Willstätter und Madinaveitia (Ber. 1912, **45**, 2825), die folgende Versuchsvorschrift angeben.

Das Glyzerid (etwa 0,2 g) wird im Zersetzungskolben des Zeisel-Fantoschen Apparates abgewogen und mit 10 ccm Jodwasserstoffsäure vom spez. Gewicht 1,8 versetzt. Man erwärmt dann zunächst auf 100—115° (Badtemperatur), bis die Reaktion eintritt, die sich durch starke Jodausscheidung und Fällung der vorgelegten Silberlösung zu erkennen gibt. Dann hält man die Temperatur noch so lange konstant (20—40 Min.), bis die Silberlösung sich wieder geklärt hat und die Zersetzung sogut wie beendigt ist. Dann wird die Badtemperatur auf 130—140° gesteigert und das Erhitzen noch mindestens 1 Stunde lang fortgesetzt.

Durch diese Methode wird die große Fettmenge, wie sie Zeisel und Fanto benutzen, überflüssig, und die Verseifung wird vermieden. Die Zahlen, die Willstätter erhält, fallen ein wenig niedriger aus als nach dem Zeisel-Fantoschen Verfahren.

Physikalische Konstanten des reinen Glyzerins.

Spezifisches Gewicht bei 15° . .	1,2653
Ausdehnungskoeffizient	0,00062
Brechungsexponent bei 20° . . .	1,4729.

Tabelle 86.

Spezifisches Gewicht und Brechungsexponenten wässeriger Glyzerinlösungen, nach Lenz[1]).

Wasserfreies Glyzerin	Spez. Gew. bei 12—14° C	Brechungsindex bei 12,5—12,8° C	Wasserfreies Glyzerin	Spez. Gew. bei 12—14° C	Brechungsindex bei 12,5—12,8° C	Wasserfreies Glyzerin	Spez. Gew. bei 12—14° C	Brechungsindex bei 12,5—12,8° C	Wasserfreies Glyzerin	Spez. Gew. bei 12—14° C	Brechungsindex bei 12,5—12,8° C
100	1,2691	1,4758	74	1,1999	1,4380	49	1,1293	1,3993	24	1,0608	1,3639
99	1,2664	1,4744	73	1,1973	1,4366	48	1,1265	1,3979	23	1,0580	1,3626
98	1,2637	1,4729	72	1,1945	1,4352	47	1,1238	1,3964	22	1,0553	1,3612
97	1,2610	1,4715	71	1,1918	1,4337	46	1,1210	1,3950	21	1,0525	1,3599
96	1,2584	1,4700	70	1,1889	1,4321	45	1,1183	1,3935	20	1,0498	1,3585
95	1,2557	1,4686	69	1,1858	1,4304	44	1,1155	1,3921	19	1,0471	1,3572
94	1,2531	1,4671	68	1,1826	1,4286	43	1,1127	1,3906	18	1,0446	1,3559
93	1,2504	1,4657	67	1,1795	1,4267	42	1,1100	1,3890	17	1,0422	1,3546
92	1,2478	1,4642	66	1,1764	1,4249	41	1,1072	1,3875	16	1,0398	1,3533
91	1,2451	1,4628	65	1,1733	1,4231	40	1,1045	1,3860	15	1,0374	1,3520
90	1,2425	1,4613	64	1,1702	1,4213	39	1,1017	1,3844	14	1,0349	1,3507
89	1,2398	1,4598	63	1,1671	1,4195	38	1,0989	1.3829	13	1,0332	1,3494
88	1,2372	1,4584	62	1,1640	1,4176	37	1,0962	1,3813	12	1,0297	1,3480
87	1,2345	1,4569	61	1,1610	1,4158	36	1,0934	1,3799	11	1,0271	1,3467
86	1,2318	1,4555	60	1,1582	1,4140	35	1,0907	1,3785	10	1,0245	1,3454
85	1,2292	1,4540	59	1,1556	1,4126	34	1,0880	1,3772	9	1,0221	1,3442
84	1,2265	1,4525	58	1,1530	1,4114	33	1,0852	1,3758	8	1,0196	1,3430
83	1,2238	1,4511	57	1,1505	1,4102	32	1,0825	1,3745	7	1,0172	1,3417
82	1,2212	1,4496	56	1,1480	1,4091	31	1,0798	1,3732	6	1,0147	1,3405
81	1,2185	1,4482	55	1,1455	1,4079	30	1,0771	1,3719	5	1,0123	1,3392
80	1,2159	1,4467	54	1,1430	1,4065	29	1,0744	1,3706	4	1,0098	1,3380
79	1,2122	1,4453	53	1,1403	1,4051	28	1,0716	1,3692	3	1,0074	1,3367
78	1,2106	1,4438	52	1,1375	1,4036	27	1,0689	1,3679	2	1,0049	1,3355
77	1,2079	1,4424	51	1,1348	1,4022	26	1,0663	1,3666	1	1,0025	1,3342
76	1,2046	1,4409	50	1,1320	1,4007	25	1,0635	1,3652	0	1,0000	1,3330
75	1,2016	1,4395									

Siedepunkt bei 760 mm Druck 290°
„ 50 „ „ 210°
„ 12,5 „ „ 179,5°
„ 10 „ „ 162—163°
„ 0,25 „ „ 143°.

Lieferungsbedingungen für Glyzerin für Artilleriezwecke.

(Kaiserl. Werft, Wilhelmshaven.)

Das Glyzerin muß klar, farb- und geruchlos, süß, neutral und ohne freie Säure sein sowie ein spezifisches Gewicht von 1,151 bis 1,157

[1]) Lunge-Berl. Bd. III, S. 763.

bei 15° haben. Wird 1 ccm Glyzerin mit 3 ccm Zinnchlorürlösung versetzt, so darf diese Mischung im Laufe einer Stunde eine dunklere Färbung nicht annehmen. Mit 5 Teilen Wasser verdünnt darf das Glyzerin weder durch Schwefelwasserstoff noch durch Bariumnitrat-, Ammoniumoxalat- oder Kalziumchloridlösung verändert werden; durch Silbernitratlösung darf es höchstens opalisierend getrübt werden. 5 ccm sollen, in einer offenen Schale bis zum Sieden erhitzt und angezündet, vollständig bis auf einen dunklen Anflug, der beim stärkeren Erhitzen verschwindet, verbrennen. Wird eine Mischung aus 1 g Glyzerin und 1 ccm Ammoniakflüssigkeit im Wasserbad auf 60° erwärmt und dann sofort mit 3 Tropfen Silbernitratlösung versetzt, so darf innerhalb 5 Minuten in dieser Mischung weder eine Färbung noch eine braunschwarze Ausscheidung erfolgen. 1 ccm Glyzerin darf, mit 1 ccm Natronlauge erwärmt, sich weder färben, noch Ammoniak oder einen Geruch nach leimartigen Substanzen entwickeln. 1 ccm Glyzerin darf, mit 1 ccm Schwefelsäure gelinde erwärmt, keinen unangenehmen Geruch abgeben.

Für Dynamitglyzerin beschreibt Heller (Einheitsmethoden S. 89) folgende Probenitrierung:

20 g des Glyzerins läßt man tropfenweise in ein Becherglas von 12 cm Höhe und 8 cm Breite fließen, das mit 150 g Nitriersäure (1 Gwtl. rauchende Salpetersäure 1,5 und 2 Gwtl. reine konz. Schwefelsäure 1,845) gefüllt ist. Die Temperatur soll 20° möglichst nicht überschreiten, keinesfalls aber bis 30° steigen. Nach Beendigung der Nitrierung wird das Reaktionsgemisch in einen trocknen, engen Meßzylinder übergeführt und beobachtet, ob die Scheidung der zunächst trüben Emulsion in eine obere blanke Nitroglyzerinschicht und in eine untere Säureschicht schnell bzw. spätestens innerhalb 10 Min. vor sich gegangen ist, und ferner, ob sich die Trennungsfläche von Säure und Nitrat spiegelnd blank zeigt oder nicht.

F. Wollöle.

I. Begriffsfeststellung.

Unter „Wollölen", „Wollspickölen" oder „Wollschmälzölen" versteht man die von Wollkämmereien und Wollwebereien zum Einfetten (Schmälzen) der Wolle vor dem Spinnen und Weben oder auch zum Anfeuchten der Lumpen vor dem Zerreißen benutzten Öle. Als solche werden fette Öle, Ölsäure und namentlich auch Emulsionen von Öl und Ölsäure mit geringen Mengen Ammoniak oder Soda und Wasser, ferner auch Türkischrotöle und Seifen verwendet. Die fetten Öle sind bei geringwertigen Produkten zum Teil durch Mineralöle ersetzt. Als minderwertige Wollöle gelten auch die viel Unverseifbares enthaltenden Wollfettoleïne und die sogenannten wasserlöslichen Mineralöle.

II. Anforderungen.

Von guten Wollölen verlangt man:

a) sie müssen in der Walke leicht von der Faser entfernbar sein;

b) sie sollen möglichst wenig Wärme entwickeln, sowohl beim Lagern als auch bei der Verarbeitung des mit ihnen eingefetteten Materials.

Die besten Wollöle sind die nichttrocknenden fetten Öle, wie Olivenöl, Schmalzöl und Knochenöl. Ölsäure (Oleïn) ist zwar auch in der Walke leicht zu entfernen und nicht feuergefährlich, greift aber die Häkchen der Streichmaschinen an, wodurch in dem Gewebe leicht Flecken entstehen.

Mineralöle, Harze und Harzöl lassen sich in der Walke schwer entfernen und geben aus diesem Grunde zur Streifen- und Fleckenbildung Anlaß. Das gleiche gilt von halbtrocknenden und trocknenden fetten Ölen, die außerdem sich leicht selbst entzünden oder doch beim Verarbeiten auf der Streich- und Kratzmaschine infolge Wärmeentwicklung das Material beschädigen.

III. Feuergefährlichkeit.

Nach vorstehendem hat sich die Untersuchung hauptsächlich auf Zusammensetzung und Feuergefährlichkeit zu erstrecken. Erstere wird nach S. 415 ff. und S. 478 (Oleïne) vorgenommen. Zur Ermittlung der Feuergefährlichkeit wird einerseits der Flammpunkt nach S. 173 ermittelt, andererseits prüft man die durch spontane Oxydation der auf Baumwolle verteilten Öle hervorgerufene Temperaturerhöhung. Für diese Prüfung hat sich der in Fig. 112 abgebildete Apparat von Mackey (Journ. Soc. Chem. Ind. 1896, 99) bewährt[1]).

Der Apparat besteht aus einem durch siedendes Wasser erwärmten Metalluftbad L, das durch einen mit Thermometer versehenen Deckel verschlossen ist. Durch den Deckel gehen zwei Röhren A und B zum Zu- und Abführen der Luft. In dem Luftbade steht ein Drahtnetzzylinder C, in den 7 g zerzupfte, mit 14 g Öl in einer flachen Porzellanschale gut getränkte Watte so hineingebracht werden, daß das Quecksilbergefäß des Thermometers rings mit Watte umgeben ist. Das Wasser im äußeren Mantel W wird nach Beschickung des Drahtzylinders und Aufsetzen des Deckels zum Sieden gebracht. Das Thermometer wird so befestigt, daß die rote Strichmarke gerade sichtbar ist.

---

[1]) Lieferant Reynolds und Brauson, Leeds in England.

Das Wasser wird eine Stunde lang in heftigem Kochen erhalten; dann beobachtet man die Temperatur. Feuchtigkeit ist sorgfältig auszuschließen.

Tabelle 87.

Substanz	Temperatur nach		
	1 St. °C	1 St. 15 M. °C	1 St. 30 M. °C
9 Baumwollsamenöle	112—139	177—242	194—282
8 Olivenöle	97—99	100—102	101—104
4 Oleïne	98—103	99—115	100—102 (191)
Gemisch von 50 % Baumwollsamenöl und 50 % Olivenöl	102	117	—
Gemisch von 25 % Baumwollsamenöl und 75 % Olivenöl	99	105	112
Gemisch von 10 % Baumwollsamenöl und 90 % Olivenöl	99	102	105

Wenn nach Verlauf einer Stunde das Thermometer über 100° anzeigt, ist das Öl als feuergefährlich anzusehen. Bei sehr gefährlichen Ölen steigt die Temperatur innerhalb 45 Minuten rasch auf 200°. Falls die Temperatur bis über 150° ansteigt, ist es ratsam, das Thermometer herauszuziehen, da die eingefettete Baumwolle sich leicht entzündet.

In Tabelle 87 ist eine Anzahl von Mackey bestimmter Temperaturerhöhungen angegeben.

Da die beschriebene Methode nur Vergleichswerte liefert, müssen die angegebenen Vorschriften genau befolgt werden. Vor dem Versuch sind reines Olivenöl und Baumwollsamenöl als Beispiele je eines gefahrlosen und gefährlichen Öles zu prüfen.

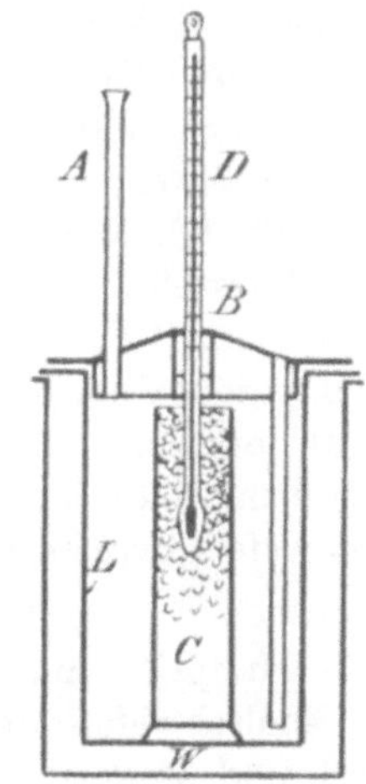

Fig. 112.

Einen anderen Apparat, der gute Vergleichswerte liefert, beschreibt Dennstedt (Die Chemie in der Rechtspflege, S. 207).

Man leitet über 100 ccm des fraglichen Stoffes, der sich in der kleinen Abteilung eines aus zwei Stücken bestehenden Messingrohrs befindet, bei genau innezuhaltender Temperatur Sauerstoff, der in der größeren Abteilung des Rohres entsprechend vorgewärmt wird. Das ganze Messingrohr liegt in einem dem Vollhardschen Petroleumofen nachgebildeten Bade, und man folgt mit der Temperatur dieses Bades vorsichtig, sofern sich der zu prüfende Stoff erwärmt, bis schließlich, natürlich in begrenzter Zeit, Entzündung eintritt. Man kann den Grad der Feuergefährlichkeit eines Stoffes ziemlich genau beurteilen, wenn man die Anfangstemperatur bestimmt, von der ausgehend unter den beschriebenen Umständen Selbstentzündung gerade in 30 Minuten (bei Kohlen in 60 Minuten) erfolgt. Die Anfangstemperatur liegt bei gefährlichen Ölen zwischen 70 und 90°.

Über Wollfettoleïne siehe S. 557 ff.

G. Türkischrotöl.

Literatur: Benedikt-Ulzer S. 359.

I. Technologisches.

Zur Herstellung von Türkischrotöl behandelt man Rizinusöl mit konzentrierter Schwefelsäure bei Temperaturen unterhalb 35° und versetzt das von überschüssiger Schwefelsäure durch Auswaschen mit Wasser und Glaubersalzlösung befreite Produkt mit wäßrigem Ammoniak oder mit Sodalösung, bis eine Probe mit Wasser eine vollständige Emulsion bildet. In einzelnen Fällen neutralisiert man vollständig. Man erhält so ein gelb bis gelbbraun gefärbtes dickes Öl, das je nach Menge des vorhandenen Alkalis in Wasser klar oder unter Emulsionsbildung löslich ist und beim Färben und Bedrucken der Baumwolle mit Alizarin usw. verwendet wird.

Nach einem neueren Verfahren von A. Grün (D.R.P. Anm. G. 33 943, Kl. 23 c, einger. 28. 3. 1911, ausgel. 20. 5. 1912) werden zur Darstellung hochwertiger Türkischrotöle Rizinusöl oder andere Ester der Ricinolsäure in Lösung oder Suspension mit Chlorsulfon behandelt, worauf das Reaktionsprodukt in Wasser gelöst und neutralisiert wird. Dadurch werden Rizinusöl, auch saure Olivenöle (Tournantöle) in Türkischrotöle mit abnorm hohem Gehalt an Schwefelsäureestern übergeführt.

II. Zusammensetzung.

Hauptbestandteile sind Alkalisalze der Ricinolsäure und der Ricinolschwefelsäure, daneben sind meistens noch etwas Neutralfett und vielleicht Anhydride der Ricinolsäure zugegen.

Ricinolschwefelsäure ist durch Vereinigung der aus dem Rizinusöl abgespaltenen Ricinolsäure mit Schwefelsäure entstanden, entsprechend der Gleichung:

$$C_{18}H_{33}O_2 \cdot OH + H_2SO_4 = C_{18}H_{33}O_2 \cdot OSO_3H + H_2O.$$

Sie ist mit Wasser in jedem Verhältnis mischbar; die wäßrige Lösung schäumt wie Seifenlösungen. Kochsalz, verd. Salz-

oder Schwefelsäure fällen aus der wäßrigen Lösung die Säure als schweres Öl (spez. Gew. über 1) aus. Durch Kochen mit Wasser oder Alkali wird Ricinolschwefelsäure wenig oder gar nicht angegriffen, durch Erhitzen mit verd. Mineralsäure leicht in die Komponenten gespalten. Ricinolsäure löst sich nicht in Wasser, ihr spez. Gewicht ist unter 1.

Die aus einem Türkischrotöl abscheidbaren Säuren sind daher umso schwerer, je stärker das verwendete Rizinusöl sulfuriert war. Beim Schütteln mit Wasser bilden sie, ähnlich wie die sog. wasserlöslichen Mineralöle, haltbare Emulsionen. Den Emulsionen kann durch Ausschütteln mit Äthyläther der die Trübung bedingende Anteil, die Ricinolsäure, entzogen werden.

Aus Olivenöl, Erdnußöl, Kottonöl sowie Ölsäure durch Sulfurieren gewonnene Türkischrotöle gelten im allgemeinen als minderwertig.

III. Prüfung.

a) Löslichkeit. Die Probe soll in wenig warmem Wasser klar löslich sein, auf Zusatz von 10 Vol. Wasser eine haltbare, nicht zu starke Emulsion bilden. Zum Vergleich ist ein als mustergültig anerkanntes Handelsprodukt, z. B. Javalöl, zu wählen. Beide Proben müssen gegen Lackmus schwach sauer reagieren, anderenfalls ist mit Essigsäure eben anzusäuern.

In verd. Ammoniak sind gute Öle völlig löslich, die Lösungen bleiben auf Zusatz von viel Wasser klar.

b) Probefärben: Wichtige Prüfung, die aber nur in geübten Händen verläßliche Resultate gibt. Man tränkt Baumwolle mit einer neutralen, ganz schwach ammoniakalischen Lösung von 1 Tl. Öl in 10—20 Tln. Wasser, trocknet, beizt schwach mit essigsaurer Tonerde und färbt in blaustichigem Alizarin aus, oder man druckt Dampfrosa auf und macht die Farben in bekannter Weise durch Seifen, Avivieren uws. fertig. Zum Vergleich benutzt man wieder ein Öl von bekannter Güte.

c) Gesamtfettgehalt bedingt in hohem Maße den Wert eines Türkischrotöls. Unter Gesamtfettgehalt versteht man Fettsäuren, ursprünglich im Öl vorhandene und aus Fettschwefelsäuren durch Erhitzen mit Mineralsäuren abscheidbare Oxyfettsäuren sowie Neutralfett.

1. Bestimmung nach Benedikt. 4 g Öl werden in 20 ccm Wasser event., d. h. bei Gegenwart einer Trübung, unter Zusatz von Ammoniak bis zur schwach alkalischen Reaktion gelöst, mit 15 ccm Schwefelsäure (1 : 1 Rtl.) und 6—8 g Stearinsäure versetzt und bis zur klaren Abscheidung des Fettes zum schwachen Sieden

erhitzt. Nach Erkalten wird der erstarrte Kuchen mineralsäurefrei gewaschen und gewogen. Vom Gewicht des Rückstandes wird das Gewicht der zugesetzten Stearinsäure abgezogen.

2. Volumetrisch nach Finsler. Man gießt eine Lösung von 30 g Öl in 50 ccm Wasser in ein Kölbchen von etwa 200 ccm Inhalt, dessen verlängerter Hals in $^1/_5$ und $^1/_{10}$ ccm geteilt ist, spült mit Wasser bis zu einem Gesamtvolumen von 100 ccm nach und erhitzt nach Zusatz von 25 ccm 65 proz. Schwefelsäure einige Zeit zum Kochen. Ist das ausgeschiedene Fett völlig klar und durchscheinend, so fügt man allmählich heiße gesättigte Kochsalz- oder Glaubersalzlösung hinzu, bis die Fettschicht in den Hals aufgestiegen ist, und liest nach $\frac{1}{2}$ Stunde das Volumen ab.

Aus der Zahl der abgelesenen ccm erhält man den Prozentgehalt an Gesamtfett unter Berücksichtigung des mittleren spez. Gewichtes der Fettschicht (0,945) durch Multiplikation mit 3,33 (3,33 . 0,945). Ein Nachteil des Verfahrens ist, daß sich die Fettschicht nach dem Abkühlen nicht scharf von der wäßrigen Flüssigkeit rennt, wodurch Abweichungen bis zu 1 % entstehen können.

3. Nach Herbig (Chem. Rev. 1906, **13**, 243) hat sich folgendes Verfahren gut bewährt:

10 g Öl werden mit 50 ccm Wasser und 25 ccm verdünnter Salzsäure 3—5 Min. kochend zersetzt. Dann wird mit Äther im Scheidetrichter geschüttelt (Ätherschicht 200 ccm), dreimal mit je 15 ccm Wasser gewaschen. In den Waschwässern werden die löslichen Fettsäuren und ev. Glyzerin bestimmt. In der Ätherlösung wird die unlösliche Fettmenge bestimmt.

d) Art des Öles. Von dem nach c) erhaltenen Gesamtfett wird Jod- und Azetylzahl ermittelt. Ist erstere nicht merklich unter 70, letztere 140 oder höher (Lewkowitsch gibt als unterste Grenze 125 an), so liegt reines Türkischrotöl vor.

Nur bei genaueren Untersuchungen werden noch folgende Prüfungen vorgenommen:

e) Neutralfett. 30 g Öl werden in 50 ccm Wasser gelöst, mit 20 ccm Ammoniak und 30 ccm Glyzerin versetzt und zweimal mit je 100 ccm Äthyläther ausgeschüttelt. Die Ätherlösung wird vor dem Abdestillieren mit Wasser gewaschen, Destillationsrückstand nach dem Trocknen bei 100° gewogen.

f) Fettschwefelsäuren. Nach Herbig werden 4 g der Probe mit 30 ccm Salzsäure (1 : 5) am Rückflußkühler unter öfterem Schütteln bis zur völligen Klärung der öligen und wäßrigen Schicht (35—40 Min.) gekocht. Die Fettschicht wird nach Erkalten mit Äthyläther aufgenommen und mineralsäurefrei gewaschen. In der mit den Waschwässern vereinigten wäßrigen Schicht wird durch Fällen mit Chlorbarium der Gehalt an Schwefelsäure ermittelt. Von diesem wird die nach h) ermittelte Schwefelsäuremenge abgezogen; der Rest wird auf Ricinolschwefelsäure umgerechnet. 80 Tl. Schwefelsäure entsprechen 378 Tl. Ricinolschwefelsäure.

g) Ammoniak und Natron. Durch Ausziehen einer ätherischen Lösung von 10 g Öl mit verd. Schwefelsäure und Verarbeitung des Auszuges in bekannter Weise zu bestimmen (s. S. 260).

h) An Alkali gebundene Schwefelsäure. 10 g Öl werden in Ätherlösung mit wenigen ccm konz. reiner Kochsalzlösung mehrfach ausgeschüttelt. In den vereinigten geklärten Auszügen wird nach gehöriger Verdünnung die Schwefelsäure bestimmt.

Beispiel für die Zusammensetzung eines als vorzüglich anerkannten Türkischrotöls:

In Wasser löslicher Teil der Fettmasse		9,5 %
Unlöslicher Teil	Neutralfett	1,3 %
	Fettsäuren	47,2 %
Gesamtfett		58,0 %
Ammoniak		1,8 %
Gesamtschwefelsäure		4,6 %

H. Leinölfirnisse.

Leinölfirnisse werden

I. durch mehrstündiges Erhitzen — „Kochen“ — von Leinöl unter Zugabe anorganischer Blei- oder Manganverbindungen (Bleiglätte, Mennige, Manganoxydhydrat, Mangansuperoxydhydrat, Braunstein, Manganborat) bei 200—260^0 gewonnen,

II. „auf kaltem Wege“ durch Lösen von 1—3 % organischen Sikkativsalzen in Leinöl bei 120—150^0 unter gleichzeitigem Einblasen von Luft hergestellt. Diese Sikkative werden auch in Terpentinöl gelöst dem Leinöl kalt zugesetzt. Als Sikkative kommen in Betracht harzsaures und leinölsaures Mangan, Blei, Bleimangan, die jedoch häufig Nachgilben und Nachröten zeigen. Deshalb verwendet man in neuerer Zeit auch hie und da Kobaltlinoleat, Kobaltresinat, Kobaltazetat, die nicht nur die Trockenkraft erhöhen, sondern auch gleichzeitig bleichende Wirkung auf die Firnisse ausüben. Für manche Zwecke verwendet man Zinkresinat, außerdem in letzter Zeit holzölsaure und perillaölsaure Salze.

III. Durch Einwirkung von elektrolytisch gewonnenem Sauerstoff auf erhitztes Leinöl entstehen sikkativfreie sog. „ozonisierte Firnisse“.

IV. Die sog. Lithographenfirnisse (Dicköl, Standöl, gebrannter Firnis) werden durch Erhitzen von Leinöl auf 250 bis 300° unter Luftabschluß und ohne Zugabe von Trockenstoffen hergestellt. Je länger das Öl erhitzt wird, desto dickflüssiger wird es, gleichzeitig steigt das spez. Gewicht (bis auf 0,99) und sinkt die Jodzahl (bis auf 85); zuletzt nimmt es grünliche Fluoreszenz an. Je höher das Öl erhitzt wird, desto mehr wird die Trockenfähigkeit herabgemindert; während dünne Lithographenfirnisse etwa die Trockenfähigkeit des rohen Leinöls besitzen, d. h. bei Zimmerwärme in 4—6 Tagen bei der Glastafelprobe (s. S. 454) eingetrocknet erscheinen, trocknen Standöl und Dicköl bei gewöhnlicher Temperatur schwerer ein. Nach Lippert (Chem.-Ztg. 1897, **21**, 776) sind im Standöl die Glyzeride größtenteils polymerisiert und haben nur wenig Sauerstoff aufgenommen (Gehalt an Oxysäuren nach Marcusson 1—4 %, höchstens 9 %). Freie und frei werdende Fettsäuren gehen beim Kochen ganz oder teilweise in Anhydride über. Je länger das Öl erhitzt ist, umso größer ist seine Haltbarkeit und sein konservierendes Vermögen.

Untersuchung.

Leinölfirnis wird mit Harz, Harzöl, Mineralöl, Tran und sonstigen Ölen versetzt oder verfälscht. Als Zusatz zu Leinölfirnis kommt in erster Linie Sojabohnenöl in Frage, jedoch vermag nur eine Mischung von 3 Teilen Leinölfirnis und 1 Teil Bohnenfirnis ein brauchbares Produkt ergeben. Die wichtigsten Punkte der Prüfung sind:

a) Trockenprobe. 1 Tropfen Firnis wird auf einer 5 × 10 cm großen Glasplatte gleichmäßig verrieben. Guter Firnis ist nach 12 Stunden eingetrocknet, häufig noch schwach klebrig, nach 24 Stunden völlig trocken. Schlechtes Eintrocknungsvermögen macht Gegenwart von Verfälschungen oder nicht gekochten frischen Leinöls wahrscheinlich.

b) Spez. Gewicht in der Regel 0,935—0,948. Mineralöl, Tran und andere fette Öle erniedrigen, Harzöle erhöhen im allgemeinen das spez. Gewicht. Dick eingekochte Firnisse, sog. Standöle, haben spez. Gew. bis 0,99 und darüber.

c) Jodzahl. 150—172 sind die häufiger vorkommenden Zahlen. Die Jodzahl ist umso niedriger, je länger und je höher ein Öl erhitzt ist, und je mehr der Sauerstoff eingewirkt hat. Einer niedrigen Jodzahl entspricht meistens eine dunkle Farbe. Die höchsten Jodzahlen bei heller Farbe haben im allgemeinen die sog. kalt bereiteten Firnisse. Bei dick eingekochten Firnissen geht die Jodzahl bis 70 herab. Über die Hexabromidzahl der Leinöle und Firnisse siehe S. 450 ff.

d) Verseifungszahl 190—195 wie bei Leinöl selbst.

e) Unverseifbares. Der natürliche Gehalt des Leinöls an Unverseifbarem, ca. 1 %, wird durch Kochen zu Firnis nicht erhöht. Gegenwart unverseifbarer Öle wird, wie S. 416 beschrieben, qualitativ und nach S. 212 quantitativ erkannt. In zweifelhaften Fällen ist die Jodzahl des Unverseifbaren heranzuziehen. Die natürlichen unverseifbaren Anteile (Phytosterin usw.) haben Jodzahl 60—70. Die qualitative Probe auf Harzöl mittels der Morawskischen Reaktion oder durch Schütteln des Öles mit Schwefelsäure 1,62 ist bei Firnis unzuverlässig, da auch reine Firnisse ähnliche Farbenreaktionen geben.

Außer Harzöl und schwerem Mineralöl wird Firnissen bisweilen Terpentinöl oder Patentterpentinöl (Mischung von Benzin bzw. Petroleum mit wenig Terpentinöl) zugesetzt. In diesem Falle würde man beim Behandeln nach Spitz und Hönig infolge Verdunstung zu wenig Unverseifbares finden. Den richtigen Wert kann man dagegen aus der Verseifungszahl berechnen. Außerdem läßt sich das flüchtige Öl direkt bestimmen durch Destillation über freier Flamme oder mit Wasserdampf. Im Destillat weist man das Terpentinöl neben Benzin durch Geruch, optisches Drehungsvermögen und Bromabsorption sowie nach S. 527 ff. nach.

f) Sikkativgehalt. Die Seifenbasis ermittelt man entweder durch Ausschütteln einer Ätherlösung des Öles mit verdünnter Salpetersäure und Untersuchung des sauren Auszuges oder durch Veraschung einer Probe und Untersuchung der Asche. Am häufigsten kommen Blei- und Mangansikkative vor, daneben ist auf Kobalt, Zink, Kalk und dgl. zu prüfen. Mangan gibt sich am sichersten durch Schmelzen mit Soda und Salpeter zu erkennen (grüne Schmelze). Quantitative Bestimmung erübrigt sich meistens.

Falls die Menge des Sikkativs zu bestimmen ist, versetzt man 20 g Öl in 50 ccm Äther bei Gegenwart von Methylorange und Wasser (30 ccm) heiß tropfenweise unter Umschütteln mit ½ N.-Salzsäure, bis nach längerem Umschütteln und Erwärmen die wäßrige Schicht rosa bleibt. Aus dem Verbrauch an Salzsäure kann man bei Kenntnis der Seifenbasis die Menge des Sikkativs berechnen. Das Molekulargewicht der Harzsäuren wird zu 346 angenommen (einbasische Säure).

g) Freie Säure ist zweckmäßig im Anschluß an die Sikkativbestimmung festzustellen.

Die mit Salzsäure zersetzte Ätherlösung und die untere eben salzsauer gemachte wäßrige Schicht werden unter Zusatz von absol. Alkohol und Phenolphthaleïn titriert. Von der verbrauchten Natronlauge werden soviel ccm abgezogen, wie der zur Sikkativbestimmung verwendeten Salzsäure entsprechen. Der Rest der Natronlauge entspricht der freien im Firnis vorhanden gewesenen organischen Säure. Bei direkter Titration des Öles kann ein Fehler dadurch bedingt sein, daß die Natronlauge nicht nur die freie Säure bindet, sondern auch die Sikkative zersetzt.

h) Harz. Geringe Mengen freies Harz wird man in Firnissen, die unter Zusatz harzsaurer Salze hergestellt sind, durch Extraktion mit 70proz. Alkohol (S. 193) meistens nachweisen können. Nur wenn man bei dieser Probe erhebliche Mengen harzigen Extraktes bekommt, liegt Verdacht auf Verfälschung mit Harz vor. Da auch harzsaures Mangan und harzsaures Blei sich etwas in 70proz. Alkohol lösen, ist deren Menge durch Veraschung oder Titration mit $^1/_2$-N. Salzsäure im alkohol. Auszug zu bestimmen und von der gefundenen Harzmenge abzuziehen. Ein größerer Harzgehalt macht sich auch bei der Säurebestimmung bemerbkar. Harzfreie Firnisse haben selten eine 12 übersteigende Säurezahl, meistens liegt sie unter 7. Freies Harz erhöht die Säurezahl erheblich. Quantitative Bestimmung siehe S. 194. Die Morawskische Reaktion zur Prüfung auf Harz gibt bei Firnissen nicht immer eindeutige Resultate, da auch reine Leinöle die Violettfärbung umso stärker geben, je mehr natürliche unverseifbare Stoffe sie enthalten (s. auch S. 463).

Beispiel.

Ein als „gekochter Leinölfirnis“ gekaufter Firnis sollte daraufhin geprüft werden, ob er ungekochter oder gekochter Leinölfirnis und frei von fremdartigen Zusätzen sei.

Die Prüfung ergab:

Äußere Erscheinungen: dünnflüssig, getrübt, gelbbraun, Geruch nach reinem Leinölfirnis.

Spezifisches Gewicht bei + 15°: 0,9376.

Unverseifbare Öle nicht zugegen.

Wasser ist zugegen und bedingt die Trübung des Firnisses, die beim Erhitzen auf dem Wasserbad verschwindet und beim Erkalten nicht wiederkehrt.

Jodzahl (nach Waller): 166; Verseifungszahl 197.

Sikkativzusatz: etwa 2 % harzsaures Bleimangan.

Tabelle 88.

Lieferungsbedingungen für Firnis und Sikkativ[1]).

Material	Eisenbahnverwaltung	Äußere Erscheinungen	Spez. Gewicht 15°	Sonstige Eigenschaften
Firnis	Preußen 1901	—	—	Aus reinem Leinöl unter Zusatz von Mangan- oder Bleiverbindungen herzustellen, frei von fremden Beimengungen, bei längerem Lagern keinen Bodensatz. In dünner Schicht auf Glastafeln gestrichen bei 20° nach 18 Std. trockener, klebfreier, nicht nachdunkelnder Überzug.
	Sachsen 1901	Muß klares Aussehen haben und behalten	mindestens 0,940	Doppelt gekocht, aus reinem, gutem, fettem Leinöl ohne Beimengungen von Harzölen und anderen vegetabilischen Ölen hergestellt, englische Marken nicht zu verwenden, vollständig abgelagert, kein Bodensatz. Schnelles Trocknen Hauptbedingung.
	Württemberg 1904	hell, Geruch und Geschmack leinölähnlich, nicht brenzlich oder unangenehm	0,935 bis 0,943	Aus reinem bestqualifiziertem Leinöl, gut abgelagert, soll getrocknet Glanz behalten. Beim Stehen kein Bodensatz, Farbe soll je nach Anwendung von Oxydationsmitteln (Blei oder Braunsteinverbindungen) klar durchscheinend, rotgelb bis rötlichbraun sein, dunkelbraun oder schwarz ausgeschlossen. Nach 24 Std. anziehend, nach 48 Std. eingetrocknet. Frei von Harz, Harzöl, Hanföl, Rüböl und Fischtran.
	Reichslande 1912	hell und durchsichtig	—	rein, frei von Schlamm und Bodensatz, gut gekocht und abgelagert. Auf Blechtafeln gestrichen in 24 Stunden bei 15° trocken. Waterprooffirnis aus reinem Leinöl unter Zusatz von Bleimanganverbindungen hergestellt, frei von fremden Beimengungen (Harz, Harzöl, Hanföl, Tran), nach 15 Stunden bei 15° eingetrocknet.
	Die Bedingungen von Bayern und Baden enthalten keine Bestimmungen über Firnis.			
Sikkativ	Preußen 1901	—	—	In klarer Lösung, frei von fremdartigen Beimengungen zu liefern, beim Aufbewahren kein Bodensatz. Auf Glastafeln gestrichen bei 20° in 10 Min. klebefrei, nach 2 Stunden vollkommen hart.
	Sachsen 1901	muß klares Aussehen haben und behalten	—	Aus reinem, fettem Leinöl und Terpentinöl ohne Beimischung von Harzölen oder anderen vegetabilischen Ölen hergestellt, abgelagert weder Bodensatz noch sonstige Bestandteile. In Vermischung mit Firnisfarben schnell trocknend und fest auf Streichfläche haftend.
	Reichslande 1912	—	—	muß in 5 Min. bei 15° trocknen.
	Die Bedingungen von Bayern, Württemberg und Baden enthalten keine Bestimmungen über Sikkativ.			

[1]) Anfang 1913 gültig.

Trocknungsversuch: Nach 15 Stunden bei Zimmerwärme (wie guter Leinölfirnis), nach 2 Stunden bei 50° zur festen, nicht klebrigen Haut eingetrocknet.

Gesamtbefund: Ein unter Zusatz von 2 % harzsaurem Bleimangan und mäßig starker Erwärmung hergestellter Leinölfirnis (sog. ungekochter Firnis). Fremde Zusätze nicht vorhanden. Trocknungsfähigkeit s. oben.

Die Säuregehalte von 10 im Kgl. M.-A. geprüften Leinölfirnissen von normaler Zusammensetzung lagen zwischen 1,2 und 3,6 % (berechnet als Ölsäure) oder zwischen 2,4 und 7,3 (berechnet als Säurezahl).

Zwei freies Harz enthaltende Firnisse hatten eine Säurezahl von 14,6—14,8 = 7,3—7,4 % berechnet als Ölsäure oder 9,4—9,5 % berechnet als Kolophonium.

I. Ölfarben und Kitte.

Die wichtigste Verwendung findet Leinölfirnis zu Ölfarben und Kitten. Zur Herstellung der Ölfarben wird der anorganische Farbträger mit trocknenden fetten Ölen, wie Leinöl, Leinölfirnis, Mohnöl, Harzöl, fetten Lacken und dgl. zusammengerieben. Kitte entstehen beim Vermischen von fein verteilter Kreide mit Leinölfirnis oder dessen Ersatzprodukten; bisweilen wird noch neben Graphit, Braunstein, Mennige usw. zur Erzielung einer geschmeidigeren Beschaffenheit Asphalt nach einem Patent von Horn, Magdeburg (D.R.P. 154 220) direkt Naturasphaltstein, z. B. solcher von Limmer und Vorwohle mit 6—12 % Bitumengehalt, hinzugefügt.

Zur Untersuchung derartiger Erzeugnisse ist es zunächst erforderlich, das Öl von dem anorganischen Bestandteil zu trennen. Dies bewirkt man dadurch, daß man eine abgewogene Menge der Probe in einer größeren Menge Äther gleichmäßig verteilt und dann im schräggestellten Erlenmeyerkolben absitzen läßt, worauf man nach dem Klarwerden der Ätherlösung diese durch ein Filter abgießt und den Rückstand bis zur Erschöpfung in der gleichen Weise behandelt. Sollte der Farbstoff so fein gemahlen sein, daß ein klares Absetzen der Ätherlösung nicht zu erzielen ist, so empfiehlt es sich, zunächst statt des Äthers Petroläther als Fettlösungsmittel zu verwenden, der stets eine klare Lösung ergibt. Hinterher ist zum Lösen der Sikkative stets noch Äther zu verwenden, der sich dann klar absetzt. In jedem Falle erzielt man eine klare Trennung des Öles von den anorganischen Bestandteilen, wenn man die Äthersuspension der Probe im Erlenmeyerkolben in einer Zentrifuge behandelt, wie sie im Kgl. Materialprüfungsamt zum Trennen der Kautschuklösungen von den Füllstoffen benutzt wird (Lieferant: Vereinigte Fabriken für Laboratoriumsbedarf, Berlin).

Die Untersuchung der öligen Anteile erfolgt nach den S. 536 unter „fetten Lacken" angegebenen Gesichtspunkten.

Ist in der Farbe ein flüchtiges Lösungsmittel (Terpentinöl und dgl.) vorhanden, so wird es vor der Abtrennung der anorganischen Bestandteile durch Wasserdampfdestillation abgetrieben und für sich untersucht (S. 522 ff.). Der Rückstand wird durch Absaugen auf feuchtem Filter vom Wasser befreit und dann in der oben angegebenen Weise mit Äther behandelt.

Zur Prüfung asphalthaltiger Kitte auf Zusammensetzung zieht man zunächst das nicht eingetrocknete Leinöl mit Lösungsmitteln aus, entfernt dann das Asphaltbitumen mit heißem Chloroform und behandelt den Rückstand warm mit alkoholischer Kalilauge, welche das durch Oxydation des Leinöls gebildete ätherunlösliche Linoxyn in lösliche Verbindungen überführt. Die Prüfung der so erhaltenen Einzelbestandteile ergibt sich aus den früher beschriebenen Verfahren.

K. Lacke und deren Bestandteile.

Man unterscheidet in der Technik flüchtige oder magere Lacke, d. h. Auflösungen verschiedener Harze wie Schellack, Kopal, Bernstein, Asphalt, Kolophonium und harzsaurer Salze in flüchtigen Lösungsmitteln wie Alkohol, Terpentinöl, Amylalkohol, Amylazetat, Azeton, Benzin und Steinkohlenteeröl, und fette Lacke oder Öllacke, die außer den genannten Stoffen noch Leinöl oder Firnis, Harzöl enthalten.

Die chemische Untersuchung solcher Lacke ist häufig eine sehr schwierige, da es an Methoden zum Nachweis der vielen in Betracht kommenden Stoffe nebeneinander fehlt, da ferner die Harze oft nicht im ursprünglichen, sondern in verändertem Zustande, nach vorherigem längeren Erhitzen usw. (Hartharze, Harzester), verwendet werden. Ein allgemein gültiger Prüfungsgang läßt sich daher nicht aufstellen.

I. Die mechanische Prüfung

der Lacke auf Trockenfähigkeit bzw. Härte des in dünner Schicht aufgetragenen Lacküberzuges geschieht auf dem Fig. 113 abgebildeten Clemenschen Lackprüfer. Bei diesem Apparat werden die Ritzerscheinungen ermittelt, welche eine mit einem bestimmten Gewicht belastete, an einem Punkt aufsetzende Messerschneide auf der getrockneten, unter der Schneide entlang gezogenen Lackschicht hervorruft. Beurteilung erfolgt nach der Art der Ritzerscheinung (Splittern usw.) und der Größe des zur Hervorbringung des Ritzes nötigen Gewichts.

Fig. 113.

II. Chemische Prüfung.

Eine größere Probe (50—100 g oder mehr) wird zunächst mit Wasserdampf destilliert, bis kein Öl mehr übergeht. Zum Auffangen des Destillates kann ein Kolben nach Holde (s. Fig. 90, S. 288) von 1 Liter Inhalt dienen, in dessen graduiertem Hals gleich das Volumen des überdestillierten flüchtigen Lösungsmittels abgelesen werden kann, oder man fängt das Destillat in einem Scheidetrichter auf, fügt gepulvertes Kochsalz hinzu, um eine bessere Trennung von der wässerigen Schicht zu erzielen, läßt diese ab und wägt das flüchtige Lösungsmittel nach Filtration durch ein trockenes Filter. Die Untersuchung des Lackes zerfällt dann in Prüfung des Destillates und des Rückstandes. Ist in dem Lack Alkohol oder Azeton zugegen, die sich in Wasser lösen, so wird die Trennung statt mit Wasserdampf durch vorsichtiges direktes Erhitzen des Lackes bewerkstelligt, indem man z. B. das Produkt aus einem Ölbad bis gegen 200° destilliert; höheres Erhitzen ist wegen Zersetzung des vorhandenen Leinöls usw. zu vermeiden.

a) Untersuchung der flüchtigen Lösungsmittel. Von den in Lacken vorkommenden flüchtigen Lösungsmitteln unterscheiden sich Alkohol und Azeton von den übrigen durch ihre Wasserlöslichkeit. Alkohol wird durch die Jodoformprobe erkannt (s. S. 260). Azeton kann außer durch den Siedepunkt durch die Reaktion mit Hydroxylamin oder mit Phenylhydrazin nachgewiesen werden.

Amylalkohol und Amylazetat verraten sich durch ihren charakteristischen Geruch, Amylazetat durch die Abspaltung von Essigsäure beim Verseifen mit Lauge.

Das wichtigste Lösungsmittel für Lacke, Terpentinöl, wird in der Regel bei der Wasserdampfdestillation des Balsams von Pinusarten erhalten. In den letzten Jahren wird aber auch besonders in Finnland durch trockene Destillation von Fichtenholz neben Teer Terpentinöl gewonnen. Auch Abfallholz (Baumstümpfe, Sägemühlenabfälle und dgl.) wird in den Vereinigten Staaten viel zur Herstellung von Holzterpentin verwendet; es kann durch destruktive Destillation, Wasserdampfdestillation oder Extraktion mit Lösungsmitteln oder Alkalien daraus gewonnen werden (Veitch u. Donk, Farbenzeitung 1912, **18**, 1440).

Haupttypen sind amerikanisches und französisches Öl. Beide bestehen fast ausschließlich aus Pinen $C_{10}H_{16}$. Das französische Öl enthält vorwiegend Pinen und ist linksdrehend ($[\alpha]_D$—20 bis — 40°). Die amerikanischen Öle sind meistens rechtsdrehend, seltener drehen sie schwach nach links, je nachdem an der Produktionsstätte die eine oder die andere Pinusart vorwiegend war ($[\alpha]_D$ + 9 bis + 14°) [1]). Das destruktiv gewonnene Holzterpentin enthält neben Pinen Dipenten, Penton, Penten, Toluol, Heptin; dampfdestilliertes Holzterpentin enthält hauptsächlich Pinen, Camphen, Limonen, Dipenten, Cymol.

Das zum Verschneiden oder als Ersatz des Terpentinöls benutzte und diesem ähnliche, nur weniger angenehm riechende Kienöl enthält neben Rechtspinen und Dipenten hauptsächlich Sylvestren $C_{10}H_{16}$, das höher als Pinen siedet (zwischen 170 und 180°) und rechtsdrehend ist ($[\alpha]_D$ = + 14 bis + 24°). Kienöl wird bei der trockenen Destillation der harzreichen Wurzelstöcke der Kiefer im östlichen Deutschland, Polen, Finnland, Schweden gewonnen und durch Rektifikation über Kalkhydrat und Kohle gereinigt.

Die Versuche, das teure Terpentinöl durch bestimmte Fraktionen des billigeren Kienöls bei der Herstellung des künstlichen Kampfers zu ersetzen, haben keinen Erfolg gehabt.

Die frühere Annahme, daß Terpentinöl, das bekanntlich leicht Sauerstoff aufnimmt, Ozon enthält, ist hinfällig. Nachgewiesen sind Wasserstoffsuperoxyd und organische Superoxyde (Kingzett, Journ. Chem. Soc. 1874, **27**, 511 usw. nach Gildemeister-Hofmann). Letztere, z. B. Kampferperoxyd, zerfallen mit

[1]) Gildemeister-Hofmann, Die ätherischen Öle, 1899, 320 und 331.

Wasser in Kampfersäure und H_2O_2. Oxydiertes Terpentinöl scheidet nämlich aus Jodkalium Jod aus, was H_2O_2 allein nicht tut. Die Aufklärung dieser Vorgänge, die für die Beurteilung des Terpentinöls als die Trockenkraft von Lacken usw. beförderndes Lösungsmittel wichtig sind, haben C. Engler und J. Weißberg gebracht (Ber. 1898, **31**, 3046).

Für die Prüfung des Terpentinöls auf Reinheit kommen hauptsächlich folgende Eigenschaften dieses Öles und seiner Surrogate (Kienöl, Harzessenz, hochsiedende Petroleumbenzine, Benzolkohlenwasserstoffe wie Solventnaphtha und Schwerbenzol, Tetrachlorkohlenstoff und andere gechlorte Kohlenwasserstoffe, z. B. Perchloräthylen) in Betracht, die eine durchaus genügende Kennzeichnung der Zusammensetzung ermöglichen (s. insbesondere Marcusson, Mitteilungen 1908, **26**, 157, und Chem.-Ztg. 1909, **33**, 966, 978, 985; 1910, **34**, 285; 1912, **36**, 413, sowie Herzfeld, Zeitschr. f. öffentl. Chem. 1903, 454):

1. Spez. Gewicht des reinen Terpentinöls bei 15° ist 0,865 bis 0,875, dasjenige von Benzinen von der Siedegrenze 100 bis 180° = 0,734—0,803, nämlich von amerikanischen 0,734, russischen 0,770—0,789, galizischen 0,760—0,766, indischen 0,781—0,803, und von Petroleumdestillaten Kp. 160—200°, sog. Patentterpentinölen, nicht über 0,820, von Benzol = 0,885, Toluol 0,870, Xylol 0,868, Solventnaphtha 0,869—0,882, Schwerbenzol 0,920—0,945, regeneriertem Terpentinöl 0,856—0,874, Tetrachlorkohlenstoff 1,4, Kienöl 0,865—0,874. Der Ausdehnungskoeffizient des Terpentinöls beträgt 0,00100, die Änderung des spez. Gewichts für 1° Temperaturunterschied 0,00085.

2. Siedegrenzen: Reines Terpentinöl beginnt bei 155° zu sieden. Bis 162° siedet die Hauptmenge, 75—80 %, der Rest siedet bis 175°. Stark verharzte Terpentinöle sieden höher. Harzessenz siedet unter 150°. Benzol siedet bei 80°, Toluol bei 111°, Xylol bei 130°, Solventnaphtha von 125 bis 200°, Tetrachlorkohlenstoff bei 78°; regeneriertes Terpentinöl[1]) beginnt bei 164—170° zu sieden, bis 165° sieden 0—10 %, bis 175° 75—100 %.

[1]) Wird als Nebenprodukt bei der synthetischen Darstellung von Kampfer aus amerikanischem Terpentinöl gewonnen und enthält außer Pinen und Limonen noch Terpinolen, Terpinen und Cymol, die alle erst gegen 175° sieden; s. a. Semmler, Die ätherischen Öle, 1906, Bd. 3, S. 353.

Kienöl beginnt bei 160° zu sieden, der größte Teil siedet zwischen 165 und 175°.

3. Brechungskoeffizient (Br.) bei reinen Terpentinölen 1,471—1,474 bei 15°, entsprechend 68—72 Refraktometerzahl, Benzine von den Siedegrenzen 100—180° zeigen Br. 1,419 bis 1,450, Benzol 1,502, Toluol 1,489, Xylol 1,496, Solventnaphtha 1,498—1,501, Schwerbenzol 1,525. Größere Mengen dieser Benzolkohlenwasserstoffe sind ohne weiteres aus den Brechungsexponenten der Mischung, kleinere Mengen aus dem Brechungskoeffizienten der von 10 zu 10° abgenommenen Destillatfraktionen zu erkennen.

Der Brechungskoeffizient kann bei beliebiger Zimmerwärme bestimmt und mittels des Umrechnungskoeffizienten 0,00035 für je 1° auf 15° umgerechnet werden. Regeneriertes Terpentinöl hat Br. = 1,476—1,479.

4. Optisches Drehungsvermögen. Die Zahlen für Terpentinöl und Kienöl sind oben angegeben. Bei 2 regenerierten Terpentinölen wurde $[\alpha]_D = + 0{,}08$ und $+ 6{,}7^0$ ermittelt. Die übrigen Terpentinölsurrogate wie Petroleumbenzine, Benzolkohlenwasserstoffe und gechlorte Kohlenwasserstoffe haben kein oder (hochsiedende Petroleumbenzine) verschwindend geringes Drehungsvermögen.

5. Bromaufnahmevermögen. Terpentinöle und Kienöle absorbieren, da sie 2 ungesättigte Bindungen enthalten, 4 Mol. Brom, während die Surrogate, also Benzine, Benzolkohlenwasserstoffe, gechlorte Kohlenwasserstoffe verschwindend geringe Mengen oder kein Brom aufnehmen. Die aufgenommene Brommenge wird konventionell als sog. Bromzahl[1]) insbesondere für zolltechnische Prüfungen von Terpentinöl auf Reinheit bestimmt.

Die Bromzahl gibt an, wieviel Gramm Brom von 1 ccm Terpentinöl bei etwa 20° aufgenommen werden; sie wird folgendermaßen ermittelt:

0,5 ccm Terpentinöl werden in einer Mischung von 50 ccm absol. Alkohol und 5 ccm 25 proz. Salzsäure gelöst. Zu dieser Lösung läßt man aus einer Bürette eine Lösung von 13,926 g trocknem bromsauren Kali und 49,633 g Bromkali in 1 Liter Wasser so lange hinzutropfen, bis das freiwerdende Brom nicht mehr verschluckt wird, und die Terpentinlösung mindestens 1 Minute lang schwach gelb bleibt[2]).

---

[1]) Chem.-Ztg. 1899, **23**, 686.

[2]) Bei Kienölen und ebenfalls gelblich gefärbten alten Terpentinölen ist das Kriterium der Gelbfärbung durch die zugesetzte Brom-

Da aus 1 ccm der Bromsalzlösung 40 mg Brom in Freiheit gesetzt werden, ist leicht zu berechnen, wieviel Brom von ½ bzw. 1 ccm Terpentinöl aufgenommen wird. Bromzahl reiner Terpentinöle nicht unter 1,9, meistens 2,15—2,3. Jodzahl nach Hübl 360—375. Durch Zusätze wird die Bromzahl mehr oder weniger herabgedrückt. Auch bei alten stark verharzten Terpentinölen findet man eine beträchtliche Erniedrigung der Bromzahl nach dem älteren ohne die Tüpfelprobe ausgeführten Verfahren der Bromzahlbestimmung. Es ist festzustellen, inwieweit dies bei dem modifizierten Verfahren auch der Fall ist. Werden aber solche Öle frisch rektifiziert, so zeigt das Destillat auch nach dem älteren Verfahren die normale Bromzahl[1]).

Nach den allgemein bestätigten Untersuchungen von Schneider und Zetsche verbrauchen 0,5 ccm reines Terpentinöl wenigstens 25 ccm der oben beschriebenen Bromsalzlösung. Werden also weniger als 25 ccm der Lösung verbraucht, so sind die unter 1—4 und 6—7 beschriebenen Prüfungen auszuführen[2]).

6. Löslichkeit in Alkohol. Reine Terpentinöle lösen sich bei Zimmerwärme in 5—12 Teilen 90 proz. Alkohol. Mineralöldestillate sind darin fast unlöslich.

7. Löslichkeit in rauchender Salpetersäure (spez. Gew. 1,52). In dieser Säure sind reine Terpentinöle bei — 10° ganz löslich. Petroleumbenzine sind nur insoweit löslich, als sie aromatische und olefinische Kohlenwasserstoffe enthalten; die von der Salpetersäure

---

lösung unsicher, weil trotz bleibender Gelbfärbung noch Brom aufgenommen wird. Man muß daher nach einem Vorschlag von Mecke so lange Brom zusetzen, bis die Lösung bei der Tüpfelprobe eine Jodzinkstärkelösung blau färbt.

[1]) Von Worstall (Journ. Soc. Chem. Ind. 1904, 306) wird die Bestimmung der Jodzahl an Stelle der Bromzahl sehr empfohlen. Bei reinen Terpentinölen wurde die Jodzahl zu 384 ermittelt.

[2]) Zur Erbringung des umgekehrten Nachweises von Terpentinöl in Mineralöl dient die Bromabsorption (qualitativ leicht zu prüfen, indem man Bromdampf auf das Öl einwirken läßt oder das Öl mit Bromwasser schüttelt und beobachtet, ob Entfärbung der Dämpfe eintritt), das optische Drehungsvermögen, der Geruch des Öles und die Bildung von Pinennitrosochlorid beim Behandeln des zu prüfenden Gemisches mit Amylnitrit und konz. Salzsäure. Letztere Prüfung wird folgendermaßen ausgeführt:

Man tröpfelt 1,5 ccm rohe Salzsäure von 33 % in ein stark abgekühltes Gemisch aus 5 g des zu prüfenden Öles, 5 g Eisessig und 5 g Amylnitrit. Die abgeschiedenen Kristalle werden durch Lösen in Chloroform und Fällen mit Methylalkohol gereinigt. Schmelzpunkt 102—103°. Läßt man diese Kristalle in Gegenwart von Alkohol auf Benzylamin einwirken, so erhält man das charakteristische, bei 122—123° schmelzende Pinennitrolbenzylamin.

gelösten Anteile dieser hochsiedenden Benzine sind vorwiegend aromatischer Natur.

Die Prüfung auf Benzinzusätze wird nach dem von Burton herrührenden, von Rothe, später noch von Marcusson (a. a. O.) verbesserten Salpetersäure-Verfahren ausgeführt.

Der benutzte, von letzterem Verfasser und Winterfeld modifizierte Rothesche Apparat[1]) ist in Fig. 114 abgebildet. Die Versuchsausführung geschieht wie folgt:

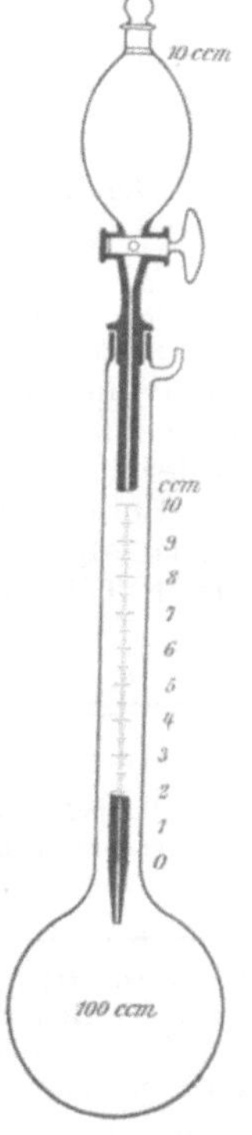

Fig. 114.

Der Meßkolben wird mit 30 ccm rauchender Salpetersäure beschickt, deren Temperatur durch Eintauchen des Kolbens in eine 15 proz. durch Viehsalz-Eismischung gekühlte Kochsalzlösung auf -10^0 gehalten wird. Man läßt alsdann aus dem von der Hahnbohrung bis zu einer Marke 10 ccm fassenden Tropftrichter 10 ccm des zu prüfenden Terpentinöls tropfenweise unter ständigem Schütteln des Kolbens (zweckmäßig durch eine mechanische Schüttelvorrichtung) zu der gekühlten Säure hinzufließen. Die Zuflußzeit kann ½—1 Stunde betragen; sie ist umso geringer, je höher der Benzingehalt in dem Terpentinöl ist.

Nach beendeter Reaktion läßt man noch ¼ Stunde in der Kältelösung stehen und fügt nach Entfernung des Tropftrichters so viel auf -10^0 abgekühlte konzentrierte (nicht rauchende) Salpetersäure zu dem in der Kältemischung befindlichen Kolbeninhalt, bis das Volumen des unzersetzten, sich oben ansammelnden Öles an dem graduierten Hals abgelesen werden kann. Bei der Ablesung soll der Hals Zimmertemperatur haben, die Kugel jedoch im Kältebad verbleiben.

Das gesamte Reaktionsgemisch wird dann in einen Scheidetrichter gebracht, die untere Schicht abgelassen und in einen mit 150 ccm Wasser beschickten ½-Liter-Meßkolben gegossen, dessen Hals eine 10 ccm umfassende Teilung in $^1/_{10}$ ccm aufweist. Hierbei tritt beträchtliche Erwärmung, und je nach Menge der gelösten Benzinbestandteile mehr oder weniger Ölausscheidung ein. Die im Scheidetrichter verbleibende unangegriffene Ölschicht wird mit Wasser gewaschen und auf Brechungsexponent, spez. Gewicht und event. Siedeverhalten geprüft. Die wässerige Schicht der von der Salpetersäure gelösten Anteile wird dann noch ¼ Stunde auf siedendem Wasserbade unter dem Abzug erwärmt, um die aus Terpentinöl entstandenen

[1]) Lieferant: Vereinigte Fabriken für Laboratoriumsbedarf, Berlin N.

Harze tunlichst vollkommen zu lösen. Schwimmen Öltropfen in oder auf der Flüssigkeit, so liegt Verdacht auf Zusatz von Benzolkohlenwasserstoffen vor; man prüft dann nach S. 530 weiter.

Die erkaltete Flüssigkeit wird im Scheidetrichter mit 100 ccm Äther durchgeschüttelt, die wäßrige Schicht abgelassen und die ätherische noch einige Male zur Entfernung anhaftender Säure mit Wasser, dann mit Kalilauge (50 g Ätzkali in 500 ccm Wasser und 50 ccm Alkohol) und schließlich wieder mit Wasser gewaschen. Die mit Chlorkalzium getrocknete Ätherlösung wird filtriert, abdestilliert und der Rückstand nach kurzem Erhitzen auf dem Wasserbad gewogen. Der Rückstand stellt ein rotbraunes Öl dar (aromatische Nitroverbindungen) und ist auf ccm umzurechnen, da die Benzinbestimmung von Anfang an volumetrisch ausgeführt wurde.

Die in Frage kommenden Nitroverbindungen, Nitrobenzol, -toluol, -xylol, -cymol, haben mittleres spez. Gewicht von 1,15, so daß man zur Berechnung der ccm das gefundene Gewicht durch 1,15 zu dividieren und die erhaltene Zahl zu den von Anfang an in Salpetersäure unlöslichen Benzinanteilen zu addieren hat, um die gesamte in der Probe enthaltene Benzinmenge in Vol. zu erhalten.

Bei der Prüfung von Terpentinöl in Mischung mit galizischem und Sumatrabenzin nach der vorstehenden Versuchsausführung wurden die in Tab. 89 zusammengestellten Ergebnisse erhalten.

Tabelle 89.

Herkunft des verwendeten Benzins	Gehalt an Benzin Proz.	Salpetersäure-unlösliche Anteile Proz.	Aus der salpetersauren Lösung erhaltene von Säuren befreite Anteile g	ccm	bezog. auf Ausgangsmaterial Proz.	Gefundener Benzingehalt Proz.	Differenz gegenüber dem wahren Benzingehalt Proz.
Sumatra (schwer) . .	80	49	3,82	3,32	33,2	82,2	+ 2,2
„ (leicht) . .	80	57,5	2,40	2,10	21,0	78,5	— 1,5
„ (schwer) . .	60	33	2,80	2,44	24,4	57,4	— 2,6
Galizien	40	30	1,02	0,90	9	39,0	— 1,0
„	20	11	1,03	0,90	9	20,0	± 0
Sumatra (schwer) . .	10	4	0,79	0,70	7	11,0	+ 1,0

Sumatrabenzin Kp. 100—180° enthält bei einem spez. Gewicht von 0,782 und 0,803 im ganzen 22 bzw. 40 %, amerikanisches Benzin von gleichen Siedegrenzen und spez. Gewicht 0,734 etwa 10 %, russisches Benzin vom spez. Gewicht 0,789 und 0,790 10 bzw. 8 %, galizisches Benzin vom spez. Gewicht 0,760 17 % in Salpetersäure lösliche Anteile.

Die in Salpetersäure unlöslichen Anteile der genannten hochsiedenden Benzine haben bei Sumatrabenzin ein spez. Gewicht von 0,76—0,77, bei amerikanischem Benzin 0,72—0,73, bei galizischem oder rumänischem Benzin 0,74—0,75, bei russischem 0,78, so daß auch aus dem spez. Gewicht der in Salpetersäure unlöslichen Teile auf die Herkunft des Benzins zu schließen ist.

Sind in einer Benzinterpentinölmischung untergeordnete Benzinmengen vorhanden, so ist die Bestimmung der Art des Benzins nach vorstehendem Verfahren unsicher, da das Benzin dann stärker als bei überwiegendem Benzingehalte angegriffen wird. Das spez. Gewicht der salpetersäureunlöslichen Teile wird in diesem Falle geringer.

8. Prüfung auf Harzessenzen. Meistens werden die leichten, unter 150° siedenden und sich schon dadurch verratenden Harzölessenzen als Zusatz benutzt. In manchen Fällen dürfte die Erniedrigung der Bromzahl sowie das Verhalten bei der Destillation eine Verfälschung anzeigen.

Zune destilliert zum Nachweis von Harzöl ¾ des zu prüfenden Öles ab und bestimmt den Brechungsindex sowohl des ersten Viertels des Destillats als auch denjenigen des Rückstandes. Bei reinen Terpentinölen soll die Differenz der beiden Indizes nur 0,0035 bis 0,004 betragen, bei Harzöl enthaltenden erheblich größer sein und bei Gegenwart von nur 1 % Harzöl bereits 0,006 ausmachen. Nach Grimaldi (Chem.-Ztg. 1907, **31**, 1145) geben Harzessenzen beim Erwärmen mit der gleichen Menge konz. Salzsäure und einem Körnchen Zinn und nachfolgendem Abkühlen eine smaragdgrüne Färbung, durch die sich in Mischungen mit Terpentinöl bis zu 5 %, in Mischungen mit Kienöl bis zu 10 % nachweisen lassen sollen.

9. Kienölnachweis. Spez. Gewicht des Kienöls ist so hoch wie dasjenige des Terpentinöls. Bromzahl 1,6—1,9. Siedebeginn meist nahe bei 160°. Weitaus größter Teil siedet von 165—175°. Gibt beim Behandeln mit Azetanhydrid und 1 Tropfen konz. Schwefelsäure starke Farbenreaktion (teils Braunrot-, teils Blauviolettfärbung), reine Terpentinöle geben nur schwache gelbe bis rötliche Färbung. Die durch Kienöl bedingte Färbung tritt schärfer bei der eigentlichen Sylvestrenfraktion (Kp. etwa 175°) hervor.

In Mischungen mit Terpentinöl wird Kienöl durch seinen unangenehmen Geruch, durch die Sylvestrenreaktion und das Verhalten bei der Destillation erkannt.

Ein Stückchen Kalihydrat überzieht sich, wenn der Kienölgehalt nicht allzu gering ist, nach H. Herzfeld sehr schnell mit einer gelbbraunen Schicht, während bei reinem Terpentinöl bis zum Eintreten dieser Färbung ziemlich lange Zeit vergeht. Alte, stark verharzte Terpentinöle bilden die gelbbraune Schicht auch ziemlich bald, doch kann man durch Destillation das Harz zurückhalten und im Destillat das Kienöl durch die Färbung erkennen (Zeitschr. f. öffentl. Chem. 1903, 456).

Nach demselben Autor gibt jedes Kienöl im Gegensatz zu reinem Terpentinöl mit schwefliger Säure geschüttelt Gelblichgrünfärbung.

Scharf gereinigte, z. B. nach dem Kaasschen Verfahren raffinierte Kienöle geben nicht mehr scharf die Herzfeldsche Reaktion mit schwefliger Säure. Eine von rohen und gereinigten Kienölen in gleicher Weise hervorgerufene, auf Reduktion beruhende Reaktion beschreibt Wolff (Farbenztg. 1912, **17**, 21), mit Hilfe deren es gelingt, noch 5 % Kienöl in Terpentinölen nachzuweisen (alte Terpentinöle sind zu destillieren und das Destillat zu prüfen).

5 ccm des zu prüfenden Öles werden mit 5 Tropfen Nitrobenzol versetzt und einmal aufgekocht; dann werden 2 ccm etwa 25 proz. Salzsäure zugefügt und 10 Sekunden lang zum Sieden erhitzt (Vorsicht! da Kienöle sehr häufig heftig reagieren). Die verschiedenen Kienöle, handelsübliche rohe und nach den verschiedenen Verfahren gereinigte, ergeben starke Braunfärbung in der Ölschicht und Braun- bis Schwarzfärbung der Säure. Terpentinöle geben gar keine oder hellgelbe, grünstichige Färbung; die Säure färbt sich in diesem Falle nur schmutzig hellbraun.

Nach Utz (Chem. Rev. 1905, **12**, 100) geben alle Kienöle auch in Mischungen mit Terpentinöl mit offizineller Zinnchlorürlösung (Bettendorfs Reagens) himbeerrote Färbung der Zinnchlorürlösung oder des Öles, während reine Terpentinöle nur Orangegelb- oder Gelbfärbung geben.

Um noch 10 % Kienöl mit Deutlichkeit im Terpentinöl nachzuweisen, schlägt Piest (Chem.-Ztg. 1912, **36**, 198) folgende Prüfung vor: Man schüttelt 5 ccm des Öles mit 5 ccm Essigsäureanhydrid, gibt unter Kühlen mit fließendem Wasser 10 Tropfen konz. Salzsäure und nach dem Abkühlen noch 5 Tropfen hinzu. Man läßt dann nach dem Durchschütteln bei Zimmerwärme stehen und beobachtet die Färbung nach einiger Zeit. Es entsteht eine klare Lösung; Terpentinöl bleibt wasserhell, Kienöl wird schwarz. Selbst 5 % Kienöl geben noch eine dunkle Färbung. Alte Terpentinöle werden vor der Prüfung destilliert und das Destillat untersucht.

Bei Nachprüfungen im Materialprüfungsamt haben sich die Proben von Wolff, Utz und Piest bewährt.

10. Holzterpentin, das ziemlich die gleichen physikalischen Eigenschaften zeigt wie aus Harz gewonnenes, unterscheidet sich von letzterem dadurch, daß es weniger Halogen bindet als dieses. Die Jodzahl von Holzterpentinöl liegt häufig zwischen 230 und 300. Farbenreaktionen zur Unterscheidung der beiden Terpentinölarten haben keinen Wert. (Parry, The Chemist and Drugist 1912, 340; Chem. Zentralbl. 1912, II, 1157.)

11. Benzolkohlenwasserstoffe kann man nach Marcusson (Chem.-Ztg. 1912, **36**, 413) ebenfalls mit Hilfe der Salpetersäureprobe nachweisen. Die nach S. 527 erhaltene wässerige Lösung der in rauchender Salpetersäure löslichen Bestandteile wird nach dem ¼ Stunde langen Kochen auf dem Wasserbad einige Stunden erkalten gelassen. Bemerkt

Tabelle 90.
Lieferungsbedingungen von Eisenbahnverwaltungen für Terpentinöl[1]).

Staat	Äußere Erscheinungen	Spez. Gewicht 15°	Destillation	Sonstige Eigenschaften
Preußen 1901	klar und farblos	0,860 bis 0,880 bei 20°	—	Frei von fremdartigen Beimengungen und vollkommen gereinigt. Bei der Verflüchtigung darf französisches bzw. amerikanisches höchstens 0,3, deutsches bzw. polnisches (Kienöl) höchstens 0,6 v. H. harzigen Rückstand hinterlassen.
Bayern 1900	wasserhell, mild und aromatisch riechend	0,860 bis 0,890	undestillierbarer Rückstand unter 1 %	Bestens rektifiziert, keine Beimengungen durch Harze, fremde Kohlenwasserstoffe usw.
Sachsen[2]) 1913	klar, wasserhell bis schwach gelblich	0,860 bis 0,880 bei 20°	zwischen 150 und 165° mindestens 75 %, zwischen 165 und 185° höchstens 25 %	Rein, vollständig frei von fettigen Bestandteilen und sonstigen Verunreinigungen[3]), bei Verdunstung bei Zimmerwärme höchstens 2,5% Rückstände.
Württemberg 1904 Baden 1910	wasserhell und milder nicht belästigender Geruch	0,860 bis 0,890	vollkommen flüchtig, Siedepunkt von 150—170°, kein merklicher harziger Destillationsrückstand	Dient zum Lackieren, darf weder Harze noch fremde Kohlenwasserstoffe enthalten. 1 Tropfen auf weißem Papier darf nach dem Verdunsten keine Ränder hinterlassen. Mit gleichem Volumen Salmiakgeist geschüttelt, müssen sich beide Schichten klar und farblos abscheiden.
Reichslande 1912	dünnflüssig und farblos	0,86	—	Gut rektifiziert, muß sich ohne Rückstand verflüchtigen und zum Verdünnen von Farben gut geeignet sein.

man nur geringe harzige Massen, welche in der Regel an der Oberfläche der Flüssigkeit schwimmen, so liegt ein Verdacht auf Gegenwart von Benzolkohlenwasserstoffen nicht vor. Haben sich am Boden oder an der Oberfläche der Flüssigkeit rotbraune Öltröpfchen (Nitroverbindungen) ausgeschieden, so werden sie durch Zusatz von Schwefelsäure vom spez. Gewicht 1,6 zu dem Reaktionsgemisch in den graduierten Teil des Meßkolbens gedrängt, wo ihr Rauminhalt abgelesen

[1]) Anfang 1913 giltig.

[2]) Terpentinölersatz: klar und farblos, milder Geruch, neutral, spez. Gew. bei 15° nicht unter 0,78. Zwischen 120 und 180° mindestens 99% Destillat; Flammpunkt über 21°. Bei Zimmerwärme Spuren nicht flüchtiger Stoffe; Verdunstungsgeschwindigkeit nicht wesentlich schneller als bei reinem Terpentinöl.

[3]) Frei von Destillaten aus Erdöl, Stein- und Braunkohlenteer, Harz und Kien.

wird und ohne weiteres ein angenähertes Maß für den Gehalt der Probe an Benzolkohlenwasserstoffen gewährt. Betragen die Abscheidungen über 50 %, so unterbleibt das Kochen der wässerigen Lösung, und der Gehalt wird gefunden, indem man die abgelesenen Raumteile durch 1,15 dividiert.

12. Tetrachlorkohlenstoff läßt sich durch die Beilsteinsche Halogenprobe nachweisen, indem ein ausgeglühter, mit dem Öl benetzter Kupferstab beim Einführen in die Bunsenflamme dieser eine intensiv grüne Färbung erteilt; beim Kochen des Produktes mit alkoholischem Kali tritt bei Gegenwart von „Tetra“ Fällung von Chlorkalium ein. Die quantitative Bestimmung des Gehaltes an Tetrachlorkohlenstoff ist leicht zu erbringen, da im „Tetra“ 92,2 % Chlor enthalten sind. Die Chlorbestimmung wird nach Carius oder nach Marcusson und Döscher (Chem.-Ztg. 1910, **34**, 417) ausgeführt.

Lieferungsbedingungen der Königl. Pulverfabrik Spandau für Terpentinöl und Kienöl (1911).

Terpentinöl zur Lackbereitung. Das Terpentinöl zur Bereitung von Kopal- und Asphaltlack usw. muß technisch rein, farblos bis leicht gelblich und klar sein, einen reinen eigentümlichen Geruch besitzen und frei von Harzölen, Fetten, Mineralölen und Benzin sein.

Abdampfrückstand bis 0,5 %; die Bestimmung desselben geschieht durch möglichst schnelles Abdampfen. Bromaufnahmevermögen für 1 ccm Öl nicht geringer als 2,0. Siedegrenzen 155—165°; zwischen 155 und 165° müssen mindestens 90 % übergehen. Spez. Gewicht bei 15° 0,860—0,870.

Terpentinöl zur Farbenbereitung. Das Terpentinöl zur Farbenbereitung soll eine farblose bis leicht gelbliche, klare, leicht bewegliche, flüchtige Flüssigkeit darstellen, einen stark harzigen, nicht brenzlichen oder ranzigen Geruch besitzen, in Wasser unlöslich, in verdünntem Alkohol kaum löslich sein und sich mit absolutem Alkohol, Äther, Benzol, Chloroform, Fetten und flüchtigen Ölen in jedem Verhältnis mischen lassen. Abdampfrückstand bis 0,5 %; die Bestimmung desselben geschieht durch möglichst schnelles Abdampfen. Siedegrenzen 150—180°. Spez. Gewicht bei 15° 0,855—0,890.

Der Anstrich der mit dem Terpentinöl vermischten Ölfarbe soll gut und hart trocknen und darf nicht nachkleben.

Kienöl (deutsches). Das Kienöl muß gut gereinigt, klar und möglichst farblos sein; gestattet ist höchstens eine helle, gelbliche Färbung. Es darf keinen Bodensatz bilden und soll frei von Mineralsäure und Verunreinigungen, wie Kohlenwasserstoffen (Petroleum, Benzol) sein und keinen starken, brenzlichen Geruch besitzen Organische Säure bis 2,12% (als Ölsäure berechnet = 0,3% SO_3) zulässig. Abdampfrückstand für Kienöl zur Farben- und Lackbereitung bis 0,5 %, für andere Zwecke bis zu 3 % zulässig. Die Bestimmung desselben geschieht durch möglichst schnelles Abdampfen.

b) Prüfung von Lackgrundlagen. Bei der Prüfung der Lacke auf Zusammensetzung ist zu unterscheiden zwischen der Prüfung der Lackgrundlagen, d. h. der Harze, die in den Lösungsmitteln aufgelöst sind, und der Prüfung der Zusammensetzung der letzteren selbst.

Es werden nun entweder die ungelösten Harze oder ihre Auflösung in Terpentinöl, Alkohol usw. (magere Lacke) oder im Gemisch mit trocknenden fetten Ölen zu prüfen sein (fette Lacke). Im ersteren Fall ist die Untersuchung einfacher und wird nach den in der Tabelle 91 auf S. 534 zusammengestellten Werten und Angaben vorgenommen. Im letzteren Fall hat man nach Abdestillieren der Lösungsmittel durch geeignete Lösungs- oder Fällungsmittel die Harze von den fetten Ölen zu trennen. Einzelheiten über die Analyse von Zaponlacken beschreibt H. Wolff (Farbenztg. 1911, **16**, 2056), von Spirituslacken Zimmer (Farbenztg. 1911, **17**, 456).

Bei der Prüfung der Lackgrundlagen bietet das äußere Aussehen des Rückstandes von der Wasserdampfdestillation bereits Anhaltspunkte. Ist der Rückstand, nachdem er durch Filtration von Wasser befreit ist, harzartig spröde, so deutet dies auf das Vorliegen eines mageren Lackes. Zunächst prüft man auf das Vorliegen harzsaurer Salze (Blei, Mangan, in neuerer Zeit werden Harze vielfach durch Erhitzen mit Kalk gehärtet). Man verascht einen Teil der Probe und untersucht die in der Asche zurückbleibenden Metalloxyde nach den bekannten Regeln der qualitativen und quantitativen anorganischen Analyse.

Kolophonium gibt sich durch die Blauviolettfärbung bei der Morawskischen Reaktion zu erkennen, alle anderen Harze geben unbestimmte rötliche oder braune Farbtöne.

Die Unterscheidung der übrigen Harze kann mit Hilfe von Tab. 91 geschehen, jedoch ist stets zu berücksichtigen, daß häufig die Harze

Tabelle

Übersicht über die Eigen-

D. = Dieterich. S. u. E. = Schmidt und Erban. Kr. = Kremel.
Zahlen sind in Benzol-Alkohol-Lösung ermittelt. Hd. = Holde.

Laufende Nr.	Art des Harzes	Liebermann-Morawskische Reaktion	Säurezahl des Harzes (direkt)	Esterzahl des Harzes	Verseifungszahl des Harzes	Jodzahl[1])
1	Kolophonium (Hauptbestandteil Abietinsäure $C_{20}H_{30}O_2$)	sofort stark blau- oder rotviolett	140—180 D. 146 S. u. E. 151 Kr.	8—36 22 S. u. E.	167—194 146,6 S. u. E.	115—117 S. u. E.
2	Schellack (Hauptbestandteil Resinotannolester der Alauritinsäure)	kalt gelöst keine Färbung, warm gelöst keine charakteristische Färbung Hd. u. M.	65,5 Kr. 63 S. u. E. 60,8—64,4 P.S.[3])	136—163 Williams 50,2 Kr. 150 S. u. E. 138,5—141,6 P.S.	194—212 Williams 208 S. u. E. 201—203,6 P.S.	0—6 S. u E. [8] [8,2 bis 9,6] P.S.
3	Bernstein (Hauptbestandteil Bernsteinsäure Succinoresinolester)	kalt gelöst farblos bis kaum merklich rötlich, warm gelöst violettrot. Erhitzter Bernstein in der Kälte schon langsam rosa Färbung. Hd. u. M.	15—35 D. 33—34 Kr. 15,5—33 M. u. W.	71—91 74,5—91,1 Kr. 106—112 M. u. W.	86—145 145 S. u. E. 127—137 M. u. W.	—
4	Kopale: Sansibarkopal (Hauptbestandteil Trachilolsäure)	braun Hd.	35—95 D. 80—85 Kr. 71 M. u. W.	12 M. u. W.	91 S. u. E. 83 M. u. W.	—
	Kopale: Kaurikopal	rötlich	66 M. u. W.	8 M. u W.	74 M. u. W.	—
	Kopale: Manilakopal	braun	136 142 M. u. W.	42 M. u. W. 52	188 Williams 184 M. u. W.	—
5	Dammar (Hauptbestandteil Dammarolsäure und Dammeresen)	rot (Kaurikopal bis Mastix: Hd. u. M.)	31—34 Kr. 20—35 D. 32 S. u. E. 25 M. u. W.	15 S. u. E. 9 M. u. W.	42 M. u. W.	—
6	Sandarak (Hauptbestandteil Sandarakolsäure)	braun	95—155 D. 140 S. u. E. 144 Kr. 138 M. u. W.	32 S. u. E. 40 M. u. W.	167,5 S. u. E. 178 M. u. W.	64—67 S. u. E.
7	Mastix (Hauptbestandteil Masticin)	bräunlichrot	50—70 D. 64 S. u. E. 60 M. u. W. 62 (71) Kr.	55 M. u. W. 23—29 29 S. u. E.	106 M. u. W. 73—93 93 S. u. E.	—
8	Elemi	—	18—24	6—46	25—68	—

[1]) S. a. Rebs (Chem. Rev. 1912, 155) über Löslichkeit von verschiedenen Harzen in konz. Essigsäure, Benzin, Salmiak usw.

[2]) Die in eckige Klammern gesetzten Zahlen sind erhalten, wenn die Jodzahl an dem in Alkohol löslichen und unlöslichen Teil des Harzes zusammen bestimmt wurde. Die übrigen Zahlen wurden nur an dem in Alkohol löslichen Teil erhalten.

91.
schaften von Harzen[1]).
M. u. W. = Marcusson und Winterfeld. Die von letzteren festgestellten
P.S. = Puran Singh. C. = Coffignier.

Löslichkeit in								Sonstige Beobachtungen
Alkohol		Äther	Essigsäureanhydrid (Hd.)	Cajeputöl	Azeton	Petroläther	Terpentinöl	
70%	absol.							
löslich	löslich	löslich	kalt leicht löslich	—	löslich	größtenteils löslich	löslich	—
—	desgl. 0,6—1,1% unl. P.S.	unlöslich	kalt sehr wenig löslich, warm teilweise löslich	—	fast unlöslich	unlöslich	fast unlöslich	Säuren im Gegensatz zu Nr. 1 sow. 3-7 mit alkohol. Salzsäure esterifizierb.
unlöslich	fast unlöslich	wenig löslich	kalt kaum löslich, warm wenig löslich	wenig löslich[4]) W.	wenig löslich	wenig löslich	teilweise löslich	Säurezahl der abgeschiedenen Säuren 93 M. u. W.
desgl.	natürlicher unlöslich, geschälter fast löslich	teilweise löslich	kalt kaum, warm teilweise löslich	in der Hitze fast vollständig löslich[5])	unlöslich	unlöslich	desgl.	—
—	—	leichter löslich als Sansibarkopal	kalt wenig, in der Hitze fast vollständig löslich, nach dem Erkalten fällt ein Teil wieder aus	desgl.[5]) W.	—	—	leichter löslich als Sansibarkopal	—
—	—	desgl.	kalt wenig, warm fast vollständig löslich	desgl.[5]) W.	—	—	desgl.	—
—	teilweise löslich 19—45% C.	löslich	kalt wenig, warm teilweise löslich	—	größtenteils löslich	löslich	löslich	—
—	löslich	desgl.	kalt wenig, warm fast vollständig löslich	—	löslich	—	—	In Benzol fast unlöslich
—	teilweise löslich	desgl.	kalt kaum, warm zum großen Teil löslich	—	teilweise löslich	unlöslich	teilweise löslich	—
—	löslich	desgl.	—	—	löslich	löslich	löslich	—

[3]) Puran Singh, Journ. Soc. of Chem. Ind. 1910, 1435.
[4]) Stark abdestillierter Bernstein (40—45% abgetrieben), in warmem Cajeputöl leicht löslich, wird aus der Lösung durch bis 50° siedendes Benzin nicht gefällt.
[5]) Wird aus der Lösung durch bis 50° siedendes Benzin gefällt.

nicht im ursprünglichen Zustand für die Lackfabrikation benutzt werden, sondern durch Schmelzen, Härten usw. in geeignetere Produkte umgewandelt werden, deren Analyse noch nicht ausgebildet ist. Je nach der Dauer der Erhitzung z. B. können aus den Harzen Körper mit ganz verschiedenen Eigenschaften gewonnen werden. Zu den in Tab. 91 aufgezählten Harzen kommen noch einige Kunstprodukte, wie z. B. Bakelit, ein Kondensationsprodukt von Phenolen mit Formaldehyd, Glyzerinester der Harzsäuren usw.

Liegt ein fetter Öllack vor, so zeigt sich dies schon bei der Wasserdampfdestillation dadurch, daß der hinterbleibende Rückstand ein dicköliges Aussehen besitzt. Zur Prüfung auf harzsaure bzw. leinölsaure Salze (Sikkative) macht man eine Aschenbestimmung oder behandelt den Rückstand mit Benzin und Salzsäure (S. 517). Auf freies Harz prüft man durch Bestimmung der Säurezahl (nach S. 188 bzw. beim Vorliegen von Sikkativen nach S. 518). Eine niedrige Säurezahl (unter 7) deutet auf Abwesenheit von freiem Harz. Der nach Zersetzen etwa vorhandener Sikkative mit Benzin und Salzsäure erhaltene mineralsäurefrei gewaschene Benzinextrakt wird qualitativ auf Verseifbarkeit geprüft, und beim Vorliegen unverseifbarer Stoffe auf Mineralöl und Harzöl geprüft (S. 214ff). Der nach Spitz und Hönig hinterbleibende fette Anteil wird dann nach den S. 434ff. angegebenen Regeln weiter geprüft, wobei jedoch auf die Veränderung der Eigenschaften des Leinöls beim Einkochen z. B. Rücksicht zu nehmen ist.

Als Lackgrundlagen kommen außer dem geringwertigen Kolophonium die in der Tabelle unter 2—5 genannten Harze, denen zum Vergleich noch die Eigenschaften von Mastix und Sandarak gegenübergestellt sind, in Betracht. Die Kennzeichnung der einzelnen Harze geschieht nach der schon früher angeführten ausgezeichneten Monographie von Schmidt und Erban und den Angaben von K. Dieterich, zu denen sich noch einige im nachfolgenden berücksichtigte Untersuchungen von J. Marcusson und G. Winterfeld über die Säurezahl der Harze gesellen.

Nach Holde (s. a. Tabelle) ist die leichte Löslichkeit des Kolophoniums in kaltem Essigsäureanhydrid ein gutes Mittel, um Kolophonium von anderen Harzen zu unterscheiden, umsomehr als in der kalt bereiteten Lösung in Essigsäureanhydrid auf Zusatz eines Tropfens Schwefelsäure vom spez. Gewicht 1,53 im Gegensatz zu allen anderen Harzen die schöne Kolophoniumreaktion (Violettfärbung) sofort eintritt.

Bestimmung der Säurezahl von Harzen. Die Säurezahl, die für viele Harze charakteristisch ist und zur Feststellung ihrer Reinheit dient, wurde früher durch Lösen des Harzes in einem geeigneten Lösungsmittel und Titrieren mit

$^1/_{10}$ N.-Lauge analog der Säurebestimmung bei Fetten bestimmt. Später hat K. Dieterich das Verfahren der Rücktitration zur Säurezahlbestimmung vorgeschlagen, bei dem eine gewogene Menge des Harzes mit überschüssiger alkoholischer Lauge versetzt und der Überschuß zurücktitriert wurde. Dieser Vorschlag wurde deshalb gemacht, weil sich einerseits manche Harze nicht in den gebräuchlichen Lösungsmitteln lösen, andererseits die freien Harzsäuren angeblich nicht sofort, sondern erst allmählich von der verdünnten Lauge gebunden werden; es dürfte indessen nicht auf richtiger theoretischer Grundlage beruhen, weil nach Henriques (Zeitschr. f. angew. Chem. 1899, **12**, 106) auch Anhydride, nach Fahrion (ebenda 1901, **14**, 1197 und 1221) auch Phenolsäuren und Laktone, die erst allmählich von verdünnter alkoholischer Lauge angegriffen werden, in Harzen, z. B. im Kolophonium, vorkommen.

Daher ergibt die Methode der Rücktitration ganz verschiedene Werte je nach der Einwirkungsdauer und Stärke der alkoholischen Lauge.

Aus vorstehenden Gründen schlagen J. Marcusson und G. Winterfeld (Chem. Rev. 1909, **16**, 104) folgendes abgeänderte Verfahren der direkten Titration der freien Säure vor:

3—4 g des gepulverten Harzes werden in 200 ccm eines Gemisches von Benzol und absol. Alkohol am Rückflußkühler gelöst und nach dem Erkalten, ohne etwa Ungelöstes abzufiltrieren, mit $^1/_{10}$ N.-Lauge titriert. Als Indikator hat sich bei Prüfung eines Schellacks, in dessen Lösung bei Benutzung von Phenolphthaleïn kein scharfer Umschlag zu erzielen war, Alkaliblau 6b bewährt.

Das Verfahren wurde an Sansibarkopal und Dammarharz, bei denen die freie Säure noch auf anderem Wege, durch erschöpfendes Auskochen mit absol. Alkohol und Titrieren der Auszüge mit $^1/_{10}$ N.-Lauge, bestimmt worden war, unter Benutzung von Phenolphthaleïn als Indikator erprobt und gab nach beiden Methoden übereinstimmende Werte.

So war die Säurezahl von Sansibarkopal, nach dem erschöpfenden Ausziehen mit Alkohol bestimmt, 72,8, von Dammarharz 24,8, nach dem direkten Lösungsverfahren mit Benzolalkohol 72,4 bzw. 24,8.

In der Tabelle 91 reihen sich die von Marcusson und Winterfeld bestimmten Säurezahlen vollständig in die von anderen Beobachtern ermittelten ein.

α) Ist in Harzen, in wasserlöslichen Harzölen und Mineralölen Ammoniakseife zugegen, so wird das Ammoniak erst getrennt nach S. 260 bestimmt. Hieraus wird die an Ammoniak gebundene Harzsäure und aus der Titration des Gesamtöls die gesamte gebundene und freie Harzsäure berechnet, aus der sich dann unter Abzug der gefundenen gebundenen Säure die Menge der freien Säure berechnen läßt.

β) Harzkalkseife wird dem Kolophonium zum Härten hinzugesetzt. Bei Titration solcher Masse in Benzolalkohollösung mit Alkali entsteht zunächst aus der Kalkseife basische Kalkseife, die, weil sie nicht in Benzol-Alkohol dissoziiert, auch nicht mit Phenolphthaleïn reagiert. Deshalb versetzt man mit Wasser, so daß der Alkohol 50 proz. wird und die Lösung nun gegen Phenolphthaleïn reagiert, oder arbeitet von Anfang an, wie S. 251 unter konsistenten Fetten beschrieben ist.

γ) Bei Gegenwart von Tonerde-, Eisen-, Mangan-, Bleiseifen usw. oder Seifen anderer Schwermetalle bilden sich auf Zusatz der alkoholischen Lauge auch basische Salze, die aber auch bei Gegenwart von Wasser nicht mehr dissoziieren und auf Phenolphthaleïn reagieren. Diese Seifen werden nach Holde zunächst so bestimmt, daß man in einer gewogenen Menge Substanz (10—20 g), die in 50 ccm Benzol gelöst wird, nach Abfiltrieren des Ungelösten und Zusatz von 30 ccm methylorangehaltigem Wasser durch heiße Titration mit $\frac{1}{2}$ N.-Salzsäure die in Benzol gelöst bleibende Seifenmenge bzw. die auf diese entfallende Fettsäuremenge ermittelt. Der Umschlag ist schärfer zu sehen, wenn nach Zersetzung der Hauptmenge der Seife nochmals Methylorange hinzugefügt wird. Nach Abtrennung der wässerigen Schicht wird die Öllösung durch Waschen mit Wasser von den Resten freier Mineralsäure befreit, mit neutralisiertem absol. Alkohol versetzt und mit $^1/_{10}$ N.-Natronlauge unter Zusatz von Phenolphthaleïn bis zur Rotfärbung titriert. Aus der Differenz der jetzt verbrauchten Natronlauge und der auf die gelöst gewesene Seife bzw. deren Fettsäuremenge entfallenden Natronlauge läßt sich der Gehalt an freier Fettsäure berechnen.

L. Geblasene Öle.

I. Allgemeines.

Durch Einblasen von Luft in auf 70—120° erwärmtes Rüböl oder Cottonöl erhält man sehr dickflüssige Produkte von der Konsistenz des Rizinusöls, die sich von diesem allerdings wesentlich durch ihre Löslichkeit in Benzin und Mineralschmieröl, sowie ihre Schwerlöslichkeit in Alkohol unterscheiden; sie werden als „Lösliches Rizinusöl“, „Blown Oil“, „Thickened Oil“ usw. in den Handel gebracht und namentlich in Mischung mit Mineralöl zu Schmierzwecken verwendet (sog. Marineöle). Die Farbe dieser Öle ist umso heller, je niederer die Temperatur ist, bei der sie „geblasen" werden. Unter Einwirkung des Luftsauerstoffs wird ein Teil der ungesättigten Säuren in benzinunlösliche Oxysäuren umgewandelt, ein anderer Teil zerfällt in niedriger molekulare flüchtige Säuren; daneben tritt in erheblichem Maße Polymerisation und Laktonbildung ein. Dementsprechend steigen außer der Zähigkeit auch spez. Gewicht, Reichert - Meißlsche Zahl, Verseifungs- und Azetylzahl, und zwar umsomehr, je länger das Öl geblasen wurde, und je höher die Temperatur war. In gleichem Maße sinkt die Jodzahl.

Eine Übersicht über die Eigenschaften verschiedener geblasener Öle findet sich in nachstehender Tabelle 92. Zum Vergleich sind die Eigenschaften von normalem Rüböl und Cottonöl mit aufgeführt.

Tabelle 92.
Eigenschaften geblasener und ungeblasener Rüböle und Cottonöle.

Art der Probe	Spez. Gew. bei 15° C	J.-Z.	V.-Z.	R.-M.-Z.	Oxysäuren unlöslich in Petroläther etwa %
Reine Rüböle	0,913 bis 0,917	94—106	170—179	0,3	0
Handelsübliche eingedickte Rüböle (im Materialprüfungsamt untersucht)	0,968 bis 0,975	46,9—52,3	209,5 bis 217,6	3,8—4,4	24—27,6
Handelsübliche eingedickte Rüböle (nach Lewkowitsch, Analysis und Laboratoriumsbuch)	0,967 bis 0,977	47,2—65,3	197,7 bis 267,5 (175,1)	bis 8,8	20,74 bis 24,95
Reine Cottonöle	0,922 bis 0,925	108—110	191—198	—	0
Handelsübliche eingedickte Cottonöle (nach Lewkowitsch, Analysis und Laboratoriumsbuch)	0,972 bis 0,979	56,4—65,7	213,7 bis 224,6	—	26,5—29,4

II. Untersuchung.

a) Unterscheidung geblasener Öle voneinander. Geblasene Öle sind beträchtlich schwieriger als die ungeblasenen Öle zu unterscheiden, da ja die Konstanten innerhalb außerordentlich weiter Grenzen schwanken und, wie aus der Tabelle hervorgeht,

Tabelle

Untersuchung von

Lfde. Nr.	fe bei 20°	fe bei 50°	Spez. Gew. bei 15°	Aufstieg im U-Rohr °C	Aufstieg im U-Rohr mm	fp (Pensky)	zp	Säure-zahl	Verseif-bares Fett etwa %
1	28,2	5,7	0,9177	—3° —5° Öl	19 0 klar	164	255	2,24	26
2	49,0	7,6	0,9710	—15° —20° Öl	20 10 klar	177	252	1,30	15

beispielsweise bei Rüböl und Cottonöl die gleichen sein können. Dazu kommt noch, daß Farbenreaktionen fast völlig im Stich lassen. So geben geblasene Cottonöle weder die Halphensche noch die Milliansche Reaktion. Die Salpetersäurereaktion (Kaffeebraunfärbung) tritt zwar ein, wird aber von geblasenem Rüböl in gleicher Weise hervorgerufen. Zur Unterscheidung der am häufigsten verwendeten geblasenen Öle, des eingedickten Rüböls und Cottonöls, dienen:

1. Der Geruch, der dem der ungeblasenen Öle nahekommt.

2. Die Konsistenz der Fettsäuren. Während die Säuren des geblasenen Rüböls infolge ihres vorwiegend ungesättigten Charakters (Erukasäure, Ölsäure, Rapinsäure neben geringfügigen Mengen Palmitin-, Stearin- und Arachinsäure) ölig sind und nur geringe feste Abscheidungen zeigen, sind aus geblasenem Cottonöl abgeschiedene Säuren infolge Gegenwart erheblicher Mengen gesättigter Säuren (Palmitin- und Stearinsäure) talgartig fest (Schm. 54—59°).

3. Verhalten der aus den Fettsäuren herstellbaren Bleiseifen gegen Äthyläther. Der unter 2 angegebenen verschiedenartigen Zusammensetzung entsprechend lösen sich die Rübölbleiseifen in Äthyläther zum weitaus größten Teile auf, von Cottonölbleiseifen bleibt ein beträchtlicher Anteil ungelöst.

93.
zwei Marineölen.

Mineralöl etwa %	Eigenschaften der abgeschiedenen Fettsäuren				Bleisalze der benzinlöslichen Fettsäuren in kaltem Aethyläther	Zusammensetzung
	J.-Z.	Mol.-Gew.	R.-M.-Z.	Gehalt an petroläther-unlöslichen Oxysäuren %		
74	80,7	272,7	8,05	15,3	völlig löslich	Etwa 3/4 bräunlichgelbes, schweres Mineralmaschinenöl und 1/4 geblasenes Rüböl.
85	75,9	272,4	5,04	15,6	desgl.	Etwa 85 % bräunlichgelbes, schweres Mineralmaschinenöl und 15 % geblasenes Rüböl.

Hierauf gründet Marcusson (Chem. Rev. 1909, **16**, 45) ein qualitatives Verfahren zur Unterscheidung von geblasenem Rüböl und geblasenem Cottonöl.

Aus dem zu untersuchenden Öl scheidet man die Fettsäuren ab und trennt sie in petrolätherlösliche und petrolätherunlösliche. Von den petrolätherlöslichen Säuren werden die Bleiseifen (siehe S. 387) hergestellt und auf ihr Verhalten gegen Äther geprüft. Bei Gegenwart von geblasenem Rüböl lösen sich die Bleiseifen in warmem Äther völlig auf (beim Erkalten scheiden sich nur Spuren aus). War Cottonöl zugegen, so bleibt ein erheblicher Teil (14—18 % oder mehr) ungelöst.

b) Mischungen von Mineralöl und geblasenen Ölen. Um festzustellen, ob in einer Mischung von fettem Öl und Mineralöl ein geblasenes fettes Öl vorliegt, prüft man:

1. Die Löslichkeit der abgeschiedenen Fettsäuren in Petroläther. Die Fettsäuren aus unveränderten Ölen lösen sich mit Ausnahme der Säuren des leicht zu kennzeichnenden Rizinusöls ganz oder fast gänzlich auf. Säuren aus eingedicktem Öl geben entsprechend ihrem höheren Gehalt an Oxysäuren (s. Tabelle) einen mehr oder weniger starken Niederschlag[1]), je nach der Zeitdauer und der Temperatur, bei welcher das betreffende Öl geblasen wurde.

[1]) Derartige Niederschläge erhält man auch bei Fettsäuren spontan oxydierter trocknender Öle wie Leinöl und Tran, doch ist die Anwesenheit dieser Öle meistens leicht festzustellen.

2. Die Reichert-Meißlsche Zahl, welche die beim Blasen der Öle infolge oxydierender Spaltung gebildeten flüchtigen Säuren anzeigt. Über ihre Bestimmung in Mischungen von Mineralöl und fettem Öl s. S. 441.

Außer geblasenen Ölen haben bekanntlich nur einige in Schmierölen sich kaum findende Fette wie Kokosnußöl, Palmkernöl und Butterfett sowie einige Trane höhere Reichert-Meißlsche Zahlen.

3. In einzelnen Fällen wird man auch aus der Zähflüssigkeit des Ölgemisches und des nach Spitz und Hönig abscheidbaren reinen Mineralöls Schlüsse auf Gegenwart von eingedicktem fetten Öl ziehen können. Die ungeblasenen fetten Öle haben mit Ausnahme des Rizinusöls eine Englerviskosität von höchstens 15 bis 20° (Cottonöl 9—10, Rüböl 11—15, meistens nahe bei 13). Beträgt also z. B. der Flüssigkeitsgrad eines Gemisches 30, der des abgeschiedenen reinen Mineralöls 20, so kann die Erhöhung um 10 Einheiten nicht durch normales, sondern nur durch geblasenes fettes Öl bedingt sein. Voraussetzung ist hierbei natürlich Fehlen von fremden Verdickungsmitteln wie Seife, Gelatine u. dgl.

Die Menge des in einer Ölmischung enthaltenen geblasenen Öles wird indirekt durch Bestimmung des Mineralöls nach Spitz und Hönig ermittelt. Eine Berechnung aus der Verseifungszahl ist nicht immer mit genügender Genauigkeit möglich, da diese Konstante innerhalb zu weiter Grenzen schwankt.

In umstehender Tabelle sind die Eigenschaften zweier Mischungen von Mineralöl und geblasenem Rüböl zusammengestellt.

Die Methode von H. C. Sherman und M. J. Falk zur Berechnung der ursprünglichen Jodzahl eines durch Einblasen von Luft eingedickten Öles (Journ. Amer. Chem. Soc. 1905, Mai) hat Marcusson an Mischungen von Mineralölen und geblasenen Ölen (sog. Marineölen) geprüft. Nach Sherman und Falk soll man zu der bei dem geblasenen Öl gefundenen, also gegenüber dem ursprünglichen Öl natürlich sehr erniedrigten Jodzahl für das Anwachsen des spez. Gewichtes der Probe um je 0,001 (bei 15,5°, bezogen auf Wasser von 15,5°) 0,8 hinzuzählen. Ist das spez. Gewicht der ursprünglichen Probe unbekannt, so soll das mittlere spez. Gewicht der in Frage kommenden Ölart benutzt werden.

Bei den erwähnten Mischungen von Mineralölen und geblasenen Ölen wird nun das Verfahren von Sherman und Falk wie folgt benutzt:

Aus der Jodzahl der wasserunlöslichen Fettsäuren, die aus den genannten Mischungen abgeschieden wurden, wurde die Jodzahl des in der Probe enthaltenen geblasenen Öles unter Zugrundelegung der Feststellung berechnet, daß der Gehalt der geblasenen Öle an wasserunlöslichen Säuren etwa 90 % beträgt. Man hat also die gefundene Jodzahl der wasserunlöslichen Fettsäuren mit $^9/_{10}$ zu multiplizieren, um annähernd genau die Jodzahl des vorliegenden Fettes zu erhalten.

Das unbekannte spez. Gewicht x des in der Mischung enthaltenen geblasenen Öles wird aus dem bekannten spezifischen Gewicht a der Mischung und demjenigen des aus ihr abgeschiedenen Mineralöls (b) sowie dem Gewichtsprozentgehalt an Mineralöl c, an fettem Öl d wie folgt berechnet:

$$\frac{100}{a} = \frac{c}{b} + \frac{d}{x},$$

mithin ist

$$x = \frac{a \cdot b \cdot d}{100\,b - a \cdot c}.$$

Als mittleres spezifisches Gewicht der Ölart, aus welcher das geblasene fette Öl gewonnen ist, wird 0,919 angenommen (Rüböl bei 15° 0,913—0,917; Baumwollsaatöl 0,922—0,925).

Aus dem so berechneten spezifischen Gewicht und der gefundenen Jodzahl i des vorliegenden geblasenen fetten Öles findet man die Jodzahl J des zugrunde liegenden ungeblasenen Öles nach der Formel

$$J = i + \frac{s - 0{,}919}{0{,}001} \cdot 0{,}8.$$

Marcusson fand nun, daß die nach Sherman und Falk bei Marineöl berechneten Jodzahlen zum Teil 8—10 Einheiten unter der niedrigsten Jodzahl (96) von Rüböl lagen. Da außerdem die niedrigste Jodzahl von Cottonöl (102) und die höchste von Rüböl (105) nahe beieinander liegen, so lassen sich Entscheidungen bei einer berechneten Jodzahl von über 100, insbesondere auch, wenn Mischungen beider Öle vorliegen, nicht treffen. Das Verfahren von S. und F. ist daher nur zur Bestätigung des Bleiseifen-Verfahrens bei Marineölen oder zur Feststellung, daß nicht noch andere Öle zugegen sind, brauchbar.

M. Degras.

I. Technologisches.

Unter **Degras** oder **Moëllon** versteht man zum Einfetten von lohgarem oder chromgarem Leder verwendete Fette, welche ursprünglich als Tranabfallfette aus den Sämischgerbereien kamen, jetzt aber meistens in besonderen Degrasfabriken gewonnen werden. Man tränkt enthaarte und durch saure Gärung in einem Kleienbade geschwollene Häute mit Tranen wie Waltran, Dorschlebertran oder Menhadentran, walkt sie 2 bis 3 Std. und läßt sie dann ebensolange an der Luft liegen. Diese Operation wird so oft wiederholt, bis die Haut vollständig mit Öl gesättigt und alles Wasser ausgetrieben ist. Durch die Einwirkung der Luft oxydiert sich der Tran teilweise. Um vollständigere Umwandlung zu erzielen, überläßt man die Häute noch einer Nachgärung. Wird der Oxydationsprozeß sehr lange fortgesetzt (deutsche und englische Methode), so läßt sich aus den Häuten kein Öl mehr auspressen. Zur Gewinnung des Degras werden die Häute mit alkalischen Laugen gewaschen. Aus der so gewonnenen Emulsion wird durch Schwefelsäure die Fettmasse, der sog. Weißgerberdegras des Handels, abgeschieden, welcher stets beträchtliche Mengen Wasser, Seifen und Verunreinigungen wie Hautfragmente u. dgl. enthält.

Bei der franz. Methode werden die mit Tran getränkten Häute nicht so lange gewalkt, gelüftet und der Gärung überlassen wie bei dem beschriebenen Verfahren. Man kann daher nach Eintauchen der Häute in lauwarmes Wasser noch große Mengen Öl auspressen. Der so dargestellte „Moëllon“ enthält wenig Asche und Lederfasern und weniger Wasser als Weißgerberdegras.

Beide Arten von Degras bilden eine homogene Emulsion von Öl und Wasser. Der emulgierende Körper, sog. Degrasbildner, eine harzartige, braune, in Petroläther unlösliche, in Alkohol und Äthyläther lösliche Säure, ist, wie auch **Fahrion** gezeigt hat, ein Gemisch von oxydierten Säuren und ihren Anhydriden. Der Schm. dieser Säuren ist nach **Jean** 65—67°.

Die Veränderungen, welche die Trane bei der Degrasbildung erleiden, bestehen in Erhöhung des spez. Gewichts (ursprüngliche Trane 0,916—0,938, wasserfreier Degras 0,921—0,984) des

Degrasbildners, das ist des Gehalts an petrolätherunlöslichen Oxysäuren (ursprüngliche Trane 0,9—3,4 %, oxydierte Trane 1,7—19,4 %), der Säurezahl z. B. bis auf 28, sowie in Erniedrigung der Jodzahl. Die Veränderungen entsprechen also etwa qualitativ den Veränderungen, welche die geblasenen Öle (S. 538) erlitten haben. Dementsprechend wird auch Degras künstlich durch Einblasen von Luft in erwärmten Tran hergestellt; dieser verdrängt den natürlichen immer mehr.

Die spez. Wirkung von Moëllon und Degras bei der Lederschmierung besteht nach Wallenstein darin, daß diese Fettstoffe ohne erhebliche Schwierigkeit und in großen Mengen in halbfeuchte Häute eindringen, und daß sich bei diesem halbfeuchten Zustande der Häute eine sehr gleichmäßige Verteilung der Fettstoffe in den Poren erzeugen läßt.

Außerdem sollen Moëllon und Degras einen gewissen vollen Griff des Leders bedingen. Sie sind die besten Konservierungsmittel für Oberleder und sollen gewisse Schmierfehler am Leder, die bei einfachen Trantalgschmieren leicht eintreten, ferner auch das Austrocknen, Ausharzen, Ausschlagen, Fleckig- und Schimmligwerden der Leder verhindern.

II. Prüfung.

Ein guter Handelsdegras soll nach Wallenstein über 5 % Degrasbildner und nicht mehr als 20 % Wasser, ein guter Moëllon mehr als 10 % Degrasbildner und ebenfalls höchstens 20 % Wasser enthalten. Bei der Untersuchung ist zu berücksichtigen, daß, wie Procter angibt, reiner Moëllon tatsächlich nie verkauft, sondern immer mit Talg und unbehandelten Ölen vermischt wird. Diese Zusätze können daher, wenn in geringer Menge vorliegend, nicht als Verfälschungen angesehen werden.

Dagegen finden sich im Handel zahlreiche künstliche Degras, d. h. mehr oder minder geschickt zubereitete Gemische von unbehandelten Tranen, durch Lufteinwirkung bei höheren Wärmegraden oxydierten Tranen, Talg, Harz, Ölsäure, Wollfett, Mineralöl usw.

a) Wassergehalt: Wird nach S. 26 ermittelt. Bei der Ermittelung des Gewichtsverlustes durch Erhitzen auf 105—110° können Oxydation sowie Verflüchtigung einzelner Bestandteile unter Umständen beträchtliche Fehler bedingen. Der Wassergehalt schwankt bei Moëllon zwischen 15 und 25 %, bei Weißgerberdegras zwischen

20 und 40 %. Künstlicher Degras hat nach Allen (Chem. Rev. 1906, **13**, 25) 10—12 % H_2O.

b) Fettgehalt wird durch erschöpfendes Behandeln der Probe mit Petroläther, Abdestillieren des Lösungsmittels aus dem von Wasser und ungelösten Stoffen befreiten Filtrate, Trocknen und Wägen bestimmt.

c) Auf Unverseifbares wird in der nach b) erhaltenen Fettmasse nach S. 416 geprüft. Verdacht auf fremde unverseifbare Stoffe liegt vor, wenn mehr als 2 % Unverseifbares gefunden werden. Die Kennzeichnung dieser Stoffe erfolgt nach S. 224 u. ff.

d) Die harzartige Substanz (Degrasbildner) bestimmt man nach S. 450 (Verfahren von Fahrion). Sie ist von Kolophonium außer durch den niedrigen Schmelzpunkt durch ihre Unlöslichkeit in Petroläther zu unterscheiden, ferner dadurch, daß sie nicht die Morawskische Reaktion gibt.

e) Fremde Fette wie Wollfett, Ölsäure, Talg, können zugegen sein, wenn das spez. Gewicht der nach b) erhaltenen Fettmasse kleiner als 0,92 ist, da die Fettmasse aus natürlichem Degras die Dichte 0,945—0,955 hat.

Bei Gegenwart größerer Mengen Talg ist ferner der Schm. der Fettsäuren erhöht (Talgfettsäuren Schm. über 40°, Säuren von reinem Degras 18—30°).

Wollfett wird durch Kennzeichnung der höheren Alkohole nach S. 555, Kolophonium nach S. 193 nachgewiesen.

f) Asche wird durch Abbrennen mit Docht aus Filtrierpapier bestimmt (S. 207). Moëllon enthält einige Hundertstel Prozent, Weißgerberdegras bis zu 3 % Asche. Eisenoxydhaltige Degrassorten machen das Leder grau, weshalb stets auf Eisen zu prüfen ist. Nach Maschke und Wallenstein soll ein guter Degras höchstens 0,05 % Eisen enthalten.

N. Linoleum.

I. Herstellung.

Linoleum ist eine auf Jutegewebe gepreßte elastische Masse, die durch Mischen von stark oxydiertem festen Leinöl mit gemahlenem Kork, Fichtenharz, Kauri-Kopalen und dgl. hergestellt wird. Die Oxydation des Leinöls erfolgt durch Einleiten von Luft bzw. Sauerstoff in erhitztes Öl, auch soll Kochen mit Salpetersäure zum Ziele führen. Das oxydierte Öl wird durch Erwärmen mit Kreide in Linoxyn verwandelt (s. auch Kunststoffe, 1912, S. 131).

II. Chemische Prüfung.

Der Aschengehalt zeigt größere Zusätze anorganischer Füllmittel an, ätherlösliche Anteile deuten auf nicht völlig oxydiertes

Leinöl oder fremde Öle hin; das genügend oxydierte „feste" Leinöl ist in Äthyläther fast unlöslich, ebenso in Chloroform und Schwefelkohlenstoff. Durch Behandeln mit kochender alkoholischer Lauge kann Linoxyn in die löslichen Kalisalze oxydierter Fettsäuren verwandelt werden.

Zur Prüfung auf Abnutzbarkeit wird die Einwirkung von Wasser, verdünnten Säuren, Laugen, Seifenlösungen und Ölen wie Petroleum und Terpentinöl festgestellt.

Nach Pinette (Chem.-Ztg. 1892, **16**, 281) hatten drei von Flachsfäden und Lackanstrich befreite Linoleummassen folgende Zusammensetzung:

Feuchtigkeitsgehalt	3,0 — 3,4 %
Ätherlöslicher Anteil	10,6 —19,58 %
Ätherunlösliche organische Stoffe . . . . (Kork, oxyd. Leinöl usw.)	54,16—73,63 %
Kieselsäure	3,99— 4,3 %
Kalk und Alkalien	2,04— 9,07 %
Eisenoxyd	1,79— 8,86 %
Tonerde	0,6 — 4,94 %

III. Mechanische Prüfung.

Wichtiger als die noch wenig ausgebildete chemische Prüfung ist die mechanische Untersuchung auf Biegsamkeit, Zugfestigkeit und Dehnung sowie Wasserdurchlässigkeit (Burchartz, Mitteilungen 1899, **17**, 285).

Bestimmte Normen für Beurteilung eines Linoleums existieren bisher nicht.

O. Jodfette.

Jodfette werden nach verschiedenen der Firma E. Merck, Darmstadt, und der Aktiengesellschaft für Anilinfabrikation, Berlin, patentierten Verfahren durch Behandeln halbtrocknender Öle mit zur völligen Sättigung ungenügenden Mengen Chlorjod, Jodwasserstoff u. dgl. hergestellt. Sie sollen als Ersatz für Lebertran, dessen therapeutische Wirkung dem geringen Jodgehalte zugeschrieben wiid, hauptsächlich aber gegen Lues, Asthma, Arteriosklerose, Skrofulose usw. Verwendung finden.

Sajodin, von E. Fischer hergestellt, ist das Kalksalz der Jodbehensäure und stellt eines der am häufigsten benutzten Jodfettpräparate dar. Die Prüfung dieser Fette muß natürlich in erster Linie eine physiologische sein. Die chemische Untersuchung hat sich namentlich auf Feststellung des Jodgehaltes (S. 228) und die spontane Abspaltbarkeit von freiem Jod zu erstrecken. Der Wert der Fette steigt mit dem Jodgehalt und der Resorbierbarkeit und Ausscheidung des Jods im Körper.

Bestimmung von Chlor neben Jod erfolgt nach den bekannten Verfahren, z. B. durch Überleiten von Chlor über das gewogene Gemisch von Chlor- und Jodsilber und Wägen des so gebildeten Chlorsilbers.

P. Faktis.

I. Herstellung und Eigenschaften.

Unter „Faktis" versteht man Kautschuksurrogate, die aus fetten Ölen, insbesondere Leinöl, Rüböl, Cottonöl und Rizinusöl entweder durch Erhitzen mit Schwefel (braune Faktis) oder durch Einwirkung von Chlorschwefel (weiße Faktis) hergestellt werden. Weiße Faktis sind schwach gelbliche, krümelige, elastische feste Massen von etwas ölartigem Geruch; braune Faktis sind dunkelbraun, dem Kautschuk ähnlich, aber leichter als dieser zerreibbar.

Die Bildung weißer Faktis geht unter Chlorschwefeladdition, die der braunen unter bloßer Schwefeladdition vor sich. Die Konstitution der Anlagerungsprodukte denkt man sich etwa folgendermaßen (Henriques, Ztsch. f. angew. Chem. 1895, **8,** 691):

$$\left.\begin{array}{l} x - CH - CHCl - y \\ \quad\;\;\; | \\ \quad\;\; S_2 \\ \quad\;\;\; | \\ x - CH - CHCl - y \end{array}\right\} \text{Weiße Faktis}$$

$$\left.\begin{array}{l} x - CH - CH - y \\ \quad\;\;\; | \qquad\;\; | \\ \quad\;\;\, S \qquad\; S \\ \quad\;\;\; | \qquad\;\; | \\ x - CH - CH - y \end{array}\right\} \text{Braune Faktis}$$

Weiße Faktis enthalten 6—8 % Schwefel und äquivalente Mengen Chlor, braune 15—18 %, vereinzelt 4—6 % Schwefel.

Beide Arten von Faktis sind vollkommen verseifbar unter Bildung geschwefelter Fettsäuren. Bei der Verseifung wird das Chlor aus den weißen Faktis als Chlorwasserstoff unter Bildung einer neuen Doppelbindung abgespalten.

II. Untersuchung.

Viele der im Handel vorkommenden Faktis enthalten außer Schwefel- bzw. Chlorschwefeladditionsprodukten noch anorganische

Bestandteile, andere Mineralöle und die meisten nichtgeschwefelte fette Öle. Gute Faktis sollen nach Frank und Marckwald (Lunge-Berl 1911, Band III, S. 847) höchstens 3 % Asche, nicht mehr als 1 % freien Schwefel und nicht zu große Mengen Mineralöl enthalten. Die äußere Beschaffenheit soll krümelig, nicht schmierig sein. Der Untersuchungsgang ist ähnlich wie beim Kautschuk (vgl. Hinrichsen, Materialprüfungswesen S. 506ff.). Neben Mineralöl enthalten nach Allen gute Faktis oft Paraffin.

Man bestimmt durch Extraktion mit Azeton im Soxhlet den Gehalt an freiem Schwefel, fettem Öl und Mineralöl. Die eigentlichen Faktis sind in der Hauptsache in Azeton unlöslich. Im Extrakt werden fettes Öl und Mineralöl nach S. 212 quantitativ bestimmt. Der Schwefelgehalt kann sowohl im Extrakt als auch im azetonunlöslichen Anteil nach S. 228 u. 292 ermittelt werden. Chlor wird nach S. 228 bestimmt.

Die Aschenbestimmung wird in bekannter Weise durch vorsichtiges Verbrennen und Verglühen des Rückstandes ausgeführt.

Q. Abfallöle.

(Literatur: Lewkowitsch, Bd. 2, S. 730.)

Ein gelegentlich zur Prüfung vorliegendes Öl ist das schwarze (wiedergewonnene) Öl, auch Black oil oder recovered oil genannt. Es wird aus fetthaltigen Wollabfällen, die unter den Kamm- und Streichmaschinen sich ansammeln, durch Auspressen oder Extraktion mit Lösungsmitteln gewonnen. Dieses Öl enthält außer den zum Einfetten der Wolle benutzten Oleïnen oder fetten Ölen gewöhnlich noch Mineralöl, von den Maschinenschmierölen herrührend. Letzteres wird nach dem S. 416 angegebenen Verfahren ermittelt.

Siebentes Kapitel.

Wachse.

I. Zusammensetzung fester und flüssiger Wachse.

Im Gegensatz zu den eigentlichen Fetten und Ölen, die im wesentlichen Glyzerinester höherer Fettsäuren sind, enthalten die Wachse kein Glyzerin. Sie bestehen aus Estern höherer Fettsäuren und einwertiger, teils aliphatischer, teils aromatischer Alkohole, außerdem finden sich in ihnen freie Fettsäuren, freie Alkohole und Kohlenwasserstoffe; z. B. enthält Bienenwachs erhebliche Mengen freier Zerotinsäure $C_{26}H_{52}O_2$, als Hauptbestandteil Myrizylpalmitat $C_{16}H_{31}O_2 \cdot C_{31}H_{63}$ und ferner hochschmelzende Kohlenwasserstoffe. Chinesisches Insektenwachs enthält als Hauptbestandteil Zerylzerotat $C_{26}H_{51}O_2 \cdot C_{26}H_{53}$, das

Tabelle

Konstanten der

Art des Wachses	Spez. Gew. 15°	ep °C	V.-Z.	J.-Z.		Reichert-sche Zahl
				des Öles	der Fett-säuren	
Spermazetiöl, Pottwaltran *Huile de spermaceti* *Sperm Oil*	0,8799—0,8835	nahe unter 0	120—137 (150)	81—87 (90)	83—88	1,3
Döglingtran *Huile de l'hyperoodon* *Arctic Sperm Oil*	0,8764—0,8808	—	126—130 (136)	67,1 bis 84,5	80—82	1,4

ein Ester der Zerotinsäure und des Zerylalkohols $C_{26}H_{54}O$ ist.

Auch die in den Wachsen vorkommenden Säuren dürften vorzugsweise Säuren mit paarer Kohlenstoffatomzahl sein. Hatten Marie u. a. z. B. früher die Zerotinsäure als $C_{25}H_{50}O_2$ oder $C_{27}H_{54}O_2$ angesprochen, so hat Henriques (Zeitschr. f. angew. Chem. 1898, **11**, 368) die Formel $C_{26}H_{52}O_2$ als richtig erwiesen. Walrat besteht hauptsächlich aus Zetylpalmitat $C_{16}H_{31}O_2 \cdot C_{16}H_{33}$, d. h. dem Ester der Palmitinsäure und des Zetylalkohols (Äthal) $C_{16}H_{34}O$.

Mit Ausnahme der flüssigen Wachse (Spermazetiöl und Döglingtran) geben alle Wachse beim Kochen mit alkohol. Kali und nachherigem Wasserzusatz Trübungen bzw. Niederschläge, da die höheren Alkohole in der entstehenden wäßrigen Seifenlösung schwer löslich sind.

Beim Erhitzen der Wachse tritt, da Glyzerin fehlt, kein Akroleïngeruch auf (s. jedoch Spermazetiöl). Die Verseifungszahlen sämtlicher Wachse sind infolge ihres hohen Gehalts an unverseifbaren Alkoholen weit niedriger als diejenigen der Glyzeride (s. Tab. 94 ff.). Die für Fette ausreichende Verseifungszeit von ¼ Stunde bei Verwendung von 2 g Substanz genügt bei

94.

flüssigen Wachse.

Hehner-Zahl	Schm. der Fettsäuren	ep der Fettsäuren	Hauptbestandteile	Sonstige Eigenschaften
60—64	13,3 bis 21,4	16,1 Titertest 11,1—11,9	Ester von 60—64% Fettsäuren (Ölsäurereihe?) und 36 bis 41,5% höherer einwertiger Alkohole, sofern nicht weitgehende Abpressung stattgefunden hat.	Riecht schwach tranartig. fe bei 20° = 5,6—7,05. Schm. der höheren Alkohole nach Lewkowitsch 25,5—27,5 nach Fendler 32,5. Jodzahl: 64,6—65,8. Die höheren Alkohole sind in Wasser unlöslich, in Alkohol löslich.
61,7	10,3 bis 10,8 (16,1)	10,1 Titertest 8,3—8,8	Ester von Fettsäuren (Ölsäurereihe) und 32—43% höherer einwertiger Alkohole	Riecht tranartig, neigt zum Verharzen. Schm. der höheren Alkohole: 23,5—26,5°. Jodzahl: 64,8—65,2. Die höheren Alkohole zeigen dieselben Löslichkeitseigenschaften wie diejenigen des Spermazetiöls.

Wachsen nicht, vielmehr ist mindestens einstündiges Erhitzen erforderlich (über die Benutzung von Xylol als Lösungsmittel beim Verseifen siehe S. 560).

II. Spezielle Eigenschaften flüssiger Wachse.

Geruch, Geschmack und einige Farbenreaktionen von flüssigen Wachsen sind denen von Tranen, welche auch verwandten Ursprung haben, sehr ähnlich, so daß erstere bisweilen mit den Tranen verwechselt werden. Zur Unterscheidung dient der hohe Gehalt der Wachse an Unverseifbarem, 35—40 %, ferner ihr niedriges spez. Gewicht 0,875 bis 0,883 gegenüber 0,915 bis 0,937 bei Tranen.

Während die festen Wachse mit Ausnahme des Wollfettes hauptsächlich aus gesättigten Verbindungen bestehen, stellen die flüssigen Wachse Verbindungen von ungesättigten Alkoholen der Reihe $C_n H_{2n} O$ mit ungesättigten Fettsäuren dar, indessen hat Fendler neuerdings im Spermazetiöl 1,32 % Glyzerin, entsprechend 13,2 % Glyzerid, gefunden (Chem.-Ztg. 1905, **29**, 555). Die einzigen bisher bekannten flüssigen Wachse sind Spermazetiöl oder Walratöl und Döglingtran. Ersteres wird aus dem Speck und den Kopfhöhlen der Spermwales, Physeter macrocephalus, letzteres vom Entenwal, Hyperoodon rostratus, gewonnen. Chemisch sind beide Öle kaum voneinander zu unterscheiden. Im Handel erkennt man Döglingtran leicht an seinem charakteristischen Geschmack.

Spermazetiöl ist ein wertvolles Schmieröl für Spindeln und leichte Maschinen, weil es nicht leicht ranzig wird, in den Lagern nicht verharzt, und seine Viskosität bei erhöhter Temperatur nur langsam abnimmt. Döglingtran neigt leichter zum Verharzen und ist daher weniger geschätzt.

Nachweis von Verfälschungen. Der verhältnismäßig hohe Preis des Spermazetiöls verleitet zur Verfälschung mit fetten Ölen und Mineralölen. Erstere geben sich durch Erhöhung des spez. Gewichts und der Verseifungszahl zu erkennen. Mineralöle werden qualitativ durch die Verseifungsprobe S. 416, quantitativ nach S. 418 durch Behandeln des Unverseifbaren mit Essigsäureanhydrid bestimmt.

Ein Zusatz von Döglingtran zum Spermazetiöl ist kaum nachzuweisen.

III. Übersicht über Eigenschaften pflanzlicher fester Wachse.

Tabelle 95.

Art des Wachses	Spez. Gew. 15°	ep °C	V.-Z.	Jodzahl des Wachses	Hauptbestandteile	Sonstige Eigenschaften
Carnaubawachs *Cire de carnaube* *Carnaube Wax*	0,990 bis 0,999	frisch 80—81, alt 86—87, schmilzt je nach dem Alter zwischen 83—91	79—86,5	10,1 bis 13,5	Myrizylalkohol, Myrizylzerotat, wenig Zerotinsäure 55 % Unverseifbares	Roh grün, gereinigt weiß, Charakteristischer Geruch beim Verbrennen. Läßt sich mit alkohol. Kali schwer verseifen.
Flachswachs	0,907	—	102	9,6	Stearin-, Palmitin-, Öl-, Linol-, Linolen-, Isolinolensäure, Zerylalkohol und Phytosterin, 55—65 % Kohlenwasserstoffe in 81 % Unverseifbarem u. ein aldehydartiger Körper.	—
Candelillawachs[1])	0,936 0,983 0,993	63,8—64,5 Schmp. 67—68	55—64	37	91,2 % Unverseifbares; 6,6 % Fettsäuren; 0,34 % Asche	Säurezahl 12; 19; 21. Verhältniszahl 1,6—1,9. In Mexiko aus Pedilanthus Pavanis gewonnen, Ersatz für Karnaubawachs.

IV. Übersicht über Eigenschaften tierischer fester Wachse.

Tabelle 96.

Art des Wachses	Spez. Gew. 15°	ep °C	V.-Z.	Jodzahl des Wachses	Hauptbestandteile	Sonstige Eigenschaften
Walrat *Spermacet* *Cetine*	0,945 bis 0,960	42—47 Schm. 42—45 (49)	123 bis 135	3,8	Palmitinsäure-Zetyläther, außerdem geringe Mengen Laurinsäure-, Myristinsäure- und Palmitinsäureglyzeride. Gehalt an Fettsäure 53,45 %.	In heißem Alkohol leicht löslich. Läßt sich mit alkohol. Kali leicht verseifen. Kristallinische Struktur.
Wollfett *Suint* *Wool Fat*	0,941 bis 0,970	der Fettsäuren 40 schmilzt zwisch. 31 u. 42	82—130	15—29 Jodzahl der Fettsäuren 17	Freie Fettsäuren, Ester von Fettsäuren und höheren einwertigen Alkoholen. 43—52 % unverseifbare Stoffe (Zerylalkohol, Cholesterin usw. Jodzahl des Unverseifbaren 26,4 bis 36, Schmp. 33,5).	Braungelbes bis schmutzigbraunes Fett von Bockgeruch, durch geeignete Agenzien hellgelb und fast geruchlos zu erhalten (Lanolin, Alapurin usw.). Mit beliebigen Mengen Wasser zu Salben verreibbar. Charakteristisch für die Erkennung in anderen Fetten der hohe Gehalt an unverseifbaren Alkoholen, Cholesterin und Isocholesterin.

Fortsetzung auf folgender Seite.

[1]) Harre und Bjerregaard, Ztsch. für angew. Chemie 1910, 471. Niederstadt, Seifensiederztg. 1911, 1145.

Fortsetzung der Tabelle 96.

Art des Wachses	Spez. Gew. 15°	ep °C	V.-Z.	Jodzahl des Wachses	Hauptbestandteile.	Sonstige Eigenschaften
Bienenwachs *Cires des abailles* *Bees Wax*	0,958 bis 0,967 (0,975)	schmilzt zwisch. 63—64 (70)	91—98	8—11	Gemisch von Zerotinsäure, Myrizylpalmitat und festen Kohlenwasserstoffen.	Säurezahl 19—21, Ätherzahl 72—76 (81), Verhältniszahl 3,6—3,8 (von Hübl). Höhere Alkohole und Kohlenwasserstoffe 52—55 %. Kohlenwasserstoffe von der Jodzahl 22 nach Ahrens und Hett 12,7—17,5 %[1]).
Chinesisches Wachs, Insektenwachs *Cire d'insectes* *Insecte Wax*	0,926 bis 0,970	80,5 bis 81,0 Schmp. 80—83	78—93	1,4	Zerylzerotate und andere Ester, Gehalt an Fettsäure 51,5 %	In Alkohol, Äther, Petroläther wenig löslich. Von gelblichweißer Farbe u. kristallinischer Struktur.

V. Prüfung von Wollfett.

a) Technologisches. Wollfett wird durch Extraktion der rohen Schafwolle mit flüchtigen Lösungsmitteln, wie Benzin, Benzol, Schwefelkohlenstoff, oder durch Ausziehen der Rohwolle mit Seifenlösungen, verdünnter Natrium- oder Ammoniumkarbonatlösung unter nachfolgendem Ansäuern mit Schwefelsäure gewonnen. Im rohen Zustande stellt es eine schmierige, unangenehm bockartig riechende, gelbe oder braune, zähe Masse dar.

Durch Entfernung der freien Säuren und der Seifen des rohen Fettes nach verschiedenen z. T. patentierten Verfahren erhält man das gereinigte Wollfett, auch Lanolin oder Alapurin genannt. Es ist weiß oder lichtgelb, durchscheinend, von salbenartiger Konsistenz, fast geruchlos. Nimmt über 100 % Wasser auf unter Bildung haltbarer Emulsionen (Lanolin).

b) Zusammensetzung. Wollfett ist ein kompliziertes Gemenge von Estern und höheren Alkoholen. Die Fettsäuren bestehen nach G. de Sanctis (Gazz. chim. ital. 1894, **24**, 14) vornehmlich aus Palmitinsäure und Zerotinsäure, zum geringeren Teil aus Ölsäure, Stearinsäure und flüchtigen Fettsäuren. Nach Darmstädter und Lifschütz (Ber. 1896, **20**, 618, 1474, 2890) finden sich auch Myristinsäure und Karnaubasäure, sowie Oxysäuren (Lanozerinsäure $C_{30}H_{60}O_4$ und Lanopalminsäure $C_{16}H_{32}O_3$).

[1]) Schmelzpunkt des Gesamtunverseifbaren 72—78°, nach Azetylieren Schm. 52—64°. In Azetanhydrid heiß völlig löslich, in der Kälte fast ganz unlöslich. Paraffin oder Zeresin verändern nach dem Azetylieren ihren Schm. nicht.

Das Vorkommen der letzteren Säuren wird neuerdings angezweifelt. Die Alkohole (43—52 %) sind hauptsächlich Cholesterin vom Schmp. 148,4—150,8° und Isocholesterin vom Schmp. 137 bis 138°.

c) Untersuchung. Die Farbenreaktionen 1 und 2 zur Erkennung des Wollfettes werden durch den Gehalt an Cholesterin und Isocholesterin bedingt:

1. Liebermannsche Reaktion:

¼ g Fett mit 3 ccm Azetanhydrid verrührt, filtriert, Filtrat mit 1 Tropfen konz. Schwefelsäure versetzt. Anfangs Rosa- bis Braunfärbung, die schnell in Dunkelgrün übergeht. Diese Reaktion ist nicht mit der zu verwechseln, die Harz und Harzöl geben (S. 193 und 215); bei diesen Stoffen geht die Rotviolettfärbung in ein unbestimmtes Braun über.

2. Hager-Salkowskische Reaktion:

¼ g Wollfett in 10 ccm Chloroform gelöst, mit 10 ccm konz. Schwefelsäure geschüttelt. Säure färbt sich blutrot und zeigt stark grüne Fluoreszenz. Färbung hält sich tagelang.

3. Wassergehalt nach S. 26 zu ermitteln.

4. Säurezahl nach S. 188 mit etwa 3—5 g Fett zu bestimmen.

5. Verseifungszahl.

Wollfett enthält nach Herbig (Dingl. Polyt. Journ. **292**, 42 bis 66) geringe Mengen Ester, die erst durch Kochen mit doppelt normaler Lauge bei 105° unter Druck gespalten werden. Die Hauptmenge ist jedoch unter gewöhnlichem Druck verseifbar. Die Verseifungszahl wird durch zweistündiges Kochen mit ½ N.-Kalilauge auf dem Wasserbade bestimmt. Die Titration ist in der Wärme vorzunehmen, da in der Kälte schwerlösliche Kalisalze ausfallen und die Schärfe des Farbenumschlages beeinträchtigen.

6. Die Jodzahl ist nach S. 446 mit 0,5 g Substanz zu ermitteln.

7. Unverseifbare Alkohole.

Durch Ausziehen nach Spitz und Hönig können die höheren Alkohole nicht von den Fettsäuren getrennt werden, da Wollfettseifen in Benzin erheblich löslich sind.

Man erhitzt 2 g Wollfett mit 25 ccm $^1/_1$ N. alkohol. Kalilauge in einem Schießrohr 3 Stunden auf 105° (Kochsalzbad), spült die Lösung mit Alkohol in eine Porzellanschale, neutralisiert sie unter Phenolphthaleïnzusatz und erhitzt sie nach dem Verjagen des Alkohols mit 50 ccm Wasser zum Sieden. Etwaige Trübung wird durch vorsichtigen Alkoholzusatz entfernt. Bei 70 bis 75° wird dann die aus der Verseifungszahl zu berechnende Menge Chlorkalzium (10 % Überschuß) in 50° warmer Lösung in dünnem Strahl und unter lebhaftem Umrühren zu der Seifenlösung hinzugegeben. Man verdünnt mit der doppelten Menge Wasser, dem einige ccm alkohol. Lauge zugesetzt sind, saugt die nach dem Erkalten ausfallenden Kalksalze ab und wäscht sie mit kaltem Alkohol (1 : 20), bis das Waschwasser mit Silbernitrat nur Opalisieren zeigt. Filter mit Inhalt wird im Vakuumexsikkator mindestens 48 Stunden bis zur vollkommenen Entfernung des Wassers getrocknet, dann im Soxhlet mit wasserfreiem frisch destillierten Azeton extrahiert. Extrakt wird 1 Stunde bei 105° getrocknet und gewogen. Er muß neutrale Reaktion geben und aschefrei sein.

Die in beschriebener Weise erhaltenen Stoffe sind als Alkohole zu kennzeichnen durch Löslichkeit im doppelten Vol. heißen Azetanhydrids (nach Erkalten Lösung zunächst klar, nach längerem Stehen kristallinische, nichtölige Abscheidungen in der Flüssigkeit), völlige Löslichkeit im doppelten Vol. ganz schwach erwärmten absol. Alkohols, durch Jodzahl (etwa 30), Schmelzpunkt (ca. 33°) und Farbenreaktionen (Liebermannsche und Hager-Salkowskische Reaktion) ev. auch durch Bestimmung der Azetylzahl nach der Behandlung mit Essigsäureanhydrid.

8. Fremde unverseifbare Zusätze wie Paraffin, Mineralöl, Harzöl werden gleichzeitig mit den höheren Alkoholen in der unter 7 beschriebenen Weise gewonnen. Sie scheiden sich nach dem Kochen mit Essigsäureanhydrid beim Erkalten oben auf dem Azetanhydrid ab.

Quantitativ werden diese Stoffe durch mehrfaches Auskochen mit Azetanhydrid und Wägen des Ungelösten nach völligem Auswaschen des Azetanhydrids bestimmt, freilich nicht ganz genau, da auch geringe Anteile des Mineralöls bzw. Paraffins oder Harzöls im Azetanhydrid gelöst bleiben (von Mineralöl z. B. bis 8 %, von Hartparaffin fast nichts, von Weichparaffin geringe Mengen).

9. Fremde verseifbare Fette sind durch Glyzeringehalt kenntlich. Der Glyzerinnachweis kann nach Benedikt und Zsigmondi S. 504 erfolgen. Etwa von der Fabrikation herrührendes Azeton, das ebenfalls zu Oxalsäure oxydiert würde, ist vorher mit Wasserdampf abzutreiben, oder die Bestimmung ist nach einem der anderen S. 505 angegebenen Verfahren, z. B. dem Shukoffschen, vorzunehmen.

10. Harz ist durch die Morawskische Reaktion nicht nachzuweisen, da Wollfett infolge des Cholesteringehaltes selbst mit Acetanhydrid und Schwefelsäure starke Farbenreaktion gibt.

Liegt infolge hohen Säuregehaltes und klebriger Beschaffenheit des mit 70 proz. Alkohol hergestellten Extraktes Verdacht auf Harz vor, so extrahiert man eine Ätherlösung des Fettes mit $^{1}/_{10}$ N.-Natronlauge, säuert den Auszug an und prüft die ausgeschiedenen Fettsäuren nach der Morawskischen Reaktion.

VI. Wollfettdestillate.

a) Wollfettoleïne. 1. Begriffsfeststellung und Eigenschaften: Wollfettoleïne werden durch Destillation von rohem Wollfett mit überhitztem Wasserdampf und Abtrennen der festen Destillatanteile durch Pressen in der Kälte gewonnen.

Es sind gelb- bis rotbraune, teils grün, teils blau fluoreszierende Öle von wollfettartigem Geruch. Spez. Gewicht meistens zwischen 0,90 und 0,92. Charakteristisch sind für Wollfettoleïne die Hager-Salkowskische und die Liebermannsche Reaktion (S. 555), welche diese Stoffe geben infolge ihrer Entstehung aus den im rohen Wollfett enthaltenen höheren Alkoholen (Cholesterin, Isocholesterin).

Natürliche Bestandteile der Wollfettoleïne sind freie Fettsäuren (40—60 %, Zerotinsäure, Karnaubasäure, Lanozerinsäure, Lanopalminsäure), ungesättigte Kohlenwasserstoffe (10—53 %)[1]), geringe Mengen unzersetzter Ester und freier höherer Alkohole.

Wollfettoleïne werden als minderwertiges Material zum Einfetten der Wolle vor dem Verspinnen, außerdem zur Herstellung von konsistenten Maschinenfetten verwendet.

2. Prüfung (Marcusson und v. Skopnik, Zeitschr. f. angew. Chem. 1912, **25**, 2577). Der Wert eines Wollfettoleïns wird wesentlich durch unverseifbare Stoffe beeinträchtigt, die sich schwer aus der Wolle wieder auswaschen und deshalb leicht Streifen und Flecke verursachen.

Bestimmung des Unverseifbaren: 3 g Oleïn werden mit 25 ccm $^2/_1$ N. KOH 3 St. im Einschlußrohr auf etwa 105° erhitzt (Kochsalzbad). Das Unverseifbare wird nach Spitz und Hönig [2])

---

[1]) Nach H. Gill und R. Forrest (Journ. of the Am. Chem. Soc. 1910, **32**, 1071), welche die unverseifbaren Kohlenwasserstoffe der Wollfettoleïne im Vakuum mittels einer Ölpumpe bei 1 mm Druck destillierten, und nach Richards (ebenda **30**, 1282), der dabei mit Draht und Kohlewiderständen heizte, bestehen die Kohlenwasserstoffe aus Äthylenen, beginnend vom öligen Heptadezylen, $C_{17}H_{34}$ vom Sp. 95—100° bei 1 mm Druck und endigend mit dem Nonakosylen, $C_{29}H_{58}$. Daneben sind nach Marcusson (Zeitschr. f. angew. Chem. 1912, **25**, 2577) auch Grenzkohlenwasserstoffe zugegen; so konnte z. B. aus den unverseifbaren Anteilen eines deutschen Wollfettoleïns 9 % festes Paraffin abgeschieden werden.

[2]) Handelt es sich darum, das Unverseifbare aus rohem Wollfett auszuziehen, so ist der Umweg über die Kalksalze, die mit

(S. 212) ausgezogen, der Extrakt mit doppeltem Vol. Azetanhydrid 2 St. am Rückflußkühler behufs Abtrennung der höheren Alkohole gekocht. Die in Azetanhydrid unlöslichen Anteile sehen nach völligem Auswaschen mit heißem Wasser ganz wie leichte Mineralmaschinenöle aus, unterscheiden sich aber von letzteren wie folgt:

Reaktionen der unverseifbaren Kohlenwasserstoffe des Wollfettoleïns.

Sie geben die Liebermannsche und Hager-Salkowskische Reaktion mit voller Schärfe.

Sie zeigen starkes Drehungsvermögen α_D + 18 bis + 28° (Mineralöle nicht über 2,2°).

Sie absorbieren erhebliche Mengen Jod. Jodzahl nach Waller 50—80. (Mineralöle meistens weniger als 6, selten über 14.)

Ein größerer Mineralölgehalt wird sich daher durch Erniedrigung des Drehungsvermögens (unter 18°) und der Jodzahl der unverseifbaren Kohlenwasserstoffe der Wollfettoleïne (unter 51) zu erkennen geben. Eine sehr einfache Prüfung auf Reinheit des Wollfettoleïns bietet auch die Löslichkeit in Alkohol.

Schüttelt man 5 ccm des Oleïns (nach Winterfeld und Mecklenburg, Mitteilungen 1910, 28, 471) mit 5 ccm eines Gemisches von Äthyl- und Methylalkohol (10 : 90) bei 20° durch, so lösen sich die meisten mineralölfreien Wollfettoleïne klar oder mit schwacher Trübung auf. Schon ein Zusatz von 10 % Mineralöl bedingt milchige Beschaffenheit der Flüssigkeit und nach einigem Stehen Absetzen von Öltröpfchen. Bei eintretender Trübung ist das Unlösliche zu sammeln und nach den oben angegebenen Gesichtspunkten zu prüfen. Bleibt die Lösung nahezu klar, so kann auf Fehlen von Mineralöl geschlossen werden. Mittels dieser Probe lassen sich auch Harzölzusätze (bis zu 20 % herab) nachweisen. Zur weiteren Stütze werden die nach Spitz und Hönig abgeschiedenen unverseifbaren Stoffe geprüft. Diese zeigen bei Fehlen von Harzöl den Brechungsexponenten 1,49—1,51 (wie Mineralöle); bei Gegenwart von Harzöl liegt der Brechungsexponent höher. Außerdem erhöht Harzöl das spezifische Gewicht (0,97—0,98, Oleïnanteile dagegen 0,905—0,912).

Harz, das bisweilen zur Verfälschung zugesetzt wird, wird qualitativ nach Morawski, quantitativ nach S. 193 bestimmt. Wichtig ist bei der qualitativen Prüfung auf Harz, daß zuvor die unverseifbaren Anteile der Oleïne, welche die der Morawskischen Reaktion sehr ähnliche Liebermannsche geben, abgeschieden und die aus der Seifenlösung gewonnenen Säuren ge-

---

Azeton zu extrahieren sind (s. S. 555), erforderlich. Bei Wollfettdestillaten ist dies nicht notwendig, da infolge der Destillation keine Säuren mehr vorhanden sind, welche in Benzin lösliche Kaliseifen geben.

prüft werden. Diese geben bei harzfreien Oleïnen keine Rotviolettfärbung.

b) Salbenartiges Wollfettdestillat (Marcusson und v. Skopnik, a. a. O.) entsteht, wenn man die bei der Wasserdampfdestillation des Wollfetts zwischen 300 und 310° übergehenden Anteile kristallisieren und das Oleïn ablaufen läßt. Es entstehen so weiße bis hellgelb gefärbte Massen (graisse blanche de suint) vom Erstarrungspunkt unter 45°.

Das salbenartige Wollfettdestillat dient als Zusatz bei der Seifenfabrikation, der Herstellung konsistenter Fette und anderer Produkte.

Das salbenartige Wollfettdestillat besteht zu 16—33 % aus unverseifbaren Stoffen, die dem aus Wollfettoleïn erhaltenen Unverseifbaren nahe kommen, jedoch z. T. etwas geringeres Drehungsvermögen und höhere Jodzahl aufweisen ($[\alpha]_D = + 12{,}5—20^0$, Jodzahl 60—74). Außerdem enthält das salbenartige Wollfettdestillat 41—60 % feste Säuren vom Schmp. 41—47°, der Jodzahl 10—15 und dem Molekulargewicht 258—267, sowie 19—25 % flüssige Fettsäuren von der Jodzahl 43—48 und dem Molekulargewicht 270—302.

Bei der Untersuchung der salbenartigen Wollfettdestillate kann in derselben Weise wie bei den Oleïnen vorgegangen werden, jedoch ist dabei zu berücksichtigen, daß das Drehungsvermögen der unverseifbaren Anteile unverfälschter Wollfettdestillate bis zu + 12,5° herabgehen kann, und daß die festen Säuren die Löslichkeitsprobe mit Methyl-Äthylalkohol stören.

c) Wollfettstearin (festes Wollfettdestillat, vgl. Marcusson und v. Skopnik, a. a. O.) entsteht, wenn man die bei der Wasserdampfdestillation des Wollfetts über 310° übergehenden Anteile für sich auffängt, langsam erstarren läßt und mit 200 Atm. Druck abpreßt. Es entstehen so dunkelgelbe, über 45° schmelzende Massen von wollfettartigem Geruch (graisse jaune de suint). Es findet Verwendung als Einfettungsmittel in der Leder- und Treibriemenfabrikation, zum Einfetten von wasserdichten Stoffen und Packpapier, zur Herstellung von Schlichtmassen für Webereizwecke, in der Sprengstoffabrikation zum Einfetten der Hülsen. Es dient aber nicht in der Kerzenfabrikation als Ersatz für Stearin. Von diesem ist es durch das Fehlen der kristallinischen Struktur und das Eintreten der Liebermannschen Reaktion unterschieden.

Das Wollfettstearin enthält etwa 32—42 % unverseifbare Stoffe von der Jodzahl 47—56 und dem Drehungsvermögen + 24 bis + 31°, außerdem etwa 58—68 % feste Fettsäuren vom Schmp. 60—67°, der Jodzahl etwa 10 und dem Molekulargewicht 318—382.

VII. Prüfung von Bienenwachs.

a) Technologisches. Das rohe, durch Ausschmelzen der Honigwaben gewonnene Bienenwachs ist in der Regel gelb, seltener grau oder rötlichbraun, spröde, von feinkörnigem Bruch, fast geschmacklos und riecht nach Honig.

Zur Herstellung von weißem Wachs wird das Rohwachs wiederholt mit Wasser umgeschmolzen, dann nach Zusatz von 3—5 % Talg oder kleinen Mengen Terpentinöl in Form von Körnern, Fäden oder Bändern an der Sonne gebleicht. Die Zusätze sollen nach Ansicht von C. Engler als Sauerstoffüberträger wirken. Weißes Wachs ist geruchlos, an den Kanten durchscheinend und schwerer als gelbes Wachs.

b) Untersuchung. Bienenwachs wird sehr häufig verfälscht, und zwar sowohl mit gepulverten Mineralsubstanzen als auch mit Talg, Stearinsäure, Japanwachs, Karnaubawachs, Harz, Paraffin und Zeresin.

Vor der eigentlichen Untersuchung muß die Probe zur Entfernung von Honig mit Wasser ausgekocht und im Heißwassertrichter filtriert werden. Mineralische Verfälschungsmittel bleiben im Heißwassertrichter zurück.

Spezifisches Gewicht bei	15°	= 0,963—0,970
„ „ „	98—100°	= 0,818—0,822
Schmelzpunkt	63— 64°	

Die wichtigste Prüfung ist die Feststellung der Verhältniszahl nach v. Hübl. Diese gibt das Verhältnis der Säure- zur Ätherzahl an, das innerhalb enger Grenzen konstant (3,6—3,8 bei gelbem Wachs, 3,0—4,0 bei weißem Wachs) ist (s. Tab. 96, S. 554).

Um Wachs vollständig zu verseifen, verfährt man nach Ragnar Berg (Pharm. Zentralh. 1906, 230), Methode verbessert von Bohrisch und Kürschner (Pharm. Zentralh. 1910, Nr. 25/26), folgendermaßen:

4 g Wachs werden in einem neutralisierten Gemisch von 20 ccm Xylol und 20 ccm abs. Alkohol am Rückflußkühler auf dem Asbest-

drahtnetz über einer kleinen Flamme 5—10 Min. lang im Sieden erhalten. Hierauf titriert man die heiße Flüssigkeit sofort mit $\frac{1}{2}$ normaler alkoholischer Kalilauge. Nachdem so die Säurezahl bestimmt worden ist, läßt man 30 ccm $\frac{1}{2}$ normale alkoholische Kalilauge zufließen und erhält 1 Stunde lang im lebhaften Sieden. Nun fügt man 50—75 ccm 96 proz. neutralisierten Alkohol hinzu, erhitzt ungefähr 5 Min. und titriert so schnell wie möglich mit $\frac{1}{2}$ normaler Salzsäure zurück. Nach nochmaligem 5 Minuten langen Aufkochen titriert man endgültig bis zur Entfärbung. Die Säure-, Äther- und Verhältniszahlen der für Verfälschung hauptsächlich in Betracht kommenden Stoffe sind in Tabelle 97 angegeben.

Tabelle 97.

	Säurezahl	Ätherzahl	Verhältniszahl
Bienenwachs	19—21	72—76	3,6— 3,8
Karnaubawachs	4—8	76	9,5—15,5
Paraffin, Zeresin	0	0	0
Japanwachs	20	195	9,75
Talg	10	185	18,5
Harz	130—164	16—36	0,13—0,26
Stearinsäure	200	0	0

v. Hübl zieht folgende Schlüsse aus den Verhältniszahlen:

1. Liegt die Verseifungszahl eines Wachses unter 92, die Verhältniszahl zwischen 3,6 und 3,8, so muß Paraffin oder Zeresin zugegen sein.

2. Ist die Verhältniszahl größer als 3,8, so liegt Verdacht auf Japanwachs, Karnaubawachs oder Talg vor. Bei einer Säurezahl weit unter 20 fehlt Japanwachs, bei einer Verhältniszahl unter 3,8 ist Gegenwart von Stearinsäure oder Kolophonium wahrscheinlich.

Bei künstlich gebleichten Wachsen sind obige Normalzahlen für reines Bienenwachs nicht mehr zutreffend.

Ragnar Berg (Chem.-Ztg. 1907, **31**, 537) hat bei ostasiatischen Bienenwachsen J.-Z. = 6,3—9,0, Ä.-Z. = 85,5—99,5, Verhältniszahl 9,9—14,9, also ganz anormale Zahlen ermittelt, indessen ist zu berücksichtigen, daß diese Wachse einer anderen Bienenart, nämlich Apis indica, entstammen. Südasiatische Bienenwachse hatten J.-Z. = 17,5—23,7, Ä.-Z. = 69,6—84,9, Verhältniszahl 2,9—4,5. Ebenfalls ganz anormale Zahlen zeigt Anam-Bienenwachs (J. Bellier, Ann. d. Chim. 1906, 366): J.-Z. = 7,8, Ä.-Z. = 86,8, Verhältniszahl 11.

Seit einiger Zeit werden nach Deutschland in großen Mengen tunesische Wachse eingeführt, die, obwohl unverfälscht, die Verhältniszahl 3,9—4,5 haben (Chem.-Ztg., Rep. 1898, **22**, 235). Ferner ist zu beachten, daß man unschwer wachsartige Gemische herstellen kann, die, obwohl frei von Bienenwachs, doch die normale Verhältniszahl haben. Eine solche Mischung erhält man beispielsweise durch Zusammenschmelzen von 37,5 Tl. Japanwachs, 6,5 Tl. Stearinsäure und 6,5 Tl. Paraffin oder Zeresin. In zweifelhaften Fällen genügt daher die Bestimmung der Verhältniszahl nicht; sie ist dann noch durch eine oder mehrere der nachfolgenden Prüfungen zu ergänzen:

1. Glyzeride wie z. B. Talg werden durch Glyzerinbestimmung nach S. 498ff. ermittelt.

2. Stearinsäure weist man durch Auskochen von 3 g Wachs mit 10 ccm 80 proz. Alkohol, Abkühlen unter Rühren, Filtrieren des geklärten Auszuges und Ausfällen des Gelösten mit Wasser nach. Unter diesen Umständen scheidet sich nur Stearinsäure ab, die im Bienenwachs enthaltene freie Zerotinsäure fällt bereits beim Abkühlen der alkohol. Lösung fast vollständig aus. Durch diese Probe soll sich noch 1 % Stearinsäure in Wachs nachweisen lassen. Kolophonium verhält sich jedoch ebenso wie Stearinsäure, kann nach 5. nachgewiesen werden.

Man kann auch den, wie beschrieben, gewonnenen alkohol. Auszug mit alkohol. Natronlauge neutralisieren, dann mit Benzin aus 50 proz. alkohol. Lösung das Unverseifte ausschütteln, aus der Seifenlösung die Fettsäure abscheiden und durch Molekulargewicht und Schm. als Stearinsäure charakterisieren.

Man beachte, daß es sich hierbei um Handelsstearinsäure vom ep ca. 53—57° und Molekulargewicht ca. 276 handelt. Rohe Zerotinsäure hat demgegenüber Molekulargewicht über 396, Schm. 78—82°.

3. Karnaubawachs erhöht das spez. Gewicht des Wachses und seinen Schmelzpunkt, Insektenwachs nur den Schmelzpunkt (vgl. Tab. 95 u. 96).

4. Paraffin- und Zeresinzusätze werden bis zu 5 % herab nach Weinwurm (Chem.-Ztg. 1897, **21**, 519) durch die Löslichkeit des Unverseifbaren reiner Wachse in Glyzerin qualitativ nachgewiesen:

Man verseift 5 g Wachs mit 25 ccm ½ N. alkohol. Kalilauge durch einstündiges Kochen auf dem Drahtnetz, verdampft den Alkohol, erwärmt den Rückstand auf dem Wasserbade mit 20 ccm reinem Glyzerin bis zur Lösung und setzt 100 ccm siedendes Wasser hinzu. Reines Bienenwachs gibt eine mehr oder weniger klar durchsichtige oder durchscheinende Masse, durch die man im 15 mm weiten Reagenzglas gewöhnliche Druckschrift leicht lesen kann. Bei Gegenwart von 5 % Paraffin oder Zeresin ist die Lösung trübe und der Druck nicht mehr lesbar. Schon bei 8 % erhält man einen Niederschlag. Bei Gegenwart größerer Mengen Karnaubawachs und Insektenwachs entstehen auch bei Abwesenheit von Paraffin und Zeresin Trübungen; deren Nachweis kann nach 3. erbracht werden.

Die beim Versetzen einer verseiften Wachsprobe mit heißem Wasser auftretenden Ausscheidungen, können nach Buchner (Zeitschr. f. öffentl. Chem.) von Paraffin herrühren, aber auch anderer Natur sein. Die schwammigen Ausscheidungen werden nochmals mit Wasser umgeschmolzen, getrocknet, 2 Stunden lang mit Essigsäureanhydrid am Rückflußkühler gekocht und erkalten gelassen. Befindet sich auf der klaren Flüssigkeit eine feste, wachsartige Scheibe, so ist nur Paraffin zugegen. Ist das Ganze zu einem Kristallbrei erstarrt ohne sichtbare Scheibe auf der Oberfläche, so sind nurAlkohole vorhanden. Beobachtet man eine feste Scheibe auf der Oberfläche der breiartig erstarrten Flüssigkeit, so liegen Paraffine und Alkohole vor.

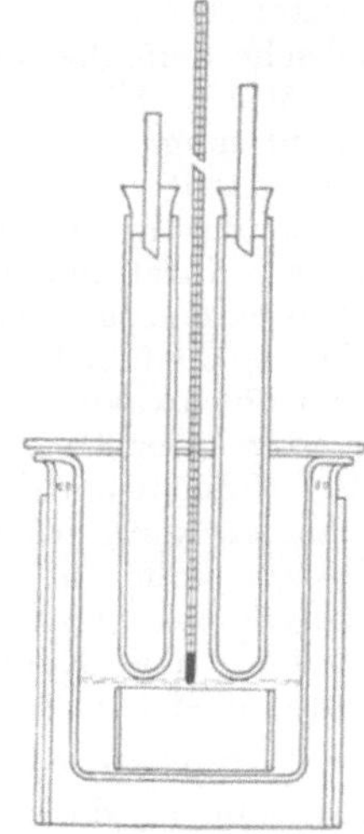

Fig. 115.

Annähernd qantitativ läßt sich Paraffin oder Zeresin im Wachs nach A. u. P. Buisine bzw. Ahrens und Hett bestimmen durch Überführung der Fettalkohole in Fettsäuren unter Erhitzen mit Natronkalk. Die Kohlenwasserstoffe werden hierbei nicht angegriffen. Bienenwachs selbst enthält nach Ahrens und Hett (Zeitschr. f. öff. Chem. 1899, 91) 12,7—7,5 % Kohlenwasserstoffe. Ein Zusatz von 5 % Zeresin oder Paraffin wird demnach meistens noch zu bestimmen sein.

1 g Wachs wird in einem zylindrischen, am Boden halbkugeligen Hartglasrohr von 20 × 2 cm geschmolzen und langsam unter Drehen des Rohres mit 3,5—4 g gekörntem, vorher in einer Silberschale entwässerten Ätzkali versetzt (Fig. 115). Das flüssige Wachs wird von dem Ätzkali augenblicklich aufgesaugt. Man streut noch 2 g körnigen Kalikalk darauf, verschließt das Rohr durch einen mit Gasableitungsrohr versehenen Gummistopfen und erhitzt in einem doppelwandigen Kupferblechofen (s. Fig. 115) so lange auf 260°, bis aus dem in Wasser eintauchenden Gasableitungsrohr keine Blasen mehr austreten (etwa 3—4 Stunden). Nach Erkalten des Rohres setzt man zu der porösen Schmelze 3 ccm Wasser und erwärmt zum Erweichen nach Auf-

setzen eines Stopfens noch 2 Stunden auf 100°. Die Masse bringt man dann unter Nachreiben der Röhre mit etwas gebranntem Gips in eine Porzellanschale, pulvert, trocknet 1—2 Stunden, verreibt von neuem und extrahiert dann erschöpfend mit Äthyläther. Nach Filtrieren der Ätherlösung destilliert man den Äther ab, trocknet und wägt den Rückstand.

Zur Trennung der unverseifbaren Kohlenwasserstoffe im Bienenwachs von den Wachsalkoholen verwendet man nach Leys [1]) (Journ. Pharm. et Phys. 1912, **5**, 577; Chem. Zentralbl. 1912, II, 456) die Unlöslichkeit der Kohlenwasserstoffe in einem Gemisch von rauchender Salzsäure und Amylalkohol, worin Myrizylalkohol löslich ist. Man erhitzt 10 g Wachs mit 25 ccm alkohol. N-Kalilauge und 50 ccm Benzol 20 Min. lang am Rückflußkühler, hebt dann die untere alkoholische Seifenlösung ab und kocht die Benzollösung noch 10 Min. mit 50 ccm Wasser, worauf man die untere Schicht mit der Hauptseifenlösung vereinigt. Nachdem man aus der Benzollösung das Lösungsmittel verjagt hat, löst man den Rückstand in einem hohen Becherglas in 100 ccm Amylalkohol und 100 ccm rauchender Salzsäure, erhitzt unter Umrühren zum Sieden und läßt nach einigen Minuten langsam erkalten. Beim Erkalten scheiden sich die Wachsalkohole in fein kristallinischer Form aus der Lösung ab, während die Kohlenwasserstoffe auch in der Hitze ungelöst bleiben und sich an der Oberfläche als leicht abzuhebender Kuchen ansammeln. Der Kohlenwasserstoffkuchen, der bei reinem Bienenwachs sehr dünn ist, kann erforderlichenfalls zur Entfernung der letzten Reste Myrizylalkohol in einem kleinen Becherglas mit je 25 ccm Amylalkohol und Salzsäure nochmals in der gleichen Weise behandelt werden. Die Kohlenwasserstoffe und die Wachsalkohole können dann für sich zur Wägung gebracht werden.

5. Kolophoniumzusatz ist durch die Morawskische Reaktion in dem mit 70prozent. Alkohol gewonnenen Auszug qualitativ zu erkennen (quantitativer Nachweis s. S. 193).

---

[1]) Zur Ausführung der Versuche beschreibt Leys einen besonderen Glaskolben mit tangential eingesetztem Hals und seitlichem Ablaßhahn.

Thermometerkorrektion

betreffend

die niedrigere Temperatur des herausragenden Quecksilberfadens.

Nach direkten Versuchen. Rimbach, Zeitschr. f. Instrumentenkunde **10**, S. 153, 1890.

Die Korrektionswerte der Tabelle gelten für Instrumente aus Jenaer oder Weber-Friedrichs-Glas. Es bedeutet

n die Länge des herausragenden Fadens in Thermometergraden,

$t-t^0$ die Differenz zwischen abgelesener Temperatur t und der Temperatur der äußeren Luft t^0.

Letztere ist zu bestimmen durch ein vor Strahlung von der Heizquelle her geschütztes Hilfsinstrument, dessen Kugel sich in der Höhe der halben Länge des herausragenden Quecksilberfadens, in horizontaler Richtung in 1 dcm Entfernung vom Hauptthermometer befindet.

Die in der Tabelle enthaltenen Korrektionswerte sind der Ablesung des Hauptthermometers hinzuzufügen.

Tabelle 98.

Einschlußthermometer (0—360°). Gradlänge 0,9—1,1 mm.

$t-t^0 =$	70	80	90	100	110	120	130	140	150	160	170	180	190	200	210	220	$= t-t^0$
$n =$ **10**	0	0	0,05	0,05	0,05	0,05	0,1	0,1	0,1	0,15	0,15	0,15	0,2	0,2	0,2	0,2	**10** $= n$
20	0,1	0,1	0,15	0,2	0,25	0,25	0,25	0,3	0,3	0,3	0,35	0,4	0,45	0,5	0,5	0,55	**20**
30	0,25	0,3	0,3	0,35	0,4	0,4	0,45	0,5	0,5	0,55	0,6	0,65	0,75	0,8	0,8	0,85	**30**
40	0,3	0,35	0,4	0,5	0,55	0,6	0,65	0,65	0,7	0,75	0,85	0,9	1,0	1,1	1,1	1,2	**40**
50	0,4	0,45	0,5	0,6	0,7	0,8	0,85	0,9	0,9	1,0	1,0	1,2	1,3	1,4	1,4	1,5	**50**
60	0,5	0,6	0,7	0,8	0,9	1,0	1,1	1,1	1,1	1,2	1,3	1,5	1,6	1,7	1,8	1,9	**60**
70	0,65	0,75	0,85	1,0	1,1	1,2	1,3	1,3	1,4	1,4	1,6	1,7	1,8	2,0	2,1	2,2	**70**
80	0,75	0,85	1,0	1,1	1,3	1,4	1,5	1,5	1,6	1,7	1,8	2,0	2,1	2,3	2,4	2,5	**80**
90	0,85	1,0	1,1	1,3	1,4	1,6	1,7	1,8	1,9	1,9	2,1	2,2	2,4	2,6	2,7	2,9	**90**
100	1,0	1,1	1,3	1,5	1,6	1,8	2,0	2,0	2,1	2,2	2,4	2,5	2,7	2,9	3,1	3,2	**100**
110				1,7	1,9	2,0	2,2	2,3	2,3	2,4	2,6	2,8	3,0	3,2	3,4	3,6	**110**
120				1,9	2,1	2,3	2,4	2,5	2,5	2,7	2,9	3,1	3,4	3,6	3,8	4,0	**120**
130					2,3	2,5	2,7	2,7	2,8	2,9	3,2	3,4	3,7	3,9	4,1	4,3	**130**
140					2,5	2,7	2,9	3,0	3,0	3,2	3,5	3,7	4,0	4,2	4,5	4,7	**140**
150								3,2	3,3	3,5	3,8	4,1	4,3	4,6	4,8	5,1	**150**
160								3,3	3,6	3,8	4,1	4,3	4,6	4,9	5,2	5,4	**160**
170									3,8	4,1	4,4	4,7	5,0	5,3	5,5	5,8	**170**
180									4,1	4,4	4,7	5,0	5,3	5,6	5,9	6,2	**180**
190												5,3	5,7	6,0	6,3	6,6	**190**
200												5,7	6,0	6,3	6,7	7,0	**200**
210													6,3	6,7	7,0	7,4	**210**
220													6,6	7,0	7,4	7,8	**220**

Thermometerkorrektion

betreffend

die niedrigere Temperatur des herausragenden Quecksilberfadens.

Stabthermometer (0—360°). Gradlänge 1—1,6 mm.

$t-t^0 =$	70	80	90	100	110	120	130	140	150	160	170	180	190	200	210	220	$= t-t^0$
$n =$ **10**	0	0,05	0,05	0,05	0,1	0,1	0,1	0,15	0,2	0,2	0,2	0,25	0,3	0,35	0,35	0,4	**10** $= n$
20	0,15	0,15	0,2	0,2	0,25	0,3	0,3	0,4	0,45	0,45	0,5	0,55	0,55	0,6	0,65	0,65	**20**
30	0,25	0,3	0,35	0,4	0,45	0,5	0,55	0,6	0,65	0,7	0,75	0,8	0,85	0,9	0,95	0,95	**30**
40	0,35	0,4	0,5	0,55	0,6	0,7	0,75	0,8	0,9	0,95	1,0	1,0	1,1	1,2	1,2	1,3	**40**
50	0,45	0,55	0,6	0,7	0,8	0,9	0,95	1,0	1,1	1,2	1,2	1,3	1,4	1,4	1,5	1,6	**50**
60	0,55	0,65	0,75	0,9	1,0	1,1	1,2	1,2	1,3	1,4	1,5	1,6	1,7	1,7	1,8	1,9	**60**
70	0,7	0,8	0,9	1,1	1,2	1,3	1,4	1,5	1,6	1,7	1,8	1,9	1,9	2,0	2,1	2,2	**70**
80	0,8	0,9	1,0	1,2	1,4	1,5	1,6	1,7	1,8	1,9	2,0	2,1	2,2	2,3	2,4	2,5	**80**
90	0,9	1,0	1,2	1,4	1,6	1,7	1,9	2,0	2,1	2,2	2,3	2,4	2,5	2,6	2,8	2,9	**90**
100	1,0	1,2	1,3	1,6	1,8	2,0	2,1	2,2	2,3	2,4	2,6	2,7	2,8	2,9	3,1	3,2	**100**
110				1,8	2,0	2,2	2,3	2,4	2,5	2,7	2,8	3,0	3,1	3,3	3,4	3,6	**110**
120				2,0	2,2	2,4	2,6	2,7	2,8	2,9	3,1	3,3	3,4	3,6	3,7	3,9	**120**
130					2,4	2,7	2,8	2,9	3,0	3,2	3,4	3,6	3,7	3,9	4,1	4,3	**130**
140					2,7	2,9	3,1	3,2	3,3	3,5	3,7	3,9	4,0	4,2	4,4	4,6	**140**
150									3,5	3,7	4,0	4,1	4,3	4,6	4,8	5,0	**150**
160									3,7	4,0	4,2	4,5	4,7	4,9	5,1	5,4	**160**
170									4,0	4,3	4,5	4,8	5,0	5,2	5,5	5,8	**170**
180									4,3	4,5	4,8	5,1	5,3	5,6	5,9	6,1	**180**
190												5,4	5,6	5,9	6,2	6,5	**190**
200												5,7	6,0	6,3	6,6	6,9	**200**
210													6,3	6,7	7,0	7,3	**210**
220													6,7	7,0	7,4	7,7	**220**

Sog. Normalthermometer (Stab- und Einschluß-) 0—100° in $^1/_{10}{}^0$ geteilt. Gradlänge etwa 4 mm.

$t-t^0 =$	30	35	40	45	50	55	60	65	70	75	80	85	$= t-t^0$
$n =$ **10**	0,05	0,05	0,05	0,05	0,05	0,05	0,05	0,05	0,1	0,1	0,1	0,1	**10** $= n$
20	0,1	0,1	0,15	0,15	0,15	0,15	0,15	0,2	0,2	0,2	0,2	0,25	**20**
30	0,2	0,2	0,25	0,25	0,25	0,25	0,25	0,3	0,3	0,35	0,35	0,35	**30**
40	0,3	0,2	0,3	0,35	0,35	0,35	0,4	0,4	0,45	0,45	0,5	0,5	**40**
50	0,35	0,3	0,4	0,4	0,45	0,45	0,5	0,5	0,55	0,55	0,6	0,65	**50**
60	0,45	0,5	0,5	0,55	0,55	0,55	0,6	0,65	0,65	0,7	0,75	0,8	**60**
70						0,65	0,7	0,7	0,75	0,8	0,85	0,9	**70**
80							0,75	0,8	0,85	0,95	1,0	1,1	**80**
90								0,9	1,0	1,1	1,1	1,2	**90**
100									1,1	1,2	1,3	1,3	**100**

Reduktion der Wägungen auf den luftleeren Raum[1]).

Zu dem durch Wägung in Luft gefundenen Gewicht P ist zu addieren:

$$P\delta\left(\frac{1}{d}-\frac{1}{d_1}\right)$$

wobei bezeichnet: d das spez. Gewicht der abgewogenen Substanz, d_1 das spez. Gewicht der Gewichtsstücke, δ die Dichte (Gewicht von 1 ccm in g) der Luft während der Wägung (angenähert $\delta = 0{,}0012$). In der folgenden Tabelle 99 ist $R = \delta\left(\frac{1}{d}-\frac{1}{d_1}\right)1000$ für Körper, deren spez. Gewicht zwischen 0,70 und 1,35 liegt, und welche entweder mit Platin-Iridiumgewichten ($d_1 = 21{,}55$) oder Messing ($d_1 = 8{,}4$) abgewogen wurden. Das auf den luftleeren Raum reduzierte Gewicht ist alsdann: $P + \frac{PR}{1000}$.

Tabelle 99.

d	R Platin-iridium-gewichte	R Messing-gewichte	d	R Platin-iridium-gewichte	R Messing-gewichte
0,70	+ 1,66	+ 1,57	0,96	+ 1,20	+ 1,10
0,72	1,62	1,52	0,98	1,17	1,08
0,74	1,57	1,48	1,00	1,14	1,06
0,76	1,53	1,44	1,02	1,12	1,03
0,78	1,48	1,40	1,04	1,10	1,01
0,80	1,44	1,36	1,06	1,08	0,99
0,82	1,41	1,32	1,08	1,06	0,97
0,84	1,38	1,28	1,10	1,04	0,95
0,86	1,34	1,25	1,15	0,99	0,90
0,88	1,31	1,22	1,20	0,94	0,86
0,90	1,28	1,19	1,25	0,90	0,82
0,92	1,25	1,16	1,30	0,87	0,78
0,94	1,22	1,13	1,35	0,84	0,74

[1]) Landolt-Börnstein-Roth, S. 15.

Dichte des Wassers[1]).

zwischen 10 und 25° (Wasserstoffskala).

Tabelle 100.

Grad	Zehntelgrade									
	0	1	2	3	4	5	6	7	8	9
10	0,999 727	718	709	700	691	681	672	662	652	642
11	632	622	612	601	591	580	569	558	547	536
12	525	513	502	490	478	466	454	442	429	417
13	404	391	379	366	353	339	326	312	299	285
14	271	257	243	229	215	200	186	171	156	141
15	126	111	096	081	065	050	034	018	002	*986
16	0,998 970	953	937	920	904	887	870	853	836	819
17	801	784	766	749	731	713	695	677	659	640
18	622	603	585	566	547	528	509	490	471	451
19	432	412	392	372	352	332	312	292	271	251
20	230	210	189	168	147	126	105	083	062	040
21	019	*997	*975	*953	*931	*909	*887	*864	*842	*819
22	0,997 797	774	751	728	705	682	659	635	612	588
23	565	541	517	493	469	445	421	396	372	347
24	323	298	273	248	223	198	173	147	122	096
25	071	045	019	*994	*968	*941	*915	*889	*863	*836

Volumen- und Gewichtsprozente wässerigen Alkohols[2]).

In der Tabelle bedeuten v/o die Volumenprozente, g/o die wahren Gewichtsprozente.

Tabelle 101.

v/o	g/o	v/o	g/o	v/o	g/o	v/o	g/o	v/o	g/o
0	0,00								
1	0,81	**6**	4,83	**11**	8,87	**16**	12,95	**21**	17,10
2	1,62	**7**	5,63	**12**	9,68	**17**	13,78	**22**	17,94
3	2,42	**8**	6,44	**13**	10,49	**18**	14,61	**23**	18,78
4	3,22	**9**	7,25	**14**	11,31	**19**	15,44	**24**	19,61
5	4,02	**10**	8,06	**15**	12,13	**20**	16,27	**25**	20,45

[1]) Landolt-Börnstein-Roth, S. 42.
[2]) Landolt-Börnstein-Roth, S. 305.

v/o	g/o	v/o	g/o	v/o	g/o	v/o	g/o	v/o	g/o
26	21,29	**41**	34,26	**56**	48,21	**71**	63,50	**86**	80,65
27	22,13	**42**	35,16	**57**	49,18	**72**	64,58	**87**	81,88
28	22,98	**43**	36,05	**58**	50,16	**73**	65,67	**88**	83,13
29	23,83	**44**	36,95	**59**	51,15	**74**	66,76	**89**	84,39
30	24,69	**45**	37,86	**60**	52,15	**75**	67,86	**90**	85,67
31	25,54	**46**	38,77	**61**	53,15	**76**	68,97	**91**	86,97
32	26,40	**47**	39,69	**62**	54,16	**77**	70,09	**92**	88,30
33	27,26	**48**	40,61	**63**	55,17	**78**	71,22	**93**	89,65
34	28,12	**49**	41,54	**64**	56,19	**79**	72,37	**94**	91,02
35	28,98	**50**	42,48	**65**	57,21	**80**	73,52	**95**	92,42
36	29,86	**51**	43,42	**66**	58,24	**81**	74,68	**96**	93,85
37	30,73	**52**	44,37	**67**	59,28	**82**	75,85	**97**	95,31
38	31,61	**53**	45,32	**68**	60,32	**83**	77,03	**98**	96,82
39	32,49	**54**	46,28	**69**	61,37	**84**	78,22	**99**	98,38
40	33,37	**55**	47,24	**70**	62,43	**85**	79,43	**100**	100,00

Dichte ($d\,{}^{15}/_{4}$) von Äthylalkohol-Wassermischungen nach Gewichtsprozenten[1].

g Substanz in 100 g Lösung. Nach Beobachtungen von Mendeléef, berechnet von der Kaiserl. Normal-Eichungskommission. (g/o = Gewichtsprozente).

Tabelle 102.

g/o	$d\,{}^{15}/_{4}$	g/o	$d\,{}^{15}/_{4}$	g/o	$d\,{}^{15}/_{4}$	g/o	$d\,{}^{15}/_{4}$	g/o	$d\,{}^{15}/_{4}$
1	0,99725	21	0,96956	41	0,93692	61	0,89296	81	0,84533
2	0,99544	22	0,96829	42	0,93489	62	0,89064	82	0,84285
3	0,99368	23	0,96699	43	0,93284	63	0,88832	83	0,84035
4	0,99198	24	0,96566	44	0,93076	64	0,88599	84	0,83784
5	0,99034	25	0,96429	45	0,92866	65	0,88366	85	0,83532
6	0,98877	26	0,96290	46	0,92654	66	0,88132	86	0,83277
7	0,98726	27	0,96145	47	0,92439	67	0,87898	87	0,83019
8	0,98581	28	0,95997	48	0,92223	68	0,87662	88	0,82760
9	0,98443	29	0,95844	49	0,92005	69	0,87426	89	0,82497
10	0,98308	30	0,95687	50	0,91785	70	0,87189	90	0,82233
11	0,98177	31	0,95525	51	0,91565	71	0,86952	91	0,81965
12	0,98050	32	0,95360	52	0,91342	72	0,86714	92	0,81692
13	0,97925	33	0,95190	53	0,91118	73	0,86475	93	0,81417
14	0,97803	34	0,95016	54	0,90893	74	0,86235	94	0,81137
15	0,97683	35	0,94838	55	0,90667	75	0,85995	95	0,80853
16	0,97563	36	0,94656	56	0,90441	76	0,85754	96	0,80564
17	0,97443	37	0,94470	57	0,90214	77	0,85512	97	0,80269
18	0,97324	38	0,94281	58	0,89985	78	0,85268	98	0,79971
19	0,97203	39	0,94087	59	0,89756	79	0,85024	99	0,79666
20	0,97080	40	0,93891	60	0,89526	80	0,84779	100	0,79356

[1]) Landolt-Börnstein-Roth, S. 301.

Ausdehnung von Äthylalkohol-Wassermischungen.[1]

(g/o = Gewichtsprozente).

Tabelle 103.

g/o	d 0/15[2]	d 10/15	d 15/15	d 20/15	d 30/15
0	1,00072	1,00058	1,00000	0,99912	0,99663
1	0,99875	0,99866	0,99812	0,99724	0,99481
2	0,99690	0,99682	0,99630	0,99543	0,99302
3	0,99514	0,99507	0,99454	0,99367	0,99128
4	0,99350	0,99340	0,99284	0,99198	0,98957
5	0,99196	0,99179	0,99120	0,99034	0,98789
10	0,98558	0,98478	0,98393	0,98283	0,97994
15	0,98074	0,97896	0,97768	0,97618	0,97249
20	0,97638	0,97346	0,97164	0,96962	0,96500
25	0,97158	0,96749	0,96513	0,96255	0,95697
30	0,96572	0,96054	0,95770	0,95464	0,94822
35	0,95848	0,95243	0,94920	0,94579	0,93871
40	0,94999	0,94324	0,93973	0,93605	0,92851
45	0,94044	0,93319	0,92947	0,92565	0,91783
50	0,93009	0,92254	0,91865	0,91473	0,90670
55	0,91916	0,91145	0,90746	0,90344	0,89524
60	0,90794	0,90007	0,89604	0,89193	0,88355
65	0,89659	0,88853	0,88443	0,88023	0,87168
70	0,88504	0,87685	0,87265	0,86838	0,85967
75	0,87326	0,86497	0,86070	0,85637	0,84751
80	0,86119	0,85285	0,84852	0,84413	0,83517
85	0,84879	0,84039	0,83604	0,83164	0,82263
90	0,83579	0,82737	0,82304	0,81867	0,80972
95	0,82185	0,81349	0,80923	0,80494	0,79619
96	0,81892	0,81058	0,80634	0,80207	0,79338
97	0,81594	0,80762	0,80339	0,79914	0,79052
98	0,81291	0,80460	0,80040	0,79617	0,78762
99	0,80982	0,80153	0,79735	0,79315	0,78468
100	0,80667	0,79840	0,79425	0,79008	0,78169

[1]) Landolt-Börnstein-Roth, S. 303.

[2]) Umzurechnen auf Wasser von 4° mit dem Faktor 0,99913.

Heizflüssigkeiten[1]).

Tabelle 104.

Namen	Siedepunkt bei 760 mm °C	Änderung für 1 mm Druck °C	Preis für 1 kg Mark
Ameisensäuremethylester	31,75	0,034	13,20
Äthyläther	34,60	0,036	2,20
Äthylbromid	38,40	0,036	6,60
Schwefelkohlenstoff	46,3	0,042	3,50
Azeton	56,1	0,030	1,90
Chloroform	61,20	0,035	2,70
Methylalkohol	64,70	0,030	8,50
Tetrachlorkohlenstoff	76,75	0,044	4,00
Essigsäureäthylester	77,15	0,041	3,60
Äthylalkohol	78,4	0,034	3,15
Benzol	80,2	0,043	3,30
Azetonitril	81,60	0,030	100,00
Propylalkohol	97,20	0,038	19,00
Propionsäureäthylester	99,10	0,040	39,00
Wasser	100,00	0,0375	—
Toluol	110,7	0,042	2,80
Pyridin	115,50	0,044	40,00
Chlorbenzol	132,00	0,049	11,00
m-Xylol	139,2	0,052	15,50
Anisol	153,80	0,048	35,00
Brombenzol	156,15	0,053	19,00
Oxalsäuredimethylester	163,3.	0,047	22,80
Phenol	181,5	0,050	1,00
Anilin	184,40	0,051	4,00
Benzonitril	191,30	0,054	88,00
Azetophenon	201,5	0,060	30,30
Nitrobenzol	210,85	0,048	3,40
Naphthalin	217,7	0,059	1,00
Diphenyl	254,9	0,061	150,00
Diphenylmethan	260,5	0,067	140,50
α-Bromnaphthalin	279,6	0,065	16,00
Phthalsäureanhydrid	284,5	0,068	14,00
Benzophenon	305,4	0,065	90,00
Anthrazen	351	0,068	200,00
Triphenylmethan	358	0,069	200,00
Sulfobenzid	377	0,068	88,00
Antrachinon	380	0,075	28,70
Schwefel	444,53	0,082	1,50

[1]) Landolt-Börnstein-Roth, S. 327.

Nachträge.

1. Unterscheidung von sog. Lackbenzin (Terpentinersatz) und Leuchtpetroleum.

Die als Terpentinölersatz für Firnisse, Malerfarben usw. benutzten hochsiedenden sogenannten Lackbenzine entflammen wie Leuchtpetroleum erst oberhalb 21⁰, ihre spez. Gewichte liegen zwischen 0,760 und 0,800, reichen sogar gelegentlich bis 0,810, ihre Siedegrenzen gehen nach unten bis zu etwa 90⁰ und nach oben bis zu etwa 240⁰, so daß sie sehr in die Eigenschaften der Leuchtöle eingreifen. Beide Gruppen von Ölen werden zolltechnisch und eisenbahntariflich verschieden behandelt; deshalb ist die sichere und möglichst einfache von Zoll- und Eisenbahnbeamten ausführbare analytische Unterscheidung beider Gruppen auch fiskalisch von Wichtigkeit. Eine Unterscheidungsmöglichkeit, die solchen Ansprüchen genügt, hat es bisher nicht gegeben. Sie ist aber auf folgende Weise möglich:

Bei der Destillation von Kohlenwasserstoffgemischen hat die siedende Flüssigkeit stets eine höhere Temperatur als der Dampf, und zwar ist diese Differenz um so größer, in je weiterem Temperaturbereich die Flüssigkeit siedet (s. a. Graefe, Petroleum 1907/08, **3**, 1128). So ergab z. B. bei der Destillation nach Engler ein galizisches Roherdöl von den Siedegrenzen 100 bis über 300⁰ eine Temperaturdifferenz zwischen siedender Flüssigkeit und Dampf von 35 bis über 59⁰, ein Sicherheitspetroleum von den wesentlich engeren Siedegrenzen 184 bis 252⁰ nur eine Differenz von 6—8⁰ (Chem. Ztg. 1913, **37**, 414). Diese Tatsache kann nach Holde benutzt werden, um Lackbenzine und Sicherheitspetroleum von Leuchtpetroleum zu unterscheiden, da bei letzterem ähnliche Differenzen gefunden werden wie bei den Rohölen.

Die Versuche werden so ausgeführt, daß je 50 oder 100 ccm Öl im Englerkolben zum Sieden erhitzt werden, während sich gleichzeitig im Öl und im Dampf neben dem Abzugsrohr je ein Thermometer zur Messung der Temperatur befindet. Es genügt für die Unterscheidung von Lackbenzin und Sicherheitspetroleum einerseits und gewöhnlichem Leuchtpetroleum andererseits, die Temperaturdifferenz nur im Beginn des Siedens ohne irgendwelche Korrekturen für den herausragenden Faden des Thermometers zu bestimmen, ohne besondere Abmessung des Öles den Kolben zur knappen Hälfte mit Öl zu füllen, so daß die Thermometerkugel nur reichlich mit Öl bedeckt ist, und höchstens noch bei weiterem Abdestillieren von einigen nicht näher zu messenden ccm Öl den ersten Wert zu kontrollieren.

Die festgestellten Temperaturdifferenzen betragen beim Siedebeginn für Sicherheitsöl 5—14°, für Leuchtpetrole und Lackbenzine sind sie S. 347 angegeben.

Sicherheitspetroleum läßt sich nun, abgesehen von seinem Flammpunkt, von den durchschnittlich niedriger siedenden Lackbenzinen, ebenso wie Leuchtpetroleum, noch durch eine ganz einfache, bei Zimmerwärme auszuführende Feststellung der Löslichkeit in 96 volumprozentigem Alkohol bestimmen. Die Probe stützt sich auf die bekannte Tatsache, daß die Löslichkeit von Erdölkohlenwasserstoffen in Alkohol umso größer ist, je niedriger sie sieden. Es lösen sich Lackbenzine vollkommen im dreifachen Volumen 96 prozentigen Alkohols auf, während alle Leuchtpetrole, auch Sicherheitsöl, in gleicher Weise behandelt, stark getrübte, beträchtliche Ölmengen beim Stehen ausscheidende Mischungen geben. Durch diese Probe scheint ein zweites einfaches und brauchbares Unterscheidungsmittel für Lackbenzine und Leuchtpetroleum im weiteren Sinne gefunden zu sein. Es wäre erwünscht, beide Unterscheidungsmerkmale auf ihre Brauchbarkeit an weiteren an den Zoll- und Eisenbahnverfrachtungsstellen zur Tarifierung gelangenden und anderen zuverlässigen Proben näher zu prüfen.

2. Asphaltprüfungen.

Bei der Untersuchung bituminöser Straßenmaterialien werden in den Vereinigten Staaten noch folgende, dort offizielle Geltung habende Prüfungen ausgeführt, die in Kapitel 1, Abschnitt O auf S. 276 ff. nicht beschrieben sind (vgl. Hubbard und Reeve, Methods for the examination of bituminous road materials. U. S. Department of Agriculture, Office of Public Roads, Bulletin Nr. 38, Washington 1911).

I. Fließtest.

Der Apparat (Fig. 116) besteht aus einer Aluminiumschale a und einem konischen messingenen Mundstück b. Das Mundstück stellt man mit dem schmäleren Ende auf eine Messingplatte, die zuvor durch Abreiben mit einer verd. Quecksilberchlorid- oder -nitratlösung und dann mit Quecksilber amalgamiert wurde. Das erwärmte Bitumen wird unter Vermeidung des Einschlusses von Luftblasen hineingegeben und der Überschuß nach dem Abkühlen mit einem erwärmten Messer entfernt. Das Mundstück mit der Messingplatte wird dann mindestens 15 Minuten lang in Eiswasser gekühlt. Nach

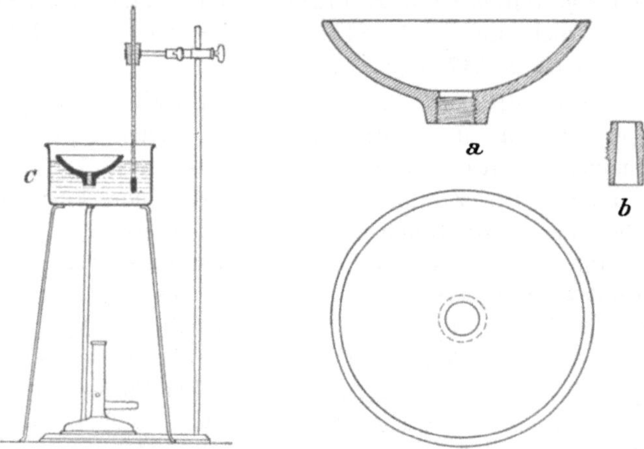

Fig. 116.

Einschrauben des Mundstückes in die Aluminiumschale a setzt man diese auf das Wasserbad c, das zuvor auf die in Frage kommende Temperatur erhitzt wurde, und dessen Temperatur innerhalb eines halben Grades konstant gehalten wird. Wenn der Bitumenpfropfen weich wird, dringt das Wasser in die Schale und bringt sie zum Sinken. Die Zeit vom Einsetzen der Schale in das Bad bis zum Durchbruch des Wassers wird in Sekunden gemessen und bietet ein Maß für die Konsistenz des Materials.

Schwerflüssige Produkte prüft man bei 32°, halbfeste bei 50° und harte bei 100°.

II. Eindringungstest.

Man bestimmt die Konsistenz fester und halbfester Bitumina durch Ermittelung der Länge, welche eine mit 100 g beschwerte Nadel bei bestimmter Temperatur (25°) während 5 Sekunden langer Wirksamkeit des Gewichtes in das Material eindringt.

Die Dowsche Penetrationsmaschine (Fig. 117) besteht aus folgenden Teilen: Die Nadel a (Standard Nr. 2 Cambricnadel) ist in einen Messingstab eingefügt, der von einem Aluminiumstab b durch eine Schraube gehalten wird. Ein Rahmen gibt dem Aluminiumstab eine solche Lage, daß die Nadel ohne besondere Unterstützung nur senkrecht in das Pech eindringen kann. Rahmen, Stab und Nadel wiegen zusammen 50 g, mit dem Gewicht c zusammen 100 g. Eine Weißblechbüchse k mit dem zu prüfenden Bitumen ruht in einem Glasschälchen mit Wasser auf dem Tischchen d; e ist eine Klammer, welche den Aluminiumstab vor und nach der Prüfung festhält; sie kann durch Drücken auf den Knopf f geöffnet und geschlossen werden. Die Tiefe der Eindringung der Nadel wird durch eine Stange mit Fuß g gemessen. Die Bewegung dieser Zahnstange dreht eine Feder, mit welcher ein Zeiger verbunden ist, der auf einem Zifferblatt spielt. 1 Teilstrich entspricht 0,1 mm. Durch das Gegengewicht i kann die Stange auf- und niederbewegt werden.

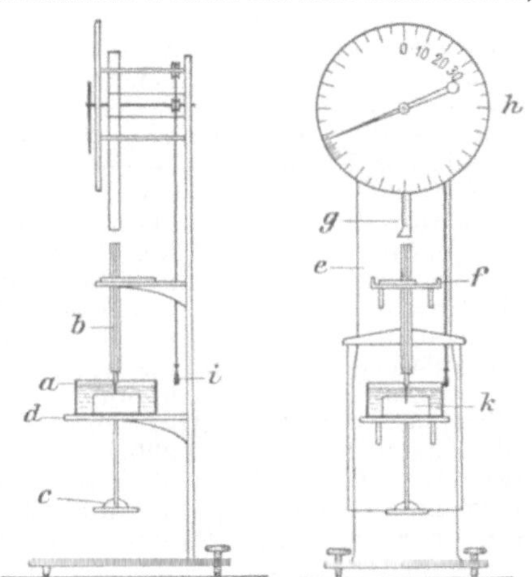

Fig. 117.

Das erwärmte Bitumen wird in die Blechschale gefüllt und nach dem Abkühlen wenigstens ½ Stunde lang in Wasser von der Temperatur gebracht, bei der geprüft werden soll. Man setzt die Probe dann in die Glasschale, die mit Wasser von derselben konstanten Temperatur gefüllt ist (z. B. 25°). Man läßt dann den Stab b so weit herab, daß die Nadelspitze die Oberfläche des Bitumens gerade berührt. Das Gegengewicht i wird darauf langsam gehoben, bis der Fuß der Stange g auf dem oberen Ende des Stabes ruht, und die Skala abgelesen. Dann wird genau 5 Sekunden lang die Klammer e geöffnet, die Stange bis zum oberen Ende des Stabes herabgelassen und die Skala wiederum abgelesen. 3—5 Prüfungen sollen im Maximum nicht mehr als 0,3 mm voneinander abweichen. Wichtig ist, daß die Nadel vor jedem Wiederholungsversuch sorgfältig gereinigt wird. Die Schale zur Aufnahme des Materials besitzt eine Höhe von 30 mm und 50 bzw. bei kleinerer Substanzmenge 23 mm Durchmesser. Selbstverständlich kann die Prüfung auch bei anderen Temperaturen als 25° ausgeführt werden, z. B. 0°, bei härteren Produkten auch mit einer Belastung der Nadel von 200 g, bei weicheren mit 50 g.

Sachregister.

(Die Ziffern bedeuten die Seitenzahlen.)

Namenregister.